章访 —— 编著

Cinema 4D/Octane 商业动画制作技术与项目精粹

镜头制作 + 场景动画 + 转场动作 + 材质光影 + 动画合成

NEW IMPRESSION

人民邮电出版社
北京

图书在版编目（CIP）数据

新印象Cinema 4D/Octane商业动画制作技术与项目精粹 / 章访编著. -- 北京 : 人民邮电出版社, 2022.7
ISBN 978-7-115-57936-2

Ⅰ. ①新… Ⅱ. ①章… Ⅲ. ①三维动画软件—教材
Ⅳ. ①TP391.414

中国版本图书馆CIP数据核字(2021)第234237号

内 容 提 要

这是一本能让读者提升三维动画制作能力的教程。全书结合 Cinema 4D、Octane 和 After Effects 等软件，通过项目实例的形式讲解不同类型的动画宣传片的制作思路和方法。

全书分 5 篇，共 15 章，包含 6 个动画项目。每一个动画项目均采用“镜头动画制作→场景布光与材质制作→用 After Effects 合成序列动画”的思路进行讲解。此外，制作步骤中还穿插了重点知识讲解模块，如“技术专题”“疑难问答”“技巧提示”等，这些知识点可以帮助读者拓展思路。本书项目实例符合当下市场需求，包含可爱的元素生长动画、科技感十足的手机宣传片、活力十足的运动鞋宣传片、简约方正的多功能置物柜宣传片、深受女性青睐的化妆品宣传片和炫酷的超跑概念宣传片。

随书附赠书中所有项目实例的源文件及一套 Cinema 4D 基础教学视频，供读者学习。

本书适合有一定 Cinema 4D 或三维动画制作基础的读者学习，也适合作为院校动画相关专业的教材。本书基于 Cinema 4D R20 和 Octane V3.7 编写，请读者使用相同或更高版本的软件学习。

◆ 编　　著　章　访
责任编辑　王　惠
责任印制　马振武
◆ 人民邮电出版社出版发行　　北京市丰台区成寿寺路 11 号
邮编　100164　　电子邮件　315@ptpress.com.cn
网址　https://www.ptpress.com.cn
北京宝隆世纪印刷有限公司印刷
◆ 开本：787×1092　1/16
印张：20.5　　2022 年 7 月第 1 版
字数：412 千字　　2022 年 7 月北京第 1 次印刷

定价：169.90 元

读者服务热线：(010) 81055410　印装质量热线：(010) 81055316
反盗版热线：(010) 81055315
广告经营许可证：京东市监广登字 20170147 号

万物生长：泥土上的精灵

震撼科技：手机动态宣传片

活力四射：运动鞋故事感宣传片

粉黛优品：化妆品宣传片

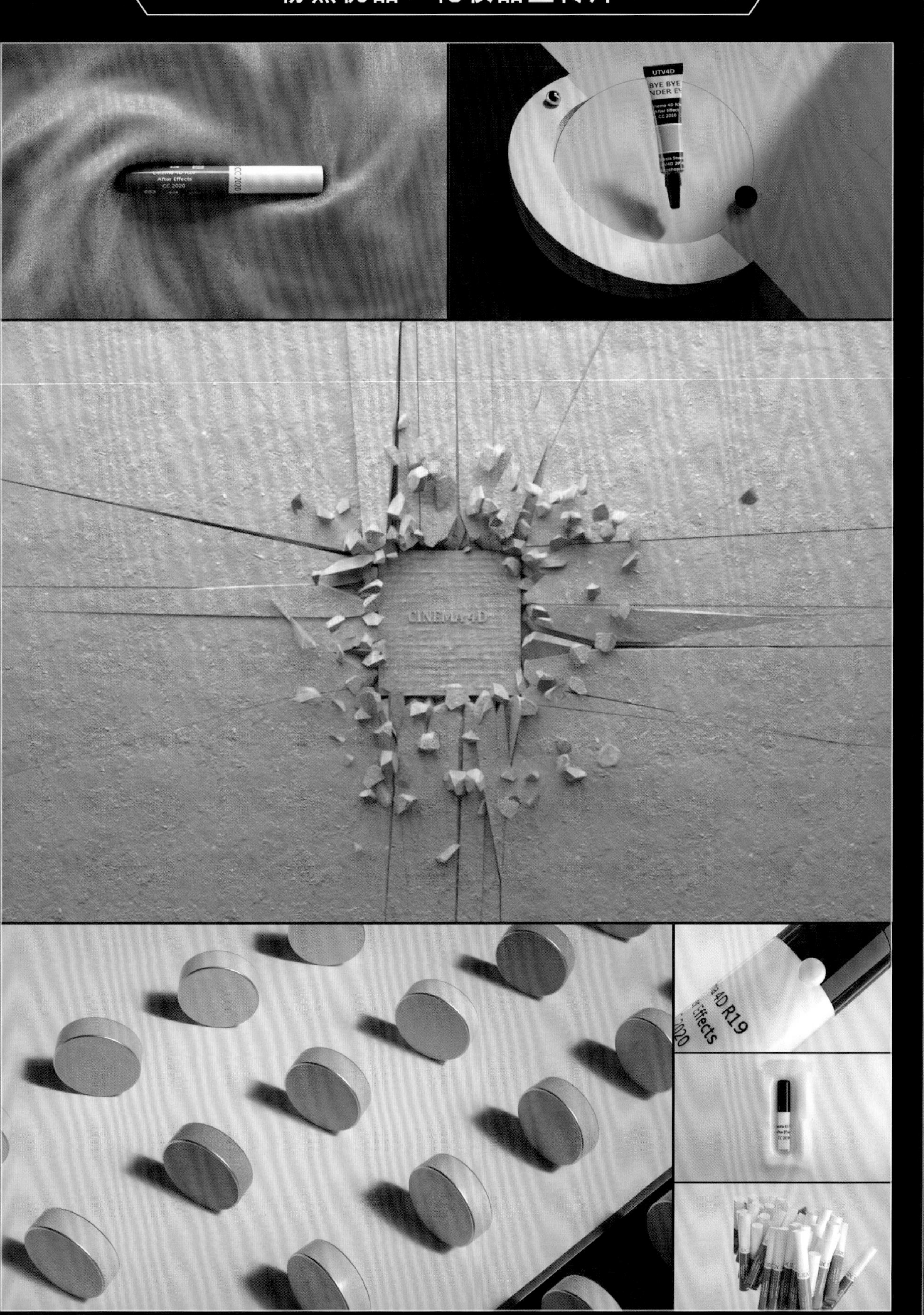

前言

关于本书

Cinema 4D能做什么？包装设计、电商广告设计，以及三维相关的工作，这些答案都正确，但是很多人忘记了Cinema 4D本质上是一款三维动画制作软件。没错！很多人都忽略了“动画”二字。

动画的学习不只是建模、材质、灯光和渲染，这些只是学习动画制作的先决条件。可以这么理解，静帧设计只是为动画制作打基础。除此之外，动画还需要关键帧、粒子、碰撞、力场、特效等。这也是为什么本书采用Cinema 4D、Octane和After Effects这3款软件，不同软件负责不同的专业领域，将它们协同应用便能制作出优秀的动画，这也是本书的核心内容。

创作目的

本书通过还原真实的动画项目，让读者了解真正的商业动画是如何诞生的，从而掌握商业动画项目的制作流程和制作步骤。

本书内容

本书分5篇，共15章，包含6个动画项目。

第1篇（万物生长：泥土上的精灵）：包括第1~4章，主要讲解元素生长动画的制作流程和方法，包含4个不同形状的元素生长镜头。

第2篇（震撼科技：手机动态宣传片）：包括第5~7章，主要讲解手机动态宣传片的制作流程和方法，包含手机特写镜头和手机场景镜头等多个镜头；另外，本篇还引入了转场镜头和定版画面的制作。

第3篇（活力四射：运动鞋故事感宣传片）：包括第8~10章，主要讲解运动鞋宣传片的制作流程和方法，包含11个镜头；本篇主要展示故事感画面和镜头的连接与切换。

第4篇（方圆阵列：多功能置物柜宣传片）：包括第11~13章，主要讲解家具宣传片的制作流程和方法。该宣传片的场景较为简约，为了不让宣传片看起来太简陋，采用了21个镜头来诠释柜子的质感、结构等细节。

第5篇（商业宣传片拓展实训）：包括第14章（**粉黛优品：化妆品宣传片**）和第15章（**风驰电掣：超跑概念宣传片**），这部分内容是特意为读者提供的实训，其中提供的主要技术思路和样片仅供参考，读者可以根据自己的理解进行制作。

附录：提供了一套Octane渲染预设参数（UTV4D），读者可以在操作过程中参考。

作者感言

继《新印象 Octane for Cinema 4D渲染技术核心教程》出版之后，很高兴能再次与人民邮电出版社合作，推出一本以动画制作技术为核心内容的纯项目实例形式的教程。为什么要编写一本动画教程呢？一是源于我个人的规划，二是源于上一本书读者给我的建议和支持，以及UTV4D学员的鼓励。相比上一本书，本书在内容上更加翔实，书中的实例也是参考优秀样片制作而成，希望能帮助有软件基础的读者，通过项目实例形式的训练，了解动画项目制作的流程和方法。书中所述仅代表我个人的动画制作思路和方法，如果读者在学习过程中有不同的意见，欢迎指出并讨论。

导读

版式说明

篇首语：介绍项目的相关情况和核心技术，展示项目的静帧效果，帮助读者了解项目内容。

疑难问答：罗列出读者在操作过程中可能会有疑问的地方，并进行详细的解答和说明。

技巧提示：在讲解实例的过程中配有大量的技术性提示，帮助读者快速提升操作水平，掌握便捷的操作技巧。

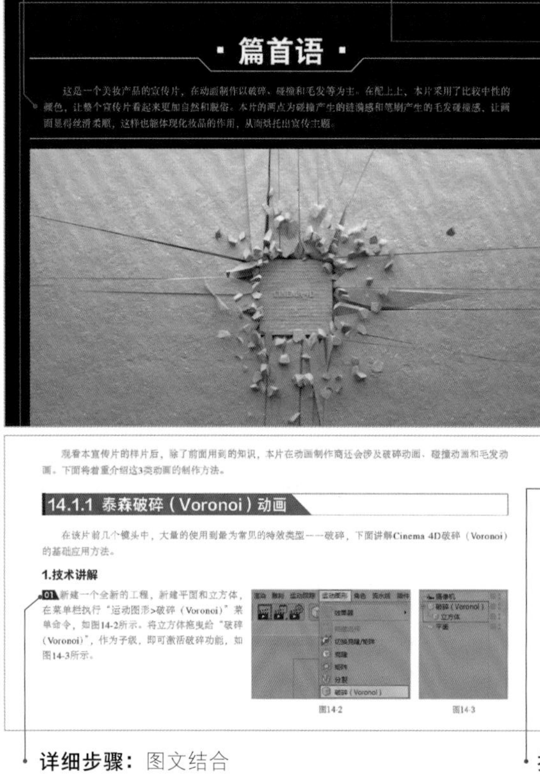

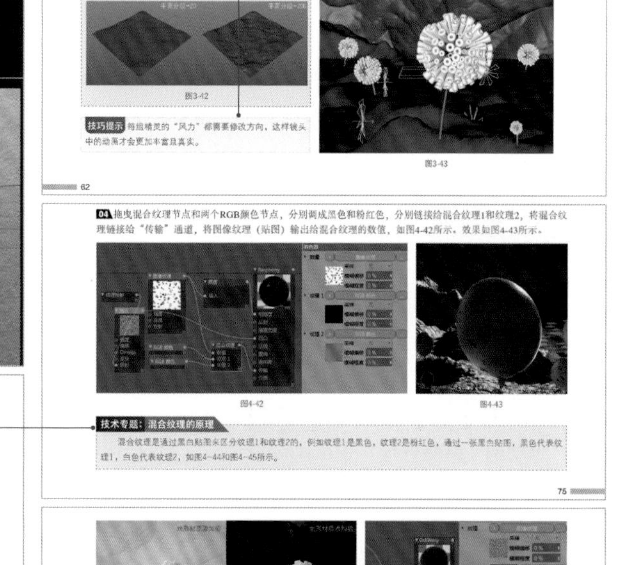

详细步骤：图文结合的步骤讲解，让读者清晰地掌握制作过程和制作细节。

技术专题：工作中的技术要点，都是针对特定问题的解决办法，可以帮助读者掌握相关技术的原理。

对比效果：不同参数的对比效果，帮助读者进行选择和对比，这也是一种好的学习方法。

阅读说明与学习建议

在阅读过程中看到的“单击”“双击”，意为单击或双击鼠标左键。

在阅读过程中看到的“按快捷键Ctrl+C”等内容，意为同时按下键盘上的这几个键。

在阅读过程中看到的“拖曳”，意为按住鼠标左键并拖动鼠标。

在阅读过程中看到的用引号引起的内容，意为软件中的命令、选项、参数或学习资源中的文件。

在阅读过程中会看到界面图被拆分并拼接的情况，这是为了满足排版需要，不会影响学习和操作。

在学完某项内容后，建议读者用所学知识对优秀作品进行模仿练习，也可以对本书中的项目实例进行二次创作。

资源与支持

本书由“数艺设”出品，“数艺设”社区平台（www.shuyishe.com）为您提供后续服务。

配套资源

所有动画项目的源文件

Cinema 4D基础教学视频

资源获取请扫码

“数艺设”社区平台，为艺术设计从业者提供专业的教育产品。

与我们联系

我们的联系邮箱是szys@ptpress.com.cn。如果您对本书有任何疑问或建议，请您发邮件给我们，并请在邮件标题中注明本书书名及ISBN，以便我们更高效地做出反馈。

如果您有兴趣出版图书、录制教学课程，或者参与技术审校等工作，可以发邮件给我们。如果学校、培训机构或企业想批量购买本书或“数艺设”出版的其他图书，也可以发邮件联系我们。

如果您在网上发现针对“数艺设”出品图书的各种形式的盗版行为，包括对图书全部或部分内容的非授权传播，请您将怀疑有侵权行为的链接通过邮件发给我们。您的这一举动是对作者权益的保护，也是我们持续为您提供有价值内容的动力之源。

关于“数艺设”

人民邮电出版社有限公司旗下品牌“数艺设”，专注于专业艺术设计类图书出版，为艺术设计从业者提供专业的图书、视频电子书、课程等教育产品。出版领域涉及平面、三维、影视、摄影与后期等数字艺术门类，字体设计、品牌设计、色彩设计等设计理论与应用门类，UI设计、电商设计、新媒体设计、游戏设计、交互设计、原型设计等互联网设计门类，环艺设计手绘、插画设计手绘、工业设计手绘等设计手绘门类。更多服务请访问“数艺设”社区平台www.shuyishe.com。我们将提供及时、准确、专业的学习服务。

目录

第1篇 万物生长：泥土上的精灵

第2篇 震撼科技：手机动态宣传片

第3篇 活力四射：运动鞋故事感宣传片

目录

第4篇 方圆阵列：多功能置物柜宣传片

目录

第5篇 商业宣传片拓展实训

第1篇 万物生长：泥土上的精灵

■ 学习目的

Cinema 4D在动画设计行业中应用得非常广泛，如短视频创作、产品宣传片制作、电视栏目包装等。其中的关键帧动画、三维粒子、运动图形和动力学模拟都离不开动画节奏，因为节奏是动画的“灵魂”，它可以表达平静、激动等内在情绪。

· 篇首语 ·

动画制作本身是一项烦琐的工作，如果还要一点一点地去学习Cinema 4D的工具，必然会让人感到枯燥无味。因此，从本篇开始均采用实例的形式来讲解相关知识，这不仅能高效提升读者的技术水平，还能提升读者的学习兴趣。本篇介绍创意、节奏、镜头、配色等重要知识，并通过实战动态还原成片从无到有的制作流程。

本篇的动画片段主要有4个，读者可以理解为有4个分镜，每一个分镜表示一个单独的小动画，然后通过相关功能和软件将4个分镜组合起来就成了动画。这是一个生长动画，主要包含4个不同的元素，制作重点为不同的生长动作、颤动效果、阵列排布，以及三维制作中的灯光与材质。

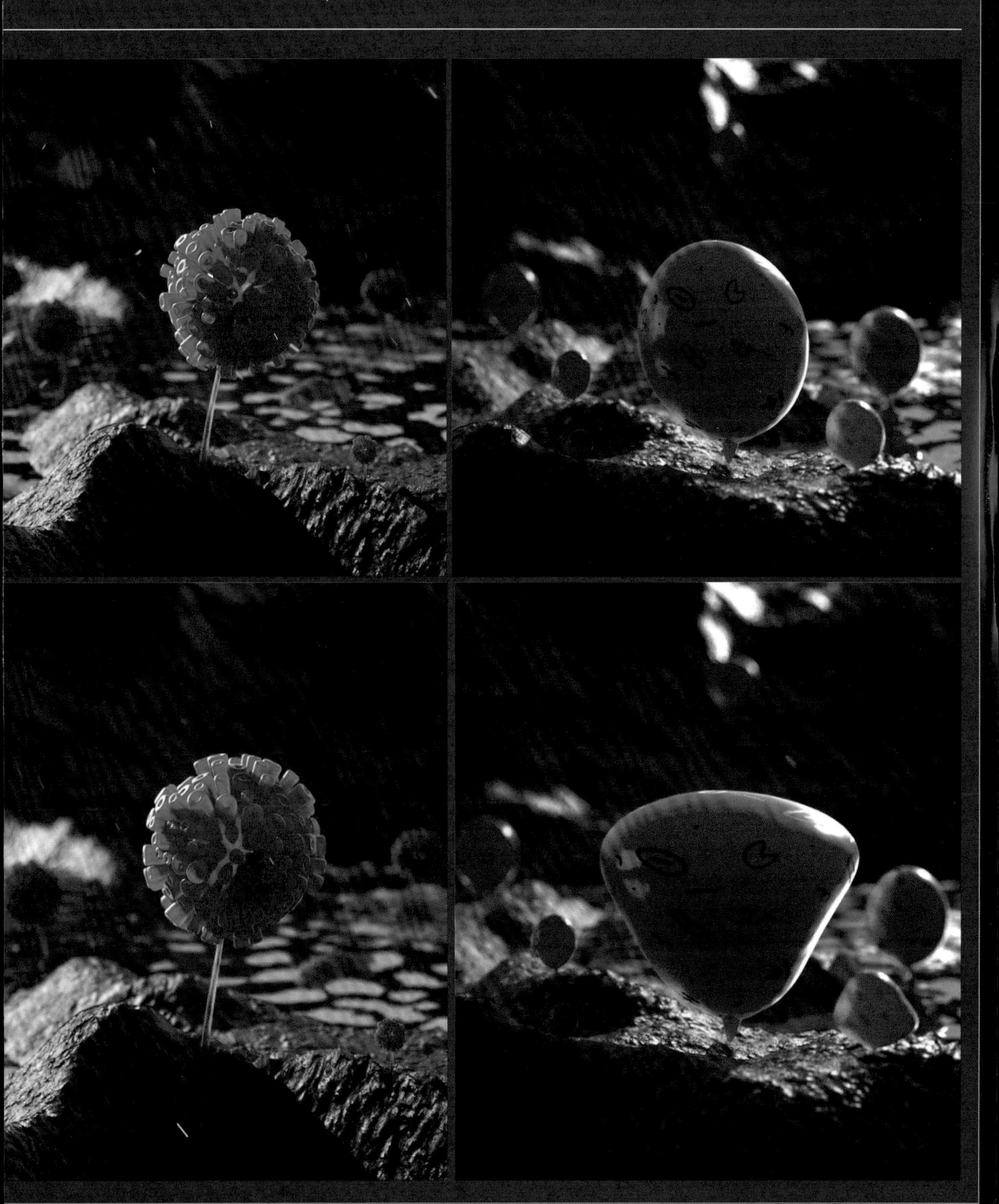

第1章 镜头创作：球体精灵生长动画

本章主要介绍球体精灵的生长动画，内容包含制作球体精灵最终模型、制作球体精灵的生长动画、制作地形、搭建场景镜头、布置场景模型、场景布光和材质调节等。在制作过程中将涉及“刚体”标签、“简易”效果器与域的使用。本镜头的单帧效果如图1-1所示。

图1-1

关键词

- 模型创建
- 生长动画
- 制作地形
- 搭建镜头
- 布置模型
- 场景布光
- 材质调节
- “刚体”标签
- “简易”效果器
- 域

1.1 制作球体精灵最终模型

01 在工具栏中展开“立方体”工具组，然后单击“球体”工具，接着在视图中创建一个球体，如图1-2所示。

02 在“对象”面板中选择“球体”对象，然后按住Ctrl键，向下拖曳4次，复制出4个球体，如图1-3和图1-4所示。

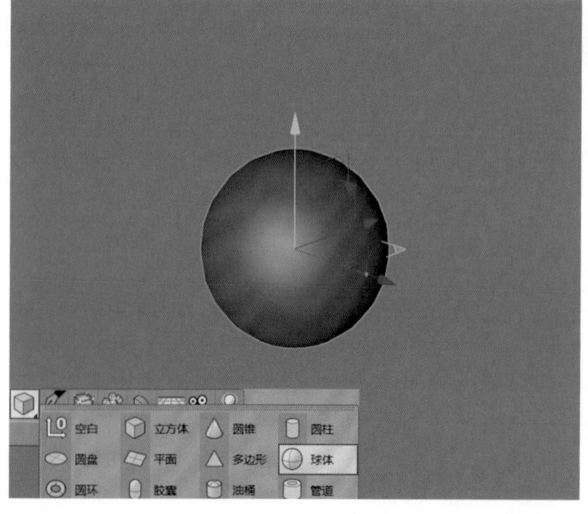

图1-2

图1-3

图1-4

03 修改每个球体的“半径”参数，使它们中的最小半径为5cm，最大半径为18cm，其他球体的“半径”参数可以控制在5~18cm。具体的参数设置如图1-5所示。

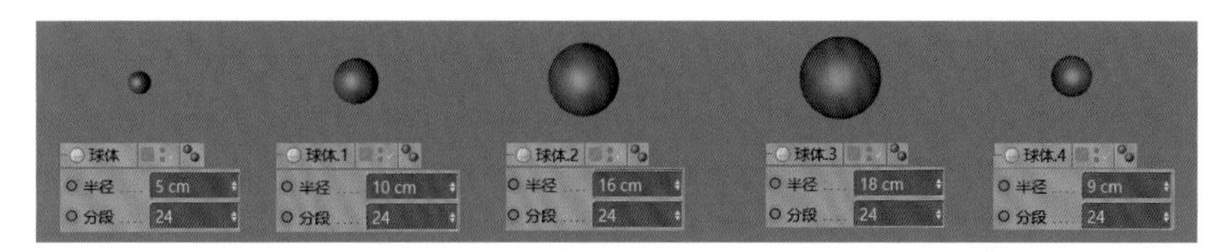

图1-5

04 执行“运动图形>克隆”菜单命令，然后在“对象”面板中框选所有球体，将它们拖曳到“克隆”对象中，将所有球体作为“克隆”对象的子级，如图1-6所示。

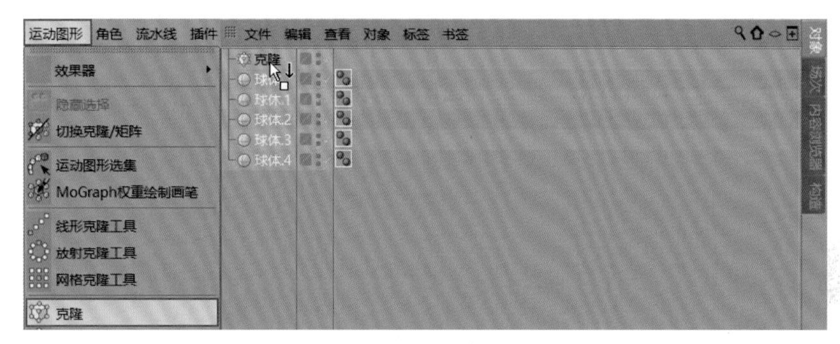

图1-6

05 利用“克隆”对象创建整体效果，具体参数设置如图1-7所示，克隆效果如图1-8所示。

设置步骤

①在“对象”面板中选择“克隆”对象。

②进入“对象”选项卡。

③设置“模式”为“网格排列”,“克隆”为“随机”，让克隆效果为网格模式的随机排列。

④设置“实例模式”为“渲染实例”。

⑤设置“数量”为（3,12,3），表示在*x*轴方向生成3个球体，在*y*轴方向生成12个球体，在*z*轴方向生成3个球体；设置“模式”为“每步”,“尺寸”为（22cm,20cm,22cm），表示各个方向上每一个网格的尺寸（相邻球体之间的距离）。读者也可以根据自己的需求设置这些参数。

图1-7

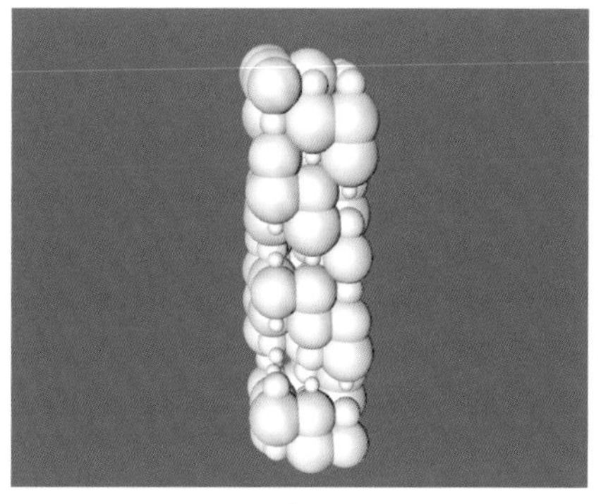

图1-8

疑难问答

问：观察克隆效果，可以发现球体与球体是穿插在一起的，即一个球体跑到了另一个球体内部，这显然与理想的球体表面相互接触不符；那么，应该如何解决该问题呢？

答：读者不妨这么思考，如果所有球体的属性都为刚体，那么这就是一个刚体碰撞问题，解决办法也就有了。

06 在“对象”面板中选择“克隆”对象，然后单击鼠标右键，执行“模拟标签>刚体”命令，为“克隆”对象添加“刚体”标签，为整个对象添加刚体属性，如图1-9所示。

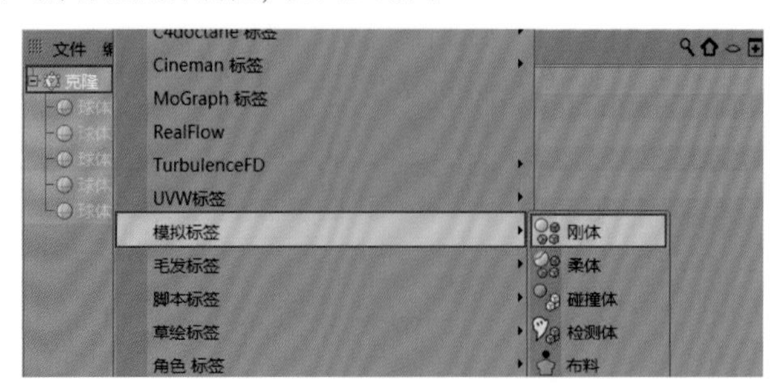

图1-9

07 选择“刚体”标签，然后进入“碰撞”选项卡，设置“继承标签”为“应用标签到子级”,“独立元素”为“全部”；切换到“力”选项卡，设置“跟随位移”和“跟随旋转”均为10，如图1-10所示。此时视图中的对象并没有发生任何变化，如图1-11所示。拖曳时间滑块，让对象中的球体发生刚体碰撞，效果如图1-12所示。

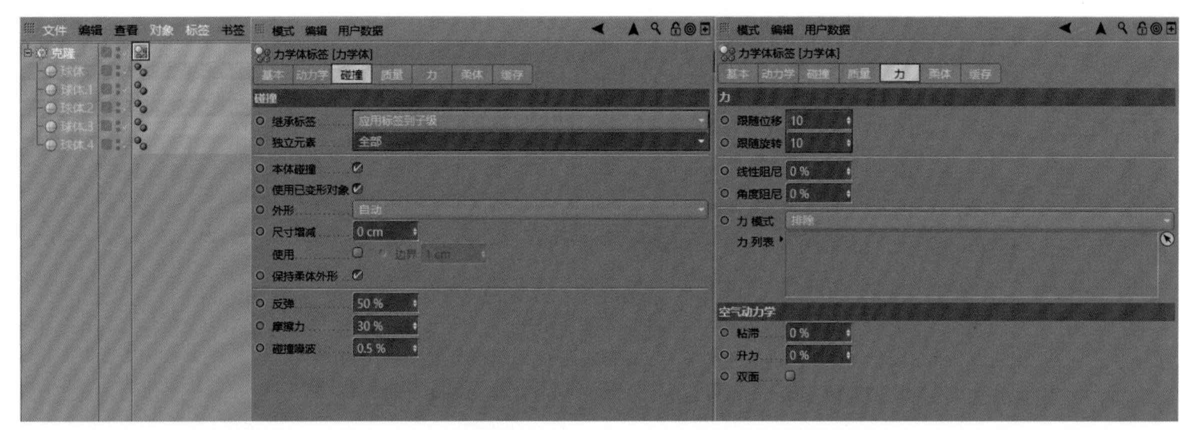

图1-10

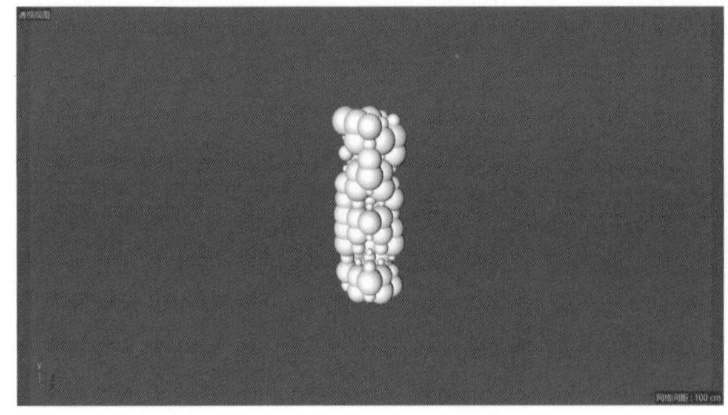

图1-11

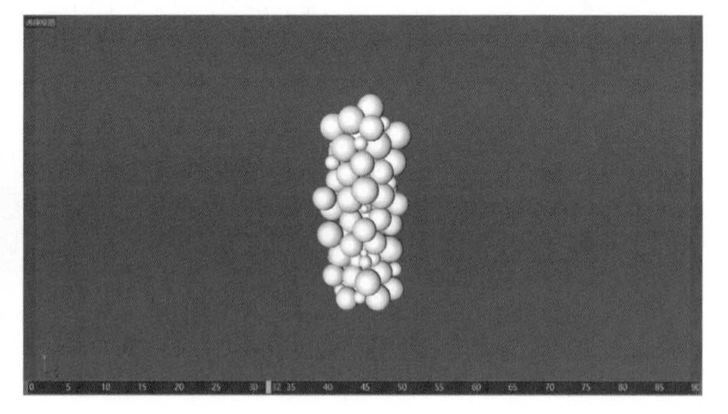

图1-12

技术专题：“刚体”标签的设置技术点

因为“球体精灵”的制作是通过“克隆”对象实现的，所以在为“克隆”对象添加“刚体”标签后，刚体属性是否分配到“克隆”对象子级中的球体才是重点。

技术点1：球体具备真实的力学属性是发生刚体碰撞的关键。

在为“克隆”对象添加“刚体”标签后,“克隆”对象已经具备真实的力学属性，但“刚体”标签在默认情况下是不会分配给克隆子级（“克隆”对象的子级）的。也就是说，此时球体是不具备真实的力学属性的，效果如图1-13所示。

本例需要的是球体之间的碰撞，即“克隆”对象的子级（球体）必须具备真实的力学属性，因此需要让它们继承“克隆”对象的力学属性，即设置“继承标签”为“应用标签到子级”。至于“独立元素”的设置，则需要让每个球体独立成单个对象，将其设置为“全部”，效果如图1-14所示。

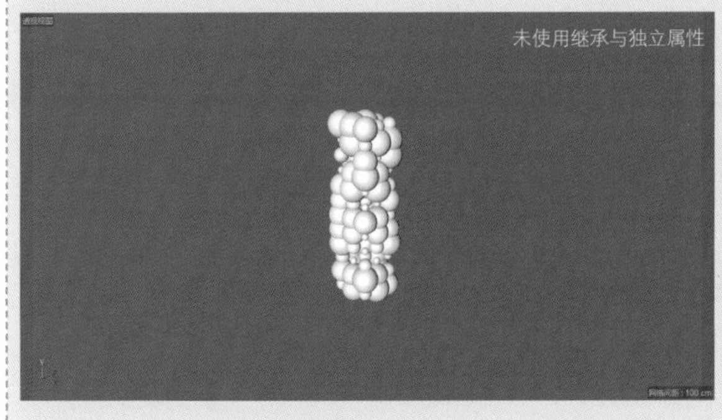

图1-13

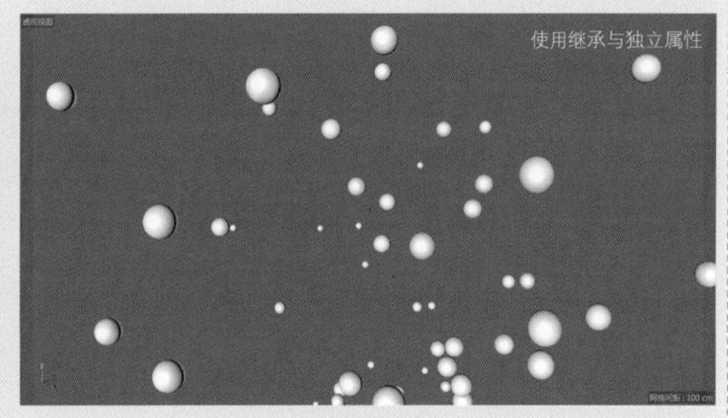

图1-14

技术点2：确立约束范围。

使用继承与独立属性后，整个对象会产生爆炸的效果，这是因为真实的力学属性已经全部分配给每一个球体，在没有约束的情况下，碰撞会使它们向四周喷射，从而形成爆炸效果。本例需要的效果是球体表面相互碰撞，但所有球体是聚合在一起的。因此，可以考虑将它们约束在一个范围内，即通过设置“跟随位移”和“跟随旋转”来分别约束爆炸后的移动距离和旋转角度。数值越小，约束性就越弱，如图1-15所示；数值越大，约束性就越强，如图1-16所示。

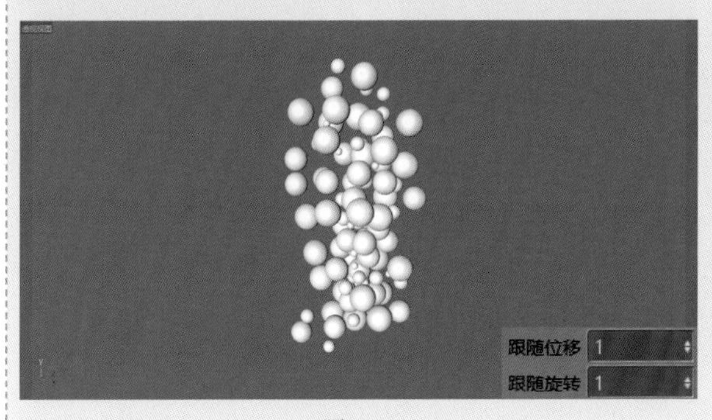

图1-15

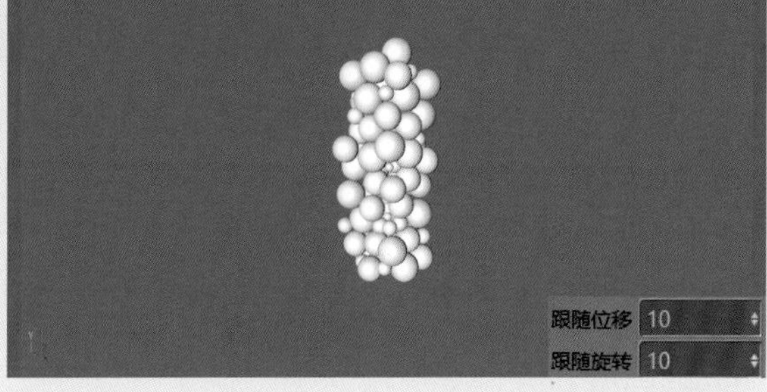

图1-16

1.2 制作球体精灵的生长动画

生长动画，用通俗的话来讲就是元素从无到有的动作过程，前面创建的模型就是“球体精灵”的最终效果。

01 选择“克隆”对象，然后执行“运动图形>效果器>简易”菜单命令，新建一个“简易”效果器，如图1-17所示。

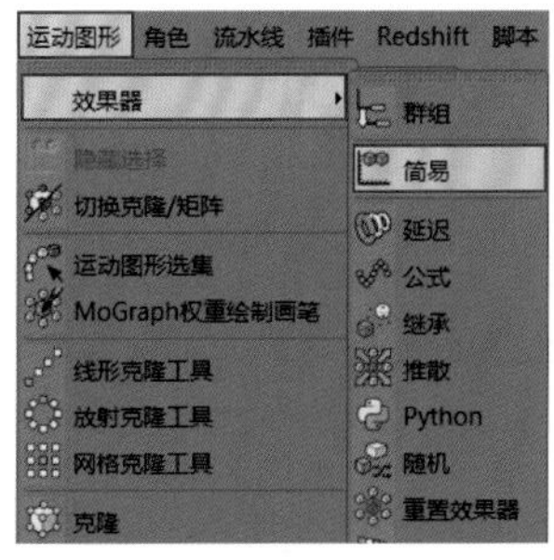

图1-17

02 选择“简易”对象，然后进入“参数”选项卡，取消勾选“位置”，勾选“缩放”和“等比缩放”，并设置“缩放”为-1；切换到“衰减”选项卡，单击“线性域”，设置“混合”为“最大”，如图1-18所示。效果对比如图1-19和图1-20所示。

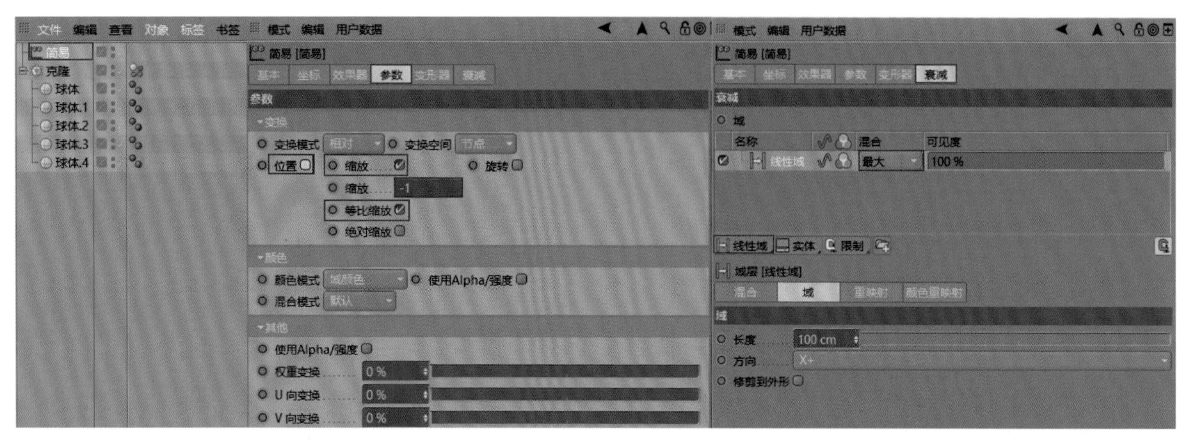

图1-18

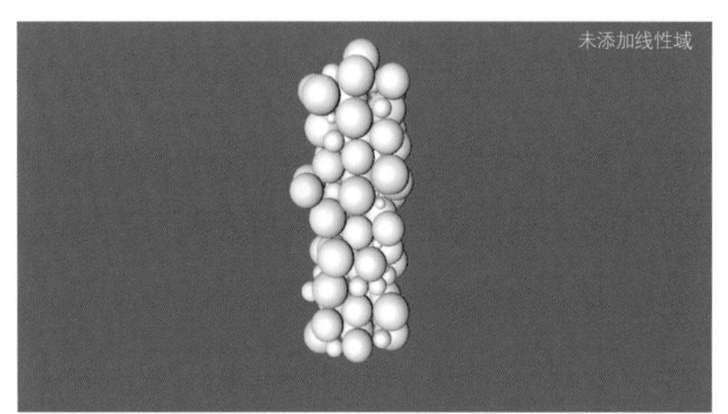

图1-19

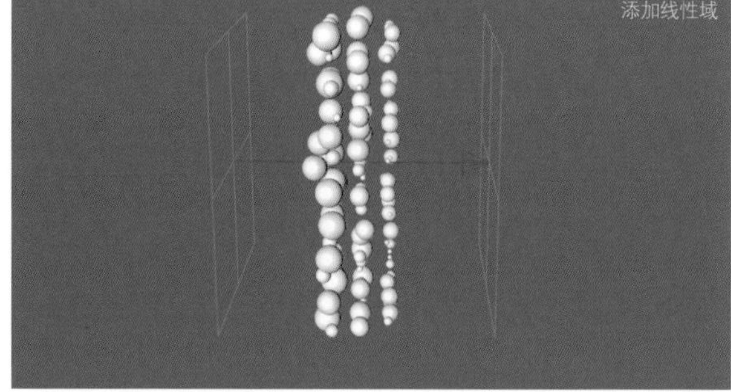

图1-20

技术专题：“简易”效果器与域的作用

“简易”效果器可以控制“克隆”对象的位置、缩放、旋转等。例如，当“缩放”为正数时，数值越大，对象就越大；当“缩放”为负数时，对象就会消失。

“简易”效果器中“衰减”选项卡的功能非常强大，可以在其中使用不同的域来制作“克隆”对象从无到有的过渡效果。常用的域包含3种，分别是“线性域”“球体域”“立方体域”，如图1-21~图1-23所示。

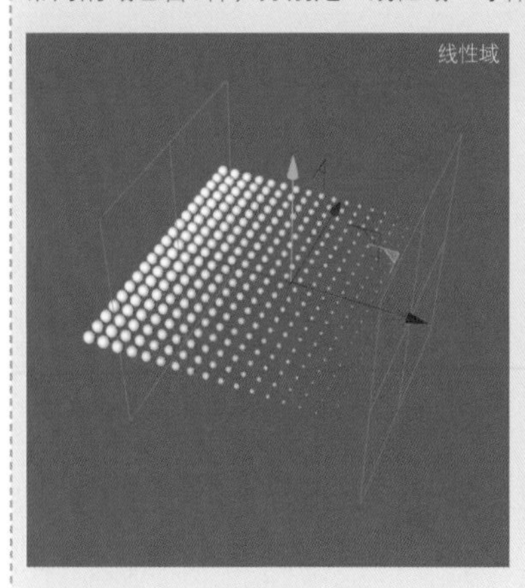

图1-21

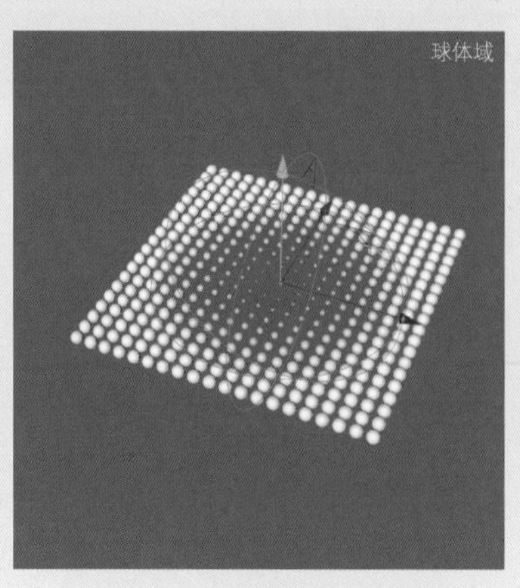

图1-22

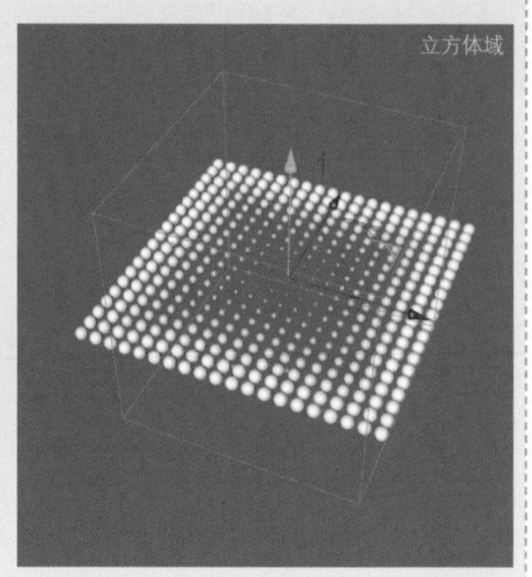

图1-23

根据上述讲解，再结合本例类似于植物生长的从下到上的线性变化，选择“线性域”是可行的。

03 因为本例制作的是“球体精灵”从下向上的生长动画，所以“线性域”的变化方向应该是y轴正方向。设置“方向”为Y＋；接下来需要调整“线性域”的“长度”，读者可以通过对比来设置合适的长度，这里设置为30cm，如图1-24所示。“长度”为100cm和30cm的对比效果如图1-25所示。

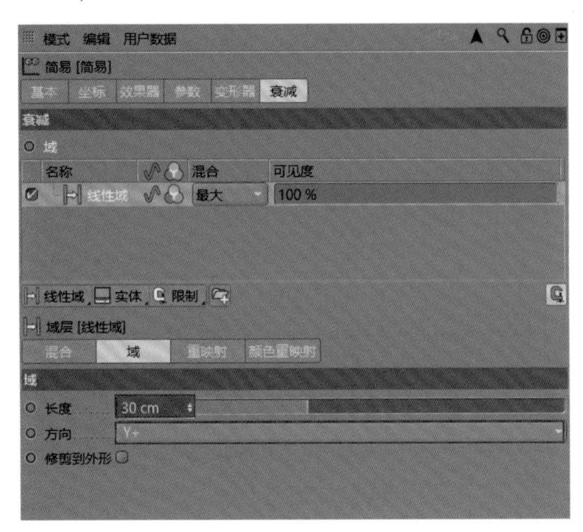

图1-24

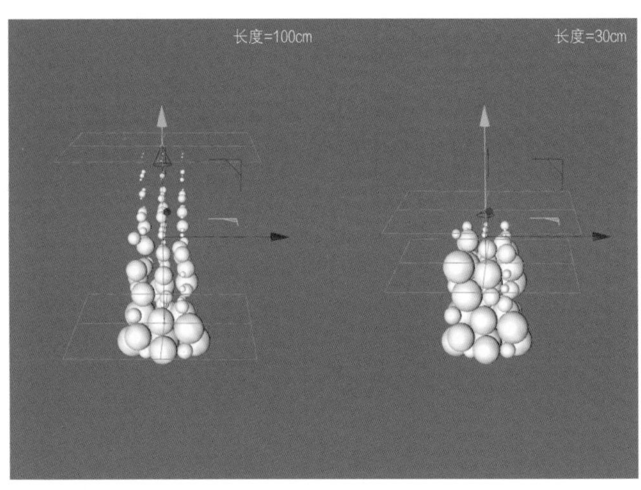

图1-25

技巧提示 在操作过程中，读者可能会发现在设置参数后，视图中的效果并没有发生变化，这个时候只要拖曳一下时间滑块就可以刷新了。

04 确定好衰减长度后，接下来创建关键帧动画。选择“简易”对象，然后进入“坐标”选项卡，因为生长方向是y轴正方向，所以需要对位置坐标P.Y进行关键帧的设置。拖曳时间滑块至0F处，将“简易”对象沿着y轴向下拖曳，直至视图中没有球体，作为生长动画的开始状态；然后单击位置坐标P.Y左侧的小圆点，让其呈红色，设置好关键帧，如图1-26所示。

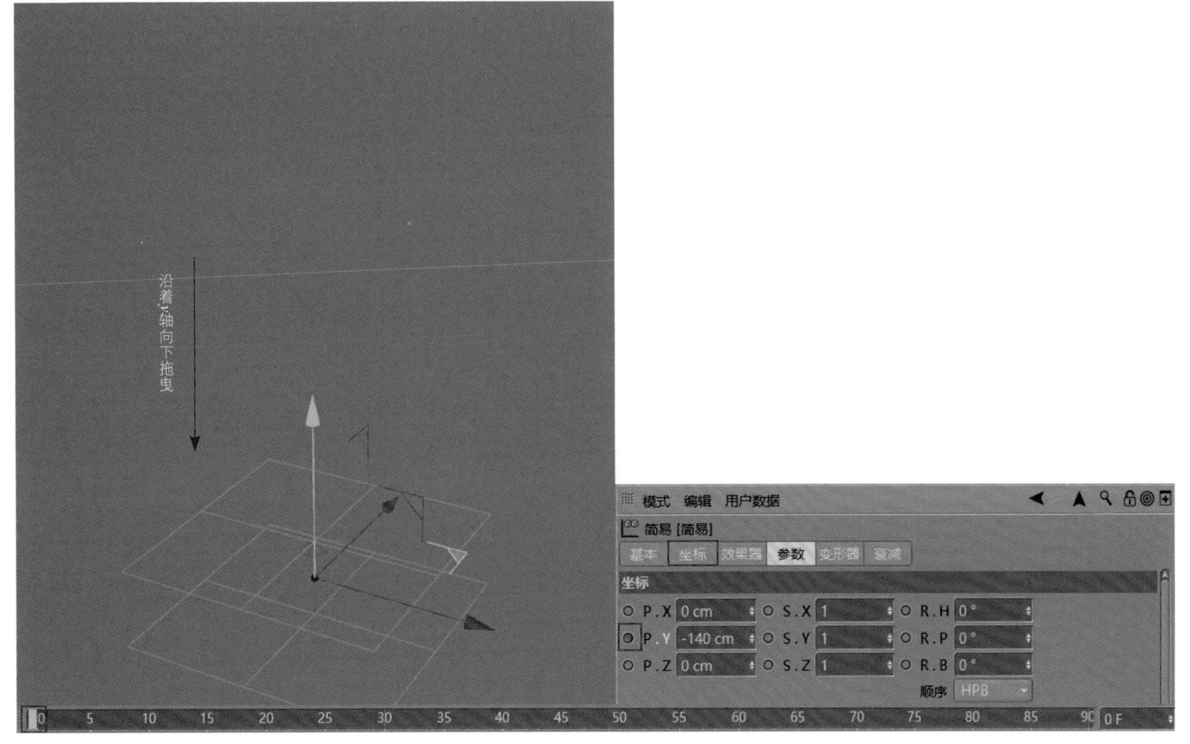

图1-26

05 拖曳时间滑块至30F处，将“简易”对象沿着*y*轴向上拖曳；接着单击位置坐标P.Y左侧的小圆点，让其呈红色，设置好关键帧，如图1-27所示。选择时间滑块，然后按Space键或从0F开始拖曳时间滑块，即可看到“球体精灵”模型的生长过程，如图1-28所示。

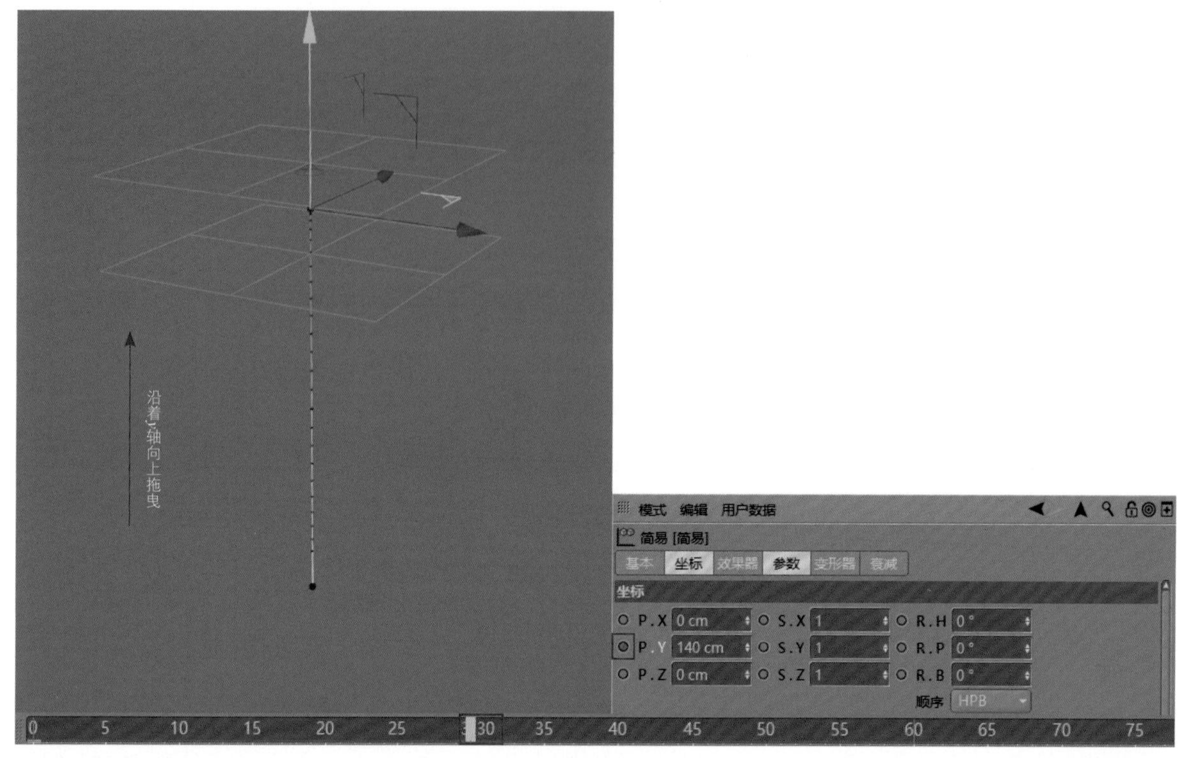

图1-27

图1-28

技巧提示 对于为关键帧提供的动画数值（如P.Y），读者可以直接设置具体的数值。书中的参数值，如-140cm和140cm，只适用于当前实例的操作步骤，读者在制作的时候应该根据实际效果设置对应的数值。另外，在实际工作中，一步到位地设置好参数几乎是不可能的，使用书中拖曳“简易”对象的方法来确认效果是比较直观的。

06 目前的生长动画有点僵硬，为了让生长动画更具弹性，可以选择“克隆”对象，执行“运动图形>效果器>延迟”菜单命令，如图1-29所示；然后选择“延迟”对象，在“效果器”选项卡中设置“强度”为20%，“模式”为“弹簧”，如图1-30所示。

图1-29

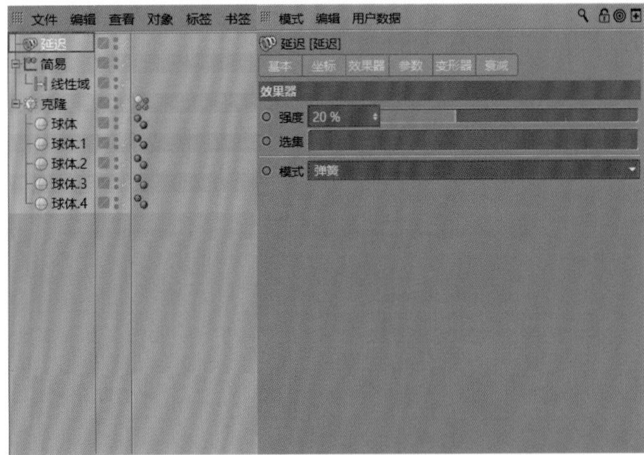

图1-30

1.3 制作地形

对于本例的地形，在制作过程中读者需要掌握的是制作方法和思路，因为这种随机生成的地形不是一成不变的，只要符合设计需要，任何地形都是可以的。

01 本例的镜头中主要有两种不同的地形，分别为“球体精灵”生长的地形与“球体精灵”背后的地形。展开“立方体”工具组，然后单击“地形”工具，重复上述操作一次，创建出两个地形，如图1-31所示。

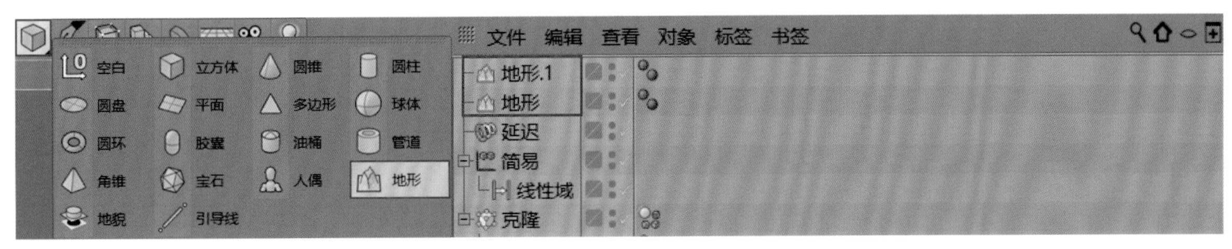

图1-31

02 制作生长地形。隐藏“地形.1”对象并选择“地形”对象，进入“对象”选项卡，取消勾选“限于海平面”，然后设置“尺寸”等参数，这里设置“尺寸”为（2000cm,300cm,2000cm），如图1-32所示。效果如图1-33所示。

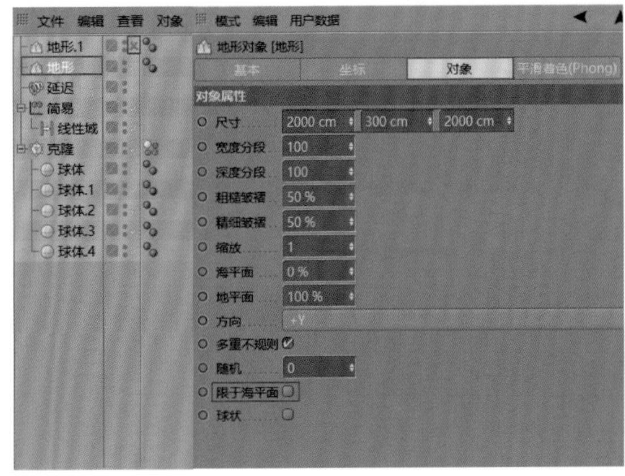

图1-32

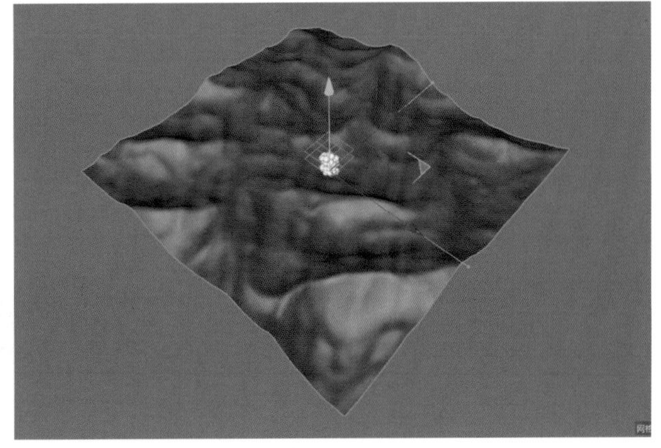

图1-33

03 此时观察地形与“球体精灵”之间的关系，可以发现“球体精灵”的一部分在地形下面，因此需向下拖曳地形或向上拖曳“球体精灵”，让“球体精灵”从地面生长出来。这里调整的是地形位置，读者也可以根据需要调整地形的前后左右位置，如图1-34所示。

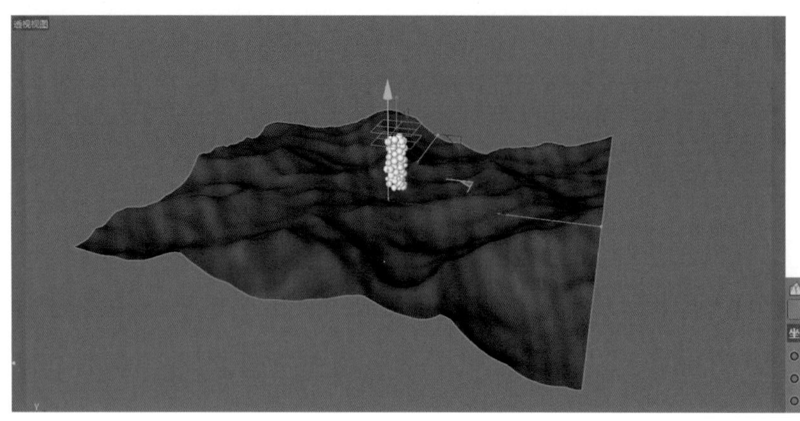

技巧提示 再次强调，对于位置坐标参数，书中给出的都是参考值。在实际操作过程中都是通过拖曳对象，并观察模型的实际情况来确定参数的。想通过一个具体的数值就处理好位置关系，不是一件容易的事。

图1-34

04 制作“球体精灵”背后的山体地形。取消隐藏并选择“地形.1”对象，然后与“地形”对象一样，根据需要设置其参数，参考参数如图1-35所示。山体地形效果如图1-36所示。

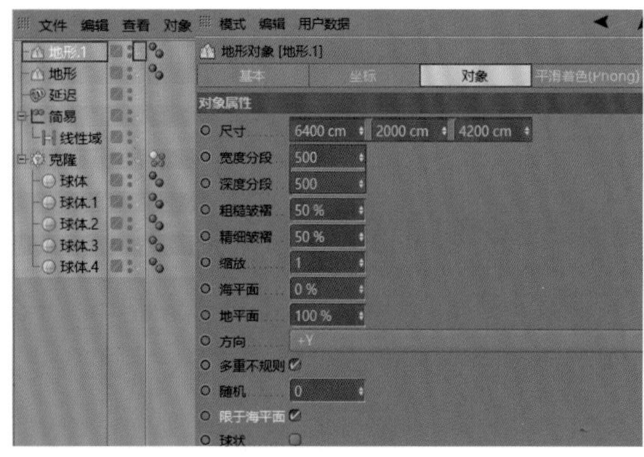

图1-35

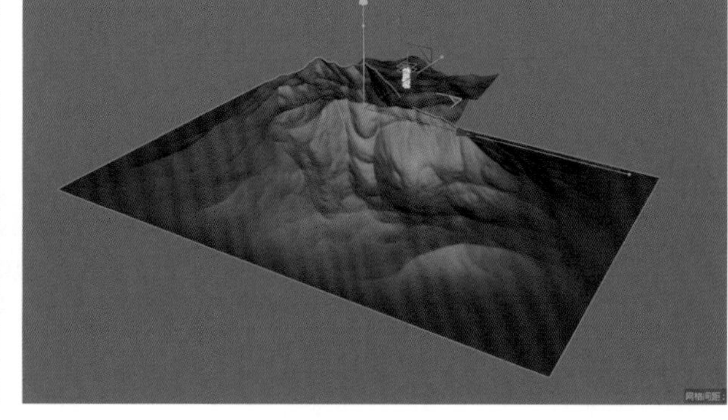

图1-36

疑难问答

问：这里不取消勾选“限于海平面”，以及设置分段数的原因是什么？

答：是否取消勾选“限于海平面”取决于实际项目的设计和需要，读者可以对比一下勾选与取消勾选的效果，然后进行选择。这个问题没有明确的答案，只要符合设计需要即可，勾选与取消勾选的示例效果如图1-37所示。

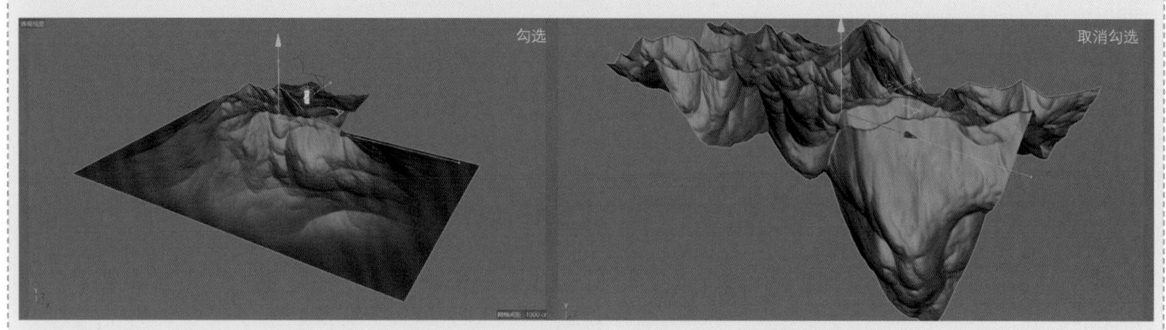

图1-37

至于控制分段数的“宽度分段”和“深度分段”，为了让地形看起来更加平滑，读者可以根据需要进行设置。

05 同理，移动“地形.1”对象的位置，是让其与“地形”对象组合成想要的地形效果，参考参数和效果如图1-38所示。

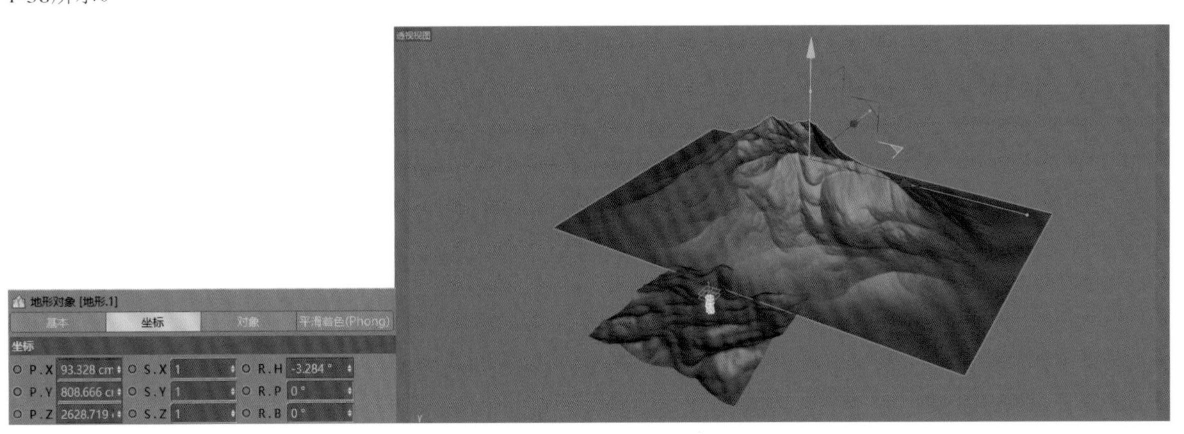

图1-38

1.4 搭建场景镜头

01 在创建镜头前需要设置工程与画面尺寸，按快捷键Ctrl+D打开“工程”面板，在“工程设置”选项卡中设置“帧率（FPS）”为25，“最大时长”和“预览最大时长”均为125F；然后按快捷键Ctrl+B打开“渲染设置”窗口，设置“宽度”和“高度”均为1000像素，“帧范围”为“全部帧”，如图1-39所示。效果如图1-40所示。

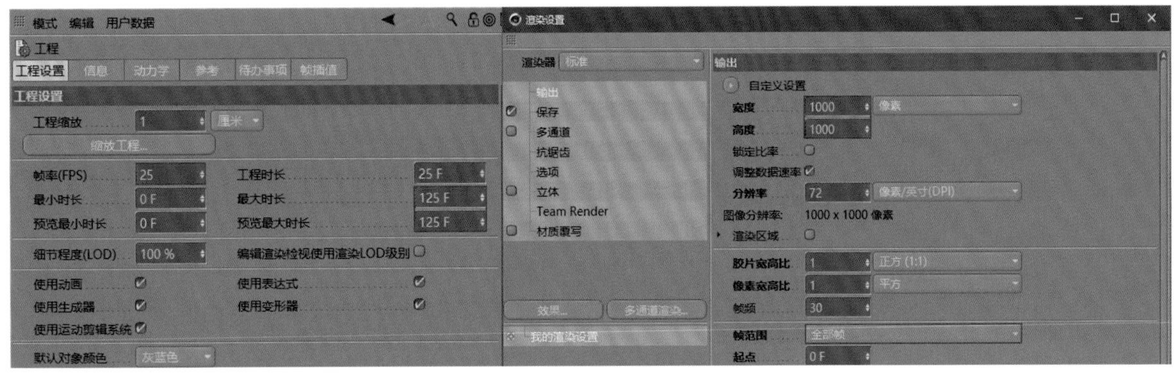

图1-39

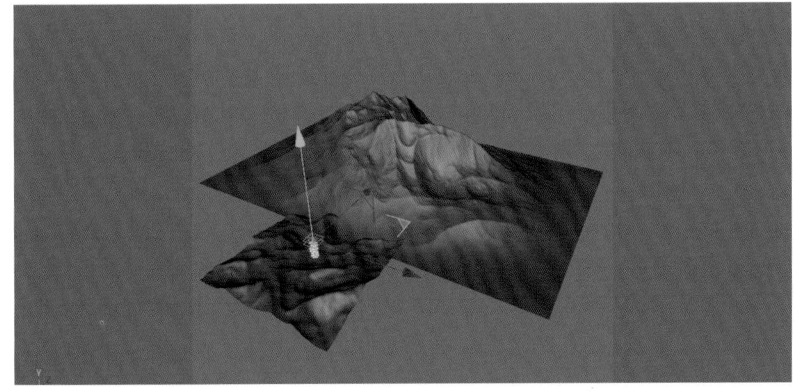

图1-40

技巧提示 “帧率（FPS）”是指动画或视频每秒播放的画面数。帧是指画面，一幅画面就叫作一帧（F）。帧率=25，就表示每秒播放25帧，那么125帧就会播放5秒。

02 单击“摄像机”工具，然后在视图中创建一个摄像机。选择“摄像机”对象，在“对象”选项卡中设置“焦距”为50毫米，最后调整摄像机的位置，如图1-41所示。

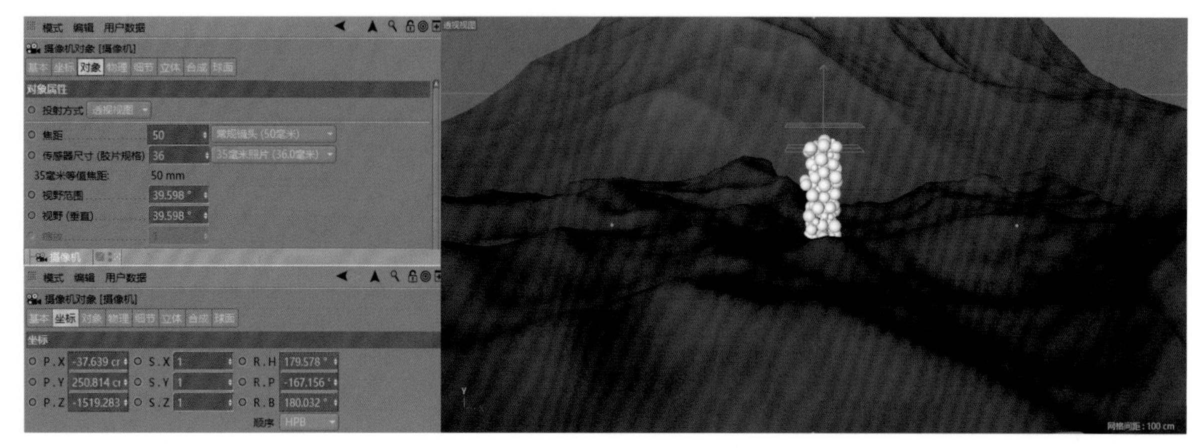

图1-41

技巧提示 注意，摄像机的布置并没有严谨的先后顺序，而应根据效果多次设置参数，直至得到理想的镜头效果。书中这样操作只是为了帮助读者快速得到效果，但是读者一定要自己尝试着观察和设置。另外，书中的参数仅支持当前操作，如果读者在操作过程中得到的效果与此有出入，请以实际效果为准。

03 为了更好地确定“球体精灵”在镜头中的位置，可以进入“合成”选项卡，勾选“网格”，然后根据九宫格来准确地找到“球体精灵”的位置，如图1-42所示。

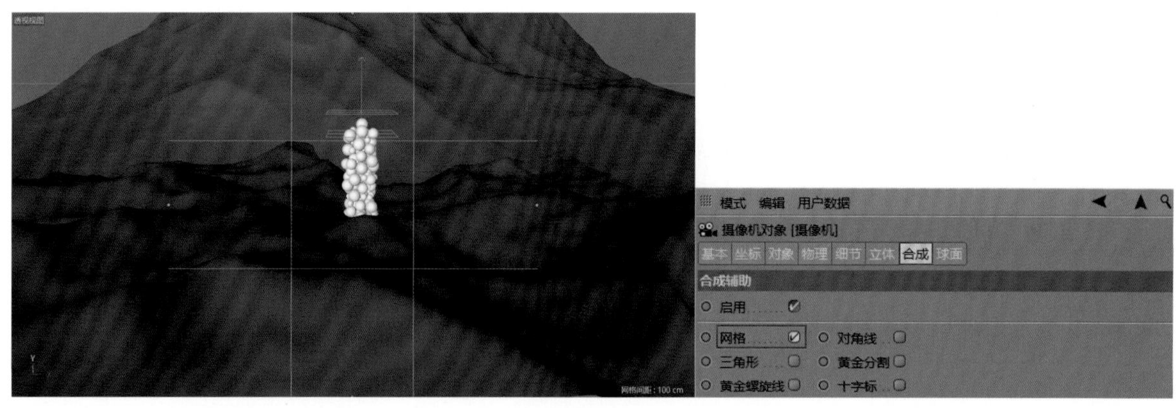

图1-42

04 此时，“球体精灵”并没有位于九宫格的中心，下面进行调整。因为整个动作应该作用于一个整体，如果直接对“克隆”对象进行移动，很容易出现异常，所以可以考虑进行打组处理。按住Shift键依次单击“克隆”对象和“简易”对象，如图1-43所示，然后按快捷键Alt+G将它们打组，得到一个“空白”对象，如图1-44所示。

图1-43

图1-44

05 选择“空白”对象，结合视图调整其位置，将其放在镜头的中心，也可以根据地形调整其角度。这里的“坐标”参数如图1-45所示。

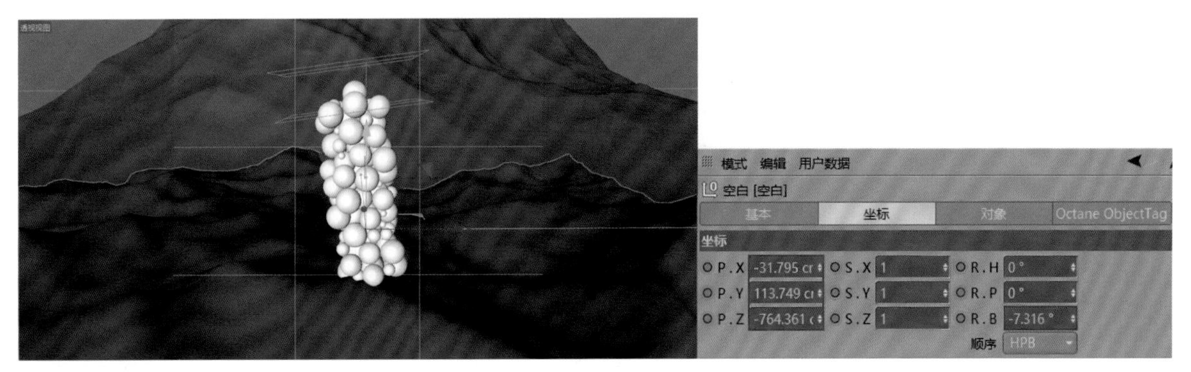

图1-45

疑难问答

问：为什么直接使用书中的“坐标”参数，效果却与书中不一样？

答：不同人的操作细节是不一样的。笔者在设置对象位置的时候，选定的是25F处的效果。如果读者在操作的时候选择的是其他帧位置，那么因为“简易”效果器在*y*轴的位置是会随关键帧发生变化的，所以位置坐标P.Y肯定是不一致的。因此读者一定要根据实际场景效果来设置合适的参数。总之，书中的方法是重点，具体参数值仅供参考。另外，当镜头已经确定后，为了防止在操作过程中移动镜头，可以为“摄像机”对象添加一个“CINEMA 4D标签”中的“保护”标签，如图1-46所示。

图1-46

1.5 布置场景模型

镜头表现分别有前景、中景、近景、远景、特写等，为了让镜头画面更加丰富，以及衬托“主角”，可以添加多个“配角”。

1.5.1 制作中景

01 这里先复制现有的“球体精灵”，然后根据镜头分别将它们摆放在相应的位置，调整它们的大小和角度。选择“空白”对象，按住Ctrl键拖曳，复制3次，如图1-47和图1-48所示。

图1-47

图1-48

02 分别选择“空白.1”“空白.2”“空白.3”对象，然后调整它们的位置、大小和角度，以衬托镜头中的主体。这里的“坐标”参数如图1-49所示。另外，因为此处的“空白”对象有悬浮感，所以将其向下移动了一点。

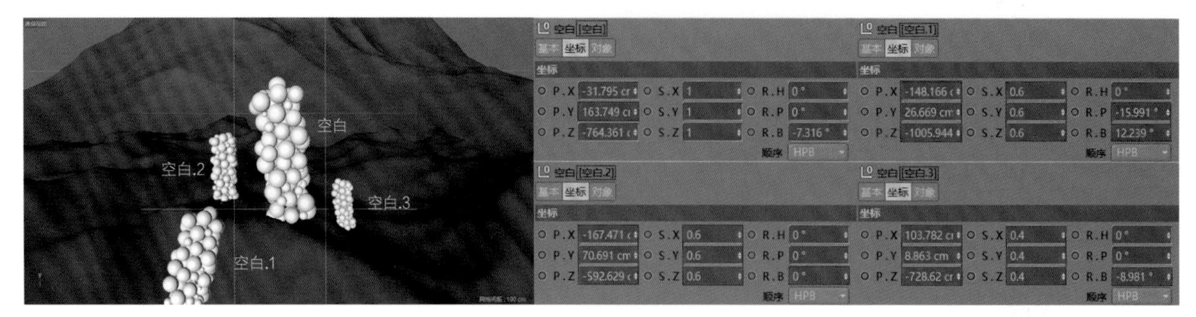

图1-49

03 拖曳时间滑块，可以发现所有“球体精灵”都是同步变化的，画面显得太机械化，因此考虑让它们的生长时间错开，形成时间上的先后关系，让动画看起来更自然。要实现这种效果，可以调整“简易”对象动作的开始和结束时间。选择任意一个“空白”对象，然后使用鼠标右键单击“坐标”中的P.Y，执行“动画>显示时间线窗口”命令，如图1-50所示。打开时间线窗口，可以拖曳黄色滑块来控制动画的开始和结束时间，如图1-51所示。

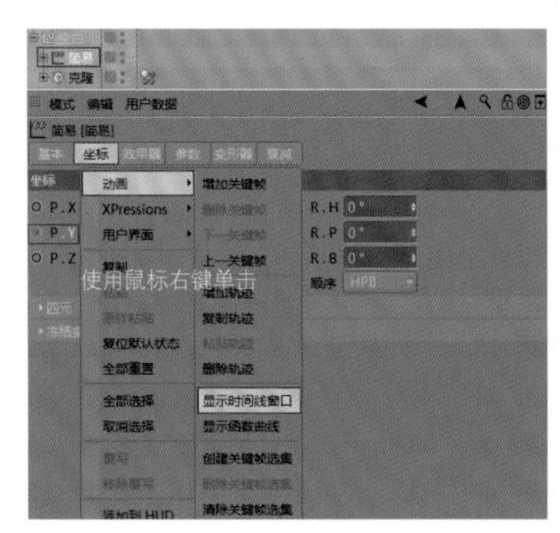

图1-50

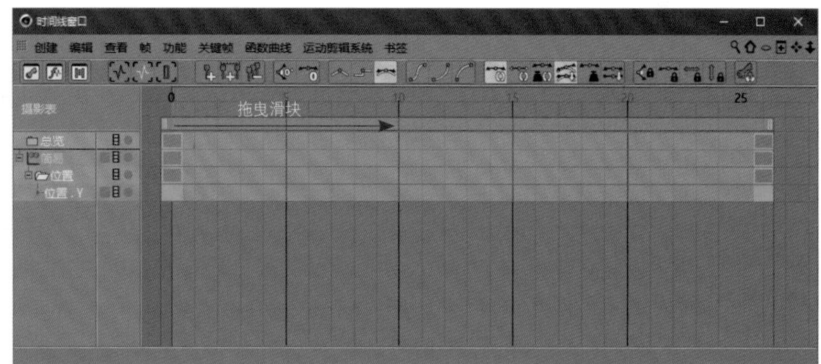

图1-51

04 分别对4个“球体精灵”的生长动画进行错开处理。这里让作为主体的“球体精灵”保持默认的动画，将其他3个“球体精灵”分别与主体错开10F~25F，具体参数设置如图1-52~图1-54所示。效果如图1-55所示。

图1-52

图1-54

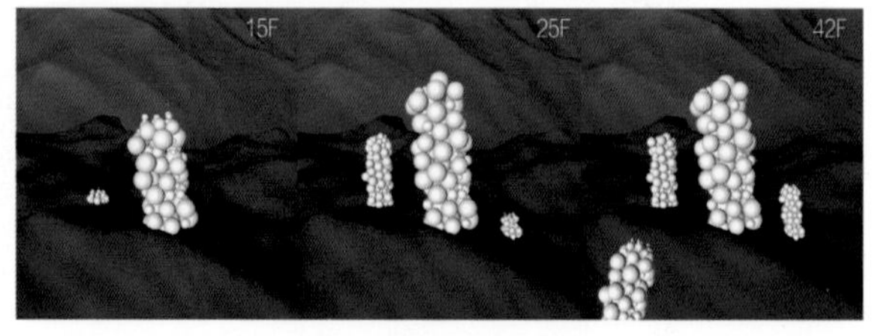

图1-55

疑难问答

问：在时间线窗口中应该如何正确地拖曳滑块？

答：读者可以将上述操作理解为拖曳整个动画的时间轴，即将整个动画时间轴向前或向后移动，从而改变整个动画的开始和结束时间，但是动画本身的播放速度不会变化。

细心的读者会发现，如果在时间线窗口中单击空白区域，整体滑块会消失，位于开始和结束位置的滑块会变为蓝色，如图1-56所示。

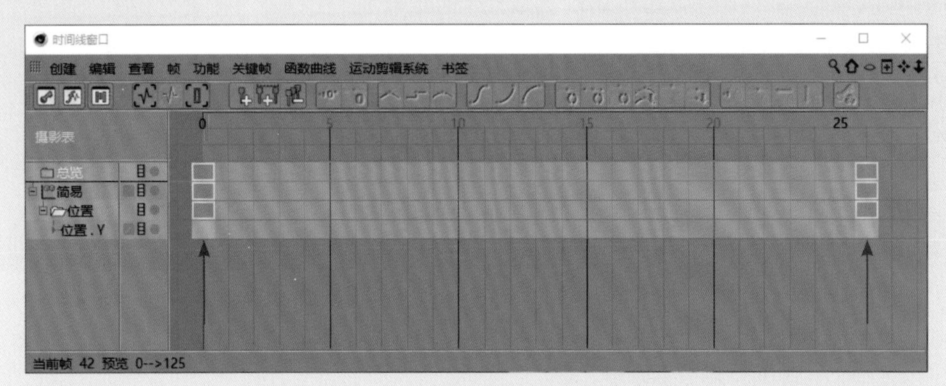

图1-56

这时，读者可以单独拖曳开始或结束处的滑块，改变动画的开始或结束时间，从而使动画本身的播放频率发生变化，如图1-57所示。

图1-57

1.5.2 制作远景

01 目前的镜头画面虽然丰富，但缺少远景，因此可以在镜头后方创建远景对象。新建一个“克隆”对象，然后选择“空白.2”和“空白.3”对象，按住Ctrl键拖曳，复制一次，如图1-58所示。将新得到的“空白.4”和“空白.5”对象拖曳到“克隆”对象中，让它们成为“克隆”对象的子级，如图1-59和图1-60所示。

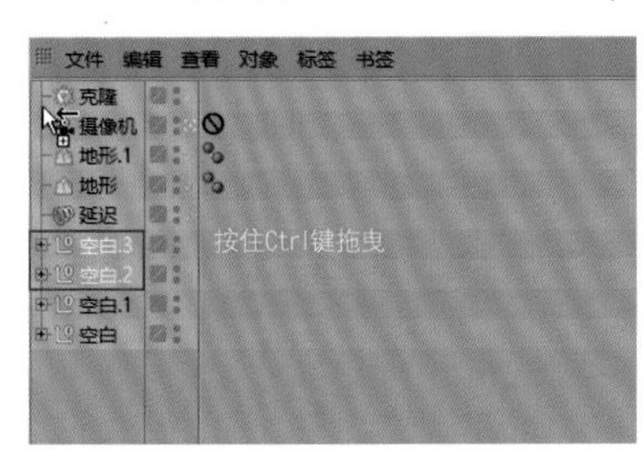

图1-58

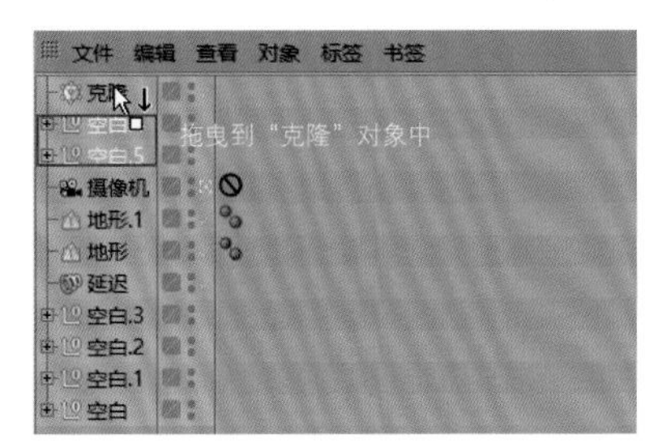

图1-59

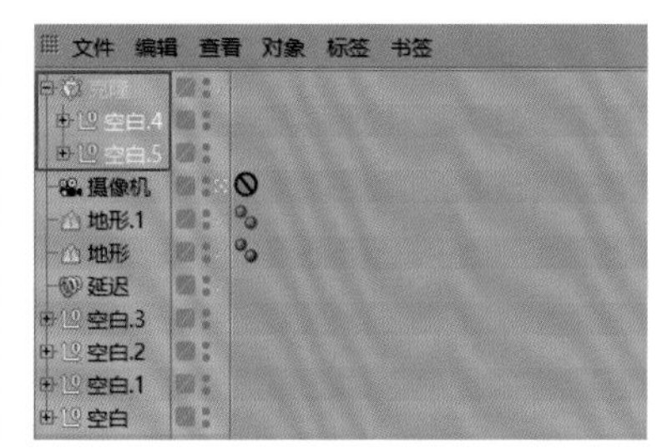

图1-60

02 设置阵列数量，以便在镜头中形成一定数量的“球体精灵”。选择“克隆”对象，进入“对象”选项卡，设置“模式”为“网格排列”,“数量”为（5,1,3），表示在当前镜头中产生一组5列3行的“球体精灵”；然后设置“尺寸”为（700cm,200cm,570cm），控制好“球体精灵”所在的区域大小，如图1-61所示。效果如图1-62所示。

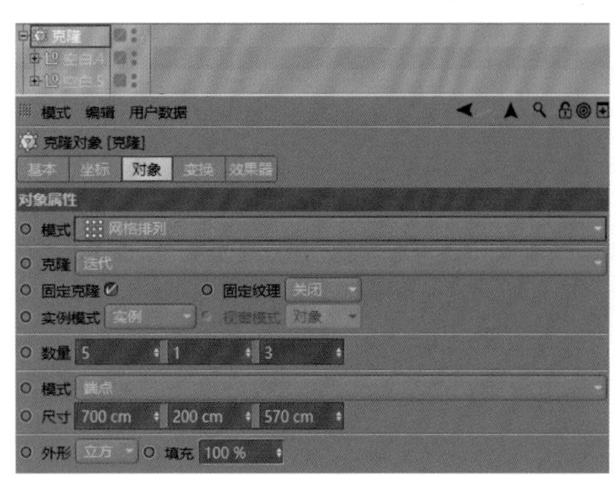

图1-61

图1-62

03 此时，镜头中出现了大量“球体精灵”，读者可以根据需要调整它们的位置和大小。因为“克隆”对象中的元素为“空白.4”和“空白.5”，所以要调整“球体精灵”的大小时，需要回到“空白.2”和“空白.3”中去调整对应的对象。分别选择“空白.4”和“空白.5”中的“克隆”对象，然后在“坐标”选项卡中调整它们的位置，如图1-63所示。效果如图1-64所示。

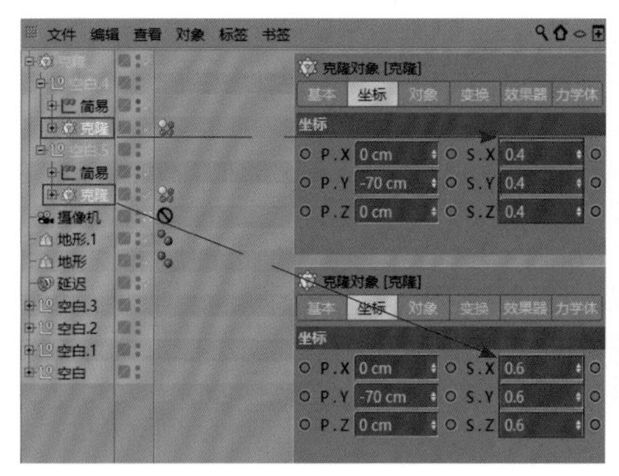

图1-63

图1-64

技巧提示 读者还可以根据实际情况调整“球体精灵”的位置，选择刚创建的“克隆”对象，然后调整其位置。这里进行了细微的调整，如图1-65所示。

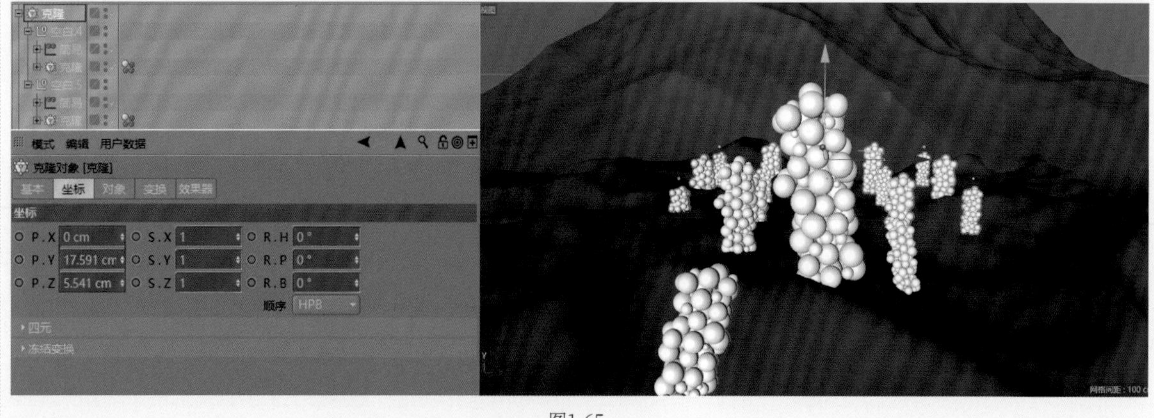

图1-65

04 同样，后面的山体也需要添加“球体精灵”，这里可以直接将“球体精灵”散布在山体上。将前面创建的“克隆”对象复制一个，得到“克隆.1”对象。按同样的方法继续批量复制，设置“克隆.1”对象的“模式”为“对象”，然后将“地形.1”拖曳到“对象”中，设置“种子”为99998，“数量”为50，如图1-66所示。

05 批量克隆后需要为不同对象设置不同的生长速度，在批量克隆对象中添加“随机”对象，进入“随机分布”面板中的“参数”选项卡，取消勾选“位置”“缩放”“旋转”，设置“时间偏移”为25F，如图1-67所示。

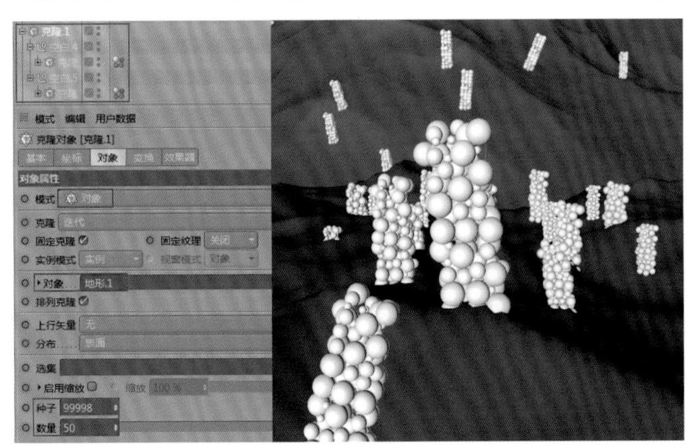

图1-66

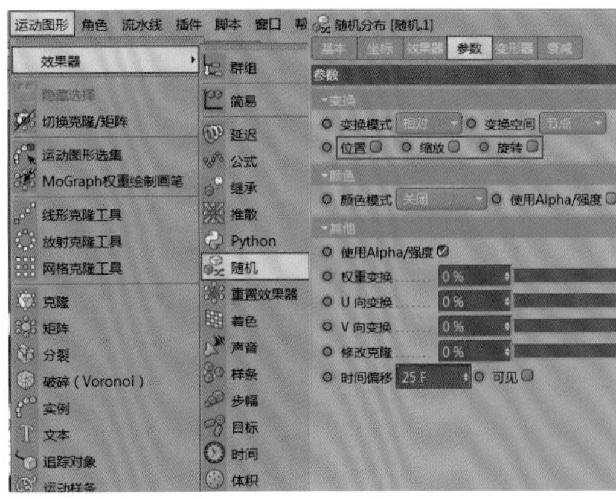

图1-67

技巧提示 设置“时间偏移”可以随机错开克隆子级的生长时间，偏移数值越大，动画随机错开得越明显，如图1-68和图1-69所示。

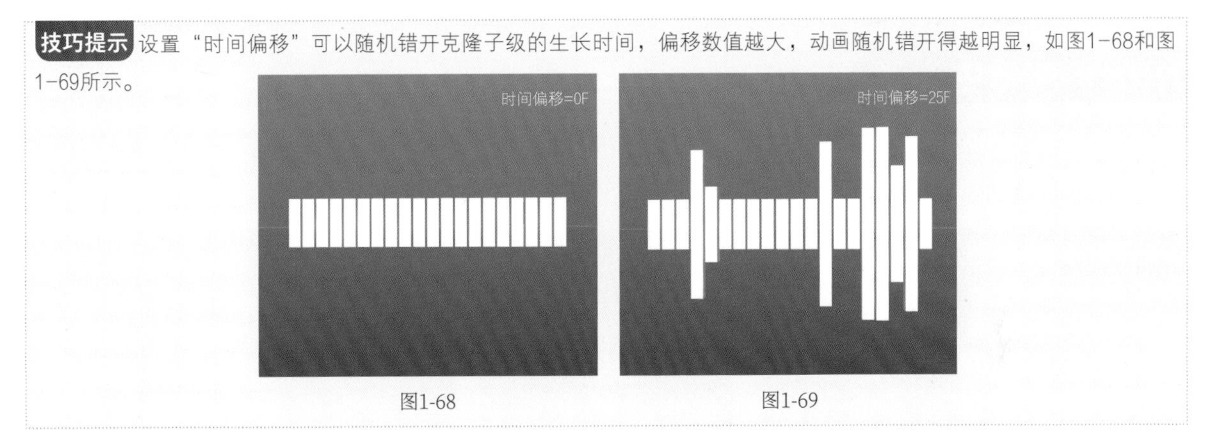

图1-68 图1-69

06 镜头制作完成后，使用鼠标右键单击“摄像机”对象，执行“CINEMA 4D标签>振动”命令，进入“振动表达式”面板，勾选“启用旋转”，设置“振幅”为（0.2°,0.2°,0.2°），“频率”为1，如图1-70所示。这样做的目的是让摄像机产生轻微的振动，从而让镜头动画更加丰富。

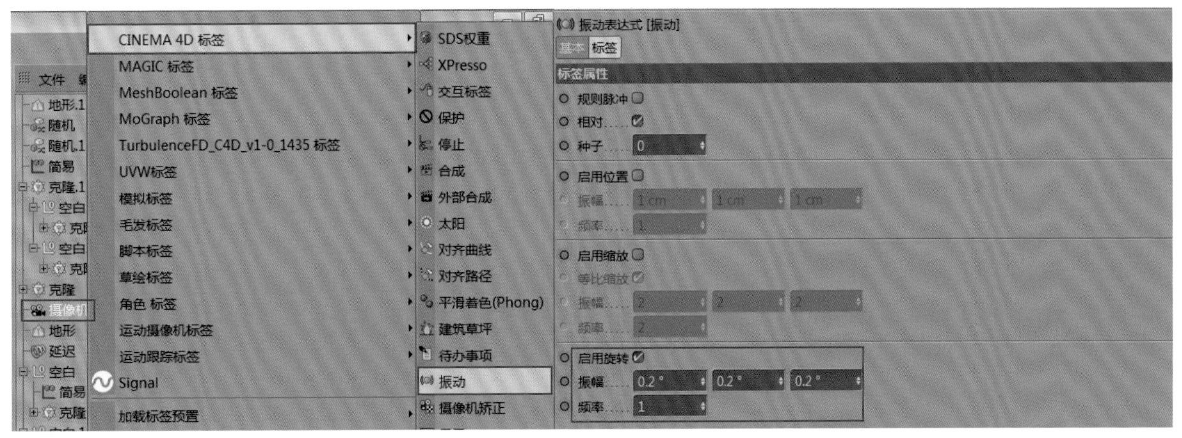

图1-70

1.6 场景布光

布光前需要分析场景环境，本实例是一个室外的场景，所以选择太阳光作为主光源，HDRI环境光作为辅助光源。打开Octane渲染器，将默认的“直接照明”修改为“路径追踪”，设置“预设”为UTV4D，如图1-71所示。关于UTV4D的设置请参考本书最后的附录。

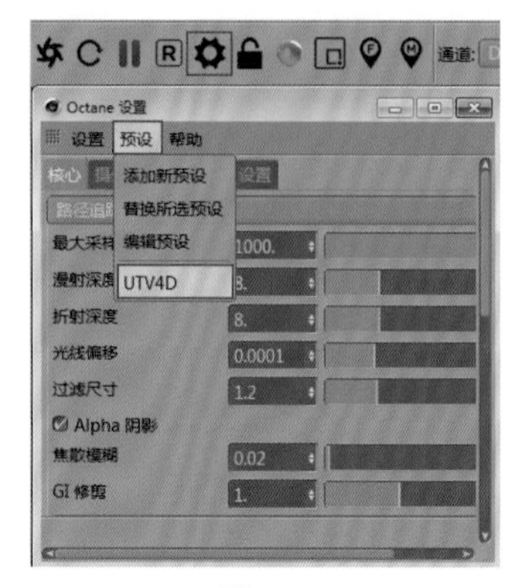

图1-71

1.6.1 创建主光源

执行“Octane>对象>Octane日光”菜单命令，如图1-72所示。进入“灯光对象”面板的“坐标”选项卡，具体参数设置如图1-73和图1-74所示，效果如图1-75所示。

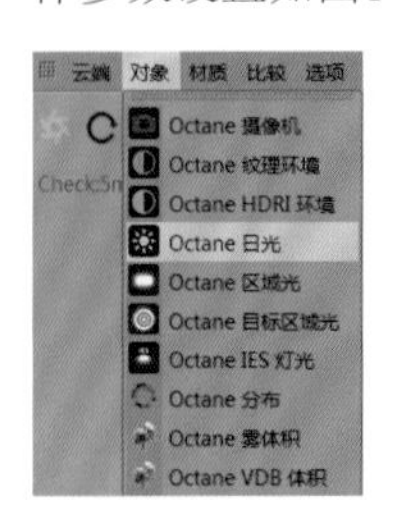

图1-72

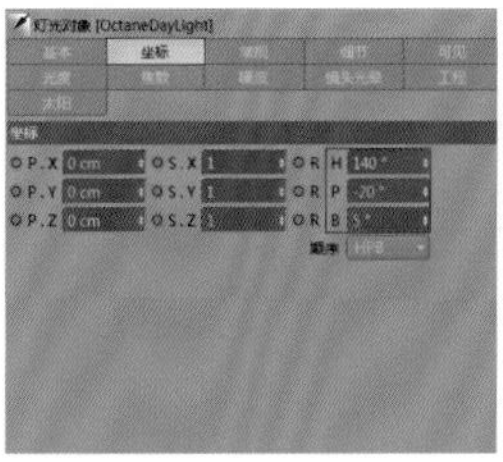

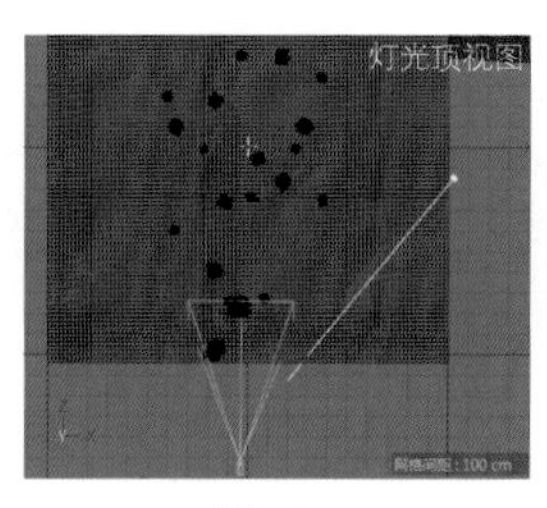

图1-73

图1-74

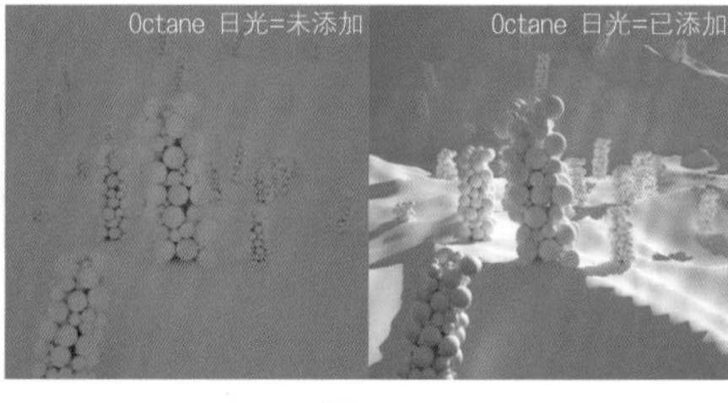

图1-75

1.6.2 创建辅助光源

执行“Octane>对象>Octane HDRI环境”菜单命令，如图1-76所示。将本书提供的HDRI拖曳到“图像纹理”中，适当调整HDRI，这里可设置“旋转X”和“旋转Y”参数，如图1-77所示。

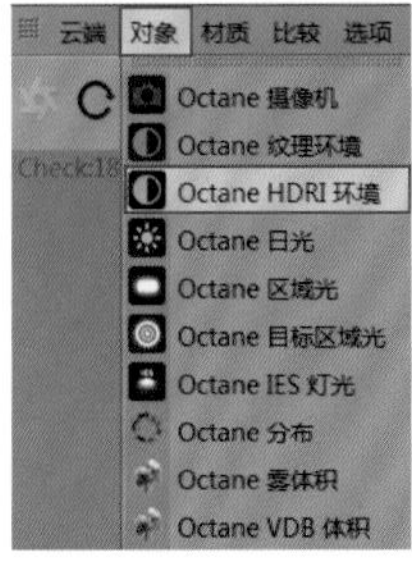

图1-76

图1-77

1.6.3 优化灯光效果

由于场景中并没有出现暖色，因此需要对“Octane日光”进行设置，单击“Octane日光”的标签，设置“功率”为1.5，“太阳颜色”为灰蓝色，勾选“混合天空纹理”，如图1-78所示。效果如图1-79所示。

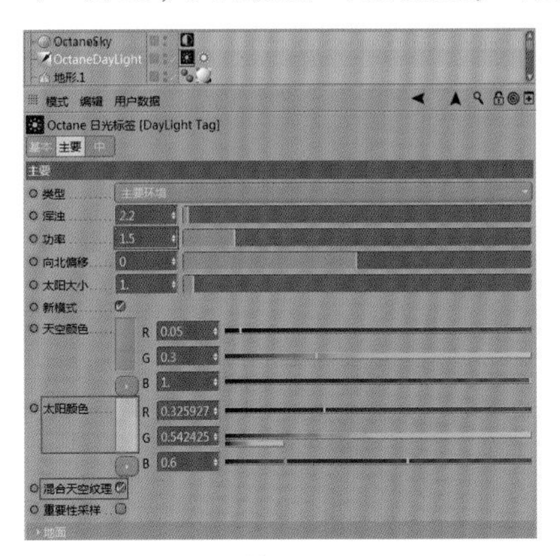

图1-78

图1-79

1.7 材质调节

通过预览动画可以看出本节的材质主要是地形材质和半透明的SSS材质。

1.7.1 创建地形材质

01 执行“Octane>材质>Octane光泽材质”菜单命令，如图1-80所示。双击Octane光泽材质球，设置“漫射”通道的“颜色”为黑色；然后打开节点编辑器，将本书提供的镜面、粗糙度、凹凸、法线和置换贴图拖曳到节点编辑器中，并链接到对应通道，如图1-81所示。

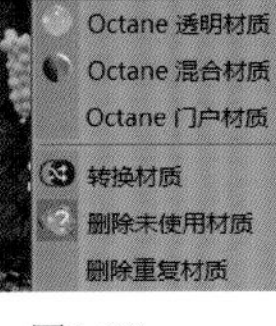

图1-80

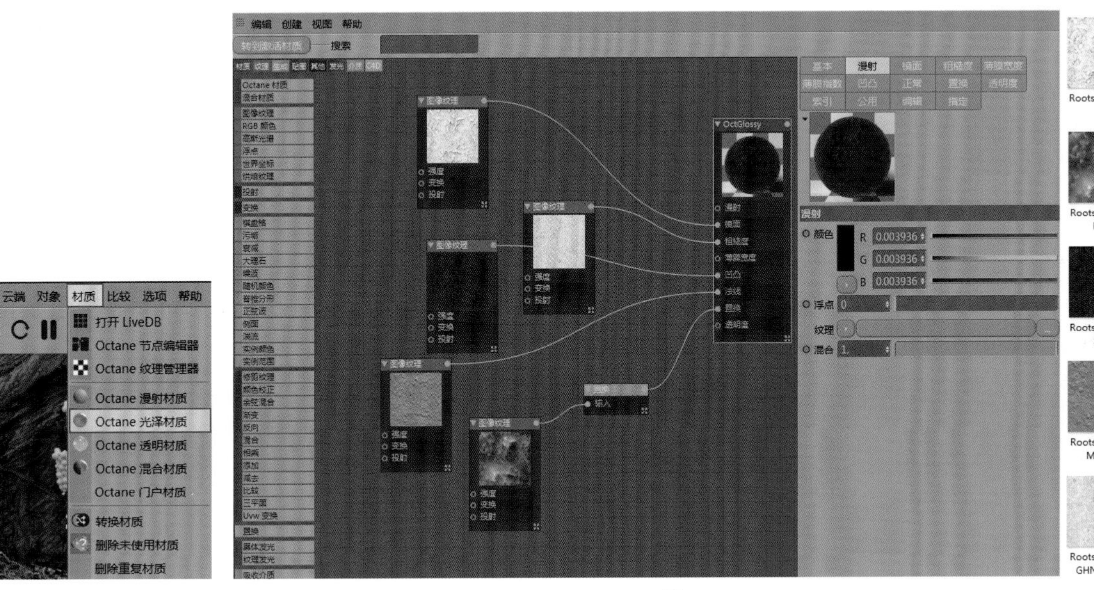

图1-81

02 选择“置换”节点，设置“数量”为50cm，“细节等级”为2048×2048，如图1-82所示。这样做可以增加置换效果的高度并提高贴图精度，效果如图1-83所示。

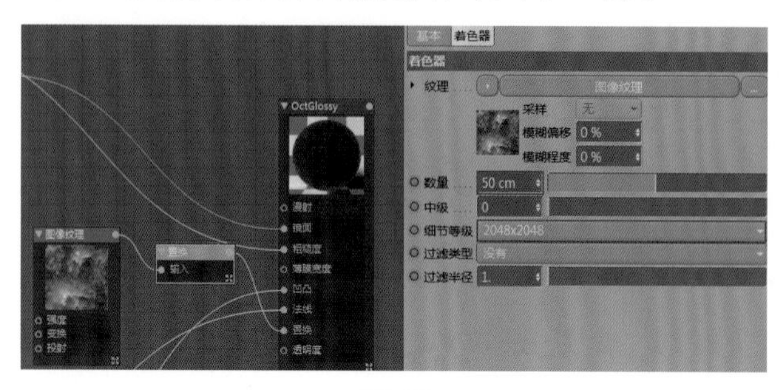

图1-82

图1-83

1.7.2 创建SSS材质

01 执行“Octane>材质>Octane透明材质”菜单命令，如图1-84所示。然后双击新建的材质球，打开节点编辑器，将“RGB颜色”(这里可以设置为淡黄色）节点链接到“散射介质”节点中的“吸收”通道，将“散射介质”节点链接到材质球中的“介质”通道，如图1-85所示。单击“散射介质”节点，设置“密度”为10，如图1-86所示。效果如图1-87所示。

图1-84

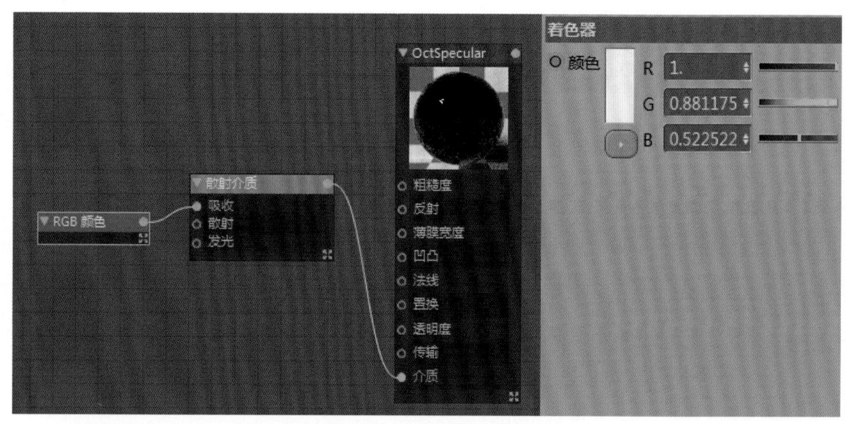

图1-85

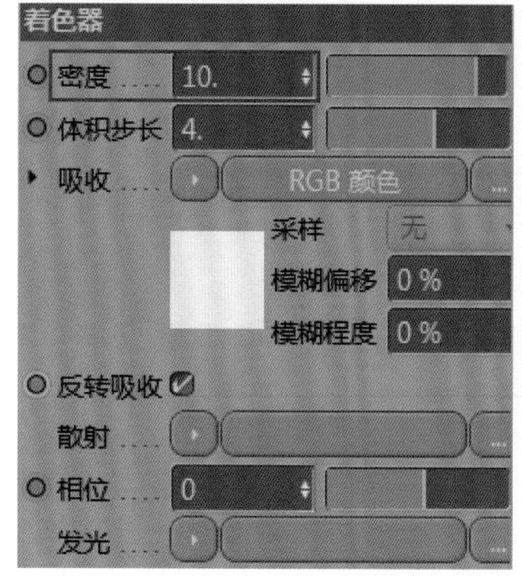

图1-86

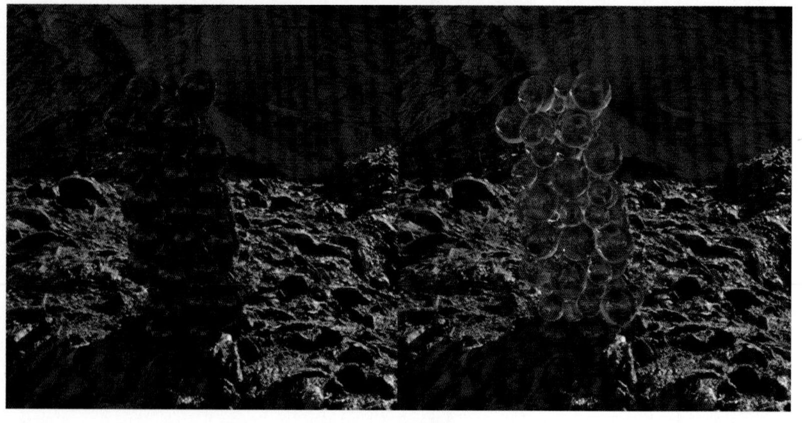

图1-87

技巧提示 可以将“密度”看作“介质”通道中粒子的数量。如果没有粒子，就无法产生吸收或散射效果。“密度”数值越大，吸收效果就会越明显，物体表面就会越暗。

02 单纯的散射介质是无法得到磨砂质感的，从测试结果可以看出材质效果类似有色玻璃。下面添加“浮点纹理”节点并链接到“粗糙度”通道，即可得到磨砂质感，如图1-88所示。为了让材质表面的细节更丰富，还可以添加“大理石”节点并链接到“凹凸”通道，如图1-89所示。效果如图1-90所示。

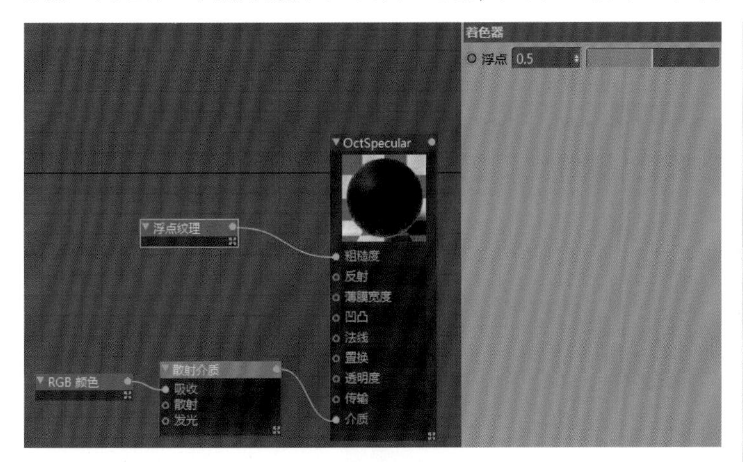

图1-88

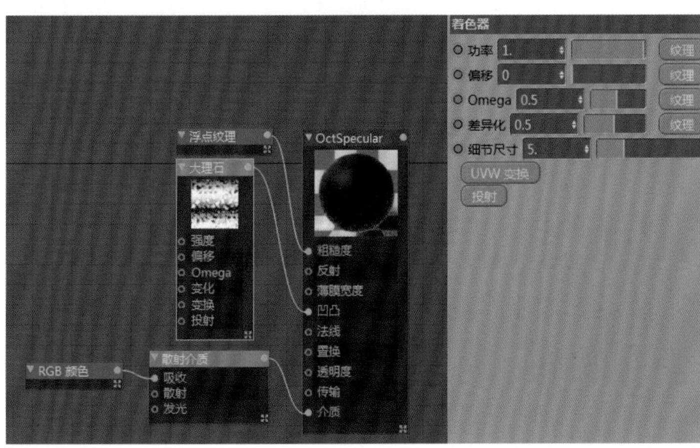

图1-89

浮点纹理渲染结果

浮点纹理+大理石渲染结果

图1-90

技术专题：Octane透明材质如何获得五颜六色的颜色信息

添加“梯度”节点与“随机颜色”节点，使“随机颜色”节点链接到“梯度”节点的“输入”通道，然后让“梯度”节点链接到“传输”通道；接着进入“梯度”节点，通过“梯度”添加不同的颜色信息，如图1-91所示。效果如图1-92所示。

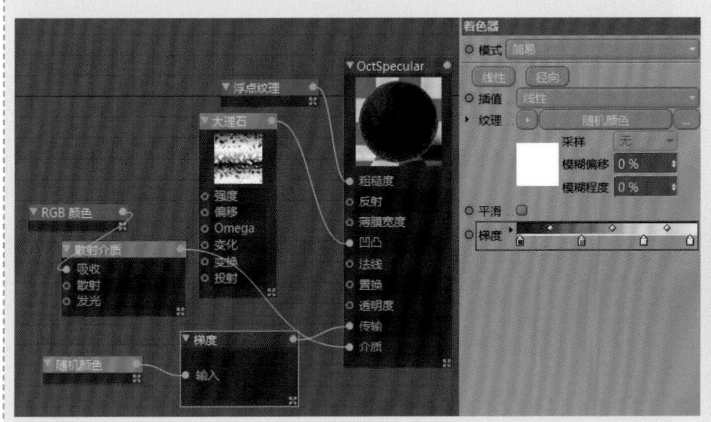

图1-91

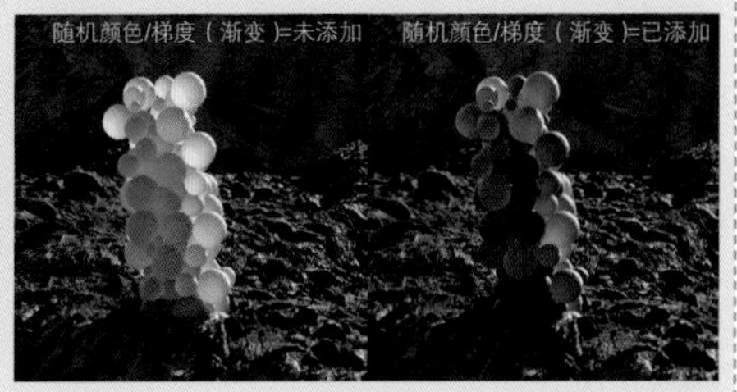

图1-92

1.7.3 制作辉光效果

材质调节完成后，将所有材质赋予对应模型，用鼠标右键单击“摄像机”对象，执行“C4doctane标签>Octane摄像机标签”命令，如图1-93所示。接下来制作景深效果，进入“Octane摄像机”面板，设置“光圈”为5cm，如图1-94所示。因为开启辉光效果后画面会更具真实感，所以在“Octane设置”窗口中设置“辉光强度”为10，“眩光强度”为5，勾选“启用”，如图1-95所示。效果如图1-96所示。

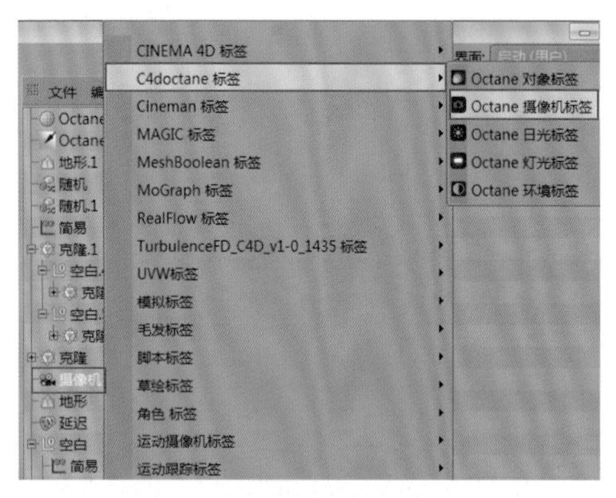

图1-93

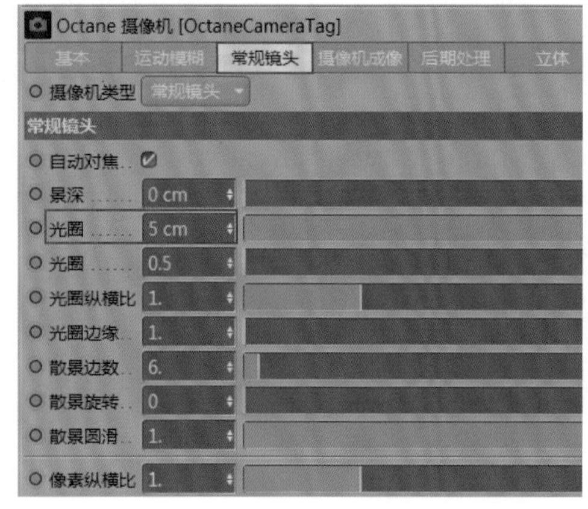

图1-94

图1-95

图1-96

第2章 镜头创作：立方体精灵动画

立方体精灵的制作方法与球体精灵类似，其单帧效果如图2-1所示。相比前面的球体精灵动画，本动画还涉及立方体精灵随风摇曳的效果，所以会进行风力模拟。另外，本动画还会处理随机噪波，这是本动画中的一个重要技术，希望读者掌握好。

图2-1

关键词

- 精灵模型
- 搭建镜头
- 场景布光
- SSS 材质
- 辉光效果
- 随风摇曳
- 随机噪波
- 地形材质
- 翠绿材质

2.1 制作立方体精灵动画

立方体精灵动画的制作要点主要有以下两个。

第1个： 制作阵列模型。

第2个： 制作运动效果。

2.1.1 制作立方体精灵模型

01 新建一个立方体，按住Ctrl键并拖曳立方体4次，复制出4个立方体，修改每个立方体的尺寸，最小20cm×20cm×20cm，最大50cm×50cm×50cm，然后分别选择每一个立方体，勾选“圆角”，设置“圆角半径”为1cm、“圆角细分”为5，如图2-2~图2-4所示。

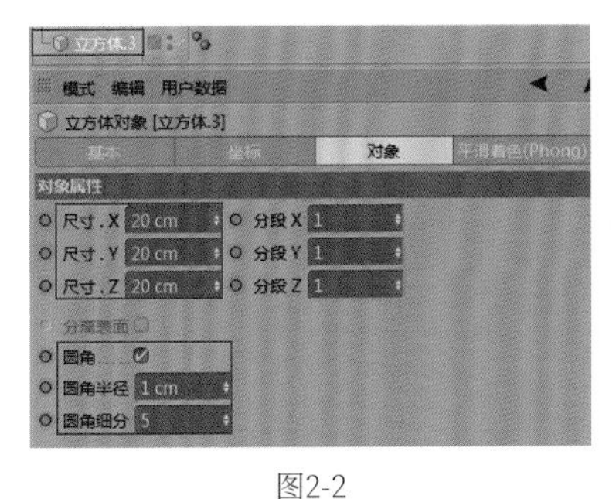

图2-2

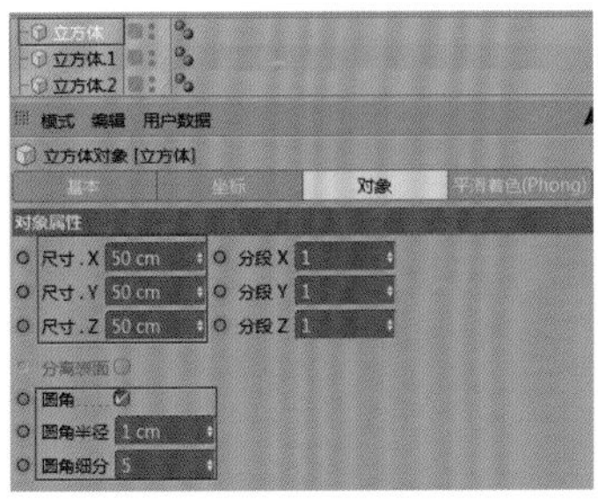

图2-3

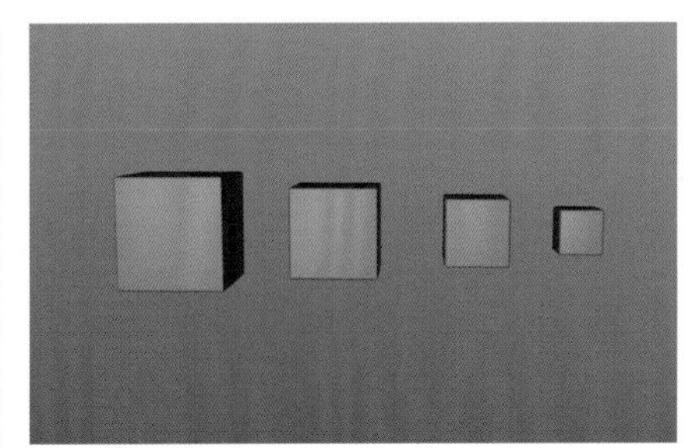

图2-4

02 新建一个“克隆”对象，将4个立方体拖曳到“克隆”对象中作为子级；单击“克隆”对象进入“对象”选项卡，设置“模式”为“网格排列”,“实例模式”为“渲染实例”,“数量”为（6,6,6）,“尺寸”为（40cm,40cm,40cm），如图2-5所示。效果如图2-6所示。

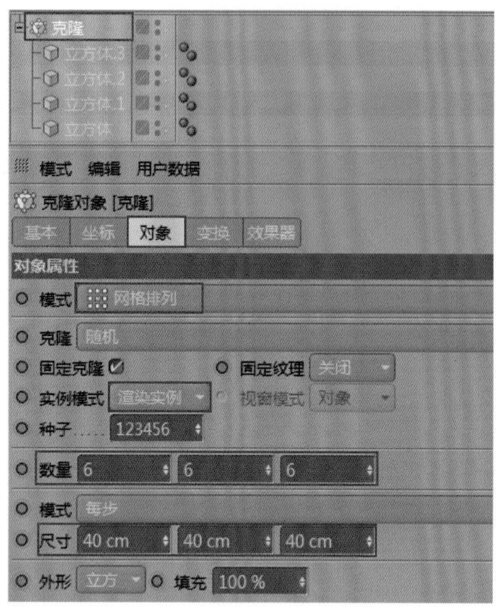

图2-5

图2-6

03 使用鼠标右键单击“克隆”对象，执行“模拟标签>刚体”命令，如图2-7所示。设置“力学体标签”面板“碰撞”选项卡中的“继承标签”为“应用标签到子级”,“独立元素”为“全部”，如图2-8所示。设置“力”选项卡中的“跟随位移”为10，如图2-9所示。效果如图2-10所示。

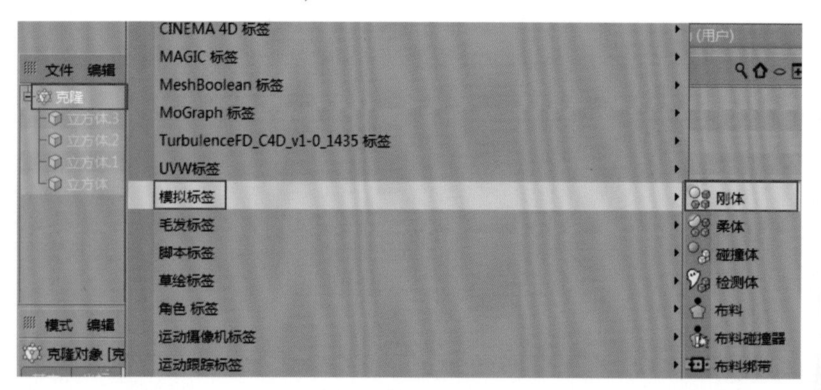

图2-7

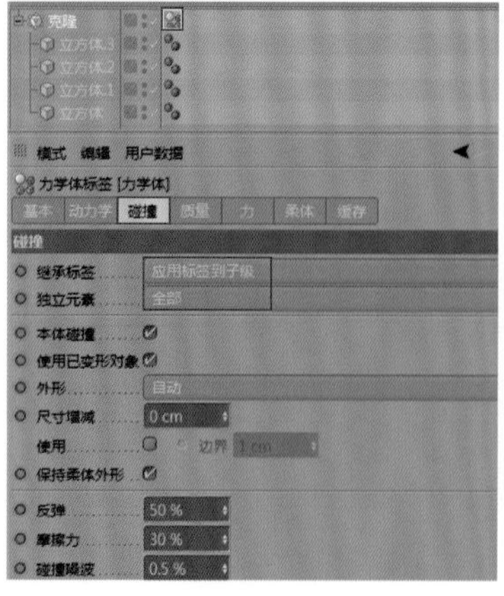

图2-8

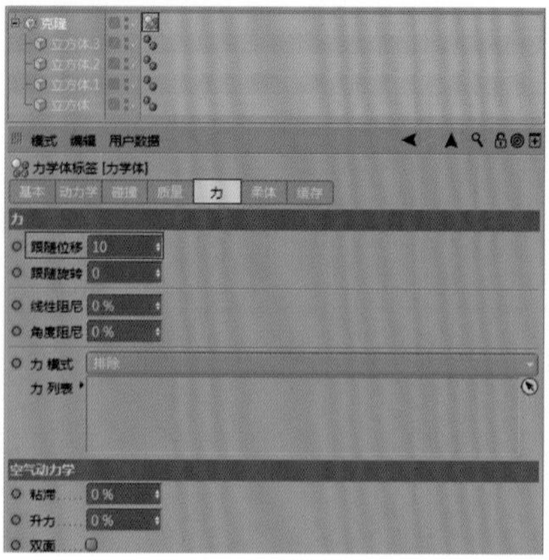

图2-9

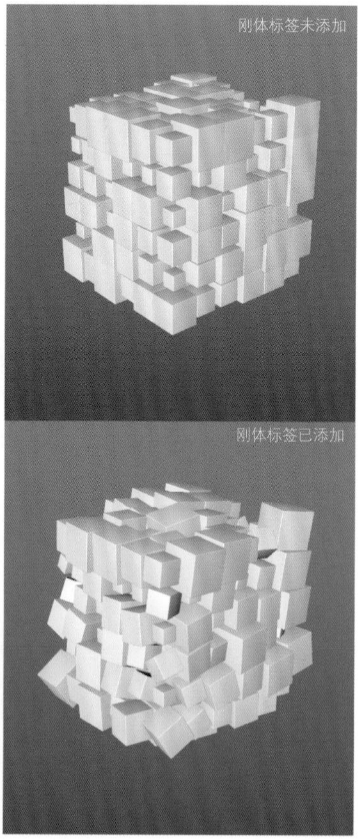

图2-10

04 为了让立方体的随机性更强，可以单击“克隆”对象，执行“运动图形>效果器>随机”菜单命令，如图2-11所示。进入“参数”选项卡，取消勾选“位置”和“缩放”，勾选并设置“旋转”参数，如图2-12所示。

图2-11

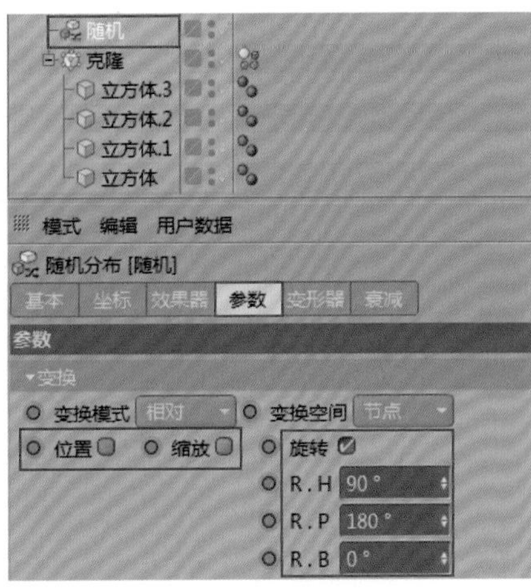

图2-12

05 选择“画笔”工具，如图2-13所示。切换到正视图并绘制一根样条，如图2-14所示。选择样条，在点模式下按快捷键Ctrl+A全选点，然后单击鼠标右键，设置“细分数”为20，如图2-15所示。

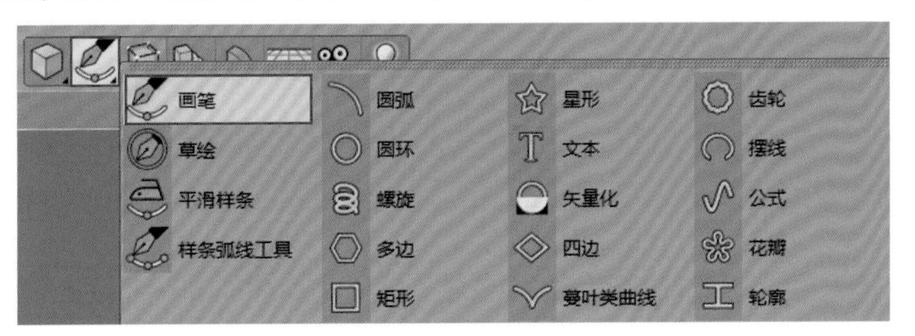

图2-13

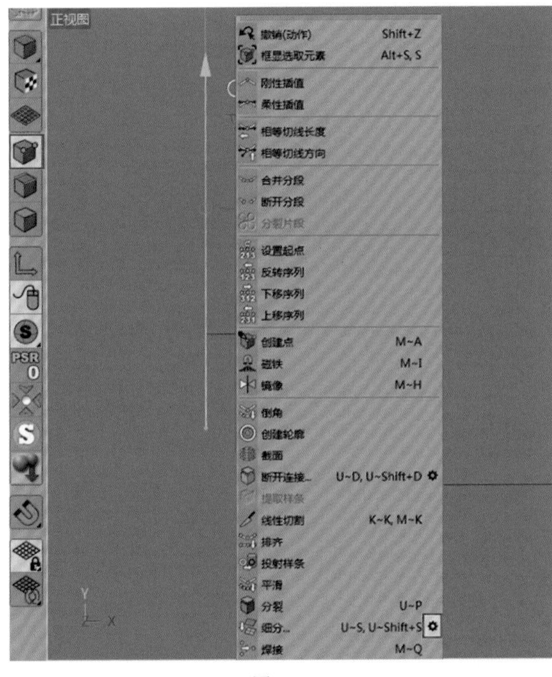

图2-14

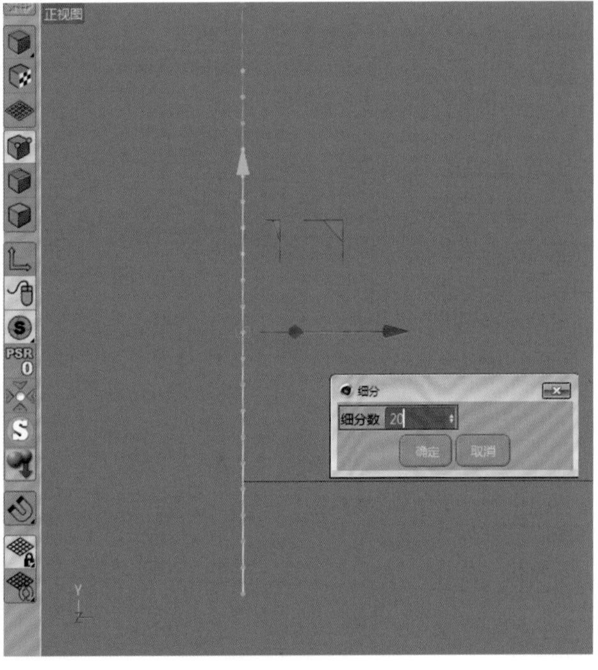

图2-15

06 全选“克隆”与“随机”对象，按快捷键Alt+G打组，然后执行“CINEMA 4D标签>对齐曲线”菜单命令，如图2-16所示。进入“对齐到曲线表达式”面板，将样条拖曳到“曲线路径”中，勾选“切线”，设置“位置”为100%，如图2-17所示。这样就成功将“克隆”对象绑定到样条上了，如图2-18所示。

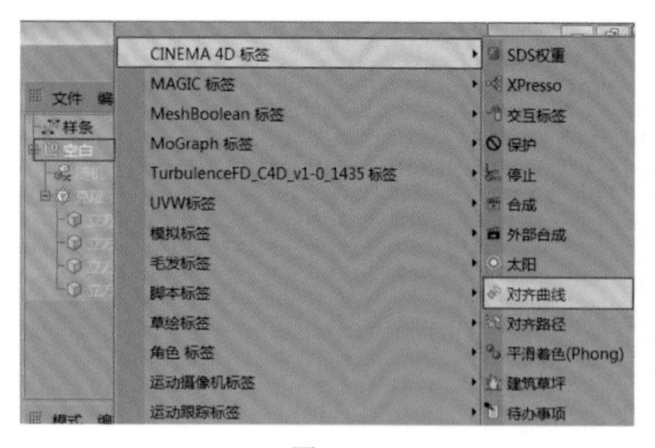

图2-16

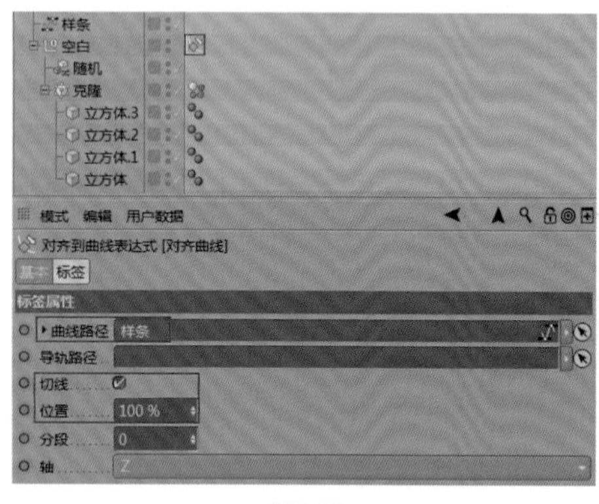

图2-17

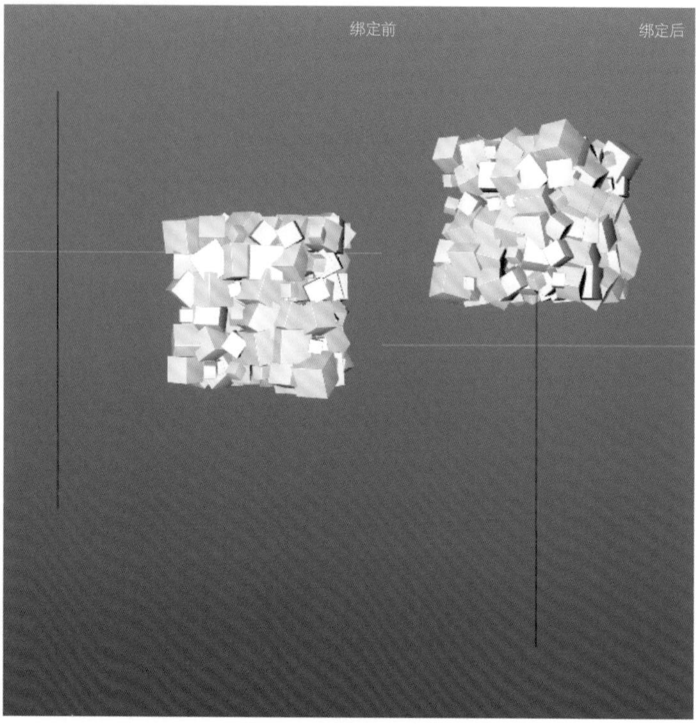

图2-18

07 绑定后的“克隆”对象是一个像素花朵，这里希望它产生随风摇摆的动画效果。执行“运动图形>运动样条”菜单命令，创建“运动样条”对象，如图2-19所示。设置“对象”选项卡中的“模式”为“样条”，如图2-20所示。然后将普通“样条”拖曳到“源样条”中，如图2-21所示。最后将“对齐到曲线表达式”面板中的“曲线路径”替换成“运动样条”，如图2-22所示。

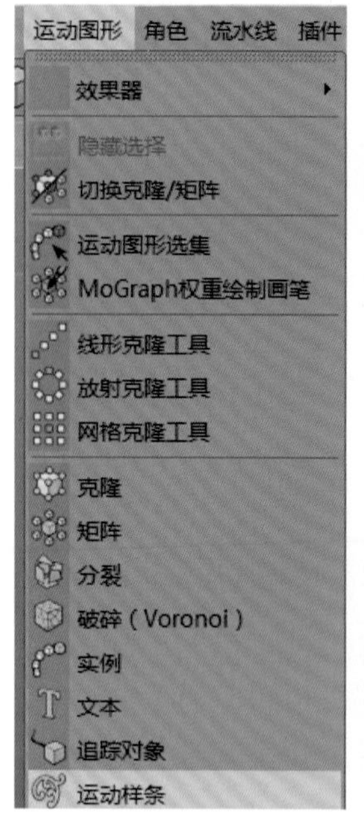

图2-19

图2-20

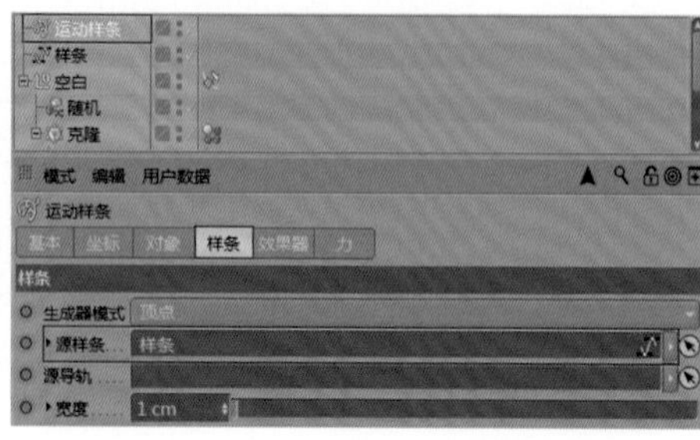

图2-21

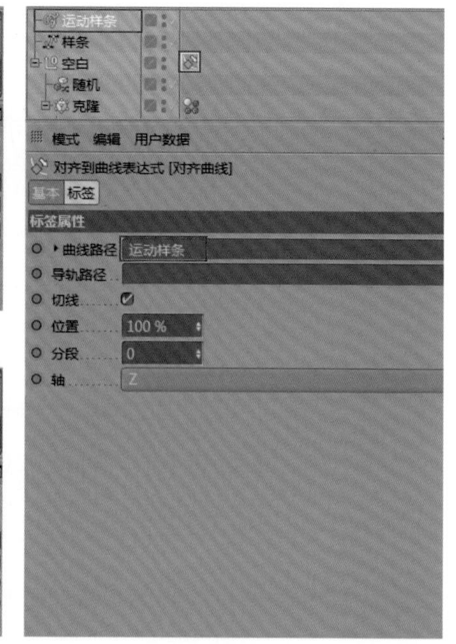

图2-22

技巧提示 因为普通样条不具备动力学效应，所以需要将普通“样条”替换成“运动样条”，才可以通过力场来影响它。两种样条的对比效果如图2-23和图2-24所示。

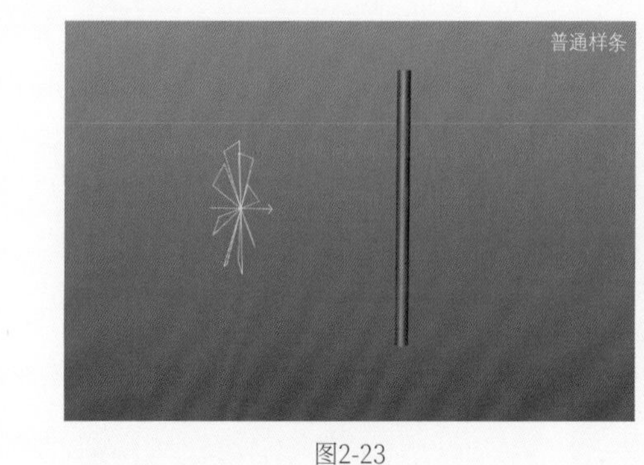

图2-23

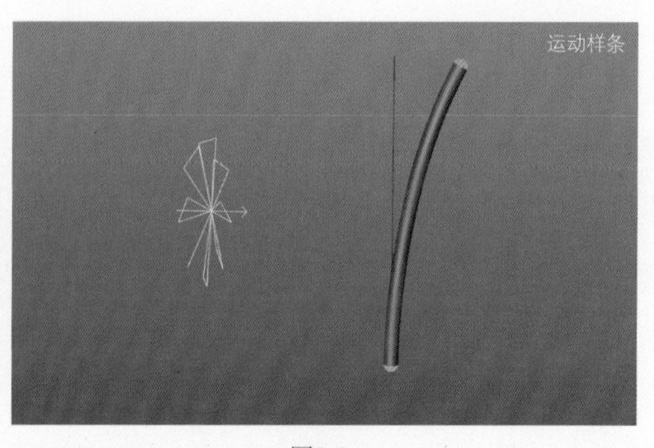

图2-24

08 将运动样条创建成模型。选择“圆环”与“扫描”工具，如图2-25所示。将“运动样条”与“圆环”拖曳到“扫描”对象中作为子级，在“运动样条”面板的“样条”选项卡中设置“宽度”为10cm，如图2-26所示。

图2-25

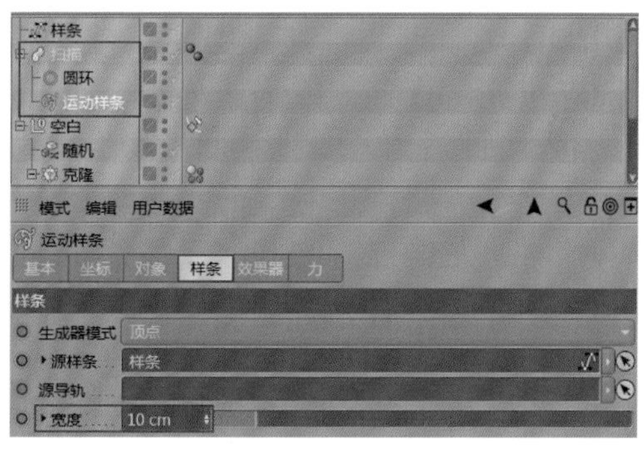

图2-26

09 这里可以通过“扫描”来调整模型的粗细。选择“扫描”对象，进入“对象”选项卡中的“细节”卷展栏，然后调整“缩放”曲线，如图2-27所示。效果如图2-28所示。

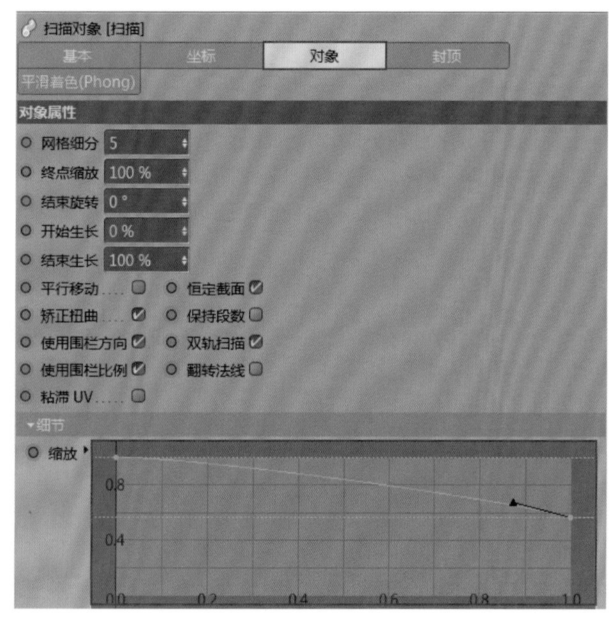

图2-27

图2-28

2.1.2 制作随风摇摆的效果

01 执行“模拟>粒子>湍流”和“模拟”>粒子>风力”菜单命令，如图2-29所示。对“湍流”与“风力”效果进行参数设置，使它们能对物体产生真实的动力影响，如图2-30和图2-31所示。

图2-29

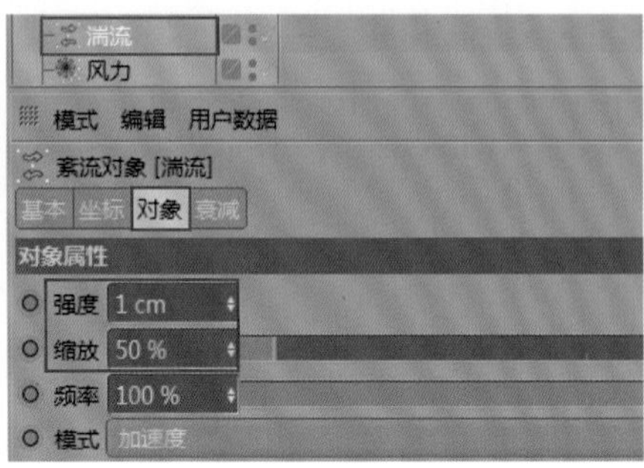

图2-30

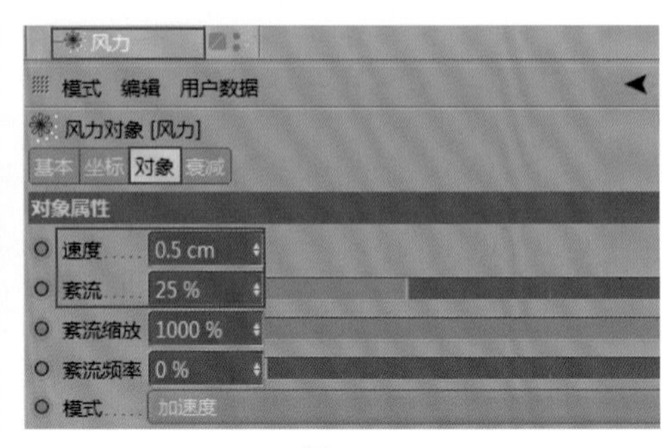

图2-31

02 “湍流”与“风力”效果用于影响“运动样条”，但由于“克隆”对象添加了“刚体”标签，因此也会受到影响。因为“克隆”对象无须受到力场影响，所以在其“力”选项卡中排除“湍流”与“风力”效果即可，如图2-32所示。效果如图2-33所示。

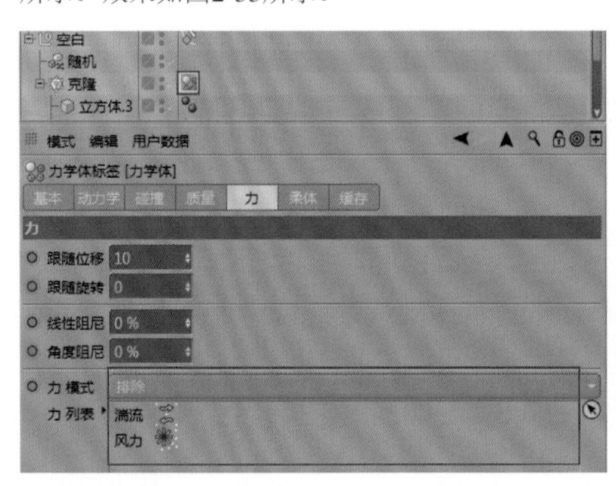

图2-32

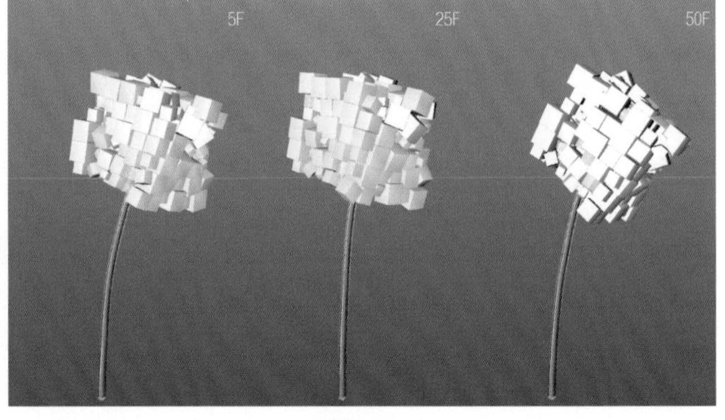

图2-33

2.2 制作地形

此处地形的创建方法与第1章中的几乎相同，因此这里只简单说明一下创建流程。

同样使用“地形”工具来创建地形，如图2-34所示。注意本实例应该重点设置分段数和是否限于海平面等属性，参数设置如图2-35所示。效果如图2-36所示。

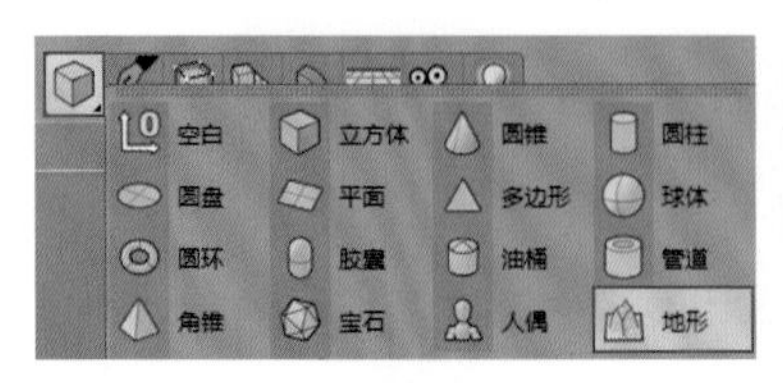

图2-34

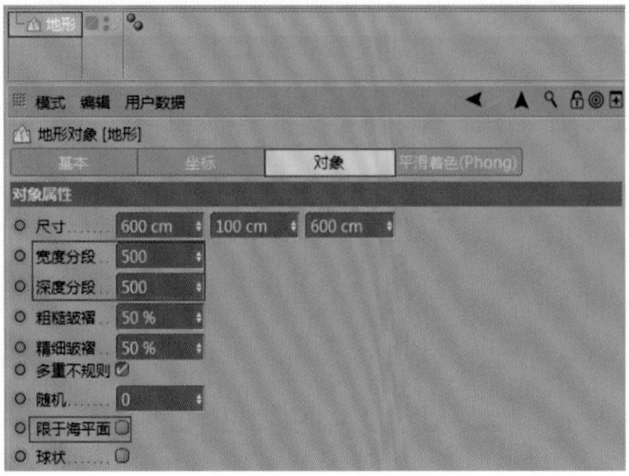

图2-35

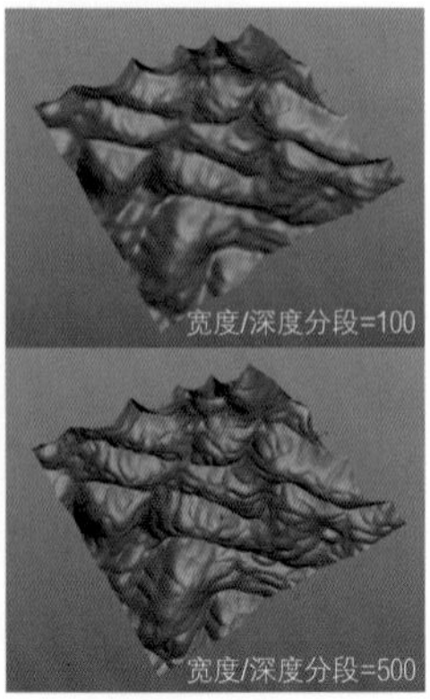

图2-36

2.3 搭建场景镜头

01 创建镜头前需要设置工程与画面尺寸。按快捷键Ctrl+D打开“工程”面板，在“工程设置”选项卡中设置“帧率（FPS）”为25，如图2-37所示。按快捷键Ctrl+B打开“渲染设置”窗口，设置“宽度”和“高度”为1000像素，“帧范围”为“全部帧”，“起点”为0F，“终点”为125F，如图2-38所示。

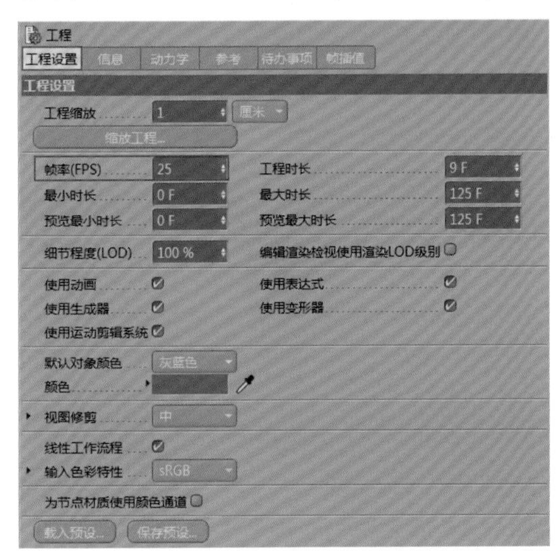

图2-37

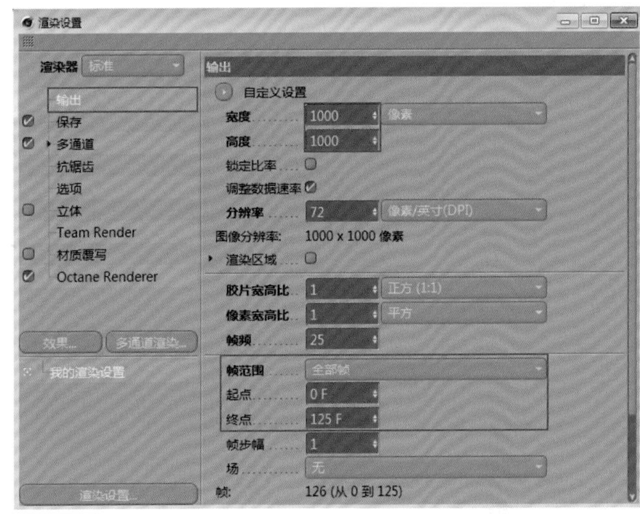

图2-38

02 创建摄像机，在“对象”选项卡中设置“焦距”为80毫米，如图2-39所示。然后在摄像机画面中添加地面地形与背景地形，并且找到最佳视觉效果，如图2-40所示。

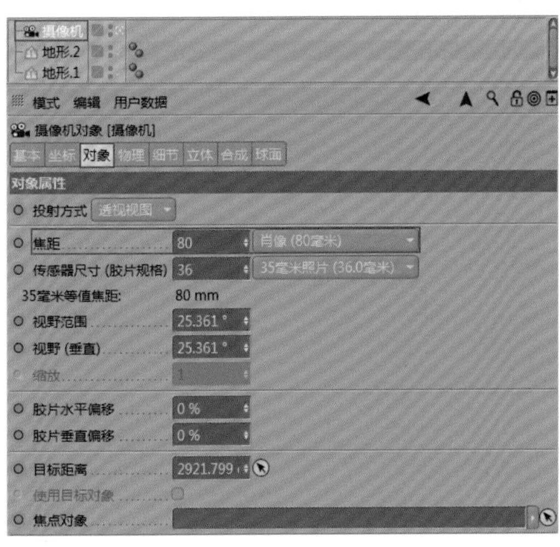

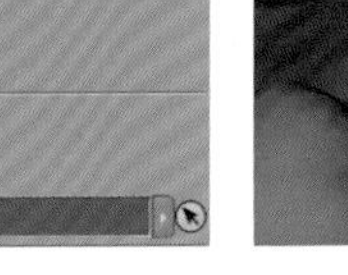

图2-39

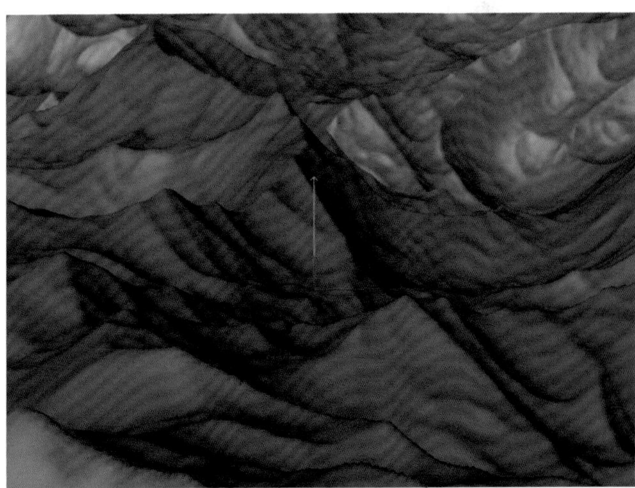

图2-40

技巧提示 为了方便读者还原书中的效果，这里给出了摄像机和地形的参考坐标，如图2-41~图2-43所示。

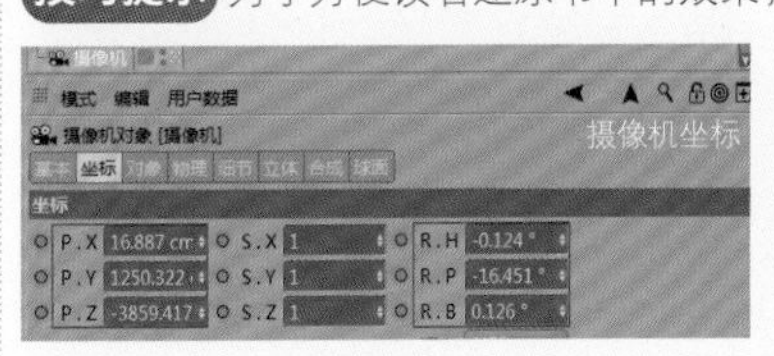

图2-41

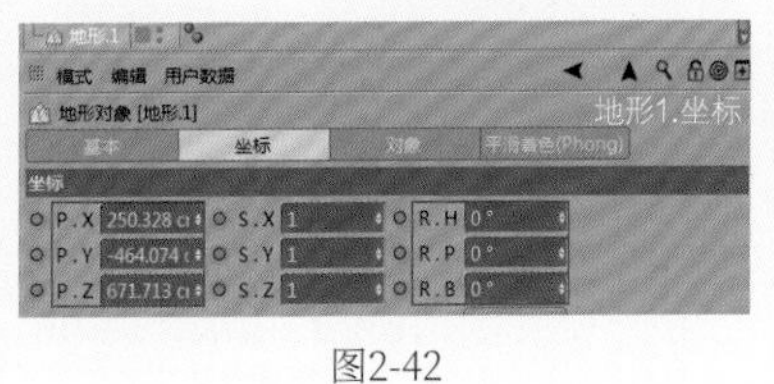

图2-42

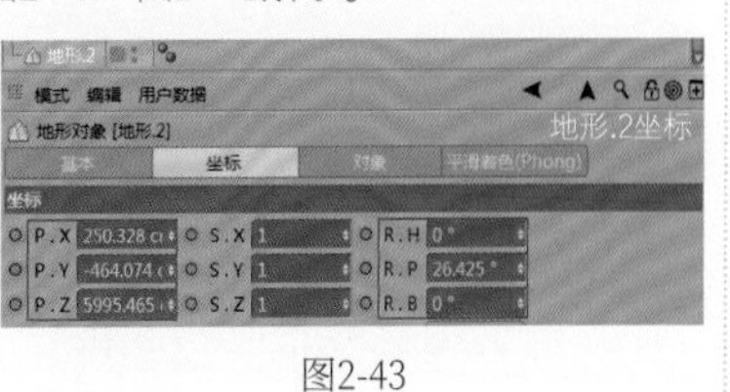

图2-43

03 在摄像机镜头中添加精灵作为主体，为了更好地确定精灵在镜头中的位置，可以在“合成”选项卡中勾选“网格”，根据九宫格来准确地找到精灵的位置，如图2-44所示。效果如图2-45所示。

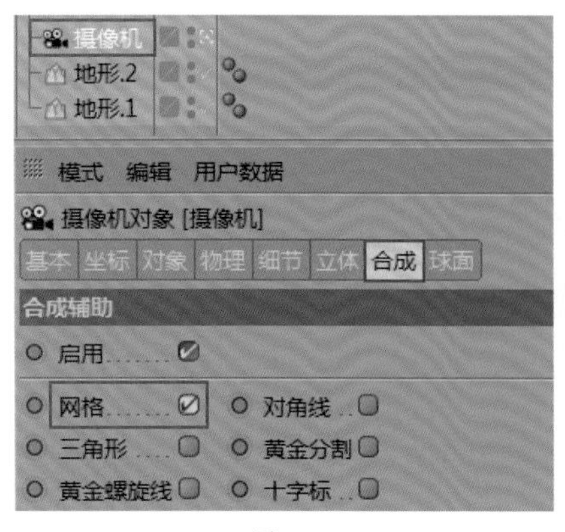

图2-44

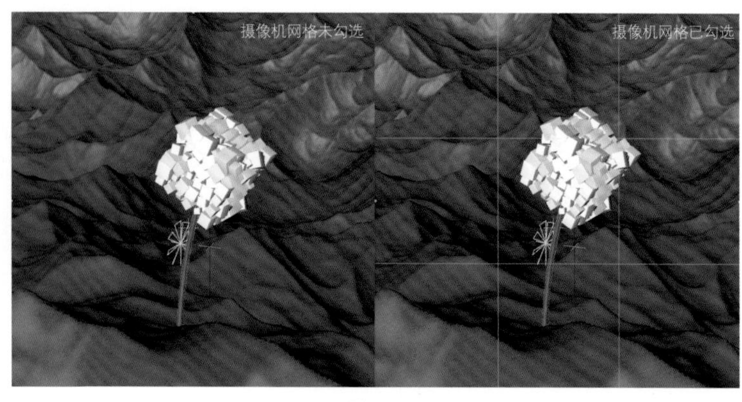

图2-45

04 全选所有精灵图层，按快捷键Alt+G进行打组，并且复制出8组精灵，将它们放置在精灵主体身后，可以让镜头画面更加丰富，也可以衬托主体，如图2-46所示。

技巧提示 立方体精灵的摆动是通过力场的“湍流”和“风力”效果来模拟的，所以复制精灵组的时候需要修改“风力”的旋转方向，这样镜头中的动画会更加丰富、真实。

图2-46

05 这里可以将精灵组中的“克隆”对象单独复制出来，删除其“刚体”标签，通过“随机”效果器影响“克隆”子级（立方体）的自由旋转，如图2-47所示。在“效果器”选项卡中设置“随机模式”为“噪波”,“动画速率”为30%，如图2-48所示。

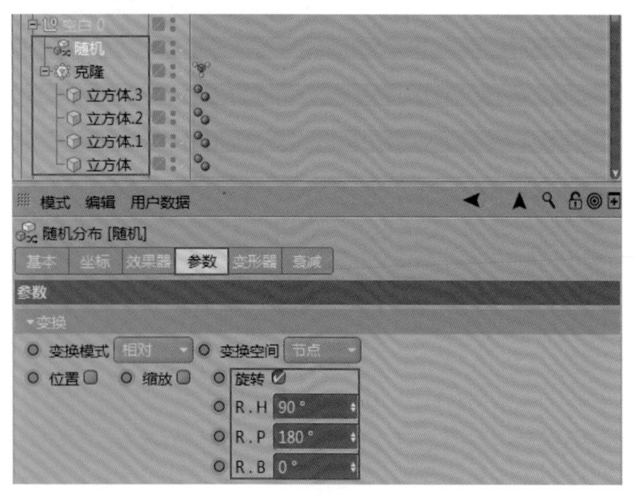

图2-47

图2-48

技术专题：如何处理随机噪波

选择“随机模式”中的“噪波”可以激活“动画速率”，设置“动画速率”可以直接驱动噪波，让噪波产生无限循环动画。这里不需要手动创建关键帧。例如，为“位置”“缩放”“旋转”随机指定一些数值，如图2-49所示；同时设置“随机模式”为“噪波”，“动画速率”为100%，如图2-50所示。效果如图2-51所示。

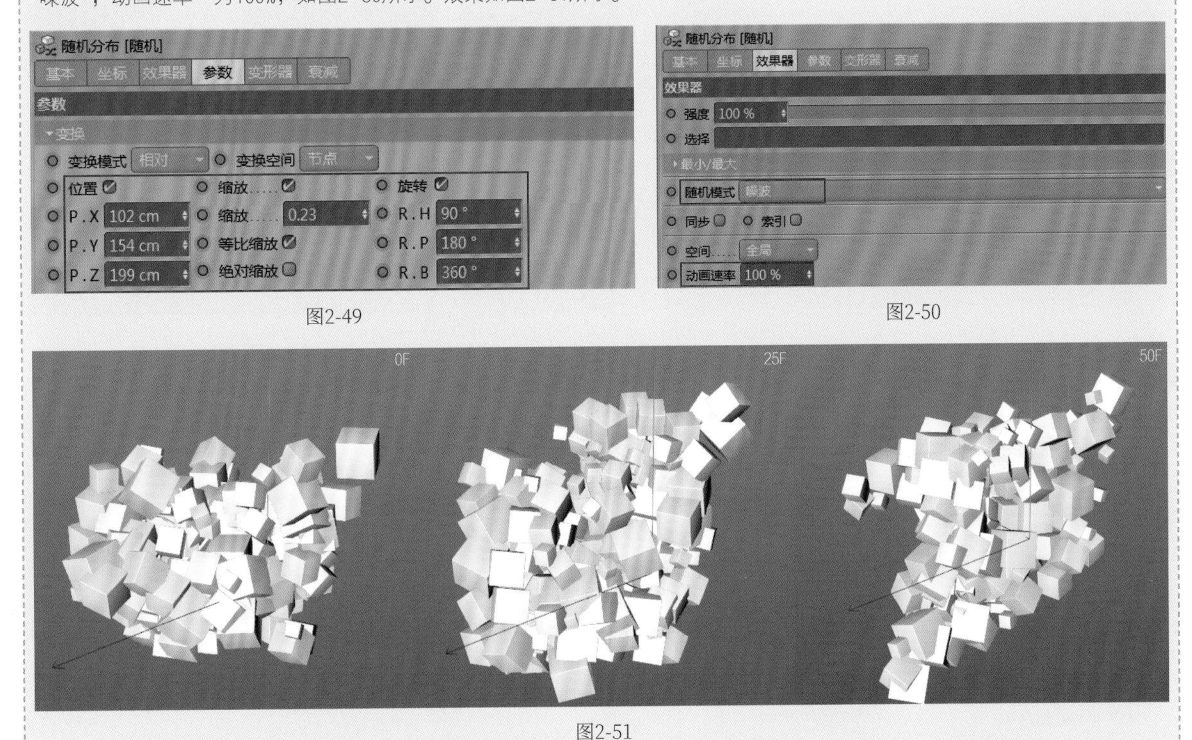

图2-49

图2-50

图2-51

06 将制作好的克隆动画复制多份，分别放置在镜头中的近景、中景和远景位置，如图2-52所示。

图2-52

07 对于落在地形上的立方体，可以通过动力学模拟的方式来制作。复制一份“克隆”，将“位置”设置为(50cm,50cm,50cm)。用鼠标右键单击“克隆.1”对象，执行“模拟标签>刚体”命令，如图2-53所示。用鼠标右键单击“地形.1”对象，执行“模拟标签>碰撞体”命令，如图2-54所示，进入“碰撞”选项卡，设置“外形”为“静态网格”，如图2-55所示。效果如图2-56所示。

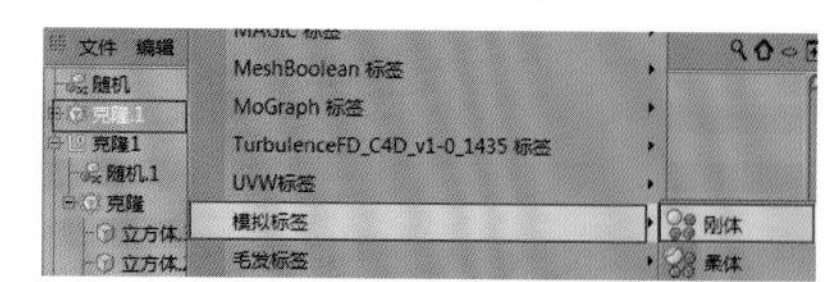

图2-53

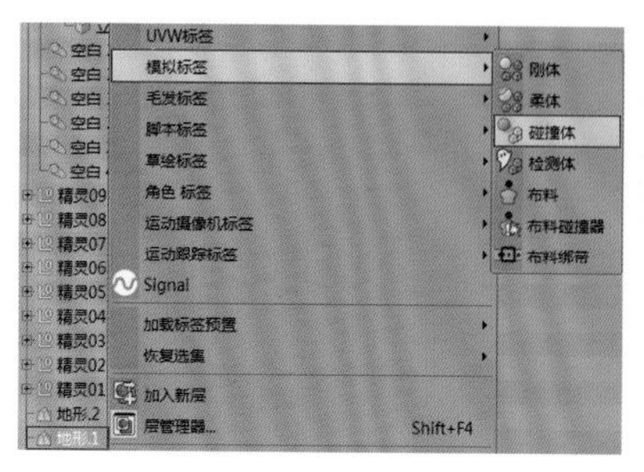

图2-54

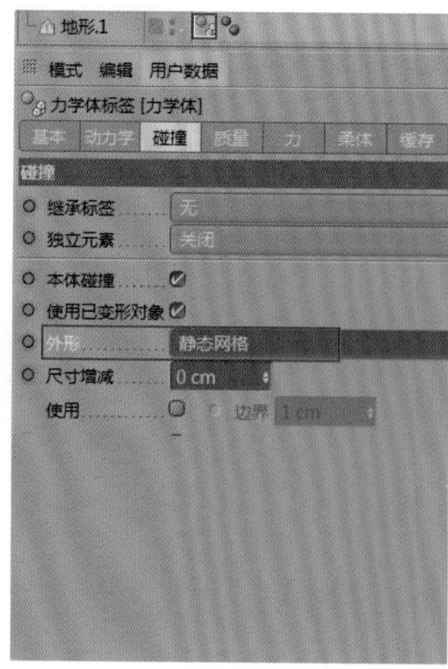

图2-55

图2-56

08 镜头制作完成后，对“摄像机”对象执行“CINEMA 4D标签>振动”菜单命令，如图2-57所示。进入“振动表达式”面板，勾选“启用旋转”，设置“振幅”为（0.2°,0.2°,0.2°），“频率”为1，如图2-58所示。这样做的目的是让摄像机产生轻微的振动，从而让镜头动画更加丰富。

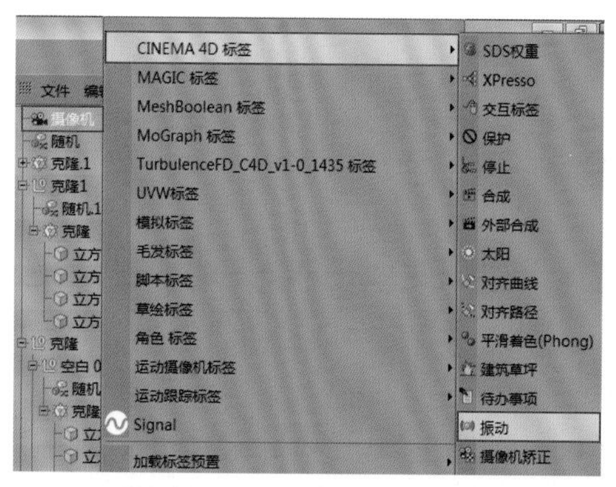

图2-57

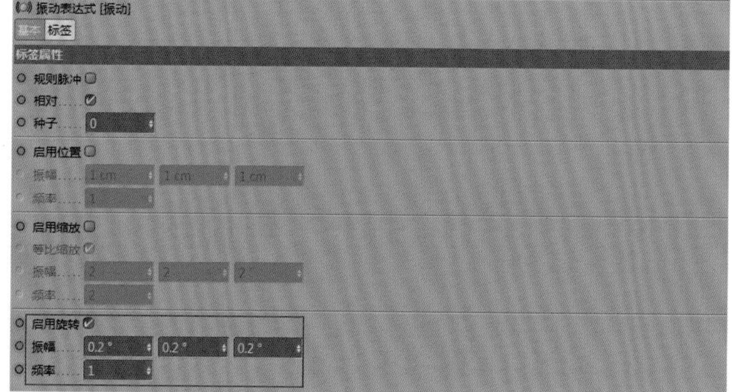

图2-58

2.4 场景布光

在对场景进行布光前打开Octane渲染器，将默认的“直接照明”修改为“路径追踪”，并设置“预设”为UTV4D，如图2-59所示。

图2-59

2.4.1 创建主光源

执行“Octane>对象>Octane日光”菜单命令，如图2-60所示；然后根据实际情况设置日光的“坐标”参数等，如图2-61所示；Octane日光的具体位置如图2-62所示。效果如图2-63所示。

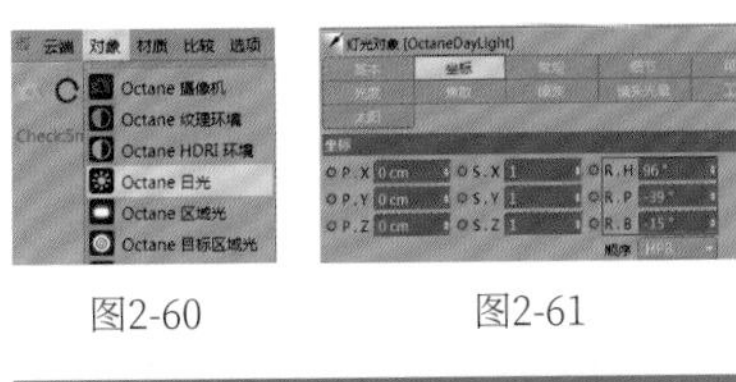

图2-60　　图2-61

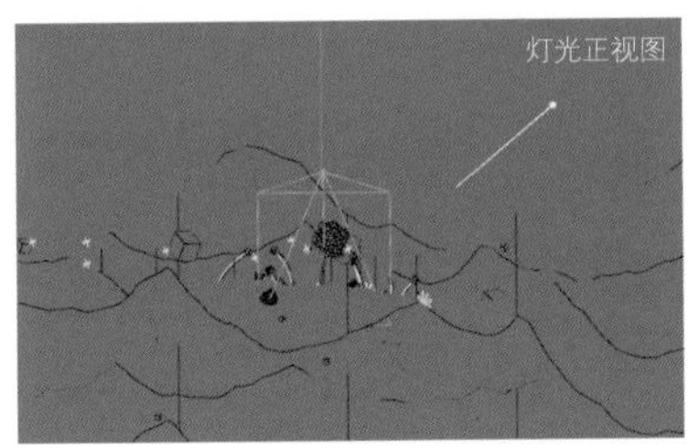

图2-62

图2-63

2.4.2 创建辅助光源

执行“Octane>对象>Octane HDRI环境”菜单命令，如图2-64所示。将本书提供的HDRI拖曳到“图像纹理”中，适当调整HDRI的“旋转X”和“旋转Y”参数，如图2-65所示。因为默认情况下HDRI环境是不会被识别的，所以需要在“Octane日光标签”面板中勾选“混合天空纹理”，如图2-66所示。

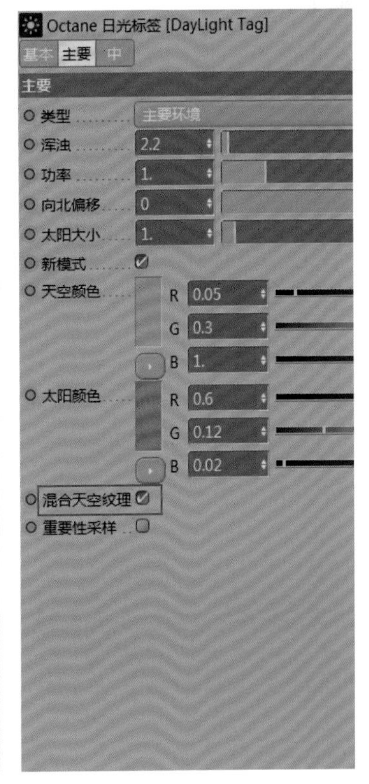

图2-64　　图2-65　　图2-66

2.5 材质调节

这里的材质主要为地形材质和半透明的SSS材质，下面分别介绍它们的制作方法。

2.5.1 创建地形材质

01 执行“Octane>材质>Octane光泽材质”菜单命令，如图2-67所示。双击Octane光泽材质球，设置“漫射”通道的“颜色”为黑色，打开节点编辑器，将本书提供的粗糙度、法线和置换贴图拖曳到节点编辑器中并链接到对应通道，如图2-68所示。效果如图2-69所示。

02 选择“置换”节点，将“细节等级”设置为2048×2048，以增加置换高度并提高贴图精度，如图2-70所示。

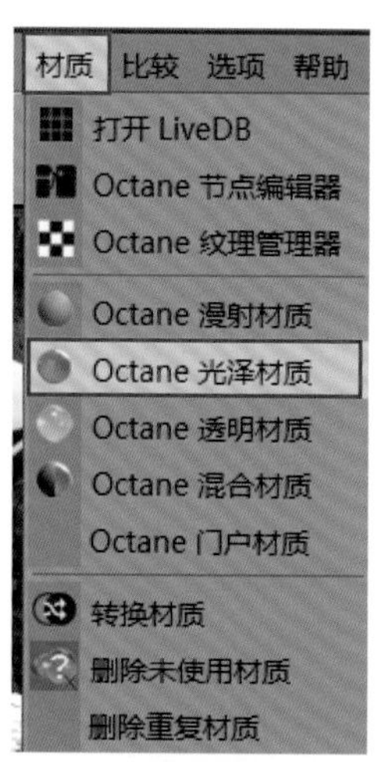

图2-67

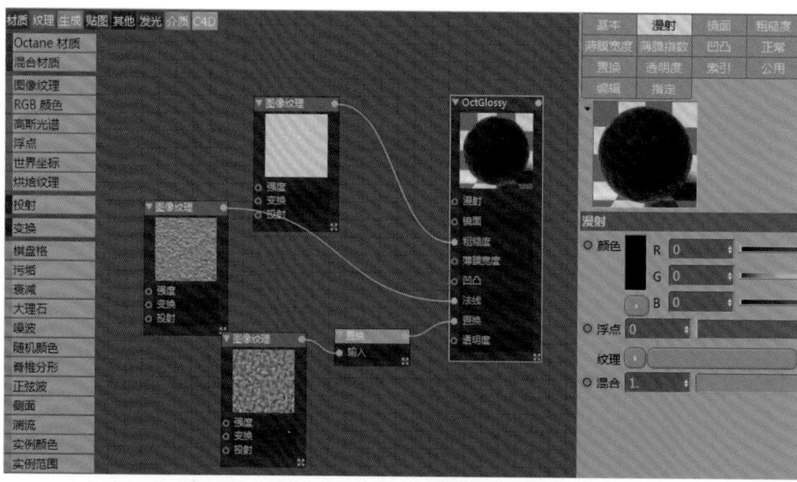

图2-68

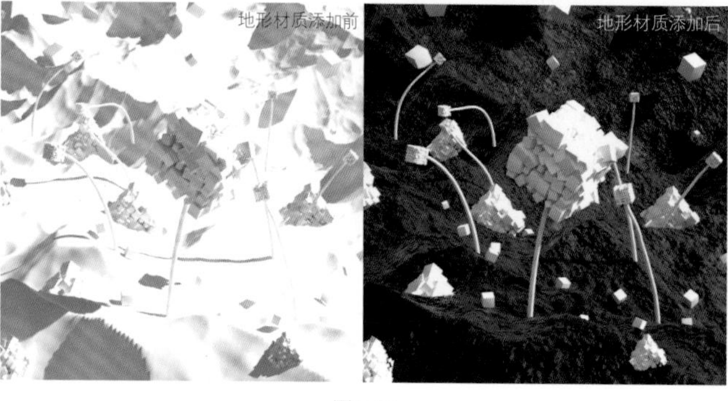

图2-69

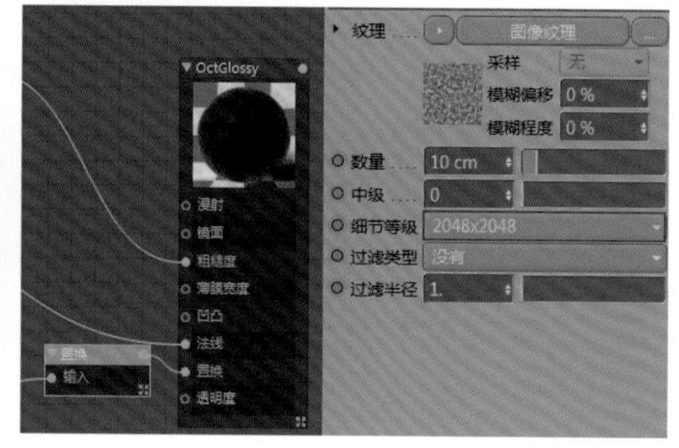

图2-70

2.5.2 创建SSS材质

01 执行“Octane>材质>Octane透明材质”菜单命令，如图2-71所示。双击Octane透明材质球，设置“粗糙度”通道的“浮点”为0.2,“索引”为1.45;“传输”通道的“颜色”为红色，如图2-72所示。效果如图2-73所示。

技巧提示 在透明材质中，比较直接的方式就是通过“传输”通道来更改材质颜色。

图2-71

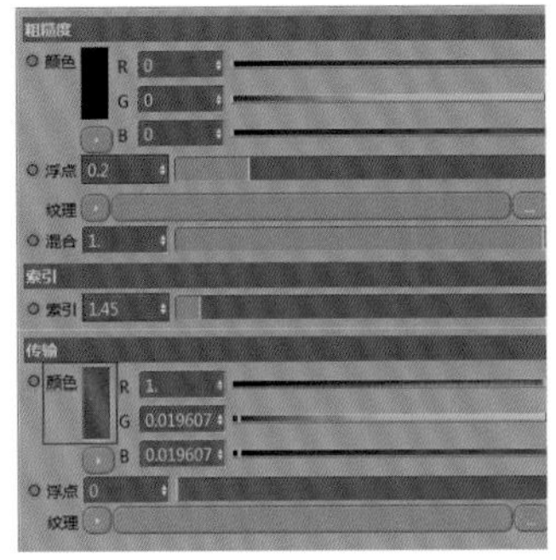

图2-72

图2-73

02 单纯的磨砂质感缺少很多细节，如颜色的纯度、光线对材质的穿透性、材质表面的凹凸细节等。选择Octane透明材质并创建第2个“Octane透明材质”，设置“粗糙度”通道的“浮点”为0.3,“索引”为1.1,“传输”通道的“颜色”为橘色，如图2-74所示。

03 打开节点编辑器，将“散射介质”节点链接到材质球的“介质”通道，通过两个“浮点纹理”节点来控制“吸收”与“散射”通道，如图2-75所示，设置“吸收浮点”为0.15,“散射浮点”为0.5。效果如图2-76所示。

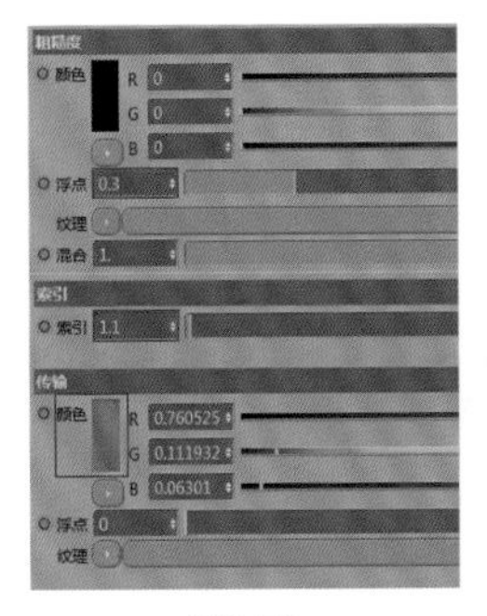

图2-74

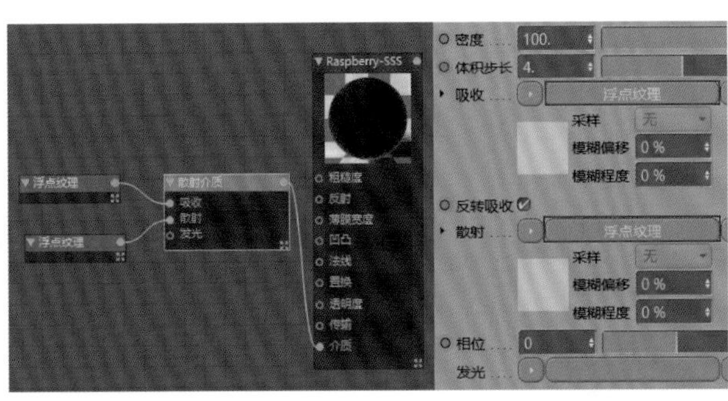

图2-75

图2-76

04 添加的散射介质可以让SSS效果更加突出，但细节与光线的穿透性还是不明显。选择“散射介质”节点，设置“密度”为20，如图2-77所示。打开本书提供的凹凸纹理并链接到材质球的“凹凸”通道，如图2-78所示。添加纹理，设置“纹理投射”为“盒子”，然后勾选“锁定宽高比”，设置S.X为1.5，如图2-79所示。效果如图2-80所示。

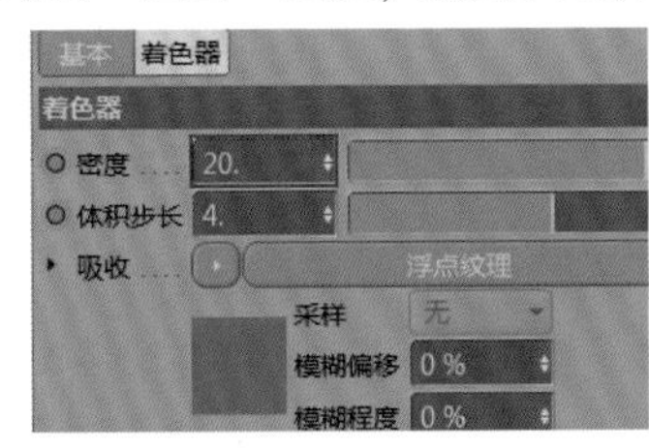

图2-77

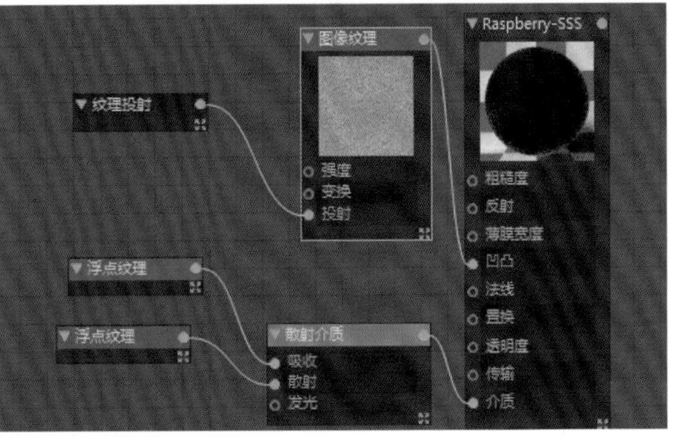

图2-78

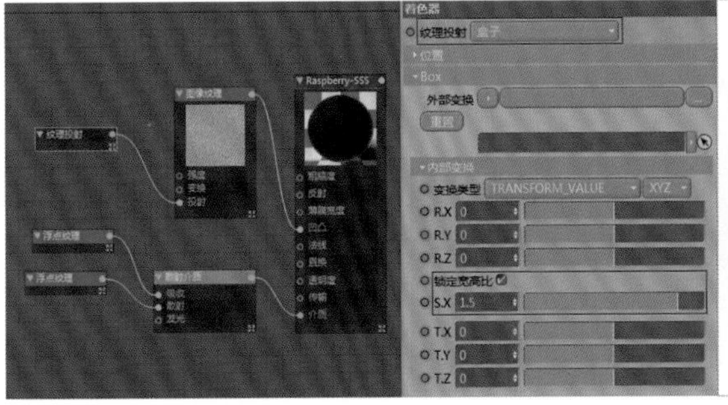

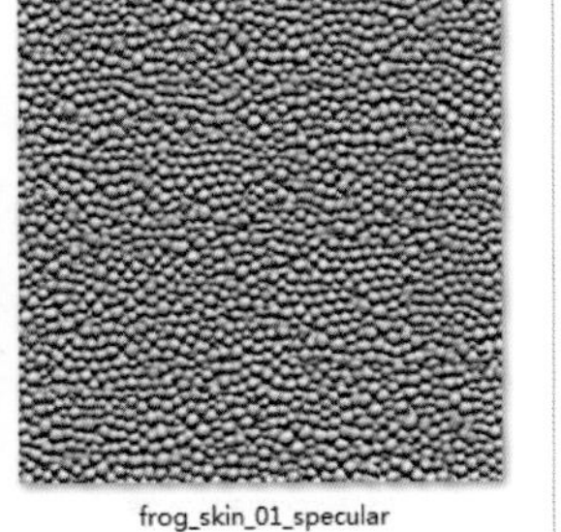

图2-79

图2-80

05 将两个透明材质进行混合。执行“Octane>材质>Octane混合材质”菜单命令，如图2-81所示。将两个透明材质分别拖曳到“材质1”和“材质2”中，如图2-82所示。勾选“混合材质”，设置“浮点”为0.78，如图2-83所示。效果如图2-84所示。

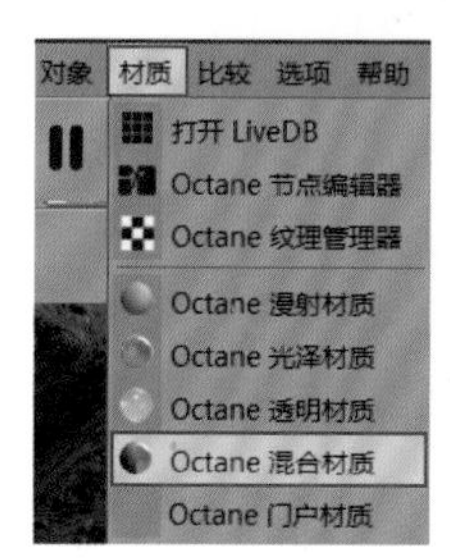

图2-81

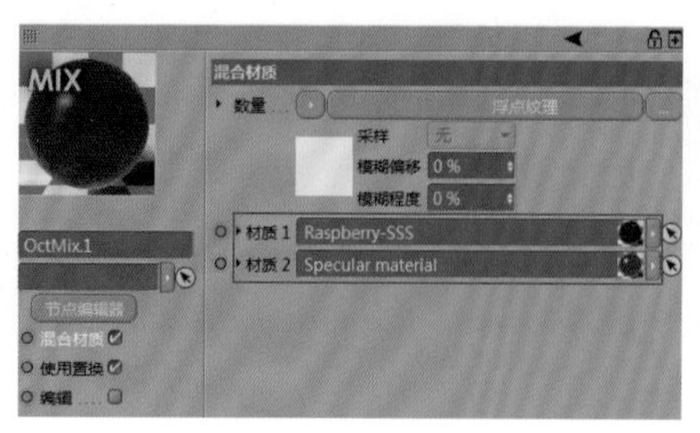

图2-82

图2-83

图2-84

2.5.3 创建翠绿材质

翠绿材质可使用前面的方法来创建。

01 执行“Octane>材质>Octane透明材质”菜单命令，打开“Octane透明材质”的设置面板，设置“粗糙度”通道的“浮点”为0.5,“索引”为1.3,“传输”通道的“颜色”为绿色；让贴图链接至“凹凸”通道，设置“散射介质”节点的“密度”为2，将“RGB颜色”节点修改为绿色并链接至“吸收”通道，如图2-85所示。将所有材质赋予对应模型，效果如图2-86所示。

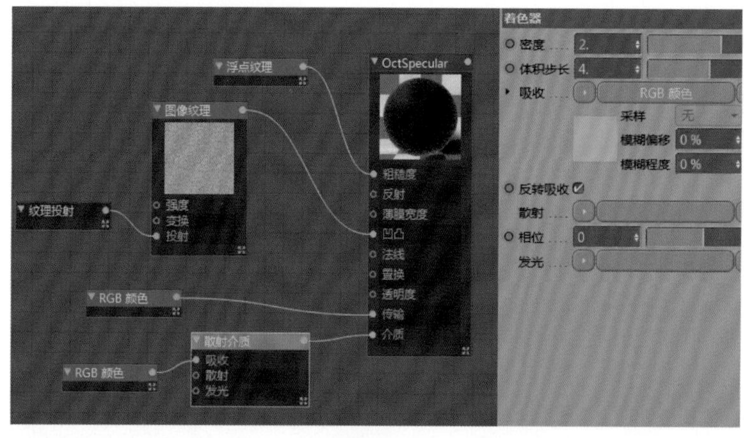

图2-85

图2-86

02 从效果图中可以看出光线非常暗且层次感较差。进入“Octane日光标签”面板，在“主要”选项卡中设置“功率”为3，如图2-87所示。进入“Octane环境标签”面板，设置“功率”为3.8，如图2-88所示。效果如图2-89所示。

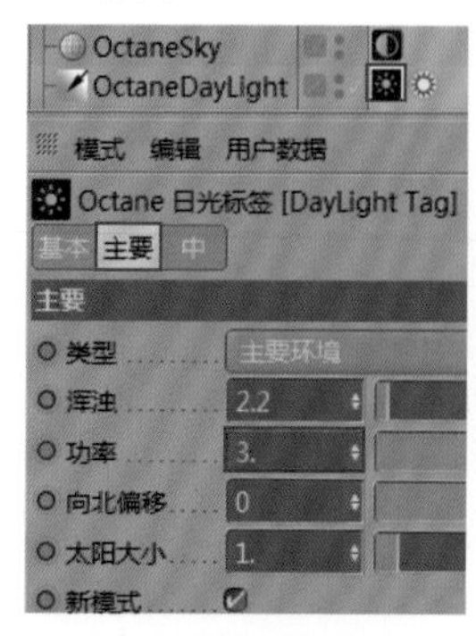

图2-87

图2-88

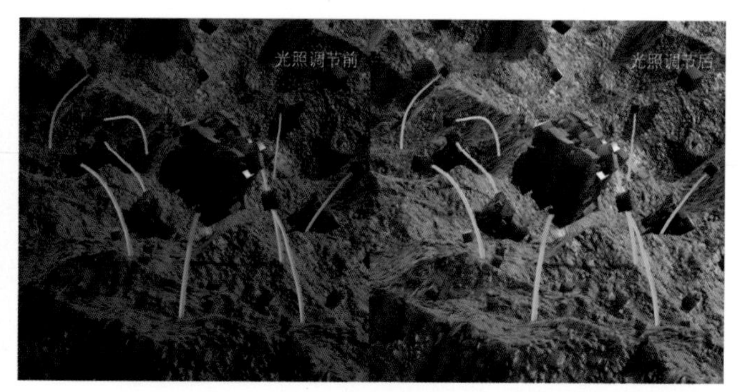

图2-89

2.6 调整镜头效果

使用鼠标右键单击“摄像机”对象，执行“C4doctane标签>Octane摄像机标签”命令，如图2-90所示。接下来制作景深效果，进入“Octane摄像机”面板，在“常规镜头”选项卡中设置“光圈”为10cm，如图2-91所示。开启辉光效果可以让画面更具真实感，在“Octane设置”窗口的“后期”选项卡中勾选“启用”，设置“辉光强度”为10、“眩光强度”为5，如图2-92所示。效果如图2-93所示。

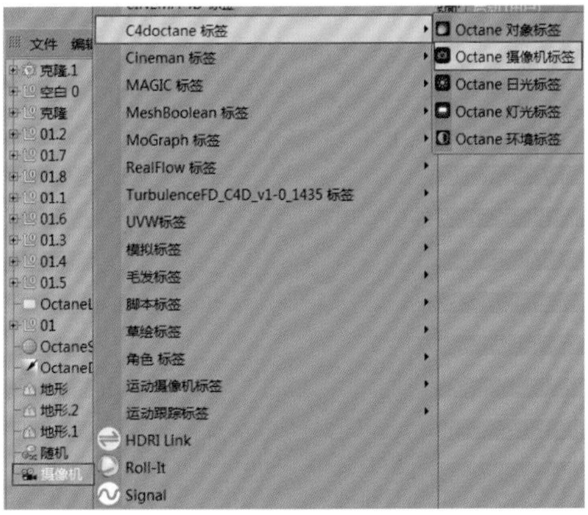

图2-90

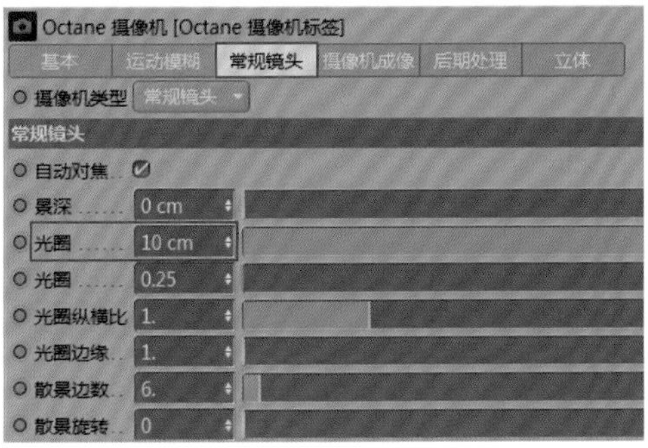

图2-91

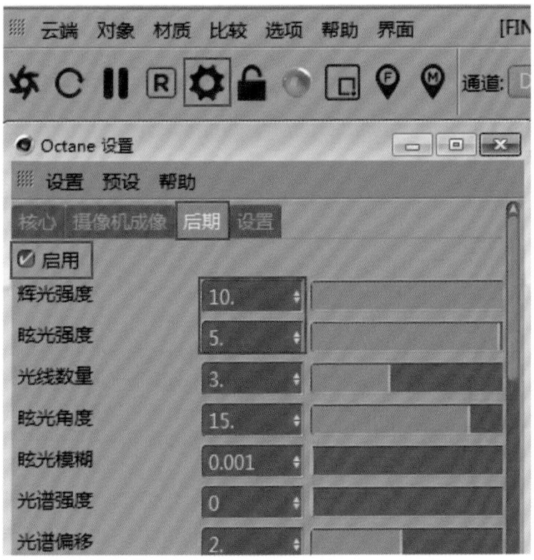

图2-92

图2-93

第3章 镜头创作：管道体精灵动画

相比前面两个镜头的精灵，管道体精灵在造型上并不是简单的球体或立方体，需要使用变形器来处理管道体的造型。另外，相比前面的简单地形，本例在场景中增加了水元素，这也是模型和材质的制作重点。其单帧效果如图3-1所示。

图3-1

- 管道体建模
- 变形器
- 制作水模型
- 制作地形
- 场景光源
- 水面材质
- SSS 材质
- 花枝材质
- 优化光效

3.1 制作管道体精灵动画

01 在工具栏中选择“管道”工具，如图3-2所示。创建管道对象，进入“管道对象”面板，在“对象”选项卡中设置“内部半径”为4cm,“外部半径”为15cm,“高度”为94cm,“高度分段”为8，然后勾选“圆角”，设置“分段”为3,“半径”为4cm，如图3-3所示。效果如图3-4所示。

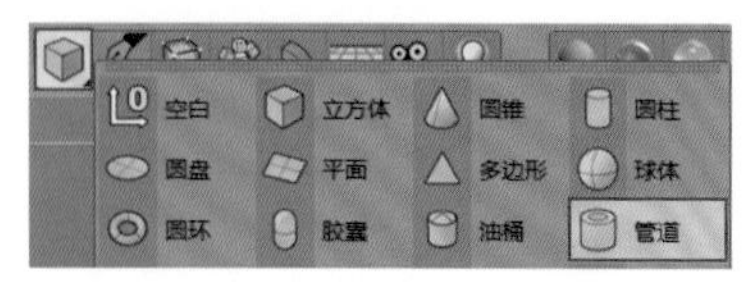

图3-2

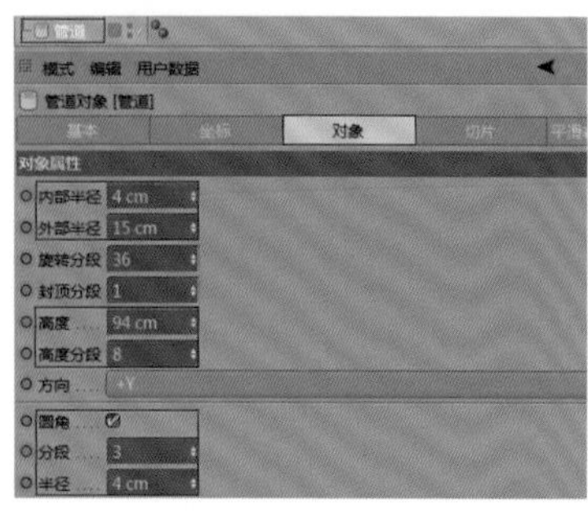

图3-3

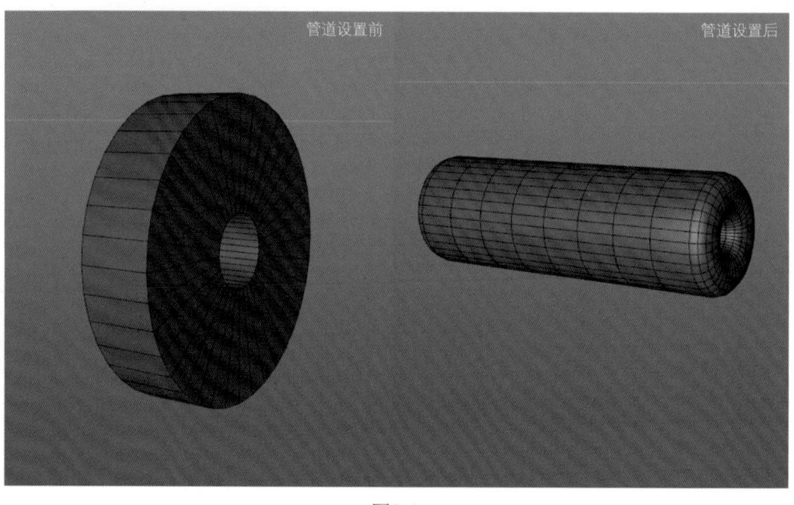

图3-4

02 通过变形器修改管道的粗细。选择“变形器”中的“锥化”工具，如图3-5所示。将“锥化”对象拖曳到“管道”对象中作为子级，进入“锥化对象”面板，在“对象”选项卡中单击“匹配到父级”按钮，设置“强度”为96%，如图3-6所示。效果如图3-7所示。

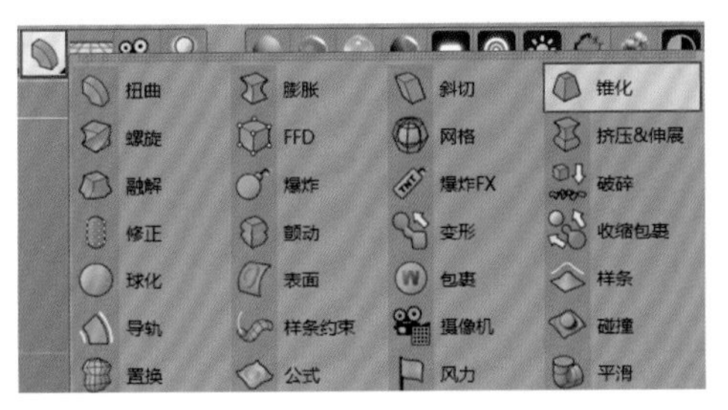

图3-5

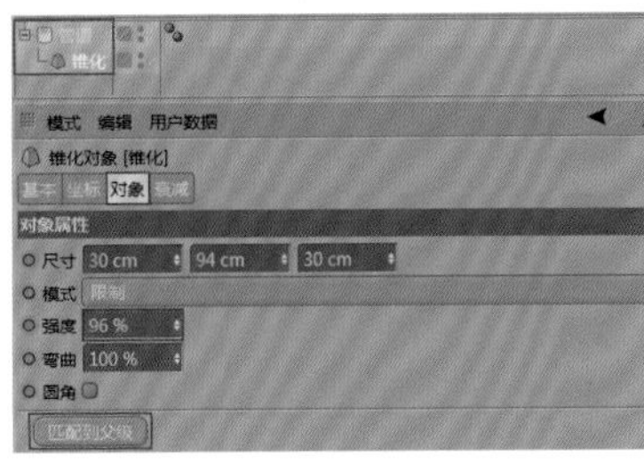

图3-6

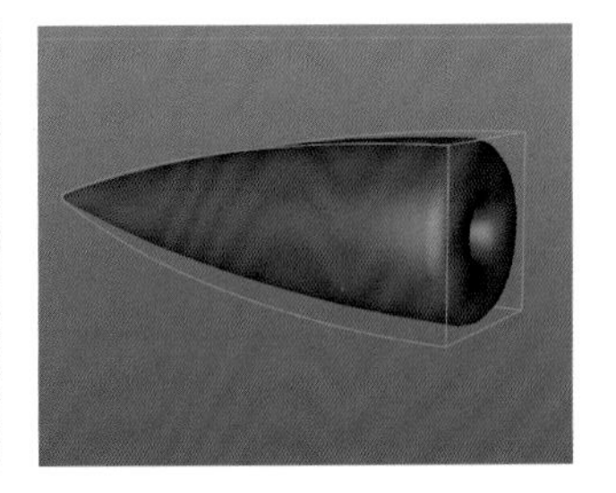

图3-7

技术专题：变形器如何影响对象

变形器通过两种方式影响物体：子级和同级。使用“匹配到父级”功能可以自动计算物体的尺寸，这比手动设置尺寸更加准确、方便，如图3-8所示。

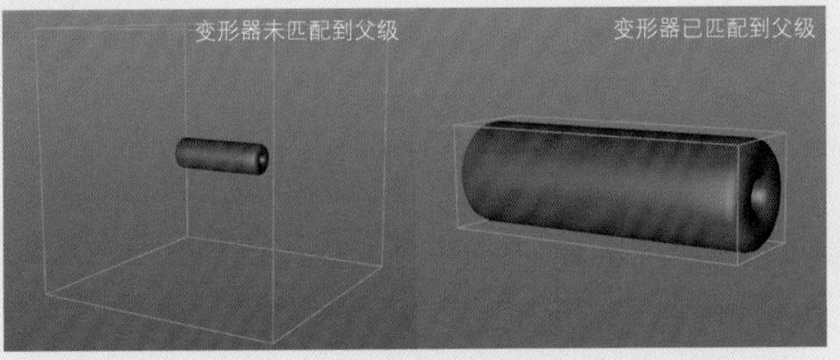

图3-8

03 复制出多个管道，将它们的粗细、半径和高度进行随机设置，参考效果如图3-9所示。

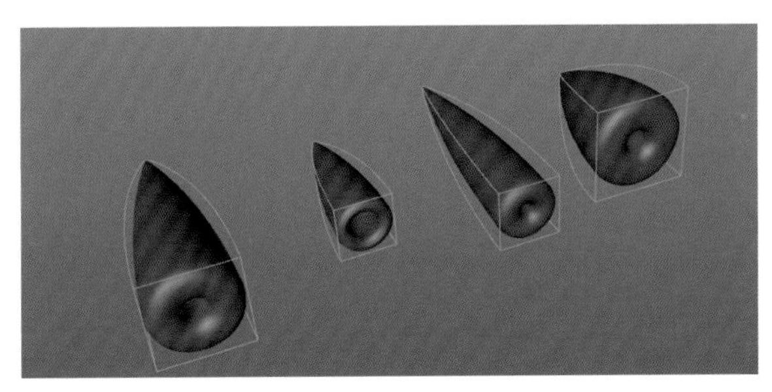

图3-9

04 创建“克隆”与“球体”对象。在球体的“对象”选项卡中设置“半径”为65cm，“分段”为30，“类型”为“八面体”，如图3-10所示。将4个管道拖曳到“克隆”对象中作为子级，进入“克隆对象”面板，在“对象”选项卡中设置“模式”为“对象”，“克隆”为“随机”，“实例模式”为“渲染实例”，“对象”为“球体”，“分布”为“顶点”，如图3-11所示。为了让管道位置看起来更加合理，可以在“变换”选项卡中设置“位置”和“旋转”参数，参考参数如图3-12所示。效果如图3-13所示。

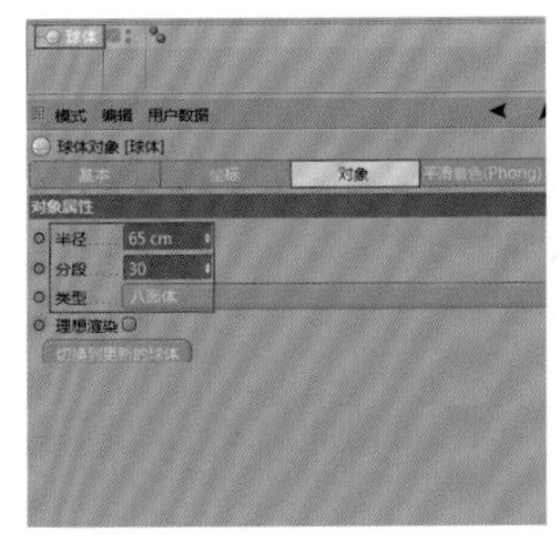

图3-10

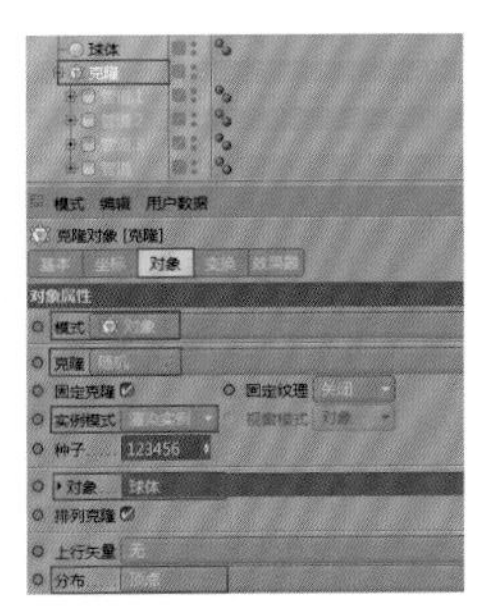

图3-11

图3-12

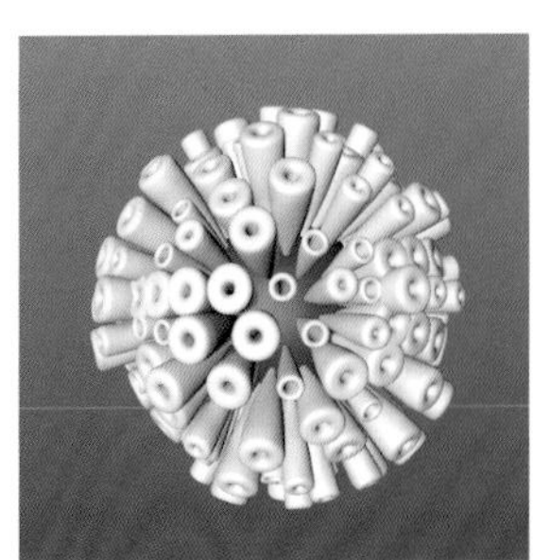

图3-13

疑难问答

问：标准球体和八面体球体的分段有什么区别？

答：标准球体的分段不平均，在克隆物体中会出现严重的穿插，如图3-14所示；对比而言，八面体球体的分段更加均匀，如图3-15所示。

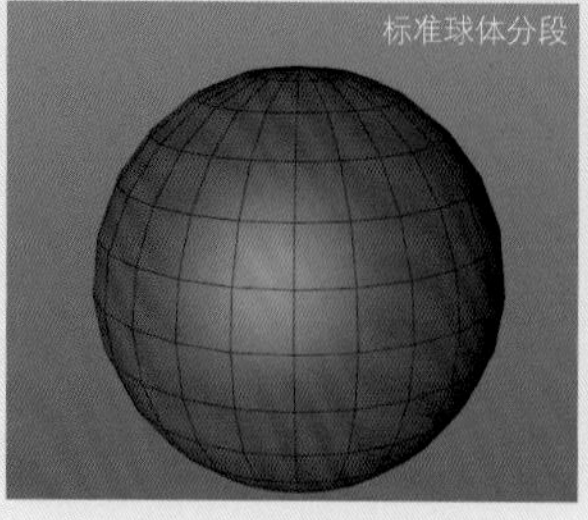

图3-14

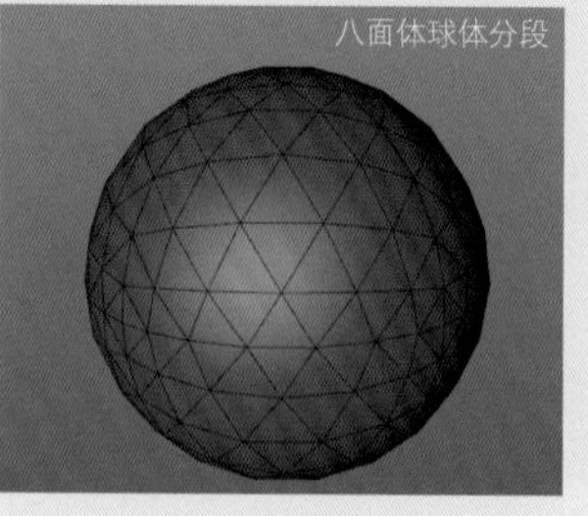

图3-15

05 在“克隆”对象上添加随机效果器，让它随机产生位置的循环动画。执行“运动图形>效果器>随机”菜单命令，如图3-16所示。进入“随机分布”面板，在“效果器”选项卡中设置“随机模式”为“噪波”，勾选“索引”，设置“动画速率”为50%；在“参数”选项卡中勾选“位置”，设置P.Y为5cm，如图3-17所示。

06 选择“画笔”工具，如图3-18所示。切换到正视图后绘制一根样条，然后选择样条，在点模式下按快捷键Ctrl+A全选点，单击鼠标右键，选择“细分”命令并设置“细分数”为20，如图3-19所示。

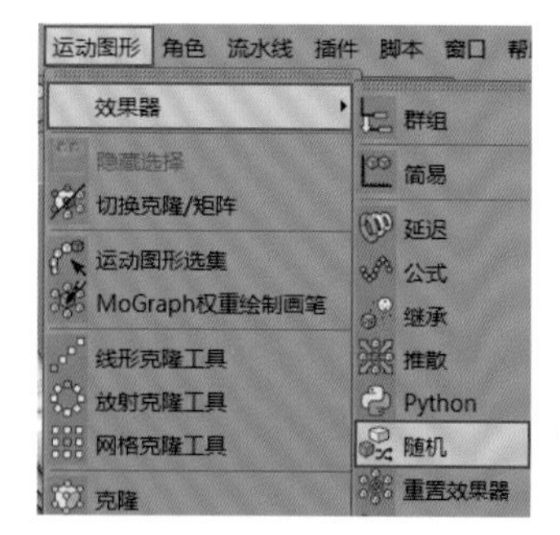

图3-16

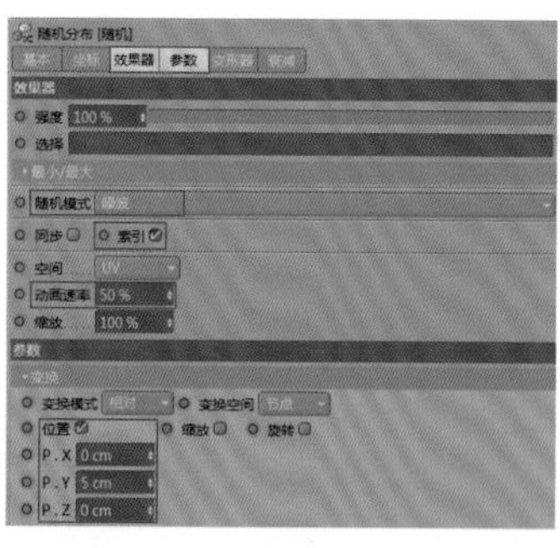

图3-17

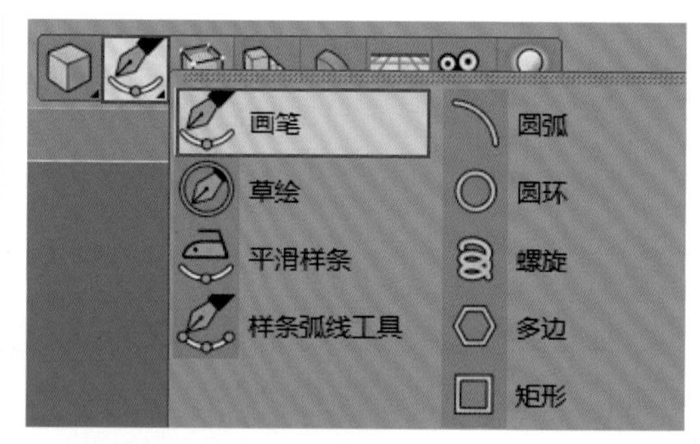

图3-18

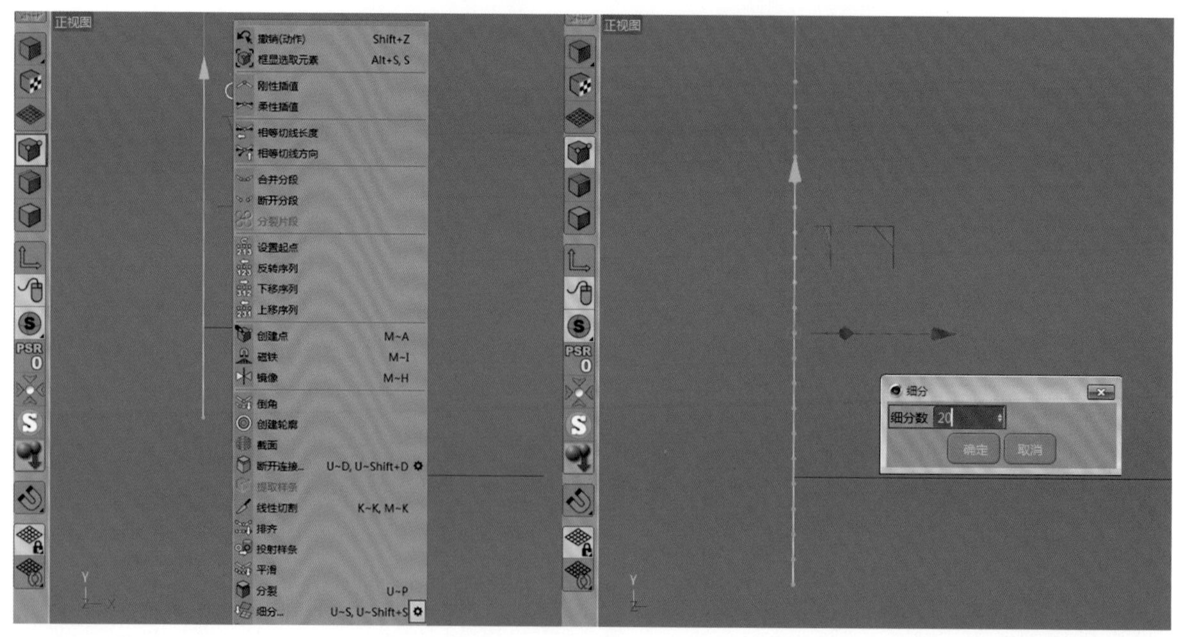

图3-19

07 因为普通样条不具备动力学效应，所以需要将其转换成“运动样条”(方法与第2章相同)。在“对象”面板中同时选择“克隆”与“随机”对象，按快捷键Alt+G打组（重命名组为“精灵”)，然后单击鼠标右键，执行“CINEMA 4D标签>对齐曲线”命令，如图3-20所示。进入“对齐到曲线表达式”面板，将运动样条拖曳到“曲线路径”中，勾选“切线”，设置“位置”为100%，如图3-21所示。绑定效果如图3-22所示。

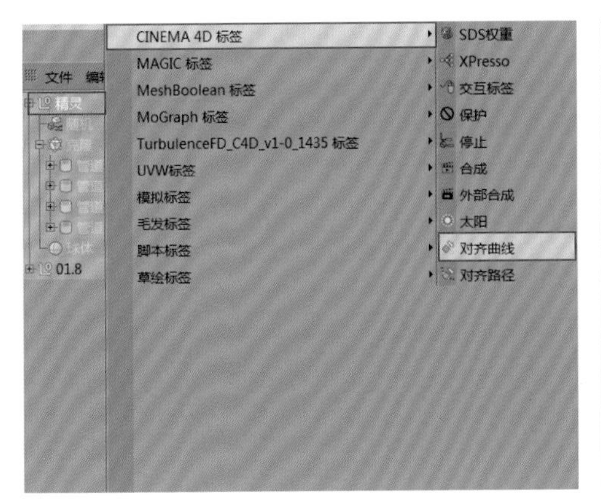

图3-20

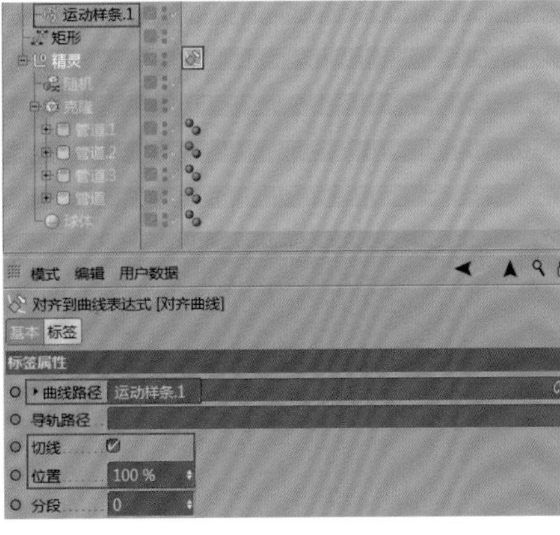

图3-21

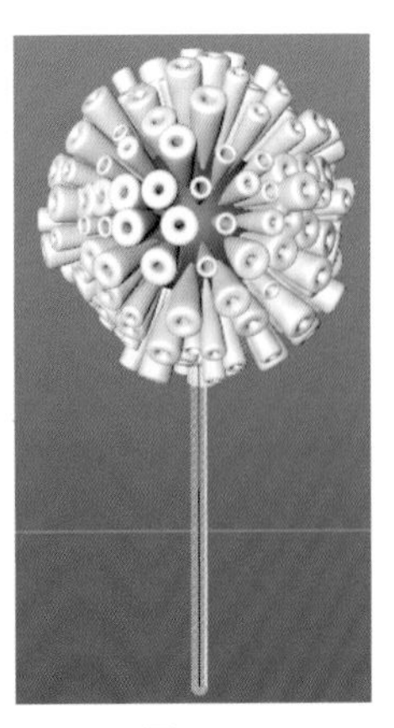

图3-22

08 使用“扫描”工具让运动样条转换成模型(方法与第2章相同)。分别执行“模拟>粒子>风力/湍流”菜单命令，如图3-23所示。为“湍流”与“风力”效果设置合适的参数，从而对物体产生真实的动力影响，如图3-24和图3-25所示。效果如图3-26所示。

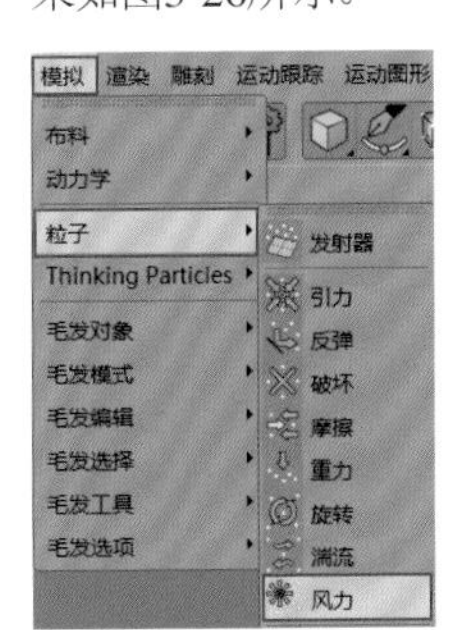

图3-23

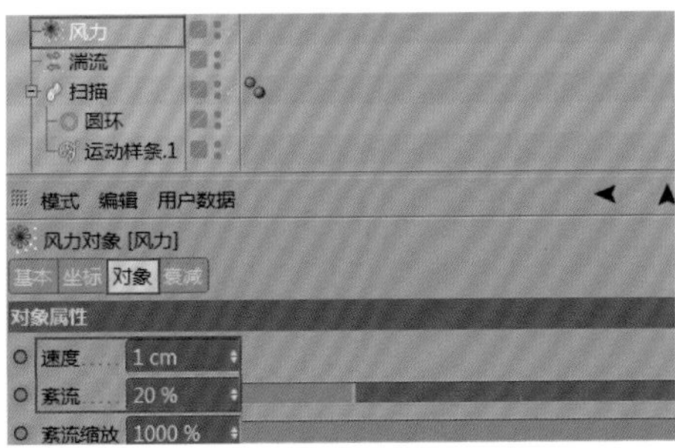

图3-24

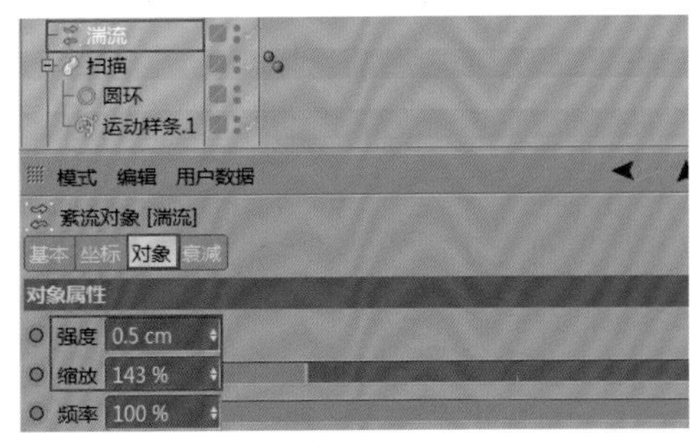

图3-25

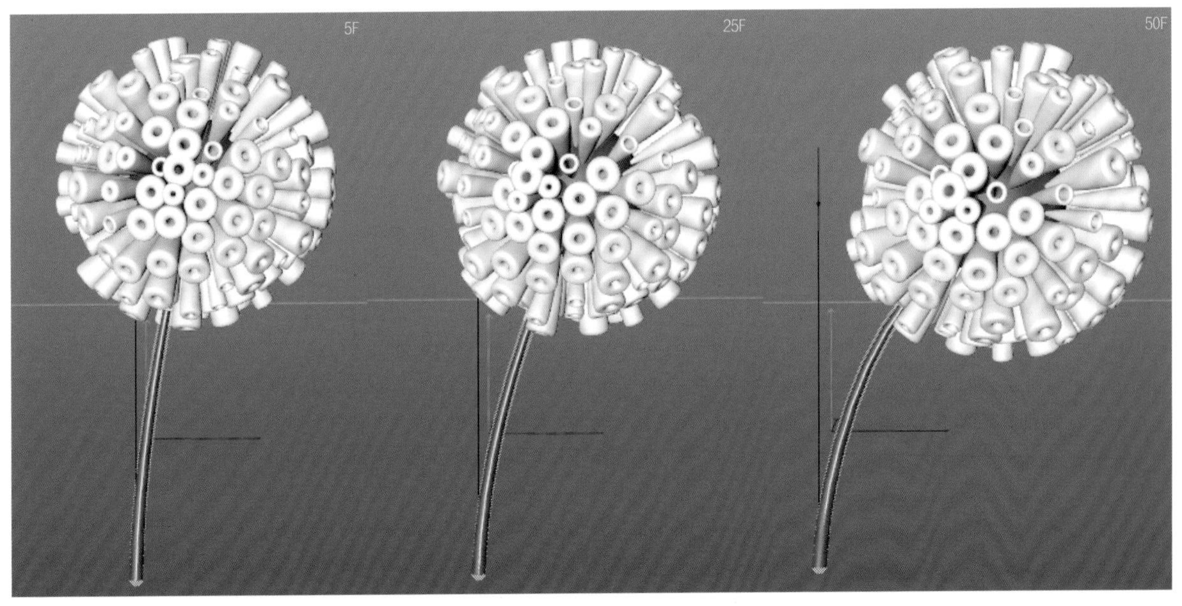

图3-26

3.2 制作地形

地形的制作方法与前两章是一样的，区别在于参数不同。选择两个地形，取消勾选其中一个地形的“限于海平面”，根据实际情况设置两个地形的“宽度分段”和“深度分段”，如图3-27和图3-28所示。

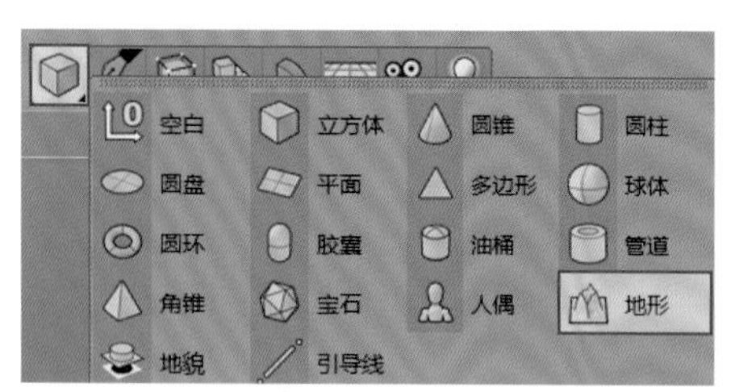

图3-27

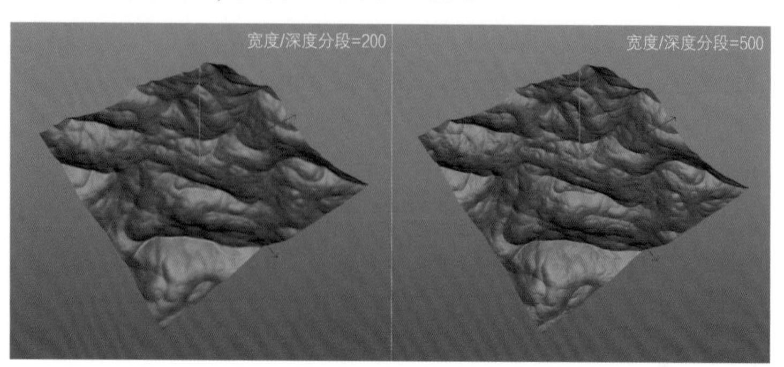

图3-28

3.3 搭建场景镜头

本镜头的创建和前面的场景类似，但是因为本镜头有水，所以需要制作水模型。

3.3.1 创建摄像机

01 在创建镜头前需要设置工程与画面尺寸。按快捷键Ctrl+D打开“工程”面板，在“工程设置”选项卡中设置“帧率（FPS）”为25，如图3-29所示。按快捷键Ctrl+B打开“渲染设置”窗口，进入“输出”选项卡，设置“宽度”和“高度”均为1000像素，“帧范围”为“全部帧”，“起点”为0F，“终点”为125F，如图3-30所示。

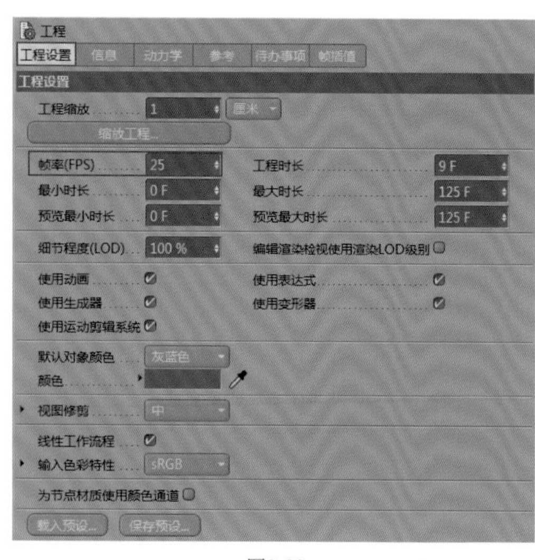

图3-29

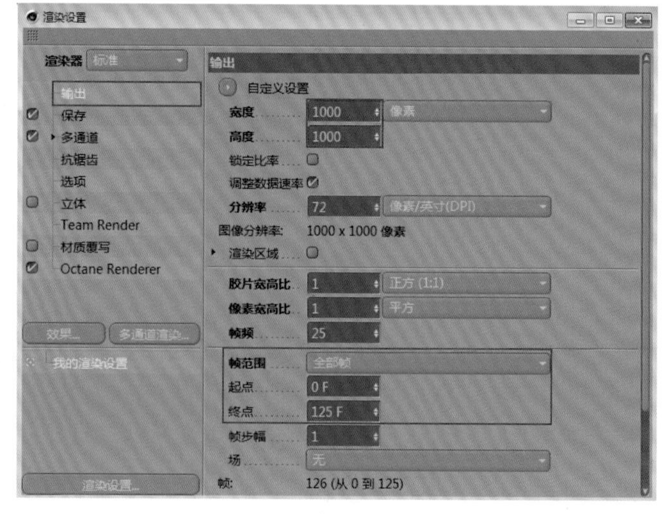

图3-30

02 创建摄像机，在“对象”选项卡中设置“焦距”为80毫米，如图3-31所示。在摄像机画面中添加地面地形与背景地形，并且找到最佳视觉效果，参考参数如图3-32所示。效果如图3-33所示。

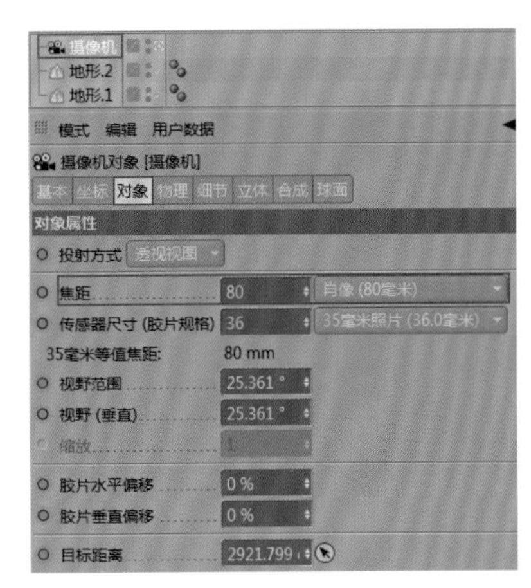

图3-31

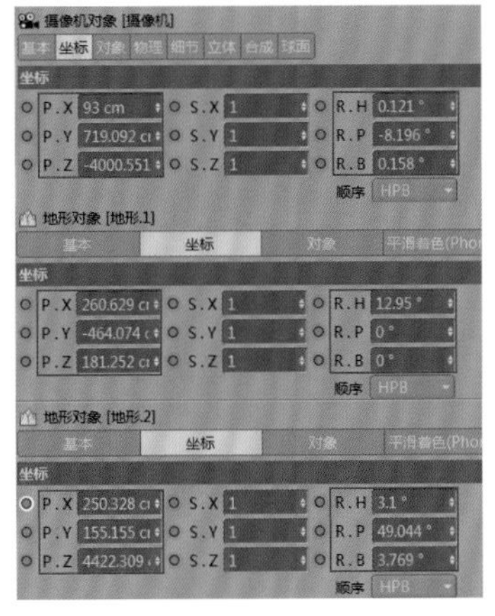

图3-32

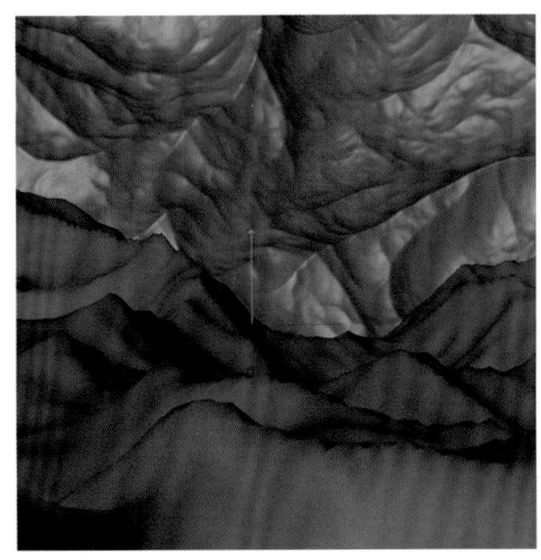

图3-33

03 在摄像机镜头中添加精灵主体，为了更好地确定精灵在镜头中的位置，可以在“合成”选项卡中勾选“网格”，然后根据九宫格来准确地找到精灵的位置，如图3-34所示。效果如图3-35所示。

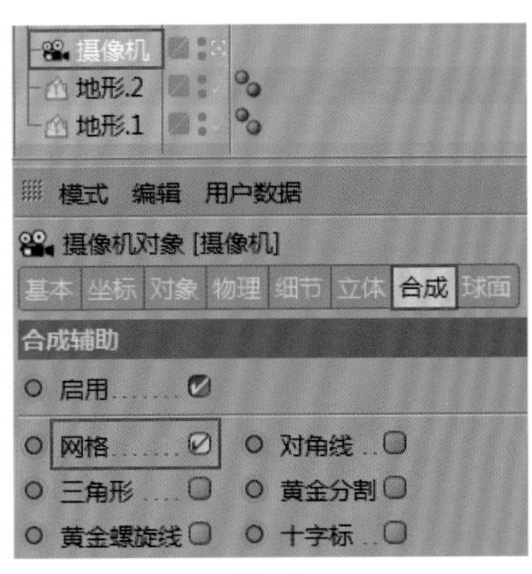

图3-34

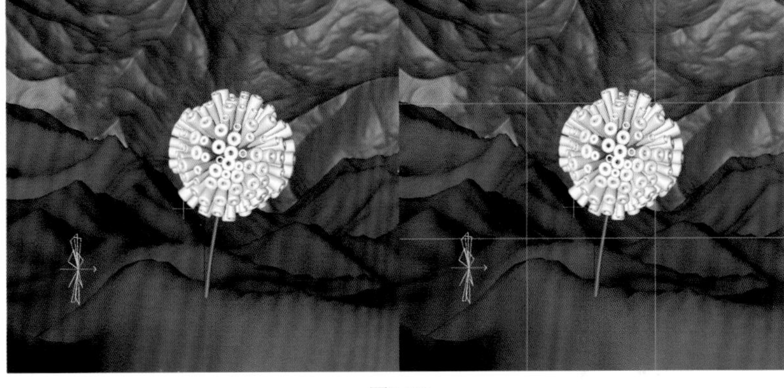

图3-35

3.3.2 制作水模型

01 创建平面并放置到合适的位置，用于模拟水面，如图3-36所示。选择“变形器”中的“置换”和“公式”工具，如图3-37所示。

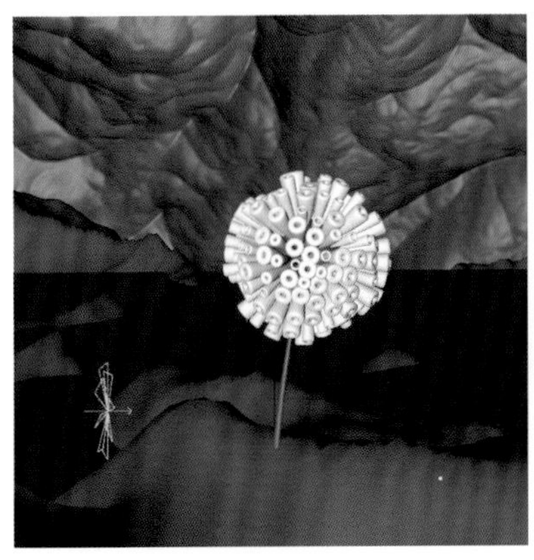

图3-36

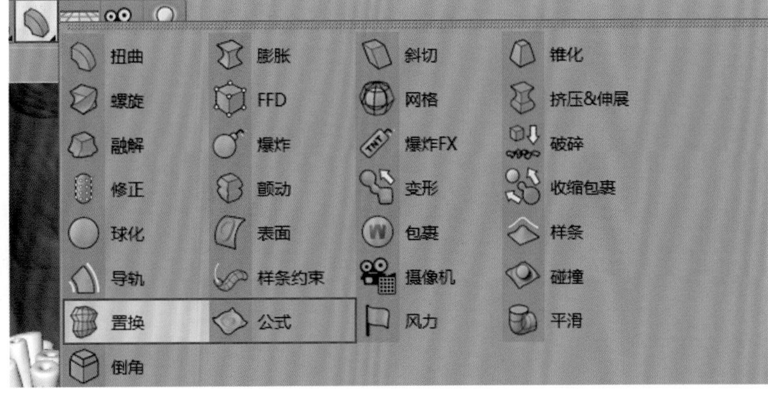

图3-37

02 将“公式”对象拖曳到“平面”对象中作为子级，用于模拟水面浮动的整体效果。选择“公式”对象，在“对象”选项卡中设置y轴“尺寸”为20cm，如图3-38所示。效果如图3-39所示。

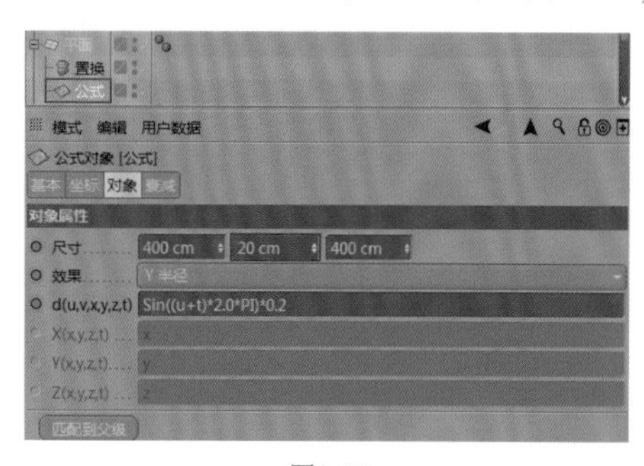

图3-38

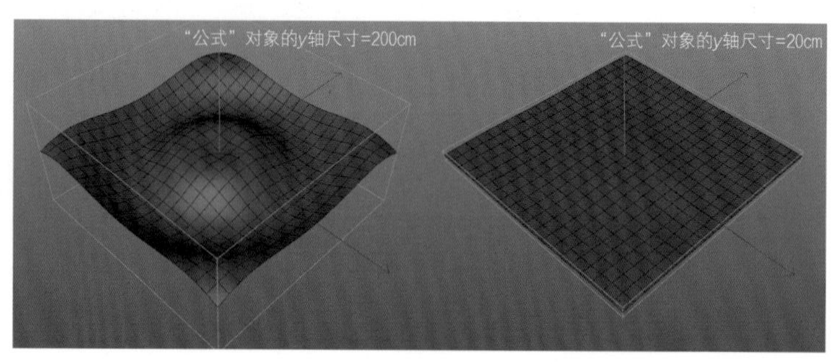

图3-39

03 将“置换”对象拖曳到“平面”对象中作为子级，用于模拟水面浮动的细节效果。选择“置换”对象，在“着色”选项卡中单击“着色器”，选择“噪波”，如图3-40所示。进入“噪波着色器”面板，在“着色器”选项卡中设置“全局缩放”为500%，“动画速率”为1，如图3-41所示。

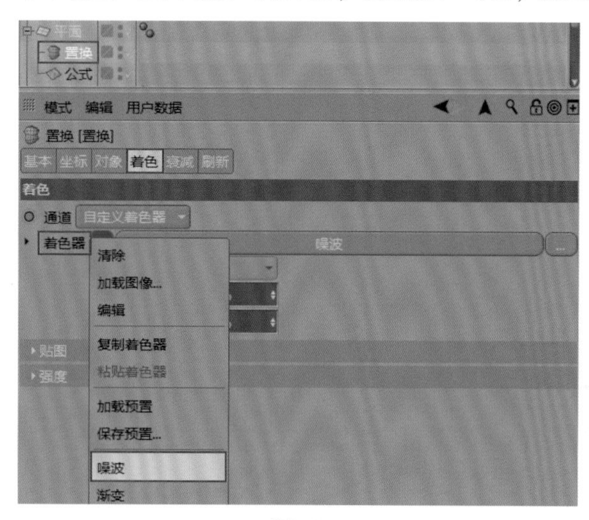

图3-40

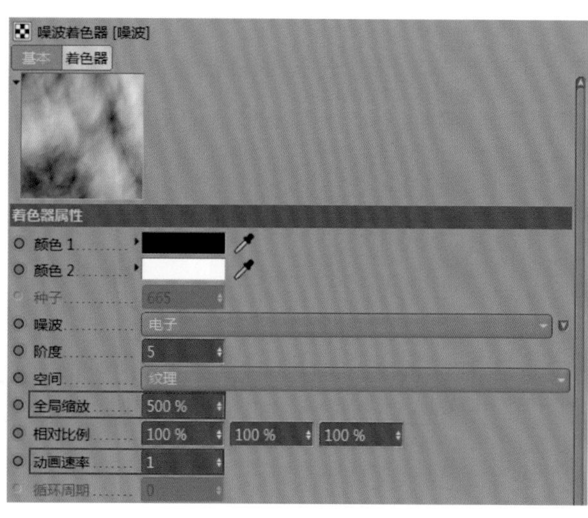

图3-41

疑难问答

问：“置换”和“公式”对象对模型的分段数有什么要求吗？

答：“平面分段”数值越大，动画就会越流畅，浮动细节就会越明显。对比效果如图3-42所示。

图3-42

技巧提示 每组精灵的“风力”都需要修改方向，这样镜头中的动画才会更加丰富且真实。

04 全选所有精灵图层，按快捷键Alt+G进行打组，并且复制出5组精灵，将它们放在精灵主体身后，既可以让画面更加丰富，也可以衬托主体，如图3-43所示。

图3-43

3.4 场景布光

在创建灯光之前，要设置好渲染参数。打开Octane渲染器，将默认的“直接照明”修改为“路径追踪”，并设置“预设”为UTV4D，如图3-44所示。

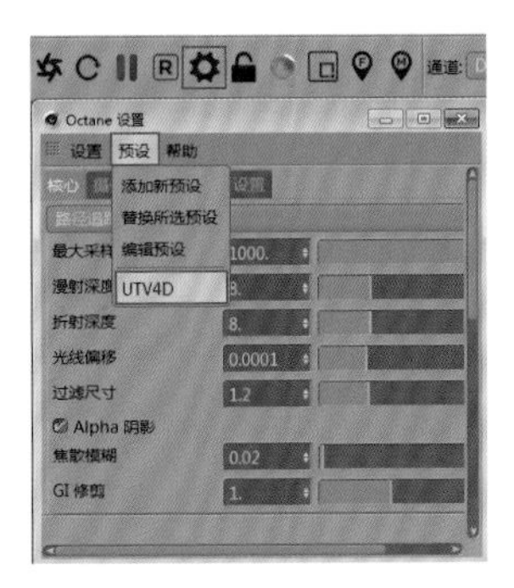

图3-44

3.4.1 创建主光源

执行“Octane>对象>Octane日光”菜单命令，如图3-45所示。根据场景需求设置日光的方向和位置，参考参数如图3-46所示。进入“Octane日光标签”面板，在“主要”选项卡中设置“向北偏移”为－0.116，如图3-47所示。日光位置如图3-48所示，效果如图3-49所示。

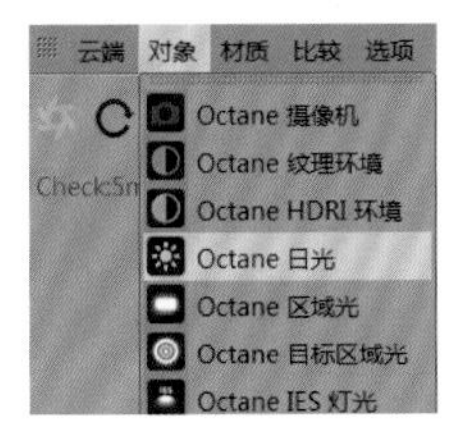

图3-45

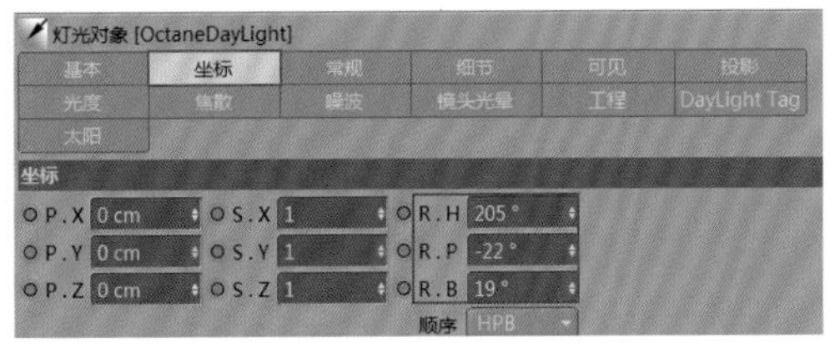

图3-46

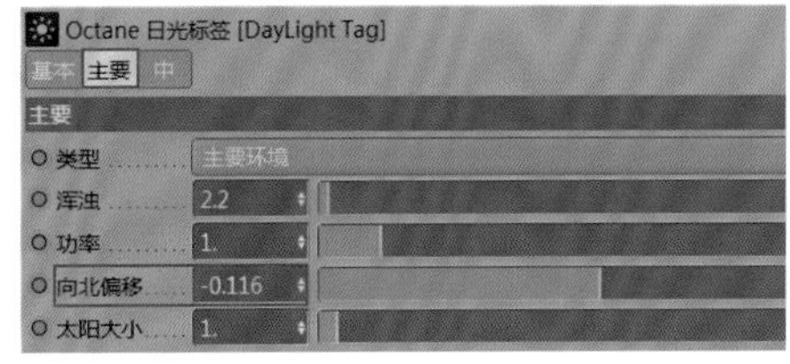

图3-47

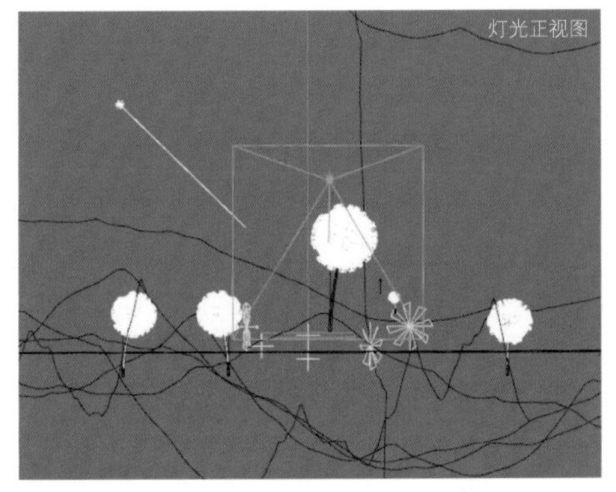

图3-48

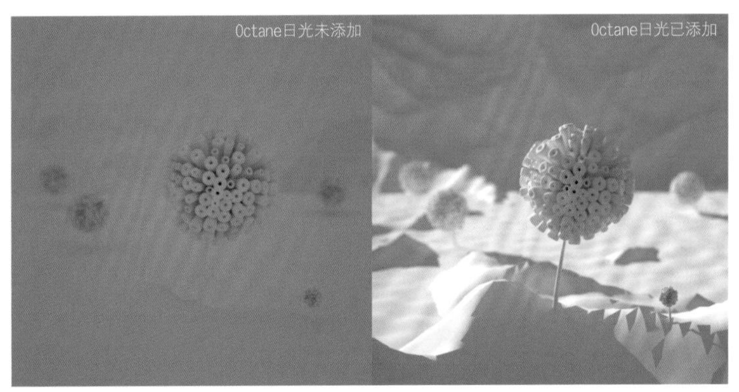

图3-49

3.4.2 创建辅助光源

执行“Octane>对象>Octane HDRI环境”菜单命令，如图3-50所示。将本书提供的HDRI拖曳到“图像纹理”中，适当调整HDRI的“旋转X”和“旋转Y”参数，如图3-51所示。因为默认情况下HDRI环境不会被识别，所以在“Octane日光标签”面板中勾选“混合天空纹理”，如图3-52所示。

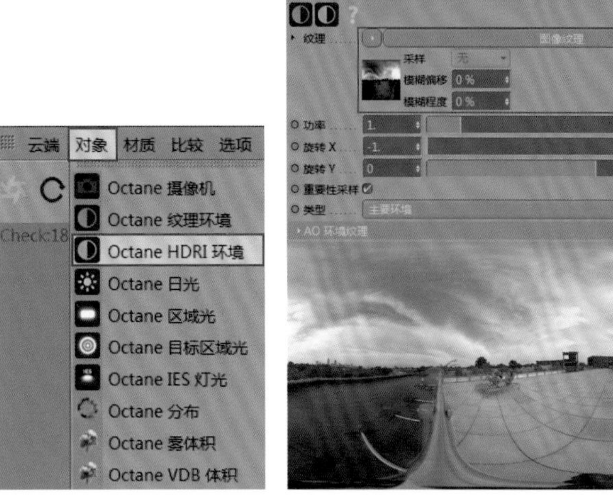

图3-50

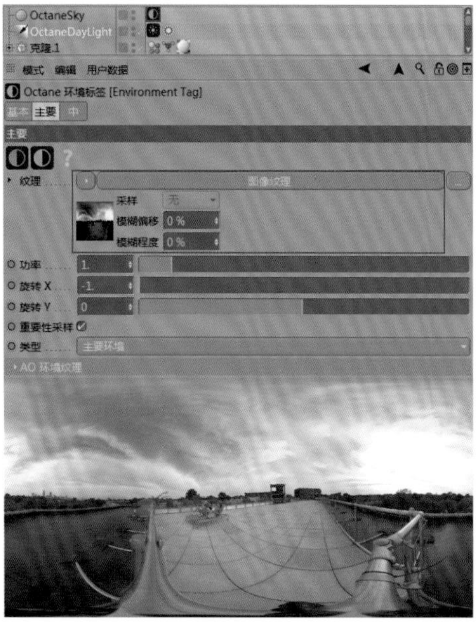

图3-51

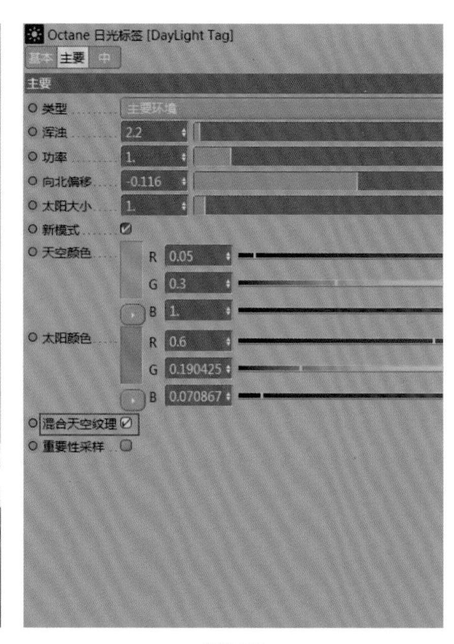

图3-52

3.5 材质调节

本节创建的材质主要包含精灵的地形材质、水面材质、SSS材质和花枝材质。

3.5.1 创建地形材质

01 执行“Octane>材质>Octane光泽材质”菜单命令，如图3-53所示。双击Octane光泽材质球，设置“漫射”通道的“颜色”为黑色，打开节点编辑器，将本书提供的粗糙度、法线和置换贴图拖曳到节点编辑器中并链接到对应通道，如图3-54所示。效果如图3-55所示。

02 选择“置换”节点，将“细节等级”设置为2048×2048，以此增加置换高度并提高贴图精度，如图3-56所示。

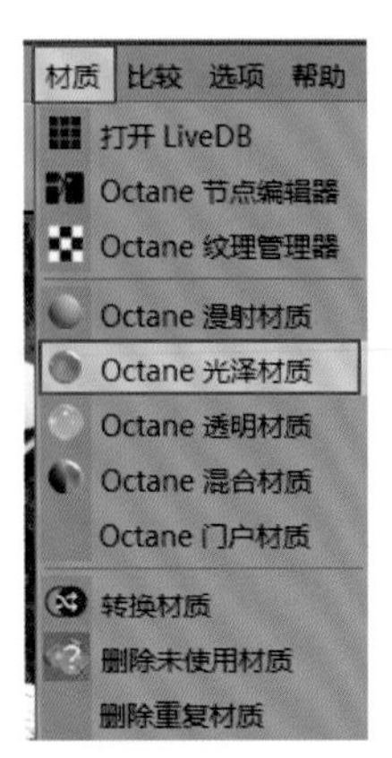

图3-53

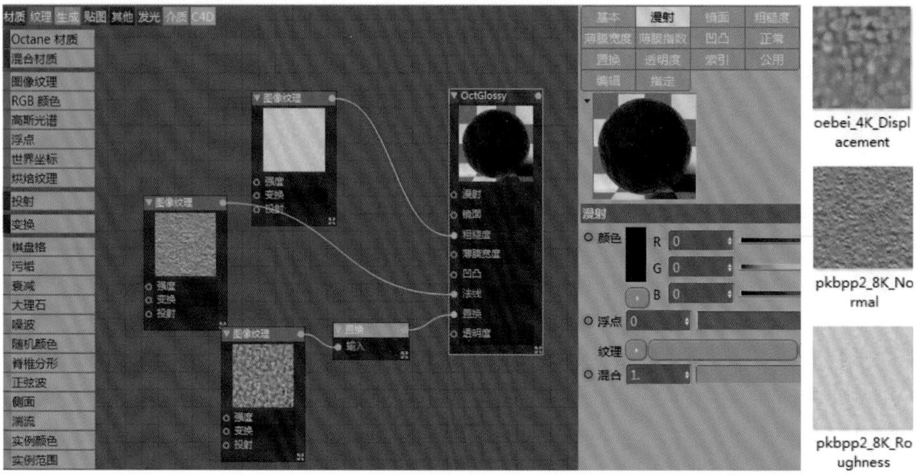

图3-54

图3-55

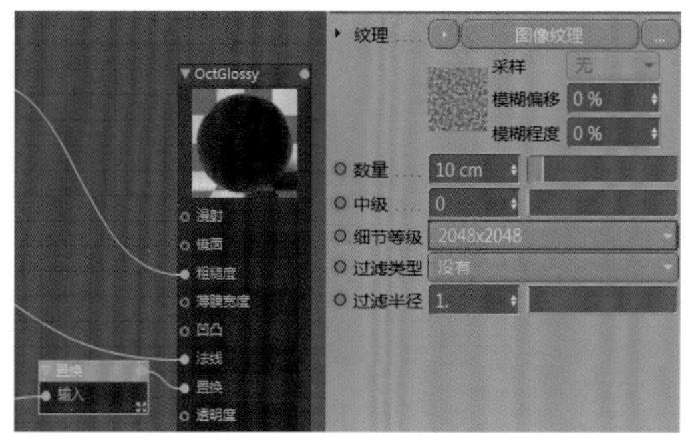

图3-56

3.5.2 创建水面材质

执行“Octane>材质>Octane透明材质”菜单命令，如图3-57所示。双击Octane透明材质球，设置“索引”为1.333，如图3-58所示。效果如图3-59所示。

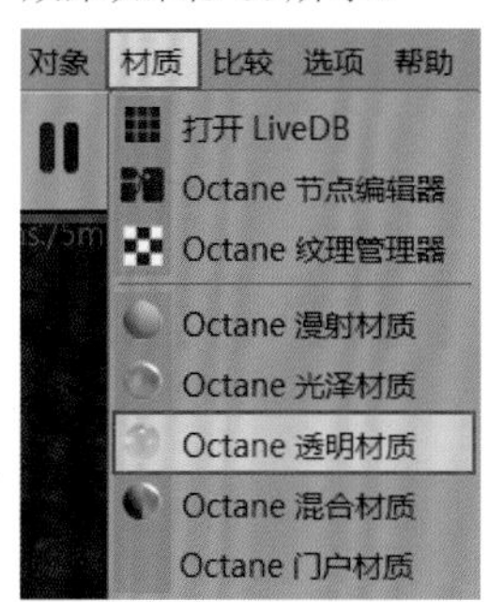

图3-57

图3-58

图3-59

3.5.3 创建SSS材质

01 执行“Octane>材质>Octane透明材质”菜单命令，双击Octane透明材质球，设置“粗糙度”通道的“浮点”为0.33，“索引”为1.1，“传输”通道的“颜色”为蓝色，勾选“伪阴影”，如图3-60所示。

02 打开“Octane透明材质”的节点编辑器，将“散射介质”节点链接到“介质”通道，将两个“RGB颜色”(淡蓝色)节点分别链接到“吸收”和“散射”通道，如图3-61所示。设置“散射介质”节点的“密度”为2，如图3-62所示。效果如图3-63所示。

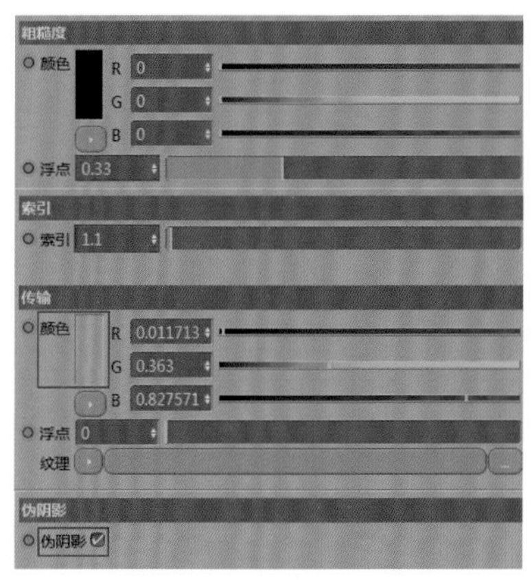

图3-60

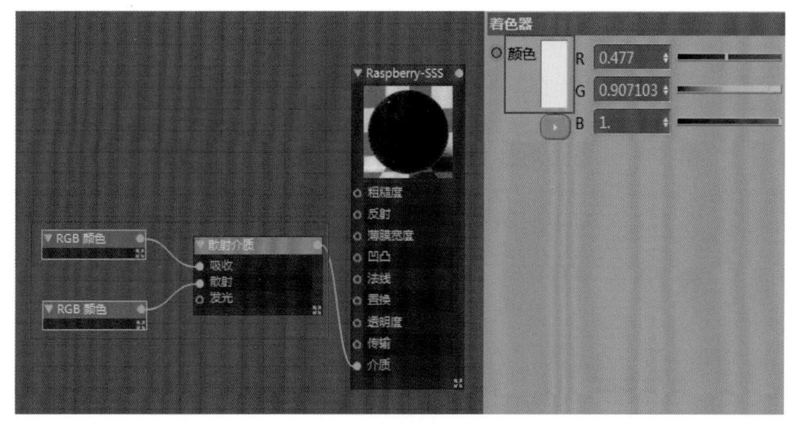

图3-61

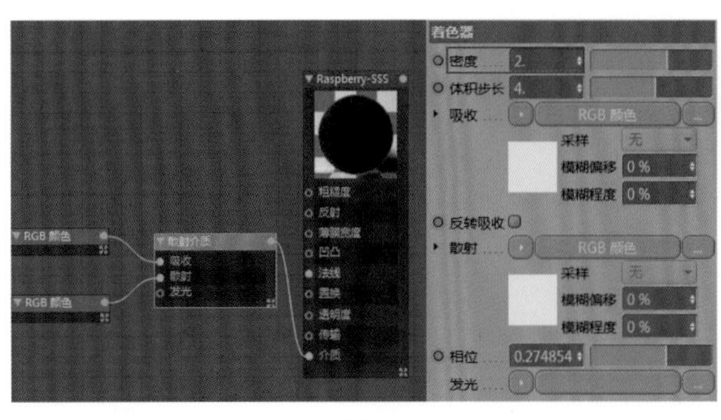

图3-62

图3-63

技巧提示 “密度”数值越小，光线的穿透性就越好。

03 同样使用“Octane透明材质”来制作精灵的内部，不过这里要将“传输”通道的“颜色”设置为浅一些的蓝色，如图3-64所示。效果如图3-65所示。

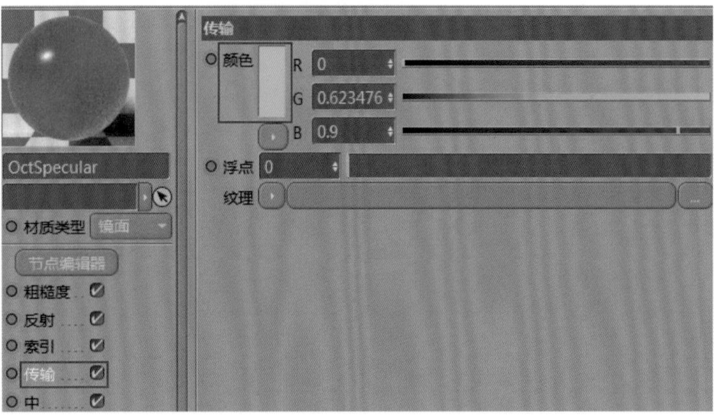

图3-64

图3-65

3.5.4 创建花枝材质

01 创建两个“Octane透明材质”。将第2个材质的“粗糙度”通道的“浮点”设置为0.13，“传输”通道的“颜色”设置为红色，如图3-66所示。

02 执行“Octane>材质>Octane混合材质”菜单命令，如图3-67所示。将两个透明材质分别拖曳到“材质1”和“材质2”中，如图3-68所示。勾选“混合材质”，设置“数量”为“渐变”，如图3-69所示。效果如图3-70所示。

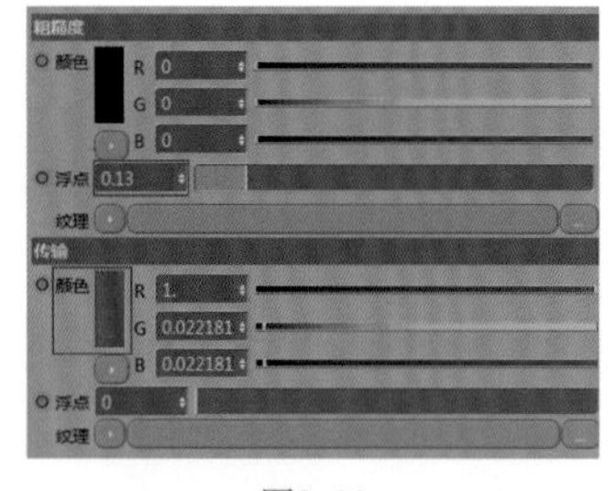

图3-66

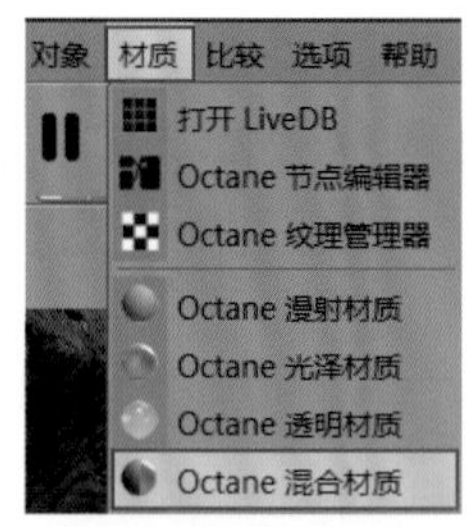

图3-67

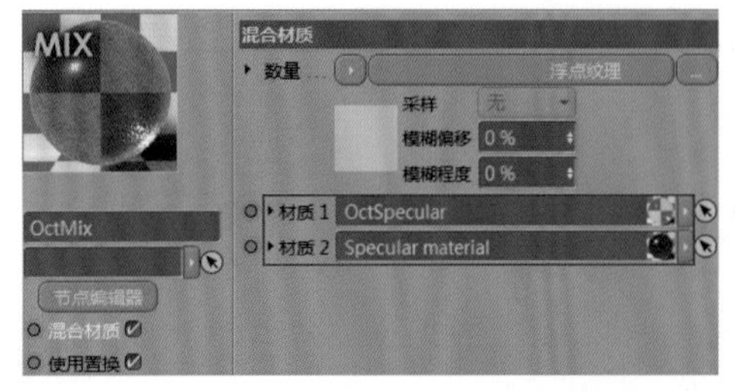

图3-68

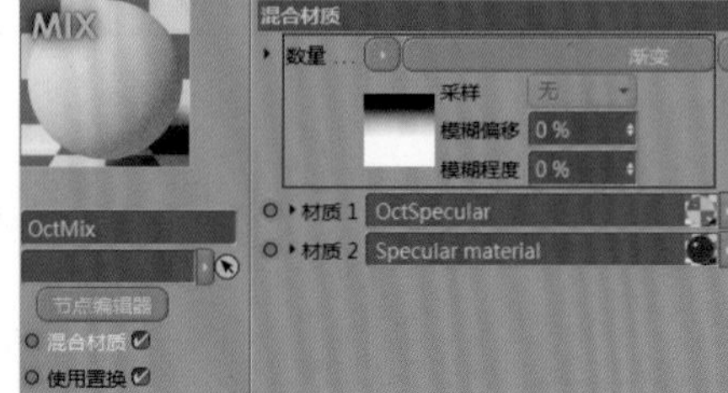

图3-69

图3-70

3.6 优化光效

01 为了让画面中的光线感更加强烈，进入“Octane日光标签”面板，在“主要”选项卡中设置“功率”为1.2，如图3-71所示。执行“Octane>对象>Octane区域光”菜单命令，增加精灵的暗部细节，如图3-72所示。

02 将“Octane区域光”移动到合适的位置，参考参数如图3-73所示。进入“Octane灯光标签”面板，在“灯光设置”选项卡中设置“功率”为20，“色温”为7500，如图3-74所示。效果如图3-75所示。

图3-71

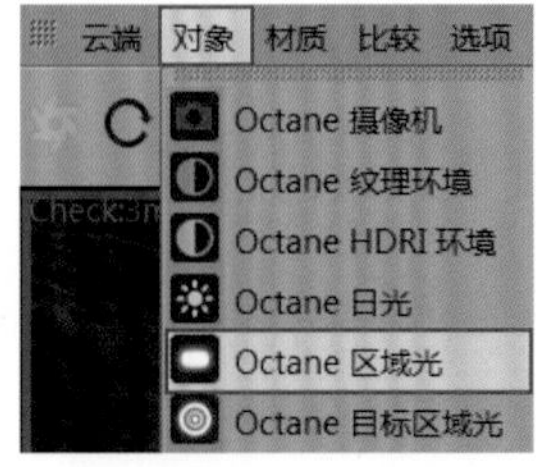

图3-72

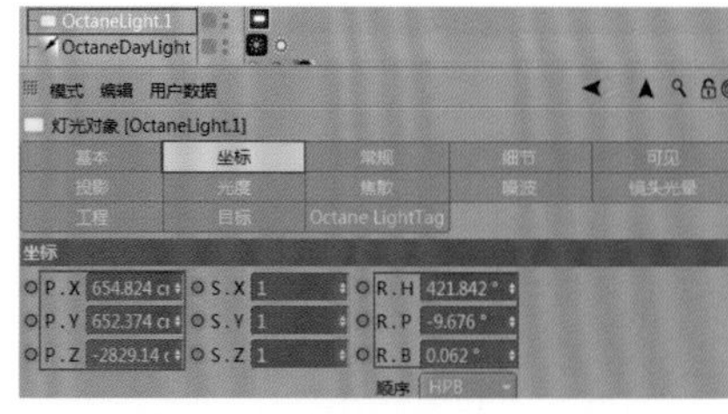

图3-73

图3-74

图3-75

03 使用鼠标右键单击“摄像机”对象，执行“C4doctane标签>Octane摄像机标签”命令，如图3-76所示。接下来制作景深效果，进入“Octane摄像机”面板，在“常规镜头”选项卡中设置“光圈”为10cm；然后开启辉光效果，使画面更具真实感，在“Octane设置”窗口的“后期”选项卡中勾选“启用”，设置“辉光强度”为10，“眩光强度”为5，如图3-77所示。效果如图3-78所示。

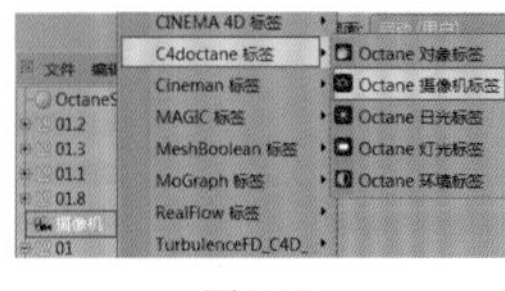

图3-76

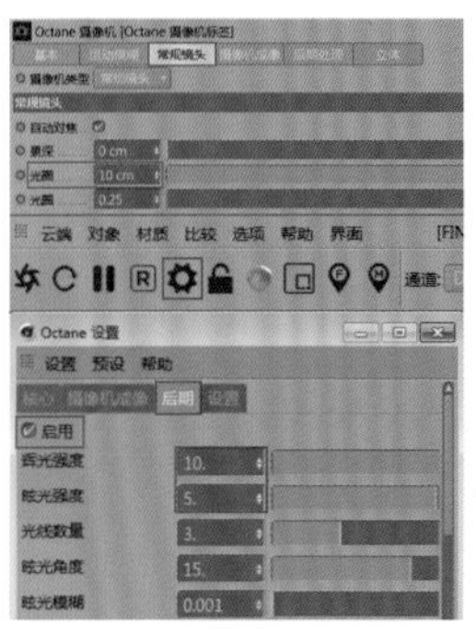

图3-77

图3-78

第4章 镜头创作：溶球精灵动画

本镜头是一个溶球缩放动画。模型创建阶段的重点是溶球的处理和膨胀动画的制作，这会涉及“颤动”的原理和作用。另外，本镜头属于最后一个镜头，所以在制作完成后会在Cinema 4D中输出序列图，然后在After Effects中合成序列动画。其单帧效果如图4-1所示。

图4-1

- 溶球处理
- 颤动
- 模拟水面
- 材质调节
- 渲染输出
- 膨胀动画
- 混合纹理
- 场景布光
- 光效处理
- After Effects 合成

4.1 制作溶球精灵动画

本章的精灵动画是有雏形的，因此只需要进行溶球效果的处理和关键帧动画的制作。

4.1.1 溶球处理

01 打开本书提供的精灵模型，如图4-2所示。这里要给模型制作从下往上的膨胀动画。在工具栏中选择“变形器”中的“膨胀”工具，如图4-3所示。

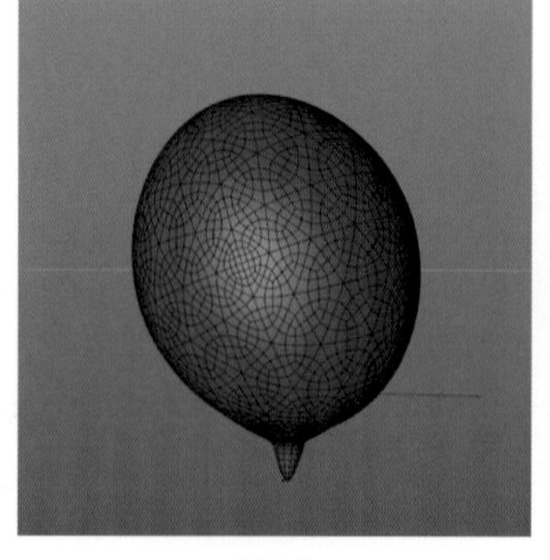

图4-2

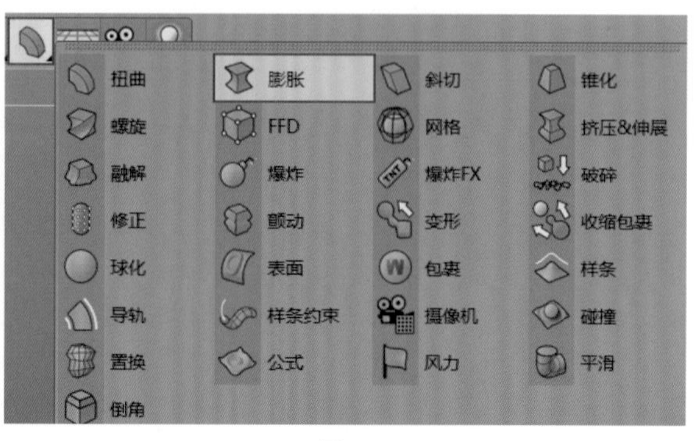

图4-3

02 选择“膨胀”对象，将其拖曳到“模型”中作为子级，进入“膨胀对象”面板，在“对象”选项卡中设置“强度”为70%，勾选“圆角”；在“衰减”选项卡中设置“形状”为“线性”，如图4-4所示。效果如图4-5所示。

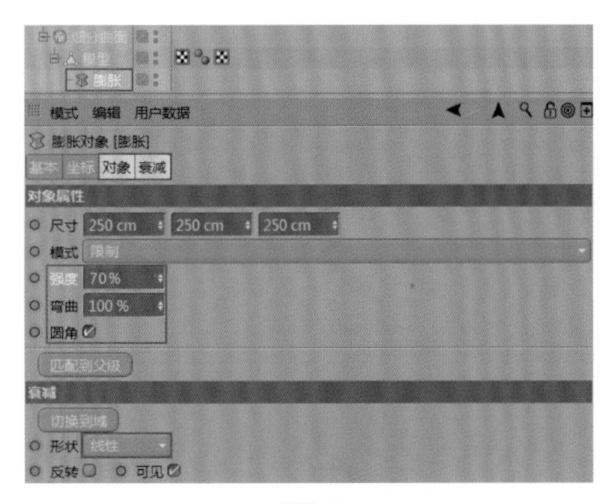

图4-4

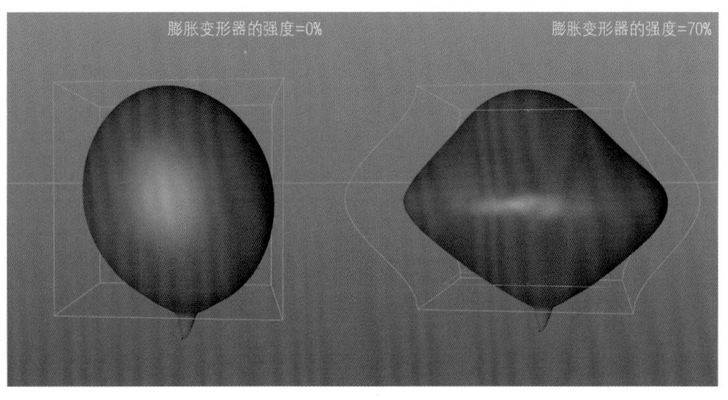

图4-5

4.1.2 制作膨胀动画

01 选择“膨胀”对象，在“坐标”选项卡中单击P.Y左侧的小圆点，在0F位置激活关键帧，将其从0cm向上移动到600cm，如图4-6所示。进入“膨胀”的“对象”选项卡，在10F处激活关键帧，设置“强度”为0%，在11F处设置“强度”为70%，如图4-7所示。时间轴的效果如图4-8所示。

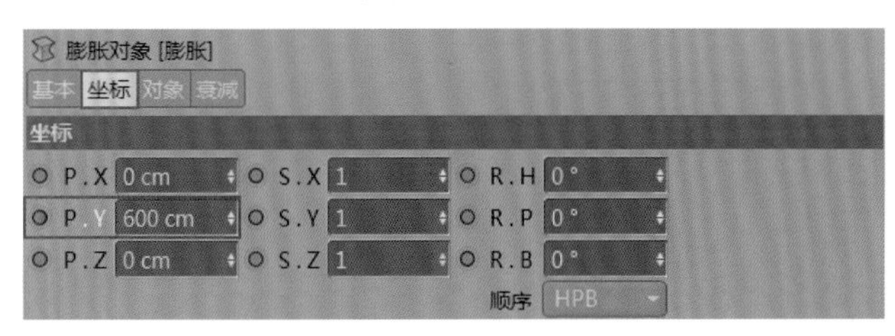

图4-6

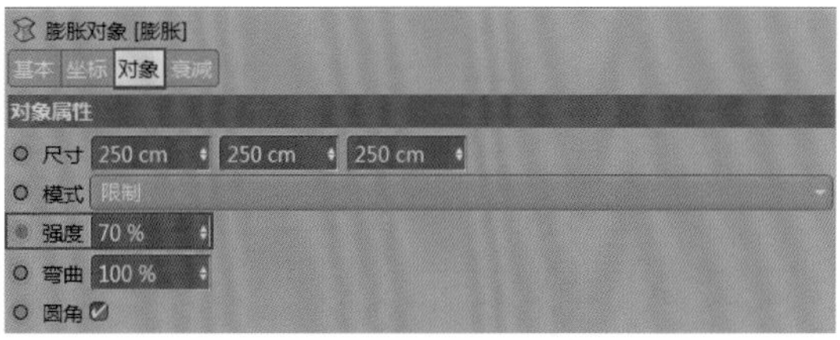

膨胀对象 [膨胀]

基本 坐标 对象 衰减

对象属性

尺寸 250 cm 250 cm 250 cm

模式 限制

强度 70 %

弯曲 100 %

圆角

图4-7

图4-8

02 为了让膨胀动画具有弹性，选择“变形器”中的“颤动”工具，将“颤动”对象拖曳到“模型”对象中作为子级，如图4-9所示。进入“抖动”面板，设置“硬度”为50%，“构造”为0%，如图4-10所示。

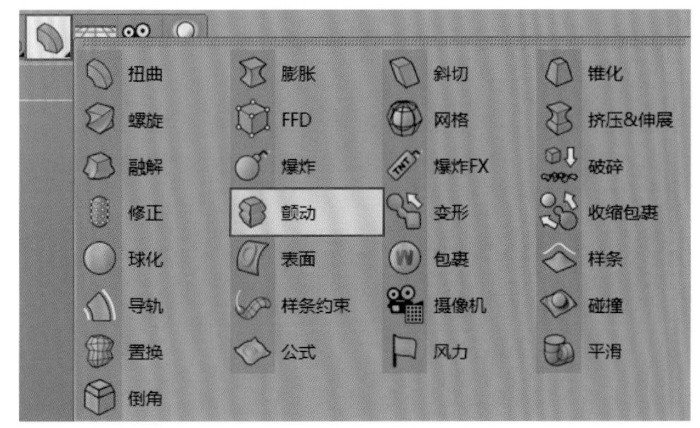

图4-9

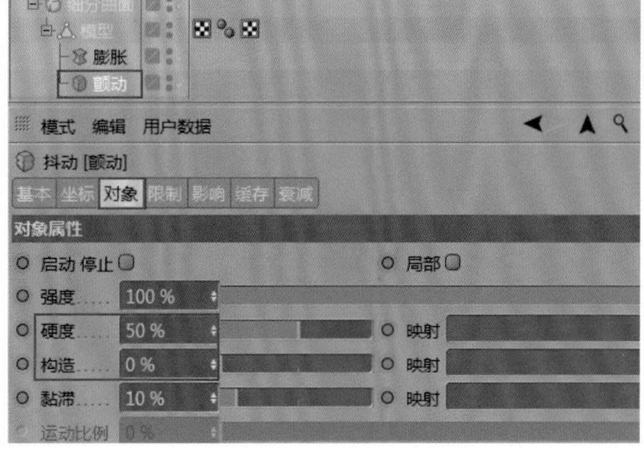

图4-10

技术专题：颤动的原理和作用

膨胀关键帧的设置区间为0F~25F，因为添加了“颤动”变形器，所以在图中可以看到30F后模型产生了回弹效果，这样整体动画看起来会更生动，如图4-11所示。

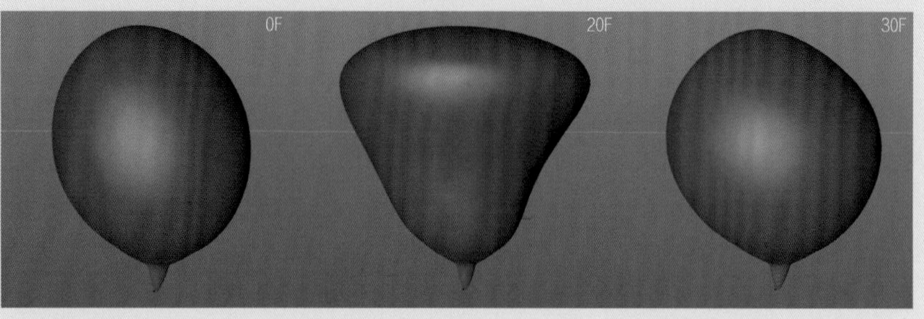

图4-11

4.2 制作地形

地形的制作在前面已经介绍过很多次了，这里不再赘述，同样是“限于海平面”和分段设置的区别。参考效果如图4-12所示。

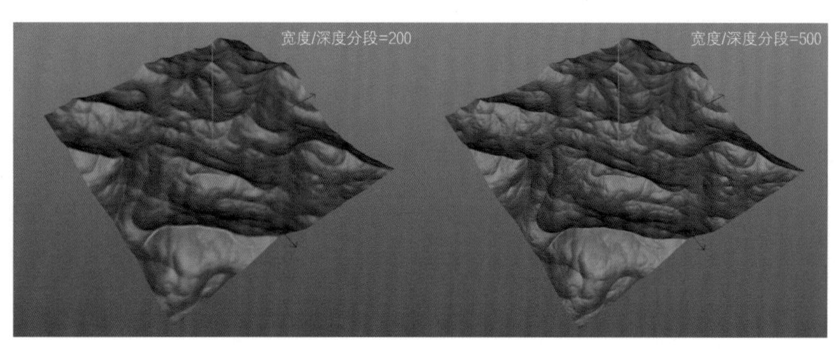

图4-12

4.3 搭建场景镜头

在创建镜头前需要设置工程参数与画面尺寸，具体参数设置如图4-13和图4-14所示。

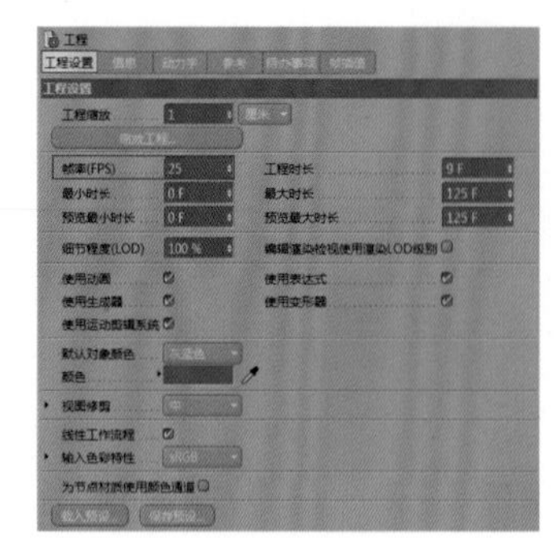

图4-13

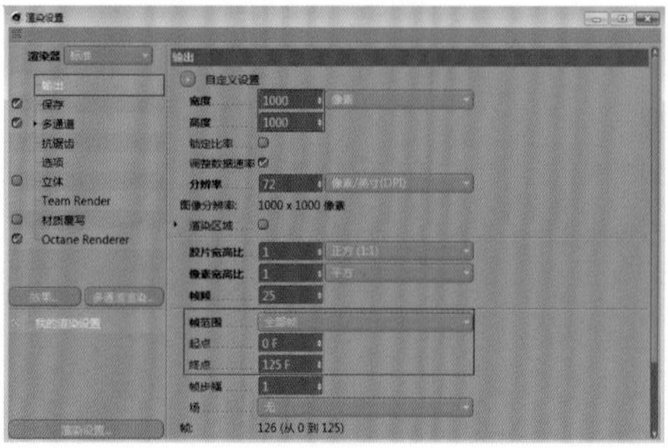

图4-14

4.3.1 创建摄像机

01 创建“摄像机”对象，然后在“对象”选项卡中设置“焦距”为80毫米，如图4-15所示。在摄像机画面中添加地面地形与背景地形，并且找到最佳视觉效果，参考坐标如图4-16所示。镜头效果如图4-17所示。

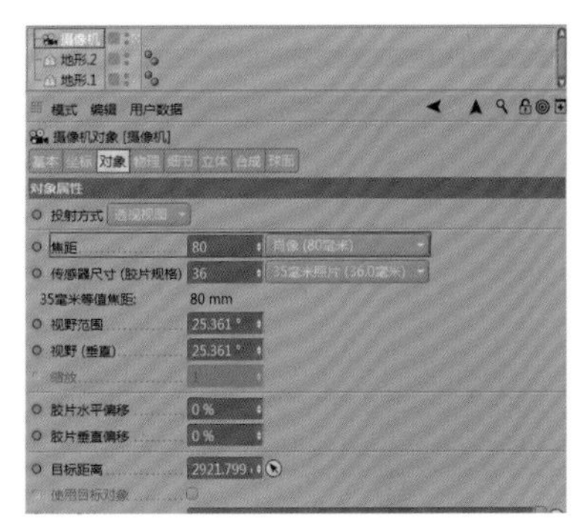

图4-15

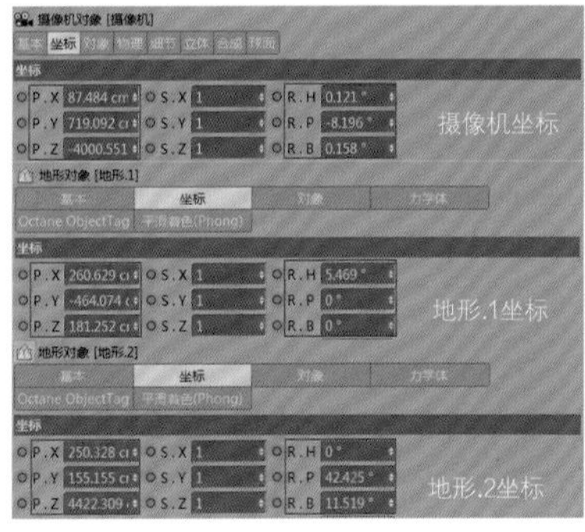

图4-16

图4-17

02 在摄像机镜头中添加精灵主体，为了更好地确定精灵在镜头中的位置，可以在“合成”选项卡中勾选“网格”，然后根据九宫格来准确地找到精灵的位置，如图4-18所示。效果如图4-19所示。

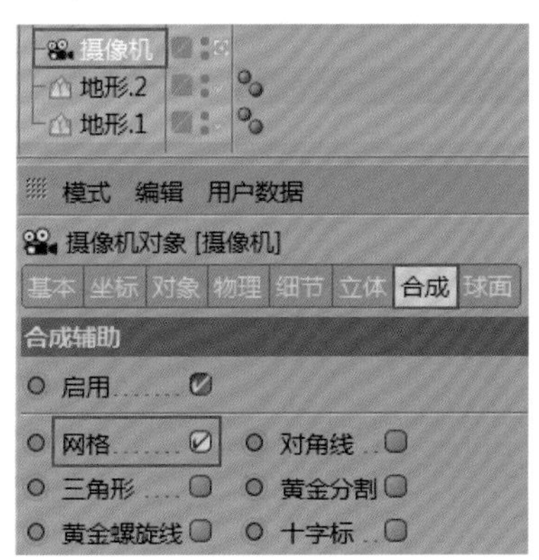

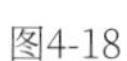

图4-18

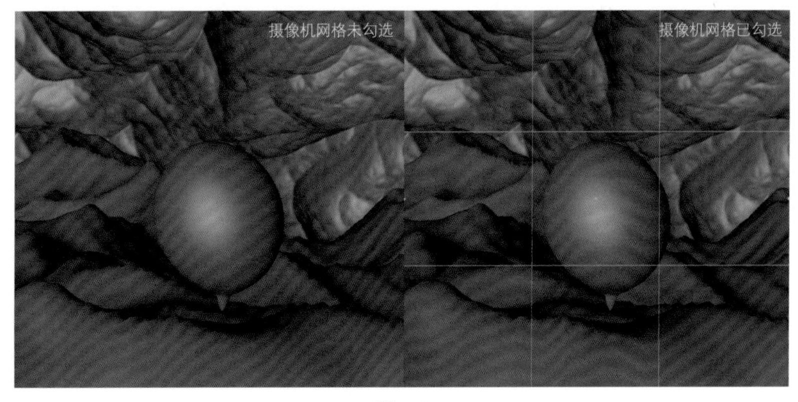

图4-19

4.3.2 模拟水面

创建平面并放置到合适的位置，用于模拟水面，然后选择“变形器”中的“置换”和“公式”工具，具体参数设置与第3章相同，如图4-20所示。效果如图4-21所示。

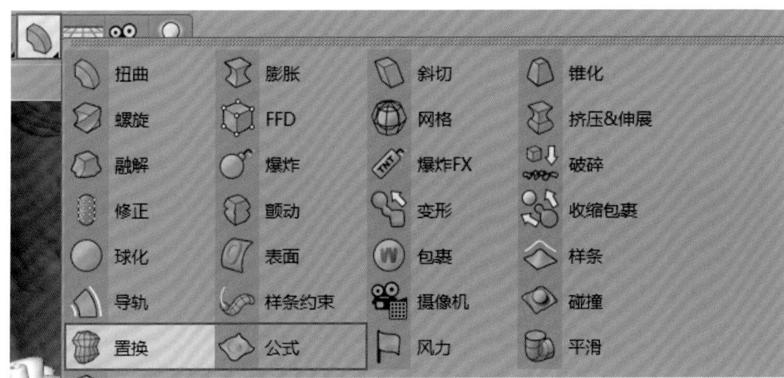

图4-20

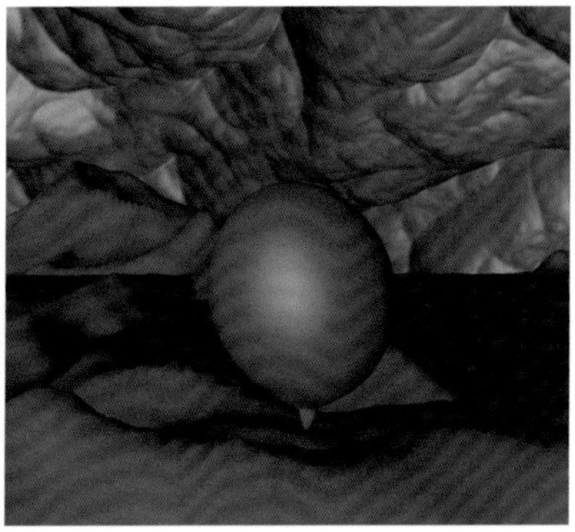

图4-21

4.3.3 构建整体

01 全选所有精灵图层，按快捷键Alt+G进行打组，然后复制出更多的精灵组，将它们随机放置在精灵主体身后，既可以让镜头画面更加丰富，也可以衬托主体，如图4-22所示。

图4-22

02 精灵组是依靠“膨胀”变形器来产生动画的，所以需要将不同精灵组的“膨胀”变形器错开。这里选择每隔5F错开一次，这样镜头中的膨胀动画会更加丰富，如图4-23所示。

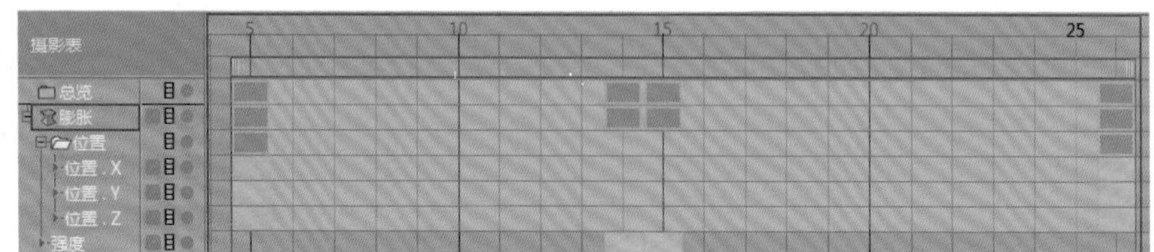

图4-23

4.4 场景布光

在对场景进行布光前，要设置好渲染预设。打开Octane渲染器，将默认的“直接照明”修改为“路径追踪”，然后设置“预设”为UTV4D，如图4-24所示。

图4-24

4.4.1 创建主光源

执行“Octane>对象>Octane日光”菜单命令，如图4-25所示。调整日光的位置，然后进入“Octane日光标签”面板，在“主要”选项卡中设置“向北偏移”为－0.12，如图4-26所示。日光位置如图4-27所示，效果如图4-28所示。

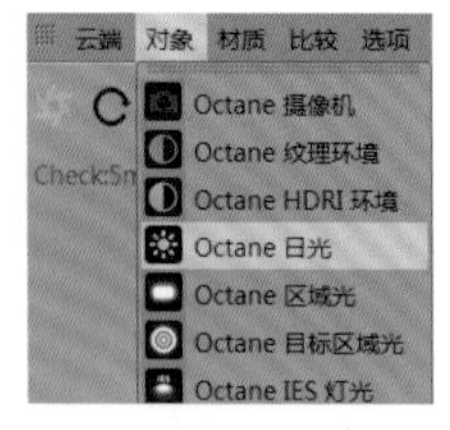

图4-25

图4-26

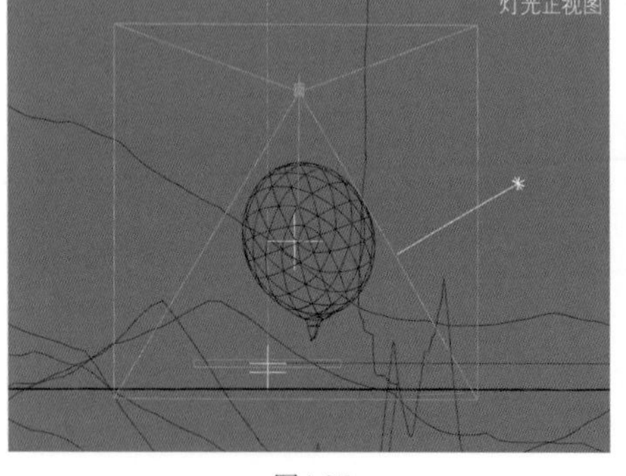

图4-27

图4-28

4.4.2 创建辅助光源

执行“Octane>对象>Octane HDRI环境”菜单命令，将本书提供的HDRI拖曳到“图像纹理”中，适当调整HDRI的“旋转X”和“旋转Y”参数，如图4-29所示。因为默认情况下HDRI环境不会被识别，所以在“Octane日光标签”面板中勾选“混合天空纹理”，如图4-30所示。效果如图4-31所示。

图4-29

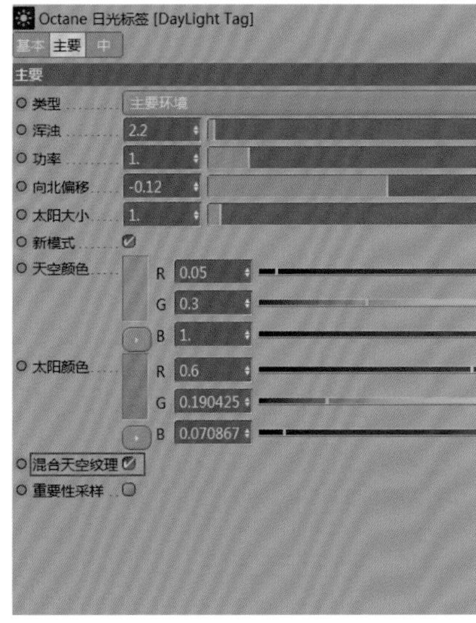

图4-30

图4-31

4.5 材质调节

本镜头的材质主要是SSS材质，另外，本镜头还会使用“混合纹理”功能。

4.5.1 创建地形材质

01 执行“Octane>材质>Octane光泽材质”菜单命令，双击Octane光泽材质球，设置“漫射”通道的“颜色”为黑色；打开节点编辑器，将本书提供的粗糙度、法线和置换贴图拖曳到节点编辑器中，然后链接到对应通道，如图4-32所示。

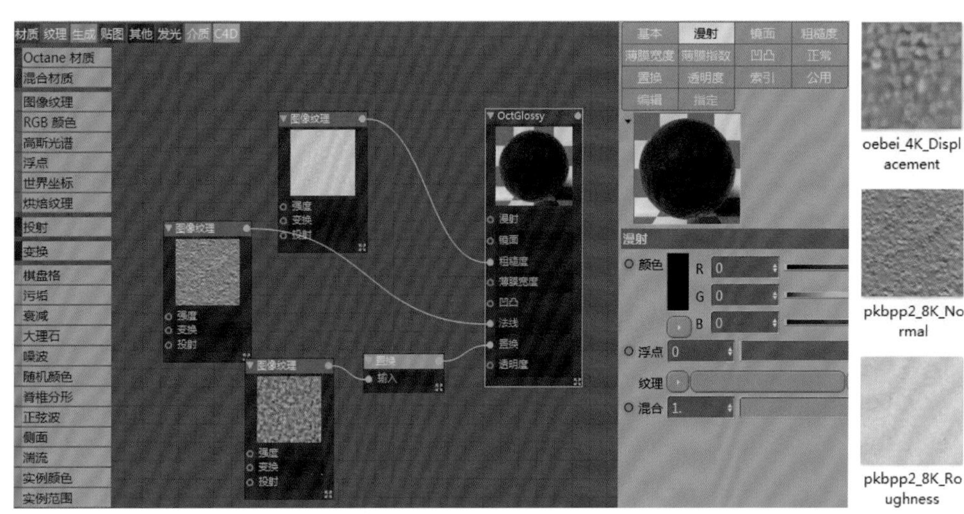

图4-32

02 选择“置换”节点，将“细节等级”设置为2048×2048，增加置换高度并提高贴图精度，如图4-33所示。效果如图4-34所示。

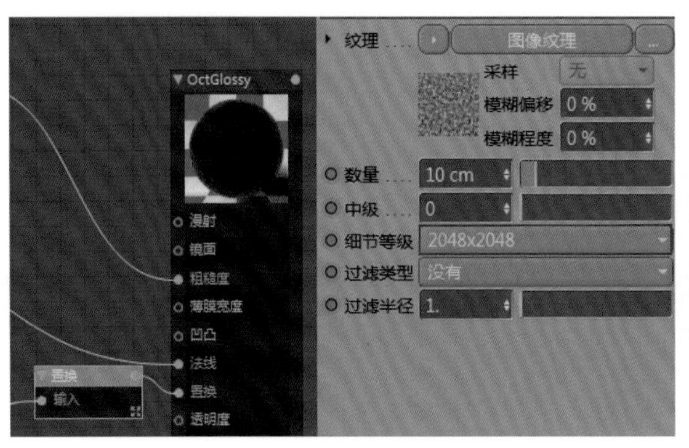

图4-33

图4-34

4.5.2 创建水面材质

执行“Octane>材质>Octane透明材质”菜单命令，双击Octane透明材质球，设置“索引”为1.333，如图4-35所示。效果如图4-36所示。

图4-35

图4-36

4.5.3 创建SSS材质

01 执行“Octane>材质>Octane透明材质”菜单命令，双击Octane透明材质球，打开节点编辑器，将本书提供的贴图链接到“粗糙度”通道，如图4-37所示。

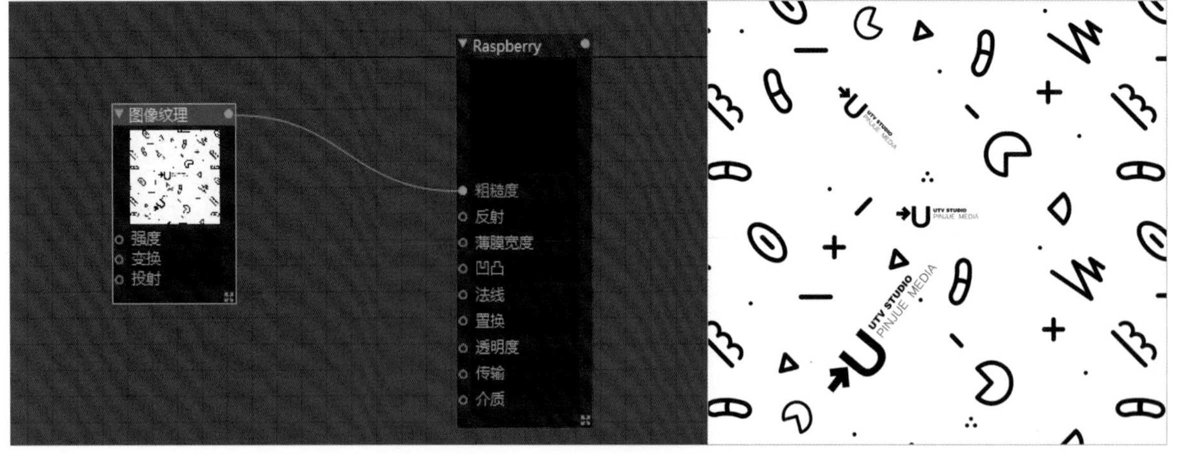

图4-37

02 拖曳“梯度”节点，在“梯度”节点中添加浅灰色、中灰色来影响“图像纹理”节点中的黑白贴图，这样整体“粗糙度”的范围会更广，如图4-38所示。效果如图4-39所示。

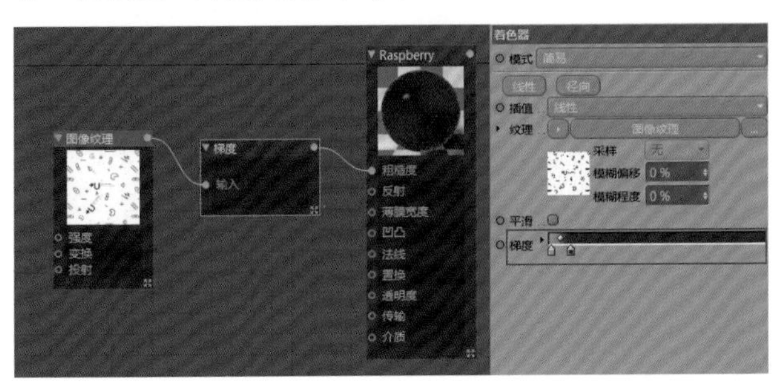

图4-38

图4-39

技巧提示 “梯度”为白色代表影响粗糙度，为黑色代表不影响粗糙度。

03 拖曳“湍流”节点，将其链接到“凹凸”通道，让材质表面细节更加丰富。这里可以添加“纹理投射”节点来改变“湍流”节点的“投射”通道，如图4-40所示。效果如图4-41所示。

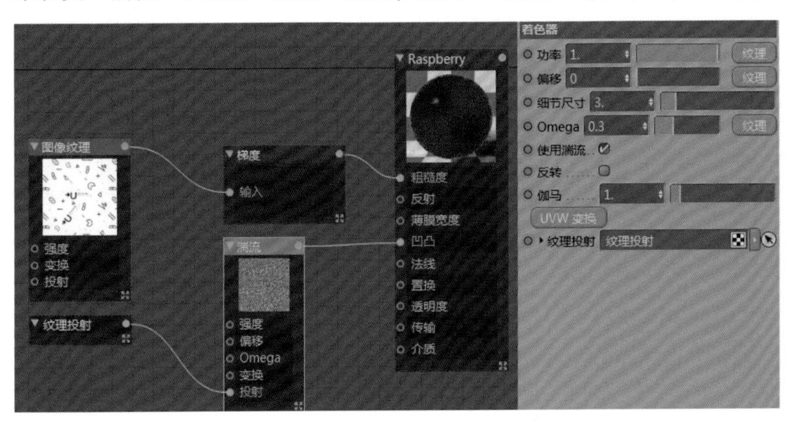

图4-40

图4-41

04 添加“混合纹理”节点，再添加两个“RGB颜色”节点，将它们分别调成黑色和粉红色，并链接到“纹理1”和“纹理2”通道；将“混合纹理”节点链接到“传输”通道，将“图像纹理”节点链接到“混合纹理”节点的“数值”通道，如图4-42所示。效果如图4-43所示。

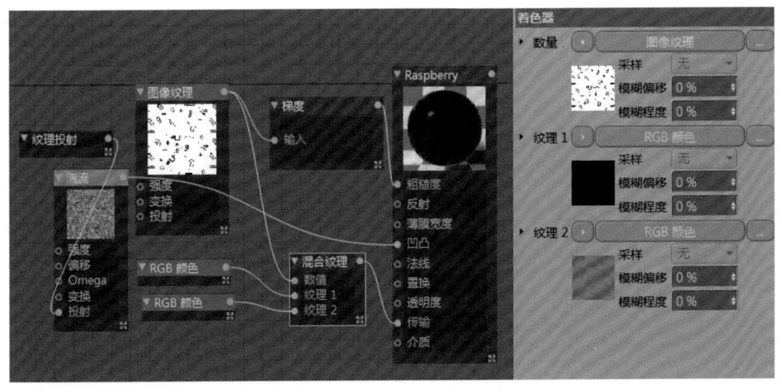

图4-42

图4-43

技术专题：混合纹理的原理

“混合纹理”是通过黑白贴图来区分“纹理1”和“纹理2”的，如“纹理1”是黑色，“纹理2”是玫红色。现在有一张黑白贴图，黑色代表“纹理1”，白色代表“纹理2”，如图4-44和图4-45所示。

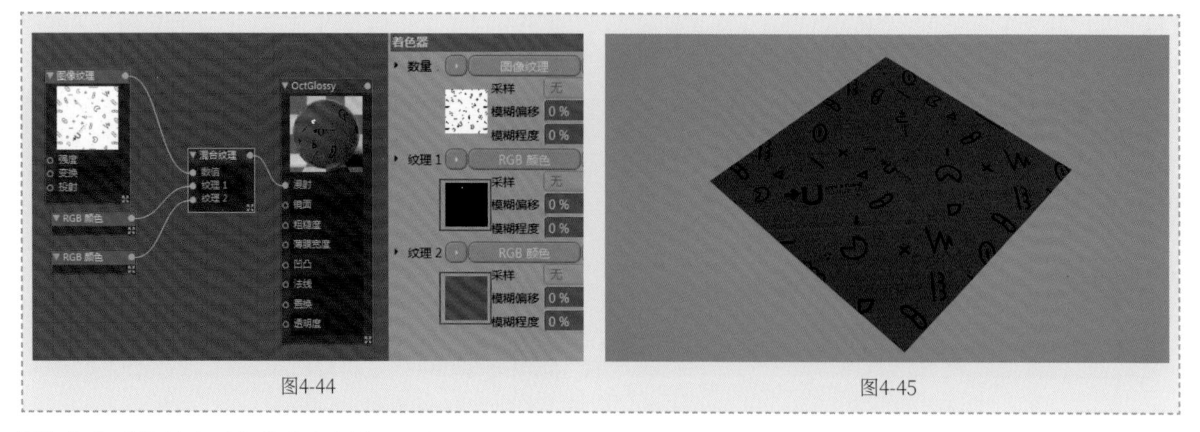

图4-44

图4-45

05 拖曳“散射介质”节点来制作SSS材质。创建两个“RGB颜色”节点，并分别修改它们的颜色为粉色和紫色，然后将它们分别链接到“散射介质”节点的“吸收”与“散射”通道，将“密度”设置为1,“相位”设置为0.2，如图4-46所示。效果如图4-47所示。

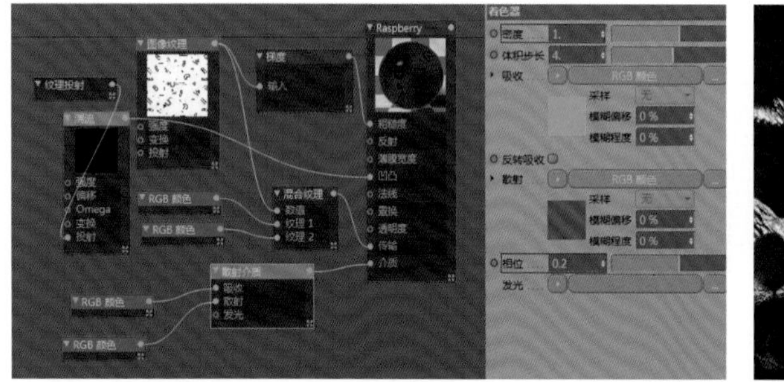

图4-46

图4-47

4.6 光效处理

使用鼠标右键单击“摄像机”对象，执行“C4doctane标签>Octane摄像机标签”命令，如图4-48所示。下面制作景深效果，进入“Octane摄像机”面板，在“常规镜头”选项卡中设置“光圈”为10cm。接下来开启辉光效果，让画面更具真实感，在“Octane设置”窗口的“后期”选项卡中勾选“启用”，设置“辉光强度”为10，“眩光强度”为5，如图4-49所示。效果如图4-50所示。

图4-48

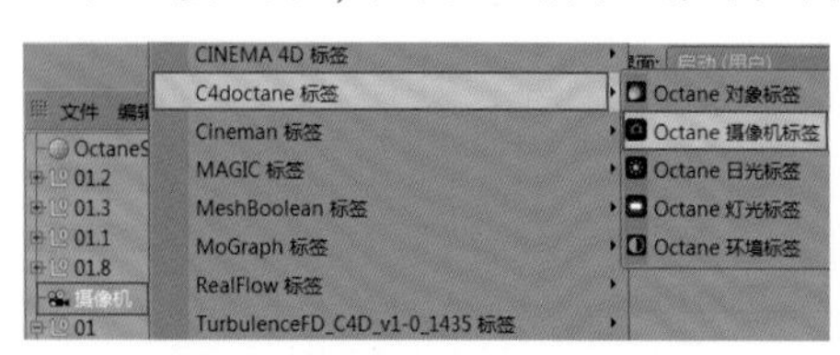

图4-49

图4-50

4.7 用After Effects合成序列动画

Cinema 4D虽然可以制作动画过程和动作效果，但是如果要制作动画并播放，直接使用Cinema 4D来制作就很容易出问题。因此通常会先使用Cinema 4D渲染序列帧效果，然后在After Effects中合成序列动画。

4.7.1 渲染输出

01 这里需要输出图像和反射两个通道，以镜头4为例，按快捷键Ctrl+B打开“渲染设置”窗口，设置“渲染器”为Octane Renderer，“帧范围”为“全部帧”，如图4-51所示。

02 单击Octane Renderer，在“渲染通道”选项卡中勾选“启用”，确定文件的保存位置，设置“格式”为PNG，并勾选“反射”，如图4-52所示。

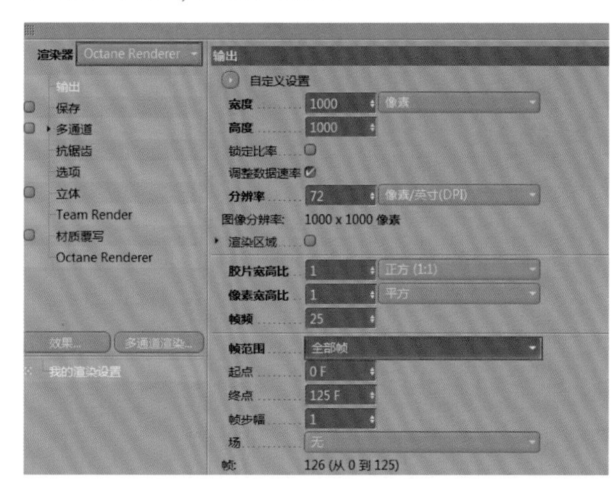

图4-51

图4-52

03 在“保存”选项卡的“常规图像”卷展栏中勾选“保存”，确定文件的保存位置，设置“格式”为PNG，“深度”为16位/通道；在“多通道图像”卷展栏中勾选“保存”，确定文件的保存位置，设置“格式”为PNG，如图4-53所示。设置完成后按快捷键Shift+R进行渲染，渲染效果如图4-54所示。

图4-53

技巧提示 对于其他3个镜头的输出，读者都可以按镜头4的方法进行输出。

图4-54

4.7.2 在After Effects中合成

01 打开After Effects，在“项目”面板中双击，打开“导入文件”对话框导入要输出的序列图像，勾选“PNG序列”，如图4-55所示。

02 在After Effects中导入所有图像后，需要将对应的图像通道与反射通道拖曳到“合成”中，将反射通道的“模式”修改为“屏幕”，进行反射增强，如图4-56所示。效果如图4-57所示。

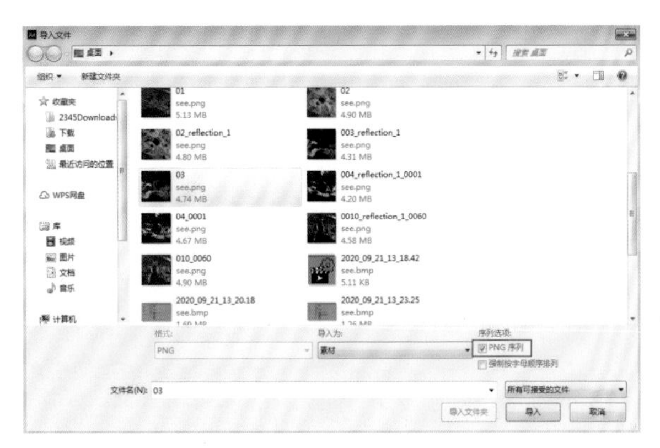

图4-55

图4-56

图4-57

技巧提示 Cinema 4D输出的PNG格式的文件为全部帧（0F~125F），所以输出的结果就是125张序列图片，将它们导入After Effects时一定要勾选“PNG序列”，才能使125张图片成为序列动画。

03 其他镜头都可以按照镜头4的处理方法在After Effects中进行反射增强。在三维空间中每个镜头为125帧，需要5秒的时间，4个镜头就需要20秒。在After Effects中新建一个“总合成”，设置“宽度”为1000px，“高度”为1000px，“持续时间”为20秒，如图4-58所示。然后将4个镜头合成拖曳到“总合成”中，将它们链接起来，如图4-59所示。

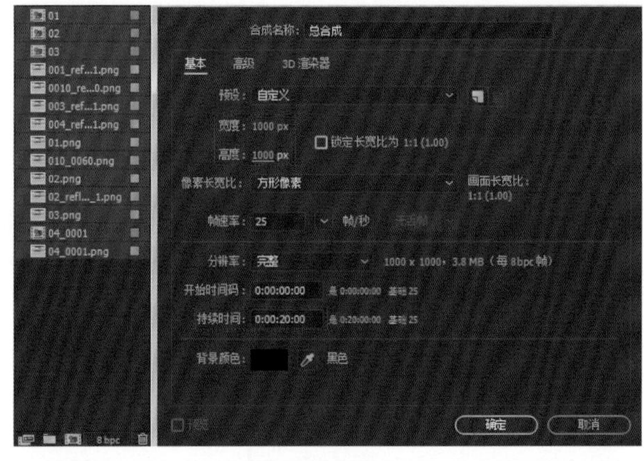

图4-58

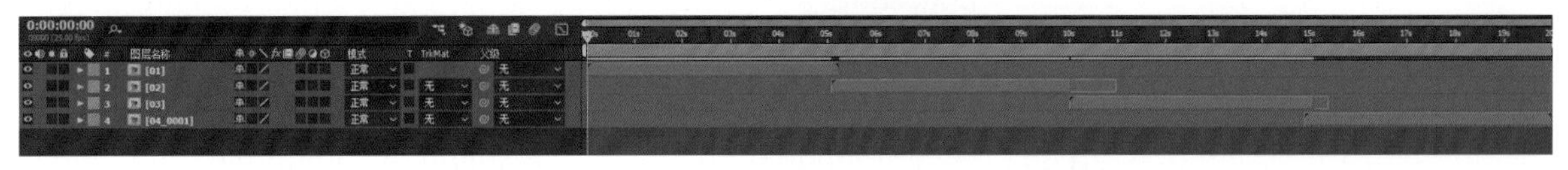

图4-59

04 将本书提供的粒子素材拖曳到“总合成”中，因为粒子素材的时间为10秒，而“总合成”时间为20秒，所以需要按快捷键Ctrl+D复制一层粒子素材，将两个粒子素材的图层“模式”均设置为“屏幕”，如图4-60所示。效果如图4-61所示。

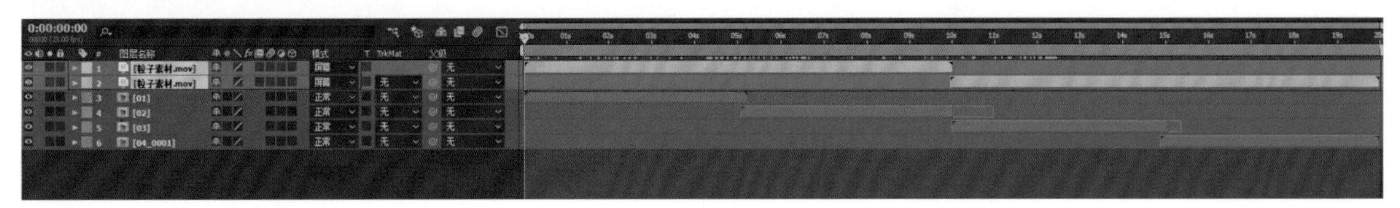

图4-60

图4-61

05 检查每一个镜头的图像对比度是否相同，对比时可以看出镜头2的图像非常明亮，所以需要打开镜头2，按快捷键Ctrl+D复制镜头2的图像通道，设置其“模式”为“叠加”,“不透明度”为50%，如图4-62所示。效果如图4-63所示。

图4-62

图4-63

06 调整完成后按快捷键Ctrl+Y新建图层，如图4-64所示。激活调整图层按钮，如图4-65所示。执行“效果>颜色校正>颜色平衡”菜单命令，进入“颜色平衡”面板进行统一调色，如图4-66所示。效果如图4-67所示。

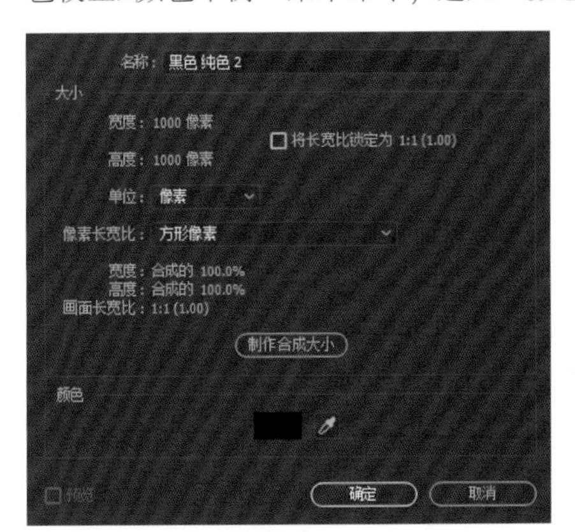

图4-64

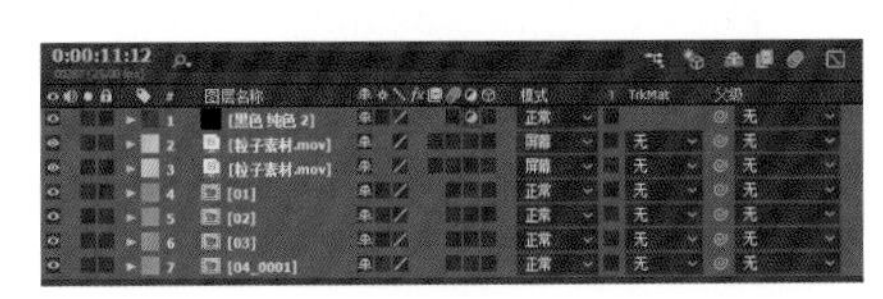

图4-65

图4-66

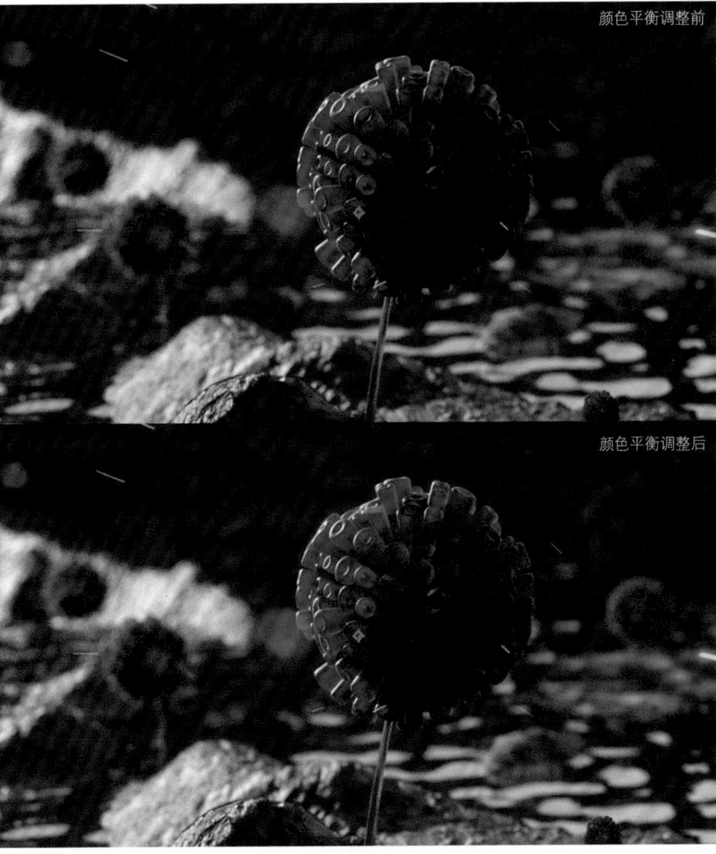

图4-67

07 加入喜欢的音乐到合成中，然后选择After Effects中的“总合成”，执行“合成>预合成”菜单命令，将渲染队列“输出模块”的“格式”设置为QuickTime，如图4-68所示。指定输出位置并渲染，如图4-69所示。

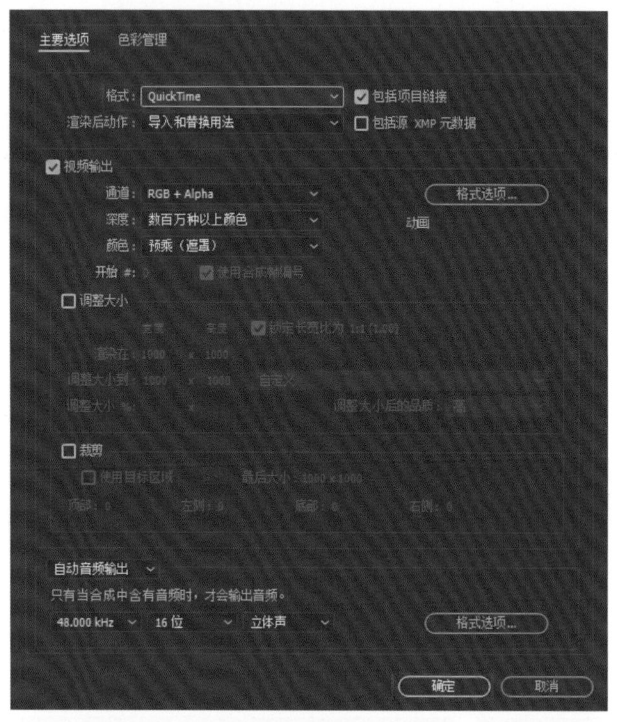

图4-68

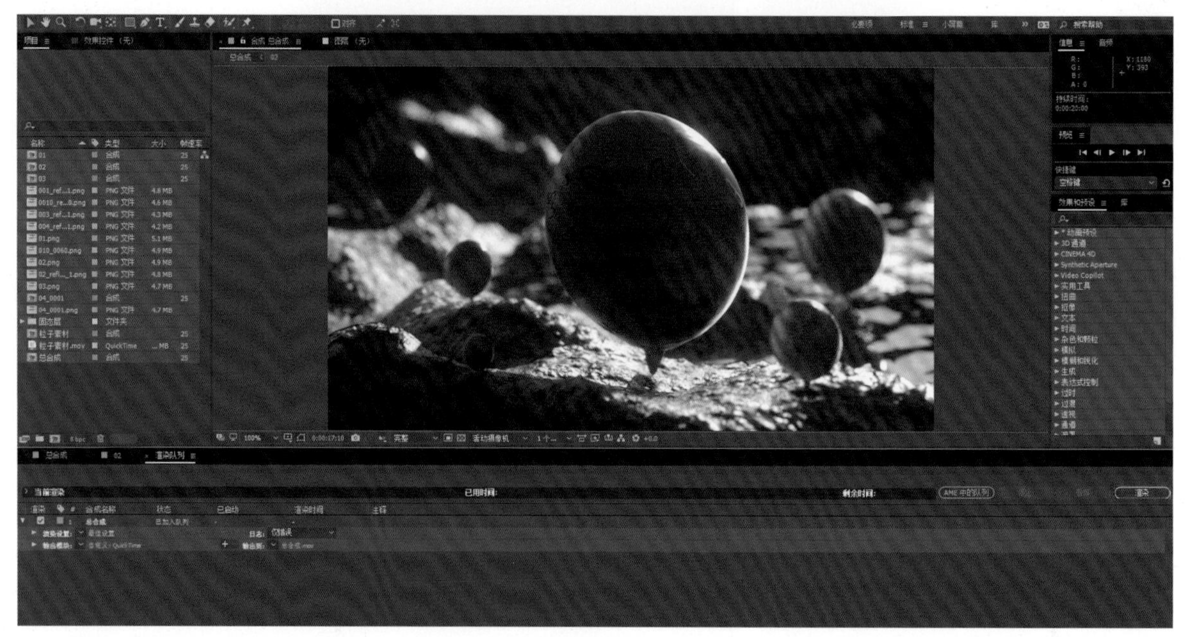

图4-69

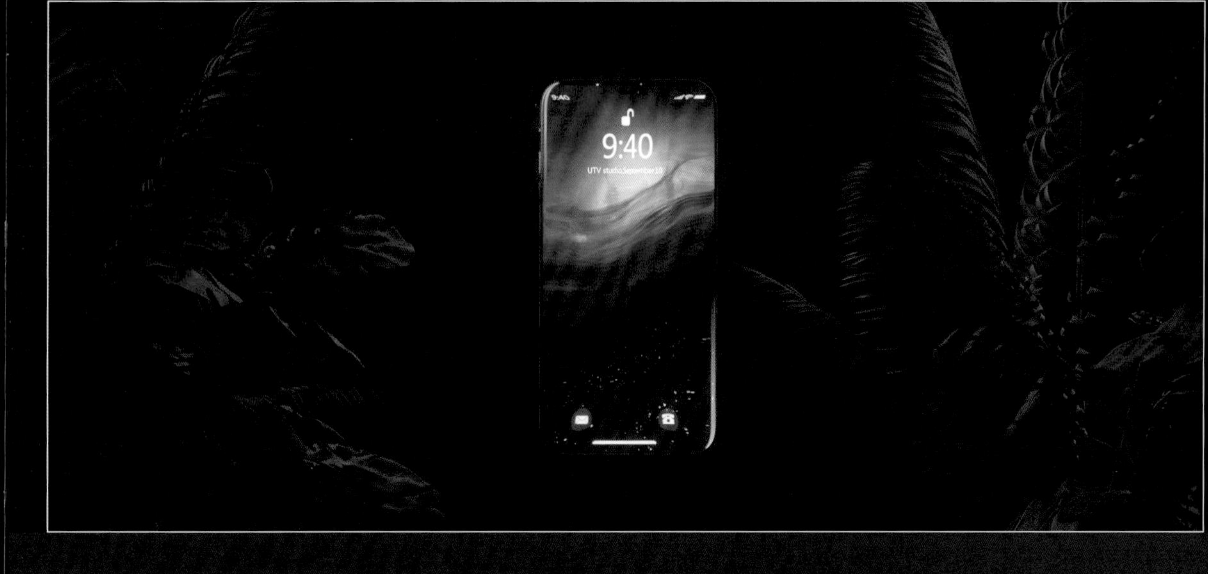

第2篇 震撼科技：手机动态宣传片

■ 学习目的

这是一个手机动态宣传片，这类短片很常见。相比上一个内容较为单一的动画，除了表现手法与设计，本宣传片在动画制作上不仅要对对象本身进行动作处理，还要为摄像机制作路径动画，以形成画面的拍摄动画。

· 篇首语 ·

从动画内容来看，本宣传片主要通过展示手机的整体效果、机身的局部效果、镜头的转场效果来表现手机的特色。为了体现出节奏感，在制作摄像机动画的时候，还专门对摄像机的运动速度进行了把控。

手机材质采用了比较流行的红色作为主要色彩，为了体现出高科技的感觉，在背景和整体色调上采用了红色与黑色的搭配。对于灯光的处理，本例将重点放在了机身上的扫光效果，这样更能体现出手机的科技感。

第5章 制作特写镜头

本章制作手机的特写镜头，主要表现手机的特点，效果如图5-1和图5-2所示。本镜头包含两个内容：一个是手机自身的局部展示效果，包含从各个角度拍摄手机的动画；另一个是手机在场景中的展示效果，用于体现手机的整体视觉效果。因此，本章的技术重点是摄像机多机位拍摄和制作摄像机动画。

图5-1

图5-2

关键词

- 焦距
- 手机侧面
- 手机底部
- 手机机身
- 手机摄像头
- 手机场景
- 特写镜头
- 摄像机动画

5.1 手机特写镜头制作流程

从样片来看，手机特写镜头分为侧面、底部、机身、摄像头，以及整个动画中手机的运动过程，下面依次介绍。

5.1.1 制作手机侧面特写镜头

01 打开本书提供的手机模型，如图5-3所示。创建一个“平面”作为地面，选择“手机”对象的“坐标”选项卡，设置所有缩放坐标为3；设置旋转坐标R.P和R.B分别为90°和−90°，将手机沿着y轴移动到地面，如图5-4所示。效果如图5-5所示。

图5-3

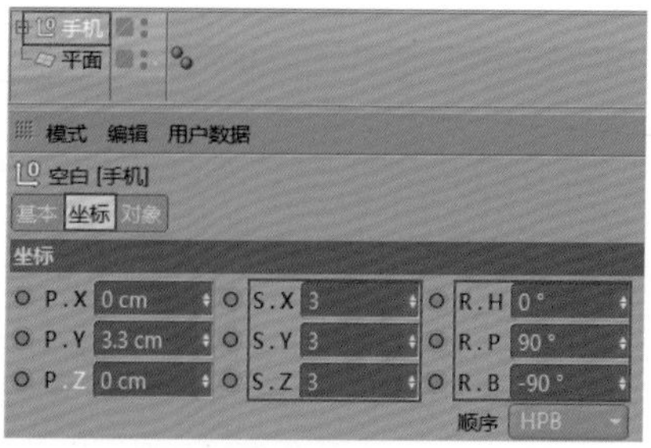

手机
平面
模式 编辑 用户数据
空白 [手机]
基本 坐标 对象

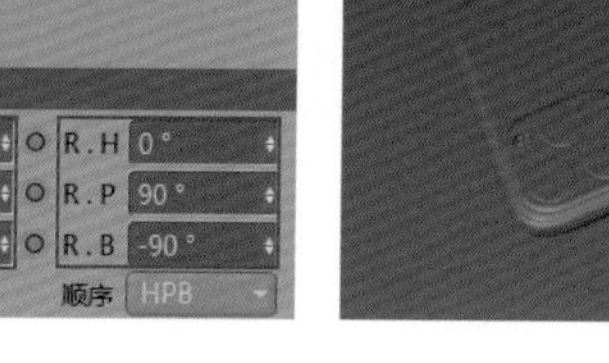

图5-4

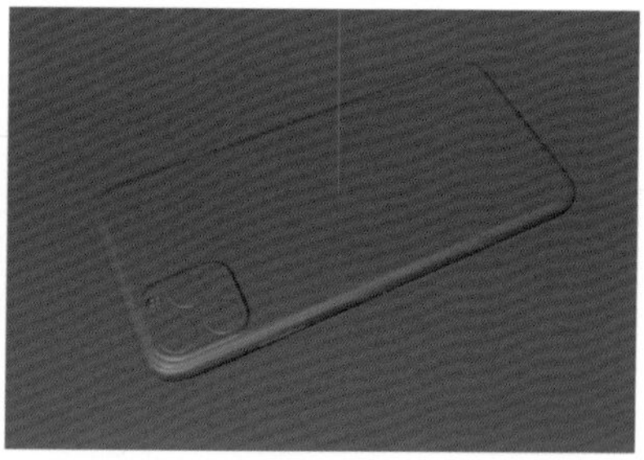

图5-5

02 创建一个“摄像机”对象，在“坐标”选项卡中调整其位置，如图5-6所示。因为需要展示手机特写画面，所以摄像机不能使用正常焦距（30毫米），在“对象”选项卡中设置“焦距”为80毫米，如图5-7所示。效果如图5-8所示。

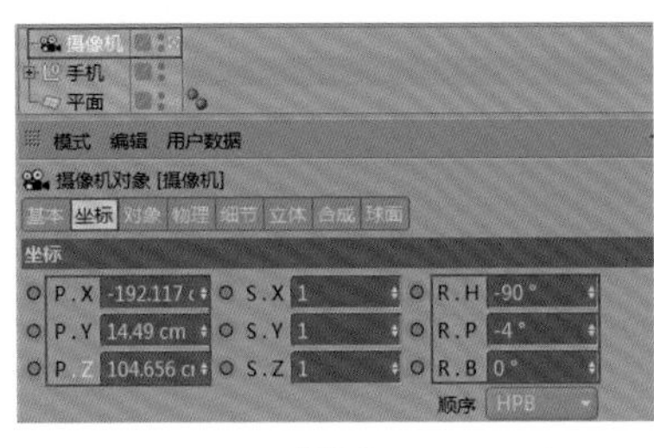

图5-6

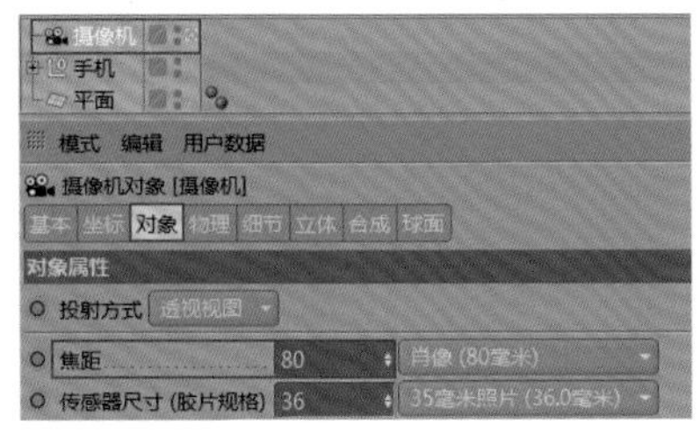

图5-7

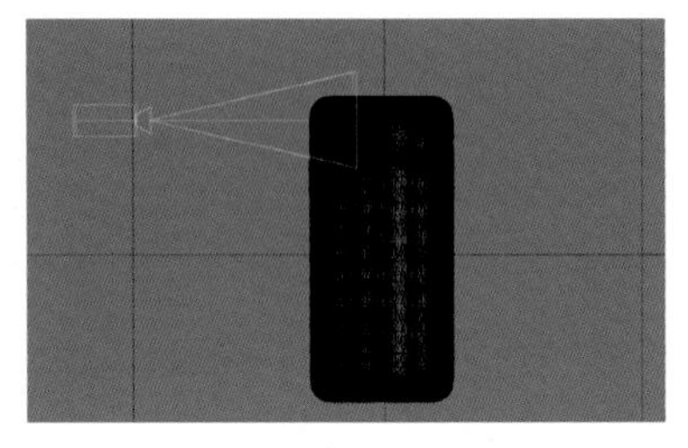

图5-8

技术专题：焦距的作用

这里用一个简单的例子来解释一下焦距。在摄像机位置不变的情况下，使用经典的36毫米焦距的镜头刚好看清手机的基本特征，若换成80毫米或以上焦距的镜头，则能看清手机的更多细节。不同焦距拍摄效果对比如图5-9所示。

图5-9

5.1.2 制作侧面镜头摄像机动画

01 按快捷键Ctrl+D打开“工程”面板，在“工程设置”选项卡中设置“帧率（FPS）”为25，如图5-10所示。设置时间标尺范围为0F~60F，如图5-11所示。

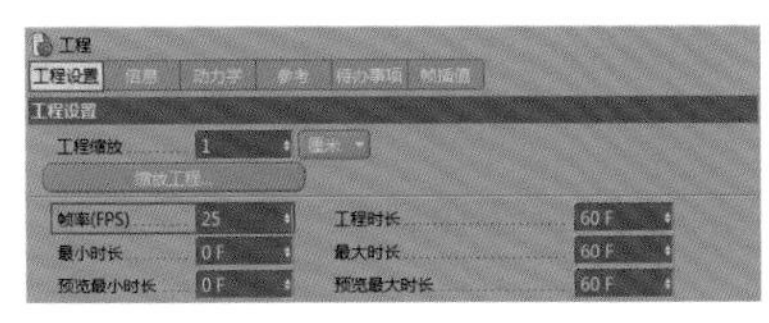

图5-10

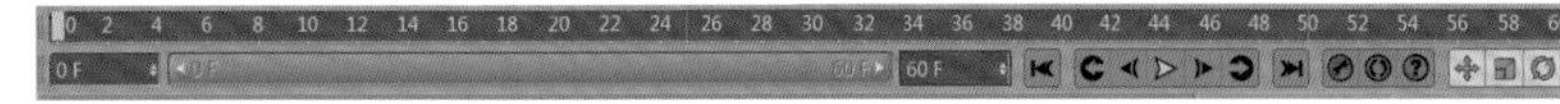

图5-11

02 仔细观察摄像机坐标的数值，如图5-12所示。发现数值非常凌乱且会影响动画的制作，所以在制作动画前，需要在“冻结变换”卷展栏中单击“冻结全部”按钮，这样凌乱的坐标数值会归零，如图5-13所示。

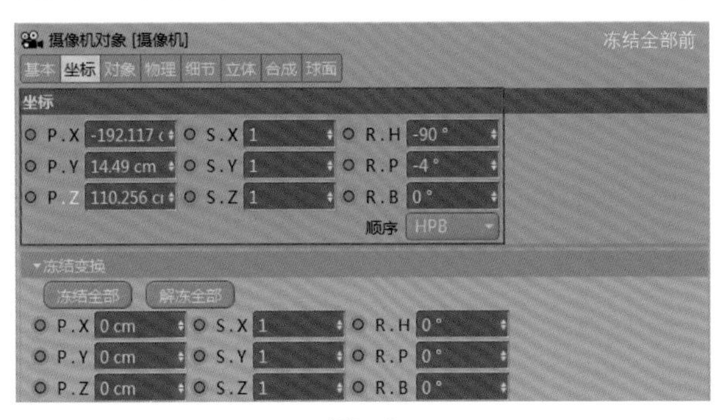

图5-12

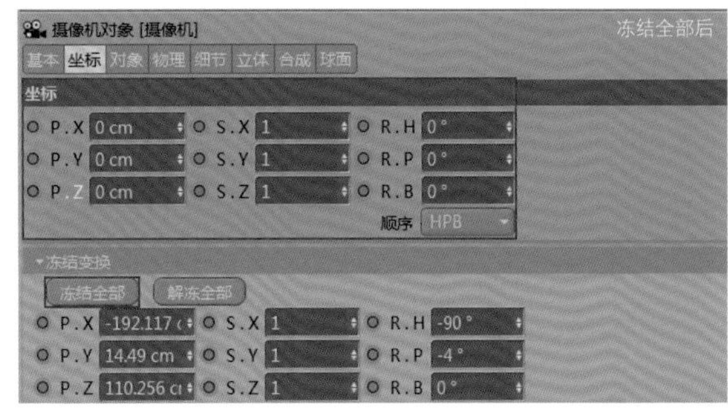

图5-13

03 选择“摄像机”对象，在0F、位置坐标P.X为0cm时激活关键帧；拖曳时间滑块到60F位置，在“坐标”选项卡中设置位置坐标P.X为5cm，并激活关键帧，如图5-14所示。使用鼠标右键单击位置坐标P.X，执行“动画>显示函数曲线”命令，如图5-15所示。按快捷键Ctrl+A全选曲线后将其替换成直线，如图5-16所示。效果如图5-17所示。

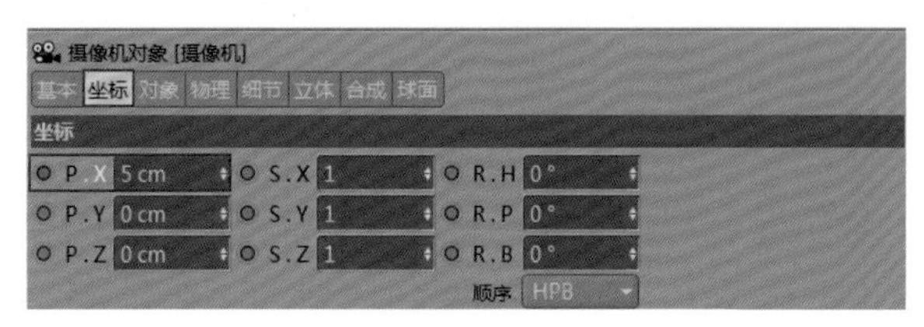

图5-14

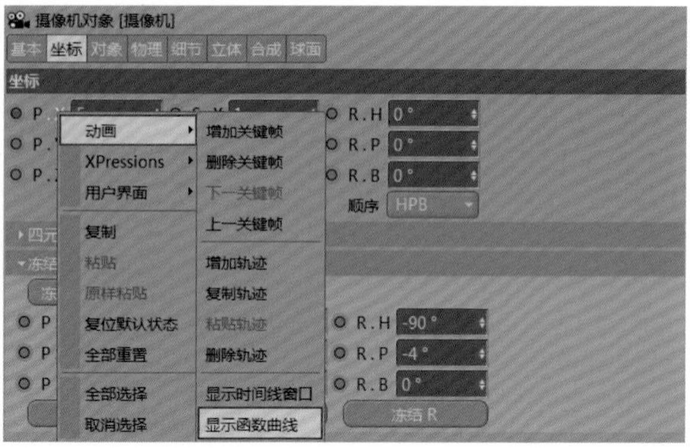

图5-15

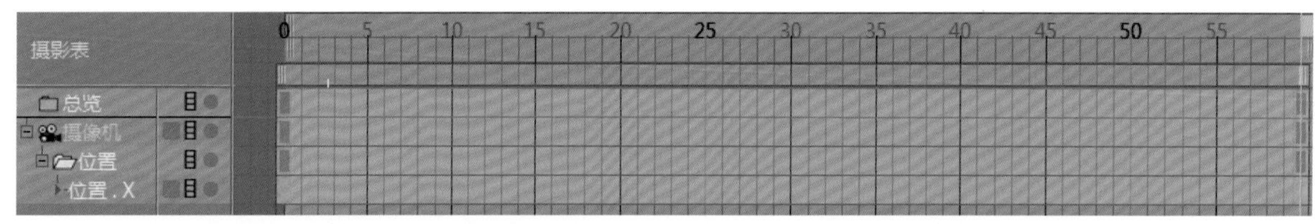

图5-16

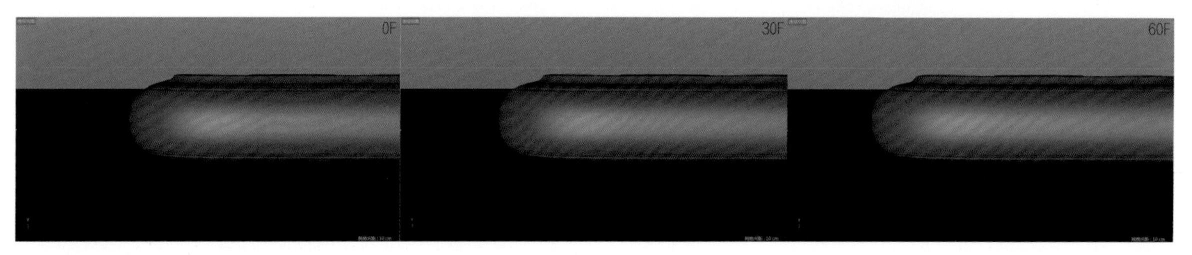

图5-17

技巧提示 在设置动画曲线的时候可以根据实际情况来设置动画速度，如图5-18和图5-19所示。

图5-18

图5-19

5.1.3 制作手机底部特写镜头

将手机侧面特写镜头工程复制一份，用来制作手机底部特写镜头，删除其中原有摄像机后在工具栏中创建一个新的摄像机，设置其“焦距”为80毫米，然后将其调整至合适的位置，如图5-20所示。效果如图5-21所示。

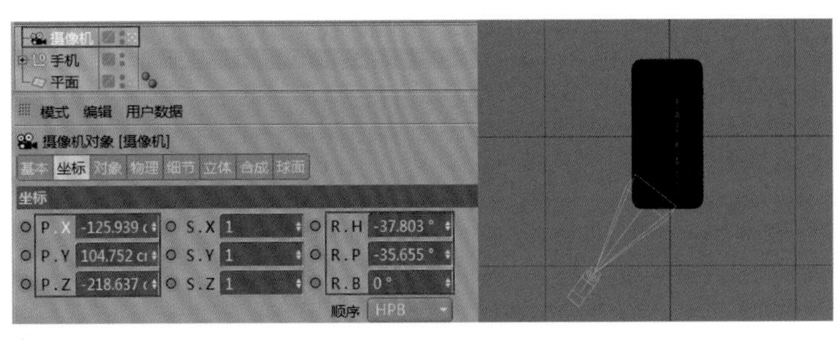

图5-20

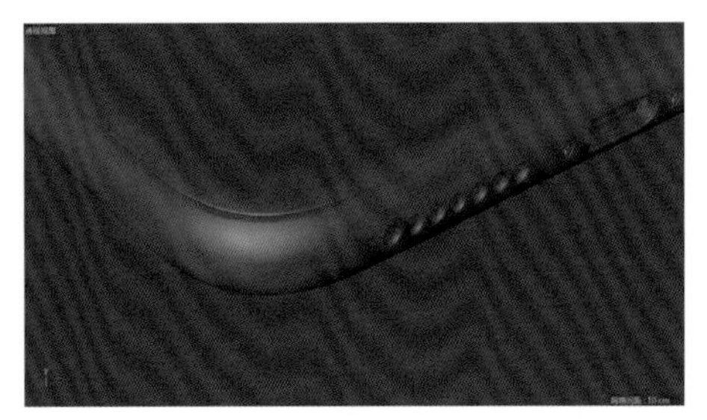

图5-21

5.1.4 制作底部镜头摄像机动画

01 按快捷键Ctrl+D打开“工程”面板，在“工程设置”选项卡中设置“帧率（FPS）”为25，如图5-22所示。将时间指针的范围设置为0F~60F，如图5-23所示。

图5-22

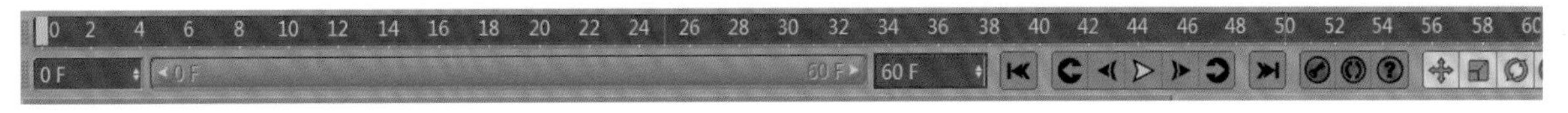

图5-23

02 进入“摄像机”的“坐标”选项卡，在制作动画前也可以不对摄像机进行冻结变换，因为摄像机的位置坐标P.X，只需要与上个镜头的摄像机的位置坐标P.X相差5cm(即上个镜头摄像机的位移）即可，如图5-24所示。

03 目前摄像机位置坐标P.X为－125.939cm，四舍五入后就是－126cm，根据镜头前后关系加5cm或减5cm都可以。选择摄像机后在0F的位置，设置位置坐标P.X为－126cm，激活关键帧，如图5-25所示。拖曳时间滑块至60F，设置位置坐标P.X为－121cm，激活关键帧，如图5-26所示。

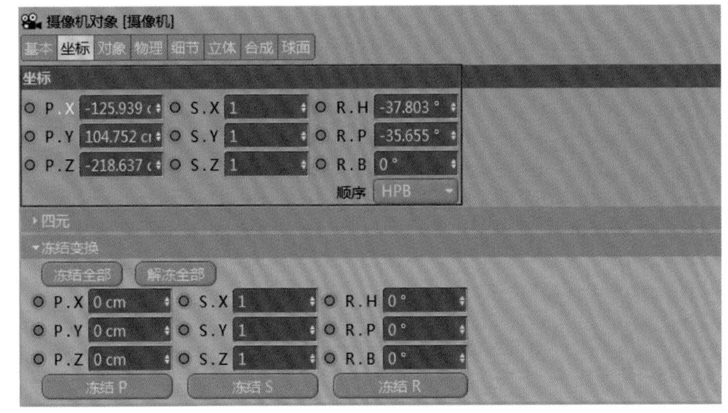

图5-24

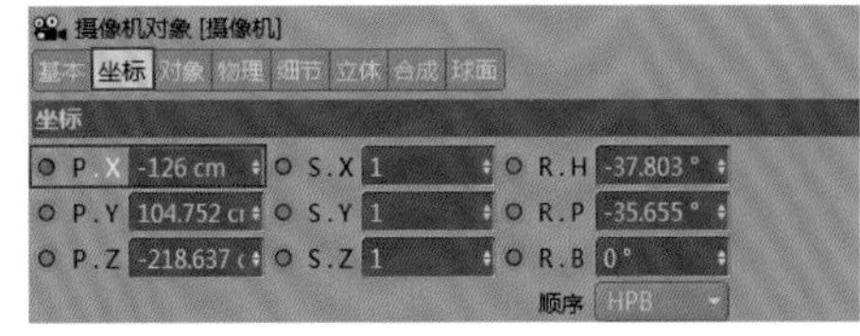

图5-25

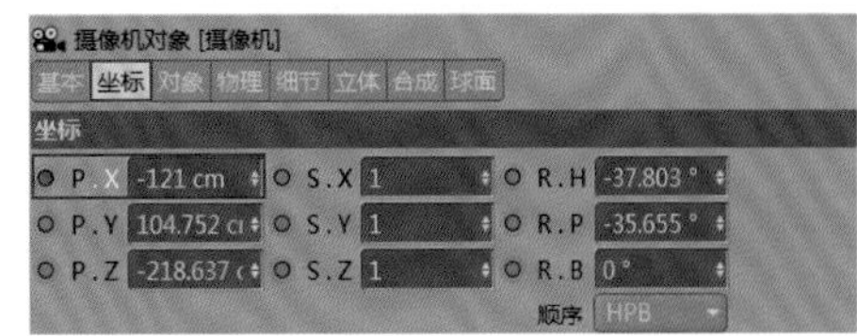

图5-26

04 使用鼠标右键单击摄像机坐标P.X，执行“动画>显示函数曲线”命令，如图5-27所示。然后按快捷键Ctrl+A全选曲线，将其替换为直线，如图5-28所示。效果如图5-29所示。

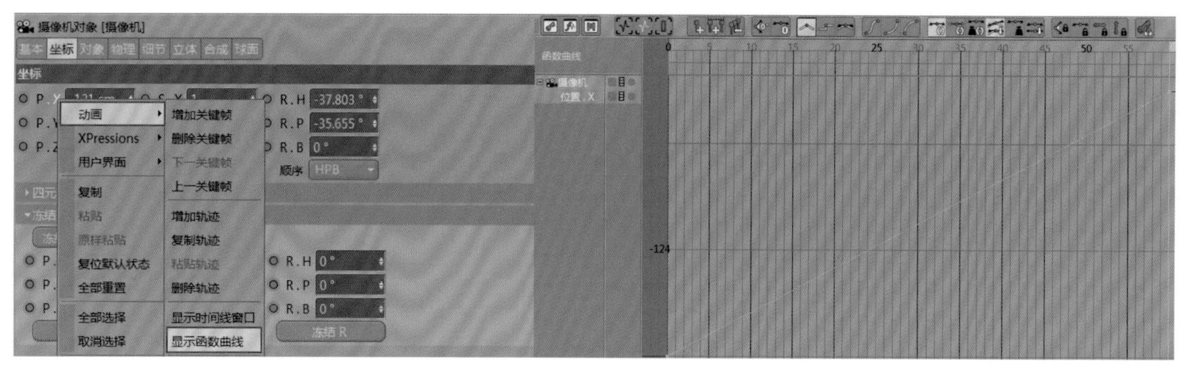

图5-27

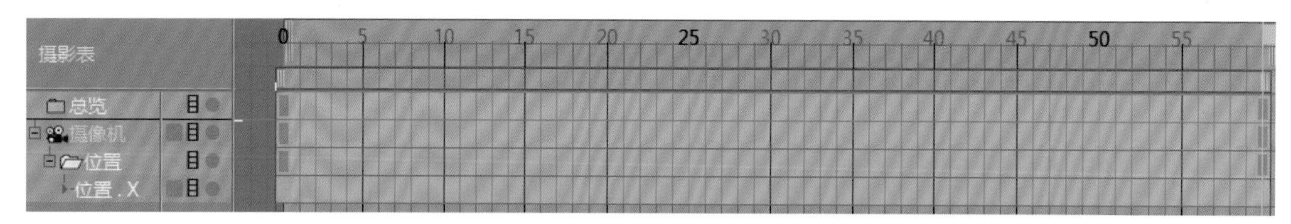

图5-28

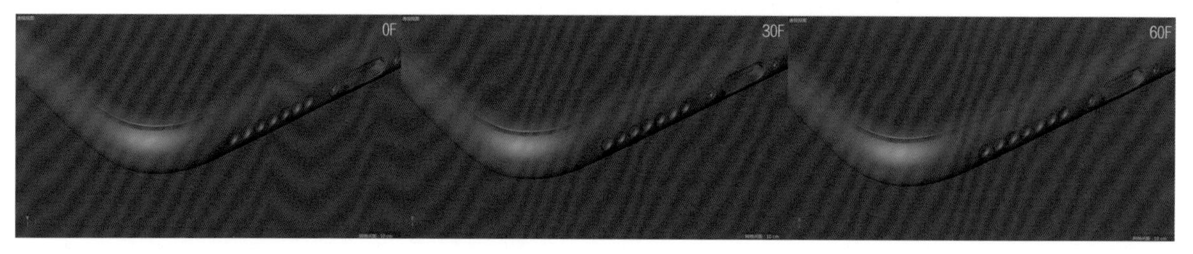

图5-29

5.1.5 制作手机机身特写镜头

打开本书提供的手机模型，创建一个“摄像机”对象，在其“对象”选项卡中设置“焦距”为80毫米，然后将其调整至合适的位置，如图5-30所示。效果如图5-31所示。

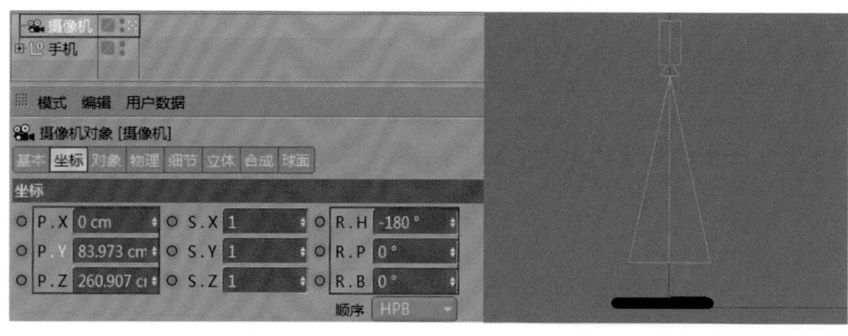

图5-30

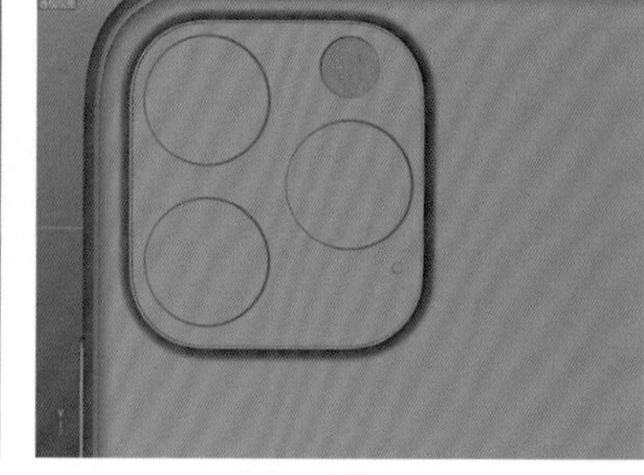

图5-31

5.1.6 制作机身镜头摄像机动画

01 机身镜头包含两个不同的动画：第1个是手机机身旋转动画；第2个是摄像机位移动画。按快捷键Ctrl+D打开“工程”面板，在“工程设置”选项卡中设置“帧率（FPS）”为25，如图5-32所示。将时间指针的范围设置为0F~38F，如图5-33所示。

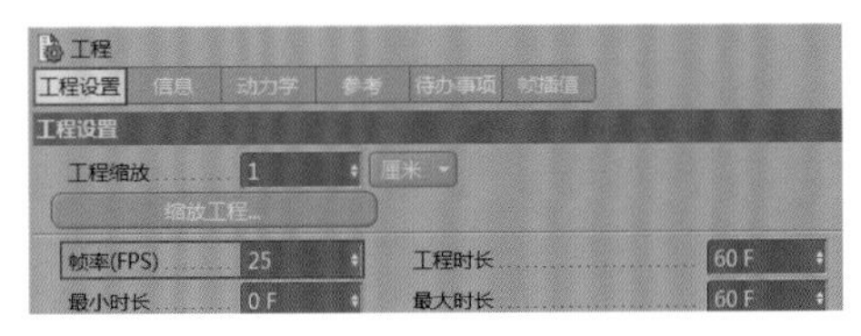

图5-32

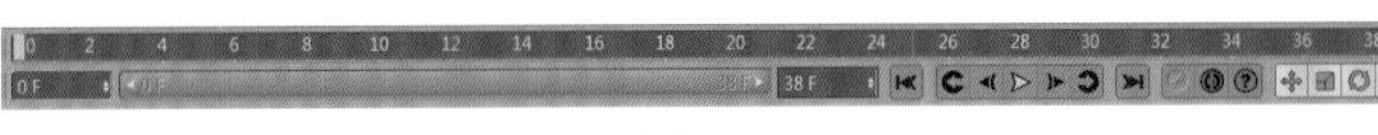

图5-33

02 在0F时调整手机到一个合适的位置，激活关键帧并设置旋转坐标R.H为－140°，如图5-34所示。将时间滑块拖曳到38F，设置手机旋转坐标R.H为－90°，激活关键帧，如图5-35所示。效果如图5-36所示。

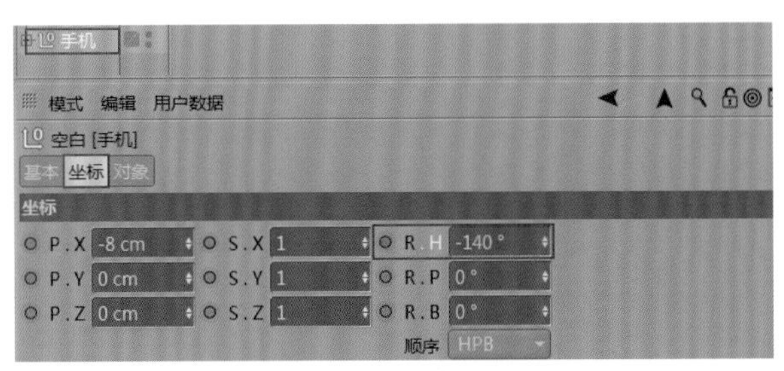

图5-34

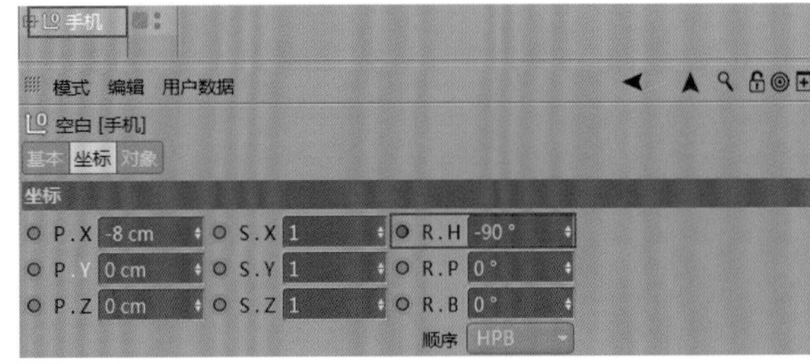

图5-35

图5-36

03 制作摄像机由下向上的位移动画。在0F处激活关键帧并设置摄像机位置坐标P.Y为84cm，如图5-37所示。在38F处激活关键帧并设置摄像机位置坐标P.Y为96cm，如图5-38所示。效果如图5-39所示。

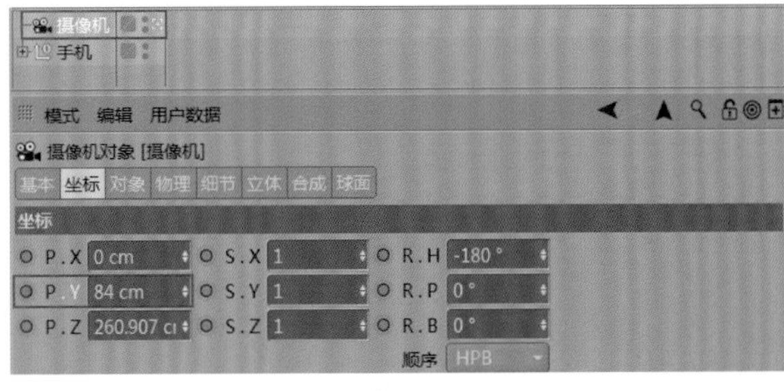

图5-37

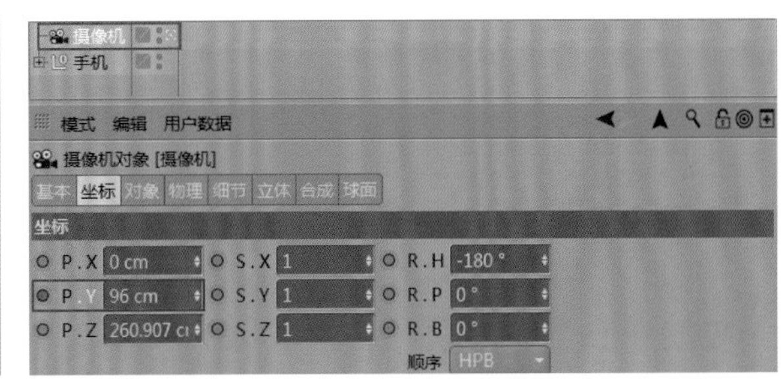

图5-38

图5-39

04 创建了手机机身旋转动画与摄像机位移动画后，需要调整动画节奏，从样片中可以看出动画节奏是由慢到快的。进入手机旋转坐标R.H的时间函数曲线，单击38F位置的小黄点，会出现黑色手柄，将其向下拖曳，如图5-40所示。用相同的方法调整摄像机位置坐标P.Y的时间函数曲线，如图5-41所示。

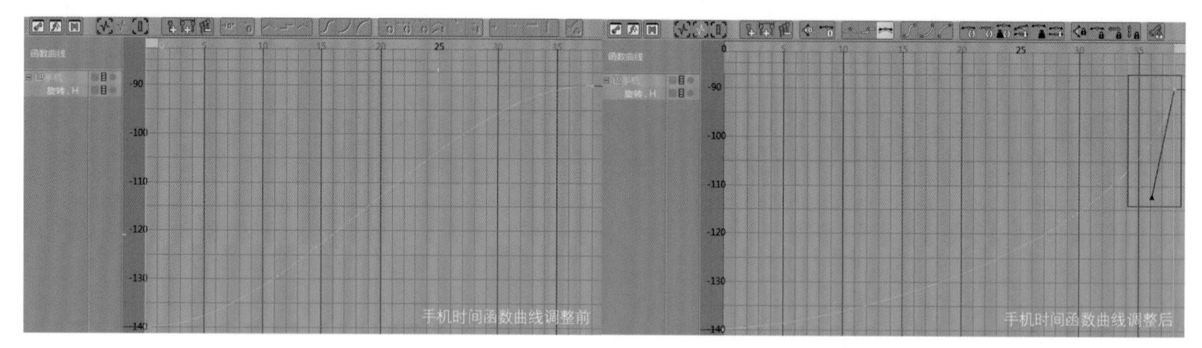

图5-40

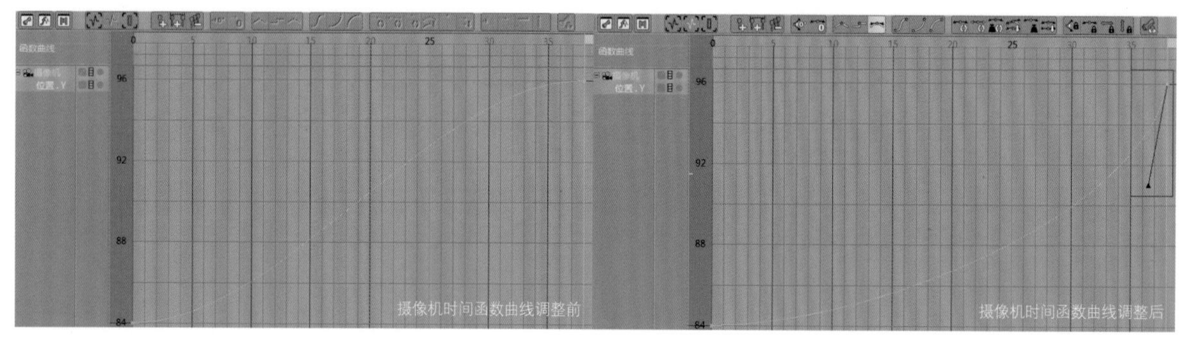

图5-41

5.1.7 制作手机摄像头特写镜头

01 将机身特写镜头复制一份并且删除原有摄像机，在工具栏中创建一个新的摄像机，在其“对象”选项卡中设置“焦距”为80毫米。然后在工具栏中创建一个“空白”对象（将其重命名为“目标”），如图5-42所示。将“目标”对象放置到手机摄像头的位置，如图5-43所示。

02 使用鼠标右键单击“摄像机”对象，执行“CINEMA 4D标签>目标”命令，如图5-44所示。进入“目标表达式”面板，将“目标”对象拖曳至“目标对象”中，如图5-45所示。

图5-42

图5-43

图5-44

图5-45

技巧提示 读者可调整摄像机的位置和角度与“目标”对象的位置，直到找到一个合适的角度与位置，如图5-46所示。效果如图5-47所示。

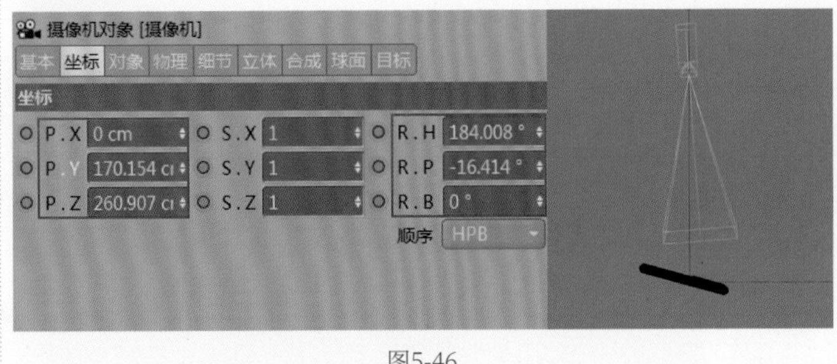

图5-46

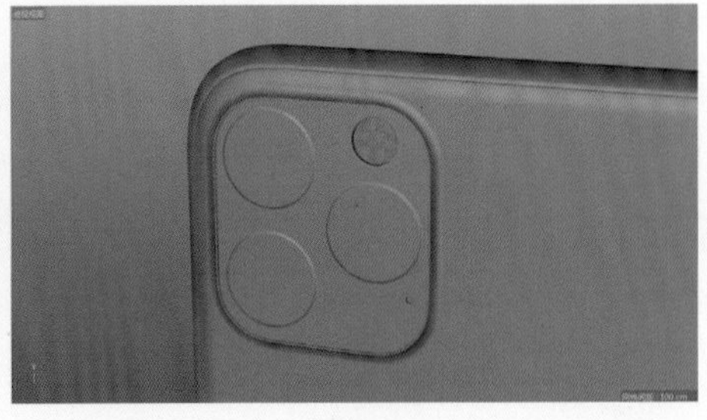

图5-47

5.1.8 制作手机摄像头镜头动画

01 制作手机机身定位旋转动画。定位旋转与普通旋转有所不同，前者需要启用“轴心”工具，将坐标原点移动至手机摄像头的边角位置，以制作旋转动画，如图5-48所示。效果如图5-49所示。

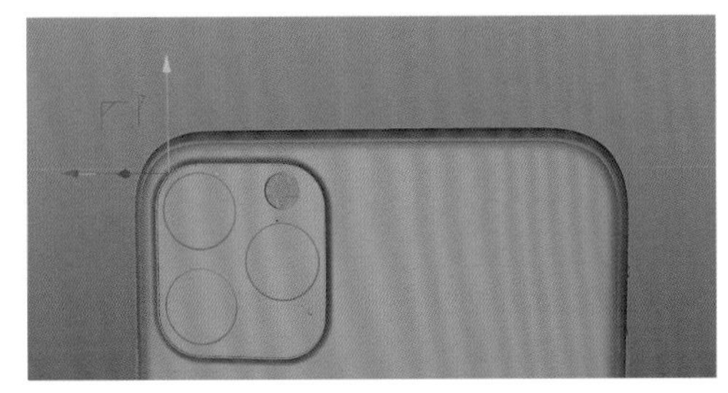

图5-48

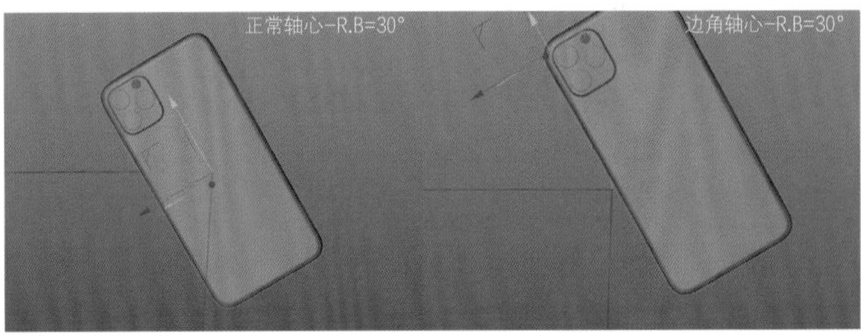

图5-49

02 制作手机机身动画。在0F时调整手机到一个合适的位置，设置手机的位置坐标P.X为42cm，旋转坐标R.H为－15°、R.P为0°，激活关键帧，如图5-50所示。在38F时设置手机的位置坐标P.X为30cm，旋转坐标R.H为99°、R.P为20°，激活关键帧，如图5-51所示。效果如图5-52所示。

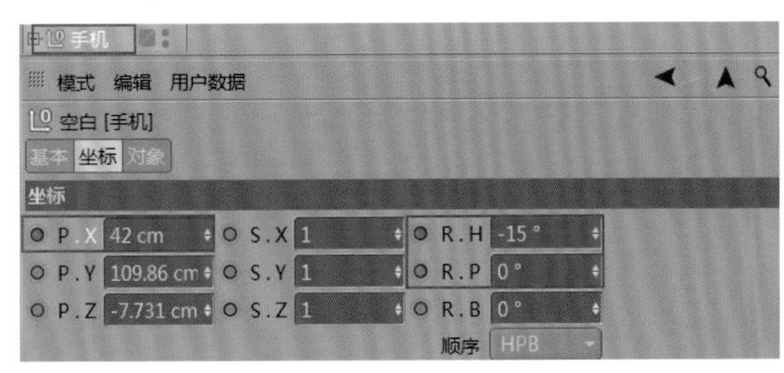

图5-50

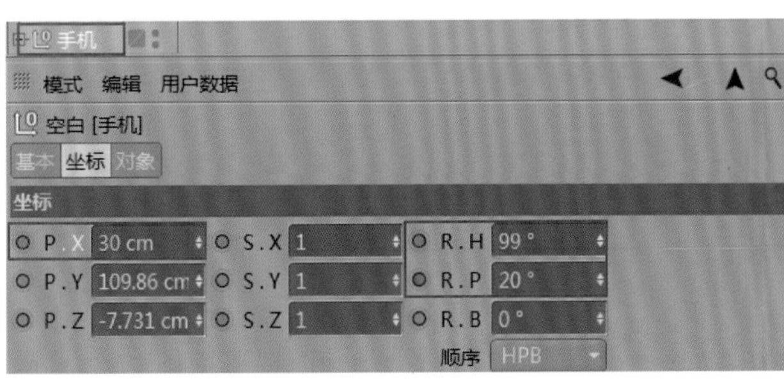

图5-51

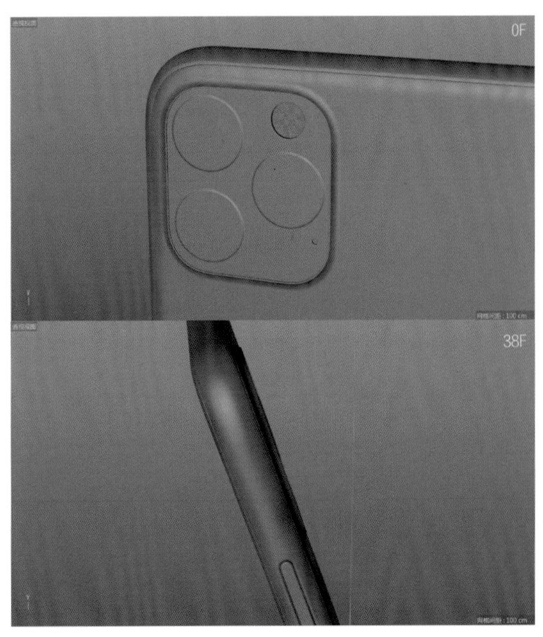

图5-52

03 摄像机动画可通过改变“目标”对象的位置坐标P.Y来制作，即摄像机由下向上位移。在0F时激活“目标”对象的关键帧，设置位置坐标P.Y为100cm，如图5-53所示。在38F时激活“目标”对象的关键帧，设置位置坐标P.Y为108cm，如图5-54所示。效果如图5-55所示。

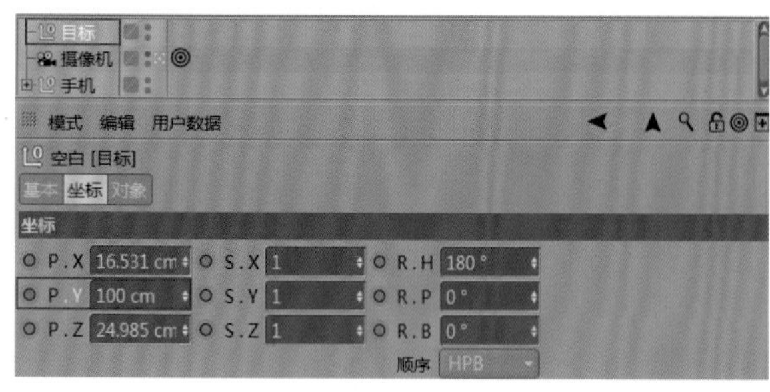

图5-53

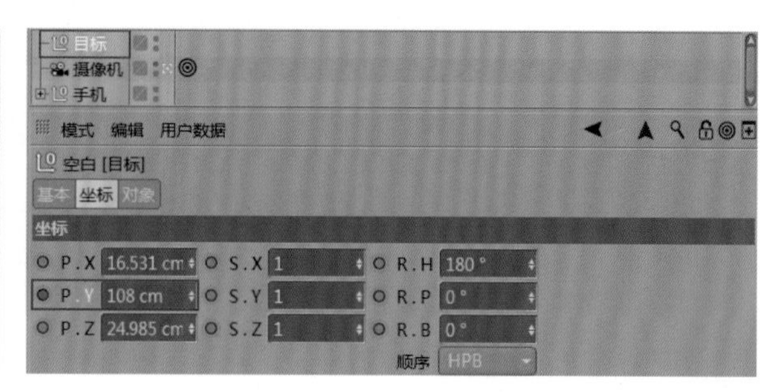

图5-54

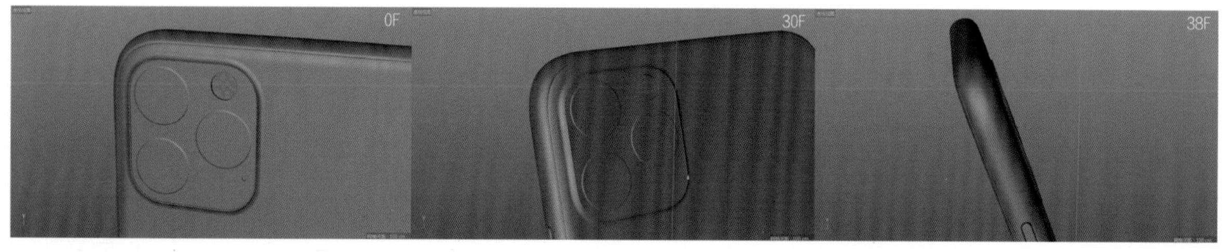

图5-55

技术专题：如何调整动画节奏

创建手机与摄像机动画后需要调整动画节奏。从样片中可以看出动画节奏是由慢到快的，在这个镜头中进入手机位置坐标P.X和旋转坐标R.H的时间函数曲线，单击38F位置的小黄点，会出现黑色手柄，将其向下拖曳即可，如图5-56所示。

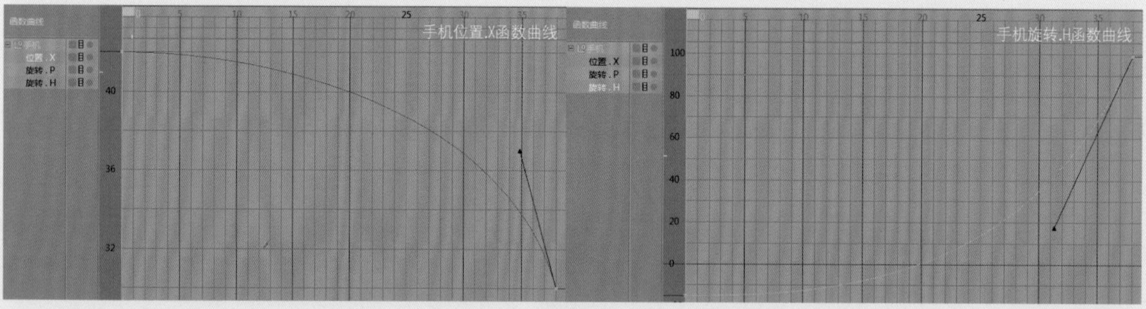

图5-56

5.2 手机场景镜头制作流程

手机场景镜头的制作主要包括场景的创建和制作场景中手机的动作效果。

5.2.1 搭建场景镜头

01 打开本书提供的场景模型，如图5-57所示。将手机复制到场景模型中，创建一个摄像机，设置其“焦距”为36毫米，使用鼠标右键单击“摄像机”对象，执行“CINEMA 4D标签>目标”命令，如图5-58所示。

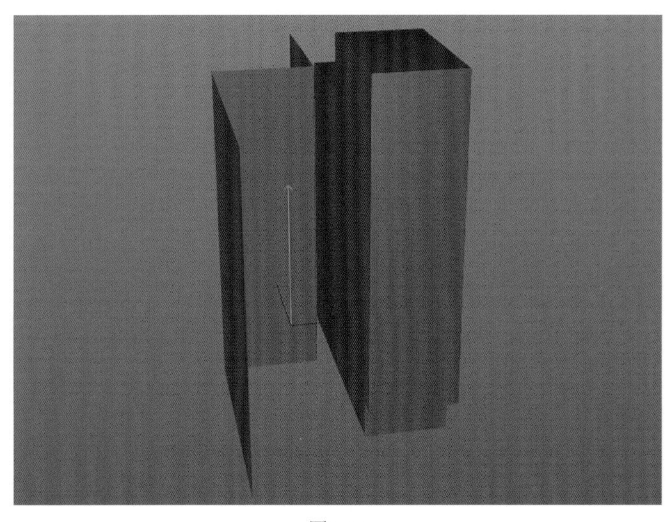
图5-57

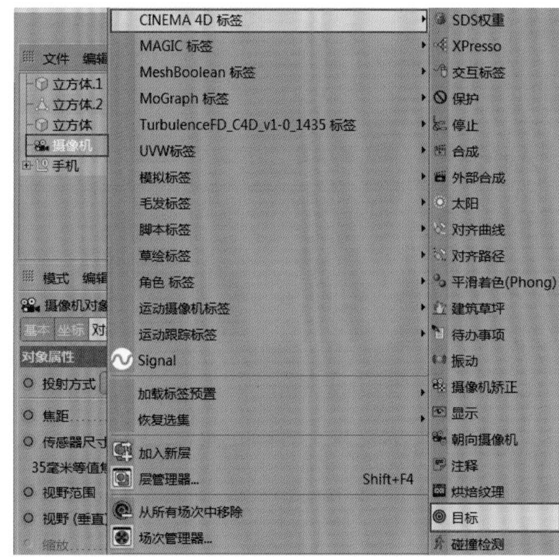

图5-58

02 进入“目标表达式”面板，将“手机”对象拖曳到“目标对象”中，如图5-59所示。将“摄像机”的“坐标”参数调整至合适的数值，如图5-60所示。效果如图5-61所示。

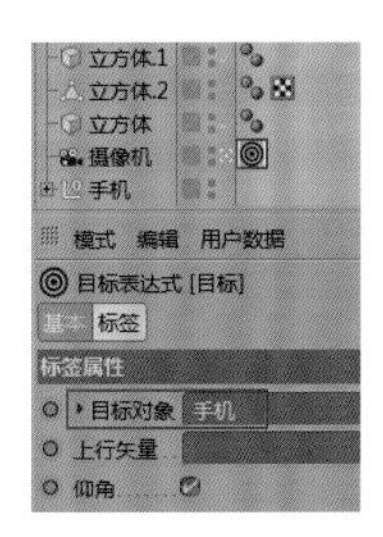

图5-59

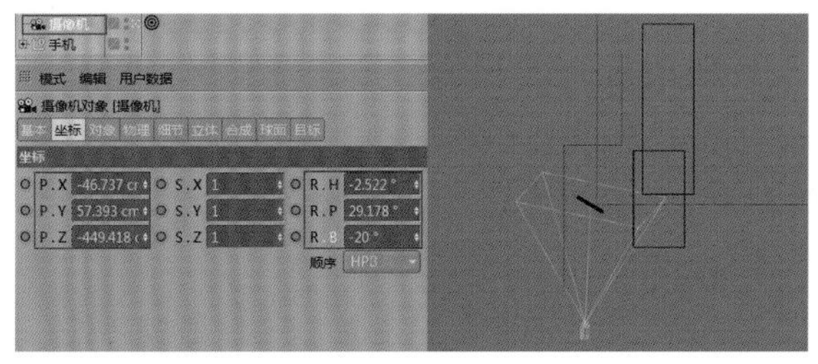

图5-60

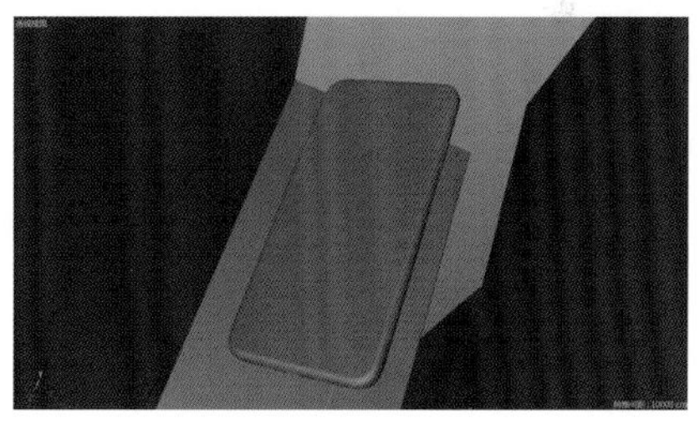
图5-61

03 打开本书提供的植物模型，如图5-62所示。选择植物并按快捷键Ctrl+D4次复制出4份，分别放置在镜头左侧和右侧，如图5-63所示。效果如图5-64所示。

图5-62

图5-63

图5-64

5.2.2 制作场景动画

01 按快捷键Ctrl+D打开“工程”面板，在“工程设置”选项卡中设置“帧率（FPS）”为25，如图5-65所示。将时间标尺范围设置为0F~90F，如图5-66所示。

图5-65

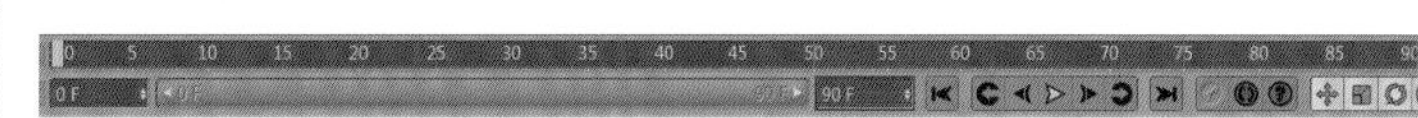

图5-66

02 手机从上而下产生了位置和角度的改变，然后手机快速旋转，摄像机镜头旋转、摆动。在时间指针为0F时选择“手机”对象，设置位置坐标P.Y为309cm，旋转坐标R.H为－90°，激活关键帧，如图5-67所示。在75F时设置位置坐标P.Y为276cm，旋转坐标R.H为－30°，激活关键帧，如图5-68所示。在90F时设置旋转坐标R.H为90°，如图5-69所示。0F~90F的时间线窗口如图5-70所示。

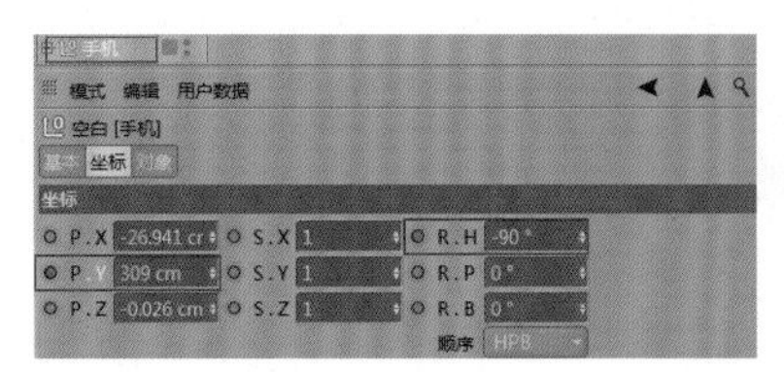
图5-67

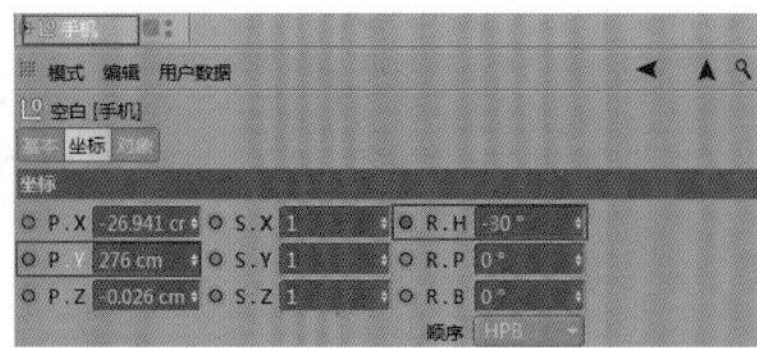
图5-68

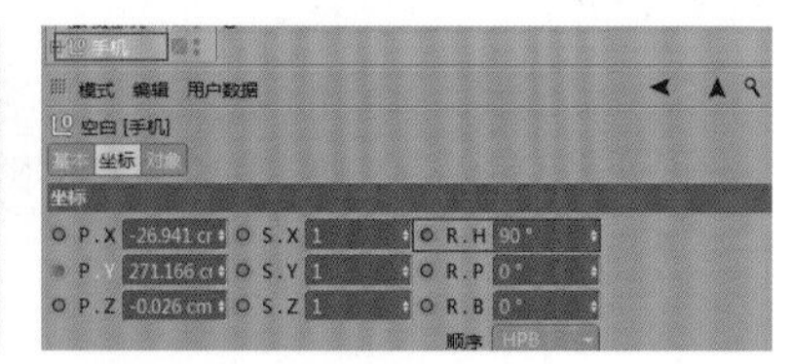
图5-69

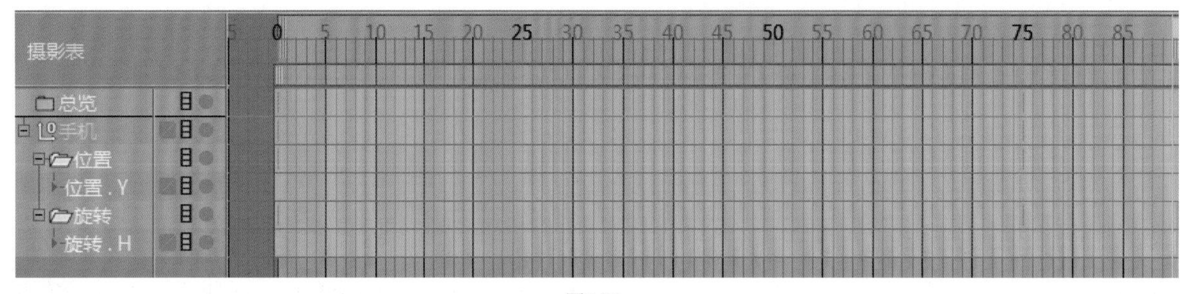

图5-70

03 使用鼠标右键分别单击手机的位置坐标P.Y和旋转坐标R.H，显示对应函数曲线，分别调整位置坐标P.Y和旋转坐标R.H的函数曲线，这里要注意控制好快慢关系，如图5-71所示。效果如图5-72所示。

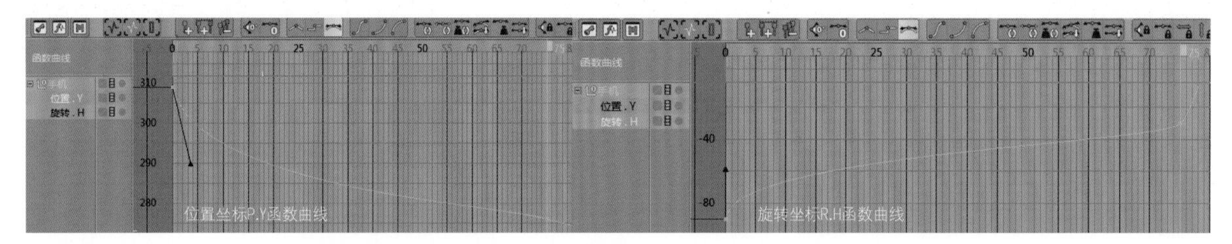

图5-71

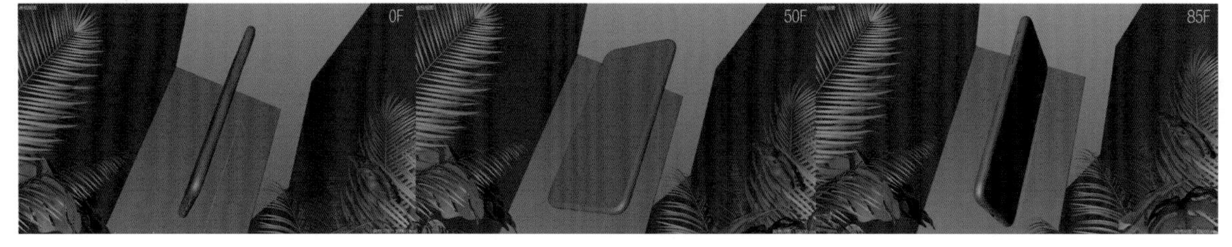

图5-72

04 将摄像机动画时间控制在75F~90F。选择“摄像机”对象，在75F时激活关键帧并设置旋转坐标R.B为－20°，如图5-73所示。在90F时激活关键帧并设置旋转坐标R.B为－12°，如图5-74所示。

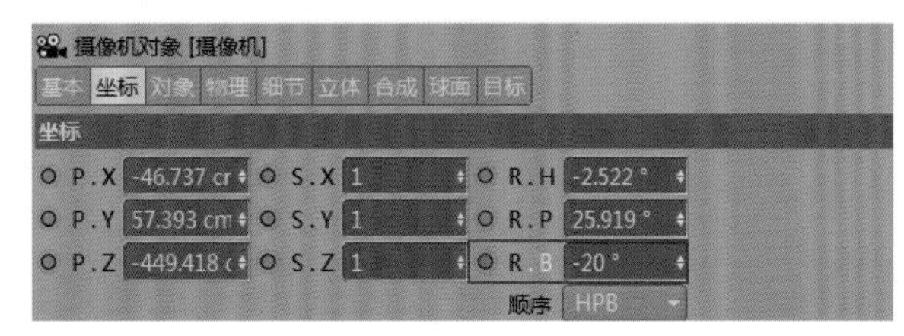
图5-73

图5-74

第6章 制作转场和定版动画

本章主要包含一个转场动画和一个定版动画，效果示例如图6-1所示。随着手机摄像头的不断拉近，镜头会进入长廊，以此来体现摄像头的质量，然后画面定格在手机的定版展示上。对于手机摄像头拉近动画的制作，主要借助“焦距”来处理。本章的技术重点仍然是摄像机路径动画和手机自身的旋转动画。

图6-1

关键词

- 长廊镜头
- 手机镜头
- 定版镜头
- 焦距
- 对齐曲线
- 长廊动画
- 旋转动画
- 定版动画
- 对称
- 噪波

6.1 长廊镜头转场制作流程

长廊镜头的转场包含两部分，一个是长廊动画，另一个是手机的摄像机镜头。因此需要先构建模型所处的场景，然后再考虑如何将这两个场景通过转场动画衔接起来。

6.1.1 制作长廊镜头

01 打开本书提供的长廊模型，如图6-2所示。创建一个“目标摄像机”对象，如图6-3所示。设置其“焦距”为55毫米。

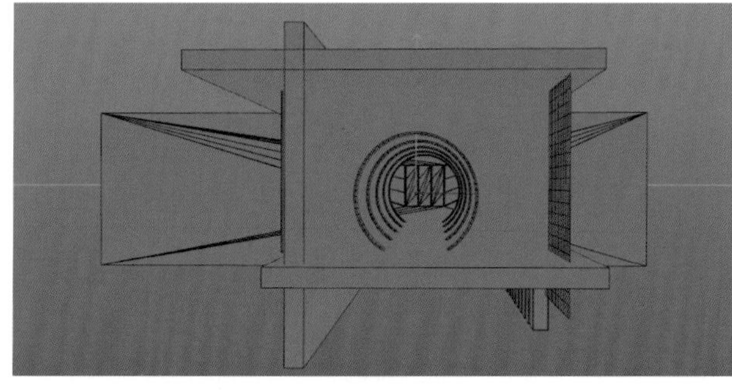

图6-2

图6-3

02 将目标摄像机拖曳到长廊的中心位置，然后将其调整至合适的位置，参考坐标如图6-4所示。效果如图6-5所示。

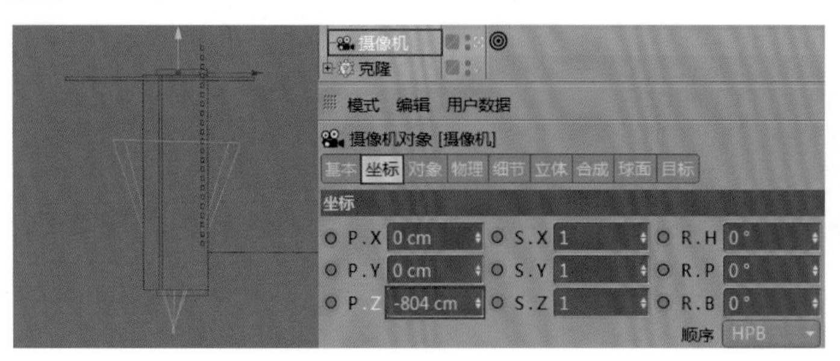

图6-4

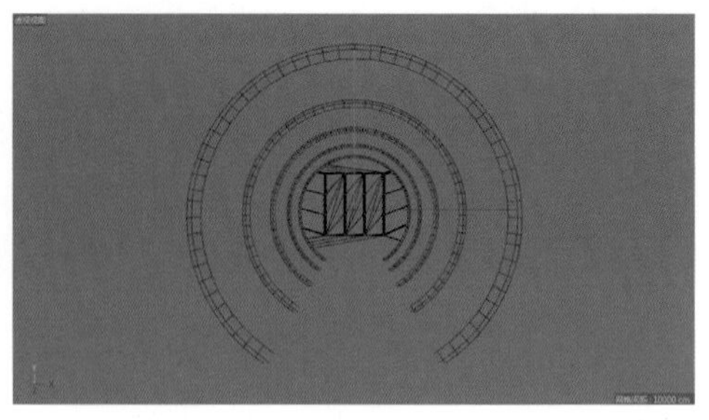

图6-5

6.1.2 制作长廊场景动画

01 按快捷键Ctrl+D打开“工程”面板，在“工程设置”选项卡中设置“帧率（FPS）”为25，如图6-6所示。将时间标尺范围设置为0F~75F，如图6-7所示。

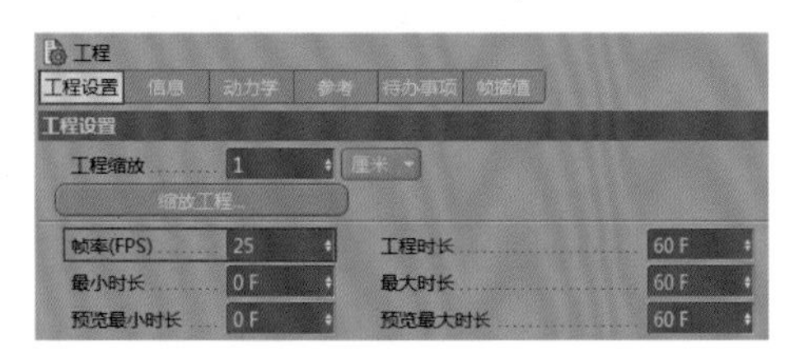

图6-6

图6-7

02 在0F时设置摄像机的位置坐标P.X为60cm、P.Z为－804cm，旋转坐标R.B为－10°，激活关键帧，如图6-8所示。在40F时设置位置坐标P.X为0cm、P.Z为－674cm，旋转坐标R.B为0°，激活关键帧，如图6-9所示。

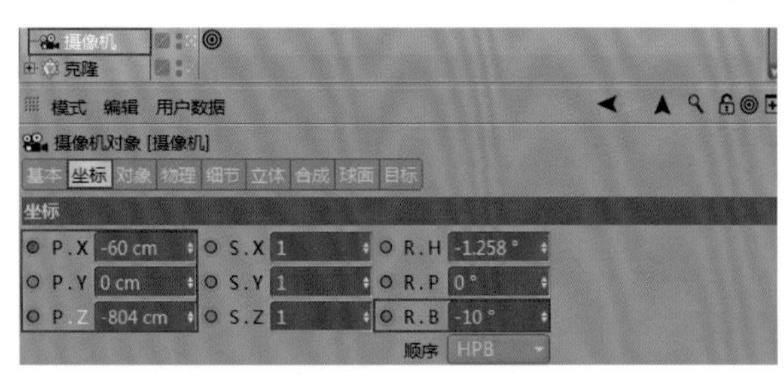

图6-8

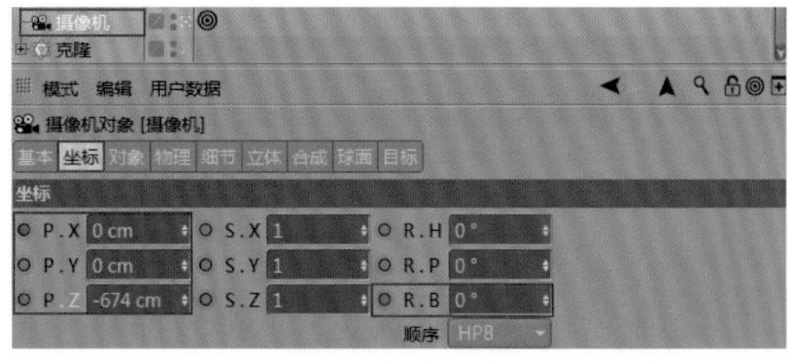

图6-9

03 将摄像机动画节奏调整为由快到慢。使用鼠标右键单击“摄像机”对象，显示出函数曲线，分别调整位置坐标P.X和旋转坐标R.B的函数曲线，如图6-10和图6-11所示。效果如图6-12所示。

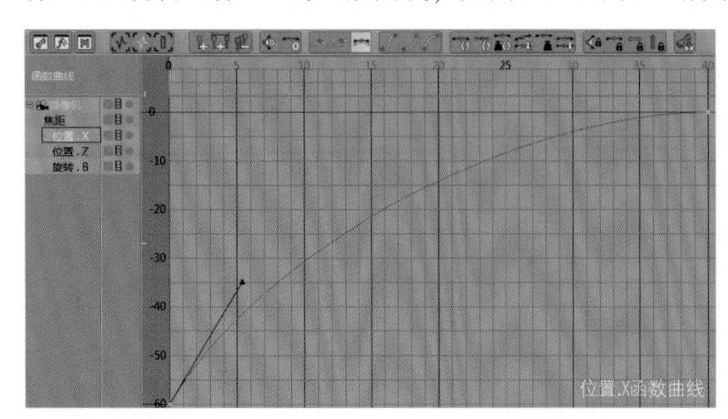

图6-10

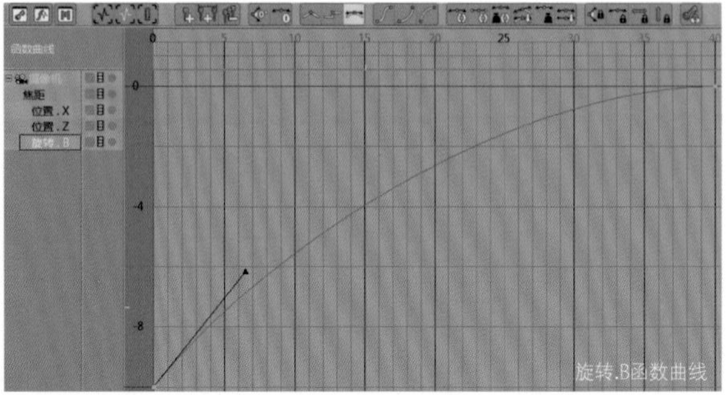

图6-11

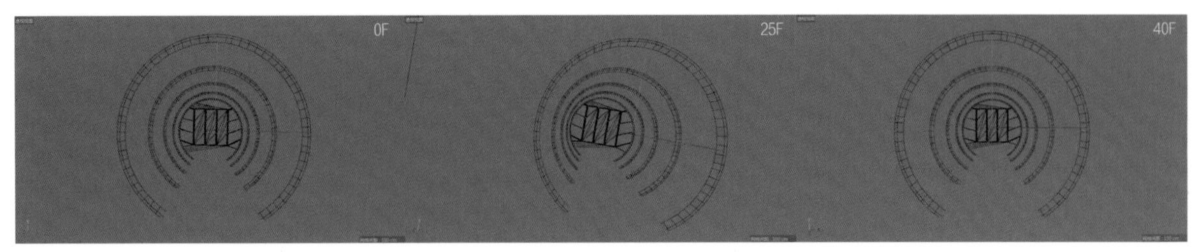

图6-12

04 在时间指针为25F~75F这个区间设置摄像机的焦距动画。在25F时设置“焦距”为55毫米，激活关键帧，如图6-13所示。在75F时设置“焦距”为25毫米，激活关键帧，如图6-14所示。

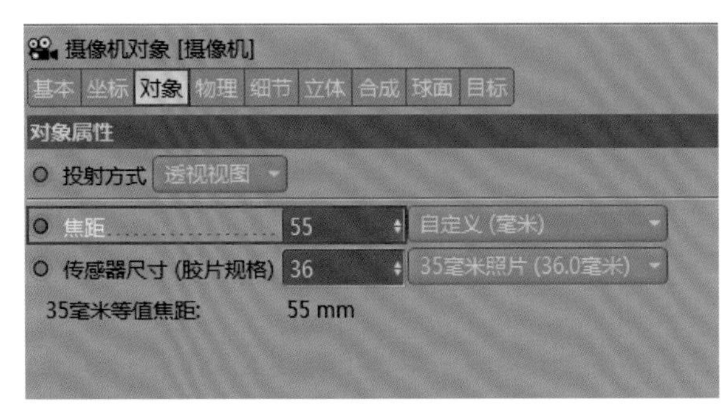

图6-13

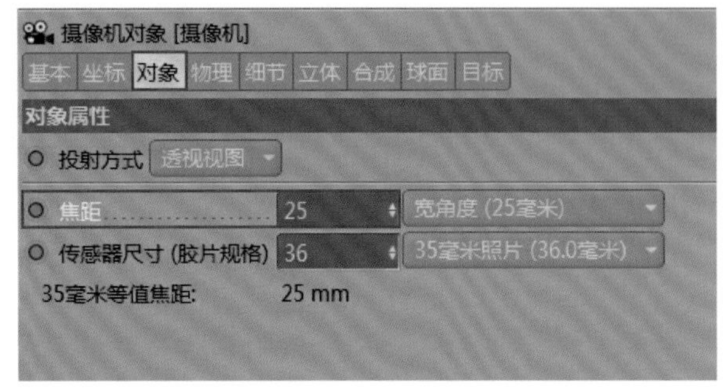

图6-14

技术专题：焦距与摄像机动画的关系

焦距越大，远处的景物被拉得越近，使人看得越清晰，就像望远镜的效果一样；焦距越小，可以使镜头包含的区域越开阔，则人看到的景物范围越广，对比效果如图6-15所示。不同焦距的摄像机示意如图6-16所示。

摄像机焦距动画时间为什么从25F开始呢？目的是让摄像机焦距动画与其位置和旋转动画产生重叠，这样动画的变换会更丰富，如图6-17所示。

图6-15

图6-16

图6-17

当“焦距”为25毫米时，镜头视角会超出长廊，所以在改变焦距的同时也需要激活摄像机的位置关键帧以确保在焦距发生改变的时候不会影响画面的视觉效果。

05 在25F时设置“摄像机”对象的位置坐标P.Z为－804cm，如图6-18所示。在75F时，设置“摄像机”的位置坐标P.Z为－343cm，如图6-19所示。时间曲线窗口如图6-20所示，效果如图6-21所示。

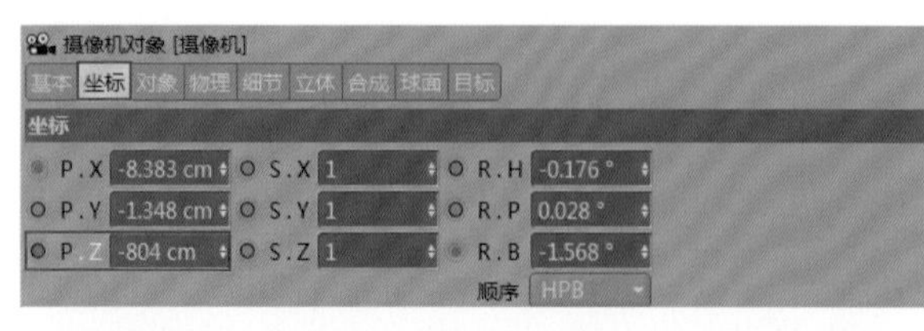

图6-18

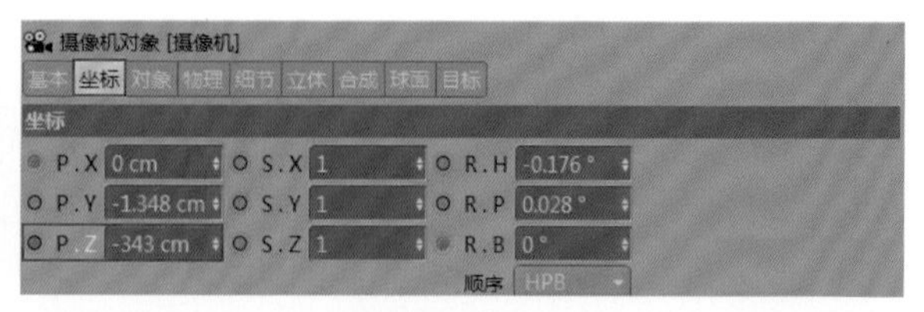

图6-19

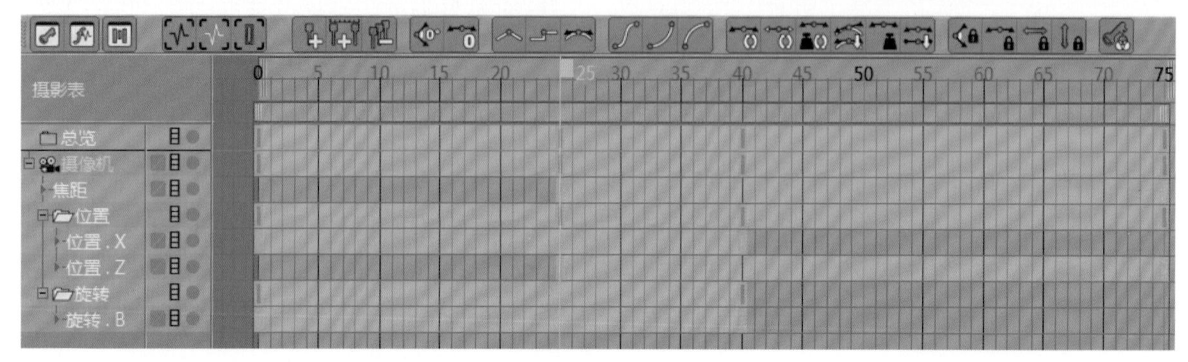

图6-20

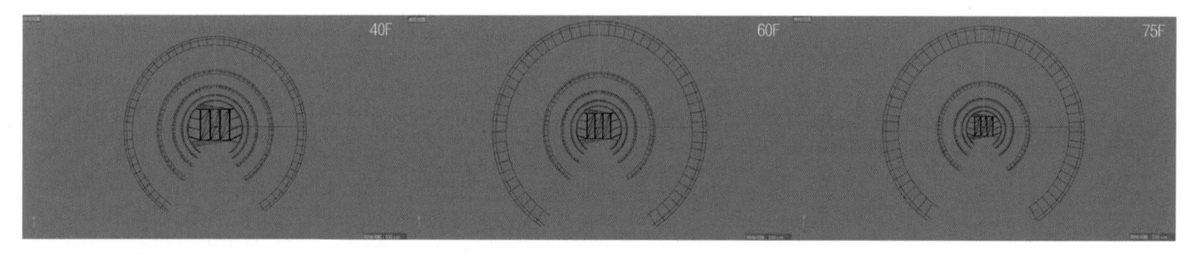

图6-21

6.1.3 制作长廊与摄像头转场动画

01 新建一个工程，按快捷键Ctrl+D打开“工程”面板，在“工程设置”选项卡中设置“帧率（FPS）”为25，如图6-22所示。将时间指针范围设置为0F~40F，如图6-23所示。

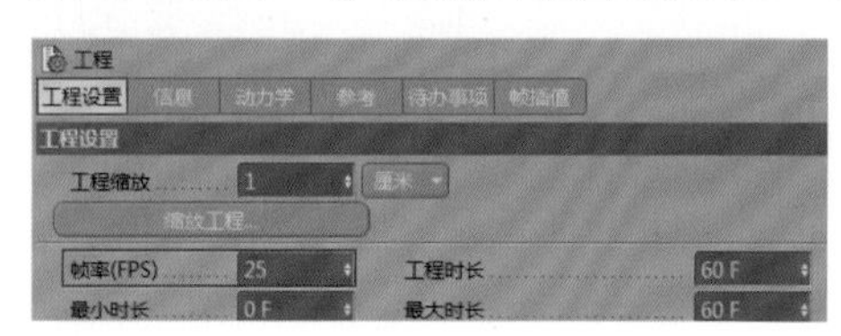

图6-22

图6-23

02 打开本书提供的手机模型，样片中手机的摄像头在右侧，而正常摄像头的位置在左侧，所以需要选择“对称”工具，如图6-24所示。将“手机”对象拖曳至“对称”对象中作为子级，设置“镜像平面”为XY，如图6-25所示。效果如图6-26所示。

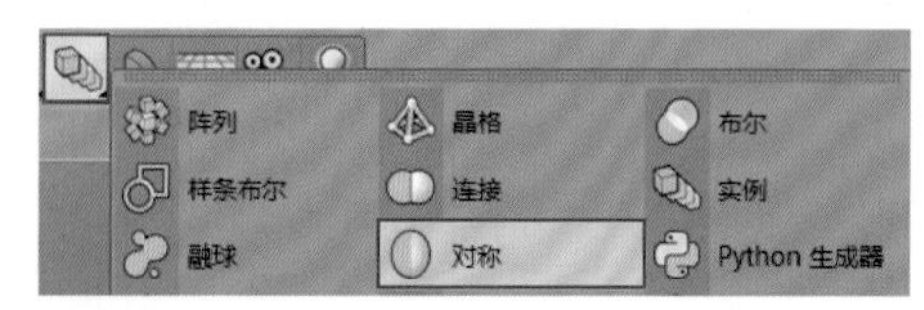

图6-24

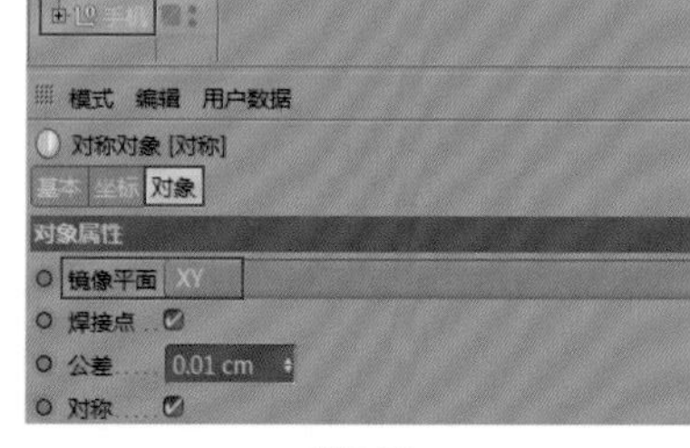

图6-25

图6-26

03 选择“对称”对象，按C键将手机转换为可编辑多边形，在点模式下，按快捷键Ctrl+A全选手机的顶点，删除左侧的手机模型，如图6-27所示。

04 将右侧手机的坐标归零，创建一个摄像机，设置其“焦距”为36毫米，将摄像机拖曳到距离手机摄像头最近的位置，如图6-28所示。

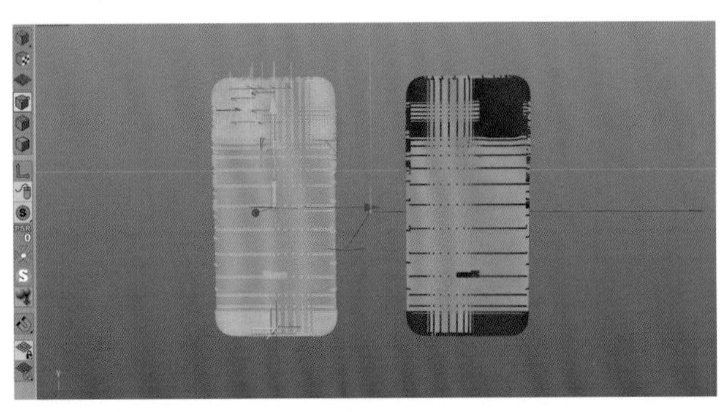

图6-27

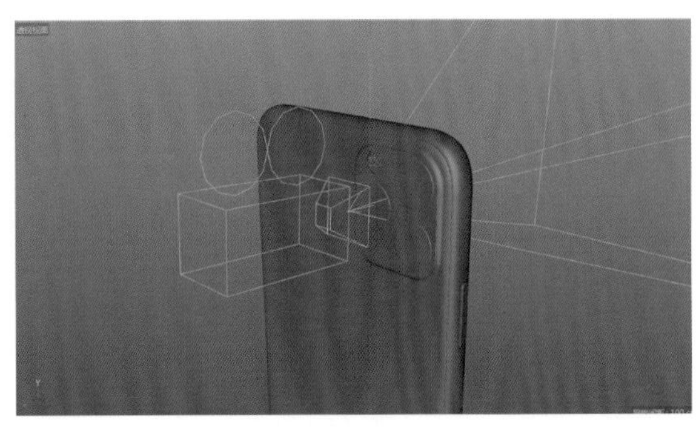

图6-28

05 在0F时设置摄像机位置坐标P.X、P.Y、P.Z均为0cm，旋转坐标R.B为90°，激活关键帧，如图6-29所示。在40F时设置摄像机位置坐标P.X为9cm、P.Y为－7cm，P.Z为－60cm，旋转坐标R.B为0°，激活关键帧，如图6-30所示。效果如图6-31所示。

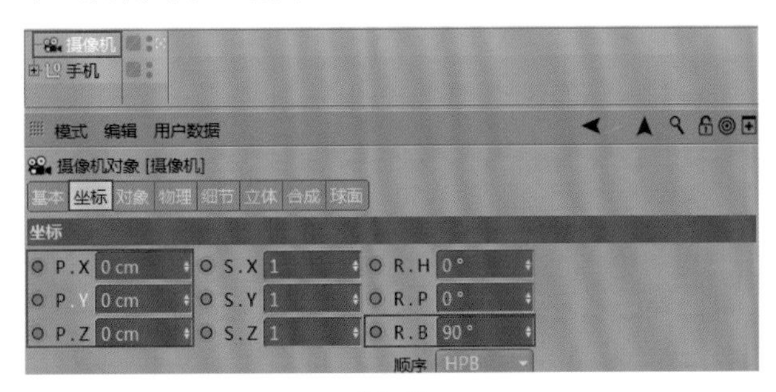

图6-29

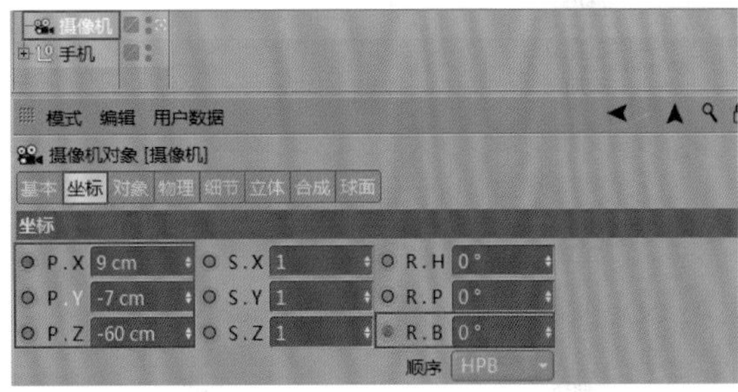

图6-30

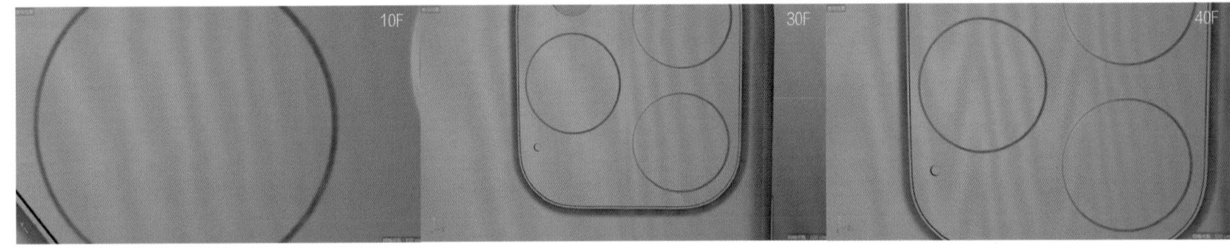

图6-31

06 制作手机动画。在30F时设置手机位置坐标P.Z为0cm，旋转坐标R.H为0°，激活关键帧，如图6-32所示。在40F时设置手机位置坐标P.Z为－10cm，旋转坐标R.H为－45°，激活关键帧，如图6-33所示。效果如图6-34所示。

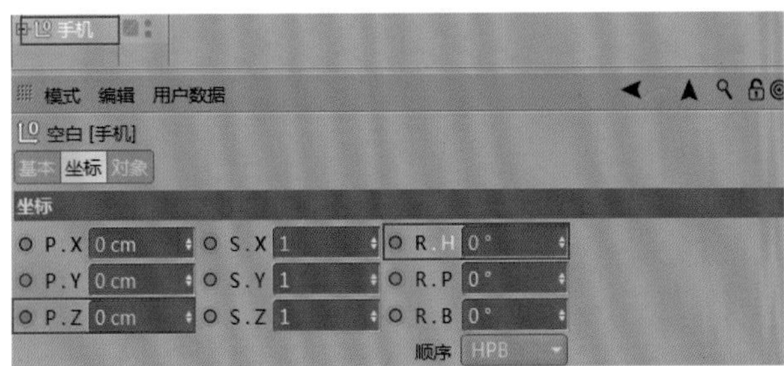

图6-32

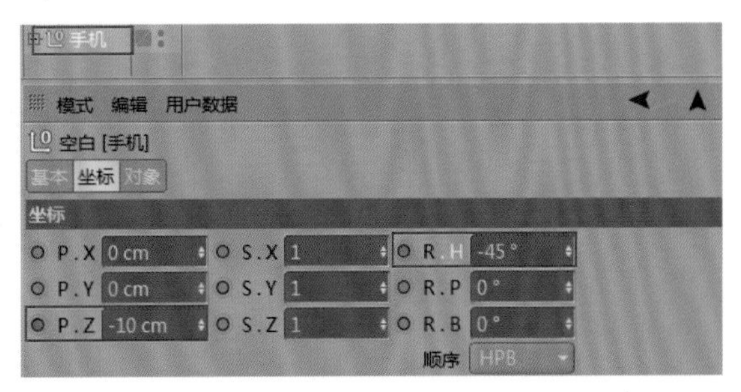

图6-33

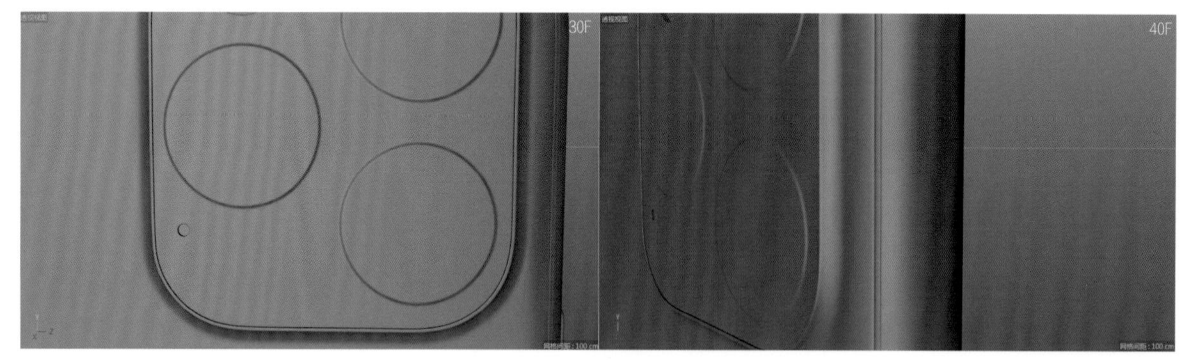

图6-34

6.2 手机转场动画制作流程

除了摄像机动画，本节重点介绍如何制作手机自身的动画效果，如旋转和屏幕的波浪效果。

6.2.1 制作手机旋转动画

01 新建一个工程，按快捷键Ctrl+D打开“工程”面板，在“工程设置”选项卡中设置“帧率（FPS）”为25，如图6-35所示。将时间标尺范围设置为0F~75F，如图6-36所示。

02 打开本书提供的手机模型，创建一个摄像机，设置其“焦距”为36毫米，将手机与摄像机拖曳到合适的位置，如图6-37所示。

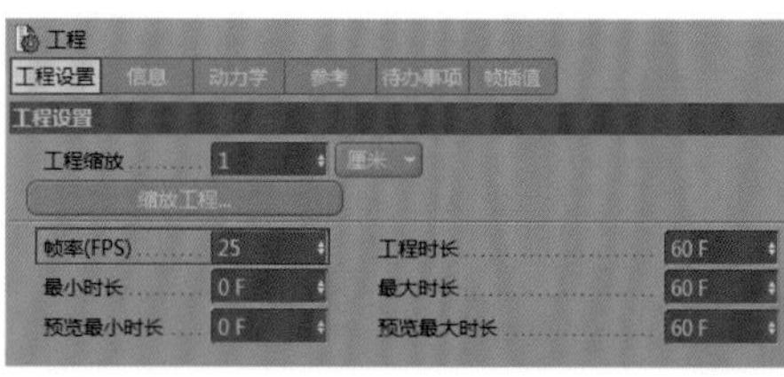

图6-35

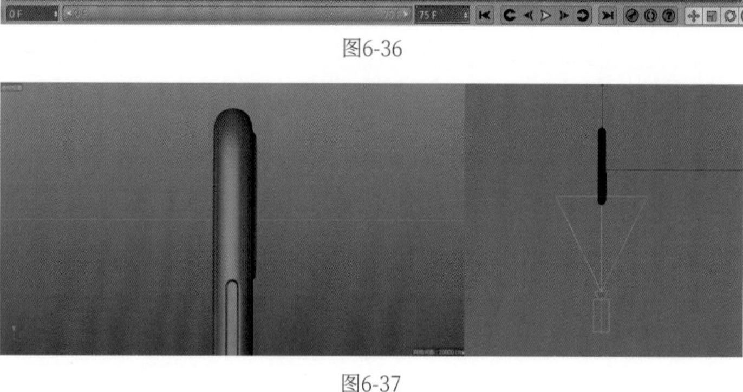

图6-36

图6-37

03 将手机动画控制在0F~50F。在0F时设置手机位置坐标P.X为0cm、P.Y为0cm、P.Z为35cm，旋转坐标R.H为90°、R.P为0°、R.B为0°，激活关键帧，如图6-38所示。在50F时设置手机位置坐标P.Y为90cm、P.Z为－262cm，旋转坐标R.H为－180°、R.B为90°，激活关键帧，如图6-39所示。效果如图6-40所示。

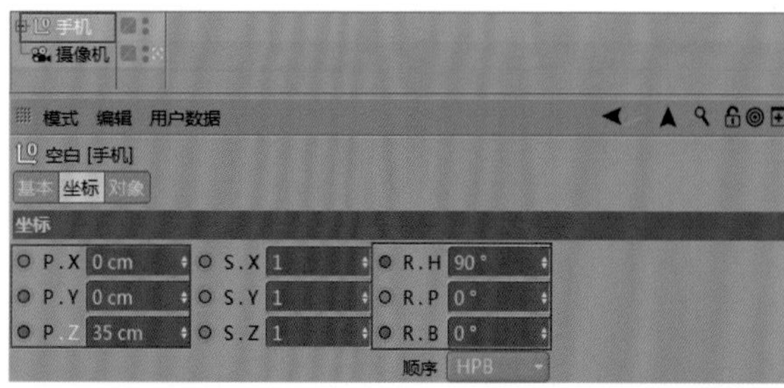

图6-38

图6-39

图6-40

04 手机动画节奏分别是位置坐标P.Z的变化由慢到快，旋转坐标R.H的变化由快到慢，所以需要在时间线窗口中分别调整它们的函数曲线，如图6-41所示。效果如图6-42所示。

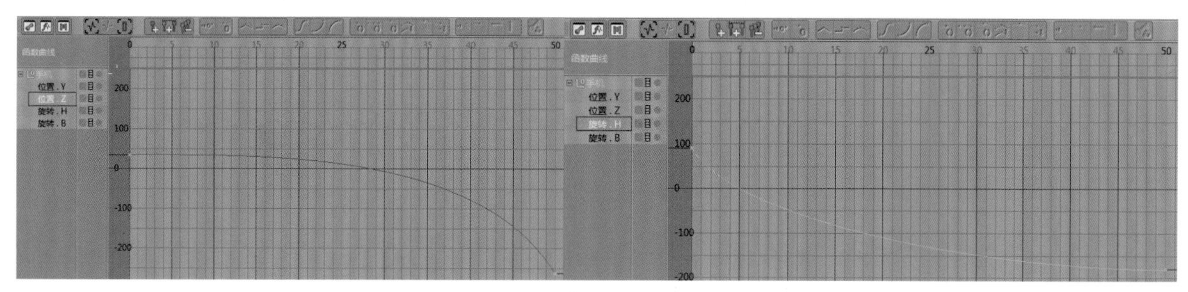

图6-41

图6-42

05 这里需要为摄像机设置动画，调整其位置坐标P.Z变化的节奏为由快到慢，读者可以参考图6-43所示的函数曲线设置。

06 制作手机屏幕的波浪动画。新建一个工程，创建一个平面，设置其“宽度”为800cm,“高度”为400cm,“宽度分段”为100,“高度分段”为50，如图6-44所示。

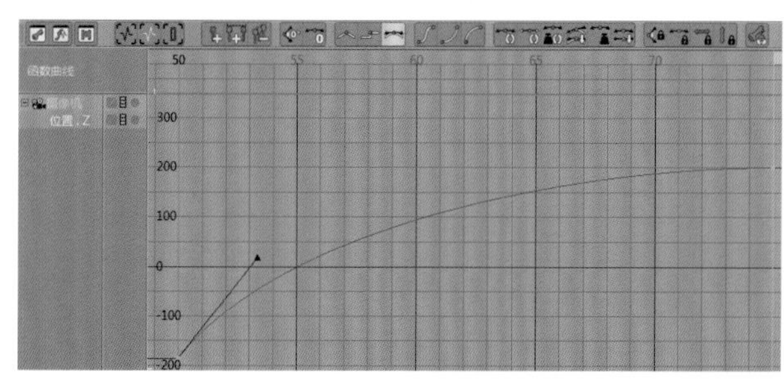

图6-43

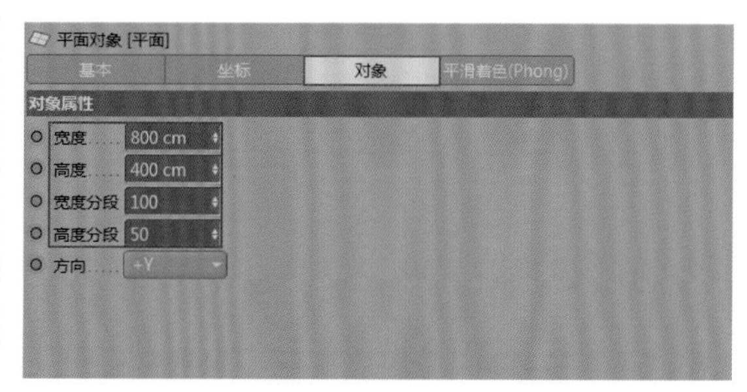

图6-44

07 创建“置换”变形器，如图6-45所示，将其拖曳到“平面”对象中作为子级。进入“着色”选项卡，在“着色器”中选择“噪波”，如图6-46所示。设置“噪波”类型为“体光”,“全局缩放”为1000%,“动画速率”为1，如图6-47所示。效果如图6-48所示。

图6-45

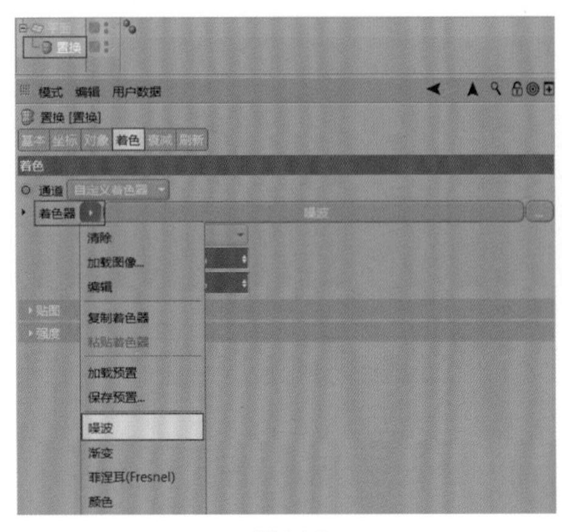
图6-46

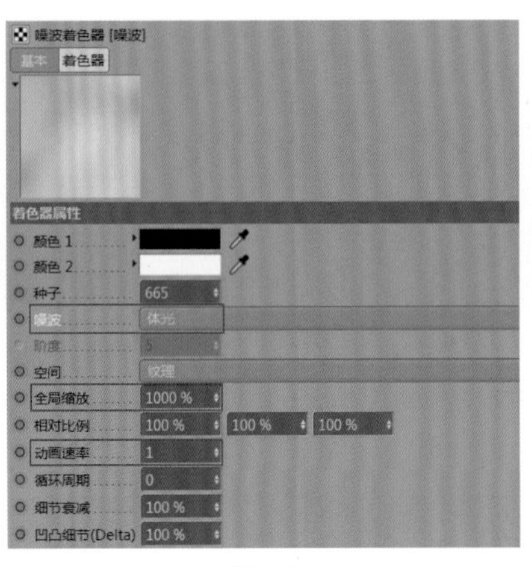
图6-47

图6-48

6.2.2 制作摄像机旋转动画

01 新建一个工程，按快捷键Ctrl+D打开"工程"面板，在"工程设置"选项卡中设置"帧率（FPS）"为25，如图6-49所示。将时间指针范围设置为0F~50F，如图6-50所示。

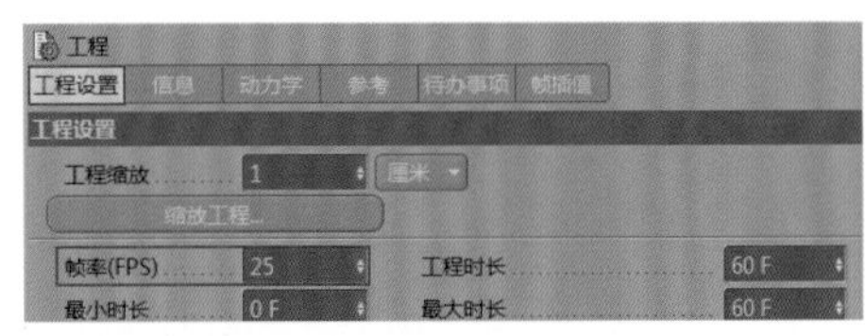
图6-49

图6-50

02 打开本书提供的手机模型，创建一个目标摄像机，设置其"焦距"为36毫米，将目标摄像机拖曳到手机边角合适的位置，如图6-51所示。

03 摄像机动画是从手机边角正面翻转到手机边角背面的，为了更好地控制摄像机动画，需要给摄像机设置运动轨迹。创建一个圆环，如图6-52所示。设置其"半径"为60cm，将圆环拖曳到手机边角合适的位置，如图6-53所示。

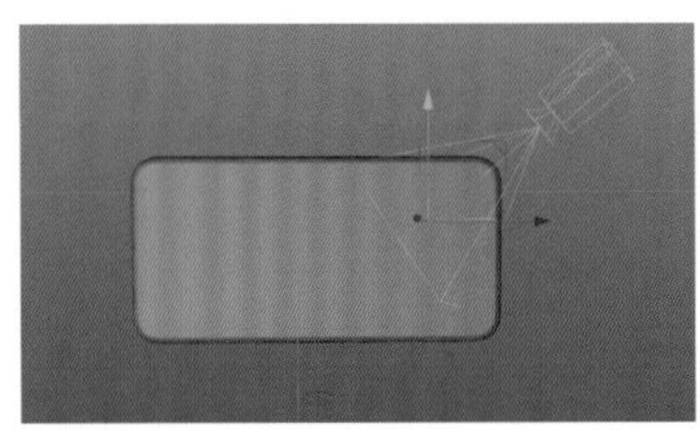
图6-51

图6-52

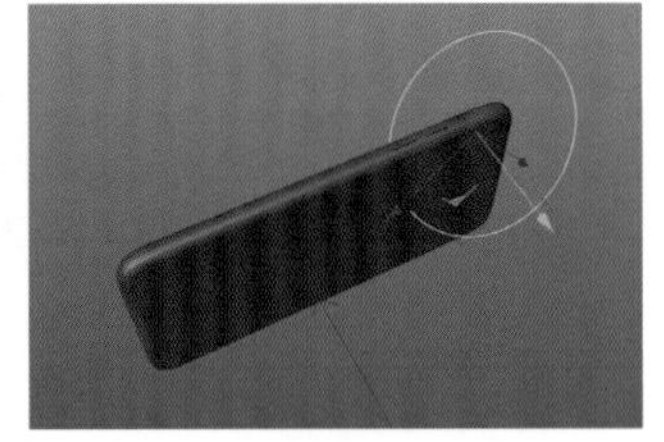
图6-53

04 使用鼠标右键单击"摄像机.1"对象，执行"CINEMA 4D标签>对齐曲线"命令，如图6-54所示。进入"对齐到曲线表达式"面板，将"圆环"拖曳到"曲线路径"中，如图6-55所示。

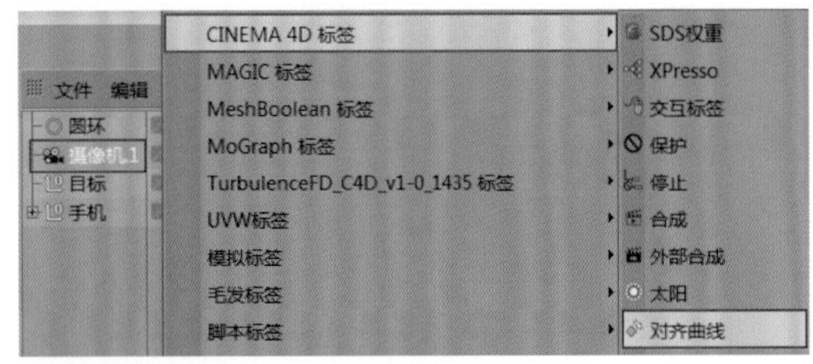
图6-54

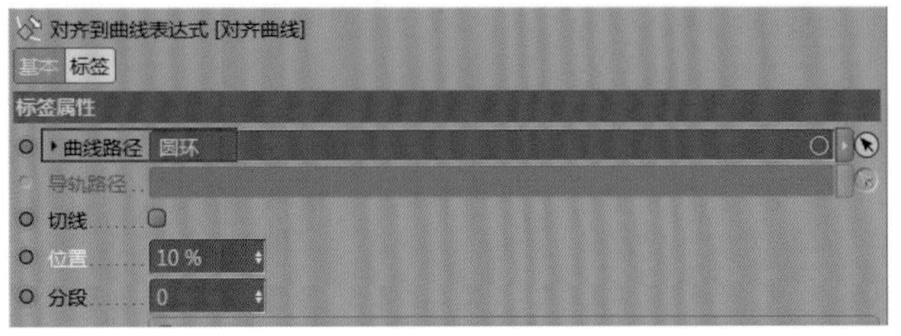
图6-55

05 进入“对齐到曲线表达式”面板，在0F时激活“位置”的关键帧，并设置“位置”为10%，如图6-56所示。在50F时激活关键帧并设置“位置”为60%，如图6-57所示。效果如图6-58所示。

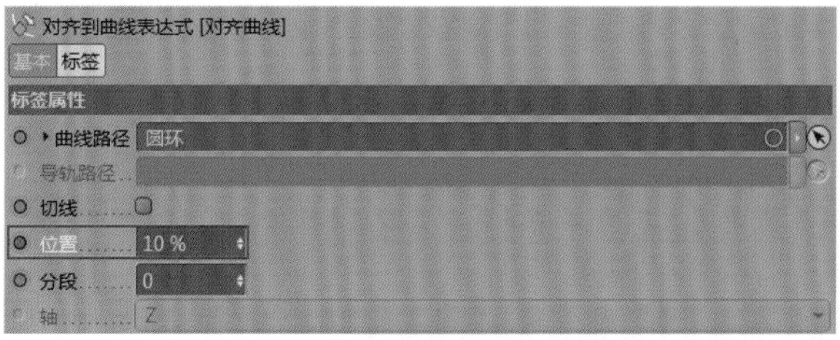

图6-56

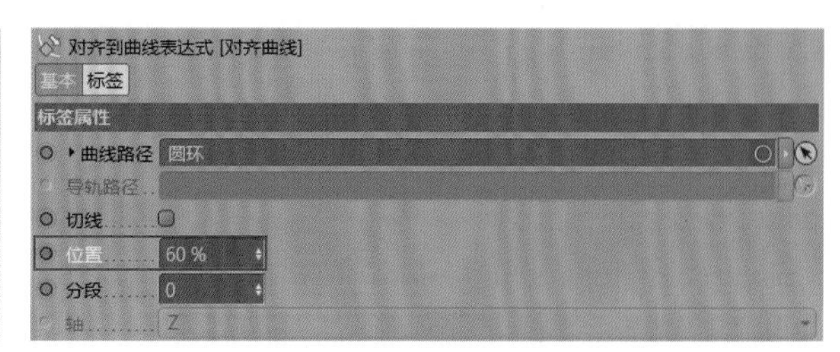

图6-57

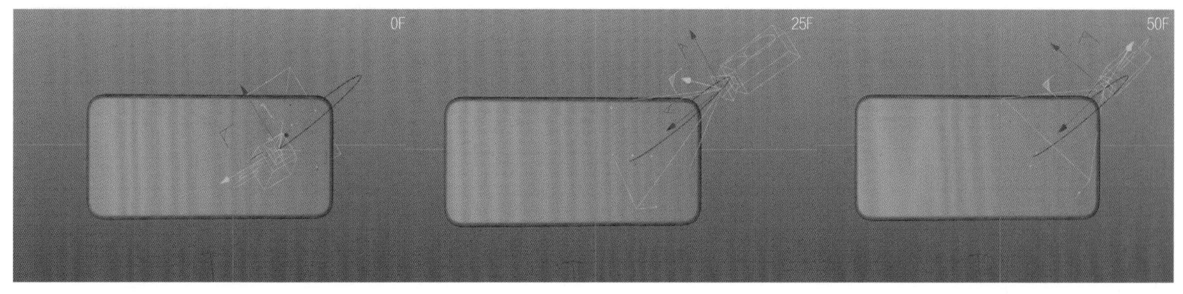

图6-58

06 摄像机翻转动画的节奏是由慢到快的，因此需要调整“对齐曲线”的“位置”函数曲线，如图6-59所示。

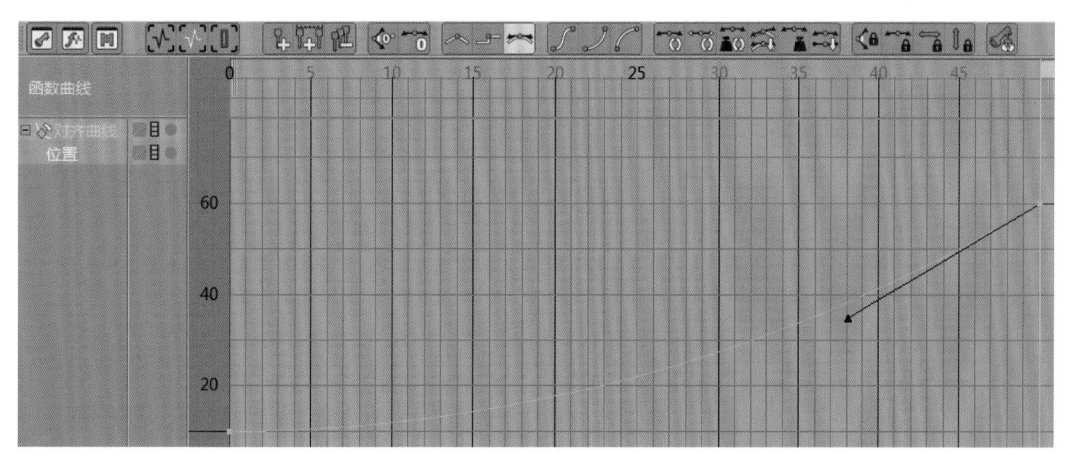

图6-59

技巧提示 设置“对齐曲线”标签可以将任何物体绑定到样条上，再通过修改曲线的“位置”属性让物体沿着样条产生路径动画（0%为起点，100%为终点），如图6-60所示。

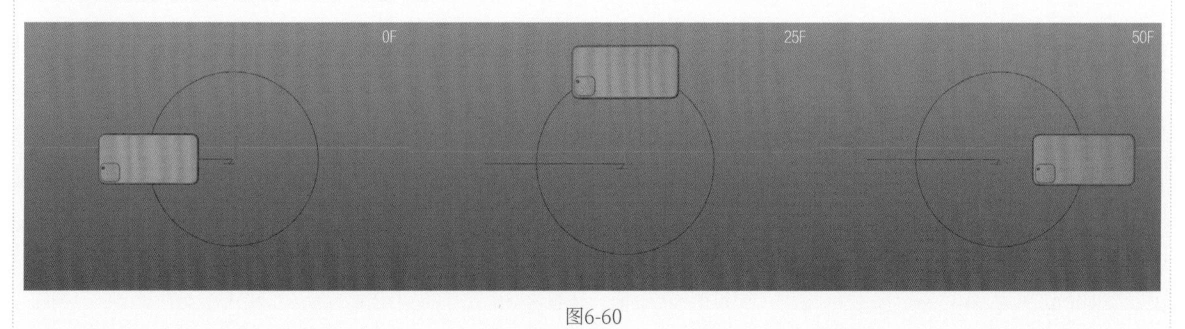

图6-60

6.3 手机定版动画制作流程

定版镜头包括定版场景和场景镜头效果。

6.3.1 制作定版镜头场景

打开手机模型，创建一个摄像机，设置其“焦距”为36毫米，将摄像机拖曳到合适的位置，如图6-61所示。打开本书提供的植物模型，将其放置到手机左右两侧，场景内容将更加丰富，如图6-62所示。

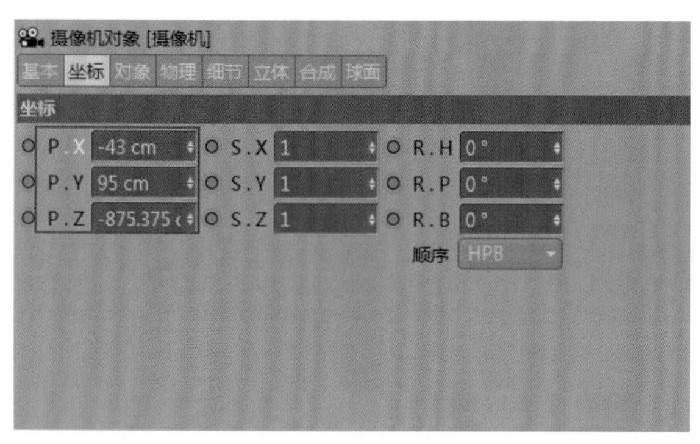

图6-61

图6-62

6.3.2 制作场景镜头动画

01 按快捷键Ctrl+D打开“工程”面板，在“工程设置”选项卡中设置“帧率（FPS）”为25，如图6-63所示。将时间标尺范围设置为0F~95F，如图6-64所示。

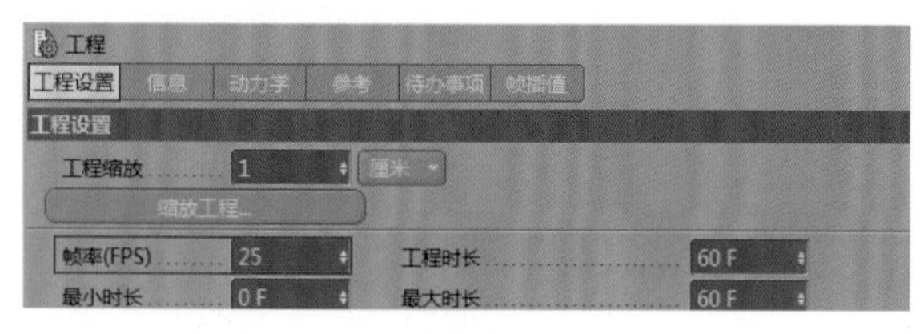

图6-63

图6-64

02 制作手机动画。在0F时选择“手机”对象，进入“坐标”选项卡，设置位置坐标P.Z为0cm，旋转坐标R.H为75°、R.B为20°，激活关键帧，如图6-65所示。在75F时设置位置坐标P.Z为－150cm，旋转坐标R.H为360°、R.B为0°，激活关键帧，如图6-66所示。

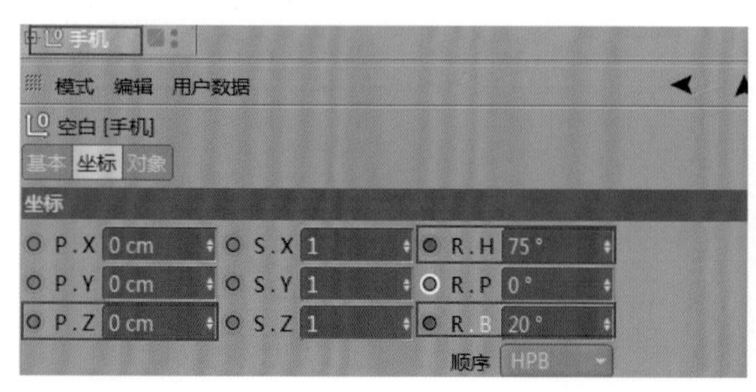

图6-65

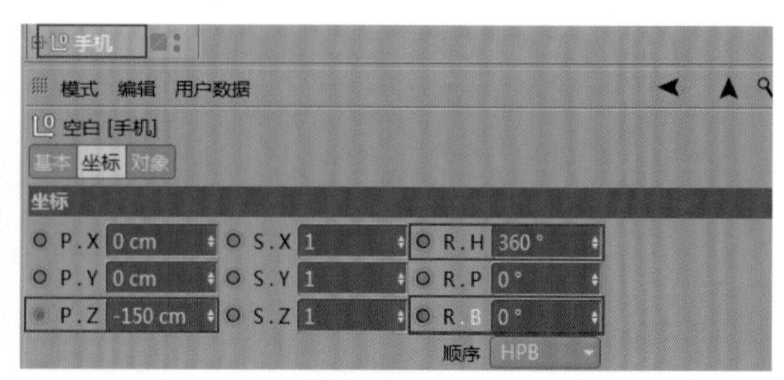

图6-66

03 手机的位置与旋转动画节奏都是由快到慢，所以需要在0F时拉高对应的函数曲线，如图6-67所示。

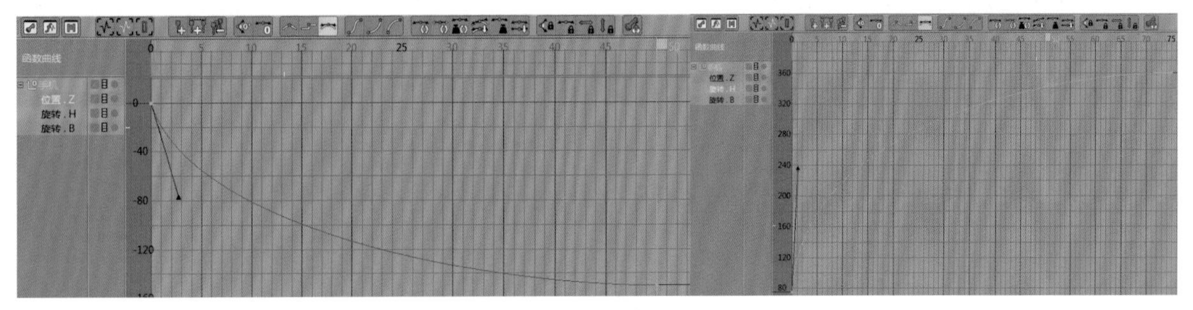

图6-67

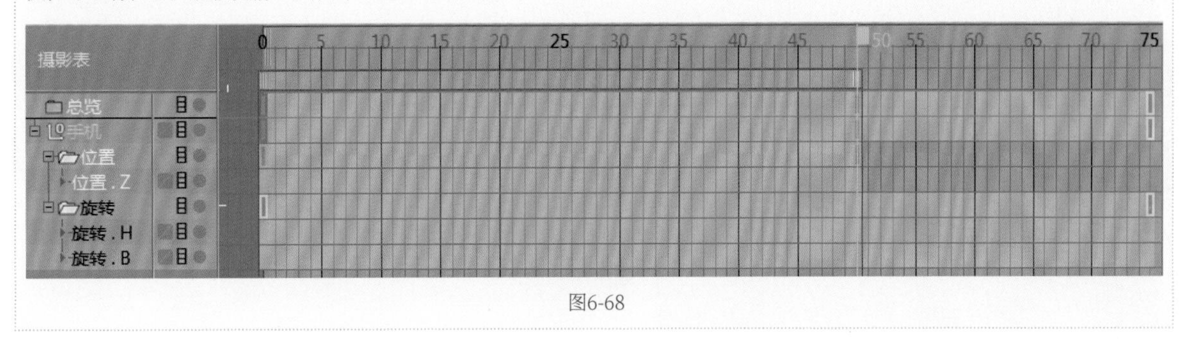

技巧提示 通过调整曲线可以让动画节奏加快或者变慢，本例位置和旋转动画均在75F结束相同，如果希望位置动画的速度更快，可以将位置关键帧提前25F结束，如图6-68所示。

图6-68

04 选择“摄像机”对象，在0F时设置位置坐标P.X为－43cm，激活关键帧，如图6-69所示。在95F时设置位置坐标P.X为0cm，激活关键帧，如图6-70所示。将动画节奏调整为由快到慢，效果如图6-71所示。

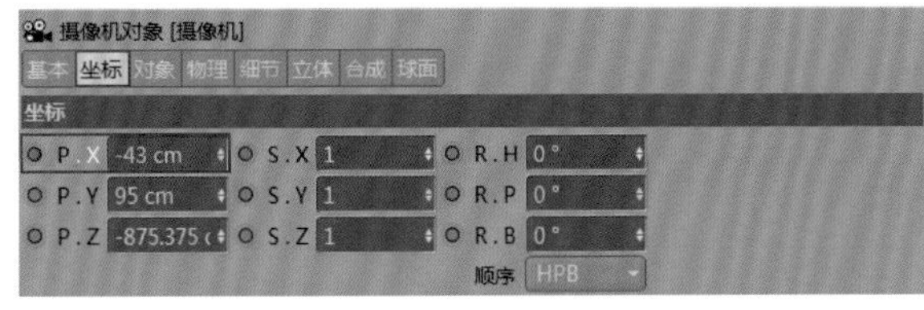

图6-69

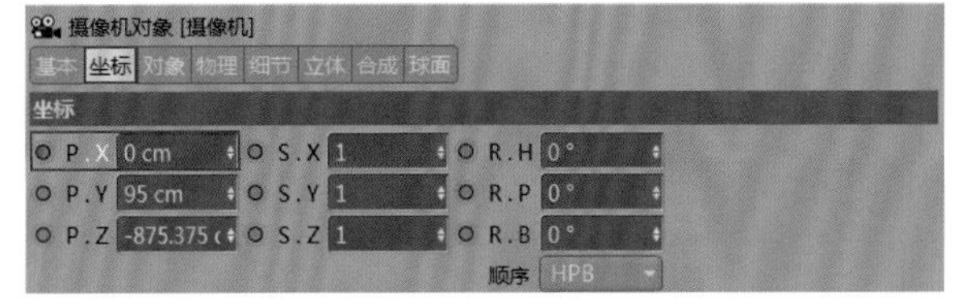

图6-70

图6-71

第7章 手机镜头渲染输出

前面将所有镜头动画都制作好了，本章主要介绍手机材质的制作和渲染输出。另外，本章还有一个动画需要制作，那就是对手机进行特写的扫光动画，这是本宣传片的一个亮点。

· 手机材质　· 手机灯光　· 长廊材质　· 镜头渲染　· 渲染输出
· 地面材质　· 灯光动画　· 长廊灯光　· 扫光镜头　· 序列合成

7.1 手机特写镜头渲染制作流程

本节除了介绍手机材质、地面材质、灯光等，还将重点说明扫光镜头的渲染方法。打开制作好的手机特写镜头，激活Octane渲染器，将“直接照明”修改为“路径追踪”，然后设置“预设”为UTV4D，如图7-1所示。对比效果如图7-2所示。

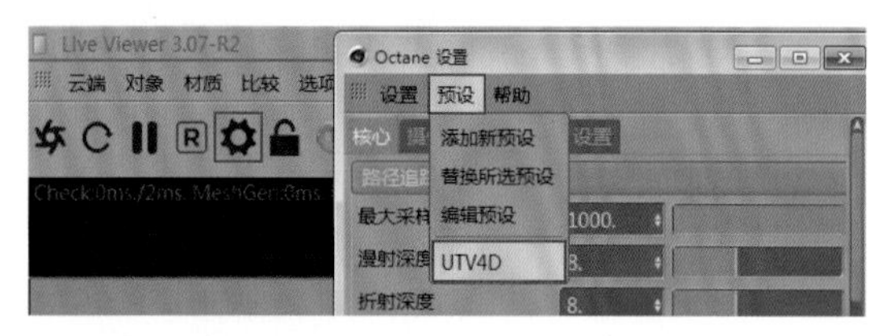

图7-1

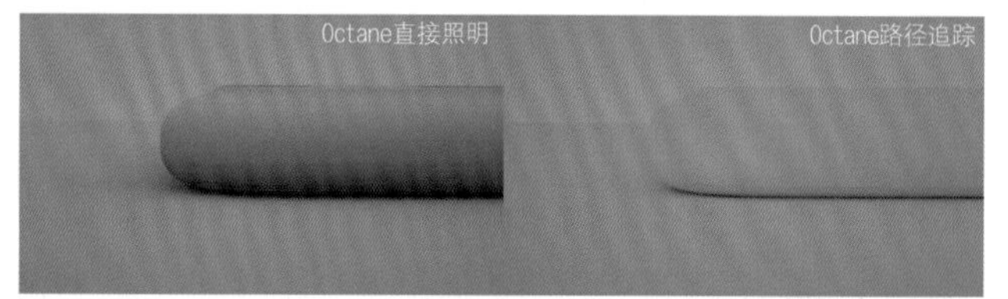

图7-2

7.1.1 创建手机材质

01 创建一个“Octane光泽材质”，如图7-3所示。进入节点编辑器，将“RGB颜色”节点的“颜色”修改为红色后，将输出节点链接到“Octane光泽材质”的“漫射”通道，如图7-4所示。设置“镜面”通道的“颜色”为粉色，“粗糙度”通道的“浮点”为0.17，“索引”为2，如图7-5所示。

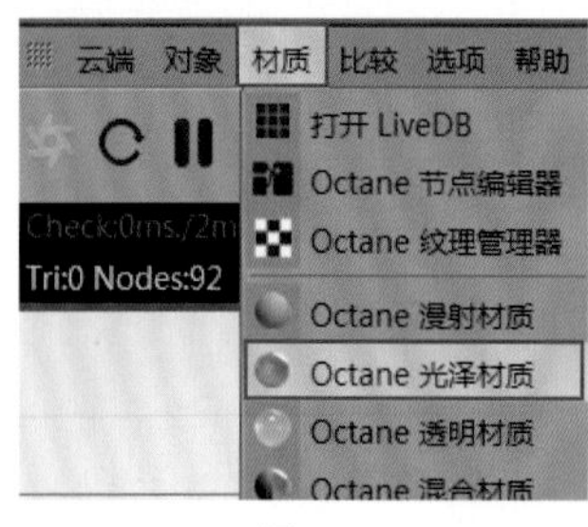

图7-3

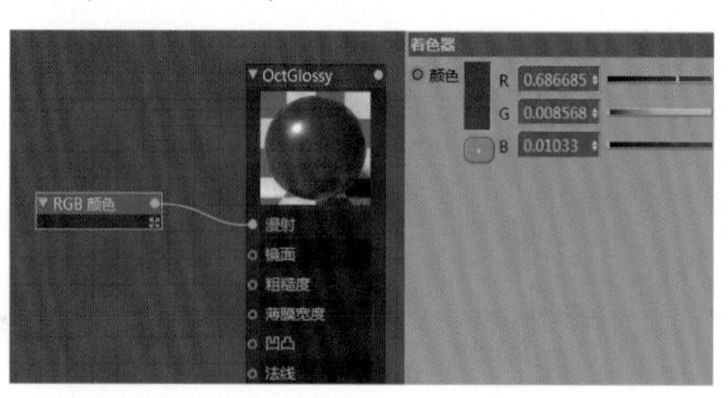

图7-4

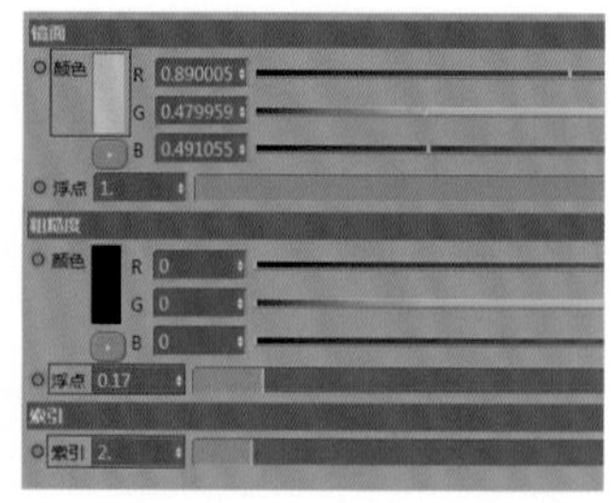

图7-5

02 创建一个“Octane光泽材质”，设置“镜面”通道的“颜色”为红色，“粗糙度”通道的“浮点”为0.05，“索引”为1(1代表全反射，如金属、镜子等)，如图7-6所示。创建一个“Octane混合材质”，将两个红色材质分别拖曳到“混合材质”的“材质1”和“材质2”中，设置“数量”为“浮点纹理”，“浮点”为0.8，如图7-7所示。混合材质示意如图7-8所示。

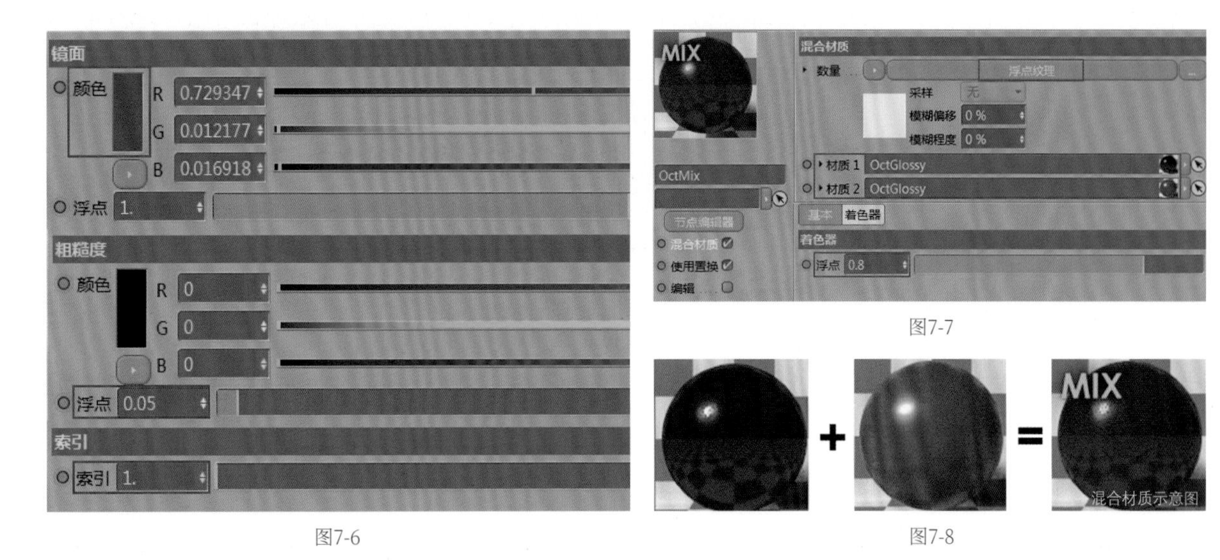

图7-6

图7-7

图7-8

技巧提示 手机材质需要将普通的光泽材质与全反射材质混合在一起才可以体现出比较好的质感。

7.1.2 创建地面材质

创建一个“Octane光泽材质”，设置“镜面”通道的“颜色”为红色，“粗糙度”通道的“浮点”为0.035，“索引”为1.16，如图7-9所示。

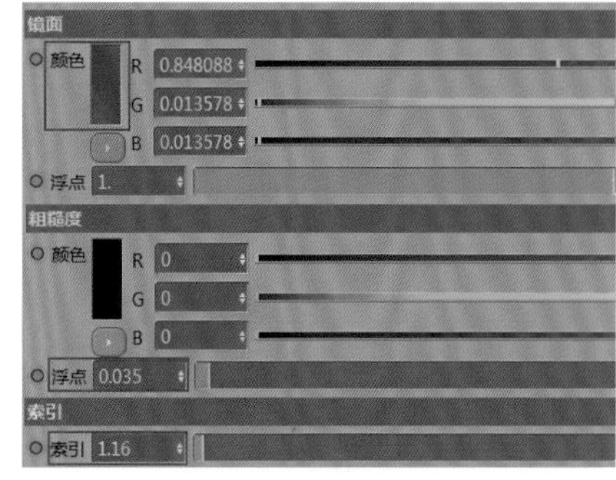

图7-9

7.1.3 制作手机灯光动画

01 要体现出灯光打在手机机身上的细节，需要将场景设置为黑色。新建一个“Octane纹理环境”，如图7-10所示。在“主要”选项卡中为“纹理”添加一个“RGB颜色”纹理，并设置纹理颜色为黑色，如图7-11所示。

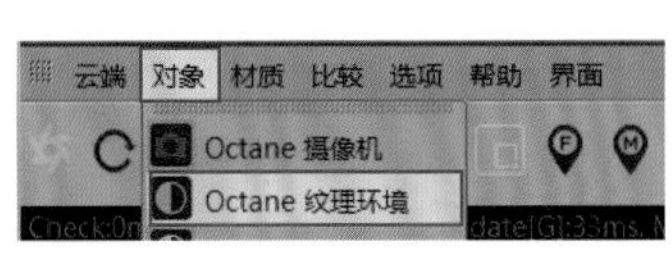

图7-10

图7-11

02 新建一个“Octane目标区域光”，如图7-12所示。适当调整灯光尺寸并将灯光拖曳到手机背面，制作出手机轮廓光，如图7-13所示。设置“功率”为10，“纹理”为“渐变”，如图7-14所示。效果如图7-15所示。

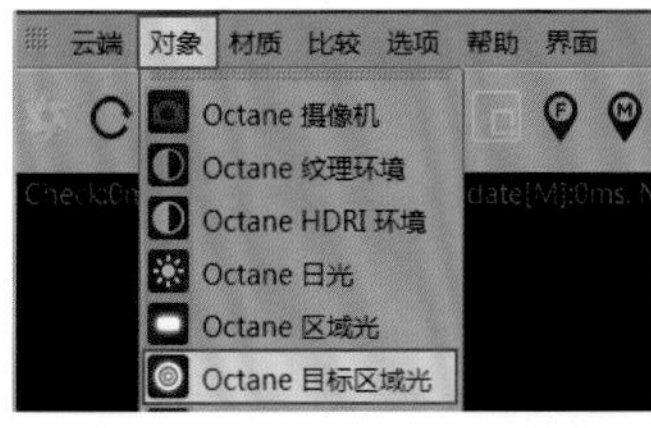

图7-12

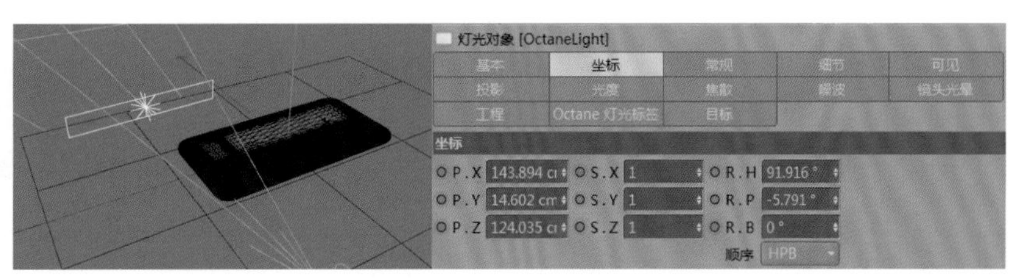

图7-13

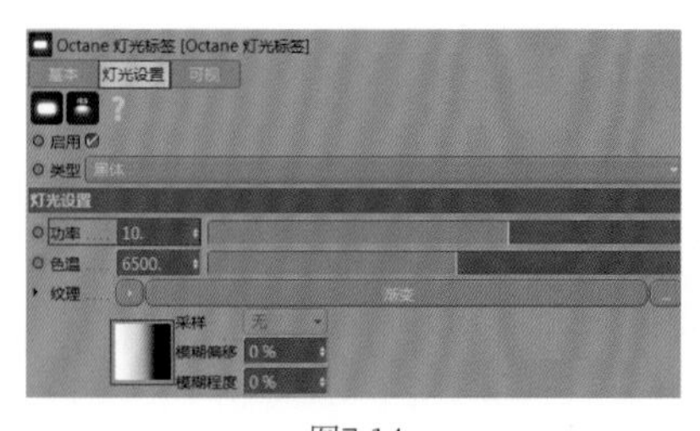

图7-14

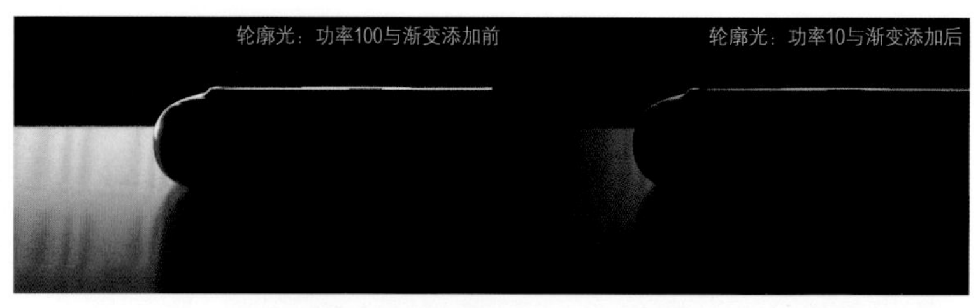

图7-15

03 由于轮廓光对地面的影响太过线性，因此可以创建两个平面，如图7-16所示。适当地调整平面的大小与位置，用于改善轮廓光对地面产生的线性影响，使地面呈现出柔和感，如图7-17所示。效果如图7-18所示。

图7-16

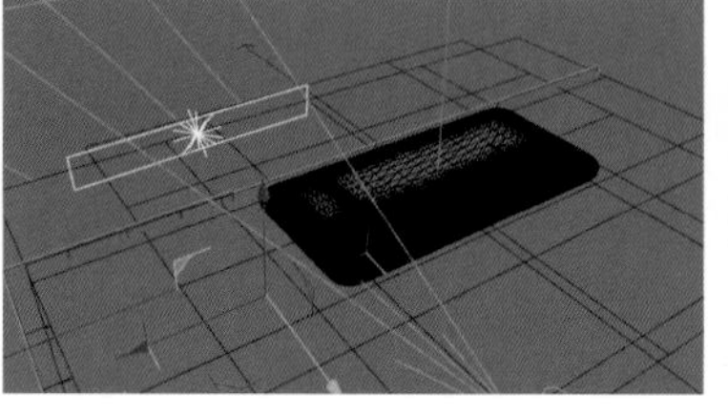

图7-17

图7-18

04 新建一个“Octane目标区域光”，适当调整灯光尺寸并将灯光拖曳到手机正上方，制作出手机的主光源，如图7-19所示。设置“功率”为40，“纹理”为“渐变”，如图7-20所示。效果如图7-21所示。

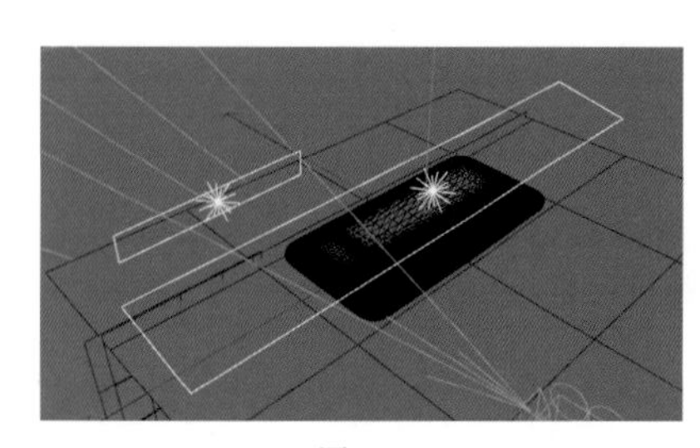

图7-19

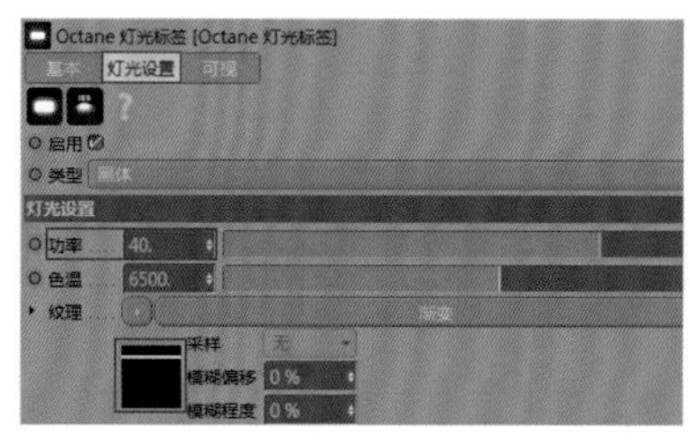

图7-20

图7-21

05 主光源从手机侧面扫到手机正后方便可制作扫光动画。将主光源调整到手机侧面，在0F时激活位置坐标和旋转坐标的关键帧，如图7-22所示。在75F时将主光源拖曳到手机正后方，激活位置坐标和旋转坐标的关键帧，如图7-23所示。效果如图7-24所示。

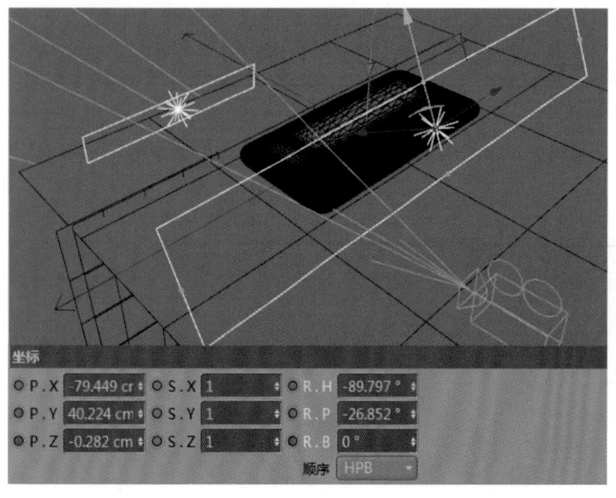

图7-22

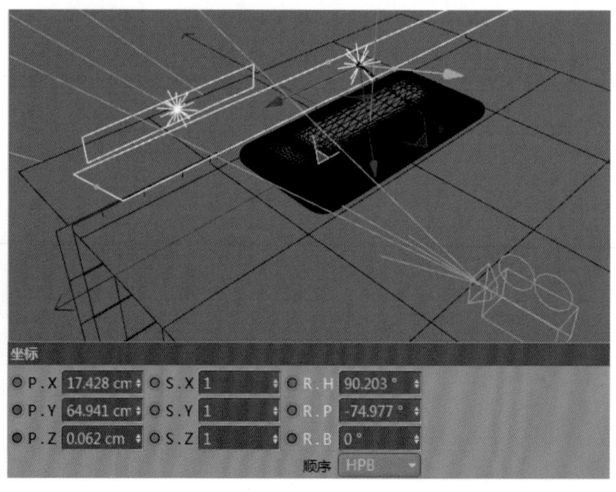

图7-23

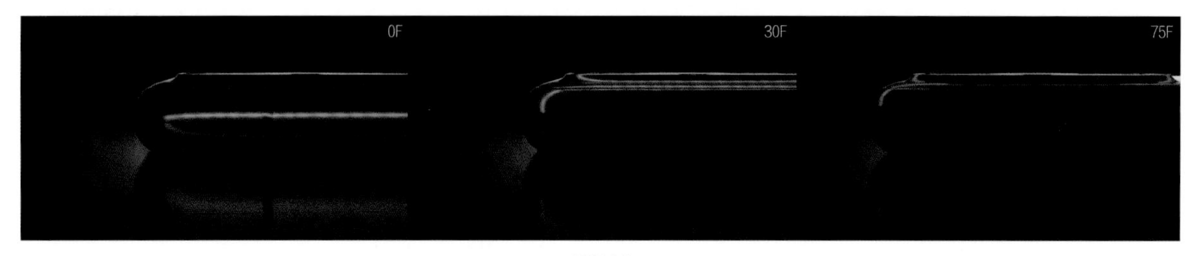

图7-24

06 操作完成后，使用鼠标右键单击“摄像机”对象，执行“C4doctane标签>Octane摄像机标签”命令，如图7-25所示。在“后期处理”选项卡中勾选“启用”，设置“辉光强度”为10,“眩光强度”为2，如图7-26所示。效果如图7-27所示。

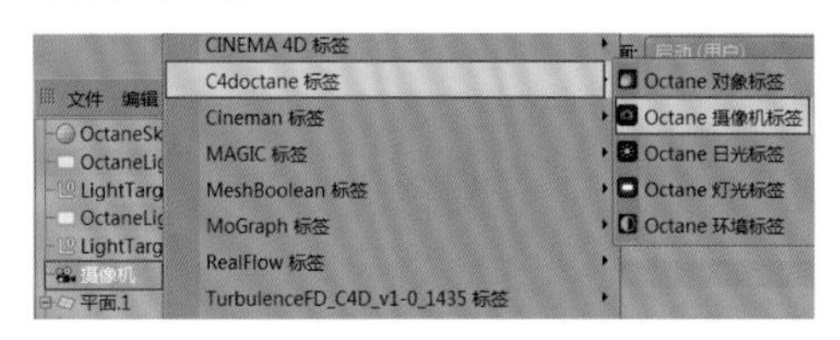

图7-25

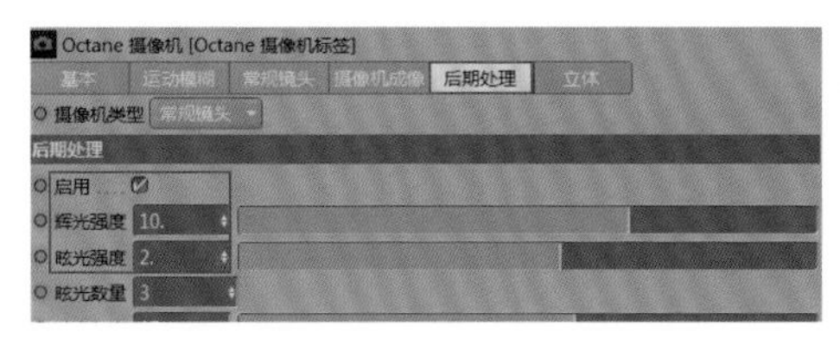

图7-26

图7-27

7.1.4 手机底部扫光镜头渲染

打开制作好的手机底部特写镜头，设置渲染的“预设”为UTV4D，新建一个“Octane纹理环境”，在“纹理”中添加“RGB颜色”纹理，并设置纹理颜色为黑色。

01 新建一个“Octane区域光”，如图7-28所示。适当调整灯光尺寸并且将灯光移动到手机底部，作为底部辅助光，如图7-29所示。设置“功率”为50,“色温”为4500,“纹理”为“渐变”，如图7-30所示。效果如图7-31所示。

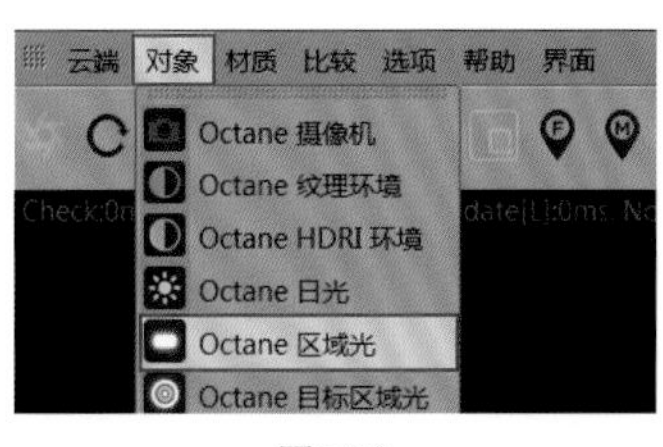

图7-28

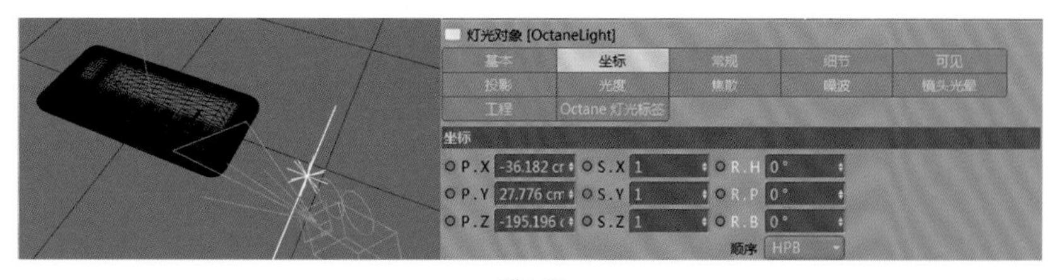

图7-29

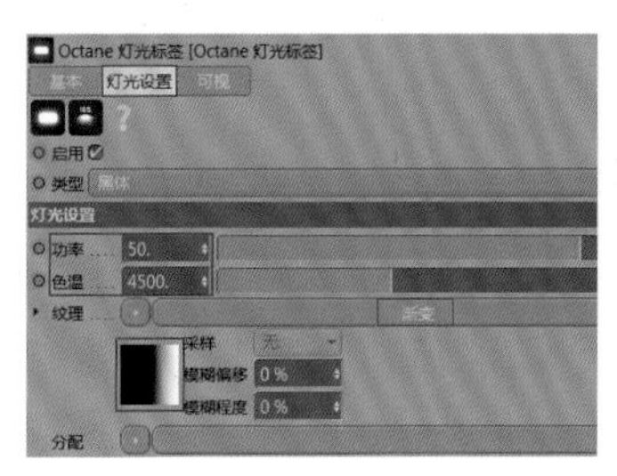

图7-30

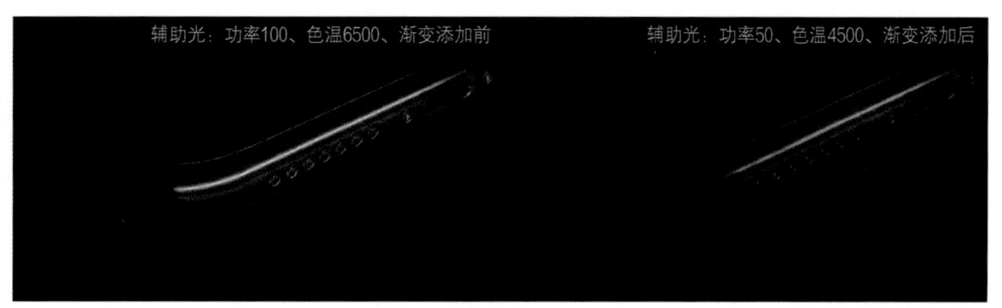

图7-31

02 新建一个“Octane区域光”，适当调整灯光尺寸并将灯光拖曳到手机左侧，作为侧面辅助光，如图7-32所示。

设置“功率”为50,“纹理”为“渐变”，如图7-33所示。效果如图7-34所示。

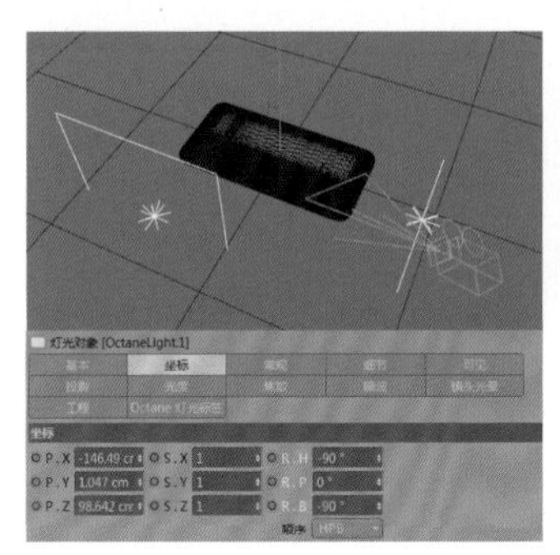
图7-32

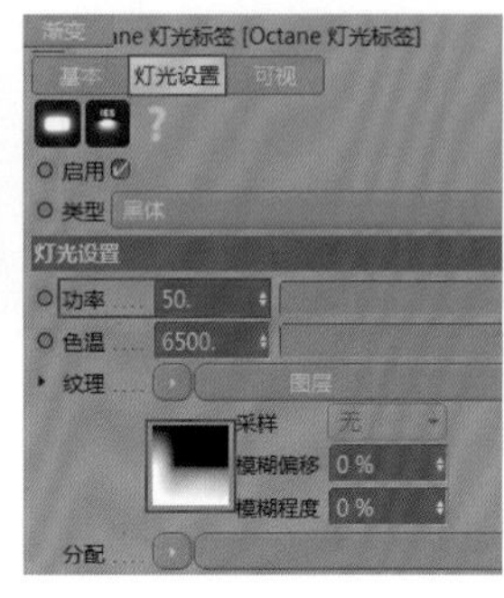
图7-33

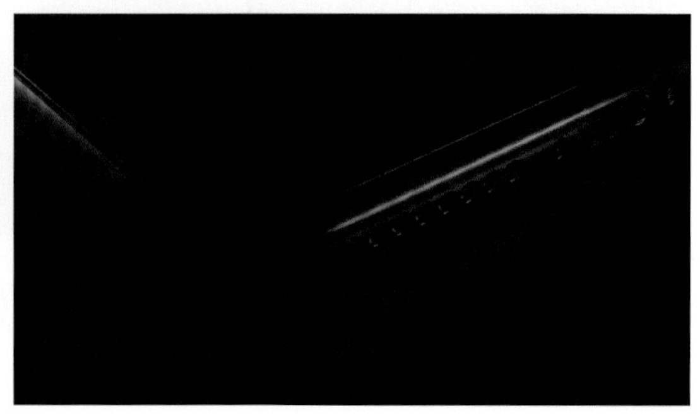
图7-34

技术专题：双重渐变叠加的原理

在侧面辅助光的纹理中使用双重渐变时，叠加必须要在图层内才可以完成，其目的是让灯光有更多的光影细节，制作方法如下。

执行“纹理>图层”命令，如图7-35所示。在“图层着色器”面板的“着色器”选项卡中添加两个“渐变”，并将它们设置为不同的方法，如二维U、二维V，如图7-36所示。使用“覆盖”图层模式进行融合，如图7-37所示。

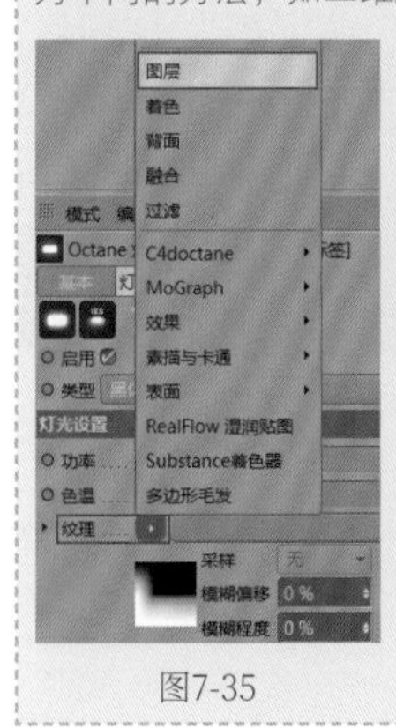
图7-35

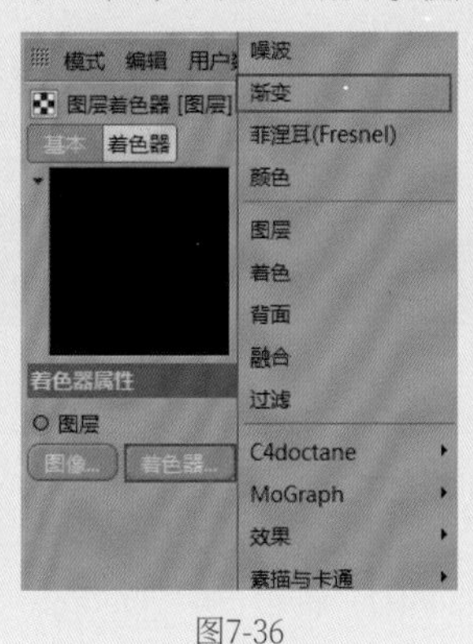
图7-36

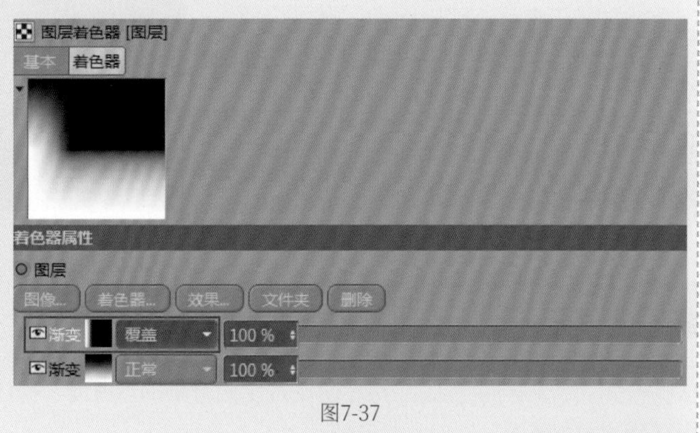
图7-37

03 新建一个“Octane区域光”，适当调整灯光尺寸并将灯光拖曳到手机正上方，作为手机的主光源，如图7-38所示。进入“灯光设置”选项卡，设置“功率”为40,“纹理”为“渐变”，如图7-39所示。效果如图7-40所示。

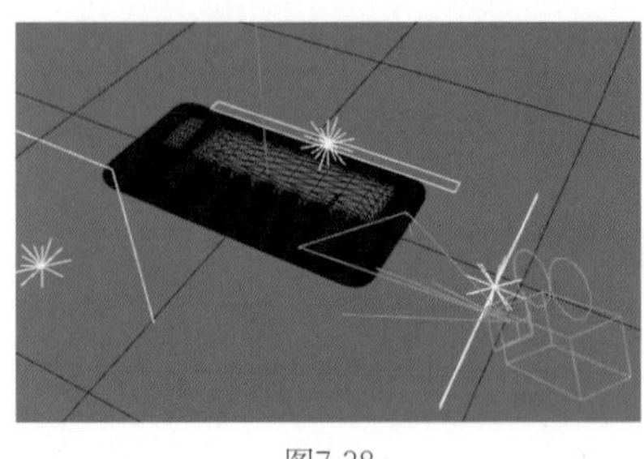
图7-38

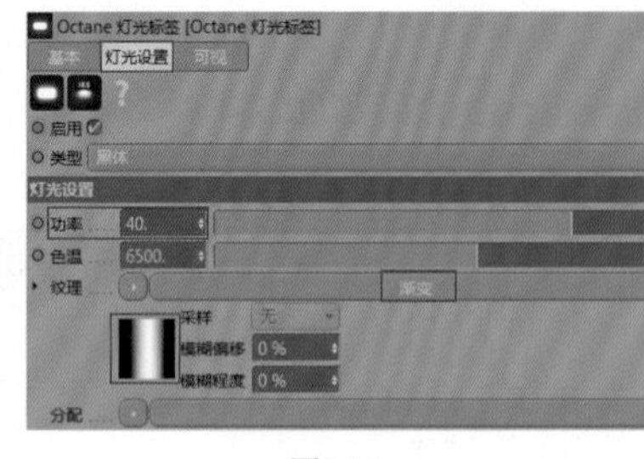
图7-39

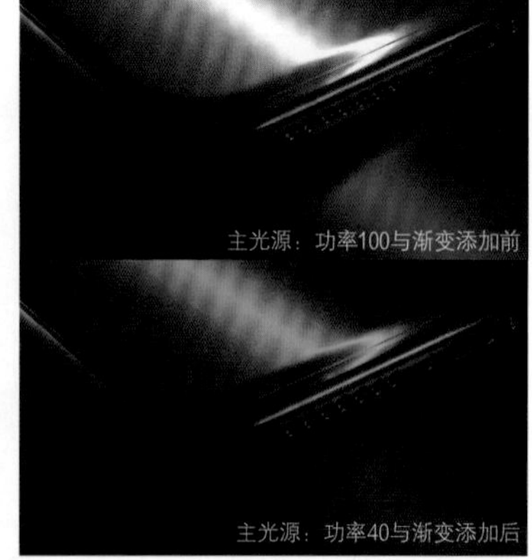

图7-40

04 用主光源与底部辅助光制作扫光动画。在0F时将主光源与底部辅助光拖曳到最左侧，激活位置坐标P.X的关键帧，如图7-41所示。在50F时将主光源与底部辅助光拖曳到最右侧，激活位置坐标P.X的关键帧，如图7-42所示。效果如图7-43所示。

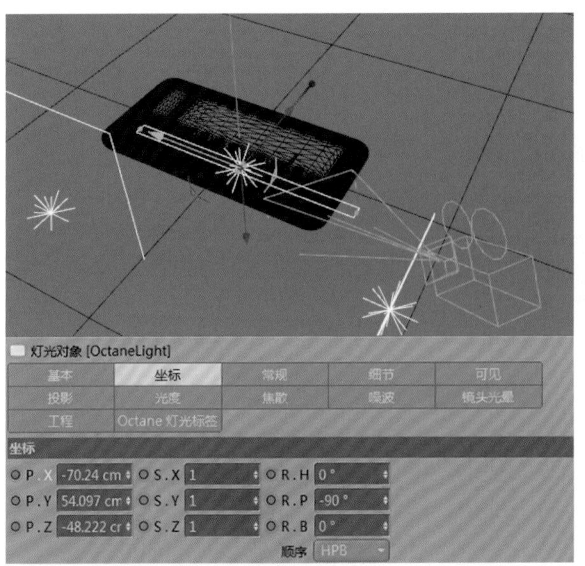

图7-41

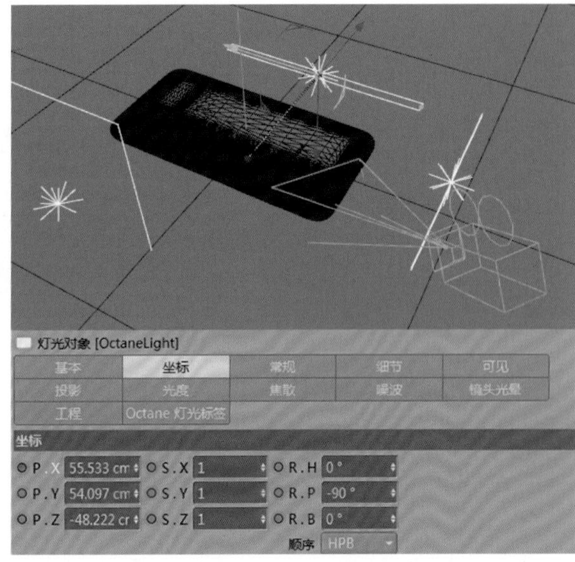

图7-42

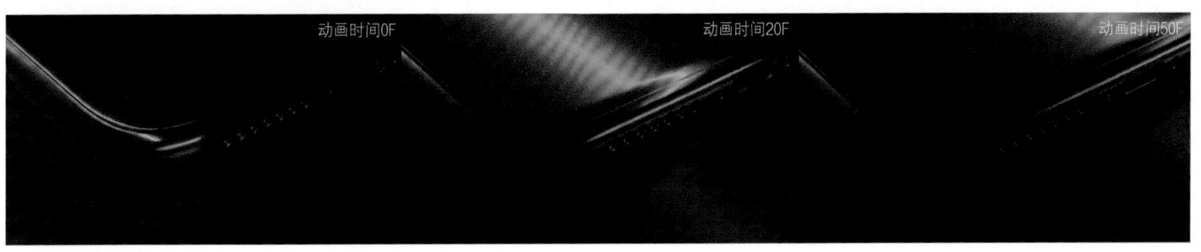

图7-43

05 操作完成后，使用鼠标右键单击“摄像机”对象，执行“C4doctane标签>Octane摄像机标签”命令，如图7-44所示。进入“Octane摄像机”面板，在“后期处理”选项卡中勾选“启用”，设置“辉光强度”为10，“眩光强度”为2，如图7-45所示。效果如图7-46所示。

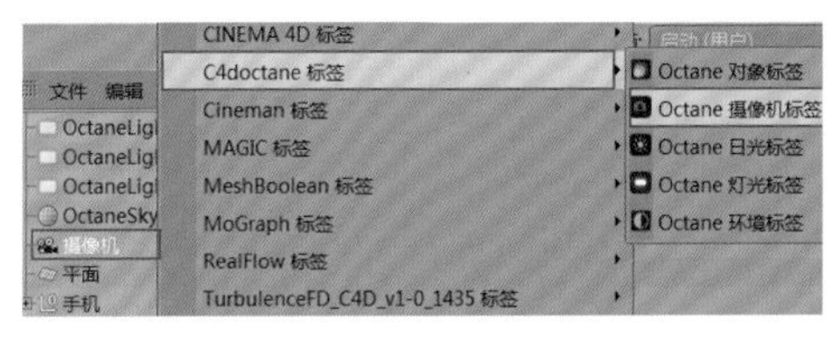

图7-44

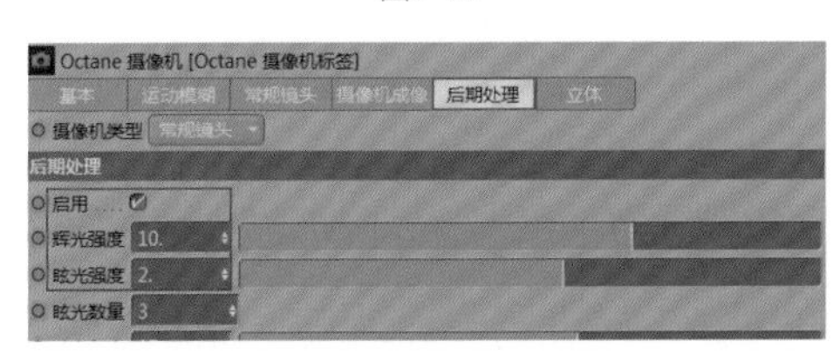

图7-45

图7-46

7.1.5 手机正面扫光镜头渲染

打开制作好的手机机身特写镜头，设置渲染的“预设”为UTV4D，新建一个“Octane纹理环境”，为“纹理”添加一个“RGB颜色”纹理，并设置纹理颜色为黑色，以模拟黑色背景。

01 新建一个“Octane区域光”，如图7-47所示。适当调整灯光尺寸并将灯光拖曳到手机左侧，作为主光源，如图7-48所示。进入“灯光设置”选项卡，在“纹理”中添加“图层”节点，为着色器添加“扭曲”效果，设置“强度”为34%，具体设置如图7-49所示。效果如图7-50所示。

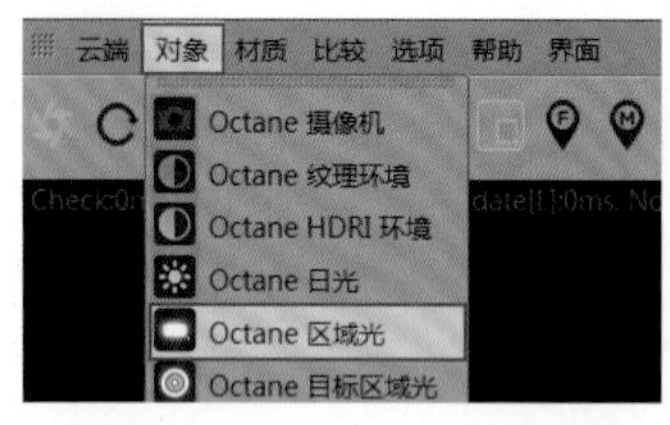

图7-47

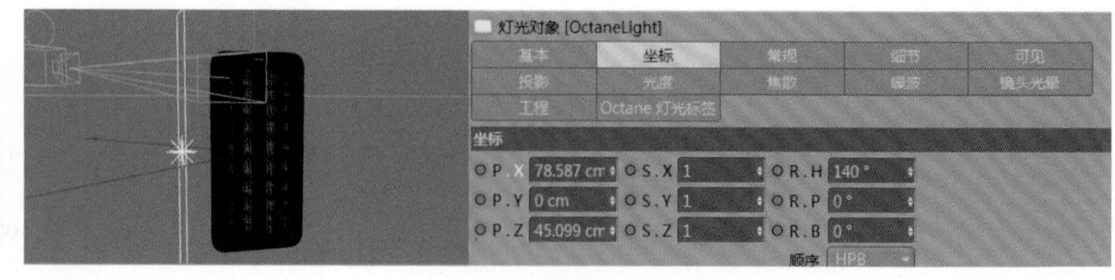

图7-48

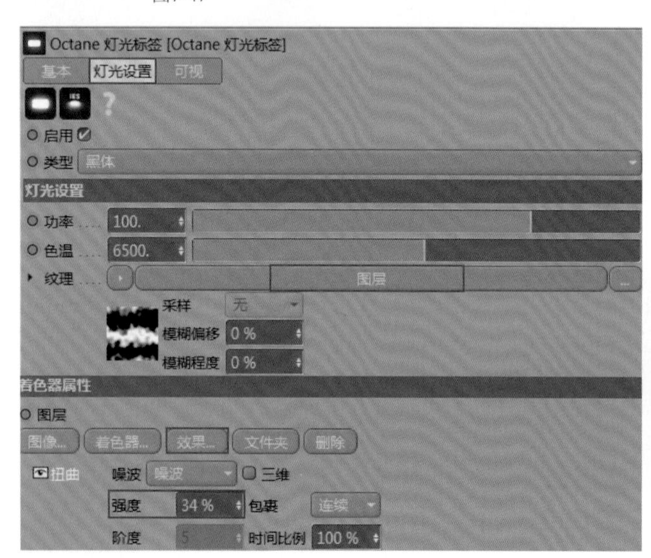

图7-49

图7-50

02 新建一个“Octane区域光”，适当调整灯光尺寸并将灯光拖曳到手机右侧，作为辅助光，如图7-51所示。进入“灯光设置”选项卡，设置“功率”为1，如图7-52所示。效果如图7-53所示。

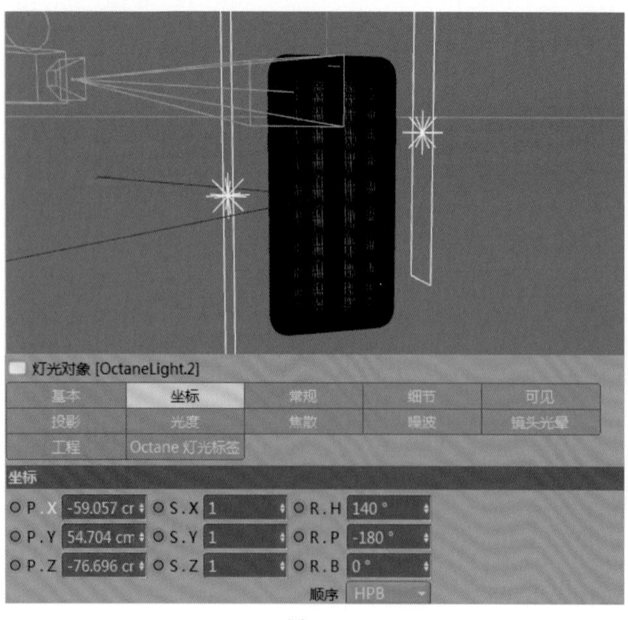

图7-51

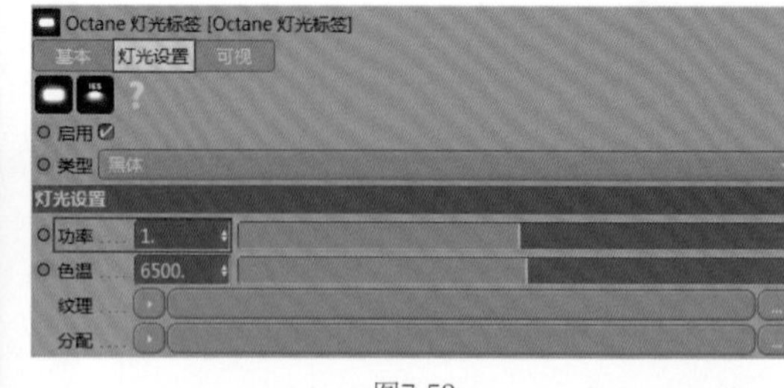

图7-52

图7-53

03 制作手机正面材质。创建一个“Octane光泽材质”，设置“镜面”通道的“颜色”为红色,“粗糙度”通道的“浮点”为0.1,“索引”为2，如图7-54所示。

04 使用平面与纹理发光材质制作正面扫光效果。创建一个平面，将其放置在手机正前方，如图7-55所示。新建一个“Octane漫射材质”，将其赋予平面模型后进入节点编辑器，取消勾选“漫射”，在“透明度”通道中设置“纹理”为“渐变”，如图7-56所示。在“发光”通道的“纹理”中添加“纹理发光”，如图7-57所示。

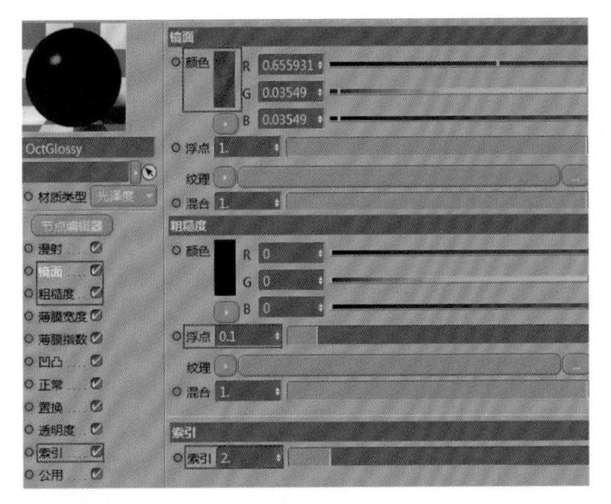

图7-54

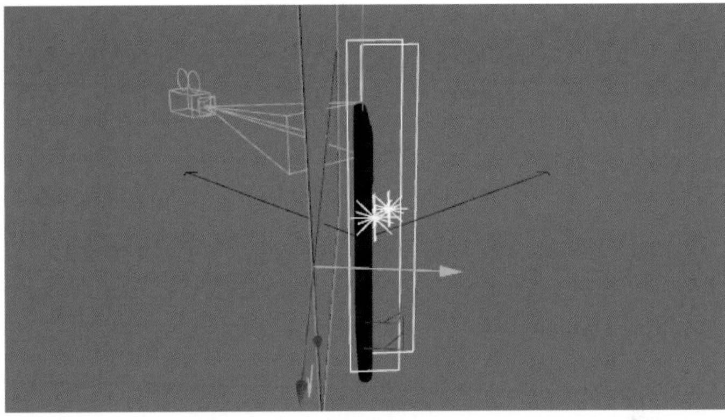
图7-55

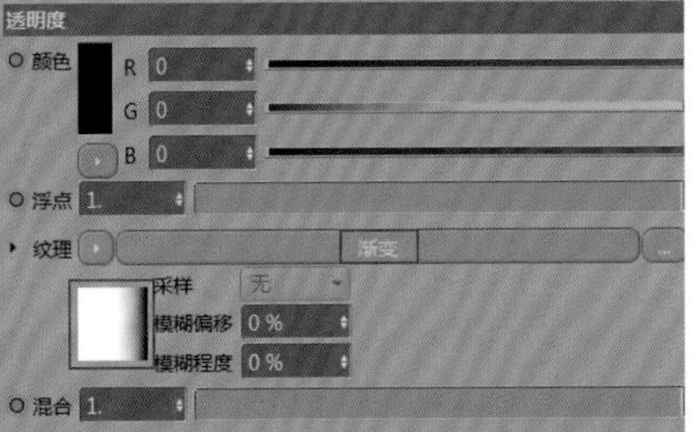

图7-56

图7-57

05 在“纹理发光”中设置“功率”为10，勾选“表面亮度”，如图7-58所示。在“纹理”中添加“图层”节点，在“着色器”选项卡中依次添加“渐变”“噪波”“渐变”图层，设置第1个“渐变”与“噪波”图层的模式为“减去”,“噪波”图层的百分比为78%，如图7-59所示。效果如图7-60所示。

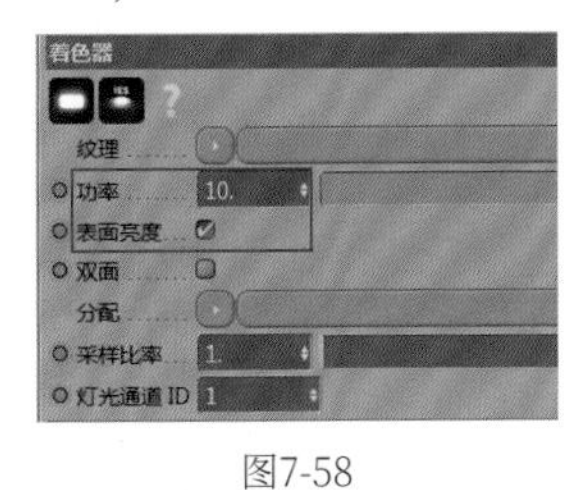

图7-58

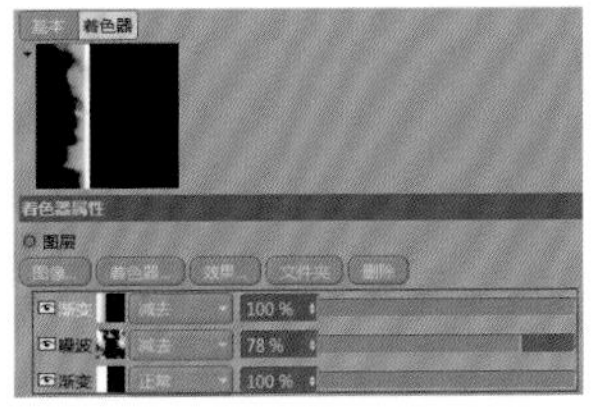

图7-59

图7-60

技巧提示 添加“噪波”图层的目的是让光的亮度有明暗的区别，白色区域代表最亮，黑色区域代表着最暗，噪波效果如图7-61所示。

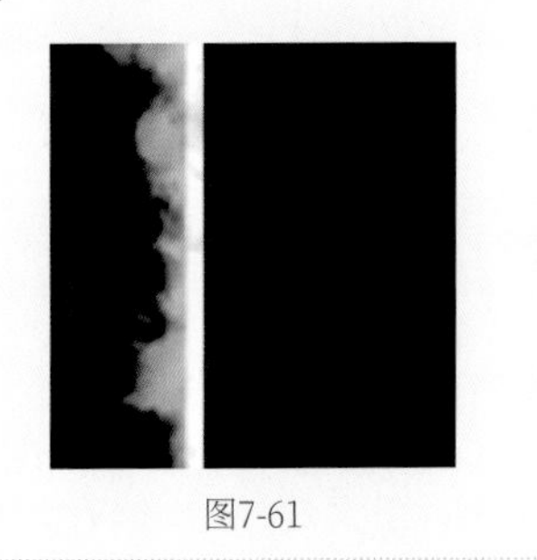
图7-61

06 在镜头中是手机产生了旋转动画，所以需要将主光源和辅助光拖曳为“手机”的子级，如图7-62所示。这样在手机旋转的同时灯光也会随之旋转。

图7-62

07 手机正面扫光动画主要是依靠平面光来完成的，在镜头中不需要给平面光制作关键帧动画，因为手机本身的旋转会直接影响光的位置或方向，效果如图7-63所示。

图7-63

08 操作完成后，使用鼠标右键单击“摄像机”对象，执行“C4doctane标签>Octane摄像机标签”命令，如图7-64所示。进入“Octane摄像机”面板，在“后期处理”选项卡中勾选“启用”，设置“辉光强度”为10，“眩光强度”为2，如图7-65所示。效果如图7-66所示。

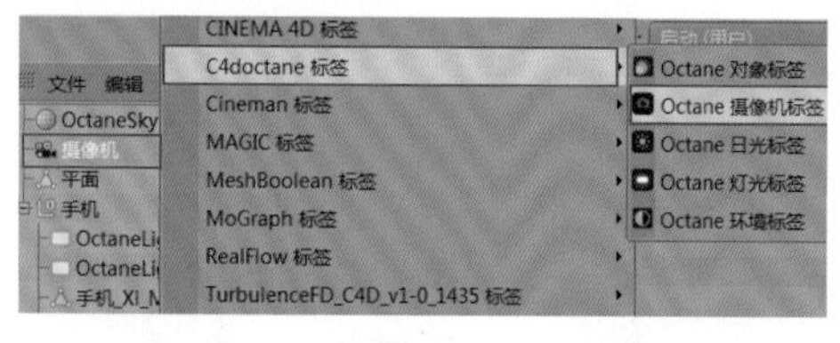

图7-64

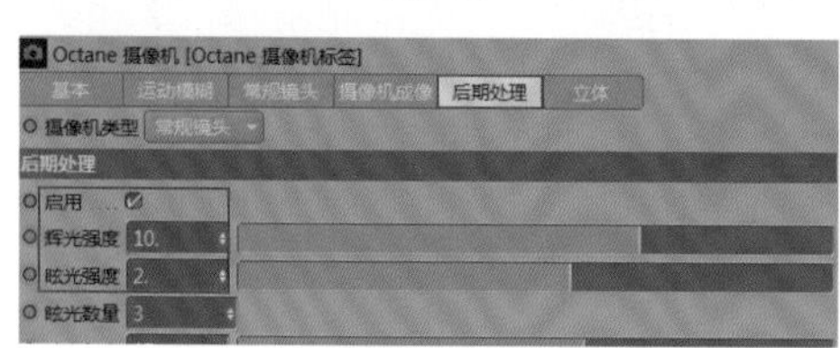

图7-65

图7-66

7.1.6 手机摄像头扫光镜头渲染

打开制作好的手机摄像头特写镜头，设置渲染的“预设”为UTV4D，新建一个“Octane纹理环境”，为“纹理”添加一个“RGB颜色”纹理，并设置纹理颜色为黑色，以模拟黑色背景。

01 新建一个“Octane目标区域光”，如图7-67所示。适当调整灯光尺寸并将灯光拖曳到手机右上方，作为主光源，如图7-68所示。效果如图7-69所示。

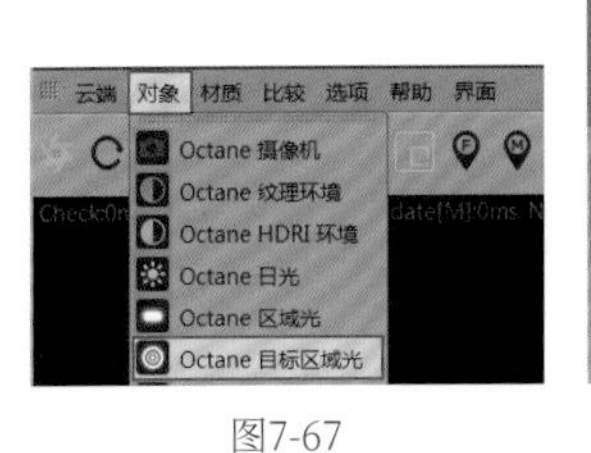

图7-67

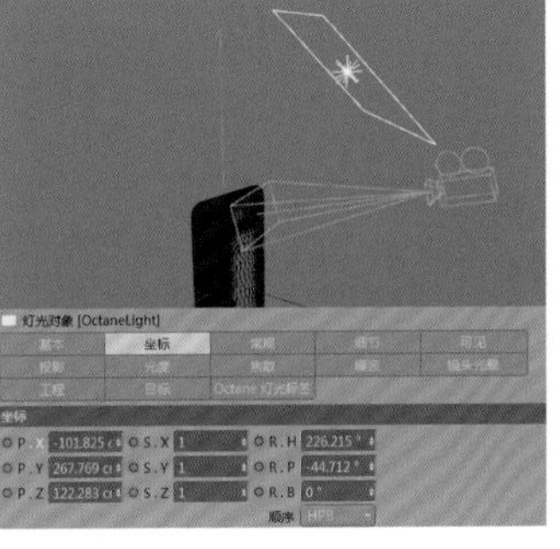

图7-68

图7-69

02 制作摄像头内部材质。新建一个“Octane透明材质”，并赋予对应模型，如图7-70所示。设置“粗糙度”通道的“浮点”为0.2，在“纹理”中添加“图像纹理”，并加载本书提供的黑白贴图，设置“混合”为0.8、“索引”为1.5，如图7-71所示。效果如图7-72所示。

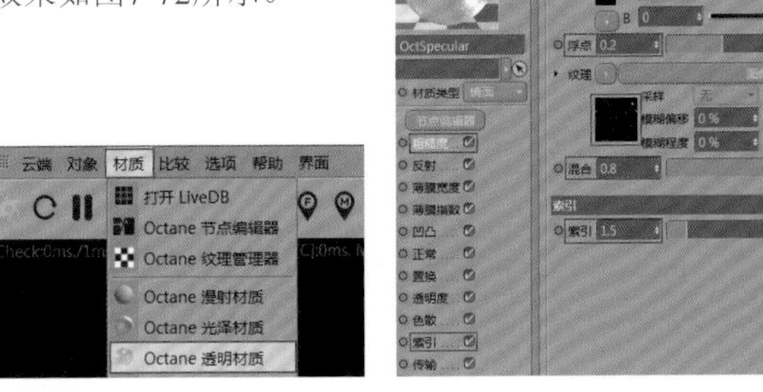

图7-70　图7-71

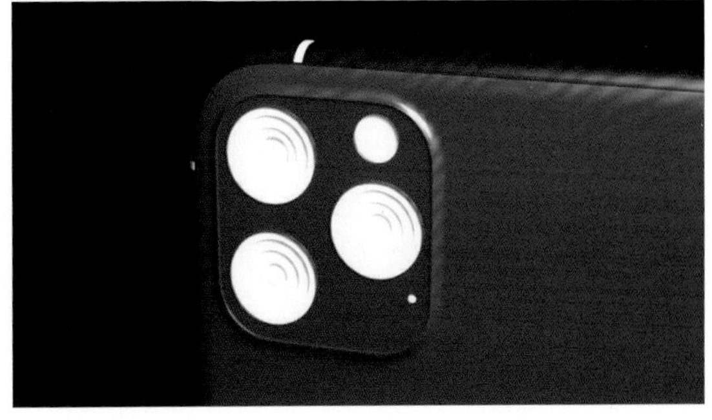

图7-72

03 新建一个“Octane透明材质”，并赋予对应模型。设置“漫射”通道的“颜色”为黑色，如图7-73所示。进入“反射”通道，设置“颜色”为蓝色，“索引”为7，如图7-74所示。效果如图7-75所示。

图7-73

图7-74

图7-75

04 新建一个“Octane透明材质”，并赋予对应模型。设置“粗糙度”通道的“浮点”为0.03，如图7-76所示。打开节点编辑器，将“散射介质”节点链接到“介质”通道，将两个“RGB颜色”节点分别链接到“散射介质”节点的“吸收”与“散射”通道，设置“散射介质”节点的“密度”为123，“吸收”为黄色，“散射”为淡黄色，如图7-77所示。效果如图7-78所示。

图7-76

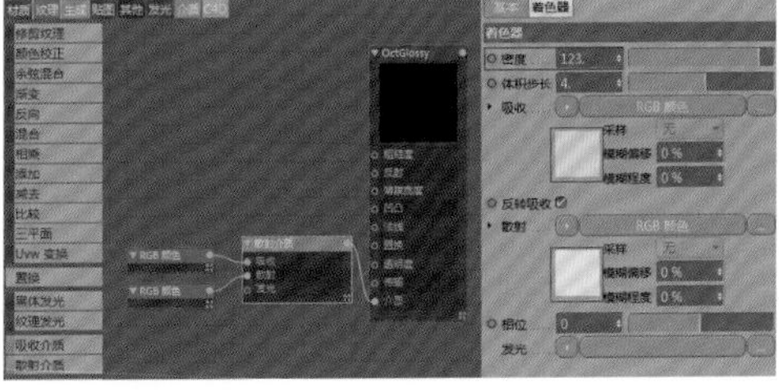

图7-77

图7-78

05 添加更多的灯光，以提升手机细节的质感。新建一个“Octane目标区域光”，适当调整灯光尺寸并将灯光拖曳到手机上方，作为细节主光源，如图7-79所示。进入“灯光设置”选项卡，设置“纹理”为“渐变”，如图7-80所示。效果如图7-81所示。

图7-79

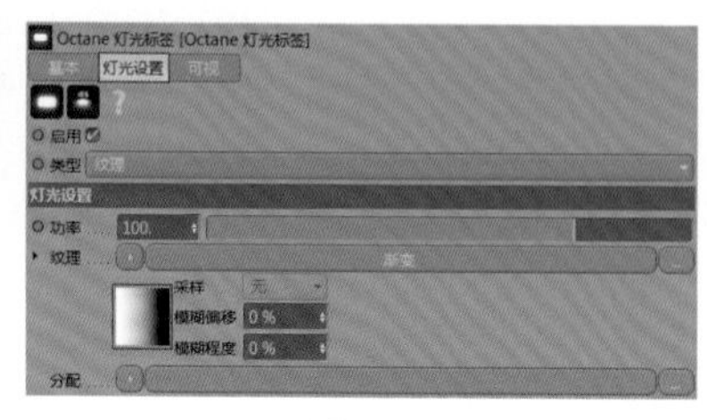

图7-80

图7-81

06 新建一个“Octane目标区域光”，适当调整灯光尺寸并将灯光拖曳到手机左侧，作为细节辅助光，如图7-82所示。进入“灯光设置”选项卡，设置“功率”为20，“纹理”为“渐变”，如图7-83所示。效果如图7-84所示。

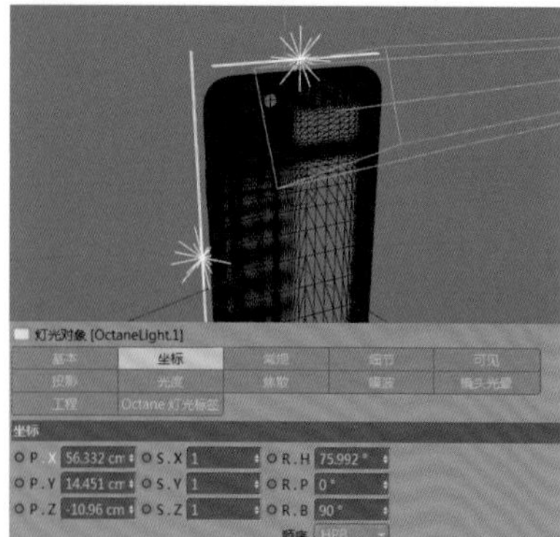

图7-82

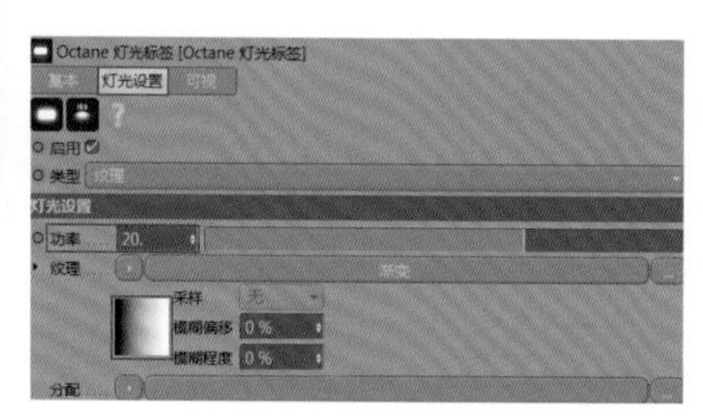

图7-83

图7-84

07 创建一个平面，用于对主光源进行部分阻挡，使镜头看起来更加有私密感。创建一个平面，适当调整平面大小，使其处在阻挡主光源的最佳位置，如图7-85所示。效果如图7-86所示。

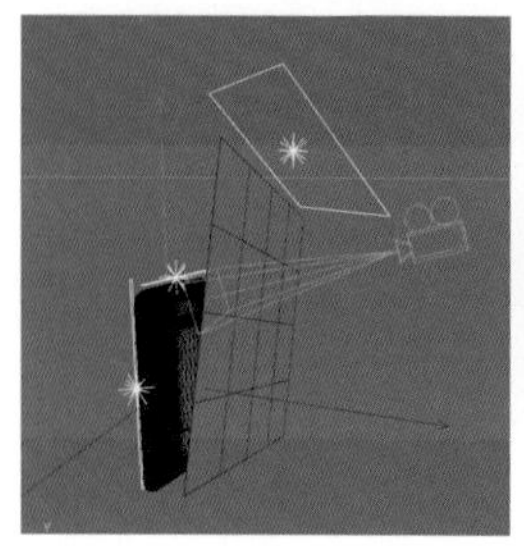

图7-85

图7-86

08 在镜头中是手机产生了旋转动画，所以需要将手机的正上方光源、左侧光源和阻挡主光源的平面拖曳到“手机”下方作为子级，如图7-87所示。这样在手机旋转的同时灯光也会随之旋转。

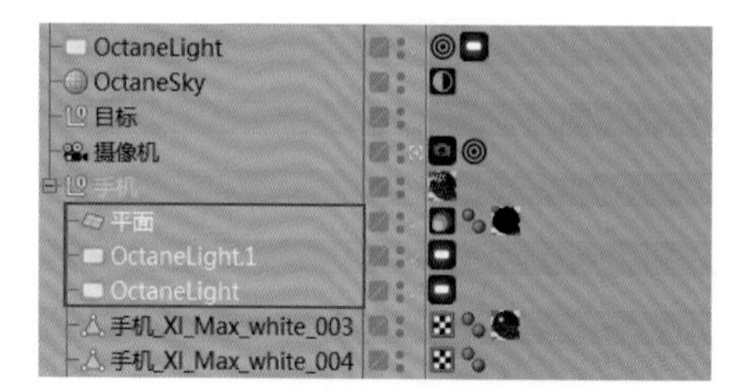

图7-87

09 手机旋转的过程中主光源会不断变暗，所以需要给平面制作动画，以阻挡主光源。在0F时激活平面的位置坐标关键帧，如图7-88所示。在38F时移动平面并激活其位置坐标的关键帧，如图7-89所示。效果如图7-90所示。

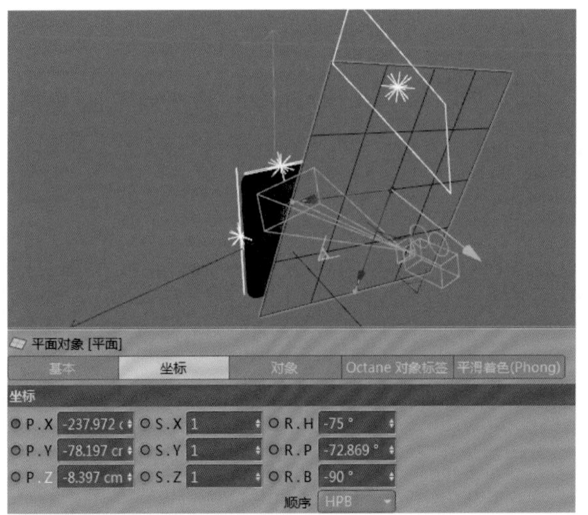

图7-88

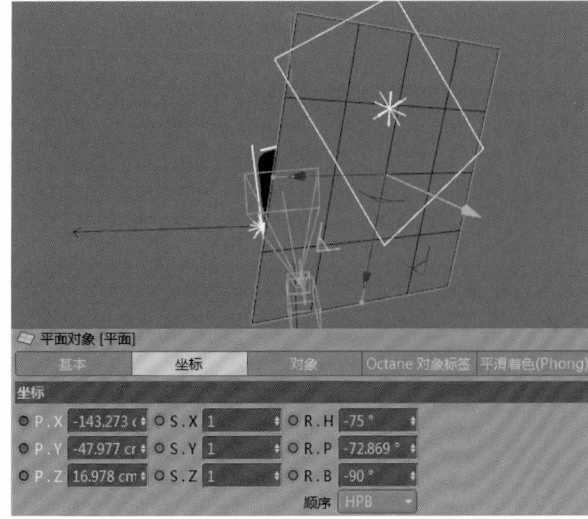

图7-89

图7-90

10 操作完成后，使用鼠标右键单击“摄像机”对象，执行“C4doctane标签>Octane摄像机标签”命令，如图7-91所示。进入“Octane摄像机”面板，在“后期处理”选项卡中勾选“启用”，设置“辉光强度”为10,“眩光强度”为2，如图7-92所示。效果如图7-93所示。

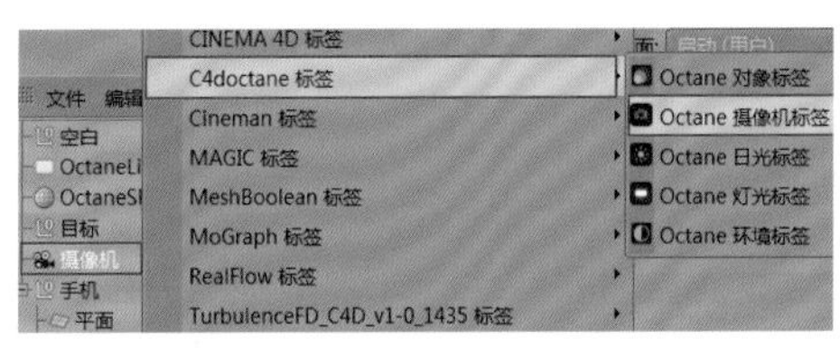

图7-91

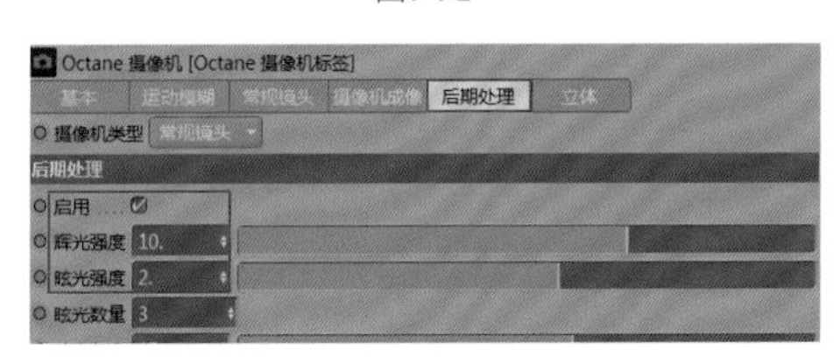

图7-92

图7-93

7.1.7 手机背面扫光镜头渲染

打开制作好的手机旋转动画，设置渲染的“预设”为UTV4D，新建一个“Octane纹理环境”，为“纹理”添加一个“RGB颜色”纹理，并设置纹理颜色为黑色，以模拟黑色背景。

01 新建一个“Octane区域光”，如图7-94所示。适当调整灯光尺寸并将灯光拖曳到手机左侧，作为左侧轮廓光，如图7-95所示。进入“灯光设置”选项卡，设置“功率”为10，如图7-96所示。效果如图7-97所示。

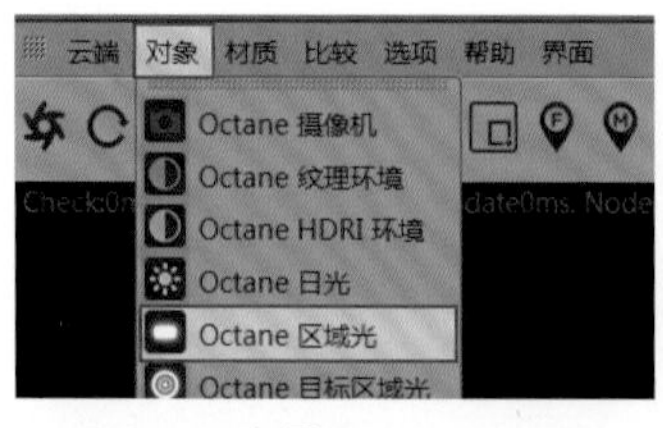

图7-94

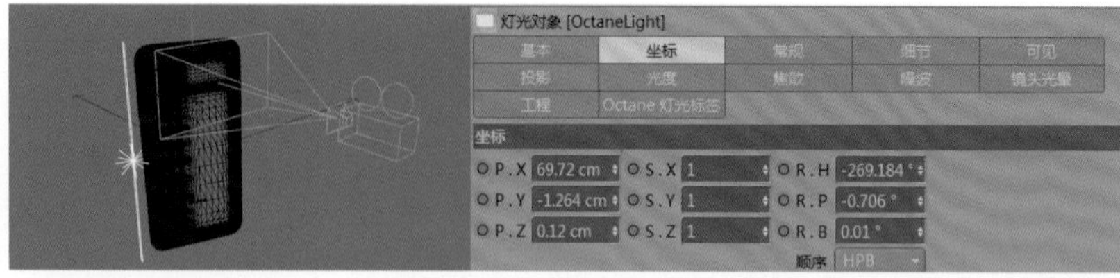

图7-95

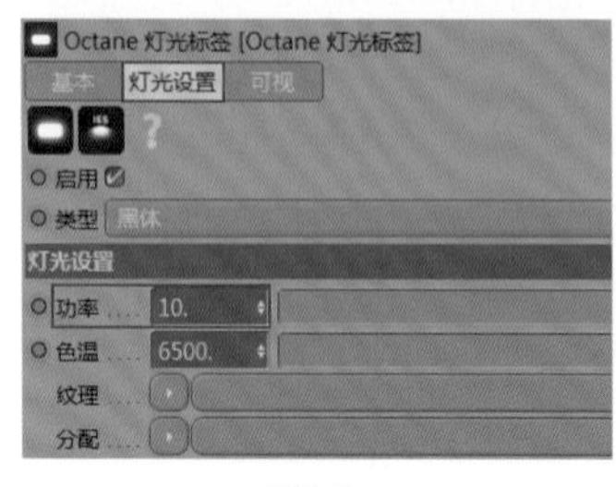

图7-96

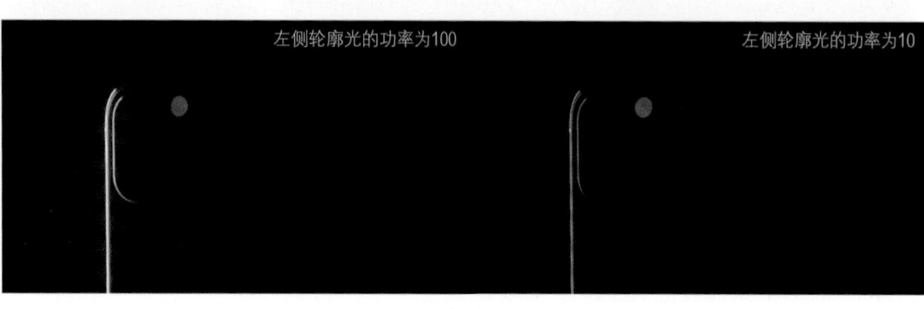

图7-97

02 新建一个“Octane区域光”，适当调整灯光尺寸并将灯光拖曳到手机右侧，作为右侧轮廓光，如图7-98所示。进入“灯光设置”选项卡，设置“功率”为20，如图7-99所示。效果如图7-100所示。

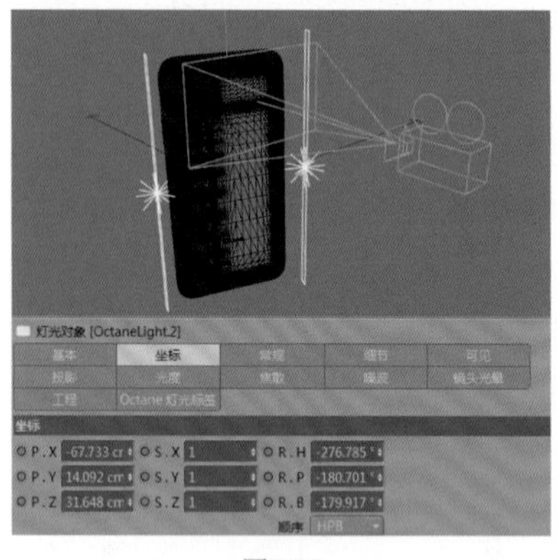

图7-98

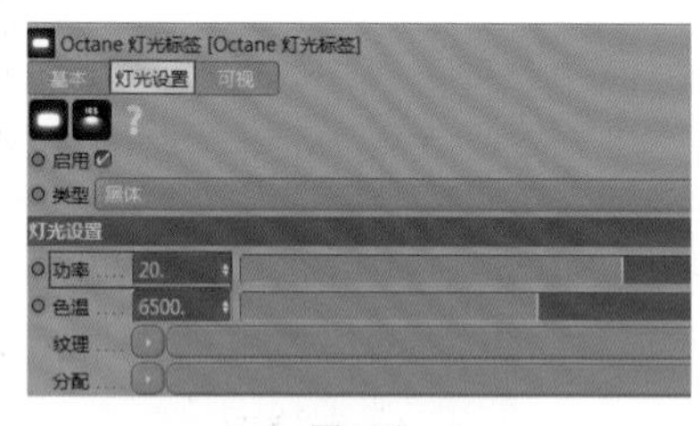

图7-99

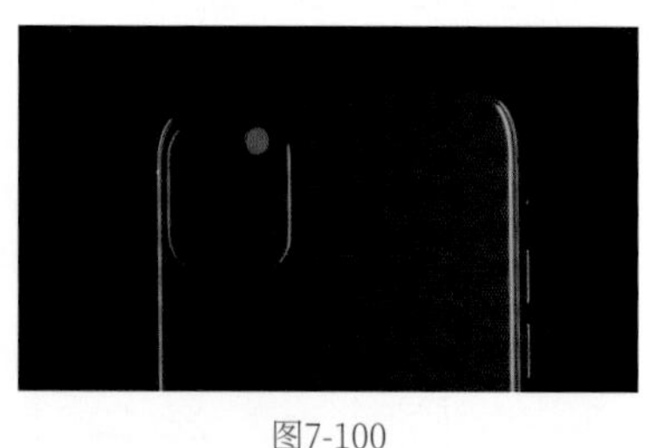

图7-100

03 新建一个“Octane区域光”，适当调整灯光尺寸并将灯光拖曳到手机顶部，作为顶部轮廓光，如图7-101所示。进入“灯光设置”面板，设置“功率”为5，如图7-102所示。效果如图7-103所示。

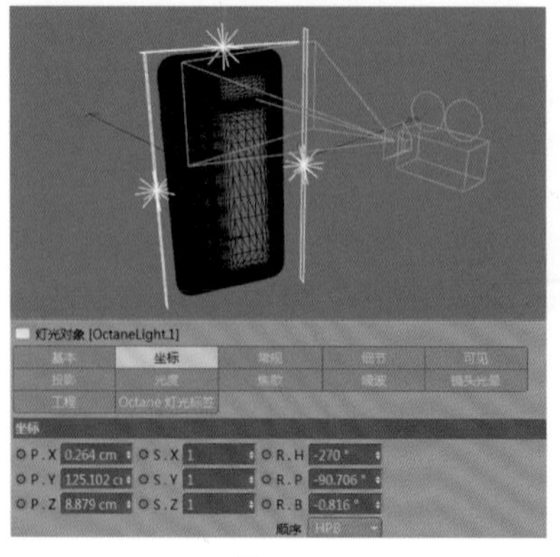

图7-101

技巧提示 创建3个灯光目的是制作出手机轮廓光，但是它们之间也需要有主次之分，所以右侧轮廓光的“功率”要大于其他两个灯光。

图7-102

图7-103

04 为手机创建主光源。新建一个“Octane区域光”，适当调整灯光尺寸并将灯光拖曳到手机正后方，作为主光源，如图7-104所示。设置“功率”为10，如图7-105所示。效果如图7-106所示。

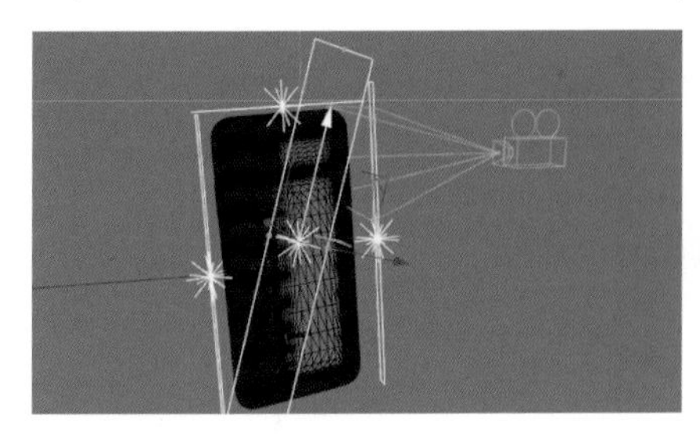

图7-104

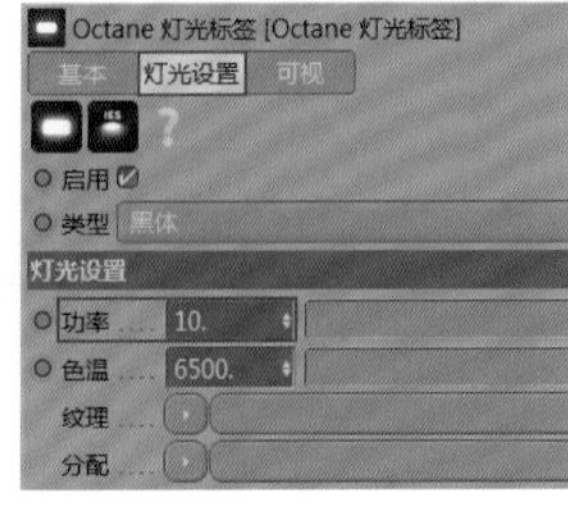

图7-105

图7-106

05 在镜头中手机产生了旋转动画，所以需要将手机主光源、左侧光源、右侧光源和顶部光源拖曳到“手机”下方作为子级，如图7-107所示。这样在手机旋转的同时灯光也会跟着旋转。效果如图7-108所示。

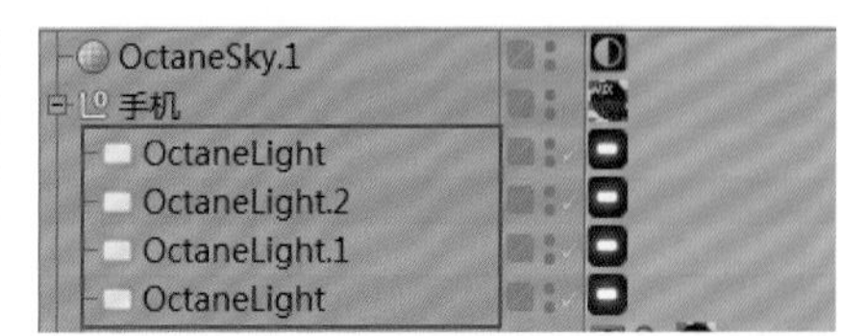

图7-107

图7-108

06 本镜头总时长为75F，0F~50F为手机背面旋转到正面的动画，后面为手机屏幕亮起的动画。新建一个“Octane漫射材质”，在“漫射”通道的“纹理”中添加“图像纹理”并加载本书提供的贴图，如图7-109所示。

07 新建一个“Octane漫射材质”，关闭“漫射”通道，在“发光”通道中选择“纹理发光”，在“纹理”中添加“图像纹理”并加载本书提供的贴图，设置“功率”为2，勾选“表面亮度”，如图7-110所示。

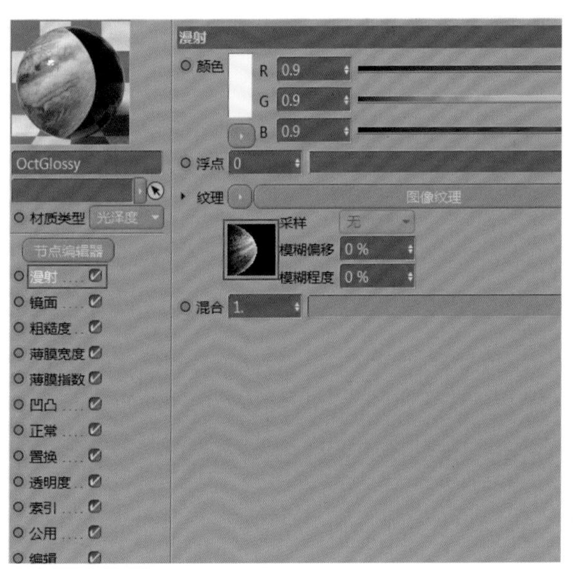

图7-109

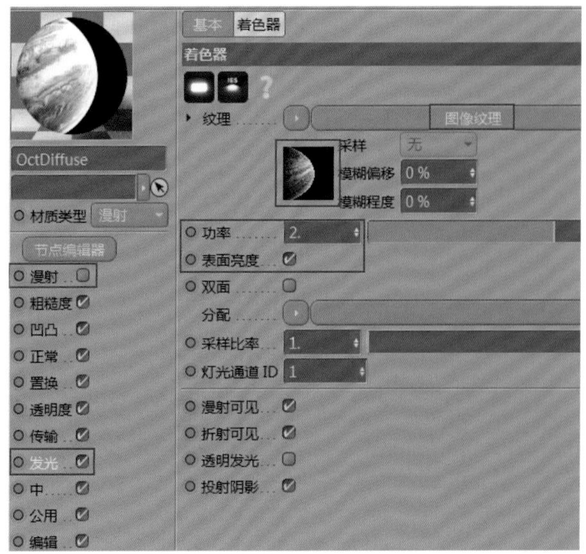

图7-110

08 新建一个“Octane混合材质”，将漫射材质和发光材质分别拖曳到“材质1”和“材质2”中，将混合材质赋予对应模型，如图7-111所示。效果如图7-112所示。

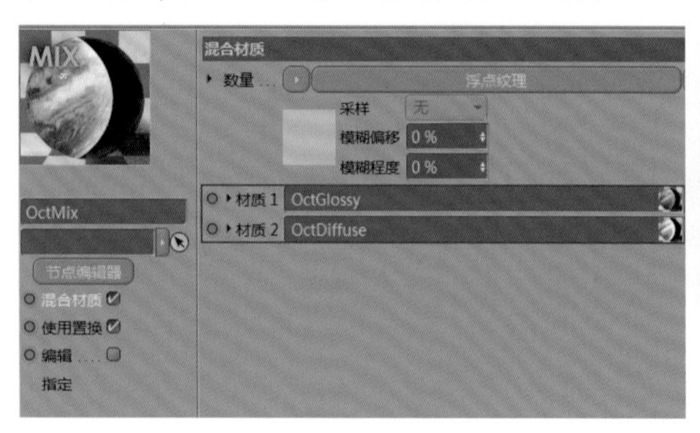

图7-111

图7-112

技巧提示 从图7-112所示的效果来分析会发现手机左侧缺少轮廓光，手机屏幕缺少质感。

09 将手机横放时底部灯光的“功率”设置为0。创建一个“Octane区域光”并将其拖曳到手机左侧，进入“灯光设置”选项卡，设置“功率”为5，如图7-113所示。效果如图7-114所示。

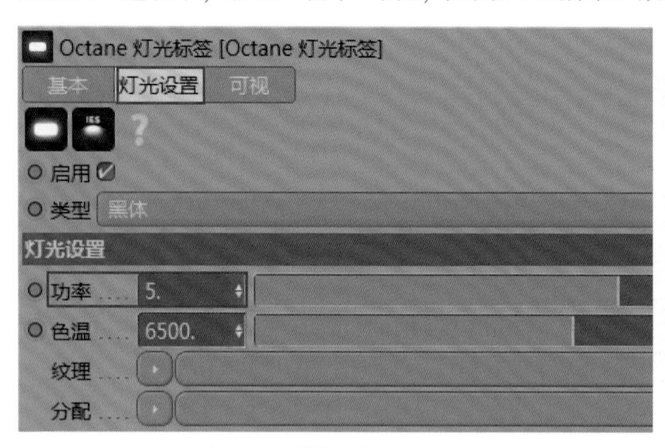

图7-113

图7-114

10 新建一个“Octane目标区域光”，适当调整灯光尺寸并将灯光拖曳到手机正前方，作为屏幕扫光，进入“灯光设置”选项卡，设置“功率”为3，如图7-115所示。效果如图7-116所示。

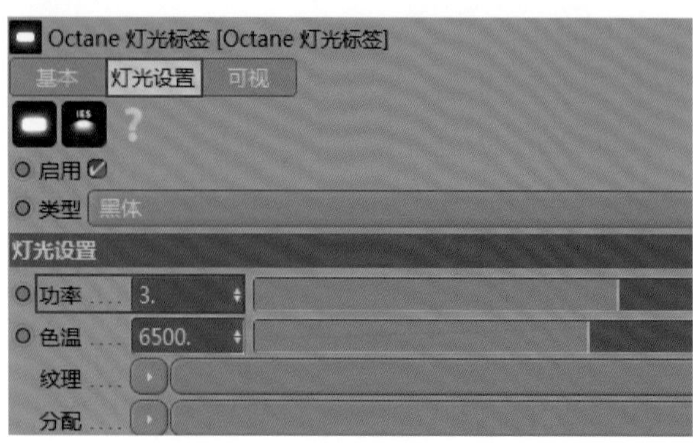

图7-115

图7-116

11 创建灯光动画。选择“漫射”和“发光”通道，在40F时设置“漫射”通道的“强度”为0，在50F时设置“强度”为1，依次激活关键帧，如图7-117所示。在40F时设置“发光”通道的“功率”为0.0001，在50F时设置“功率”为2，依次激活关键帧，如图7-118所示。效果如图7-119所示。

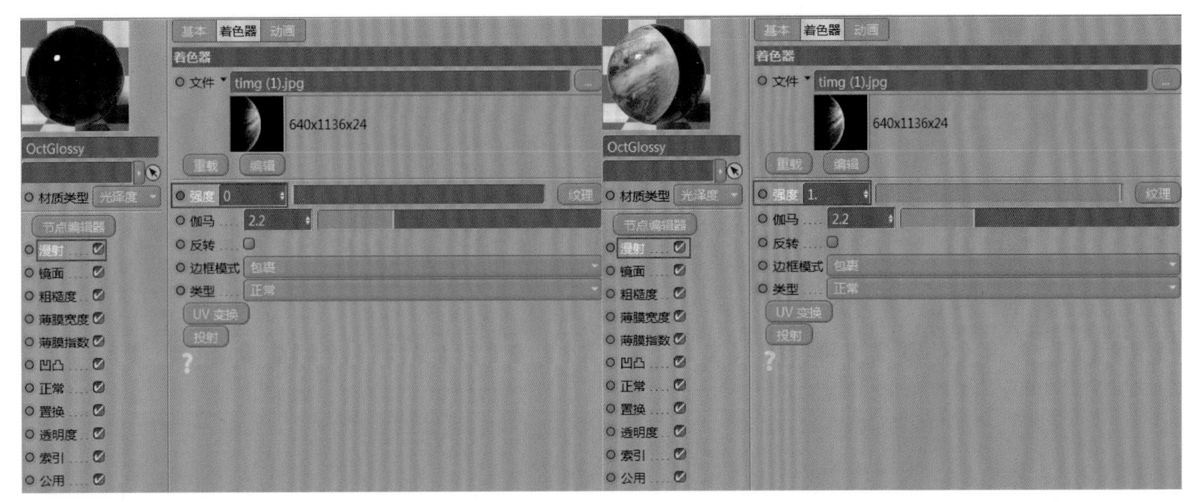

图7-117

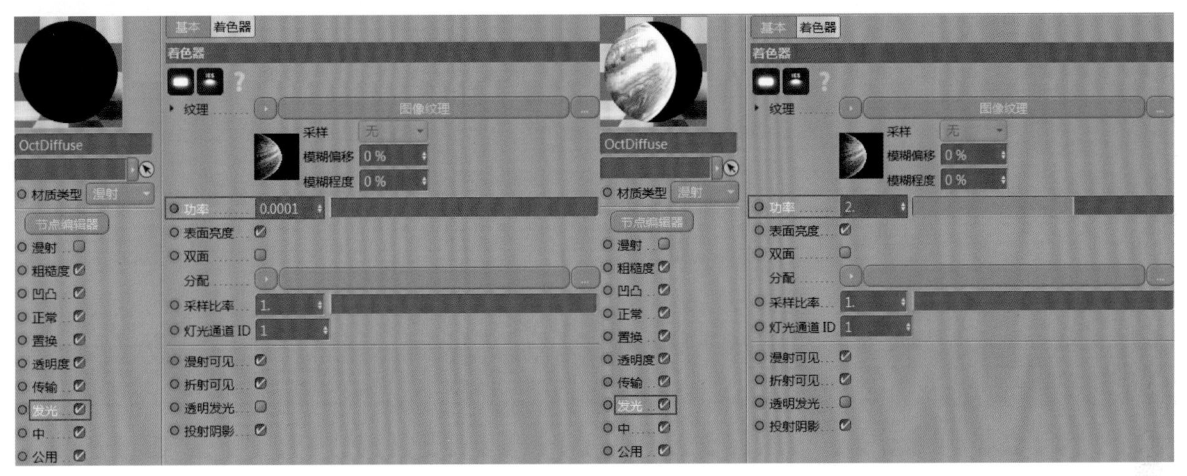

图7-118

图7-119

12 操作完成后，使用鼠标右键单击“摄像机”对象，执行“C4doctane标签>Octane摄像机标签”命令，如图7-120所示。进入“Octane摄像机”面板，在“后期处理”选项卡中勾选“启用”，设置“辉光强度”为10，“眩光强度”为2，如图7-121所示。效果如图7-122和图7-123所示。

图7-120

图7-121

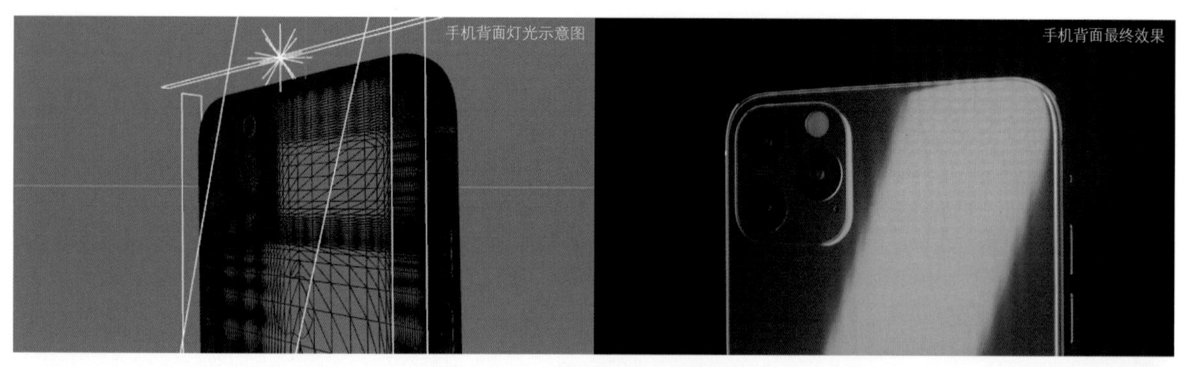

图7-122

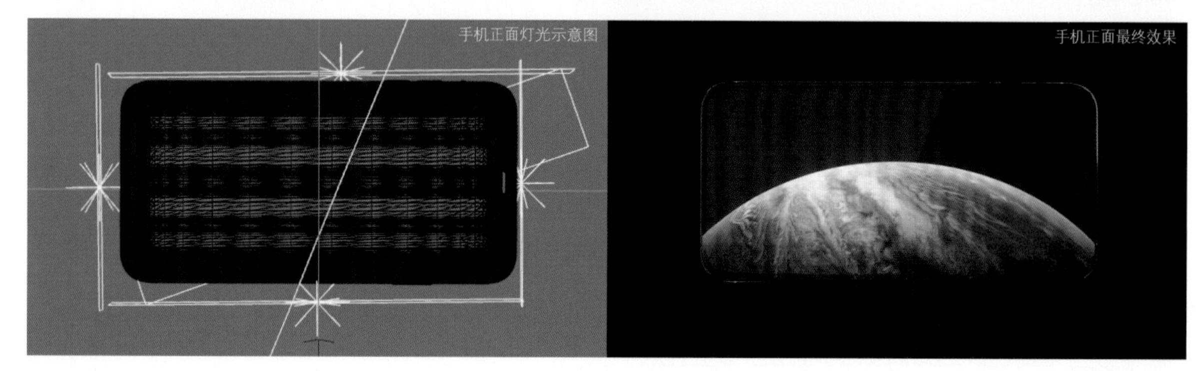

图7-123

7.2 长廊镜头渲染制作流程

长廊镜头的制作重点是墙壁材质的制作和灯光的布置。

7.2.1 长廊镜头渲染

打开制作好的长廊镜头，激活Octane渲染器，将“直接照明”修改为“路径追踪”，并设置“预设”为UTV4D，如图7-124所示。效果如图7-125所示。

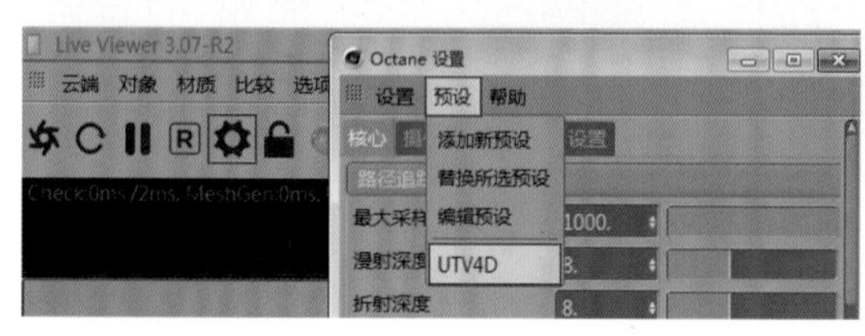

图7-124

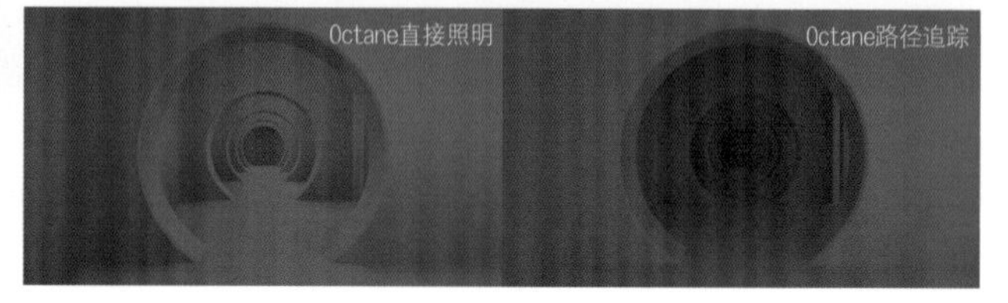

图7-125

7.2.2 创建长廊墙壁材质

01 新建一个“Octane光泽材质”，如图7-126所示。进入节点编辑器，将本书提供的墙壁贴图拖曳到节点编辑器中，将输出节点链接到“Octane光泽材质”的“漫射”通道，如图7-127所示。效果如图7-128所示。

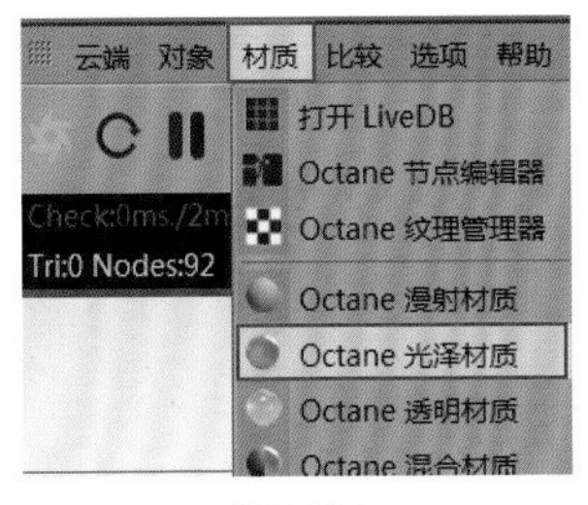

图7-126

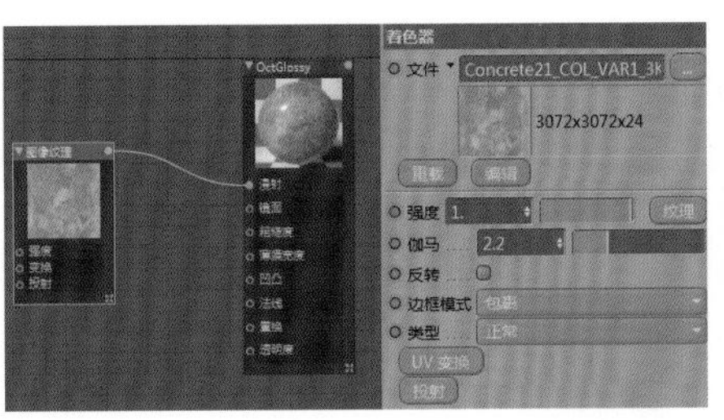

图7-127

图7-128

02 添加“梯度”节点，将其拖曳至节点编辑器中，进入参数面板，设置“梯度”节点的渐变色来降低“图像纹理”节点的亮度，如图7-129所示。将本书提供的法线贴图拖曳到节点编辑器中，将输出节点链接到“Octane光泽材质”的“法线”通道，如图7-130所示。效果如图7-131所示。

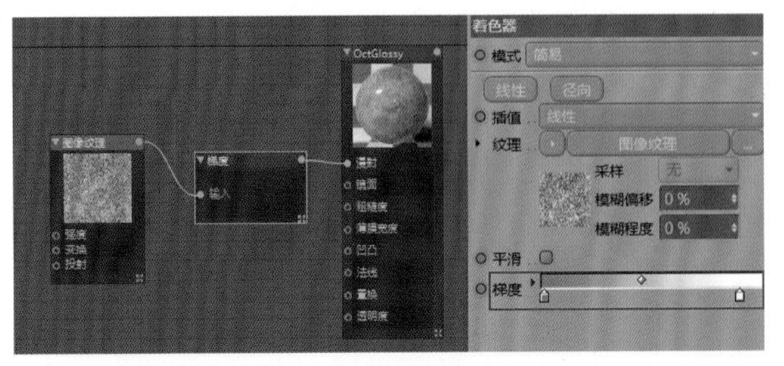

图7-129

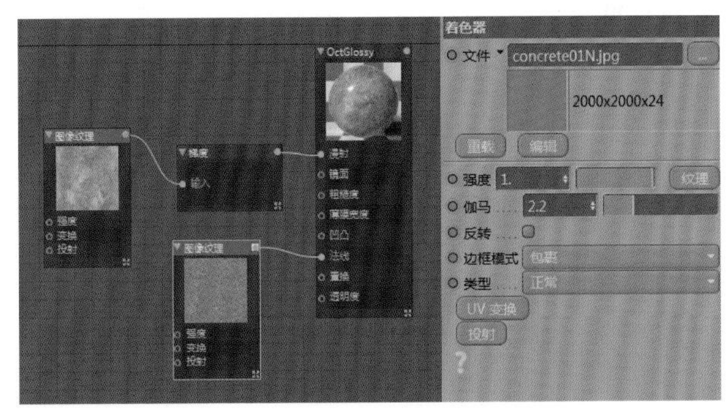

图7-130

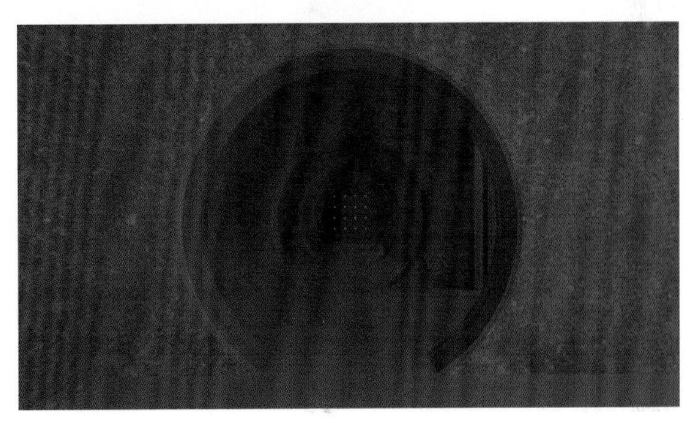

图7-131

03 制作长廊地面的材质，这里可以将墙壁材质复制一份，进入节点编辑器，将本书提供的裂缝贴图拖曳到节点编辑器中，将输出节点链接到“Octane光泽材质”的“凹凸”通道，如图7-132所示。效果如图7-133所示。

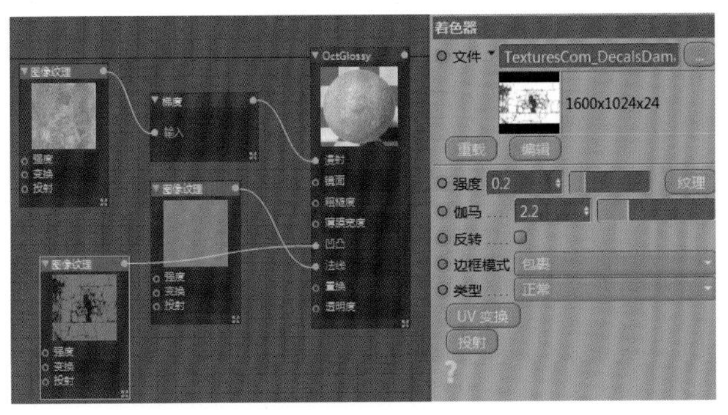

图7-132

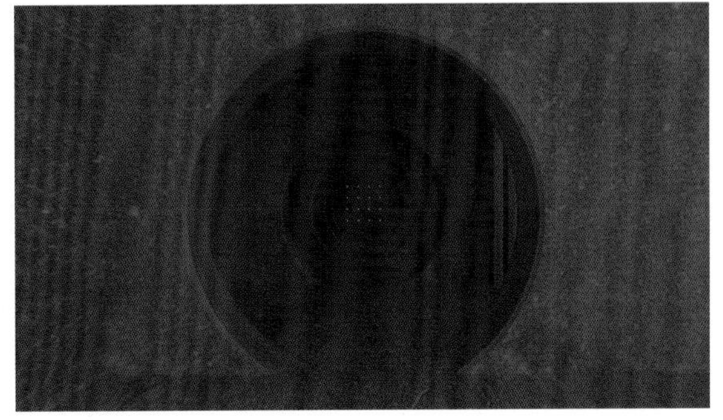

图7-133

7.2.3 制作长廊中的灯光

01 新建一个“Octane纹理环境”，如图7-134所示。在“纹理”中添加“RGB颜色”纹理，并设置纹理颜色为黑色，以模拟黑色背景，如图7-135所示。

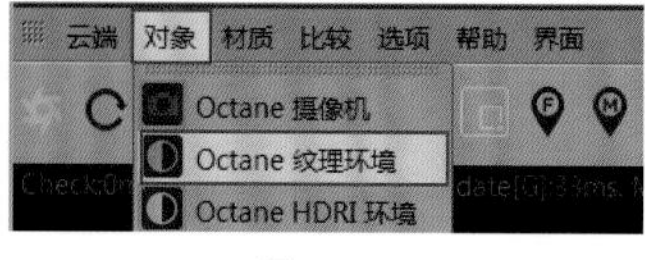

图7-134

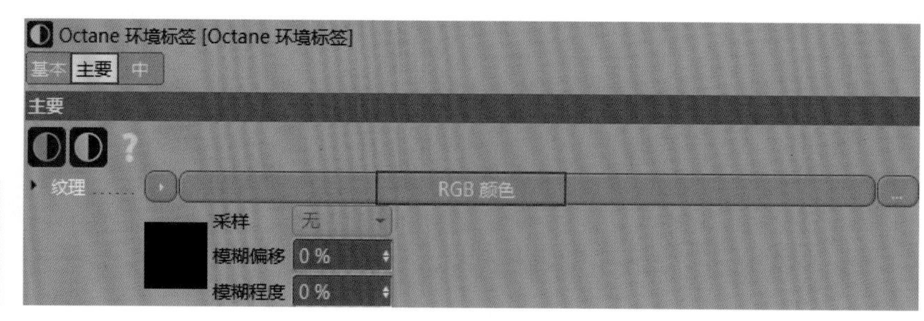

图7-135

02 为长廊创建冷色光。新建一个“Octane区域光”，如图7-136所示。适当调整灯光尺寸并将灯光拖曳到长廊上方，打出冷色光（辅助光），如图7-137所示。进入“灯光设置”选项卡，设置“功率”为50，“纹理”为“渐变”，在“分配”中添加“RGB颜色”（深蓝色）节点，如图7-138所示。效果如图7-139所示。

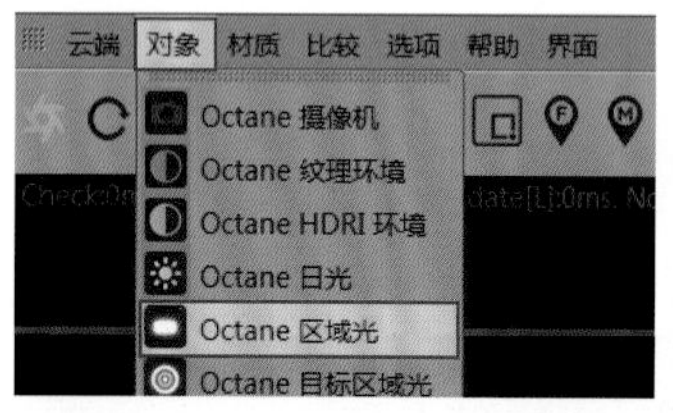

图7-136

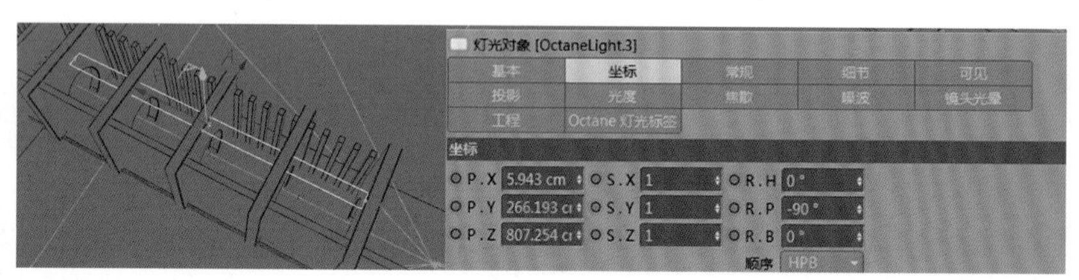

图7-137

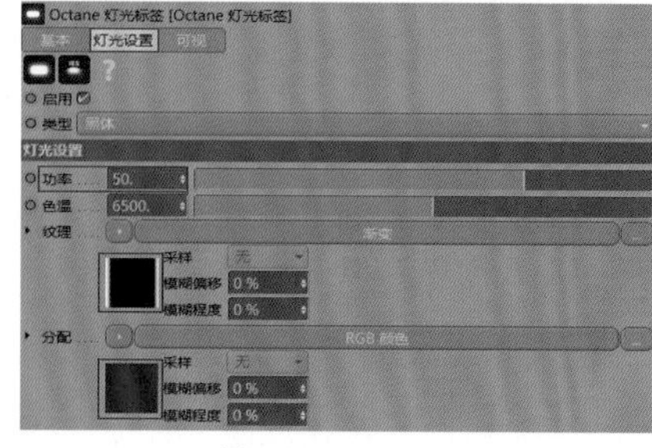

图7-138

图7-139

03 为长廊创建暖色光。新建一个“Octane目标区域光”，适当调整灯光尺寸并将灯光拖曳到长廊右侧，打出暖色光（主光源），如图7-140所示。进入“灯光设置”选项卡，设置“功率”为100，“纹理”为“渐变”，在“分配”中添加“RGB颜色”（桃红色）节点，如图7-141所示。效果如图7-142所示。

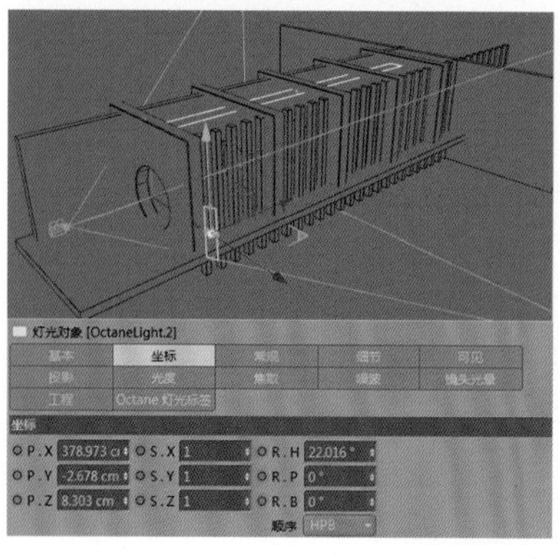

图7-140

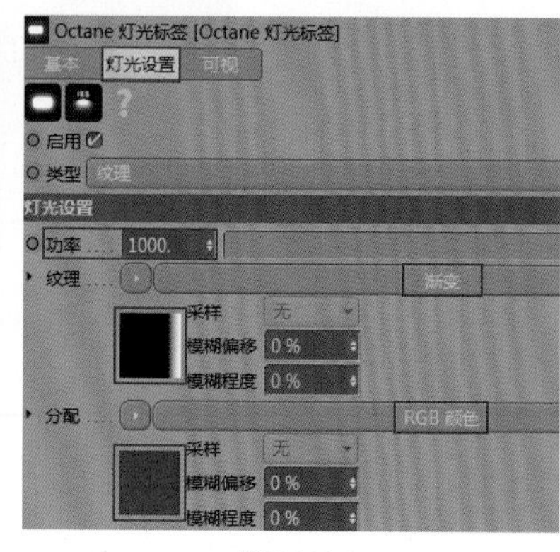

图7-141

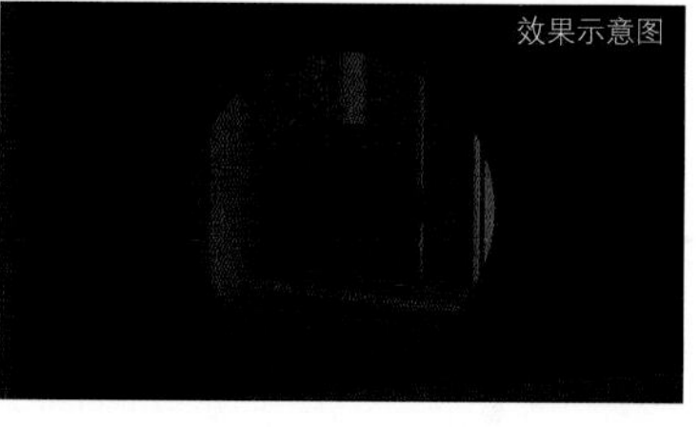

图7-142

04 因为长廊场景有一定的长度，只添加一个主光源无法打出光的远近层次，所以需要复制主光源，并将其调整到合适的位置，如图7-143所示。进入“灯光设置”选项卡，设置“功率”为100，如图7-144所示。效果如图7-145所示。

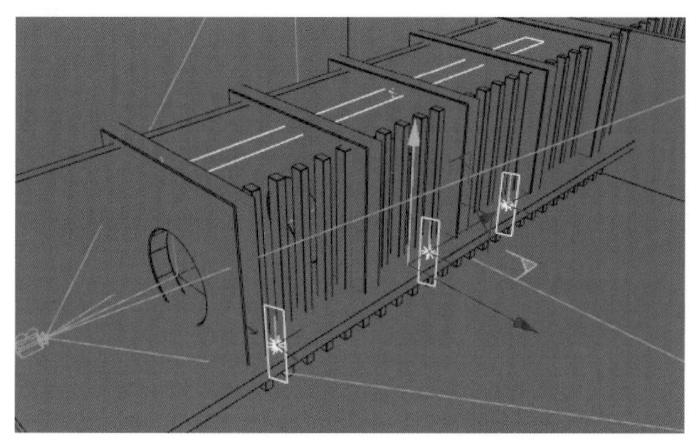

图7-143

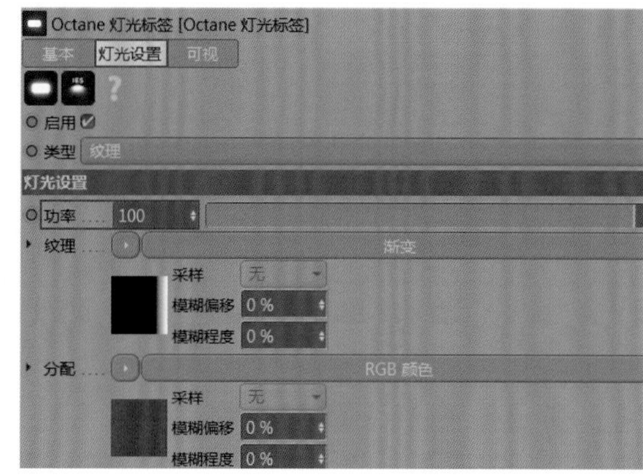

图7-144

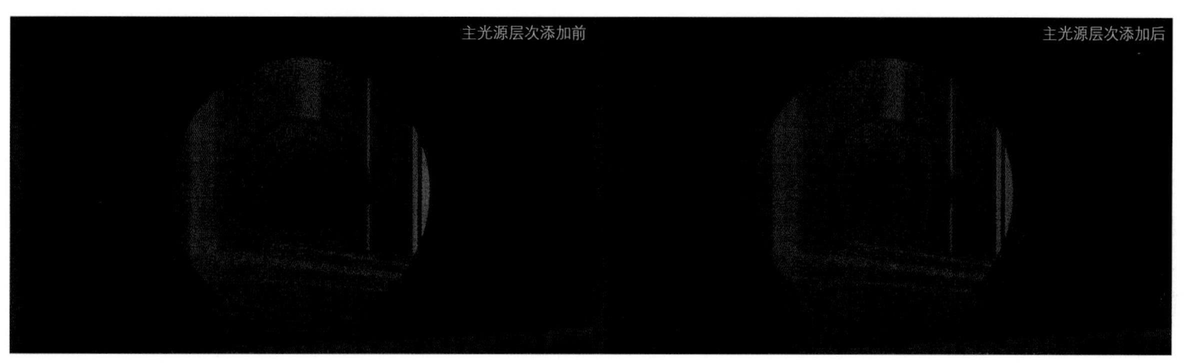

图7-145

05 创建一个平面，将其调整到合适的大小，拖曳到长廊场景的前方，以阻挡主光源，如图7-146所示。效果如图7-147和图7-148所示。

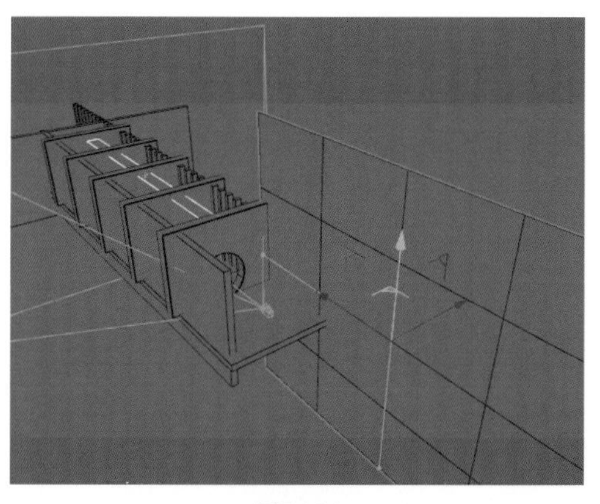

图7-146

图7-147

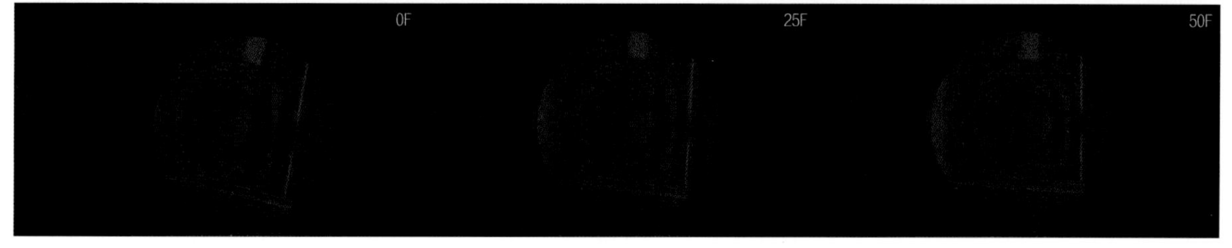

图7-148

06 操作完成后，使用鼠标右键单击“摄像机”对象，执行“C4doctane标签>Octane摄像机标签”命令，如图7-149所示。进入“Octane摄像机”面板，在“后期处理”选项卡中勾选“启用”，设置“辉光强度”为10，“眩光强度”为2，如图7-150所示。效果如图7-151所示。

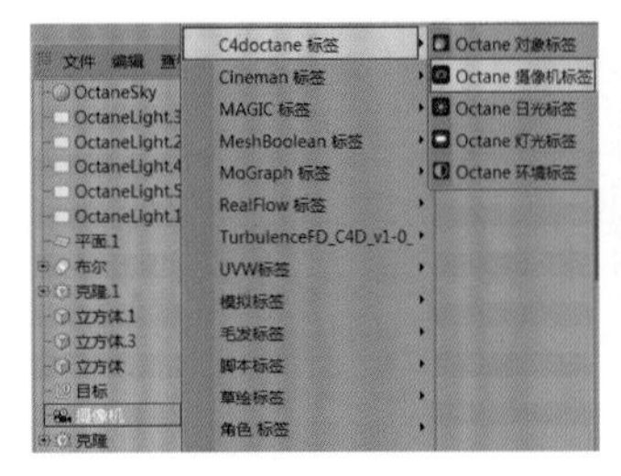

图7-149

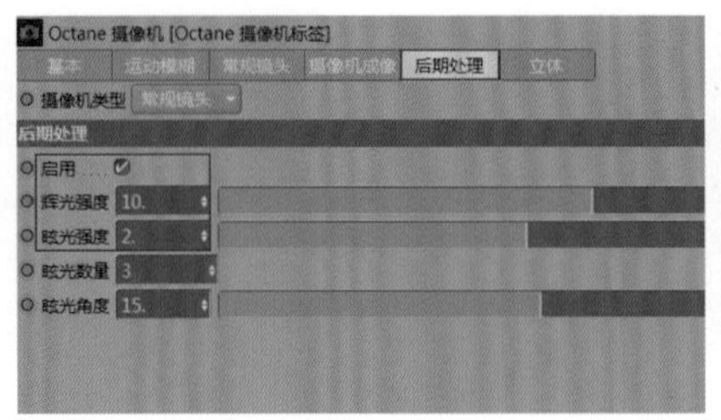

图7-150

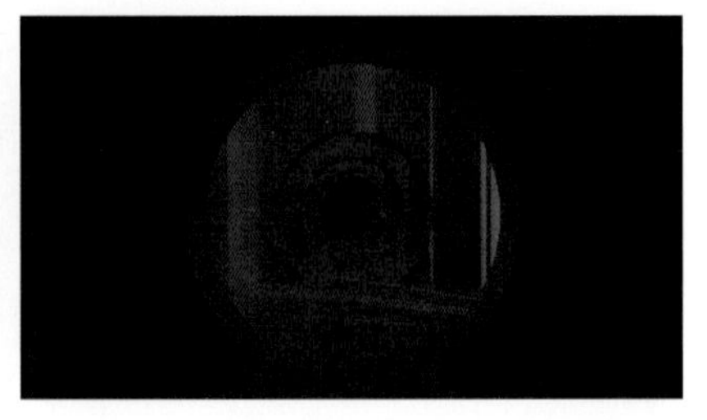

图7-151

7.3 手机场景镜头渲染制作流程

打开制作好的手机场景镜头，设置渲染的“预设”为UTV4D，新建“Octane纹理环境”，为“纹理”添加“RGB颜色”纹理，并将其设置为黑色。

7.3.1 手机场景镜头渲染

01 新建两个“Octane区域光”，适当调整灯光尺寸并将它们分别拖曳到手机的左、右侧，作为手机主光源，如图7-152所示。进入左侧灯光的“灯光设置”选项卡，设置“功率”为20，“纹理”为“渐变”，如图7-153所示。进入右侧灯光的“灯光设置”选项卡，设置“功率”为50，“纹理”为“渐变”，如图7-154所示。效果如图7-155所示。

图7-152

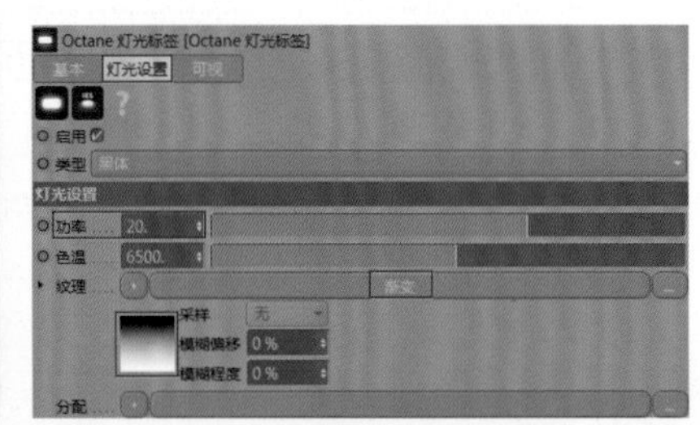

图7-153

图7-154

图7-155

02 制作场景灯光前要先制作手机屏幕材质。分别新建“Octane光泽材质”和“Octane漫射材质”，进入

“Octane光泽材质”的“漫射”通道，在“纹理”中添加“图像纹理”并加载本书提供的屏幕贴图，如图7-156所示。取消勾选“Octane漫射材质”的“漫射”通道，在“发光”通道中设置纹理发光，在“纹理”中添加“图像纹理”并加载本书提供的屏幕贴图，设置“功率”为2，勾选“表面亮度”，如图7-157所示。

图7-156

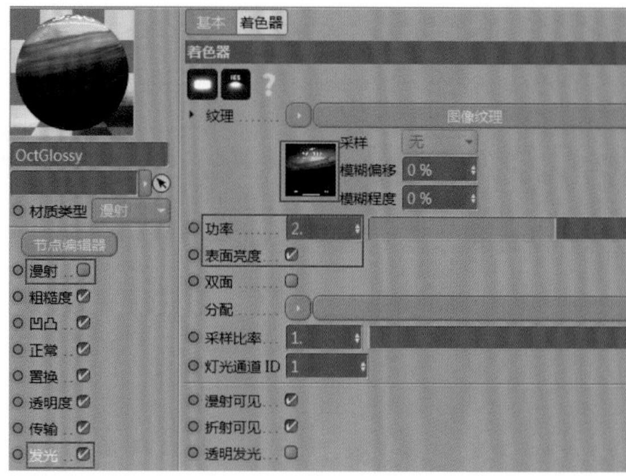

图7-157

03 创建一个“Octane混合材质”，将“Octane光泽材质”拖曳到“材质1”中，将“Octane漫射材质”拖曳到“材质2”中，将“Octane混合材质”中的“浮点纹理”按0.5的比例分配，如图7-158所示。效果如图7-159所示。

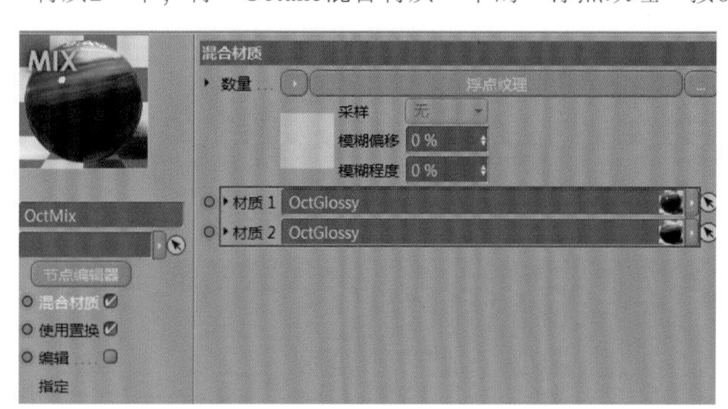

图7-158

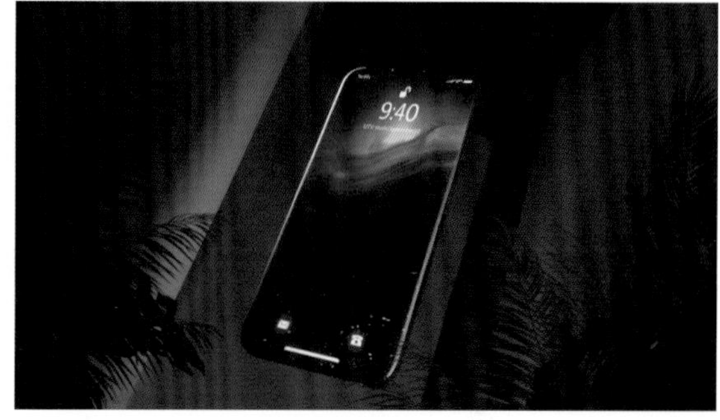

图7-159

04 此处墙壁材质的制作方法与长廊墙壁材质类似，不同之处是此材质用本书提供的镜面贴图替换了法线贴图，如图7-160所示。创建一个“Octane光泽材质”，设置“漫射”通道的“颜色”为黑色,“粗糙度”通道的“浮点”为0.5，将其赋予植物模型，如图7-161所示。效果如图7-162所示。

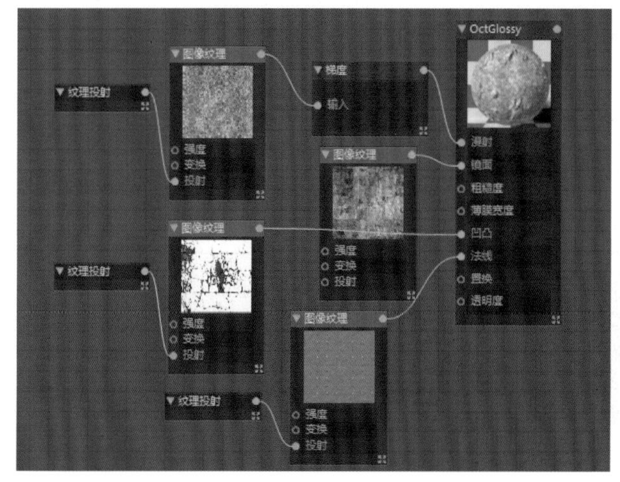

图7-160

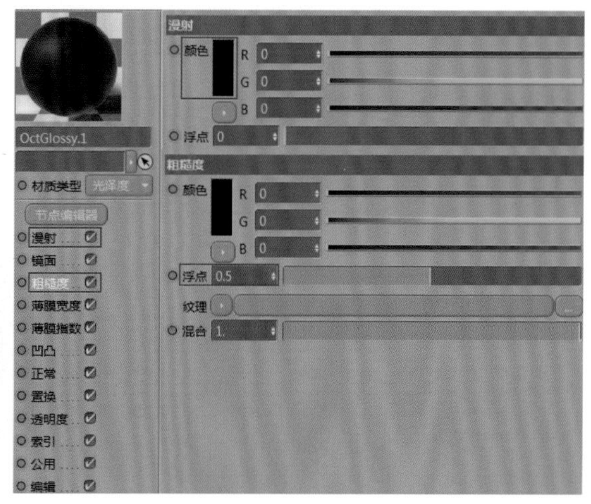

图7-161

图7-162

05 创建场景暖色主光源。新建一个“Octane区域光”，选择灯光，在“细节”选项卡中设置“形状”为“圆盘”,“外部半径”为75cm，如图7-163所示。将灯光拖曳到背面墙壁夹角的位置，如图7-164所示。进入“灯光设置”选项卡，设置“功率”为20,“色温”为3500，在“分配”中添加“RGB颜色”(粉红色）节点，如图7-165所示。效果如图7-166所示。

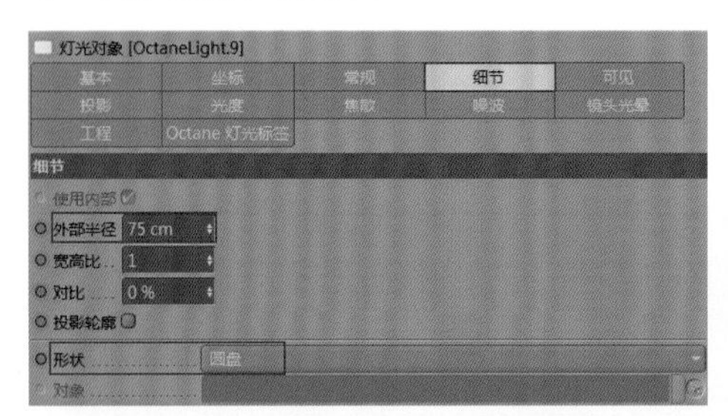

图7-163

图7-164

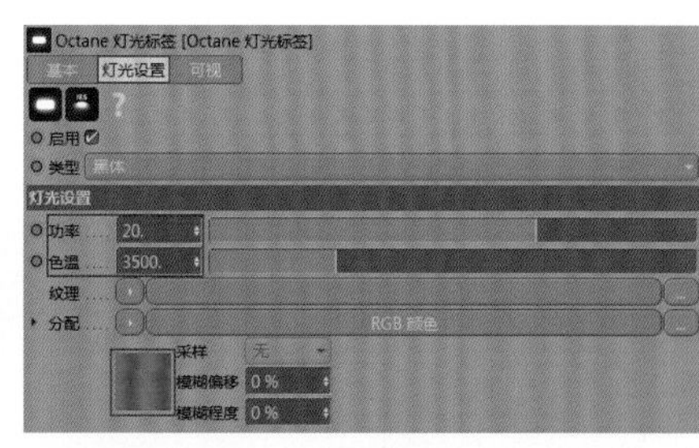

图7-165

图7-166

技巧提示 这里设置“功率”为20。因为灯光的半径可以影响光照亮度，所以通过改变灯光半径来制作灯光动画是非常便捷的。

06 创建场景冷色主光源。新建一个“Octane区域光”，适当调整灯光尺寸并将灯光拖曳至墙壁右上方，如图7-167所示。进入“灯光设置”选项卡，设置“功率”为200,“色温”为3500，在“分配”中添加“RGB颜色”(蓝色）节点，如图7-168所示。效果如图7-169所示。

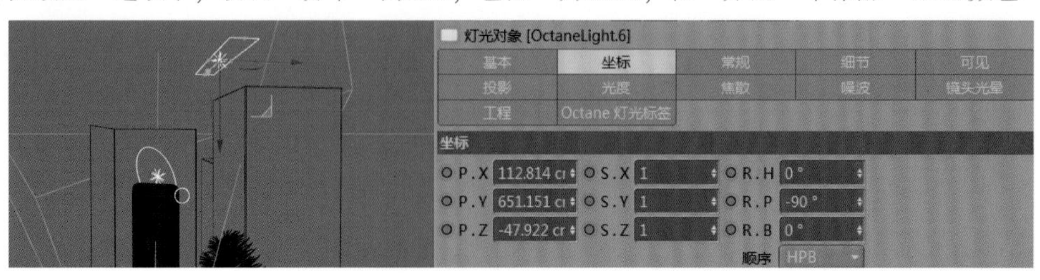

图7-167

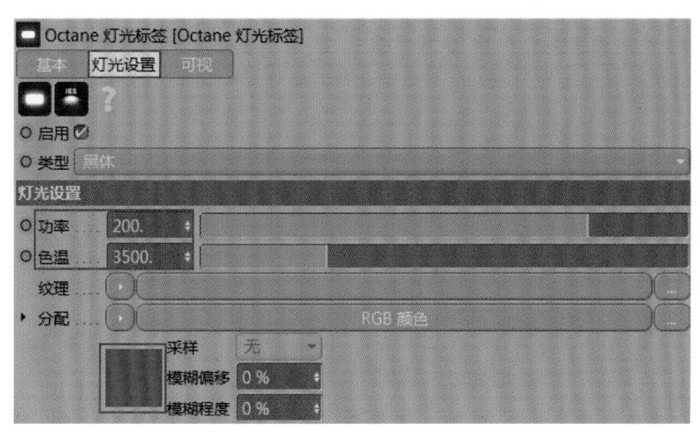

图7-168

图7-169

07 植物细节处的红蓝光是随机的，可以根据自己的需求来调整灯光的位置和功率，下面展示本场景中左、右侧植物的布光示意图，如图7-170~图7-172所示。

图7-170

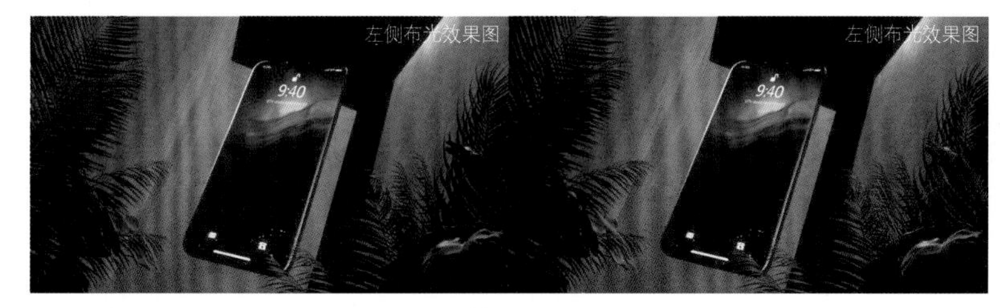

图7-171

图7-172

08 因为在镜头中是手机产生了旋转动画，所以需要将手机的主光源拖曳到“手机”下方作为子级，如图7-173所示。这样在手机旋转的同时灯光也会跟着旋转。

09 制作场景灯光动画时只需要为场景的暖色主光源制作动画即可。进入“细节”选项卡，在0F时设置“外部半径”为25cm，并激活关键帧，如图7-174所示。在50F时设置“外部半径”为75cm，并激活关键帧，如图7-175所示。效果如图7-176所示。

图7-173

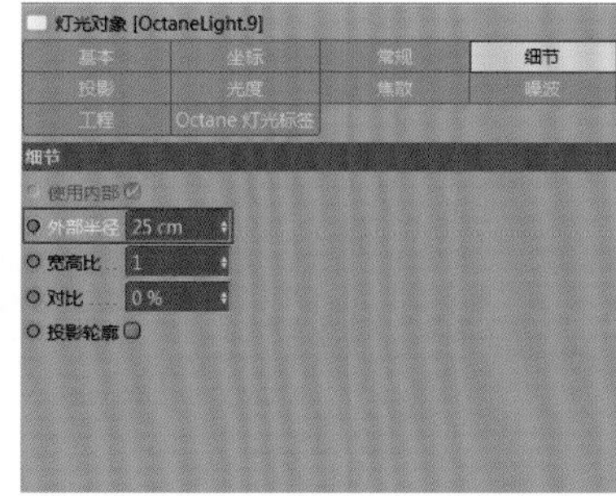

图7-174

图7-175

图7-176

10 操作完成后，使用鼠标右键单击“摄像机”对象，执行“C4doctane标签>Octane摄像机标签”命令，如图7-177所示。进入“Octane摄像机”面板，在“后期处理”选项卡中勾选“启用”，设置“辉光强度”为10,“眩光强度”为2，如图7-178所示。效果如图7-179所示。

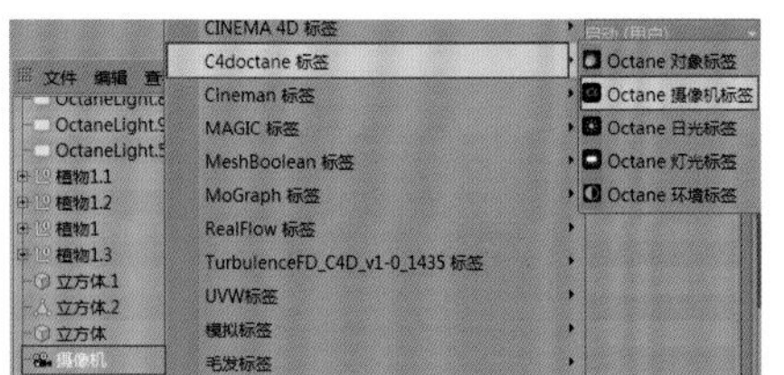

图7-177

图7-178

图7-179

7.3.2 手机定版镜头渲染

01 打开制作好的手机定版镜头，新建一个“Octane区域光”，适当调整灯光尺寸并将灯光拖曳到手机左侧，作为手机主光源，如图7-180所示。进入“灯光设置”选项卡，设置“功率”为50,“纹理”为“渐变”，如图7-181所示。效果如图7-182所示。

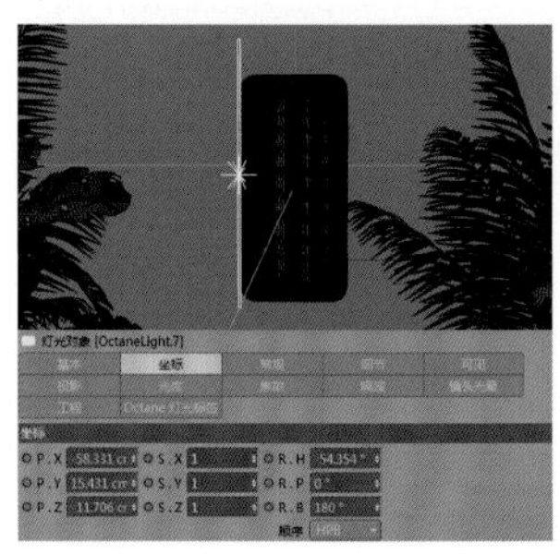

图7-180

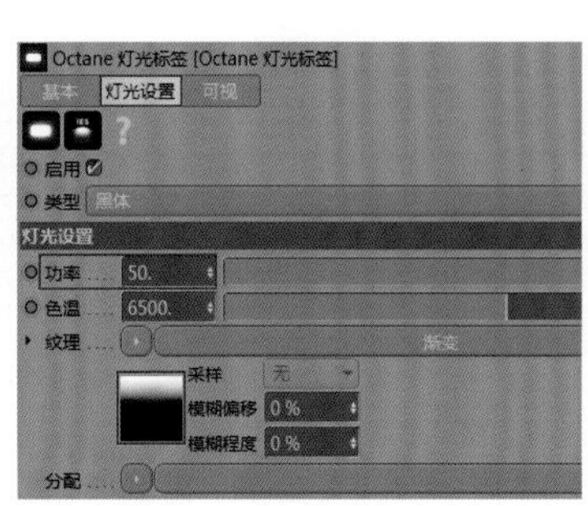

图7-181

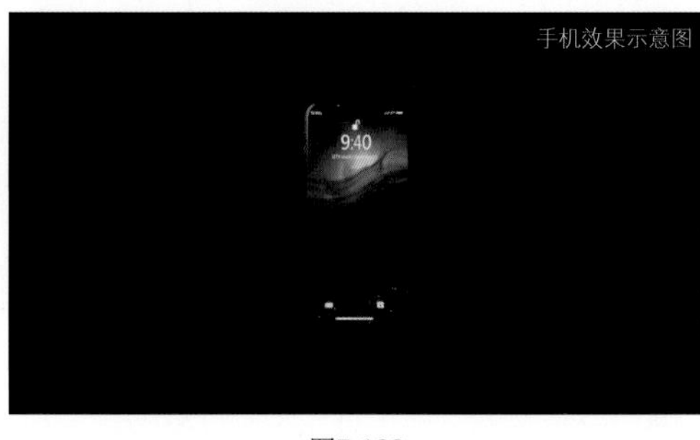

图7-182

02 新建一个“Octane区域光”，适当调整灯光尺寸并将灯光拖曳到手机右侧，作为手机主光源，如图7-183所示。进入“灯光设置”选项卡，设置“功率”为40,“纹理”为“渐变”，如图7-184所示。效果如图7-185所示。

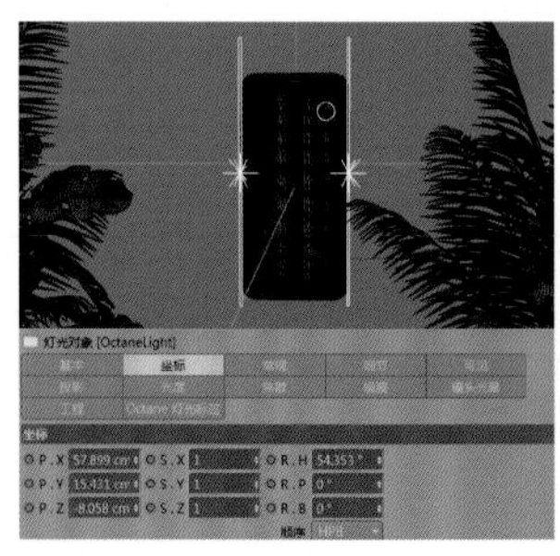

图7-183

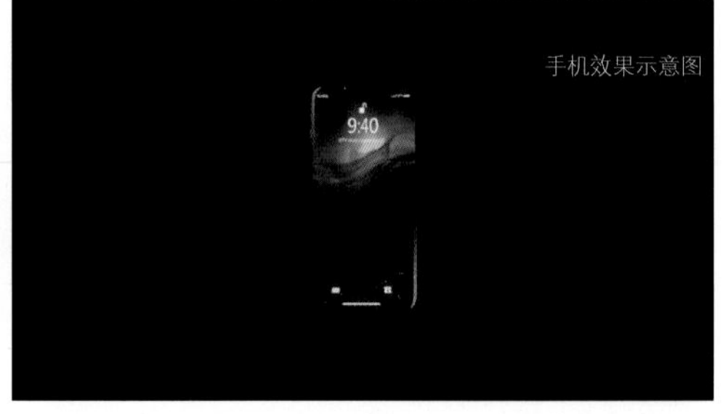

图7-184

图7-185

03 新建两个"Octane区域光"，适当调整灯光尺寸并将灯光拖曳到手机的上、下端，作为手机辅助光，如图7-186所示。进入"灯光设置"选项卡，设置"功率"为0.5，如图7-187所示。效果如图7-188所示。

图7-186

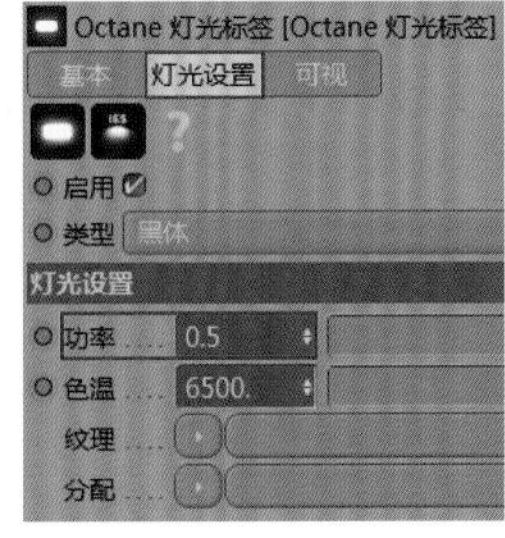

图7-187

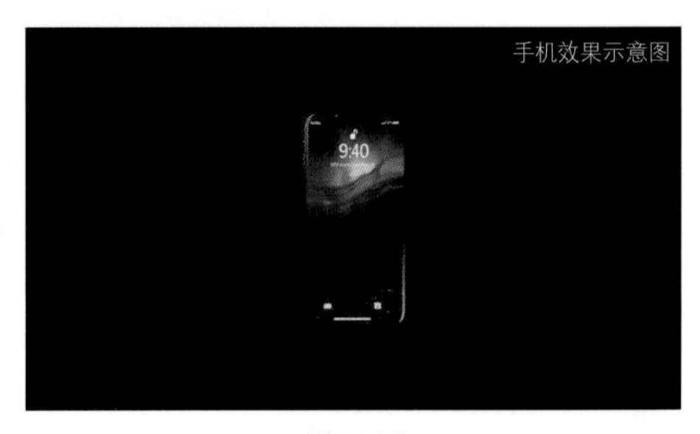

图7-188

04 本场景植物细节处的红蓝光与手机场景中的相同，读者可以根据自己的需求来调整灯光的位置和功率，下面展示本场景左、右侧植物的布光示意图，如图7-189和图7-190所示。

图7-189

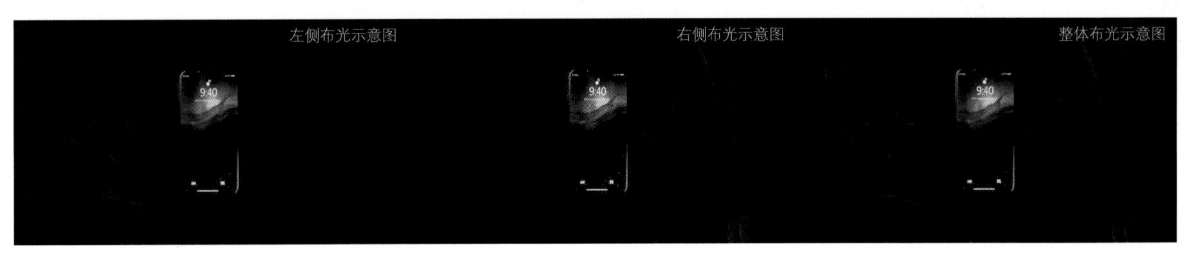

图7-190

05 因为在镜头中手机产生了旋转动画，所以需要将手机的主光源和辅助光源设置为"手机"的子级，如图7-191所示。这样手机在旋转的同时灯光也会跟着旋转。

06 本场景不需要激活关键帧动画，因为手机本身就有旋转动画，而灯光是手机的子级，父级旋转的同时也会带动子级旋转，两者是同步关系。读者可以根据需求渲染静帧效果，如图7-192所示。

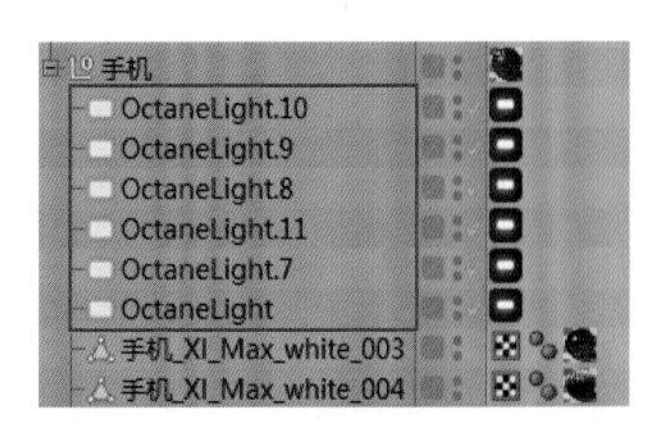

图7-191

图7-192

07 操作完成后，使用鼠标右键单击“摄像机”对象，执行“C4doctane标签>Octane摄像机标签”命令，如图7-193所示。进入“Octane摄像机”面板，在“后期处理”选项卡中勾选“启用”，设置“辉光强度”为10，“眩光强度”为2，如图7-194所示。效果如图7-195所示。

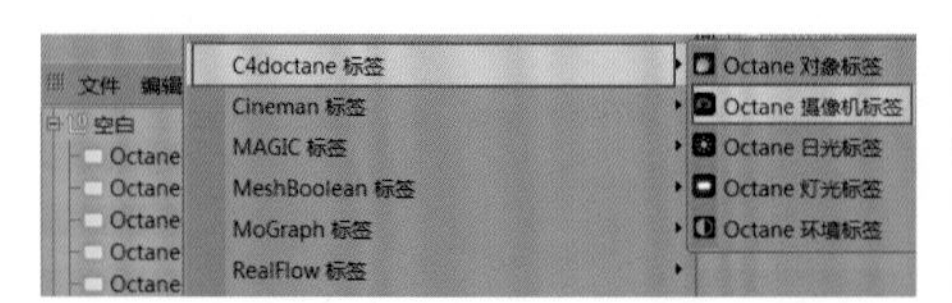
图7-193

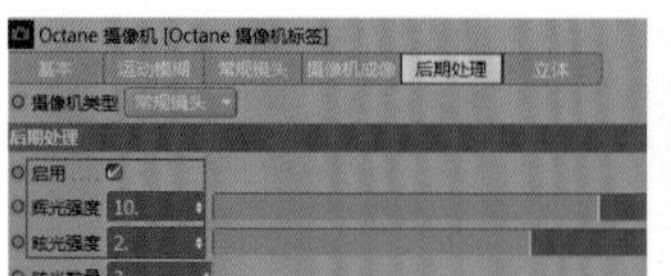
图7-194

图7-195

7.4 用After Effects合成序列动画

本节主要包含序列图渲染和序列动画合成两部分工作，方法与前面类似，这里简单介绍一下。

7.4.1 渲染输出

01 在手机动态宣传片这个项目中，需要输出图像和反射两个通道，以手机底部镜头为例，按快捷键Ctrl+B打开“渲染设置”窗口，如图7-196所示。

02 设置“渲染器”为Octane Renderer，在“输出”选项卡中设置“帧范围”为“全部帧”，如图7-197所示。

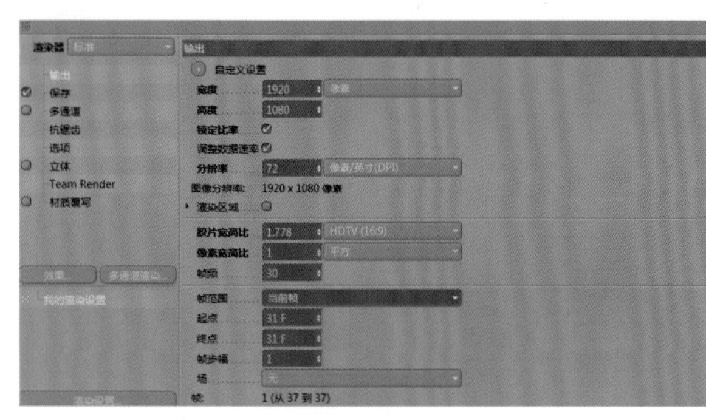
图7-196

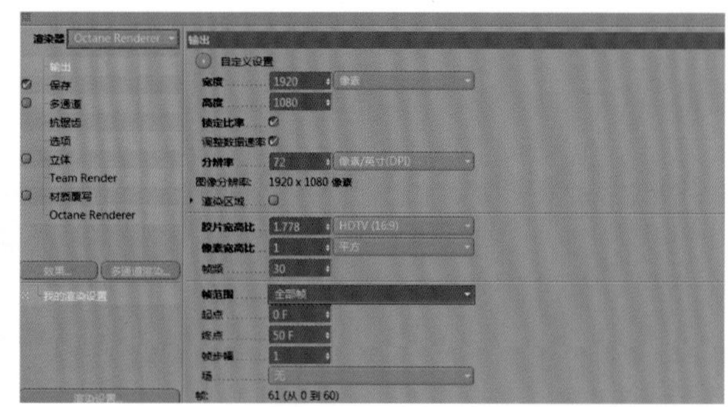
图7-197

03 进入Octane Renderer选项卡，在“渲染通道”选项卡中勾选“启用”，确定文件保存位置，设置“格式”为PNG，勾选“反射”，如图7-198所示。

04 进入“保存”选项卡，打开“常规图像”卷展栏，勾选“保存”，确定文件保存位置，设置“格式”为PNG，“深度”为16位/通道；打开“多通道图像”卷展栏，勾选“保存”，确定文件保存位置，设置“格式”为PNG，如图7-199所示。设置完成后按快捷键Shift+R进行渲染，如图7-200所示。效果如图7-201所示。

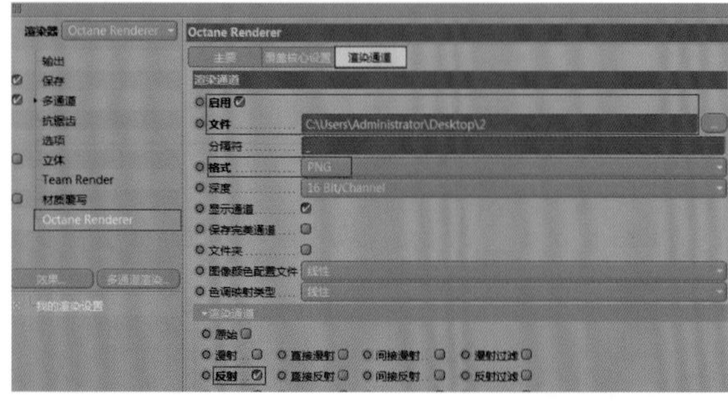
图7-198

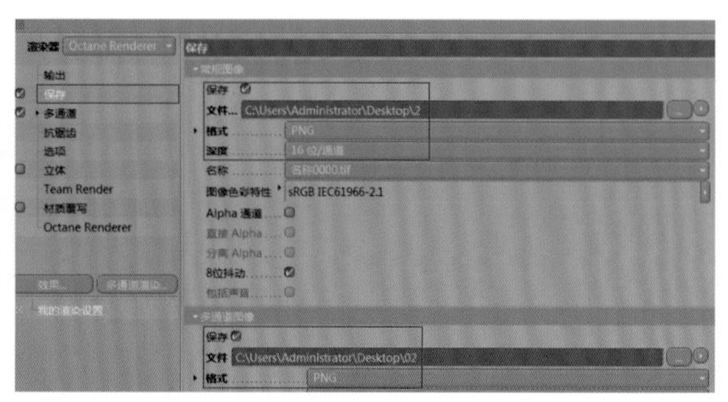
图7-199

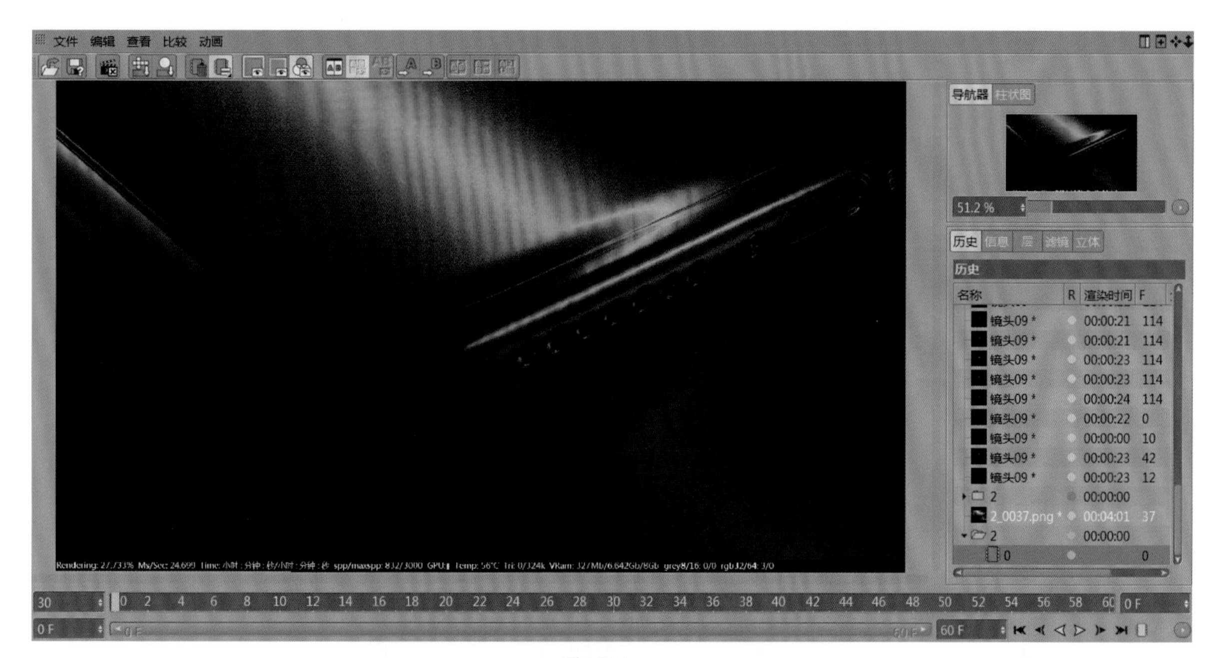

图7-200

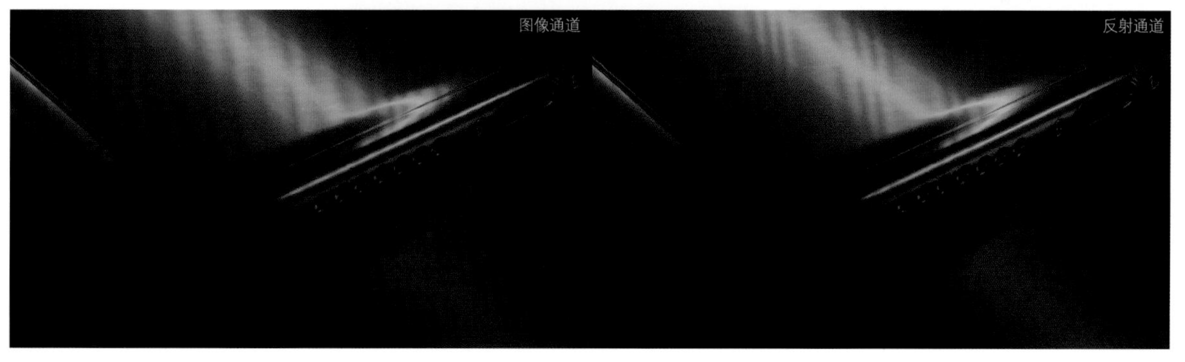

图7-201

技巧提示 手机动态宣传片中的其他镜头都可以按照本小节的渲染方法进行渲染输出。

7.4.2 在After Effects中合成

01 打开After Effects，在“项目”面板中双击，导入序列图像，勾选“PNG序列”，如图7-202所示。

02 在After Effects中导入所有图像后，需要将对应的图像通道与反射通道拖曳到合成中，设置反射通道的“模式”为“屏幕”，以增强反射效果，如图7-203所示。效果如图7-204所示。

图7-202

技巧提示 Cinema 4D中输出的PNG格式的文件为全部帧（0F~25F），输出的结果就是25张序列图片，导入时一定要勾选“PNG序列”，这样才能使25张图片转换成序列动画。

图7-203

图7-204

03 其他镜头都可以按照手机底部镜头的处理方法在After Effects中进行反射增强，所有镜头都完成后需要在After Effects中新建一个“总合成”，设置“宽度”为1920px，“高度”为1080px，“帧速率”为25帧/秒，“持续时间”为30秒，如图7-205所示。将所有镜头的合成拖曳到“总合成”中，再根据先后关系链接并排列，如图7-206所示。

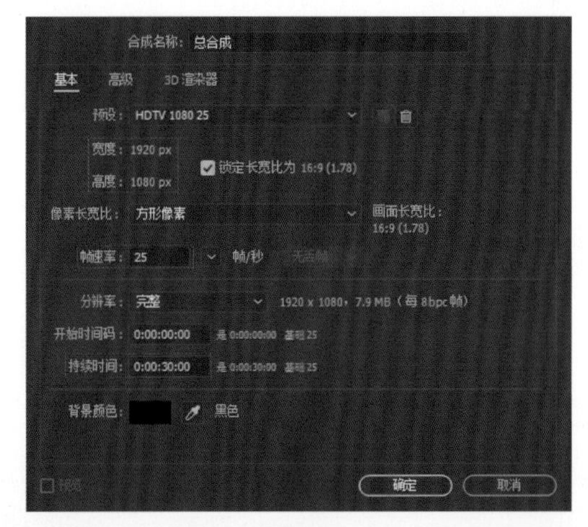

图7-205

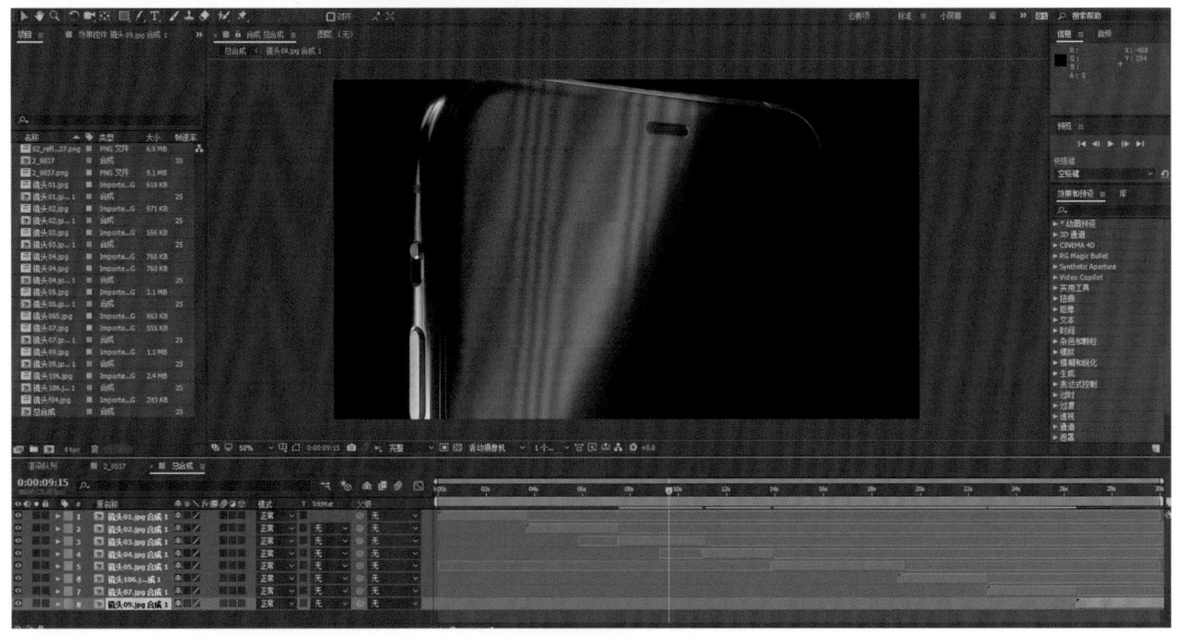

图7-206

04 调整完成后按快捷键Ctrl+Y新建图层，如图7-207所示。激活调整图层按钮，如图7-208所示。执行“效果>颜色校正>色阶”菜单命令，如图7-209所示。

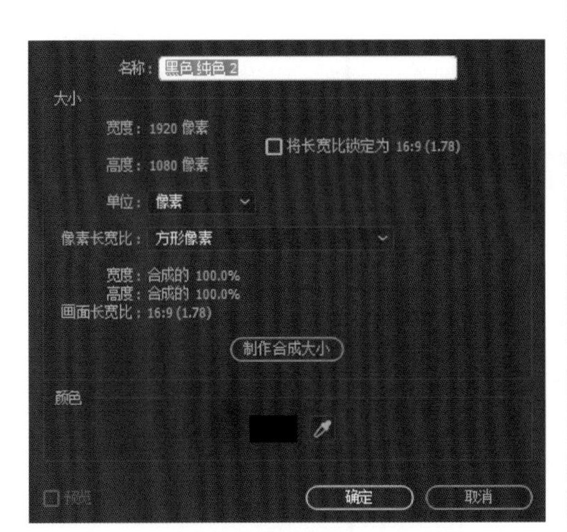

图7-207

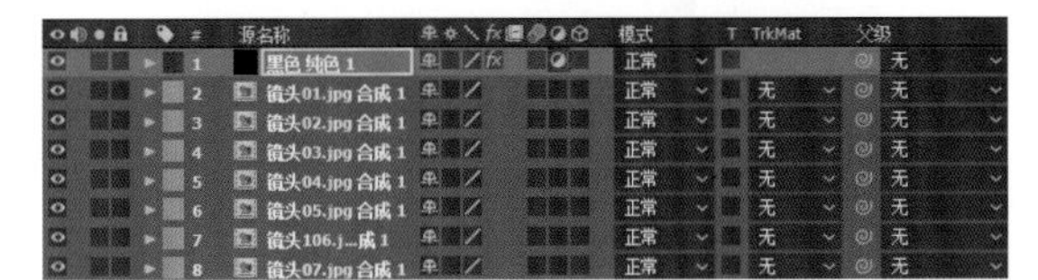

图7-208

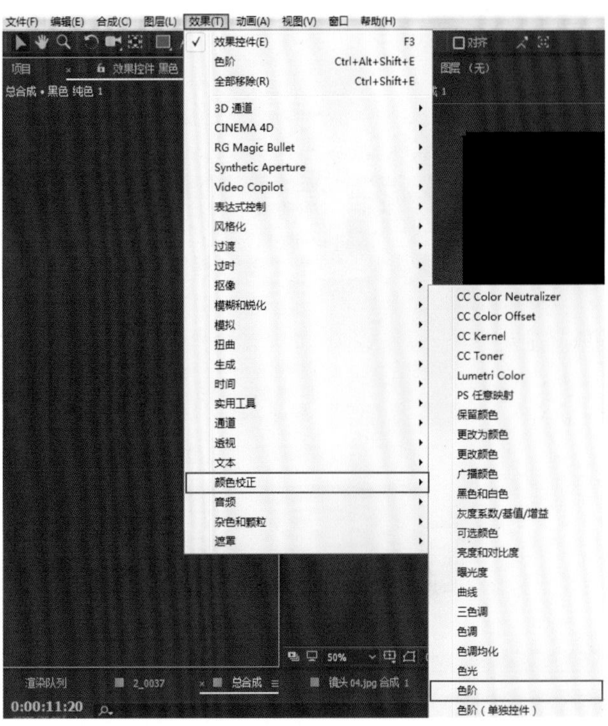

图7-209

05 进入“色阶”面板，设置“输入黑色”为3.0，“灰度系数”为1.20，对视频效果进行统一调色，如图7-210所示。效果如图7-211所示。

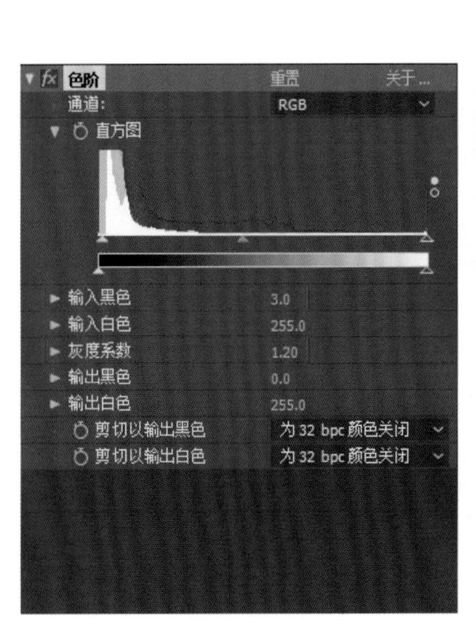

图7-210

图7-211

06 将喜欢的音乐拖曳到合成中，执行“合成>预渲染”菜单命令，如图7-212所示。设置渲染队列“输出模块”的“格式”为QuickTime，如图7-213所示。指定好输出位置后对序列的“总合成”进行渲染输出，如图7-214所示。

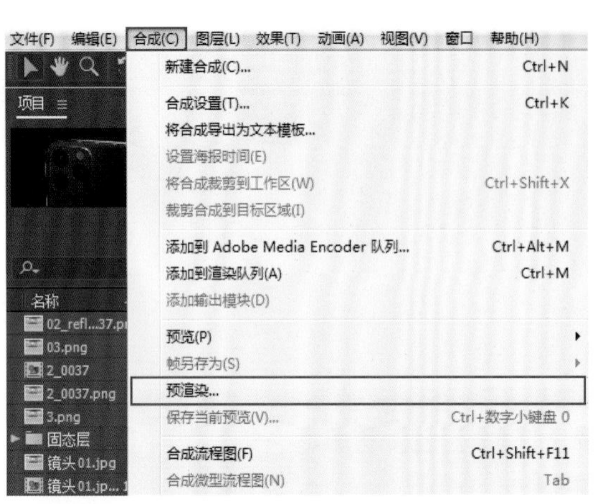

图7-212

图7-213

图7-214

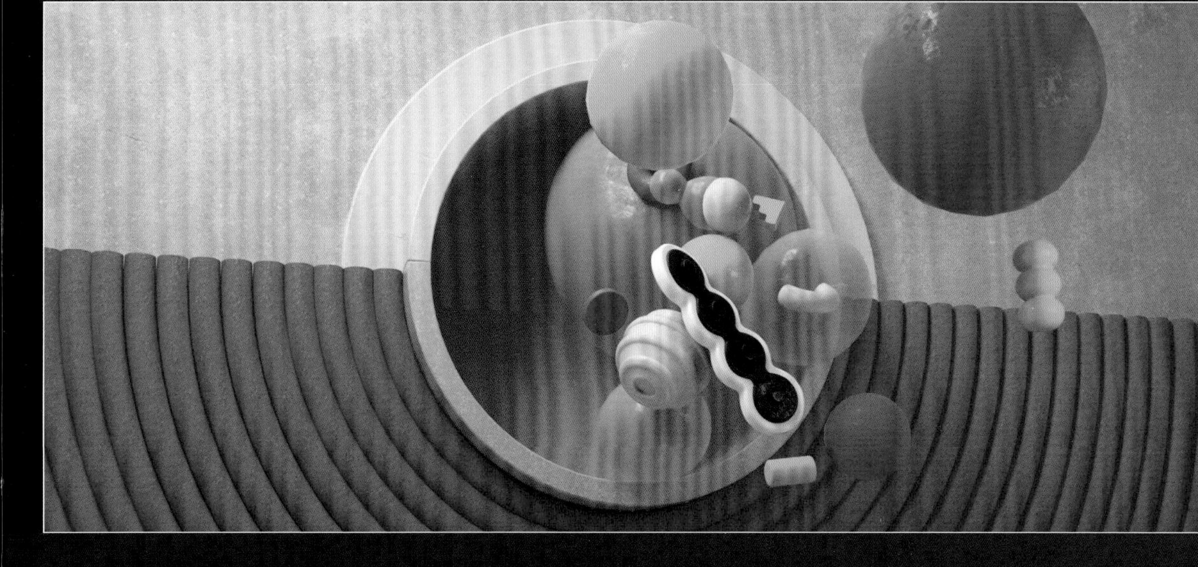

第 3 篇 活力四射：运动鞋故事感宣传片

■ 学习目的

本片是一款运动鞋的宣传片。结合运动鞋动感和轻盈的特点，本宣传片的风格应该以动感和轻快为主，所以在元素上主要采用气泡、圈环、螺旋管等，再结合一些膨胀和具有弹性的动态效果，就能将动感和轻快体现出来。

背景元素都采用了比较灵活的动态效果。

在配色方面，本宣传片使用了粉色、蓝色、黄色等具有活力的颜色来烘托欢快的氛围，从而体现出动感。在灯光处理上，本宣传片使用了比较平静的灯光效果，防止灯光喧宾夺主。

第8章 制作运动鞋场景镜头

本章将介绍运动鞋宣传片11个镜头的制作方法，可以归纳为运动鞋的主体动画、元素的衬托动画和运动鞋的特写动画。与前面的宣传片相比，本宣传片的动画角色和动画场景的种类更多，动作更烦琐，场景切换也更频繁，希望读者逐步学习和制作，不要打乱了自己的思路。

- 失去重力
- 托盘固定
- 飞溅与破面
- 背景切换
- 碰撞挤压
- 构造与弯曲
- 继承与独立
- 切入镜头
- 发射动画
- 球体喷射

8.1 制作运动鞋切入镜头动画

本节主要制作运动鞋背景的“甜甜圈”模型、球体缩放动画、运动鞋旋转动画，以及摄像机镜头动画等内容，如图8-1所示。

图8-1

8.1.1 制作运动鞋场景模型

01 打开本书提供的“场景1”文件，这是一个“甜甜圈”背景，如图8-2所示。从样片来看，场景中的运动鞋被一个透明球体包裹，因此使用“球体”工具创建一个球体，然后设置“半径”为50cm,“分段”为50,“类型”为“二十面体”，如图8-3所示。将制作好的球体拖曳到画面中心，如图8-4所示。

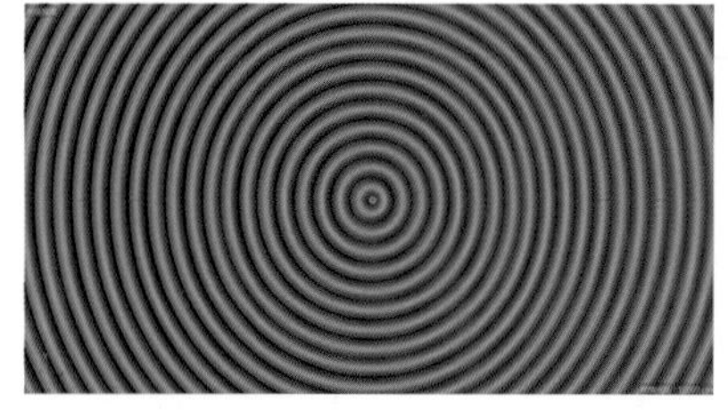

图8-2

球体对象 [球体]
基本 坐标 对象
平滑着色(Phong)
对象属性
半径 50 cm
分段 50
类型 二十面体
理想渲染

图8-3

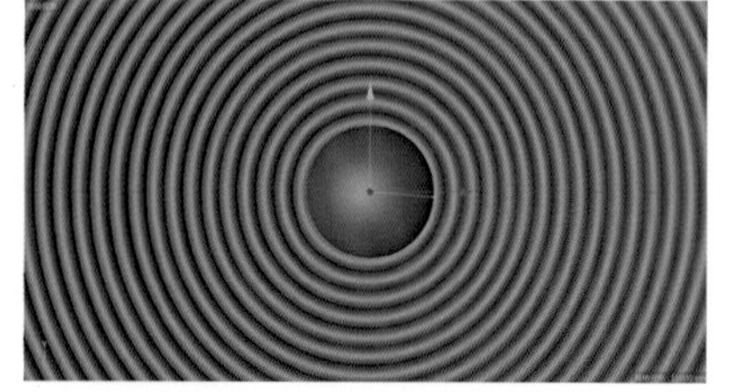

图8-4

02 在制作动画前需要设置好工程属性。按快捷键Ctrl+D进入“工程”面板，在“工程设置”选项卡中设置“帧率（FPS）”为25，如图8-5所示。按快捷键Ctrl+B打开“渲染设置”窗口，设置“帧频”为25，“帧范围”为“全部帧”(起点为0F，终点为50F)，然后根据自己的需求设置输出尺寸，如1920像素×1080像素，如图8-6所示。

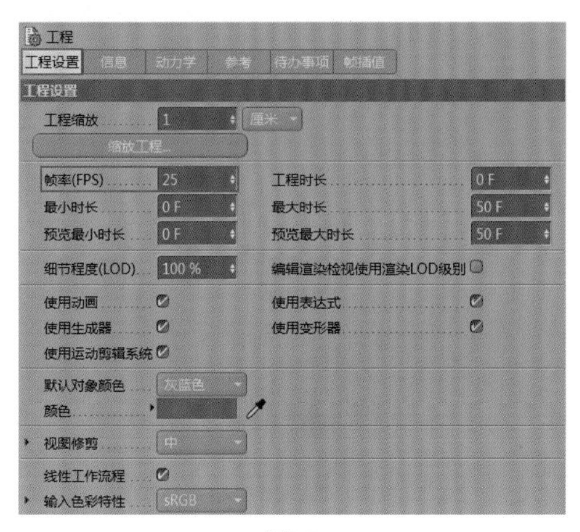

图8-5

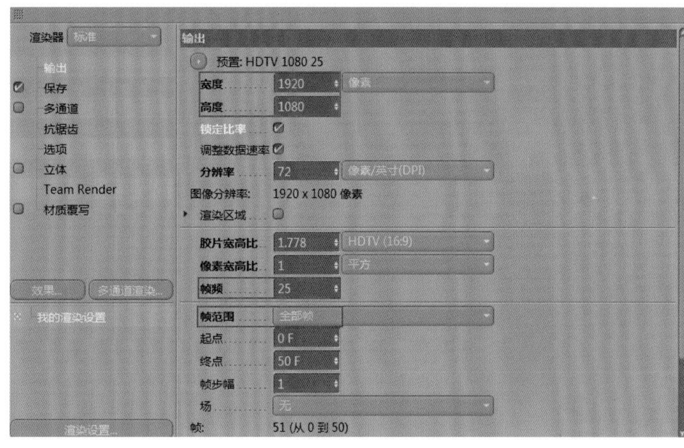

图8-6

8.1.2 制作球体缩放动画

01 使用鼠标右键单击“球体”对象，执行“Signal”命令，为其添加Signal循环动画标签，如图8-7所示。单击“球体-半径”并将其拖曳到标签中，激活半径循环功能，设置Start为45cm，End为55cm；使用鼠标右键单击Time，执行“样条预置>正弦”命令，Start Time为0F，End Time为15F，如图8-8所示。

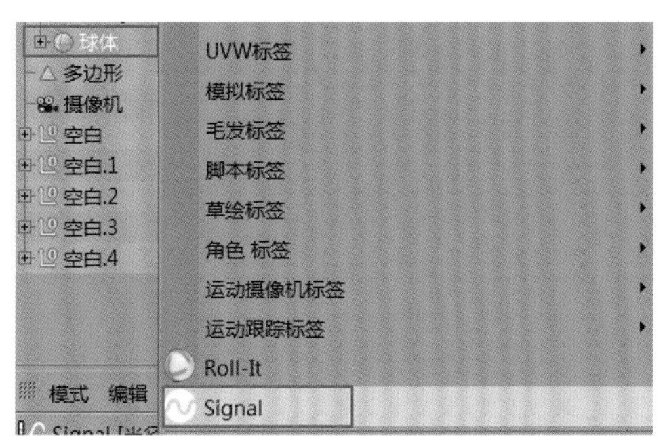

图8-7

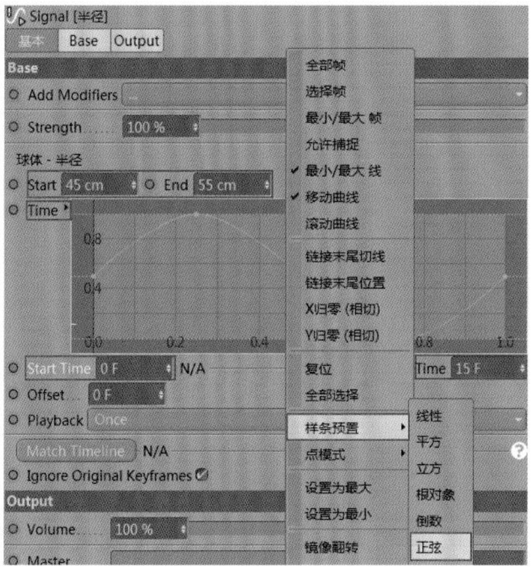

图8-8

疑难问答

问：为什么Cinema 4D中没有Signal标签？

答：Signal是一款优秀的循环插件，在安装该插件后关闭Cinema 4D，然后重新启动即可使用。这里设置Start Time为0F，End Time为15F，表示在15F内，球体的半径在45cm~55cm范围内来回变化，从而形成球体表面回弹的效果。

02 为球体制作两次膨胀动画。使用鼠标右键单击球体，执行“模拟标签>柔体”命令，如图8-9所示。在“柔体”选项卡中使用“压力”让球体内部产生膨胀，其数值大小直接影响膨胀程度，如图8-10所示。这里在14F时激活“压力”关键帧，在20F时设置“压力”为700，在30F时设置“压力”为400，在32F时设置“压力”为1000，如图8-11所示。效果如图8-12所示。

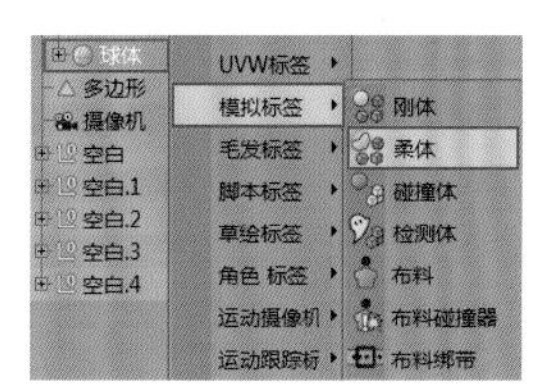

图8-9

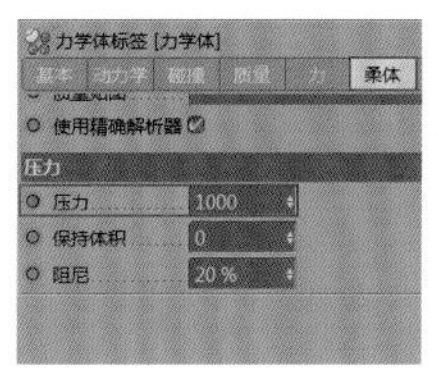

图8-10

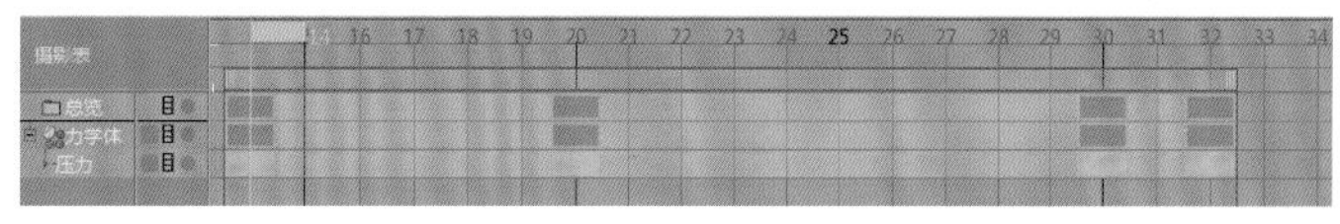

图8-11

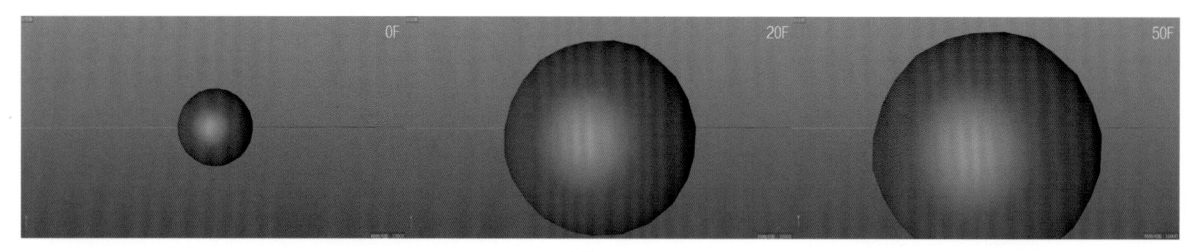

图8-12

技术专题：如何让对象失去重力保持悬浮状态

读者在操作过程中可能会发现球体自动下落的情况，这是因为Cinema 4D默认情况下的“重力”值为1000cm，即为球体添加动力学标签后球体会自动下落。对于本例这种需要球体对象悬浮的情况，即保持球体位置不变，按快捷键Ctrl+D进入“工程”面板，在“动力学”的“常规”选项卡中设置“重力”为0cm，即可消除重力作用，如图8-13所示。

图8-13

8.1.3 制作运动鞋旋转动画

01 打开本书提供的“运动鞋”模型文件，如图8-14所示。将运动鞋拖曳到球体内部，单击球体模型，在“基本”选项卡中勾选“透显”，方便制作运动鞋旋转动画，如图8-15所示。效果如图8-16所示。

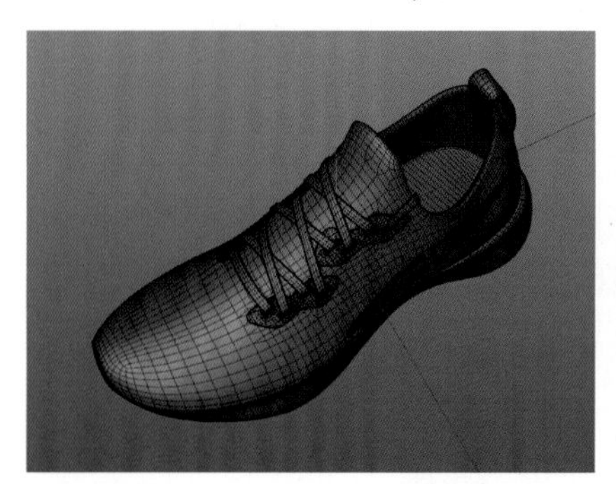

图8-14

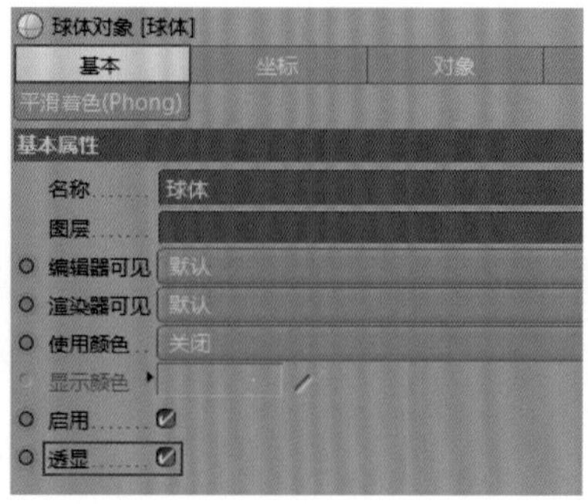

图8-15

图8-16

02 单击运动鞋模型，按快捷键Alt+G创建一个“空白”组，以便控制运动鞋旋转动画，如图8-17~图8-20所示。时间线窗口如图8-21所示。

设置步骤

①在0F时激活“空白”组的旋转坐标的关键帧，设置R.H为8°，R.P为-400°，R.B为45°。

②在14F时激活“空白”组的旋转坐标的关键帧，设置R.H为0°，R.P为-375°，R.B为4°。

③在30F时激活“空白”组的旋转坐标的关键帧，设置R.H为-11°，R.P为-75°，R.B为12°。

④在50F时激活“空白”组的旋转坐标的关键帧，设置R.H为0°，R.P为-21°，R.B为-3°。

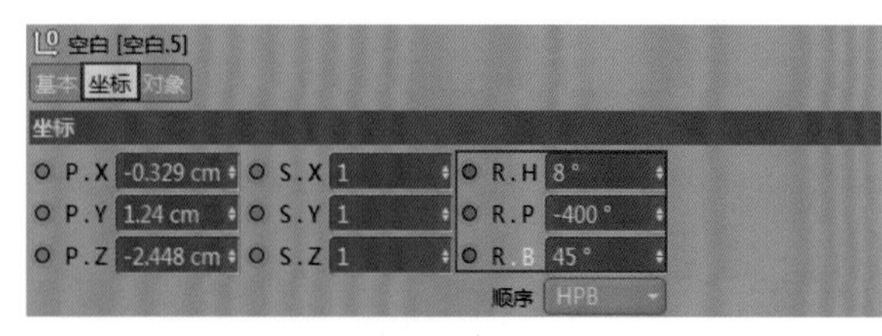

图8-17

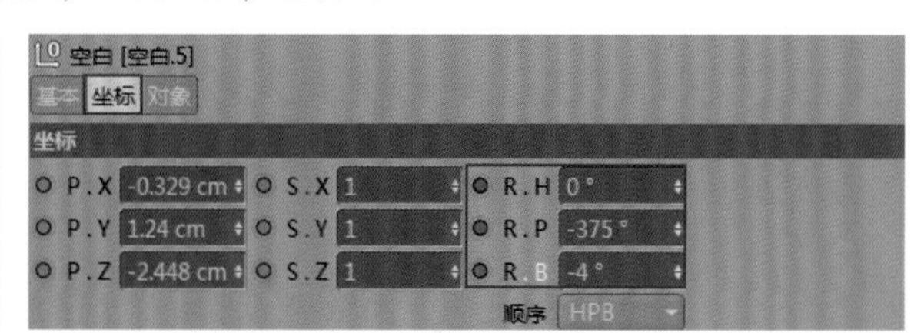

图8-18

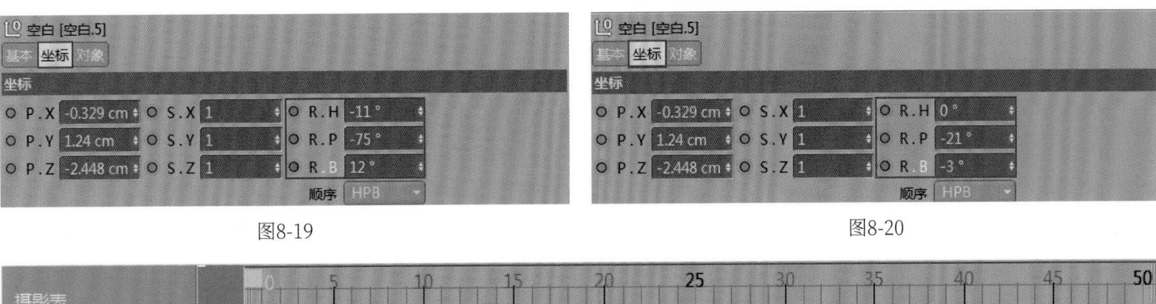

图8-19　　图8-20

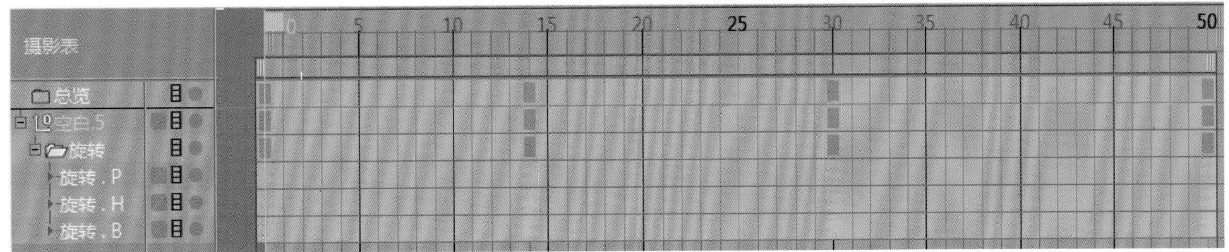

图8-21

03 制作运动鞋缩放动画。在14F时激活运动鞋缩放坐标的关键帧，设置所有缩放参数为1，如图8-22所示。在20F时激活运动鞋缩放坐标的关键帧，设置所有缩放参数为1.5，如图8-23所示。时间线窗口如图8-24所示，效果如图8-25所示。

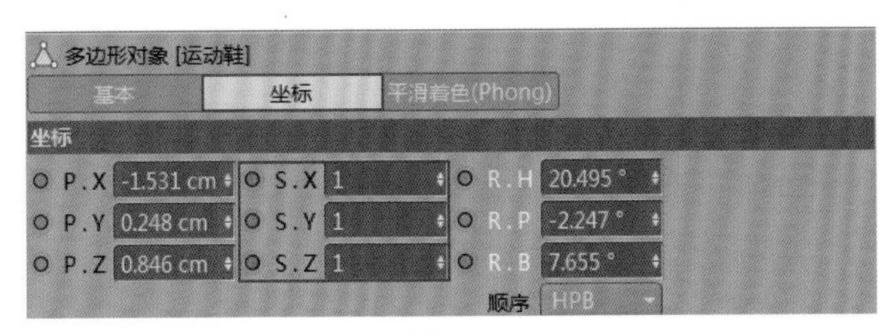

图8-22

图8-23

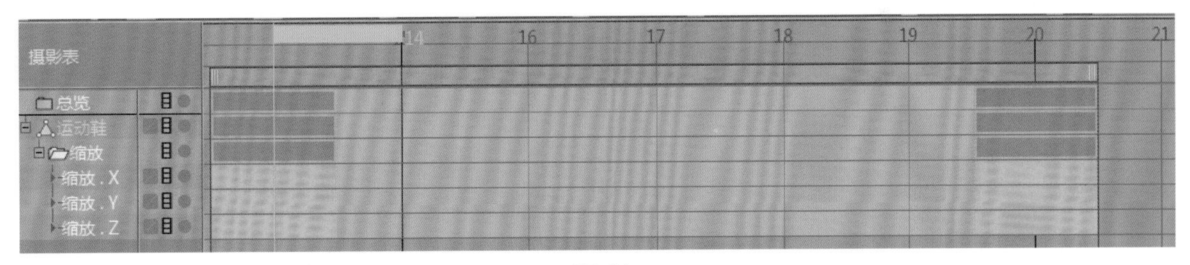

图8-24

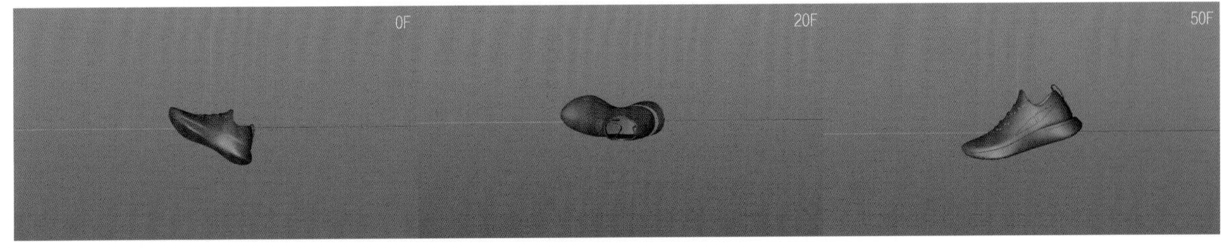

图8-25

8.1.4 制作摄像机镜头动画

01 制作摄像机的轻微振动效果。使用鼠标右键单击“摄像机”对象，执行“CINEMA 4D标签>振动”命令，如图8-26所示。进入“振动表达式”面板的“标签”选项卡，勾选“启用旋转”，设置“振幅”为（2°，0°，2°），“频率”为0.5，如图8-27所示。

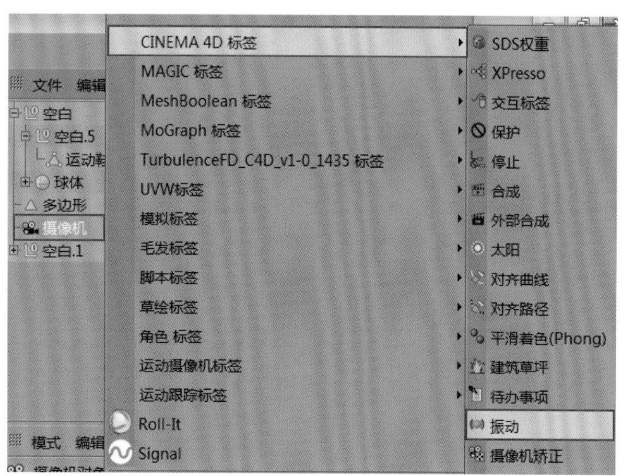
图8-26

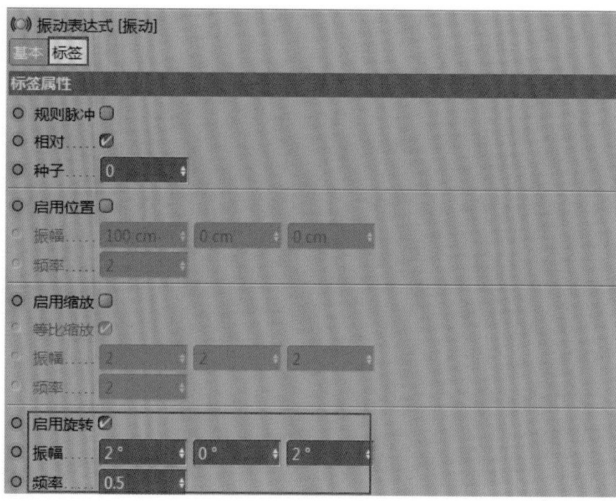
图8-27

02 在0F时激活摄像机位置坐标P.Z的关键帧，设置P.Z为－650cm。在30F时激活位置坐标P.Z的关键帧，同样设置P.Z为－650cm，如图8-28所示。在50F时激活位置坐标P.Z的关键帧，设置P.Z为－369cm，如图8-29所示。

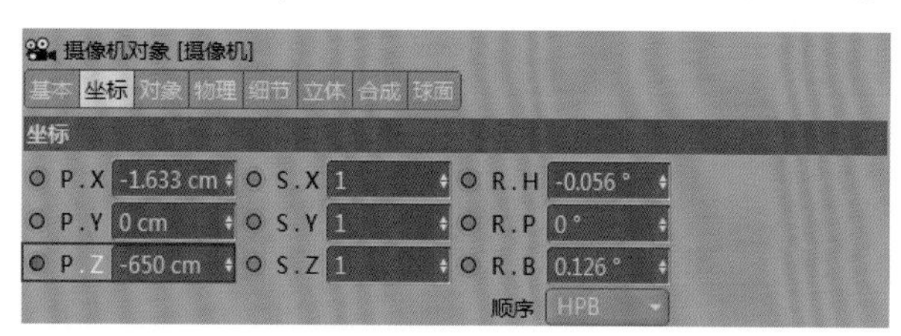
图8-28

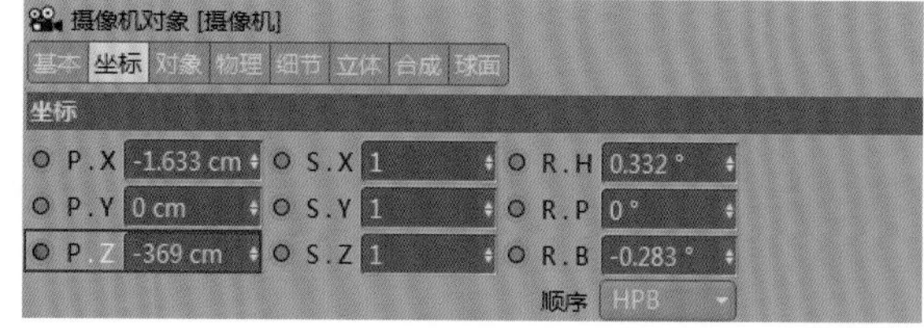
图8-29

03 因为0F~30F为摄像机慢速回弹的过程，30F~50F为摄像机加速的过程，所以使用鼠标右键单击坐标位置P.Z，执行“动画>显示函数曲线”命令，如图8-30所示。对曲线进行回弹与加速调节，如图8-31所示。效果如图8-32所示。

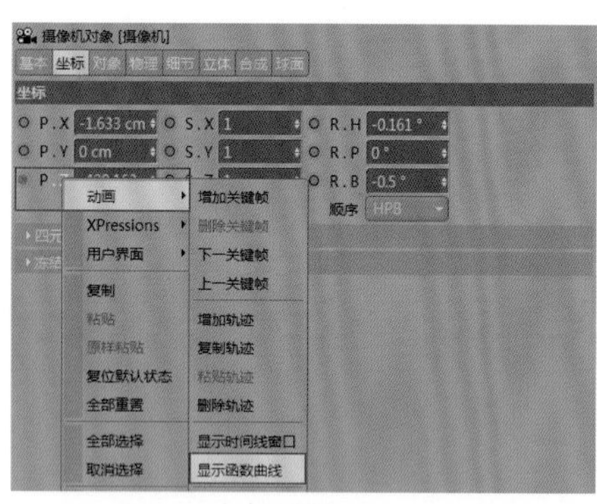
图8-30

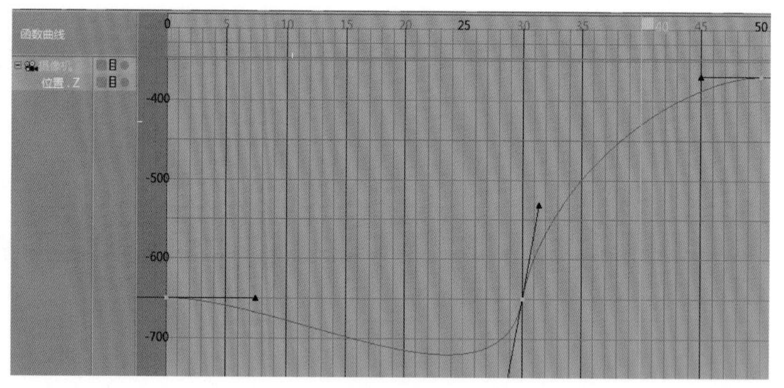
图8-31

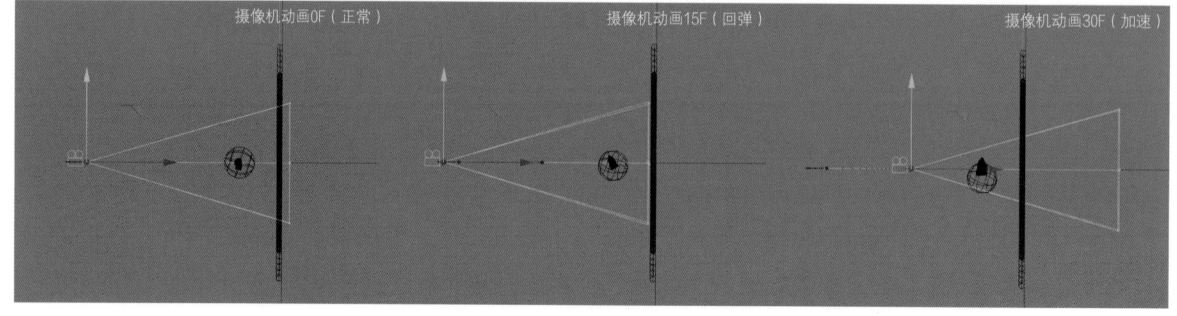

图8-32

04 为了让运动鞋与球体动画更加灵动，可以选择它们后按快捷键Alt+G创建一个新的“空白”组，如图8-33所示。使用鼠标右键单击“空白”组并为其添加“振动”标签，勾选“启用位置”，设置“振幅”为（0cm,10cm,0cm），“频率”为1；勾选“启用旋转”，设置“振幅”为（2°，2°，20°），“频率”为1，如图8-34所示。效果如图8-35所示。

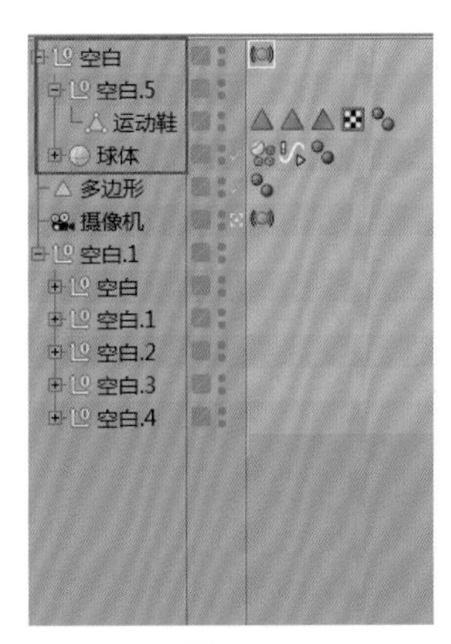

图8-33

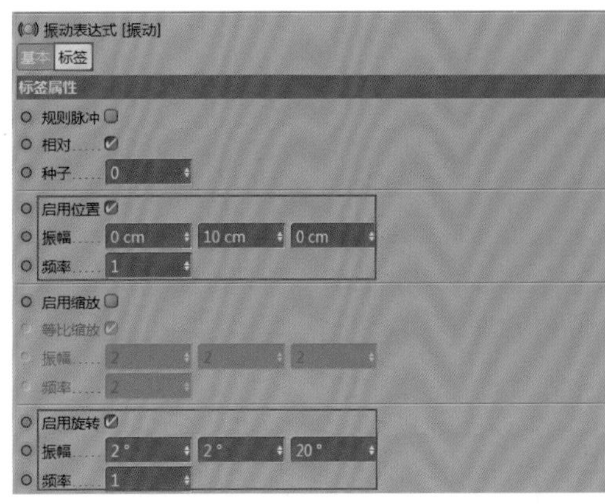

图8-34

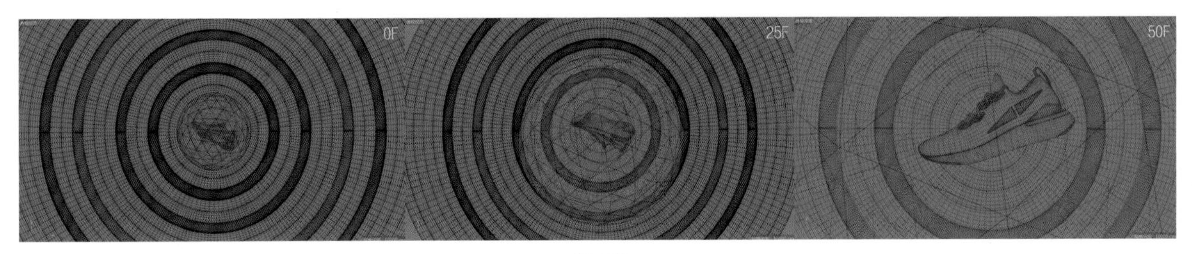

图8-35

8.2 制作背景切换动画

本节主要介绍背景切换动画和球体破碎成多个球体动画的制作方法，并展示球体动画的整体效果。本节的制作重点为动力学模拟动画、运动鞋关键帧动画等。效果如图8-36所示。

图8-36

8.2.1 制作动画场景

01 打开本书提供的“场景2”模型文件，如图8-37所示。选择空白背景，创建一个“实例”对象，如图8-38所示。复制4份实例，将它们分别放置在场景的上、下、左、右位置，如图8-39所示。

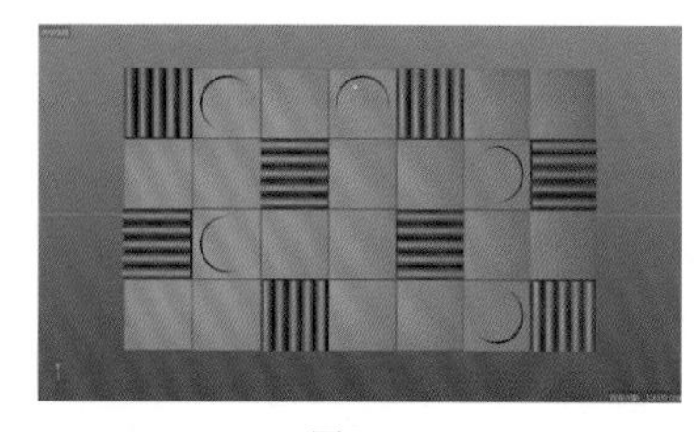

图8-37

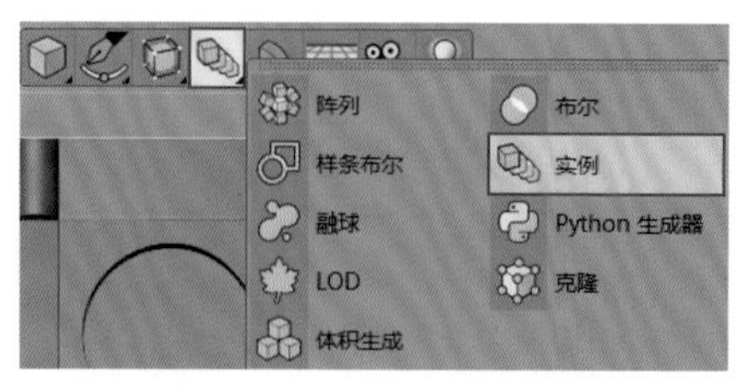

图8-38

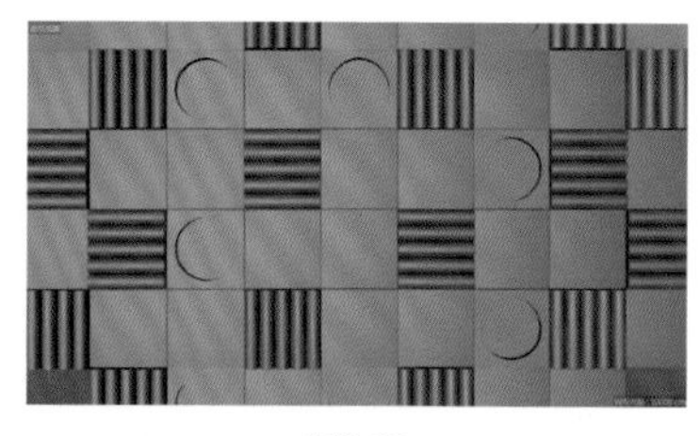

图8-39

02 打开本书提供的运动鞋模型，将其拖曳到场景中心位置，如图8-40所示。创建10个半径不同的球体，将它们的“分段”统一为10，然后放置在运动鞋周围的不同位置，如图8-41所示。

图8-40

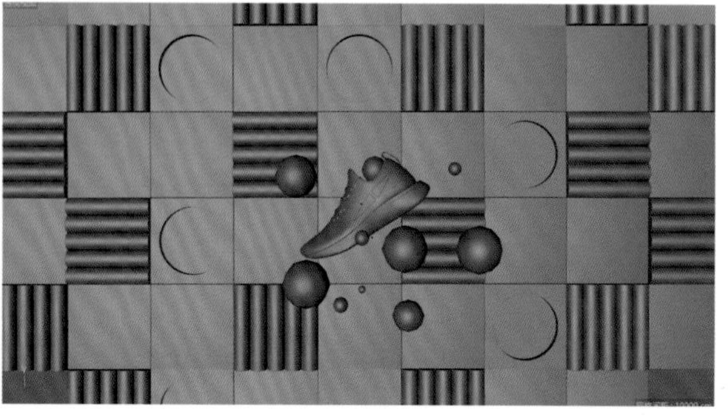

图8-41

技巧提示 制作动画前需要设置工程，方法在前面已经介绍过了。本片段的“帧率（FPS）”为25，“动力学”选项卡中的“重力”为0cm，“帧范围”为“全部帧”（起点为0F，终点为70F）。

8.2.2 制作动力学模拟动画

01 使用鼠标右键单击“运动鞋”对象，执行“CINEMA 4D标签>模拟标签>碰撞体”命令，如图8-42所示。使用鼠标右键单击“球体”对象，执行“CINEMA 4D标签>模拟标签>柔体”命令，如图8-43所示。进入“柔体”选项卡，设置“构造”为10，“弯曲”为10，如图8-44所示。

图8-42

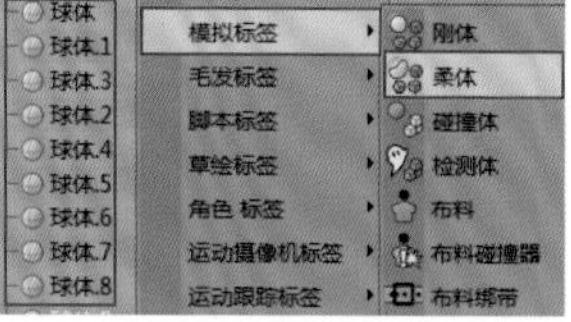

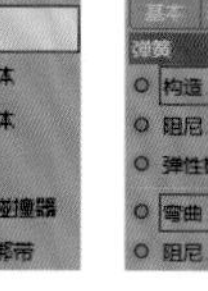

图8-43

图8-44

技术专题：“构造”与“弯曲”的设置原理

“构造”是指多边形相邻点的弹簧刚度。“构造”值越大，刚度越大；“构造”值越小，刚度越小，对比效果如图8-45所示。

“弯曲”是指扭转弯曲而非线性弯曲，该值越大，扭转弯曲程度越小；该值越小，扭转弯曲程度越大，对比效果如图8-46所示。

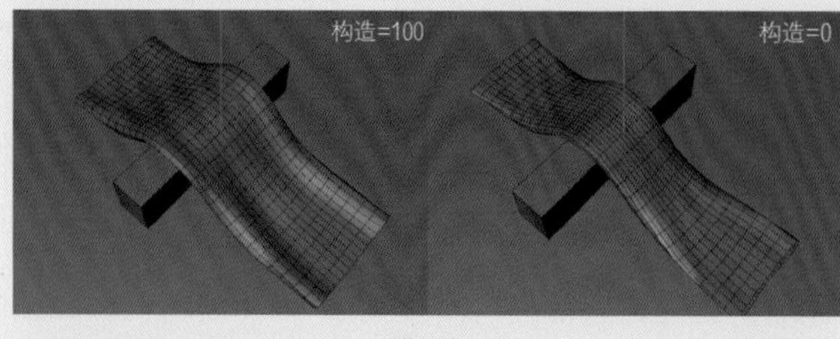

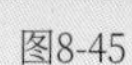

图8-45

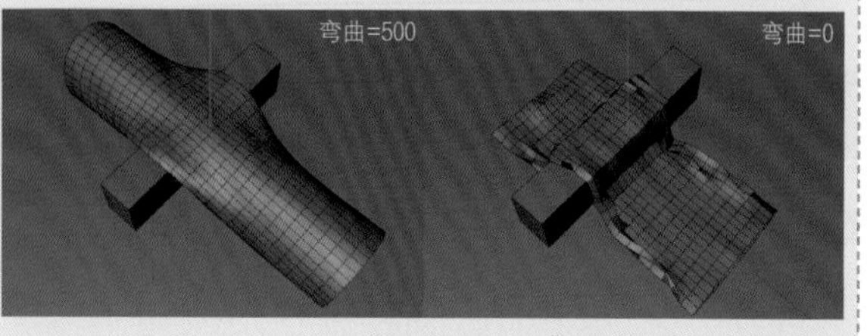

图8-46

02 为球体制作动力学模拟动画。分别执行“模拟>粒子>湍流/风力/引力”菜单命令，再使用这3个对象来影响球体，如图8-47所示。

03 进入“紊流对象”面板，在“对象”选项卡中设置“强度”为20cm，“缩放”为100%，如图8-48所示。效果如图8-49所示。

图8-47

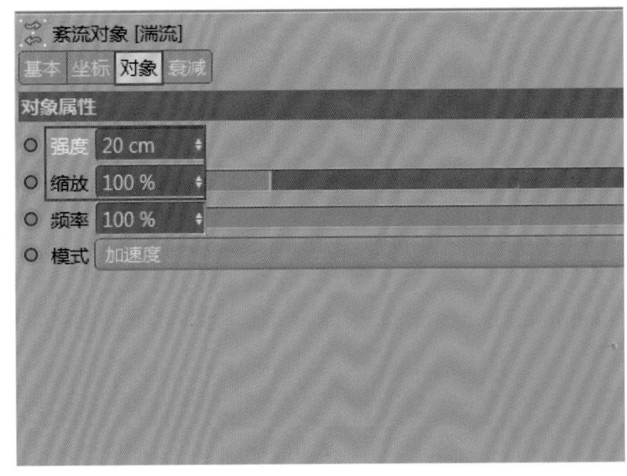

图8-48

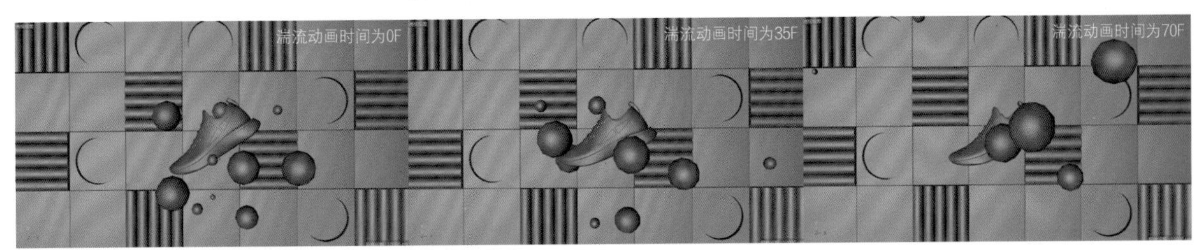

图8-49

04 进入“引力对象”面板，在“对象”选项卡中设置“强度”为40，并在30F时激活“强度”关键帧，如图8-50所示。在50F时激活“强度”关键帧，并设置“强度”为0，如图8-51所示。引力动画的时间线窗口如图8-52所示。效果如图8-53所示。

图8-50

图8-51

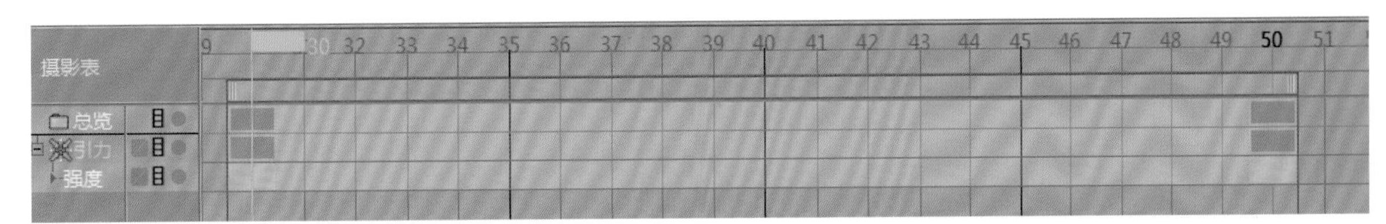

图8-52

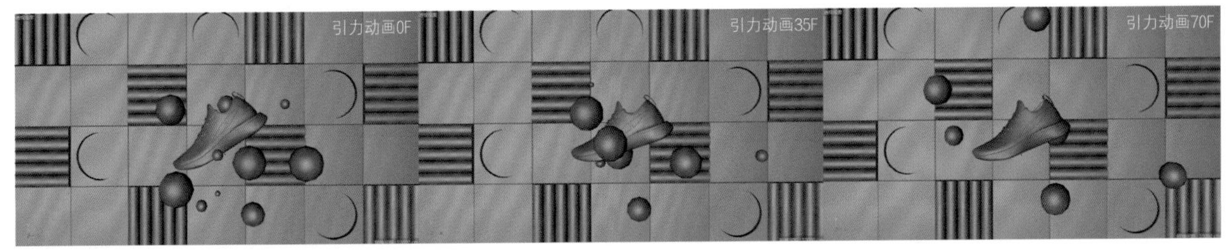

图8-53

05 进入“风力对象”面板，在“对象”选项卡中设置“速度”为1cm，并在30F时激活关键帧，如图8-54所示。在50F时激活关键帧，并设置“速度”为10cm，如图8-55所示。风力动画的时间线窗口如图8-56所示。效果如图8-57所示。

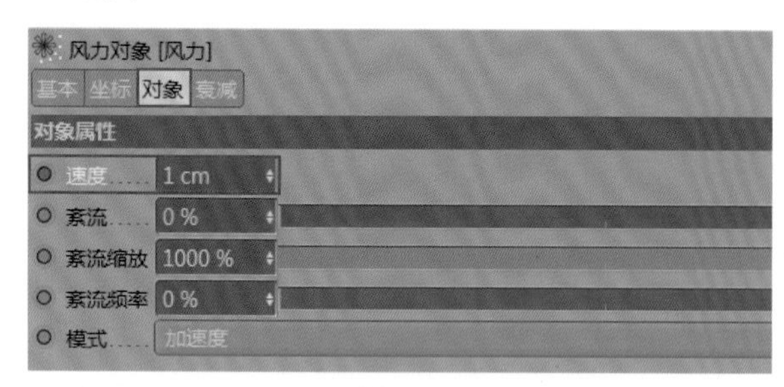

图8-54

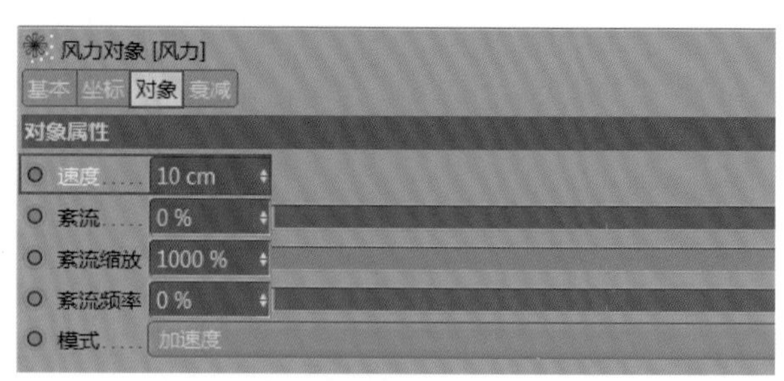

图8-55

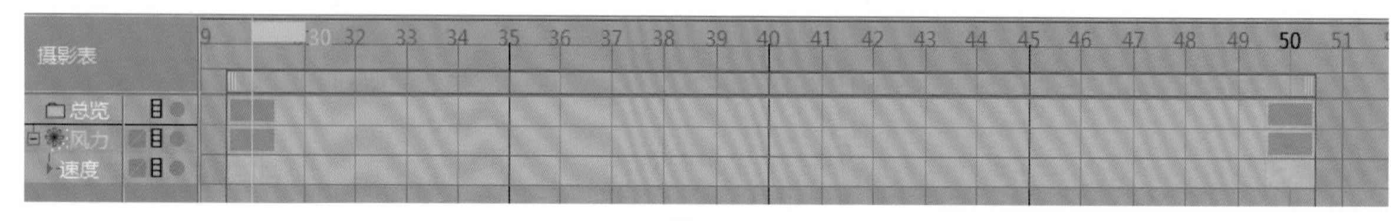

图8-56

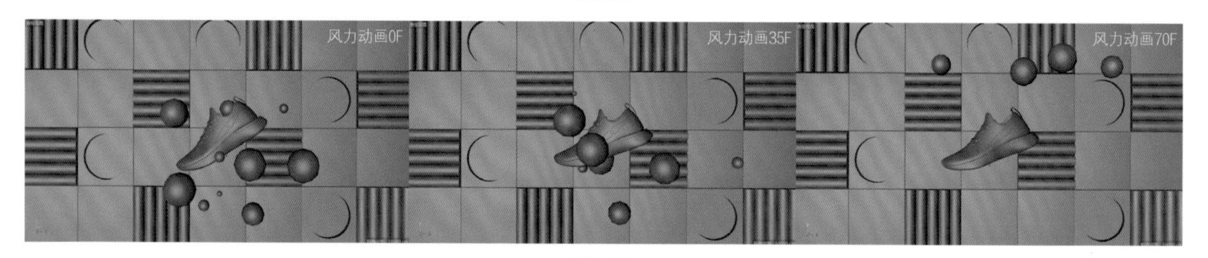

图8-57

8.2.3 制作运动鞋关键帧动画

添加了“湍流”“引力”“风力”动画后可以看出球体的灵活性变得比较好，随着“风力”的增大出现了球体由下向上被吹起的画面，所以运动鞋也需要有由下向上的动画轨迹。

01 选择运动鞋的第1层“空白”，为其添加“振动”标签，并以此来轻微地影响运动鞋的位置与旋转动画，如图8-58所示。

02 选择运动鞋的第2层“空白”，在40F时激活位置坐标P.Y的关键帧，并设置P.Y为37cm，如图8-59所示。

03 在70F时激活位置坐标P.Y的关键帧，并设置P.Y为287cm，如图8-60所示。

04 调节位置坐标P.Y的函数曲线，使其具有由慢到快的动画节奏，如图8-61所示。

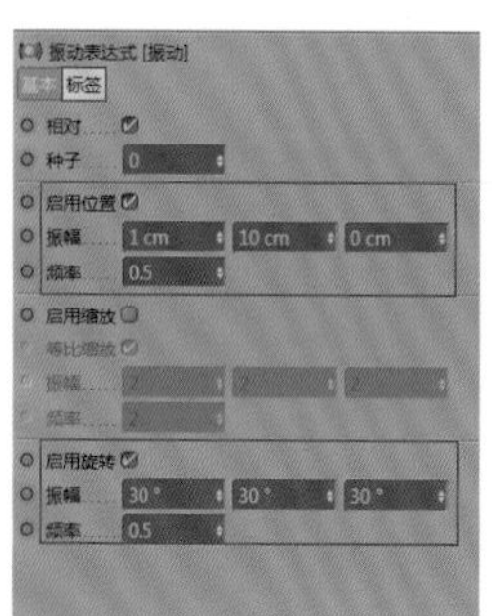
图8-58

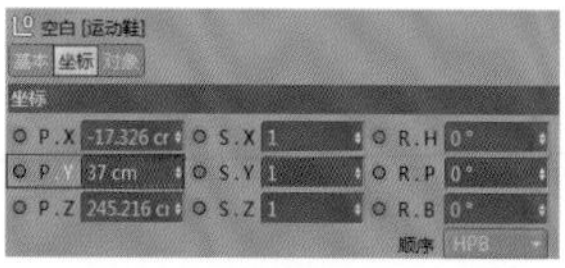

图8-59

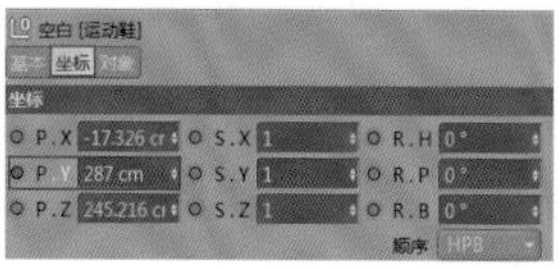

图8-60

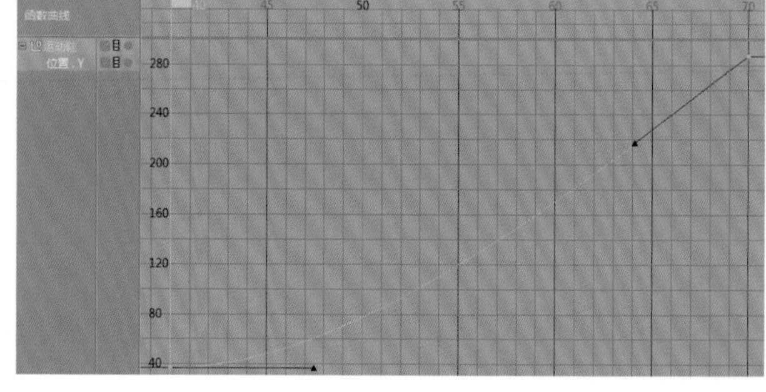
图8-61

8.2.4 制作摄像机镜头动画

01 使用鼠标右键单击“摄像机”对象，执行“CINEMA 4D标签>目标”命令，如图8-62所示。然后创建一个“空白”对象，将其拖曳到摄像机的正前方，在“目标表达式”面板中将“空白.2”对象拖曳到“目标对象”中，如图8-63所示。“空白.2”对象的位置如图8-64所示。

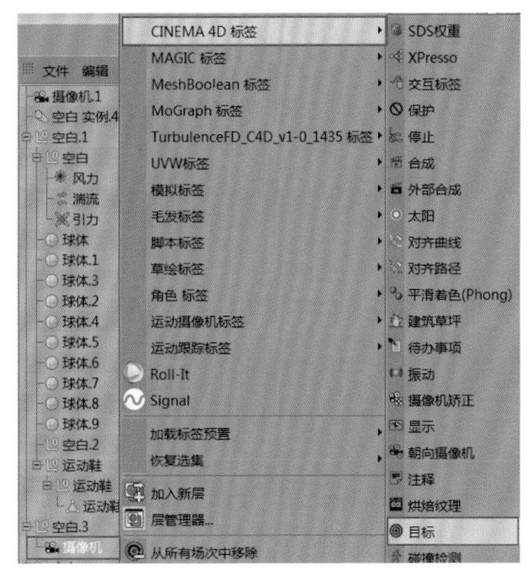

图8-62

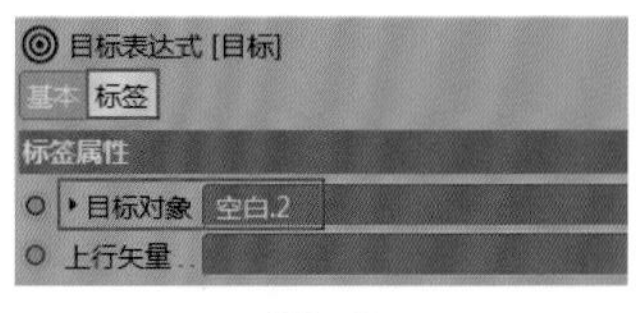

图8-63

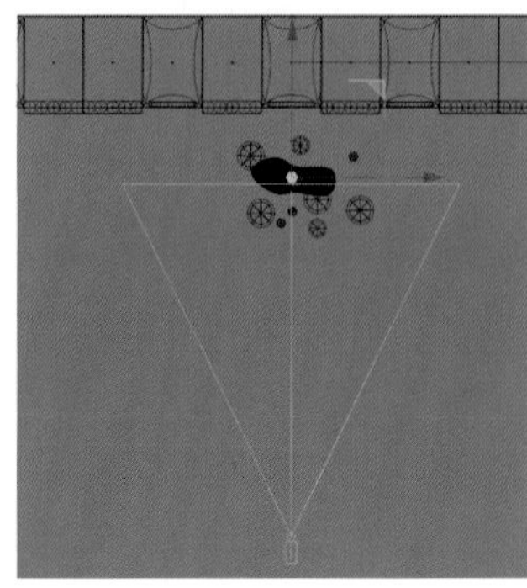

图8-64

02 在0F时激活摄像机位置坐标P.Z的关键帧，设置P.Z为770cm，如图8-65所示。在30F时激活摄像机位置坐标P.Z的关键帧，设置P.Z为1090cm，如图8-66所示。调节P.Z的函数曲线，使其具有由快到慢的动画节奏，如图8-67所示。

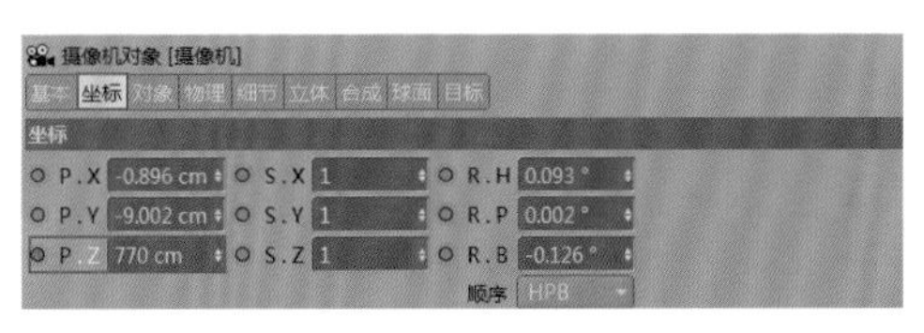

图8-65

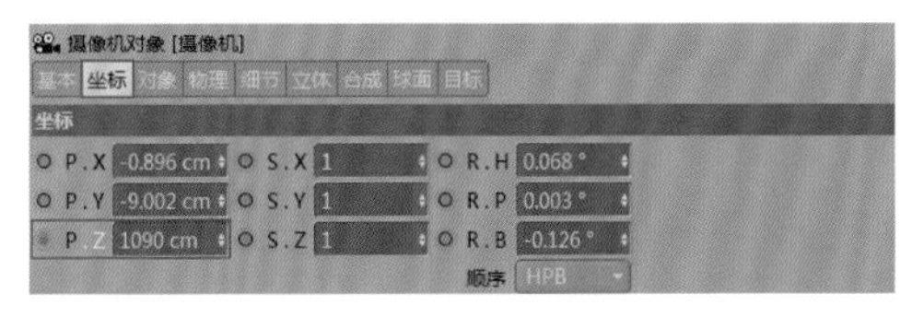

图8-66

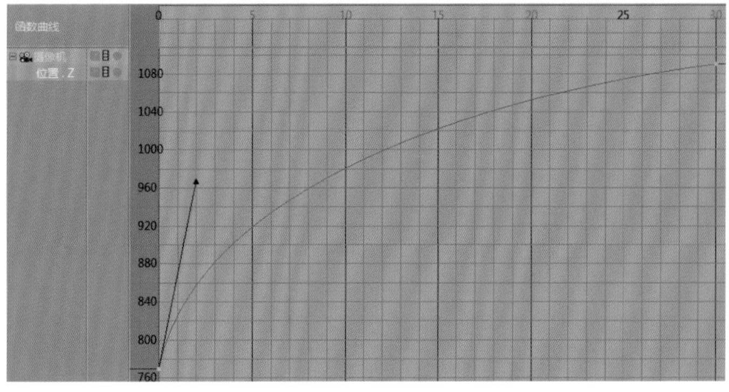

图8-67

03 调整摄像机的空白目标对象。在45F时激活该对象的位置坐标P.Y的关键帧，设置P.Y为37cm，如图8-68所示。在70F时激活该对象的位置坐标P.Y的关键帧，设置P.Y为237cm，如图8-69所示。调节P.Y的函数曲线，使其具有由快到慢的动画节奏，如图8-70所示。摄像机的轨迹变化如图8-71所示。场景镜头动画的效果如图8-72所示。

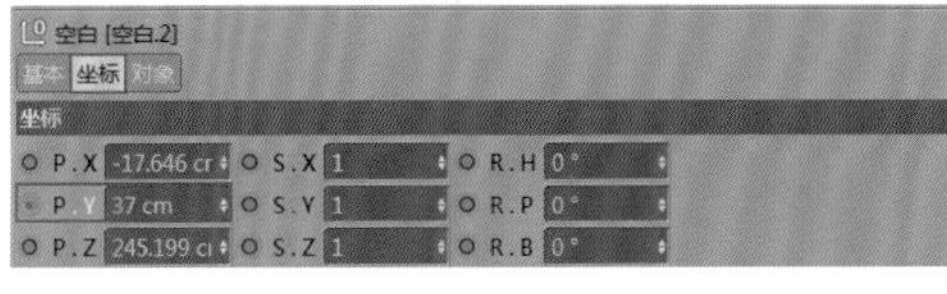

图8-68

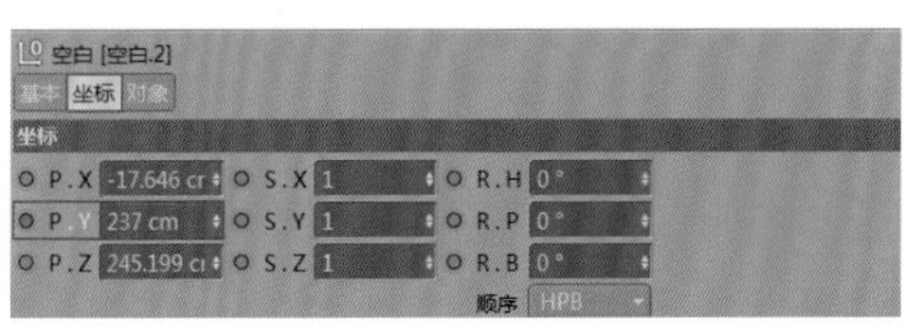

图8-69

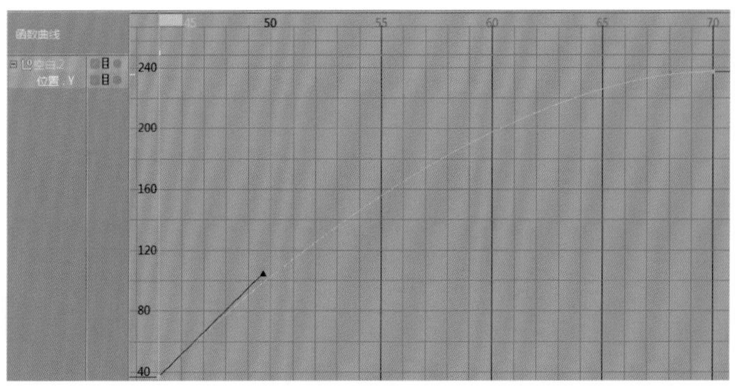

图8-70

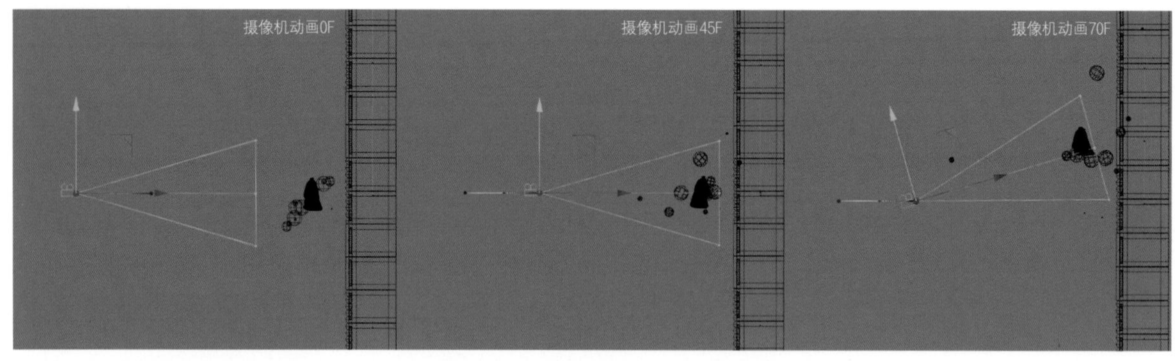

图8-71

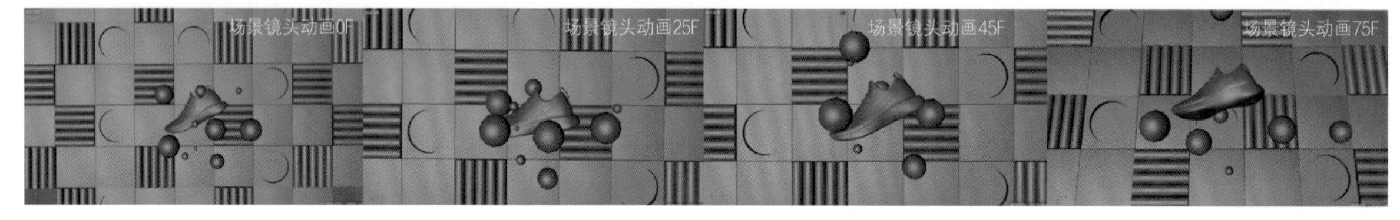

图8-72

8.3 制作运动鞋动作镜头

本片段为运动鞋的动作片段，主要包括刚体动画和碰撞效果，效果如图8-73所示。

图8-73

8.3.1 制作动画场景

打开本书提供的“场景3”模型文件，如图8-74所示。将运动鞋复制到该场景中，将其拖曳到合适的位置，如图8-75所示。注意，该场景工程时长为60F。

图8-74

图8-75

8.3.2 制作动力学模拟动画

01 为托盘模型创建动力学模拟标签。使用鼠标右键单击“球体”对象，执行“CINEMA 4D标签>模拟标签>柔体”命令，如图8-76所示。使用鼠标右键单击“球体”对象上方的“托盘”对象，执行“CINEMA 4D标签>模拟标签>刚体”命令，如图8-77所示。使用鼠标右键单击“球体”对象下方的“圆盘”对象，执行“CINEMA 4D标签>模拟标签>碰撞体”命令，如图8-78所示。

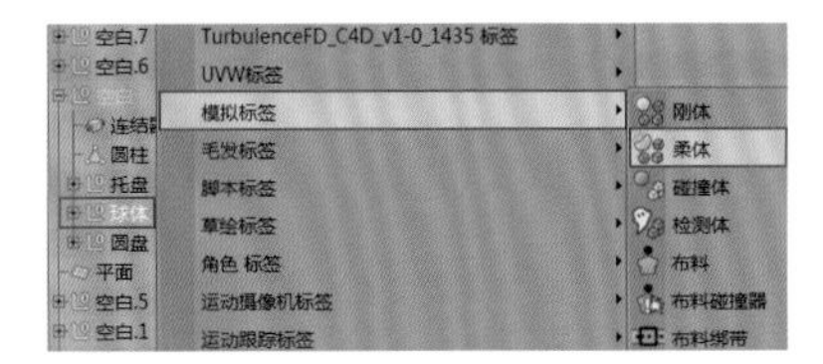

图8-76

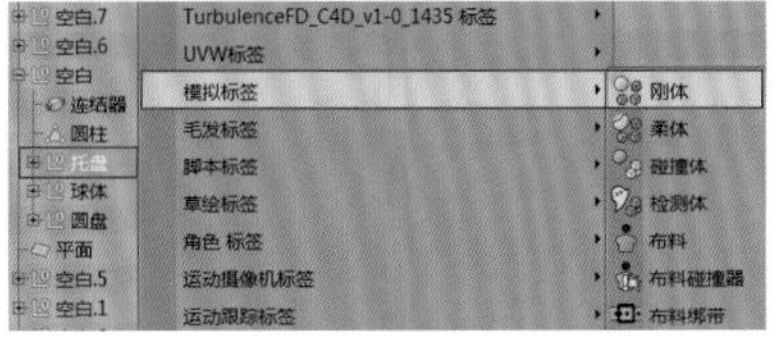

图8-77

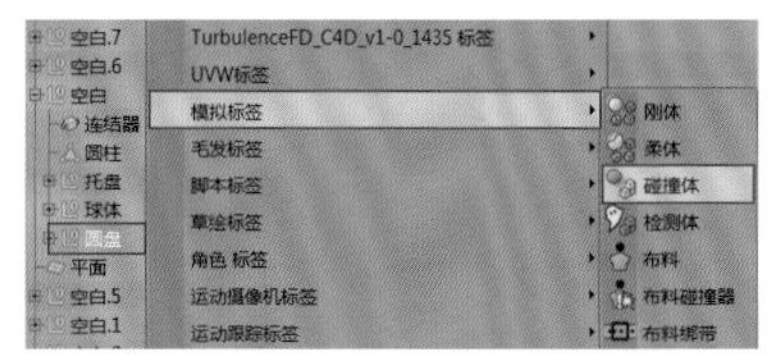

图8-78

02 分别进入柔体与碰撞体的“力学体标签”面板，在“碰撞”选项卡中设置“继承标签”为“应用标签到子级”,“独立元素”为“全部”，如图8-79所示。进入刚体的“力学体标签”面板，在“碰撞”选项卡中设置“继承标签”为“复合碰撞外形”,“独立元素”为“全部”，如图8-80所示。效果如图8-81所示。

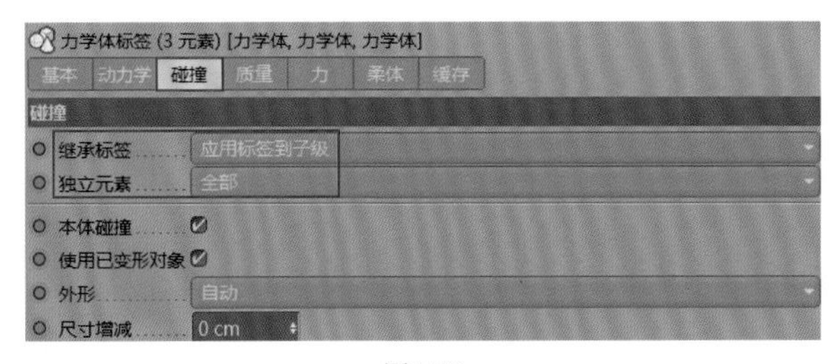

图8-79

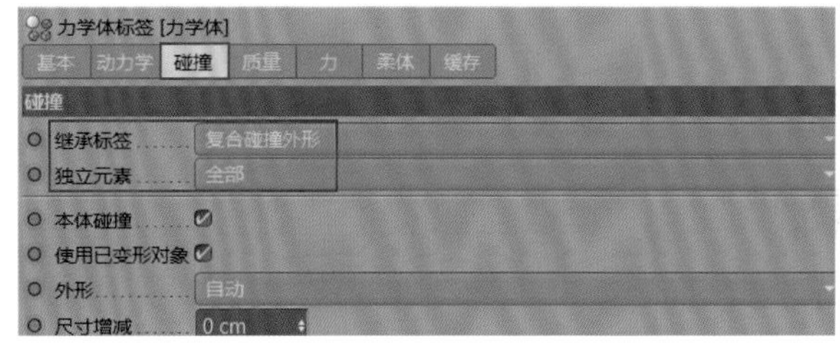

图8-80

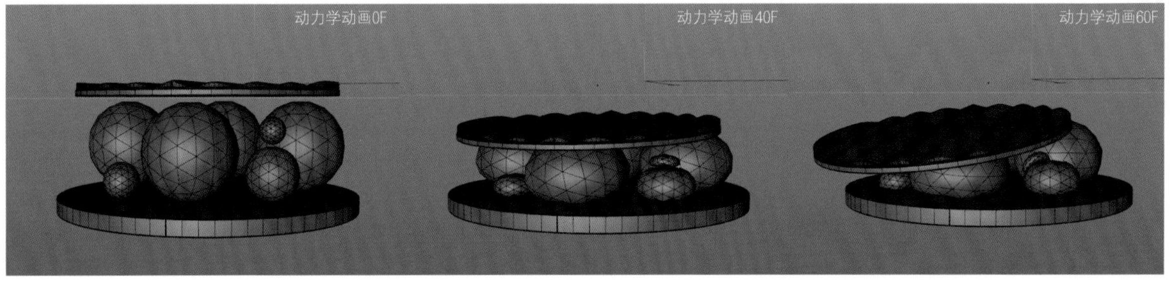

图8-81

技术专题：托盘不固定的解决方法

在动力学模拟过程中会出现一个非常严重的问题，即随着时间的推移球体上方的托盘无法固定。下面介绍解决办法。

执行“模拟>动力学>连结器”菜单命令，如图8-82所示。进入“连结”面板，在“对象”选项卡中设置“类型”为“滑动条”，然后将连结器拖曳到托盘坐标轴的中心，旋转到正确的方向后把“托盘”对象拖曳到“对象A”中，如图8-83所示。效果如图8-84所示。

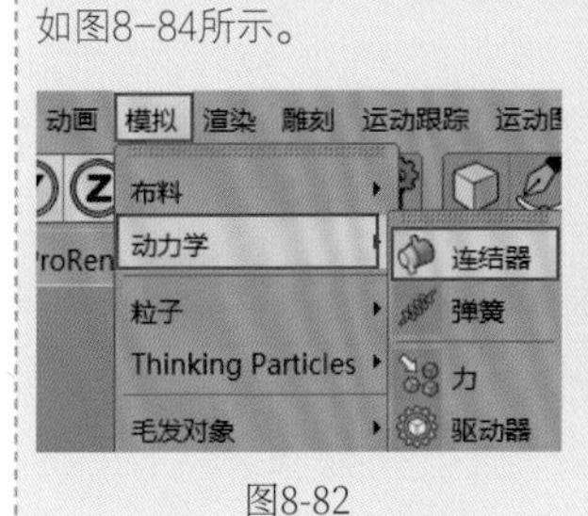

图8-82

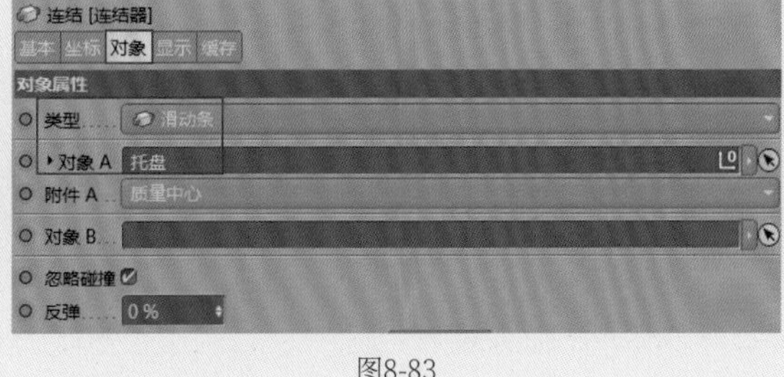

图8-83

图8-84

8.3.3 制作运动鞋模拟动画

01 制作运动鞋由上往下产生的位置和旋转动画。选择第1层“运动鞋”对象，在0F时激活位置坐标P.Y的关键帧，设置P.Y为250cm，如图8-85所示；在12F时激活位置坐标P.Y的关键帧，设置P.Y为20cm。选择第2层“运动鞋”对象，在0F时激活旋转坐标R.P的关键帧，设置R.P为－58°，如图8-86所示；在15F时激活旋转坐标R.P的关键帧，设置R.P为－90°。效果如图8-87所示。

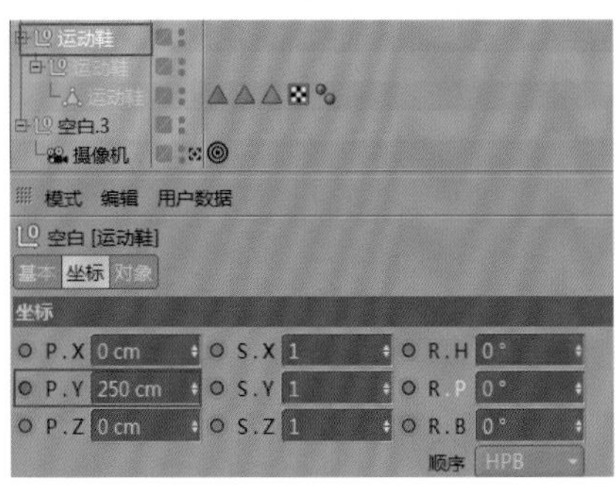

图8-85

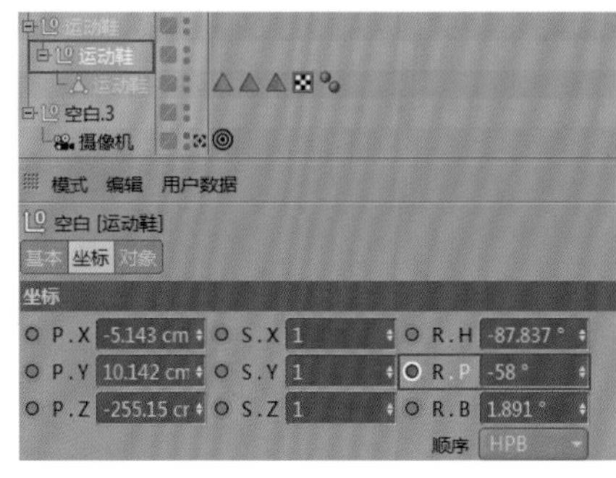

图8-86

图8-87

02 在关键帧动画中可以看出，运动鞋落下后并没有与托盘产生动力学效果，所以还需要给运动鞋添加“刚体”标签，如图8-88所示。

图8-88

03 进入刚体的“力学体标签”面板，切换到“动力学”选项卡，在11F时激活“启用”，但不勾选，如图8-89所示；在12F时激活“启用”并勾选。切换到“力学体标签”面板的“力”选项卡，设置“跟随旋转”为50，如图8-90所示。效果如图8-91所示。

图8-89

图8-90

图8-91

技巧提示 当运动鞋产生位置或旋转动画时，刚体不会读取关键帧的位置信息，所以需要在关键帧动画结束后再启用动力学效果。同样，动力学效果也不会读取关键帧的旋转信息，只有将“跟随旋转”数值增大才会读取，这就是为什么会设置“跟随旋转”为50。

04 运动鞋掉落到托盘中会将球体压得太过扁平，这样会减弱运动鞋的上下弹动效果，可以通过进入“柔体”选项卡并设置“压力”数值来改善。在14F时激活关键帧，设置“压力”为100；在15F激活关键帧，设置“压力”为200，如图8-92所示。在30F时继续激活关键帧，设置“压力”为100；在40F时激活关键帧，设置“压力”为150，如图8-93所示。效果如图8-94所示。

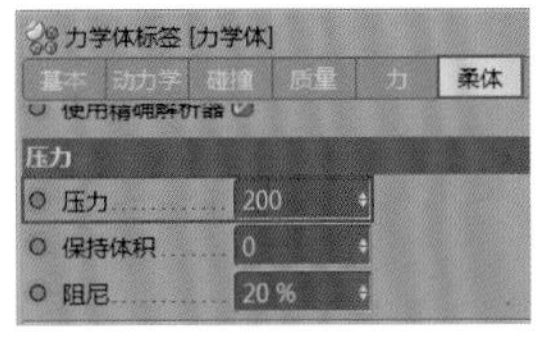

图8-92

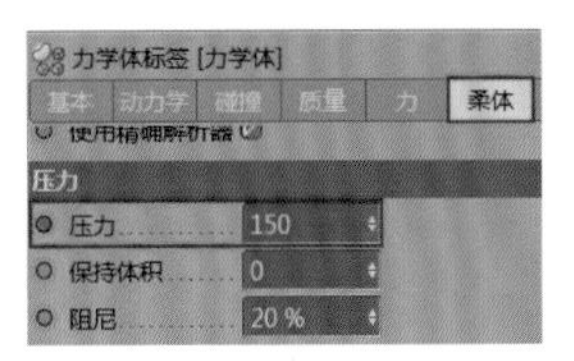

图8-93

图8-94

8.3.4 制作摄像机镜头动画

01 使用鼠标右键单击“摄像机”对象，执行“CINEMA 4D标签>目标”命令，如图8-95所示。创建一个“空白”对象，将其拖曳到摄像机正前方，在“目标表达式”面板中将“空白.2”对象拖曳到“目标对象”中，如图8-96所示。“空白.2”对象的位置如图8-97所示。

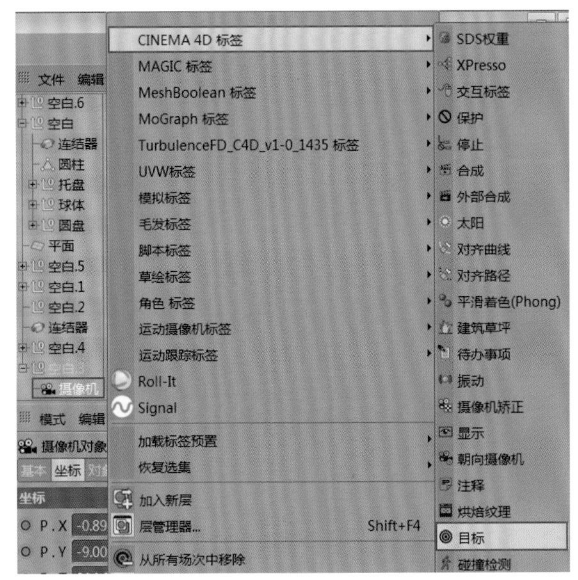

图8-95

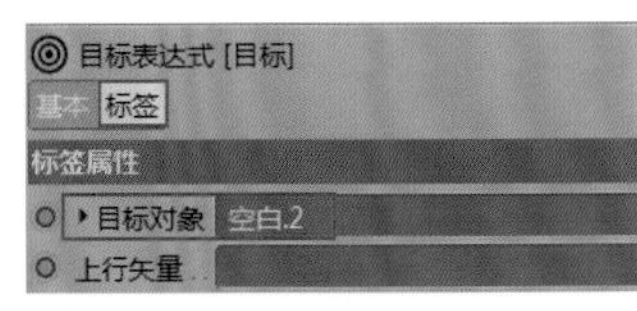

图8-96

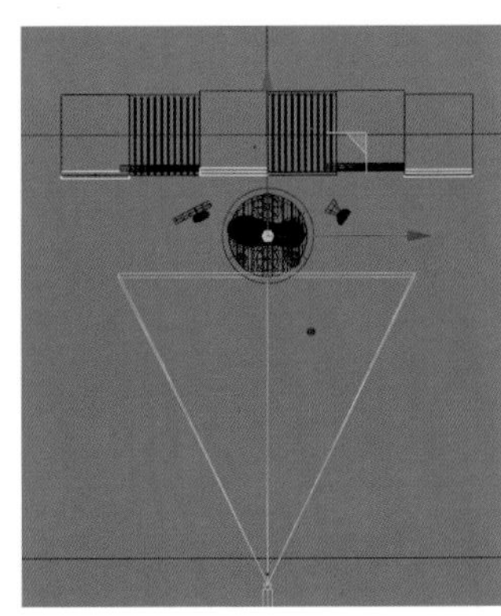

图8-97

02 选择“空白.2”对象，在0F时激活位置坐标P.Y的关键帧，设置P.Y为200cm，如图8-98所示。在25F时激活P.Y的关键帧，设置P.Y为－20cm，如图8-99所示。调节P.Y的函数曲线，使其具有由快到慢的动画节奏，如图8-100所示。

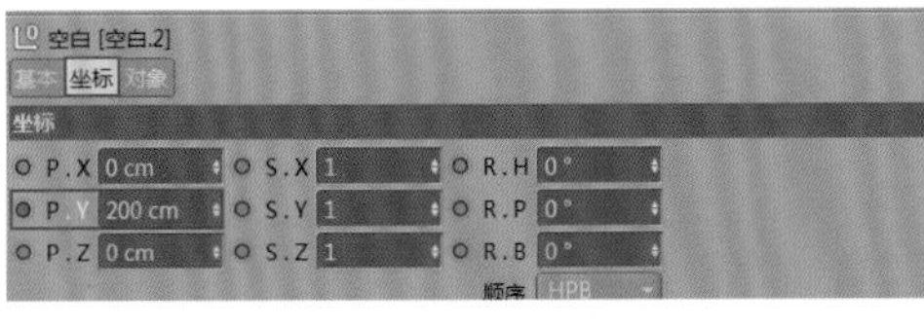

图8-98

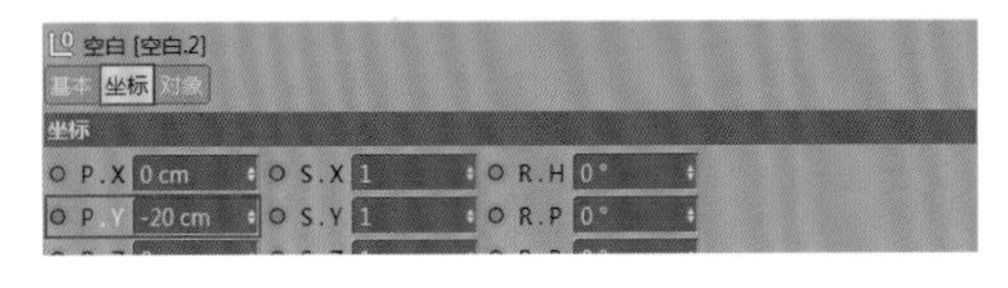

图8-99

图8-100

03 调整摄像机动画。在0F时激活“焦距”的关键帧，设置“焦距”为50毫米；在60F时激活“焦距”的关键帧，设置“焦距”为36毫米。对比效果如图8-101所示。

图8-101

04 在0F时激活摄像机位置坐标P.Z的关键帧，设置P.Z为1090cm，如图8-102所示。在25F时设置P.Z为1135cm，在55F时设置P.Z为1090cm，并依次激活关键帧。在60F时激活P.Z的关键帧，设置P.Z为875cm，如图8-103所示。这样设置的好处是摄像机动画在0F~55F是慢速，在55F~60F是快速，时间线窗口如图8-104所示。效果如图8-105所示。

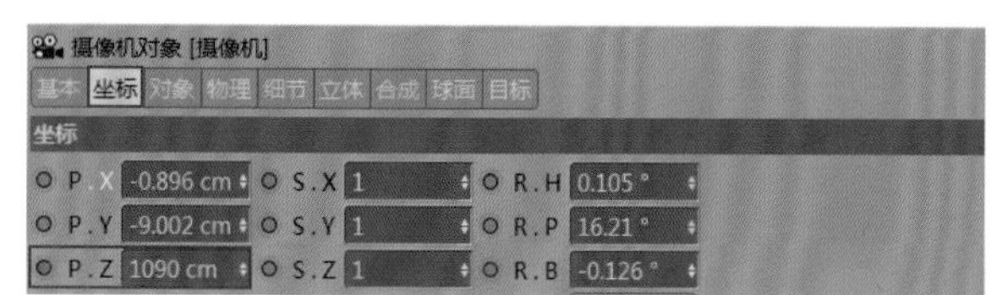

图8-102

摄像机对象 [摄像机]

基本 坐标 对象 物理 细节 立体 合成 球面 目标

坐标

P.X	-0.896 cm	S.X	1	R.H	0.049 °
P.Y	-9.002 cm	S.Y	1	R.P	-1.269 °
P.Z	875 cm	S.Z	1	R.B	-0.126 °

图8-103

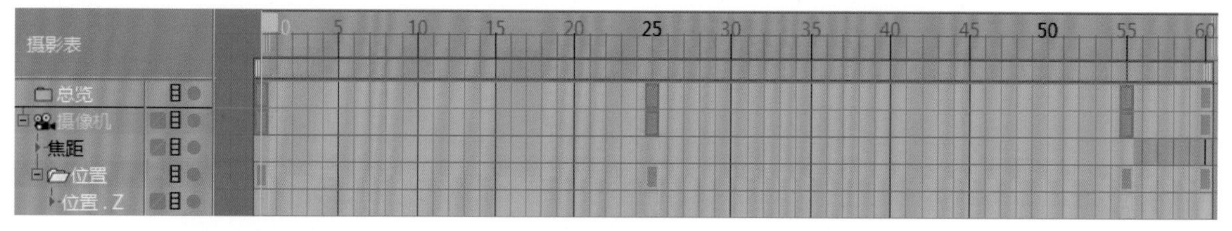

图8-104

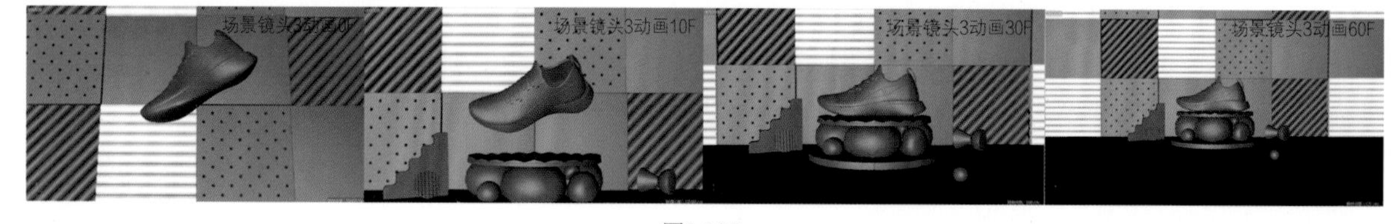

图8-105

8.4 制作球体发射动画

本节主要介绍球体顺着管道运动前的发射动画的制作方法，技术重点是模拟动力学碰撞和飞溅效果，如图8-106所示。

图8-106

8.4.1 制作球体喷射场景

01 打开本书提供的“场景4”模型文件，如图8-107所示。注意，该场景工程时长为60F。

02 创建一个球体，设置“半径”为15cm，“分段”为20，如图8-108所示。执行“运动图形>克隆”菜单命令，如图8-109所示。将球体拖曳到“克隆”对象中作为子级，进入“克隆对象”面板，在“对象”选项卡中设置“模式”为“网格排列”，“数量”为（8,10,8），“尺寸”为（153cm,161cm,146cm），“外形”为“球体”，如图8-110所示。效果如图8-111所示。

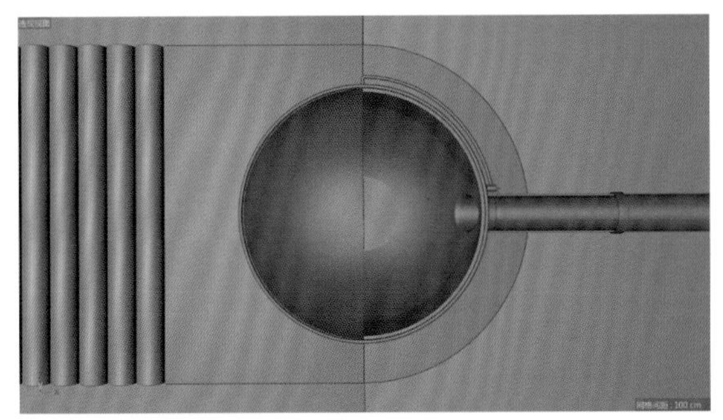

图8-107

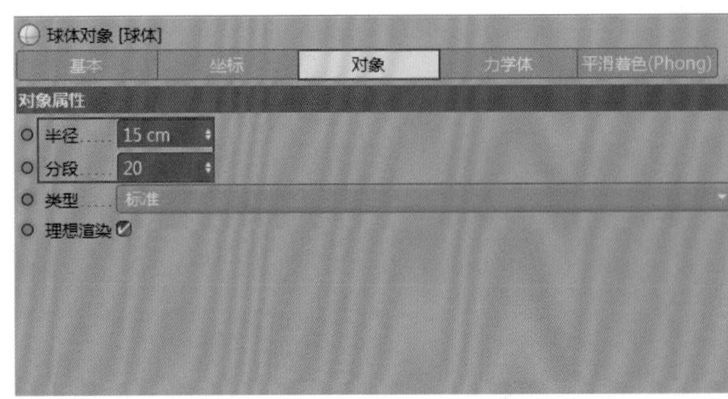

图8-108

图8-109

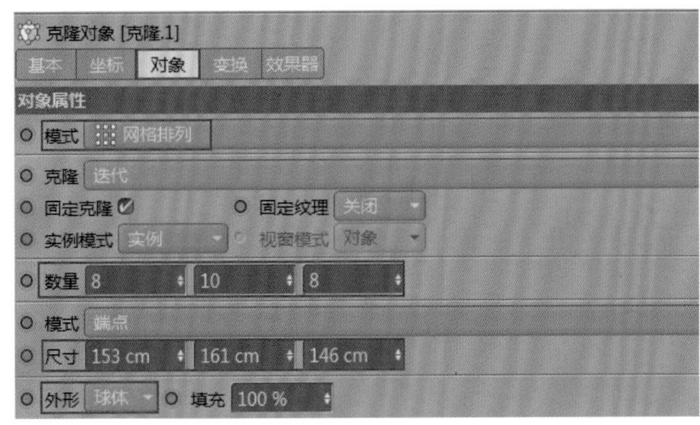

图8-110

图8-111

03 为球体添加动力学效果，使克隆的球体填满圆盘。使用鼠标右键单击“球体”对象，为其添加动力学“刚体”标签。为圆盘与其上面的半圆添加动力学“碰撞体”标签，进入“力学体标签”面板，在“碰撞”选项卡中设置“外形”为“静态网格”，如图8-112所示。效果如图8-113所示。

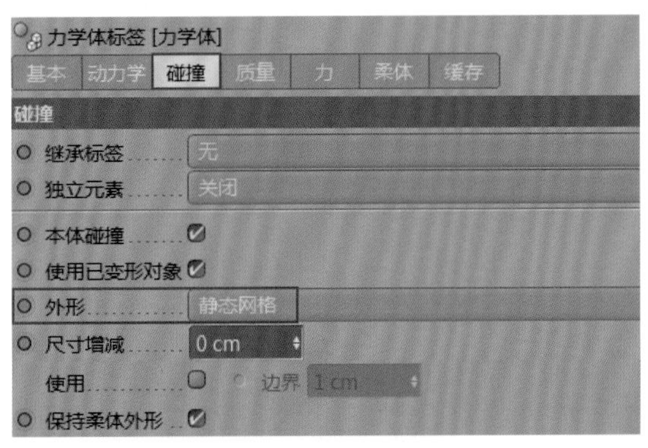

图8-112

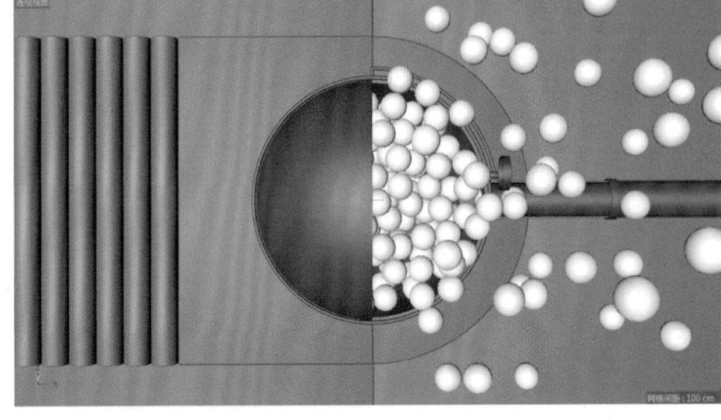

图8-113

04 此时动力学模拟的球体向外产生飞溅效果，将半圆复制一份并旋转180°，如图8-114所示。设置半圆的“编辑器可见”和“渲染器可见”为“关闭”，如图8-115所示。效果如图8-116所示。

图8-114

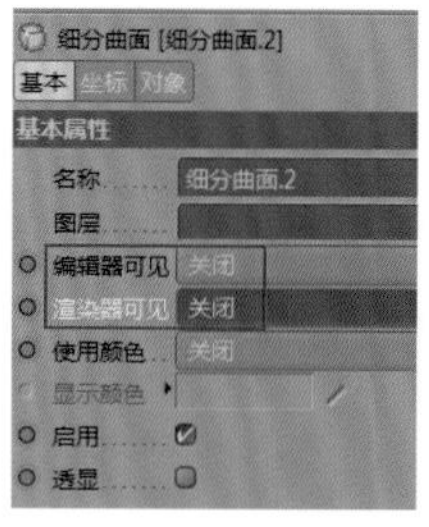

图8-115

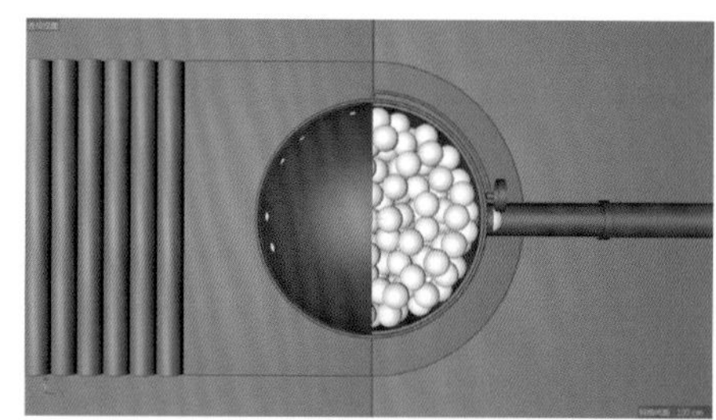

图8-116

技巧提示 在0F时球体就应该是这里30F时的效果，所以需要在30F时选择球体，然后在“动力学”选项卡中单击“设置初始形态”按钮，如图8-117所示。

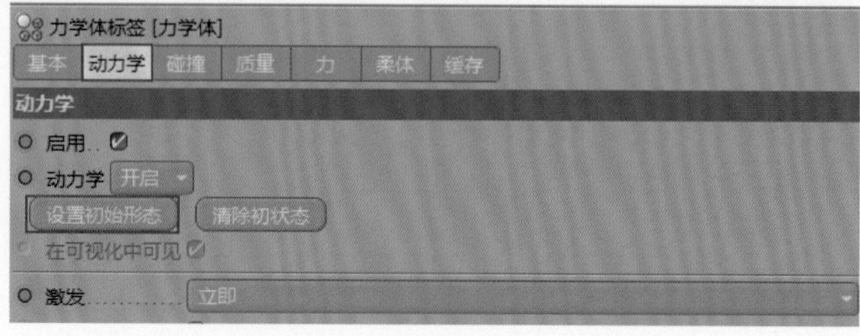

图8-117

05 创建4个球体并放置到圆管上不同的位置，如图8-118所示。为右边3个球体添加“刚体”标签，在“动力学”选项卡中勾选“自定义初速度”，设置“初始线速度”为（80cm,0cm,0cm），“初始角速度”为（0°，0°，90°），如图8-119所示。注意，为了让每个球体的“初始线速度”不同，可将其他两个球体的“初始线速度”分别设置为（50cm，0cm，0cm）和（10cm，0cm，0cm）。

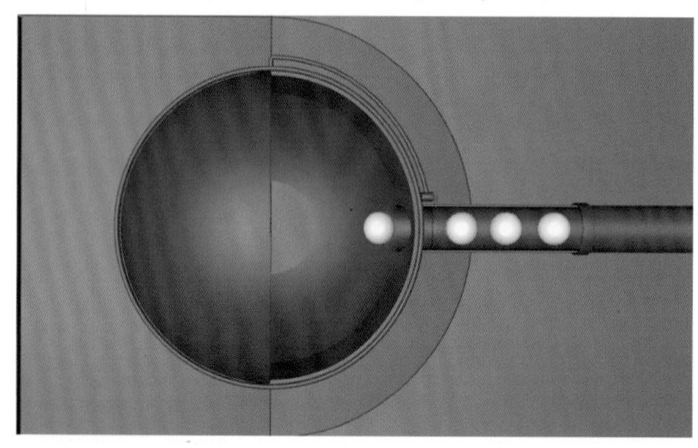

图8-118

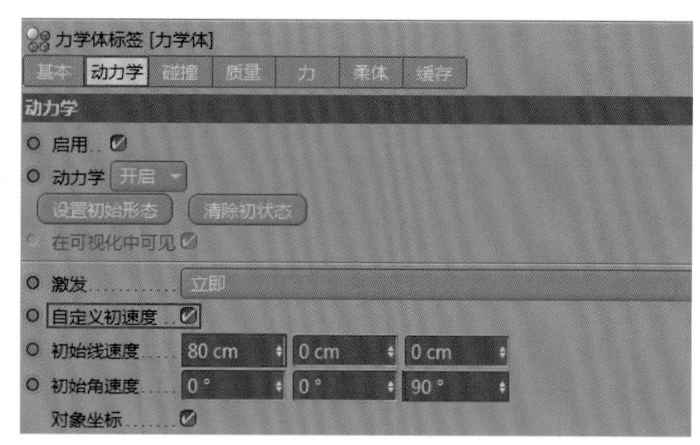

图8-119

技巧提示 动力学中的初始线速度是指控制物体在*x*轴、*y*轴和*z*轴方向上移动的速度，如*x*为80cm表示动力学效果激发时物体会以80cm/s的速度在*x*轴方向上移动。

06 使用鼠标右键单击最后一个球体，为其添加“碰撞体”标签，使用设置关键帧的方式推动前面的3个球体。在0F时激活球体位置坐标P.X和旋转坐标R.B的关键帧，设置P.X为100cm，R.B为0°，如图8-120所示。在60F时设置P.X为230cm，R.B为480°，并激活关键帧，如图8-121所示。

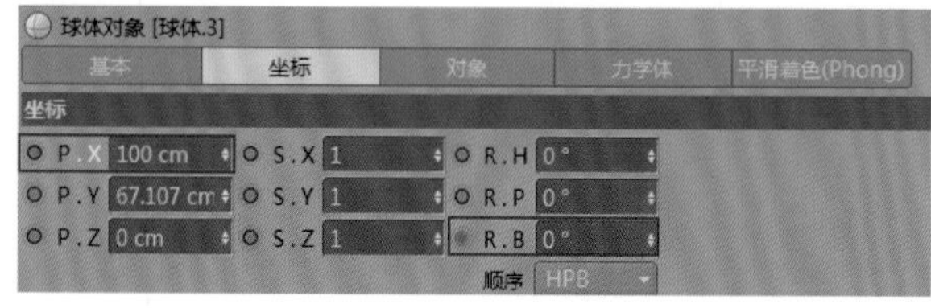

图8-120

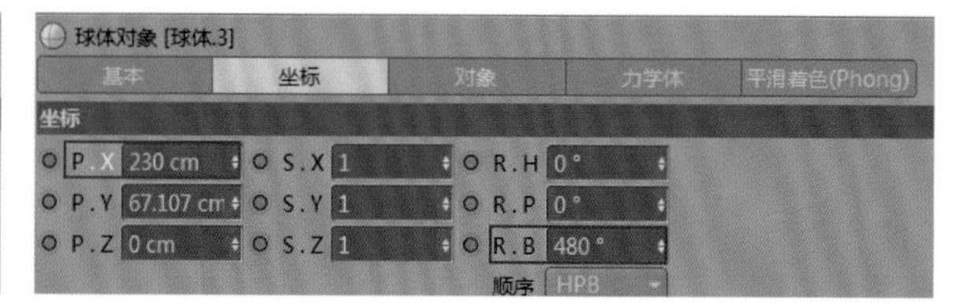

图8-121

07 为卡簧制作旋转动画。选择“卡簧”对象，激活旋转坐标R.P的关键帧，在0F时设置R.P为0°，在10F时设置R.P为－95°，在15F时设置R.P为－90°，并分别激活关键帧，如图8-122所示。当球体旋转离开卡簧后，再用相同的方法将卡簧关闭即可，效果如图8-123所示。

图8-122

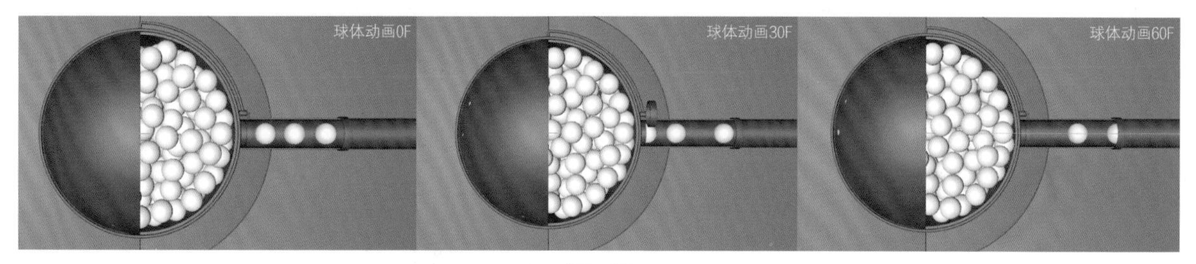

图8-123

8.4.2 制作摄像机镜头动画

单击“摄像机”对象，在0F时激活位置坐标P.X和P.Z的关键帧，设置P.Z为60cm，如图8-124所示。在15F时设置P.Z为0cm，并激活关键帧。在50F时设置P.Z为0cm并激活关键帧，在60F时设置P.X为70cm并激活关键帧，如图8-125所示。调节P.Z的函数曲线，使其具有由快到慢的动画节奏，如图8-126所示。效果如图8-127所示。

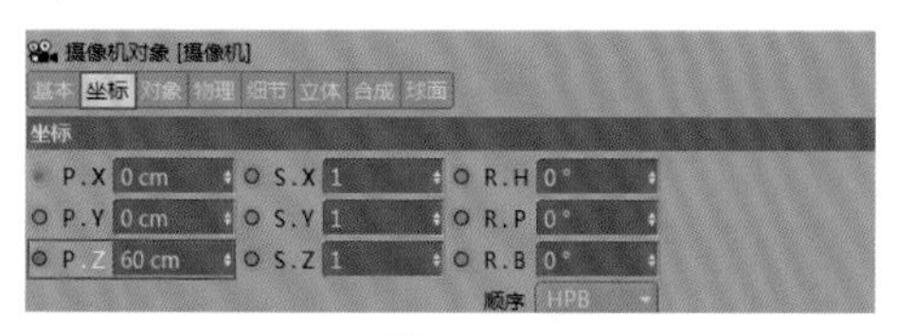

图8-124

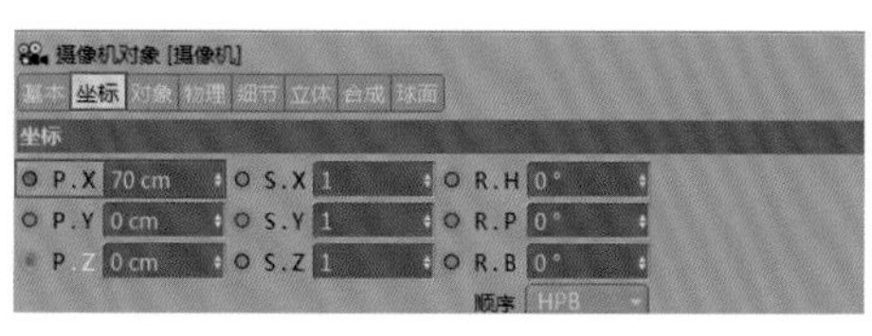

图8-125

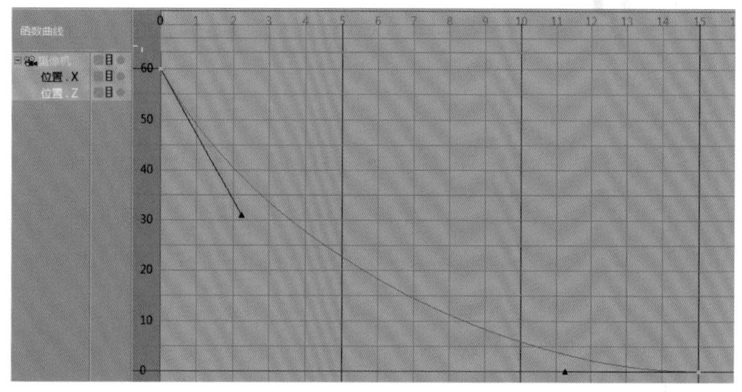

图8-126

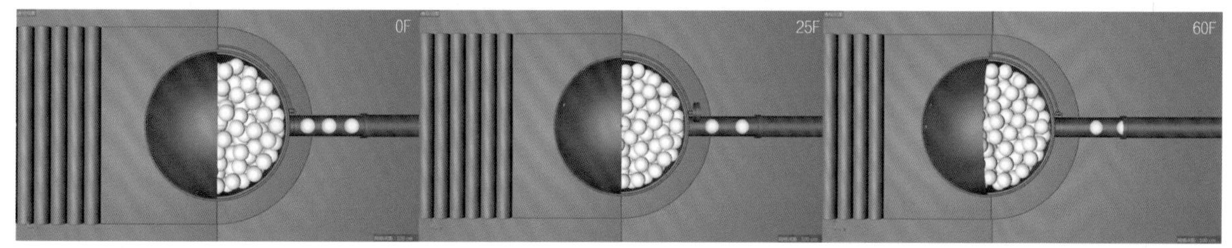

图8-127

8.5 制作管道中的球体运动动画

本节制作上一个镜头中的球体发射后，球体顺着螺旋管道运动的画面，效果如图8-128所示。

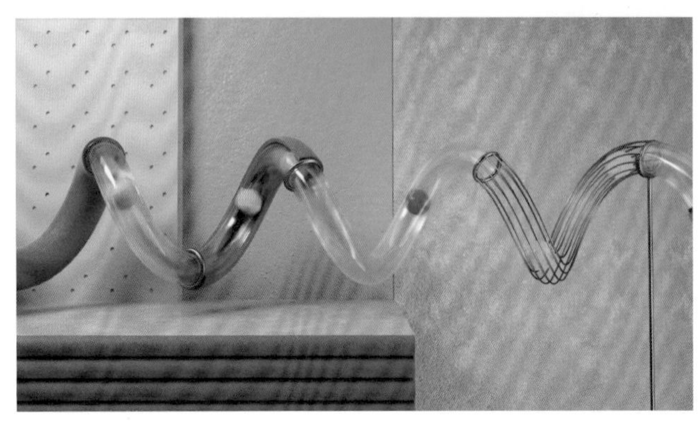

图8-128

8.5.1 制作球体运动场景

01 打开本书提供的“场景5”模型文件，如图8-129所示。注意，该场景工程时长为65F。

02 创建一个球体，设置“半径”为18cm,“分段”为24，如图8-130所示。执行“运动图形>克隆”菜单命令，将球体拖曳到“克隆”对象下方作为子级；复制一份场景中“扫描”的子级“螺旋”对象，如图8-131所示。进入“克隆对象”面板，在“对象”选项卡中设置“模式”为“对象”，将“螺旋”拖曳到“对象”中，设置“分布”为“平均”,“数量”为6，如图8-132所示。克隆路径的效果如图8-133所示。

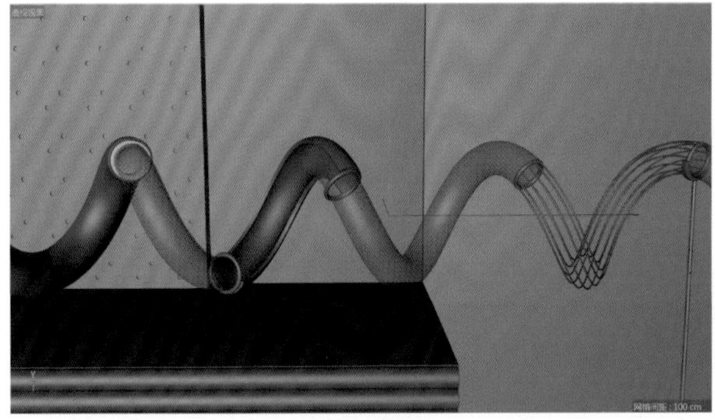

图8-129

球体对象 [球体]
基本 坐标 对象 平滑着色(Phong)
对象属性
半径 18 cm
分段 24

图8-130

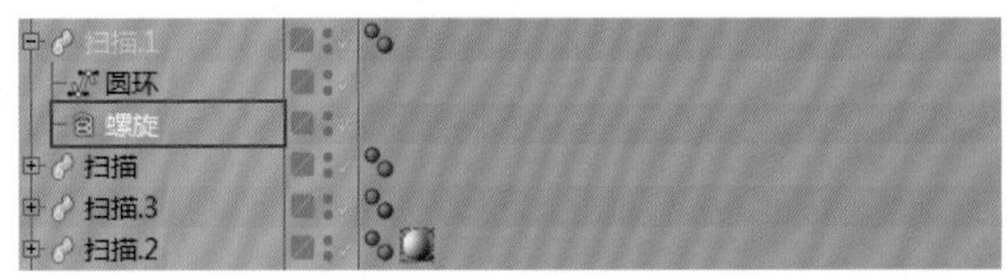

图8-131

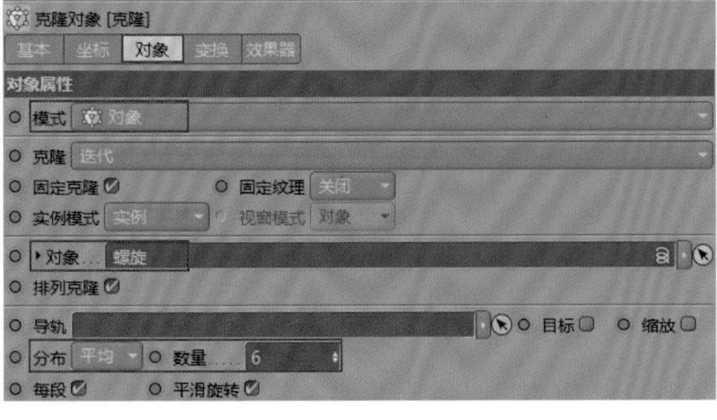

图8-132

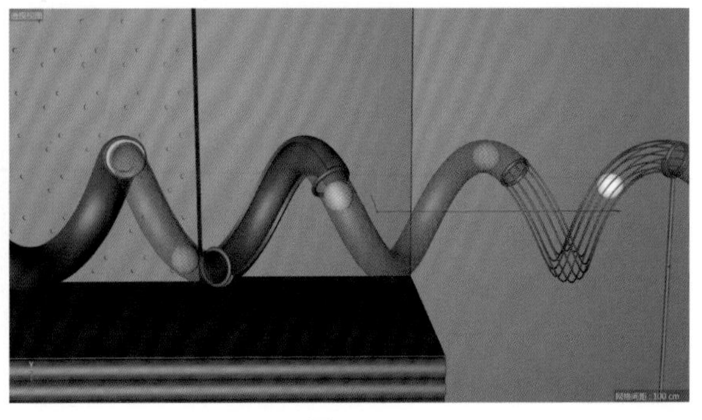

图8-133

03 克隆球体螺旋样条并制作球体从左向右运动的路径动画。进入“克隆对象”面板，在“对象”选项卡中勾选“平滑旋转”，设置“结束”为55%，取消勾选“循环”，设置“率”为20%，“比率变化”为10%，如图8-134所示。效果如图8-135所示。

技巧提示 克隆对象的“率”可以产生程序动画，无须手动创建关键帧。当“率”的值越大时，速度就越快；“率”为0时则不产生动画。“比率变化”值越大，克隆对象中球体的间距平均性就越差。

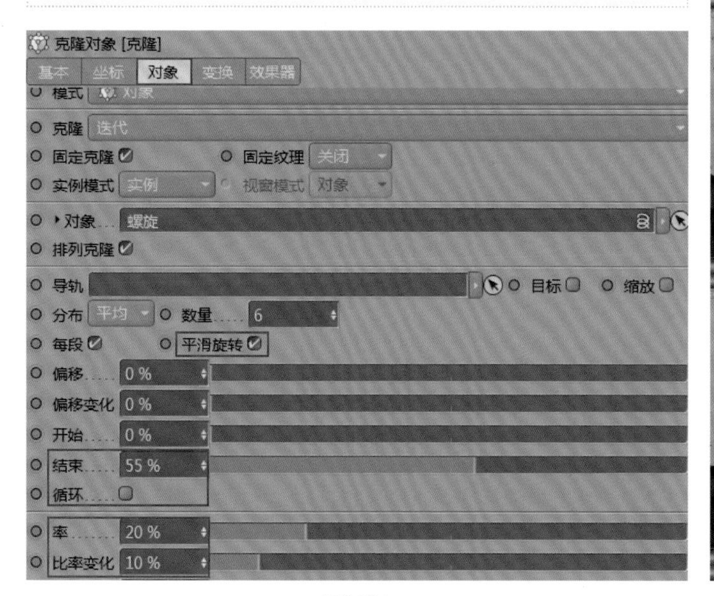

图8-134

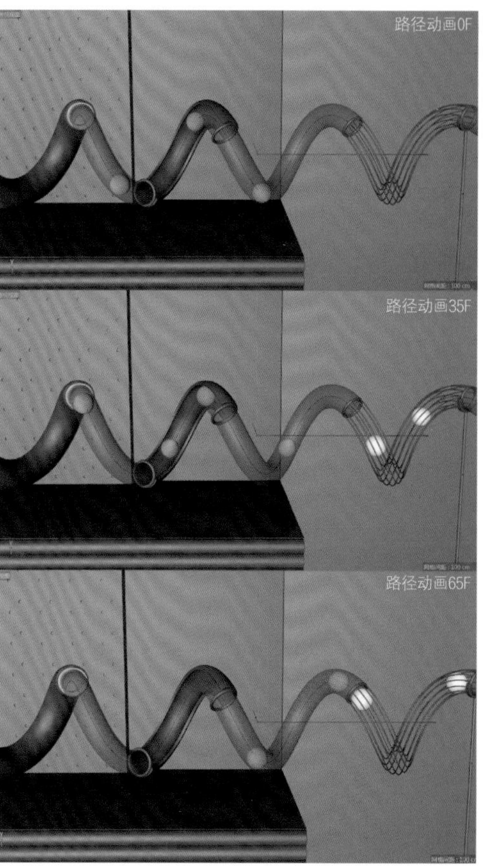

图8-135

8.5.2 制作摄像机镜头动画

01 使用鼠标右键单击“摄像机”对象，执行“CINEMA 4D标签>目标”命令，如图8-136所示。创建一个“空白”对象，将其拖曳到摄像机前方，将“空白.2”拖曳到“目标对象”中，如图8-137所示。“空白.2”对象的位置如图8-138所示。

图8-136

图8-137

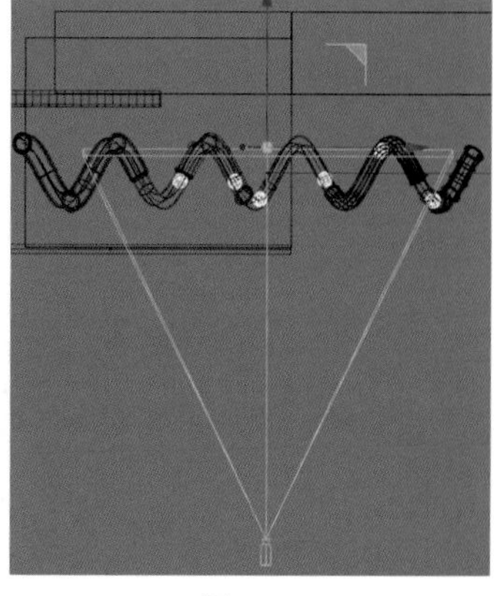

图8-138

02 选择“空白.2”对象，在0F时激活位置坐标P.X的关键帧，设置P.X为－63cm，如图8-139所示。在25F时激活P.X的关键帧，设置P.X为0cm，如图8-140所示。时间线窗口如图8-141所示。

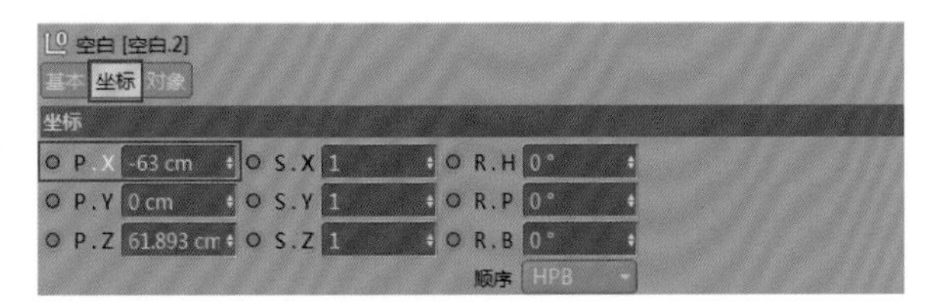

图8-139

图8-140

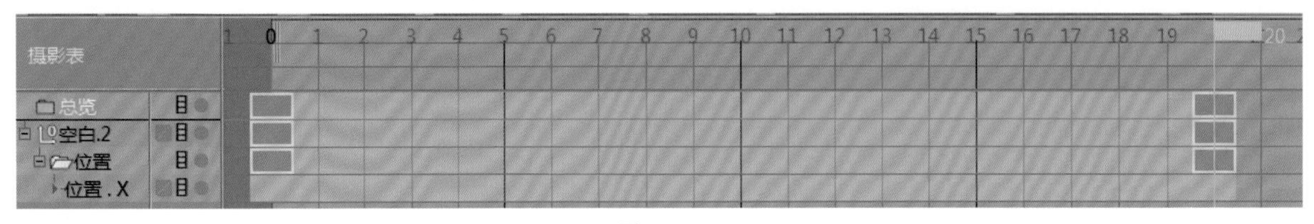

图8-141

03 调整摄像机动画，目标摄像机的特点是位置移动时，旋转角度也会自然地发生变化。在0F时激活摄像机位置坐标与旋转坐标的关键帧，具体参数设置如图8-142所示。在20F时激活位置坐标和旋转坐标的关键帧，具体参数设置如图8-143所示。在50F时激活位置坐标和旋转坐标的关键帧，具体参数设置如图8-144所示。在65F时激活位置坐标和旋转坐标的关键帧，具体参数设置如图8-145所示。这样设置的好处是摄像机动画在0F~20F是快速的，在20F~50F是匀速的，在50F~65F是超快速的，摄像机运动轨迹如图8-146所示。效果如图8-147所示。

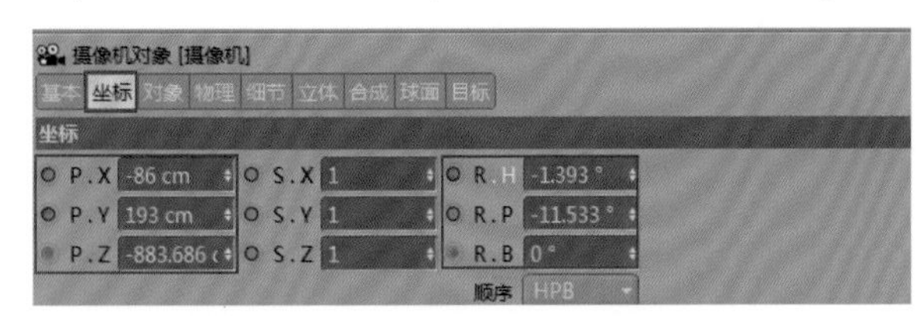

图8-142

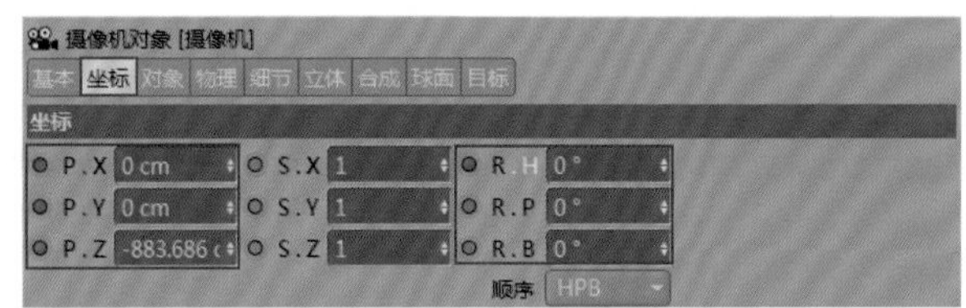

图8-143

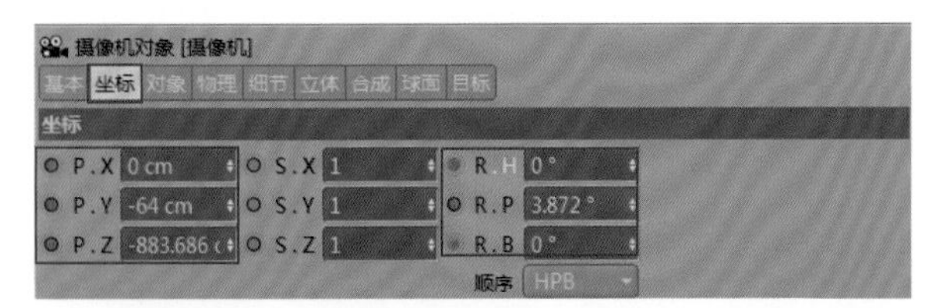

图8-144

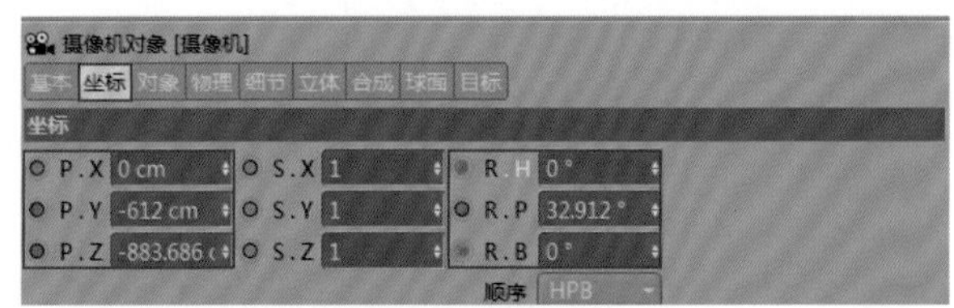

图8-145

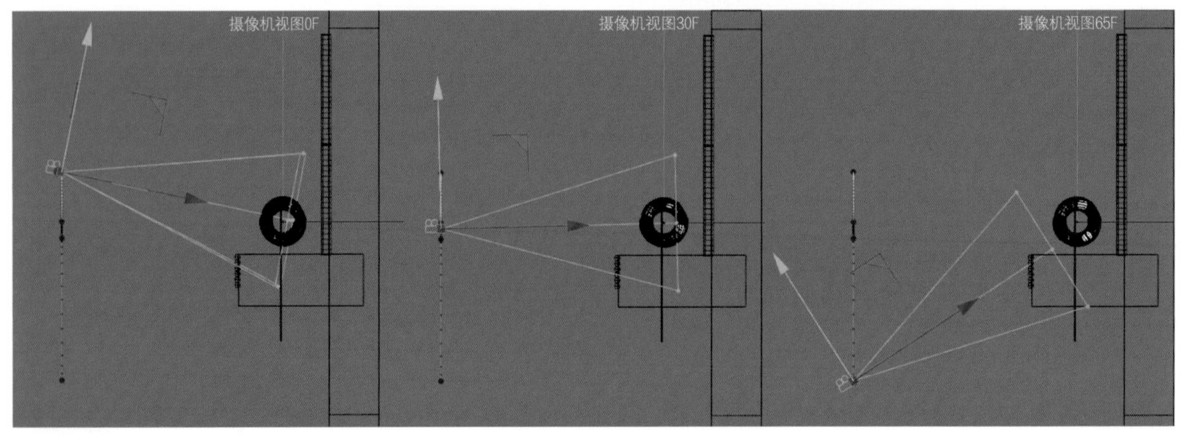

图8-146

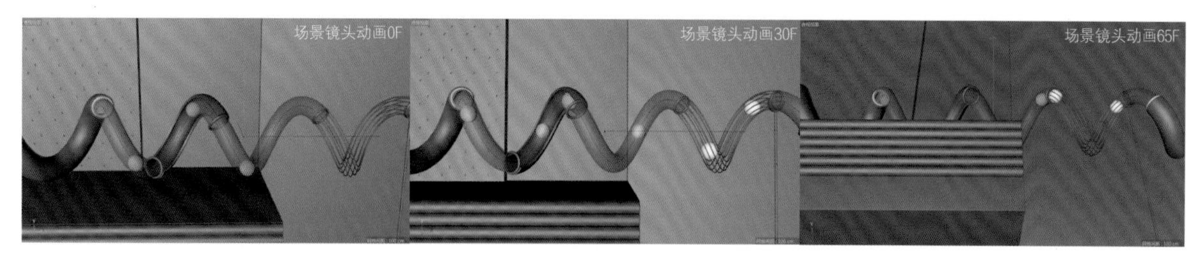

图8-147

8.6 制作球体下落动画

本节制作球体通过管道到达终点从而下落的动画，如图8-148所示。

图8-148

8.6.1 制作球体下落场景

01 打开本书提供的“场景6”模型文件，如图8-149所示。注意，该场景工程时长为65F。

02 创建一个球体，设置“半径”为60cm，“类型”为“二十面体”，如图8-150所示。执行“运动图形>克隆”菜单命令，将“球体”拖曳给“克隆”对象作为子级，进入“克隆对象”面板，在“对象”选项卡中设置“模式”为“线性”，“数量”为5，位置为（0cm,200cm,0cm），如图8-151所示。将“克隆”对象拖曳到管道的中间位置，如图8-152所示。

图8-149

图8-150

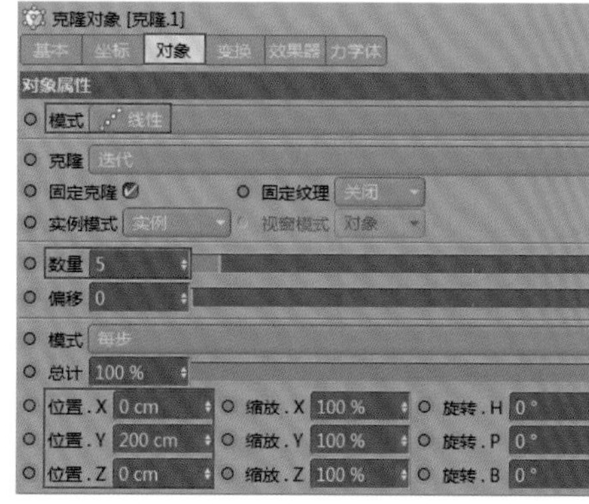

图8-151

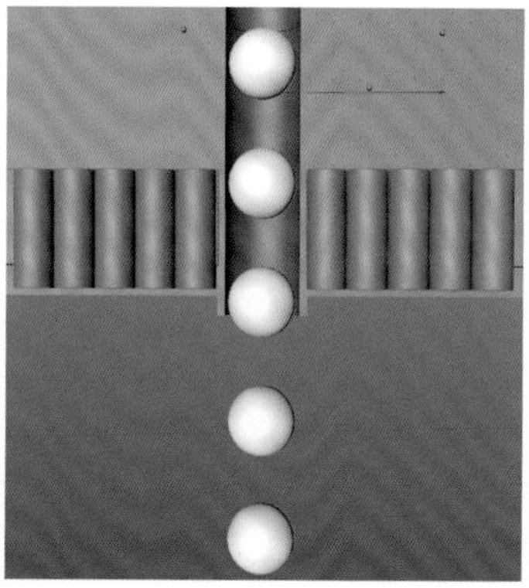

图8-152

8.6.2 制作球体碰撞挤压动画

01 克隆球体并制作球体上升后的碰撞动画，使用鼠标右键单击“克隆”子级中的“球体”对象，为其添加“刚体”标签，按快捷键Ctrl+D打开“工程”面板，设置“重力”为－1000cm，如图8-153所示。效果如图8-154所示。

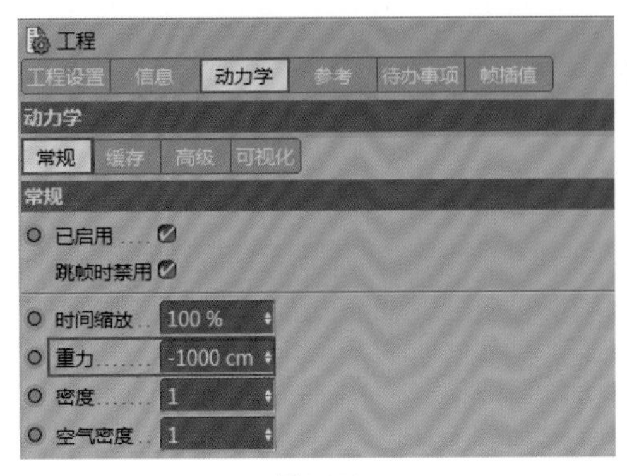

图8-153

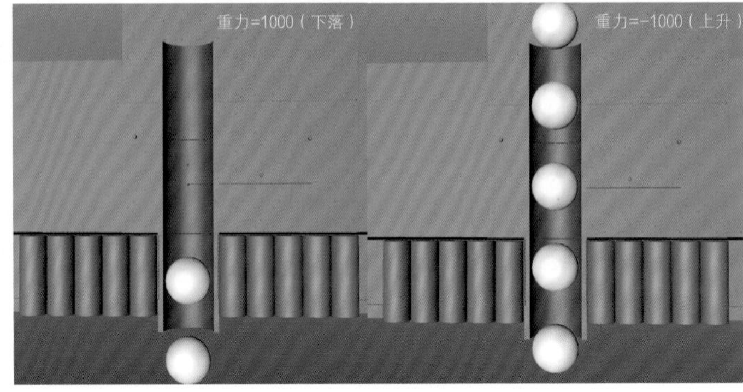

图8-154

02 注意，虽然球体在上升，但并没有在固定的位置产生碰撞。创建一个平面并放置在场景中合适的位置，使用鼠标右键单击“平面”和“管道”对象，分别为它们添加模拟标签（碰撞体），如图8-155所示。进入管道的“力学体标签”面板，在“碰撞”选项卡中设置“继承标签”为“应用标签到子级”,“独立元素”为“全部”,“外形”为“静态网格”，如图8-156所示。

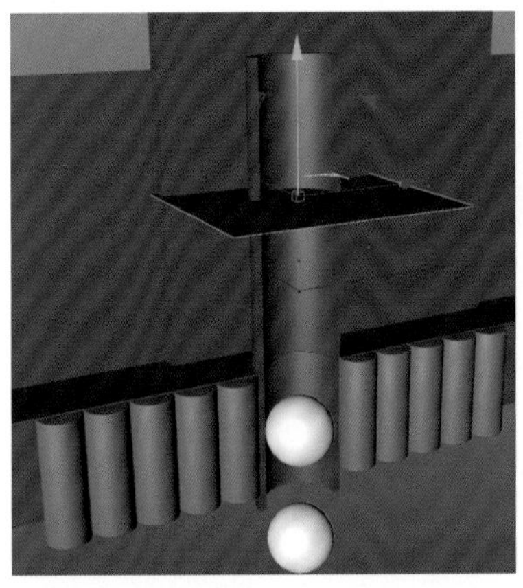

图8-155

图8-156

技术专题：“继承标签”与“独立元素”

“继承标签”与“独立元素”是动力学标签在父级对象上的情况下需要进行的设置，如果是默认的“无”和“关闭”，则克隆子级的正方体只有一个整体的力学属性，只有设置为“应用标签到子级”和“全部”的时候，正方体才会拥有独立的力学属性，如图8-157所示。

另外,“外形”在默认情况下为“自动”，表示力学体外形是一个方形盒子，也就是说，如果对象是管道就需要将其“外形”设置为“动态网格”或“静态网格”，这样才能让力学体外形匹配管道外形，如图8-158所示。

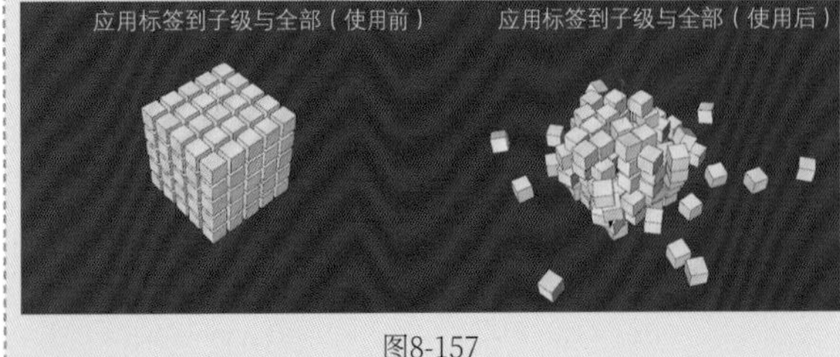

图8-157

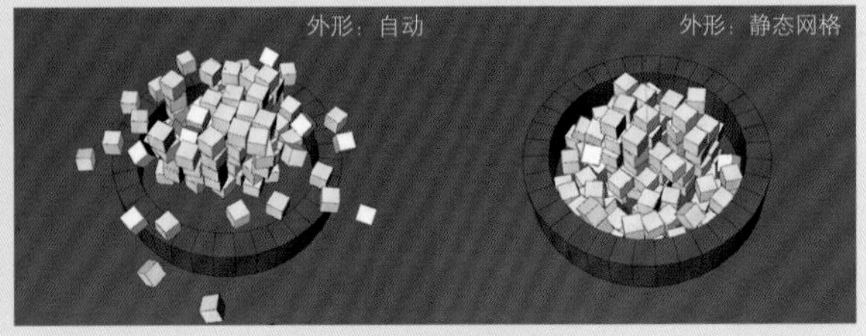

图8-158

03 平面在添加“碰撞体”标签后可以将球体挡住，选择平面的“碰撞体”标签，切换到“动力学”选项卡，在49F时激活关键帧，并勾选“启用”，如图8-159所示。在50F时取消勾选“启用”，让50F后的球体不被平面阻挡。效果如图8-160所示。

图8-159

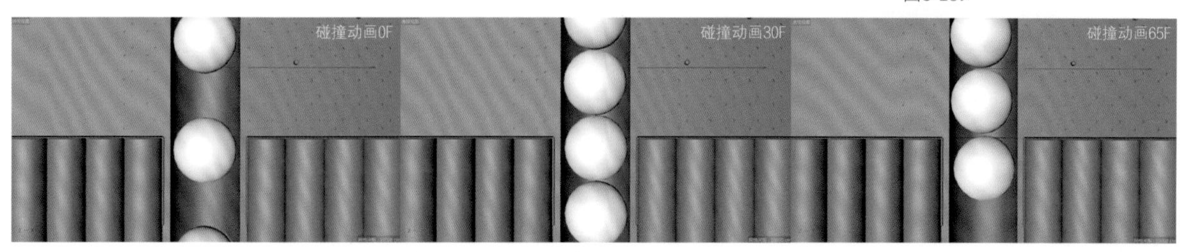

图8-160

04 球体上升发生碰撞后，球与球之前会产生挤压变形的效果。创建一个FFD对象，如图8-161所示。用该对象影响克隆整体，需要为“克隆”对象与“FFD”对象创建一个新的“空白”组，在同级中使用FFD点级动画来影响“克隆”对象。

05 进入“FFD”对象面板，在“对象”选项卡中设置“栅格尺寸”为（300cm,872cm,300cm），如图8-162所示。在10F时激活点级动画标签，如图8-163所示。在点模式下移动FFD，FFD点级动画的时间线窗口如图8-164所示。效果如图8-165所示。

图8-161

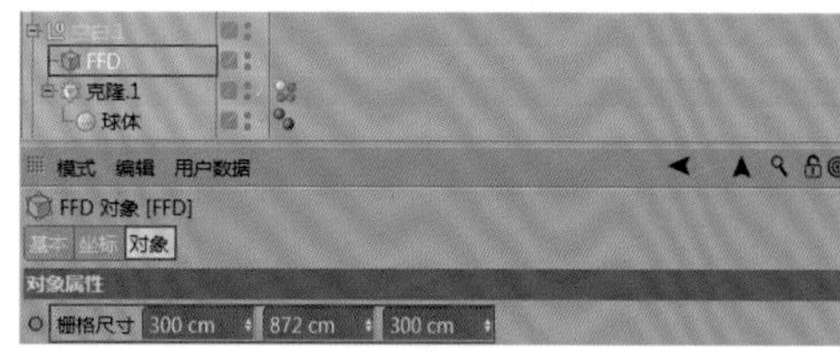

图8-162

图8-163

图8-164

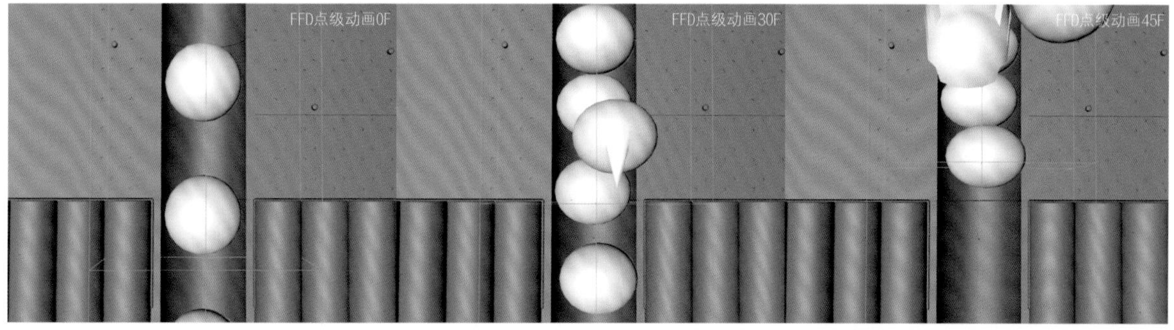

图8-165

技术专题：如何防止产生飞溅和破面等效果

使用FFD对球体进行挤压后，球体会产生飞溅与破面等不好的动态效果，因此需要将管道复制一份并且旋转180°，将克隆整体包裹在管道内部再进行模拟，如图8-166所示。

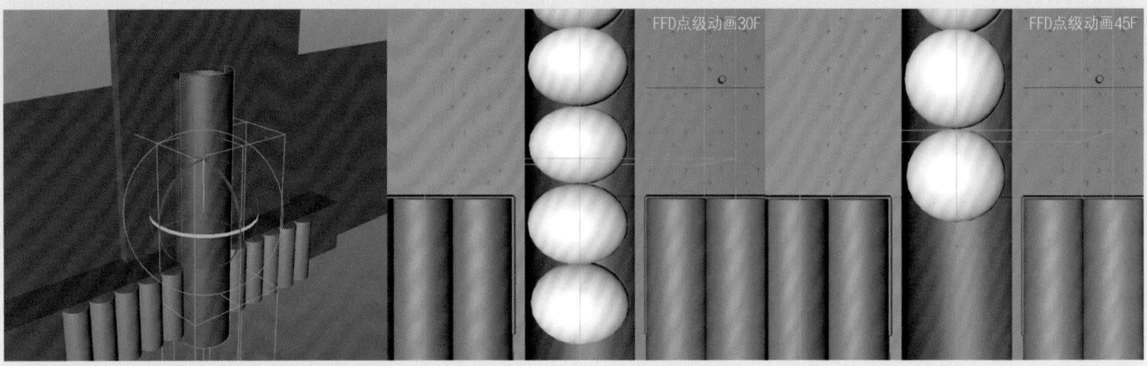

图8-166

8.6.3 制作摄像机镜头动画

进入“摄像机对象”面板，在0F时激活P.Y的关键帧，设置P.Y为－50cm，如图8-167所示。在50F时设置P.Y为0cm并激活关键帧，制作出摄像机缓慢移动的效果。在60F时激活P.Y的关键帧，设置P.Y为145cm，制作出摄像机快速移动的效果，如图8-168所示。摄像机动画的时间线窗口如图8-169所示。效果如图8-170所示。

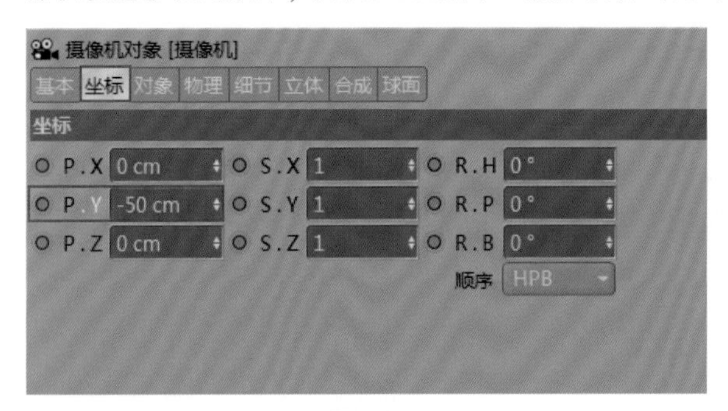

图8-167

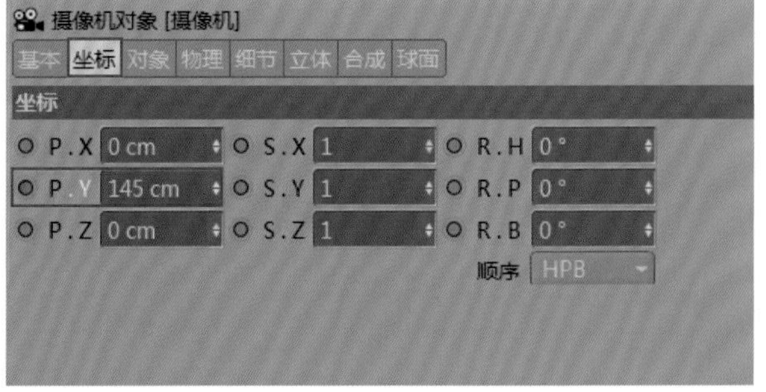

图8-168

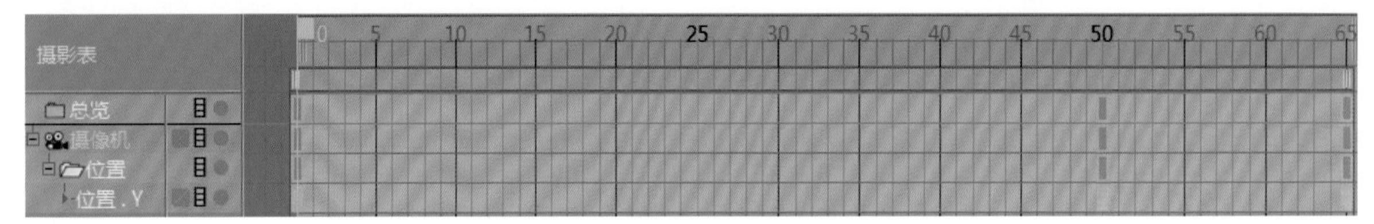

图8-169

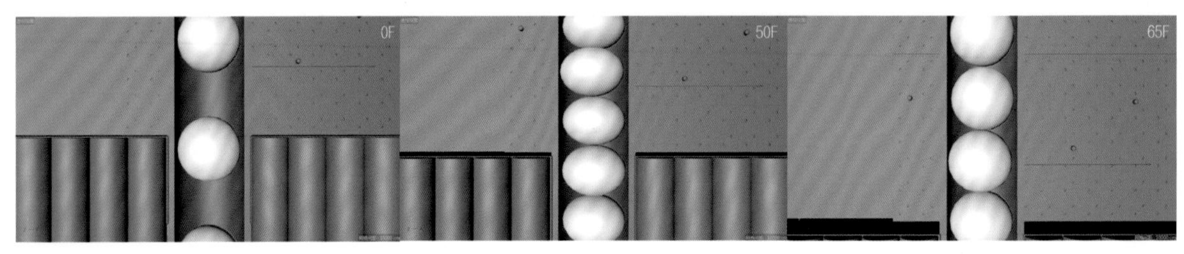

图8-170

8.7 制作运动鞋生成动画

本片段为跳转片段，从球体直接过渡到运动鞋出现，如图8-171所示。

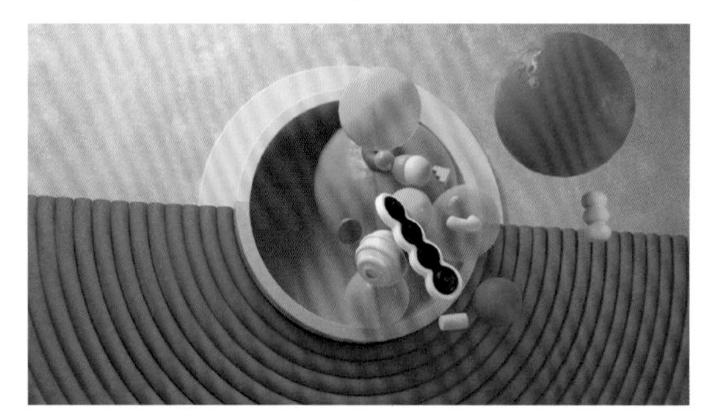

图8-171

8.7.1 制作运动鞋生成场景

01 打开本书提供的“场景7”模型文件，如图8-172所示。打开本书提供的运动鞋模型，如图8-173所示。将运动鞋拖曳到场景中合适的位置，如图8-174所示。注意，该场景工程时长为70F。

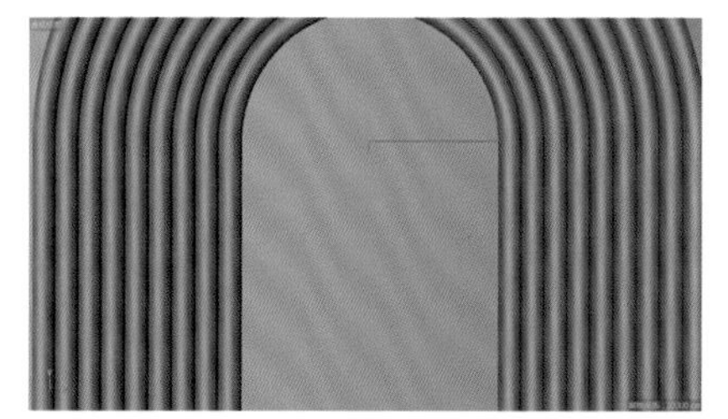

图8-172

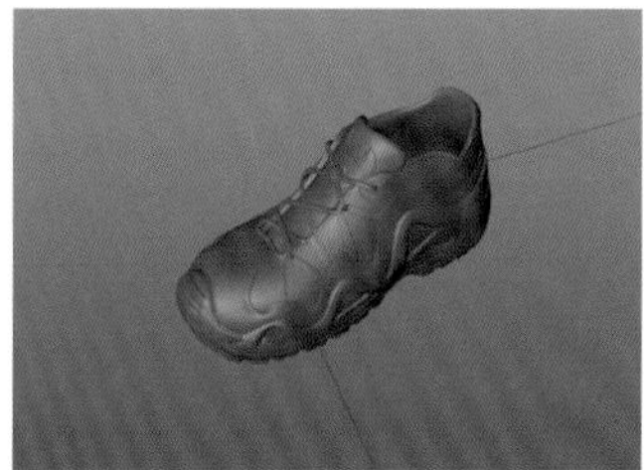

图8-173

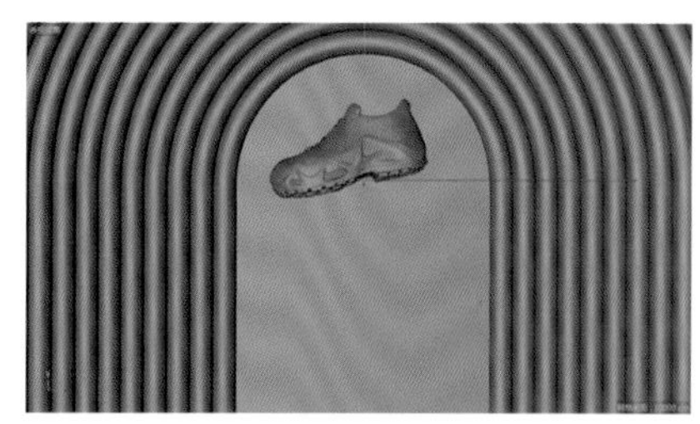

图8-174

02 创建7个球体，设置球体“对象”选项卡中的“类型”为“二十面体”，如图8-175所示。注意，为每个球体设置不同的“半径”与“分段”，然后将它们拖曳到场景中合适的位置，如图8-176所示。

图8-175

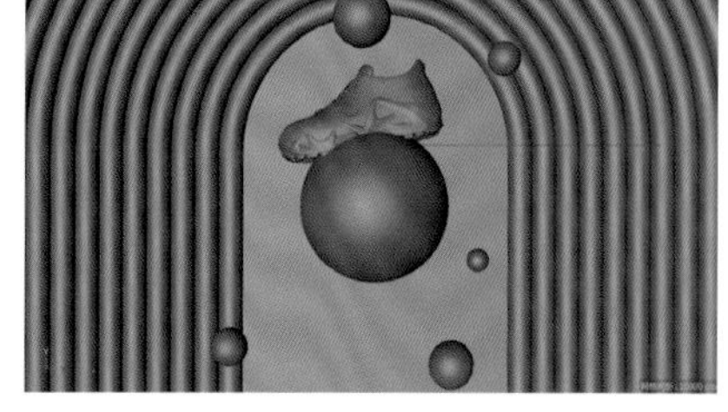

图8-176

8.7.2 制作球体与运动鞋的碰撞模拟动画

01 制作运动鞋下方的球体动画，在0F时激活位置坐标P.Y和旋转坐标R.H的关键帧，设置P.Y为－300cm，R.H为－90°，如图8-177所示。在25F时激活P.Y和R.H的关键帧，设置P.Y为－65cm，R.H为0°，如图8-178所示。为了让球体在0F~25F具备回弹性，可以在40F时激活位置坐标P.Y的关键帧并设置P.Y为－80cm，在60F时设置P.Y为－50cm并激活关键帧，在70F时设置P.Y为－65cm并激活关键帧，时间线窗口如图8-179所示。

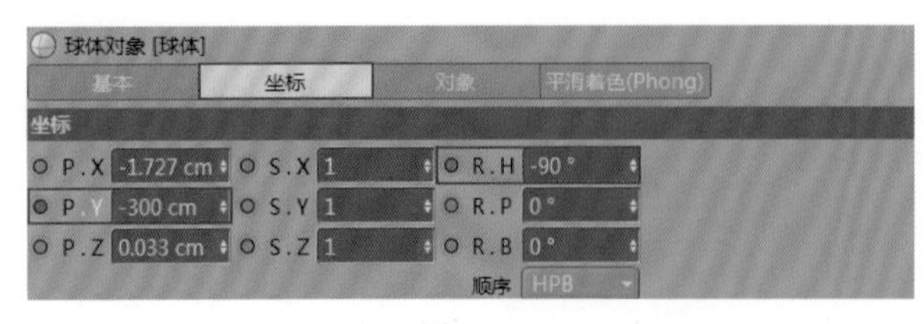

图8-177

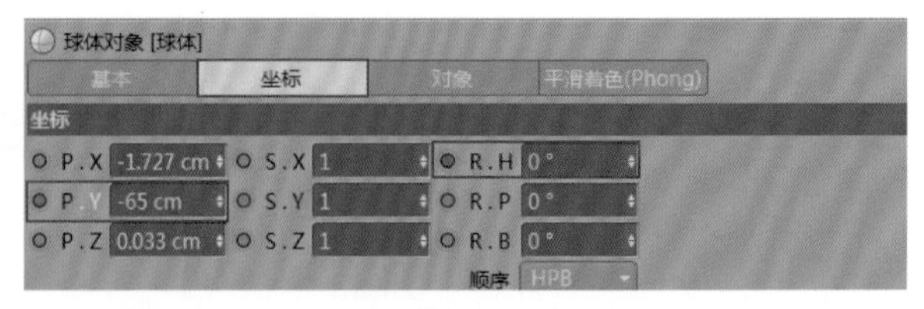

图8-178

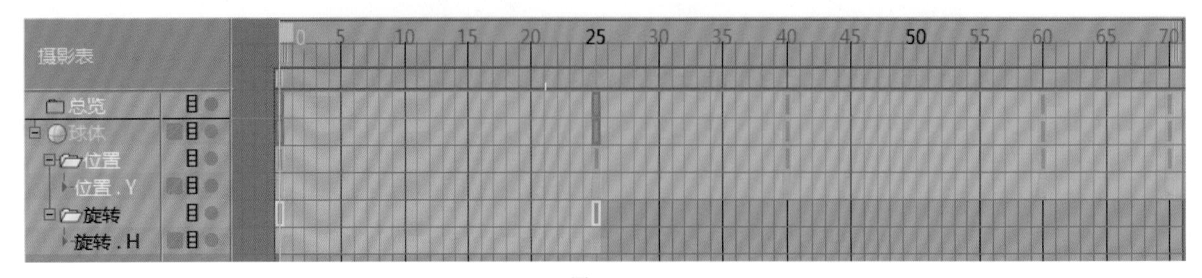

图8-179

02 让运动鞋与球体产生父子级关系，这样球体的位移动画会直接影响运动鞋。使用鼠标右键单击“鞋子”对象，执行“角色标签>约束”命令，如图8-180所示。进入“约束”面板，在“基本”选项卡中勾选“父对象”，然后将“球体”拖曳给“目标”，如图8-181所示。效果如图8-182所示。

图8-180

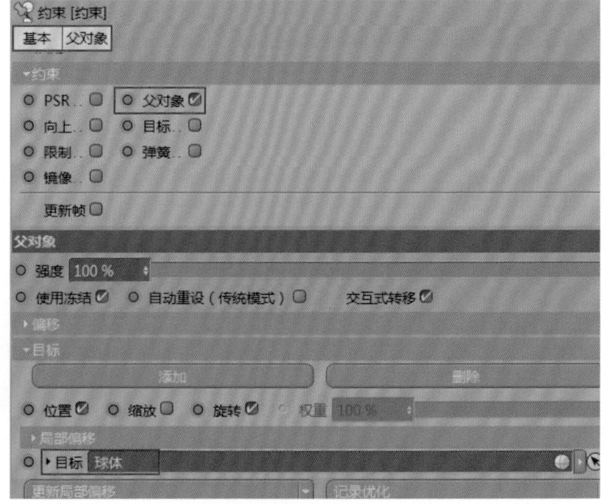

图8-181

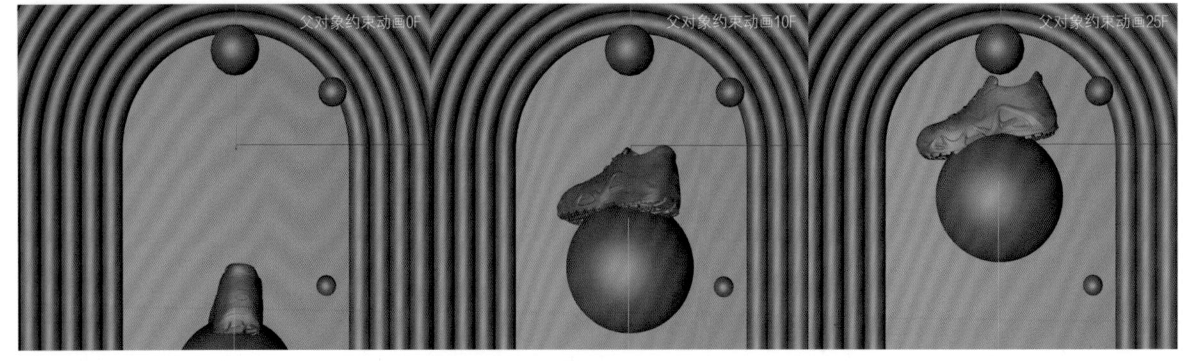

图8-182

03 目前运动鞋与球体产生了穿插效果，因此需要使它们之间产生柔和的碰撞效果。创建一个“碰撞”对象，如图8-183所示。将“碰撞”变形器拖曳至“球体”对象中作为子级，进入“碰撞变形器”面板，在“碰撞器”选项卡中设置“解析器”为“外部”，将“鞋子”拖曳到“对象”中，如图8-184所示。效果如图8-185所示。

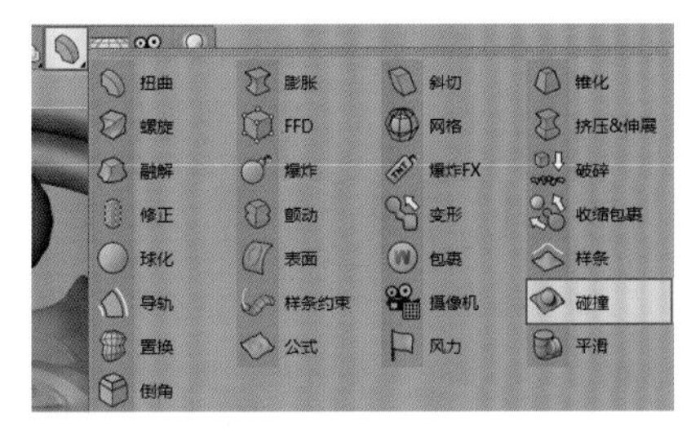

图8-183

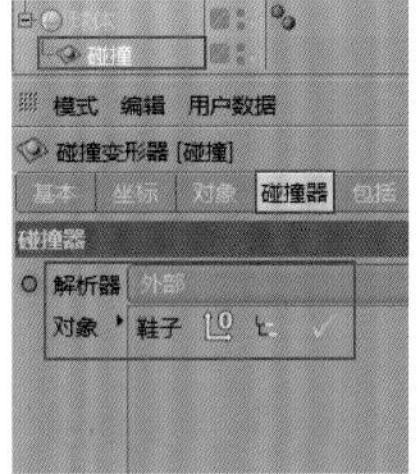

图8-184

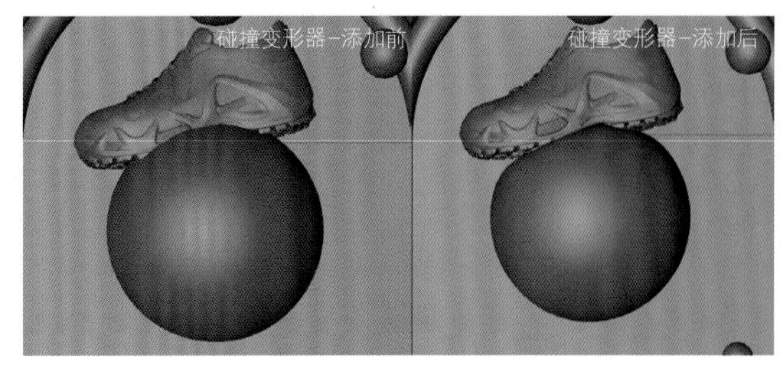

图8-185

04 为球体位移动画添加更多的细节。创建一个“挤压&伸展”对象，如图8-186所示。将“挤压&伸展”对象拖曳至“球体”对象中作为子级，进入“挤压与伸展”面板，在“对象”选项卡中调整“顶部”“中部”“底部”“方向”等参数，通过设置“因子”让球体产生拉长后回弹的效果，如图8-187所示。这里在0F时激活关键帧，设置“因子”为800%，在25F时设置“因子”为100%。效果如图8-188所示。

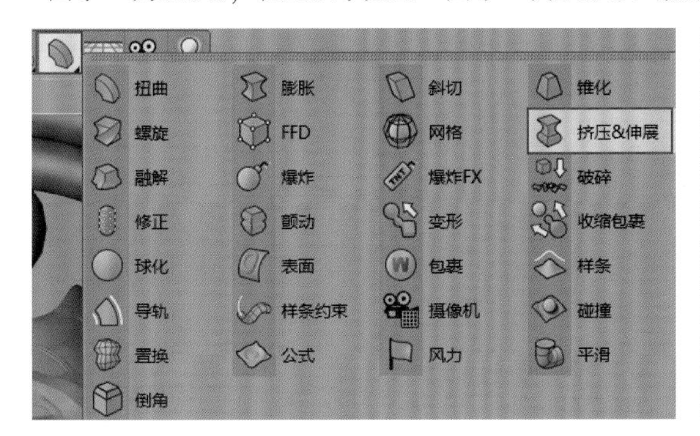

图8-186

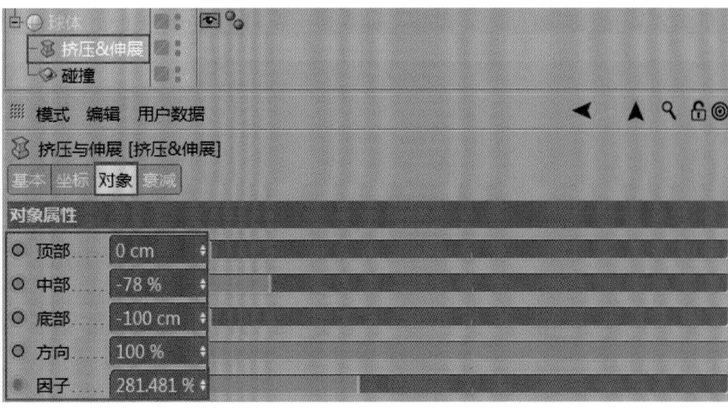

图8-187

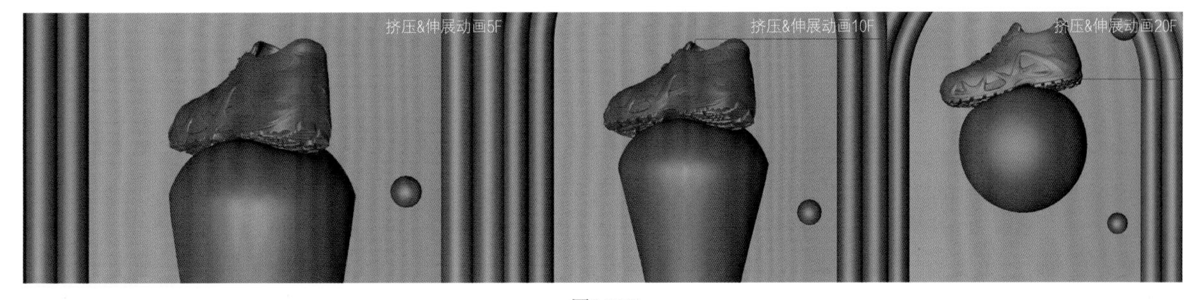

图8-188

技术专题：如何设置“挤压&伸展”效果

“挤压&伸展”效果是通过设置顶部、中部和底部等参数来确定伸展程度的，可使用“因子”让模型产生变形动画。以100%为界，当其数值大于100%时对象会产生高度伸展，当其数值小于100%时对象会产生宽度伸展，如图8-189所示。

另外，读者还可以创建一个“颤动”对象，如图8-190所示；然后将“颤动”对象拖曳到“球体”对象中作为子级，它可以让球体动画产生轻微的颤动，增加更多的回弹细节。

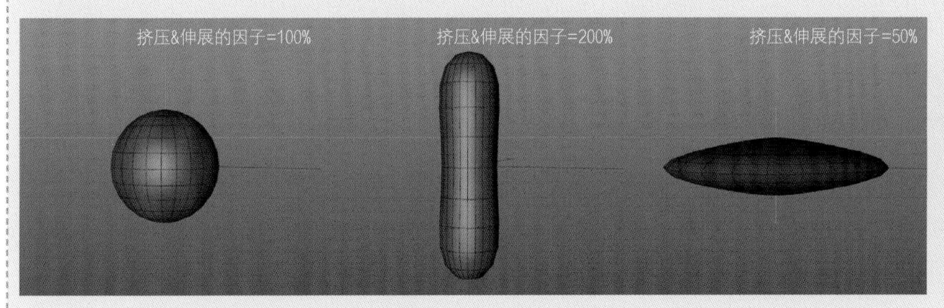

图8-189

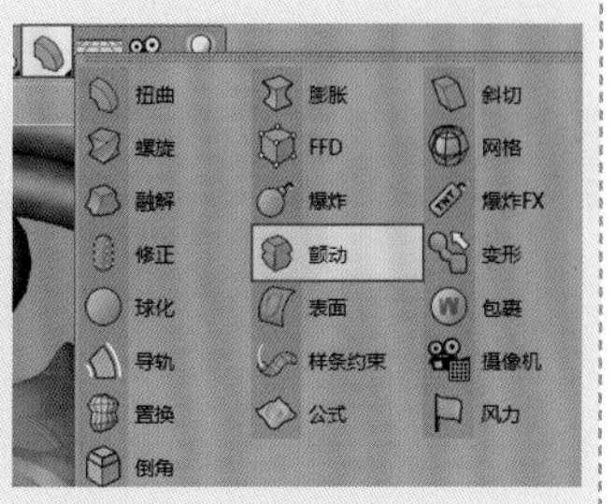

图8-190

05 制作小球随风上升的动画。使用鼠标右键分别单击所有的小球，为它们添加动力学“刚体”标签，按快捷键Ctrl+D打开“工程”面板，在“动力学”选项卡中设置“重力”为0cm，在“力”选项卡中展开“空气动力学”卷展栏，设置“黏滞”和“升力”均为100%，勾选“双面”，如图8-191所示。

06 分别执行“模拟>粒子>湍流/风力”菜单命令，对小球产生影响，如图8-192所示。进入“紊流对象”面板，在“对象”选项卡中设置“强度”为10cm,“缩放”为20%，如图8-193所示。

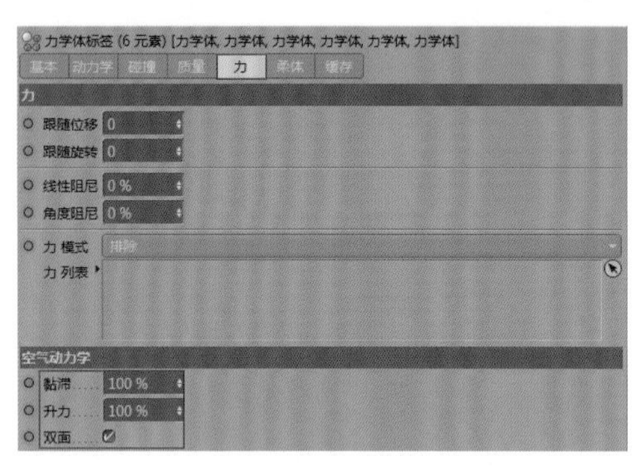

图8-191

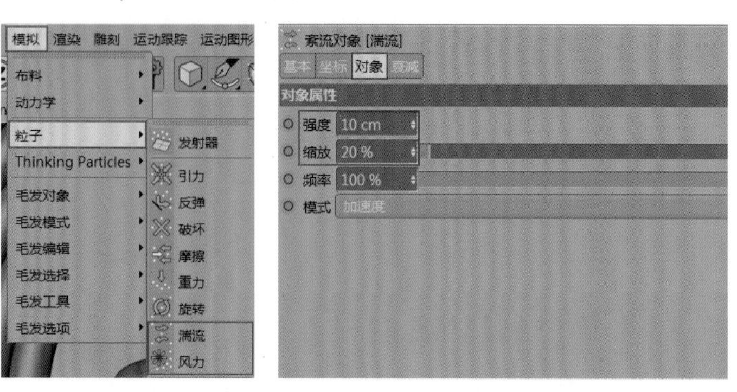

图8-192　图8-193

07 进入“风力对象”面板，在20F时激活关键帧，设置“速度”为50cm，在60F时设置“速度”为100cm，让20F~60F范围内风的强度缓慢增强，如图8-194所示。切换到“衰减”选项卡，添加“线性域”，设置“长度”为574cm，控制小球上升的距离，如图8-195所示。效果如图8-196所示。

风力对象 [风力]

基本 坐标 对象 衰减

对象属性

速度 100 cm

紊流 0 %

紊流缩放 1000 %

紊流频率 0 %

图8-194

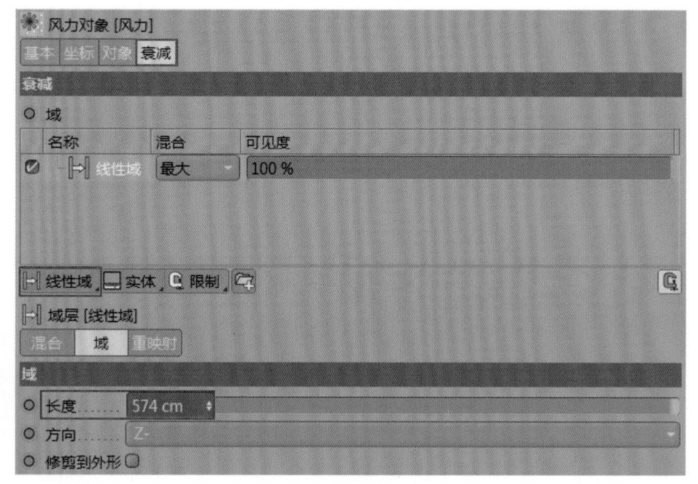

图8-195

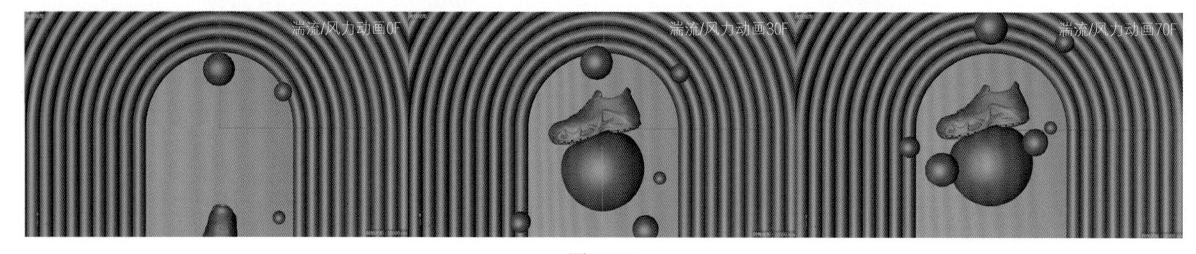

图8-196

8.7.3 制作摄像机镜头动画

进入“摄像机对象”面板，在0F时激活位置坐标P.Y的关键帧，设置P.Y为100cm，在60F激活P.Y的关键帧并设置P.Y为－100cm，如图8-197所示。在70F时激活P.Y的关键帧并设置P.Y为300cm，如图8-198所示，制作出摄像机快速移动的效果。摄像机动画的函数曲线如图8-199所示。效果如图8-200所示。

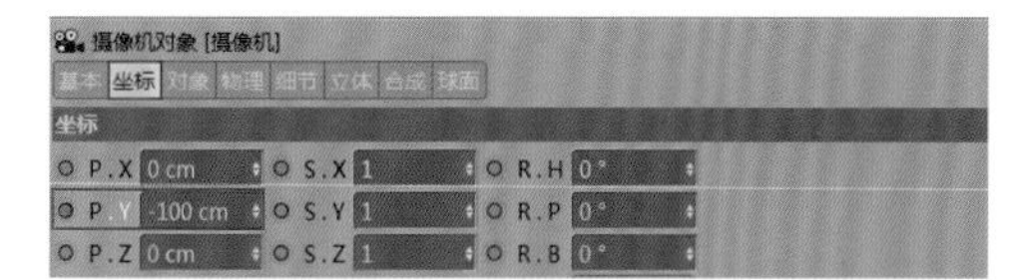

图8-197

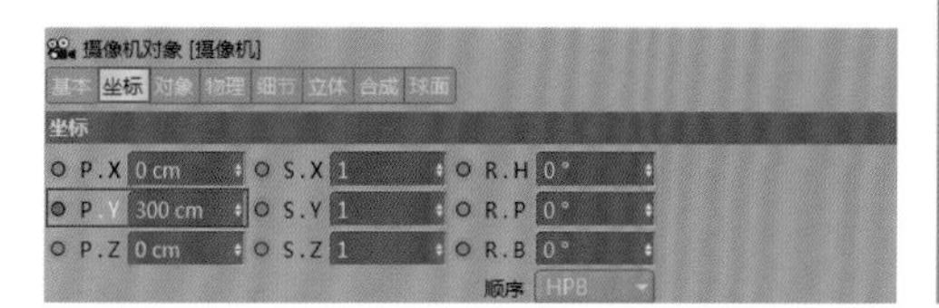

图8-198

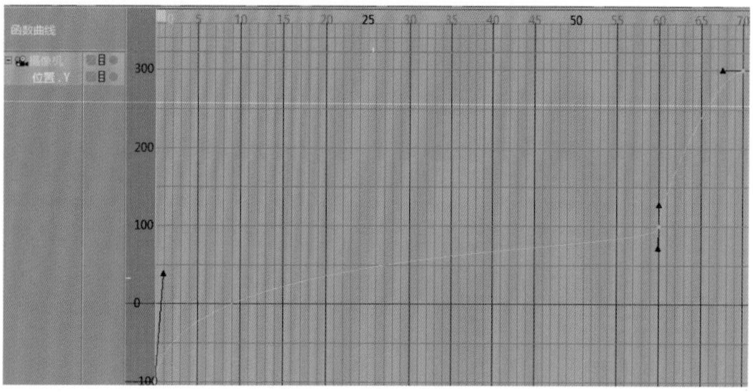

图8-199

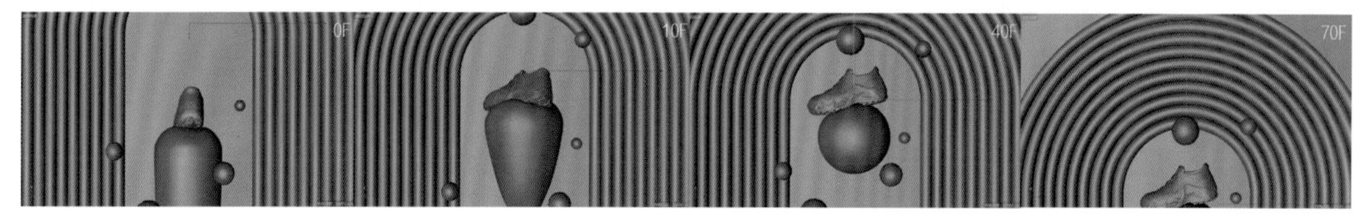

图8-200

8.8 制作道具混合动画

本节制作一些道具元素的混合效果，要体现出凌乱感，但同时也要有动感和轻盈感，如图8-201所示。

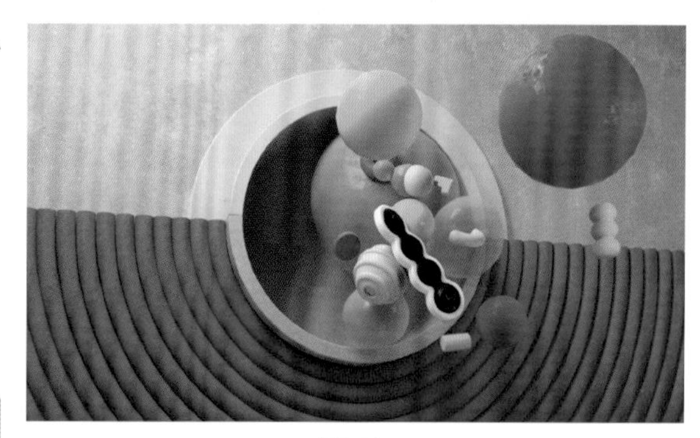

图8-201

8.8.1 组合动画场景

01 打开本书提供的“场景8”模型文件，如图8-202所示。注意，该场景工程时长为65F。

02 为圆环内部的球体添加动力学“柔体”标签，为其他多边形添加动力学“刚体”标签，为圆环外部（包括圆环）的对象添加动力学“碰撞体”标签。在“力”选项卡中展开“空气动力学”卷展栏，设置“黏滞”为50%，“升力”为50%，勾选“双面”，如图8-203所示。切换到“碰撞”选项卡，设置“外形”为“静态网格”，如图8-204所示。

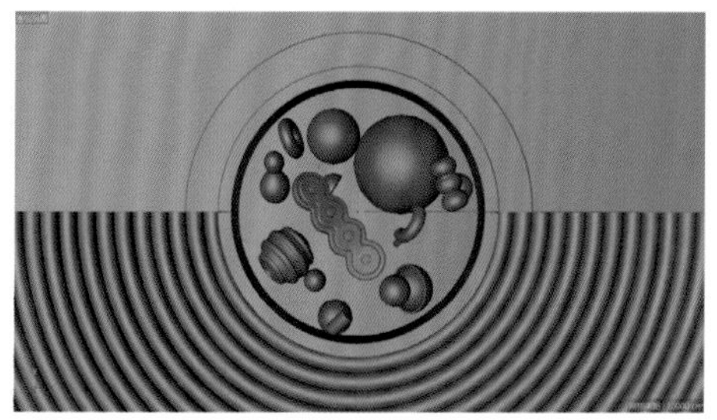

图8-202

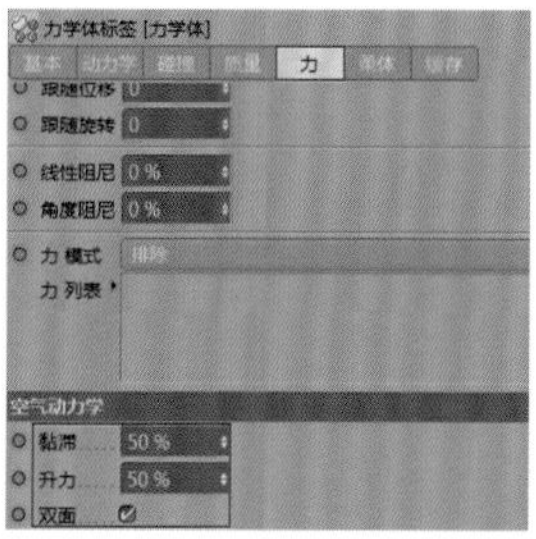

图8-203

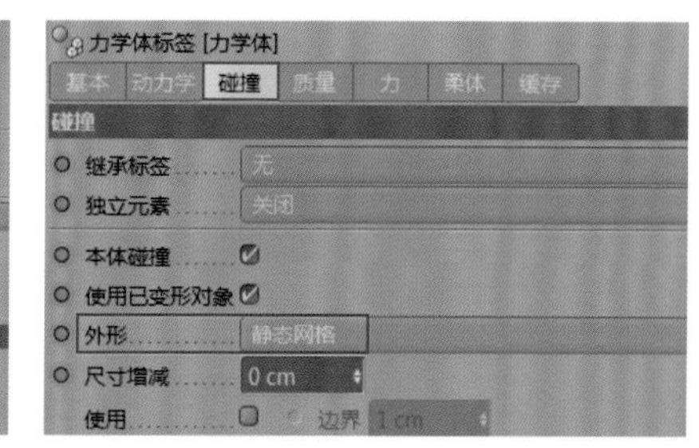

图8-204

03 为球体制作充气动画。进入“柔体”选项卡，在13F时激活关键帧，设置“压力”为0，在14F时激活关键帧并设置“压力”为100，如图8-205所示。为了让球体有不同的充气效果，可以将其他球体的“压力”设置为1000，如图8-206所示。效果如图8-207所示。

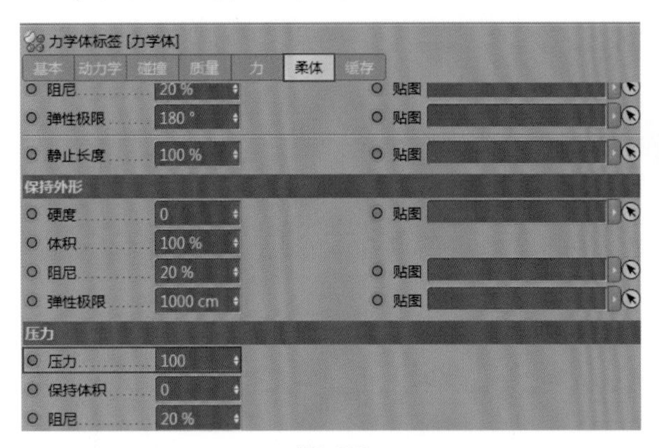

图8-205

图8-206

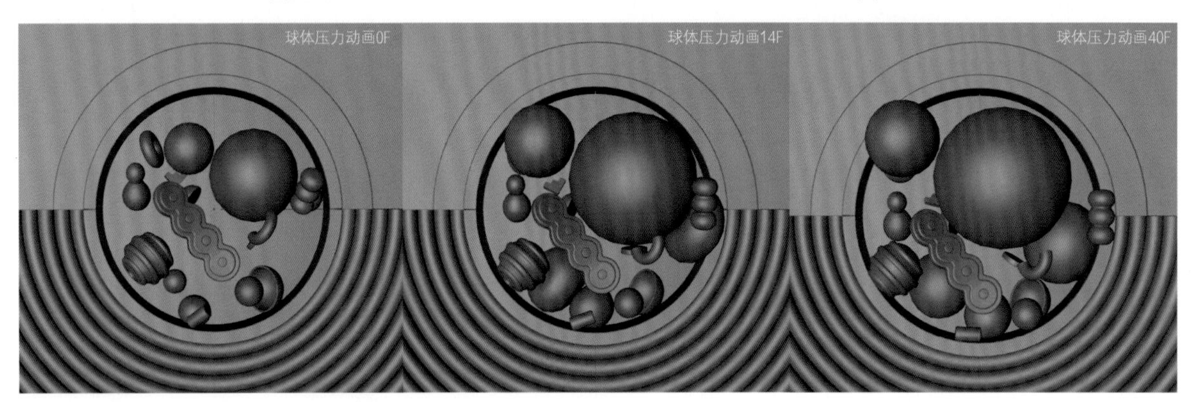

图8-207

04 添加动力场让模拟动画具有更多的细节。执行“模拟>粒子>湍流”菜单命令，进入“紊流对象”面板，在50F时激活关键帧并设置“强度”为50cm，如图8-208所示，在51F时激活关键帧并设置“强度”为200cm。执行“模拟>粒子>旋转”菜单命令，设置“角速度”为30，如图8-209所示。效果如图8-210所示。

图8-208

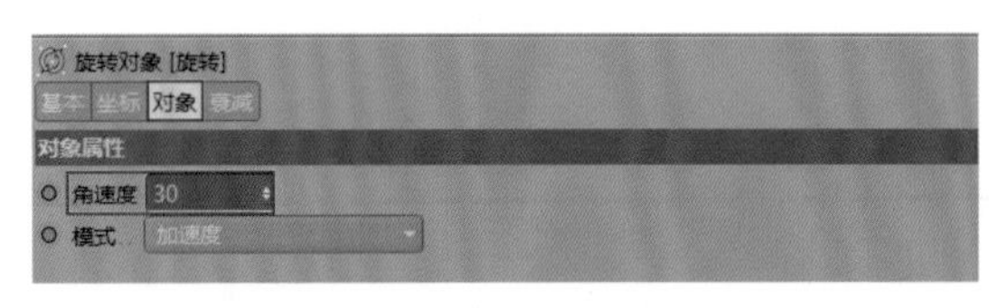

图8-209

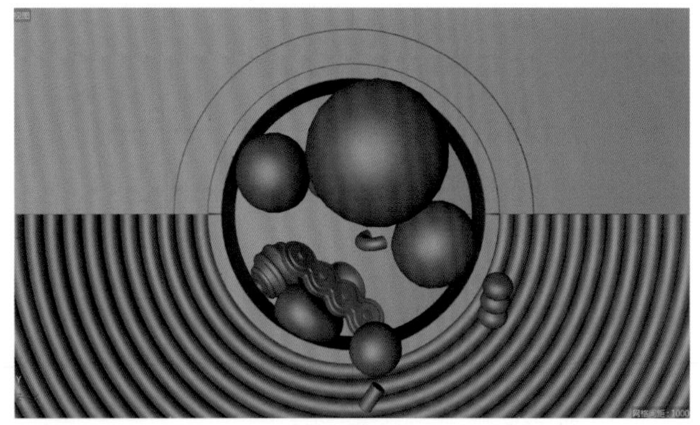

图8-210

05 在球体内部创建一个新的球体，并为其添加柔体动力学标签，再将其放置到场景中合适的位置，如图8-211所示。在50F时激活“动力学”选项卡中的“启用”，取消勾选“启用”，如图8-212所示。“压力”默认为0，在51F时进入“柔体”选项卡，激活关键帧并设置“压力”为5000，从而将其他多边形弹开，如图8-213所示。效果如图8-214所示。

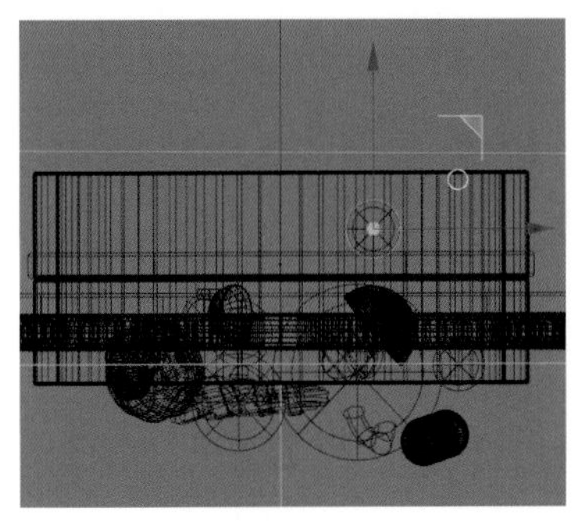
图8-211

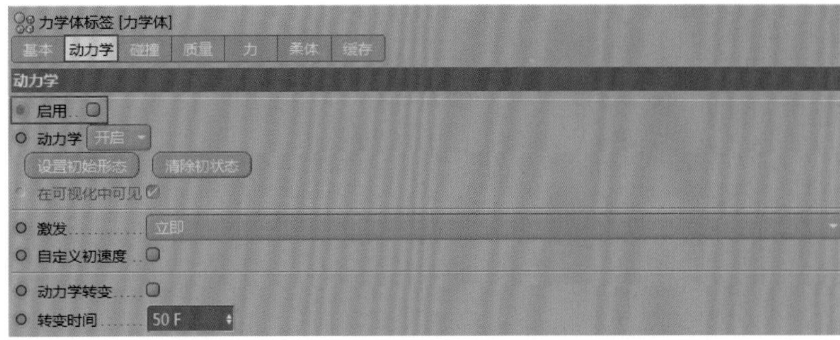

图8-212

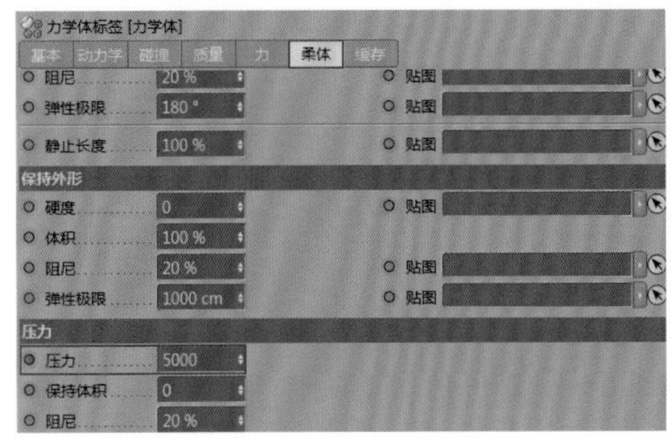

图8-213

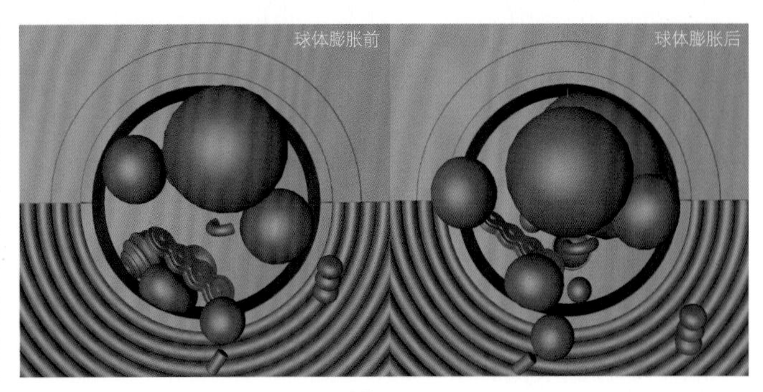

图8-214

06 球体膨胀后可以使用动力场中的风力来改变球体与其他多边形的弹出方向。执行两次“模拟>粒子”菜单命令，创建两个风力对象，将“风力1”放置在场景后，制作出从后往前的吹风动画，如图8-215所示。进入“风力对象”面板，设置“紊流”为100%；在49F时激活关键帧并设置“速度”为0cm，在50F时激活关键帧并设置“速度”为100cm，如图8-216所示。效果如图8-217所示。

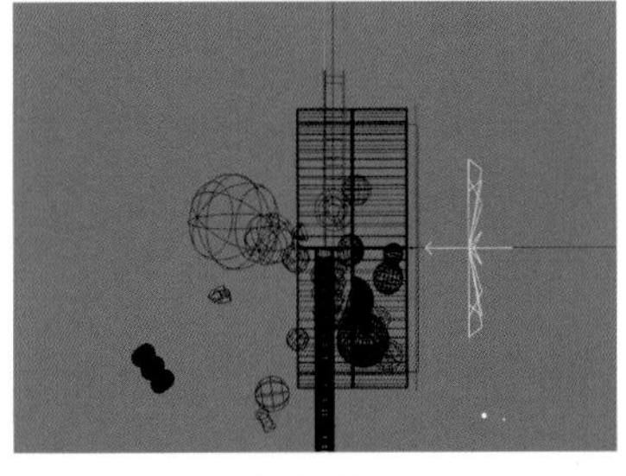
图8-215

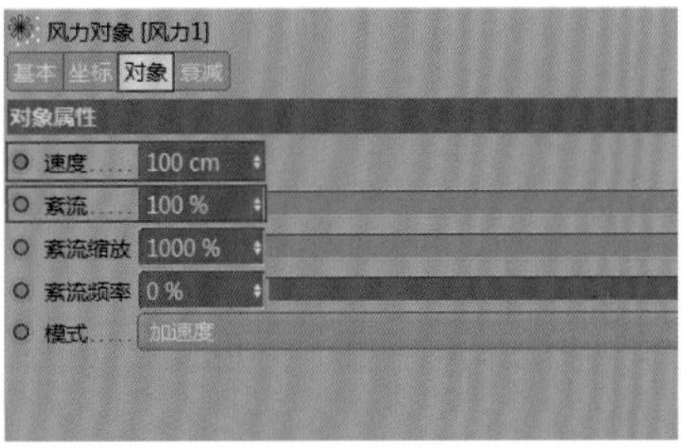

图8-216

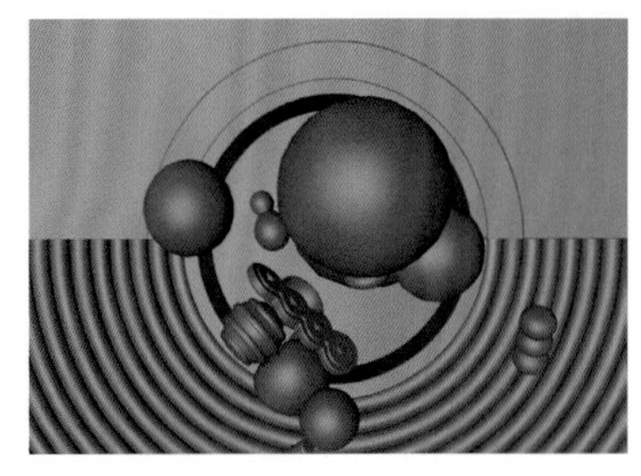
图8-217

07 将“风力2”放置在场景左侧，制作出从左往右的吹风动画，如图8-218所示。进入“风力对象”面板，设置“紊流”为50%；在49F时激活关键帧并设置“速度”为0cm，在50F时激活关键帧并设置“速度”为100cm，如图8-219所示。效果如图8-220所示。

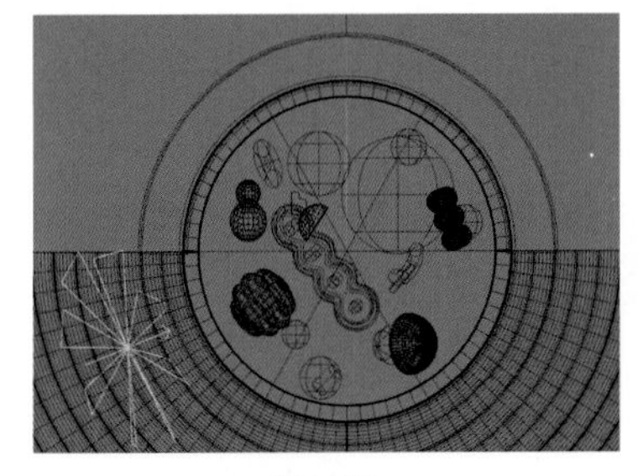
图8-218

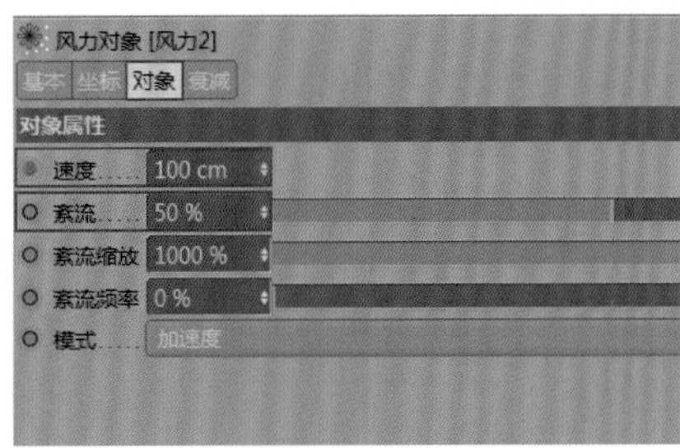

图8-219

图8-220

8.8.2 制作摄像机镜头动画

01 使用鼠标右键单击“摄像机”对象，执行“CINEMA 4D标签>目标”命令，如图8-221所示。创建一个“空白”对象，将其拖曳到摄像机正前方，将“空白.2”对象拖曳到“目标对象”中，如图8-222所示。“空白.2”对象的位置如图8-223所示。

图8-221

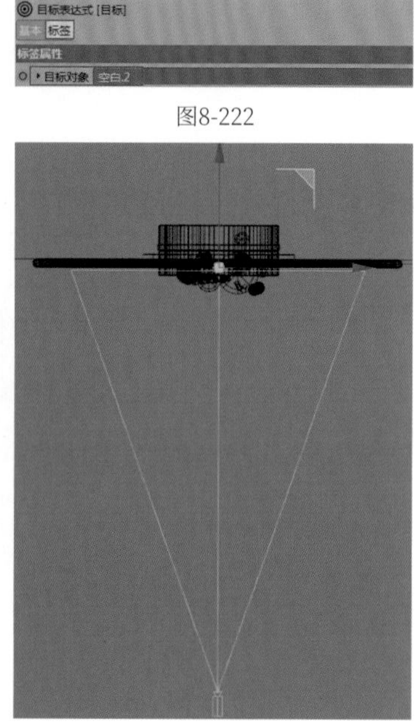

图8-222

图8-223

02 在50F时激活摄像机所有位置坐标的关键帧，如图8-224所示。在65F时激活摄像机所有位置坐标的关键帧，设置摄像机位置为（-267cm, -281cm, -1088cm），如图8-225所示。摄像机的动作如图8-226所示。效果如图8-227所示。

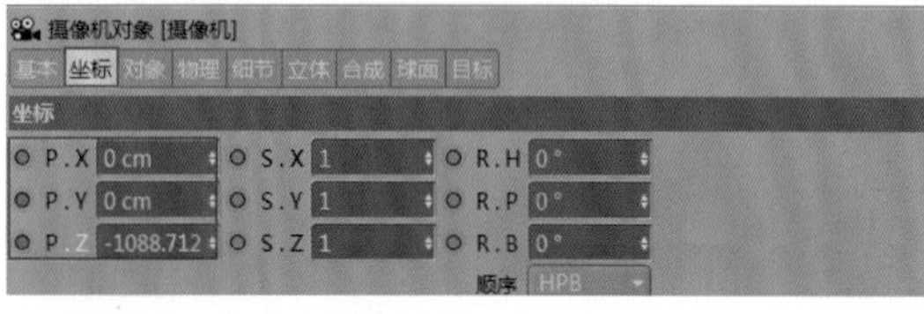

图8-224

摄像机对象 [摄像机]

基本 坐标 对象 物理 细节 立体 合成 球面 目标

坐标

P.X -267 cm	S.X 1	R.H -13.914°
P.Y -281 cm	S.Y 1	R.P 14.202°
P.Z -1088 cm	S.Z 1	R.B 0°
		顺序 HPB

图8-225

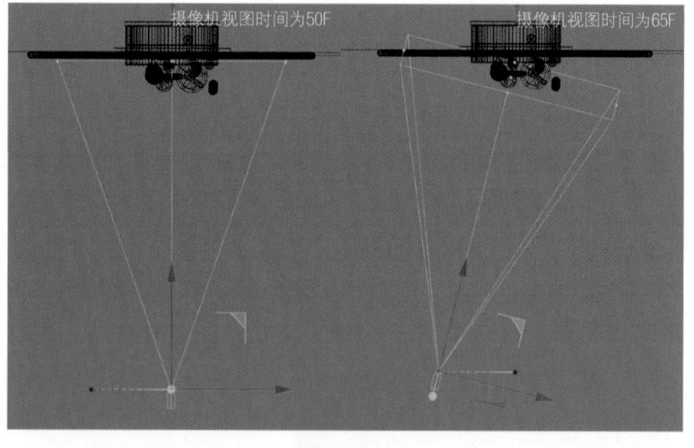

图8-226

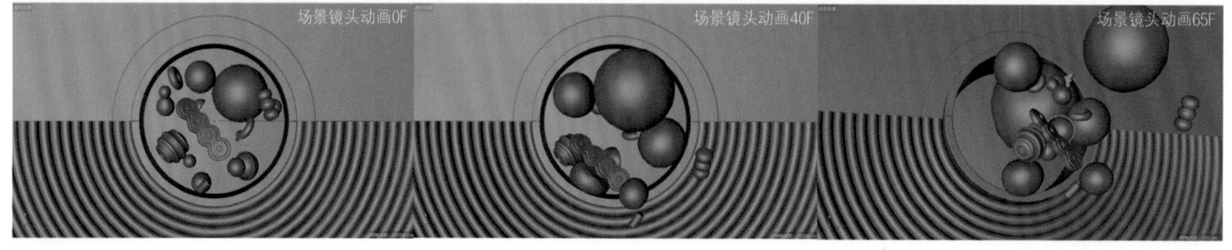

图8-227

8.9 制作鞋球碰撞动画

本节制作运动鞋踩踏在球体上产生碰撞感的动画，如图8-228所示。

图8-228

8.9.1 制作鞋球碰撞场景

01 新建一个场景，设置该工程时长为75F。按快捷键Ctrl+D打开“工程”面板，设置“帧率（FPS）”为25,“重力”为0cm，如图8-229所示。

02 创建6个球体与一个摄像机，设置球体的“类型”为“二十面体”，为每个球体设置不同的“半径”与“分段”，然后将它们放置到场景中合适的位置，如图8-230所示。

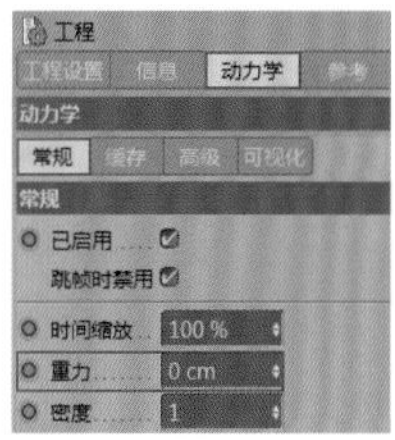

图8-229

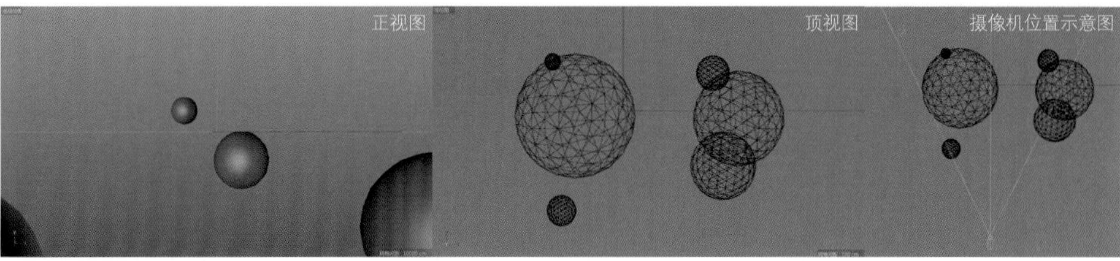

图8-230

8.9.2 模拟碰撞动画

01 为右侧的大球添加动力学“柔体”标签，在“动力学”选项卡中勾选“自定义初速度”，设置“初始线速度”为（0cm,－500cm,0cm），即在0F时激发球体沿着*y*轴负方向移动，如图8-231所示。

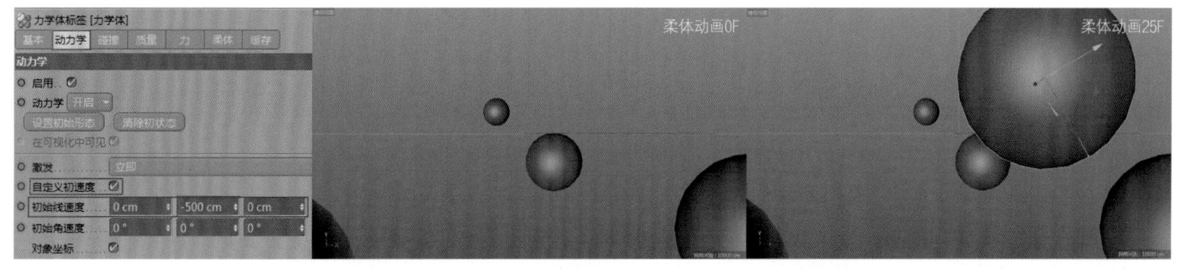

图8-231

02 为左侧的大球添加动力学“柔体”标签，勾选“自定义初速度”，设置“初始线速度”为（350cm,0cm,0cm），即在0F时激发球体沿*x*轴正方向移动，如图8-232所示。

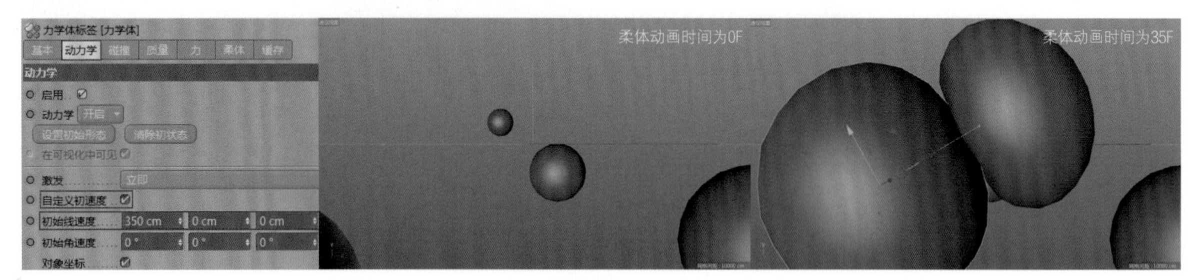

图8-232

03 其他较小的球体同样需要添加动力学“柔体”标签，对于它们的“初始线速度”和“初始角速度”，读者都可以随机设置，尽量让每个球体都有不同的运动方向和旋转角度，参考参数如图8-233所示。效果如图8-234所示。

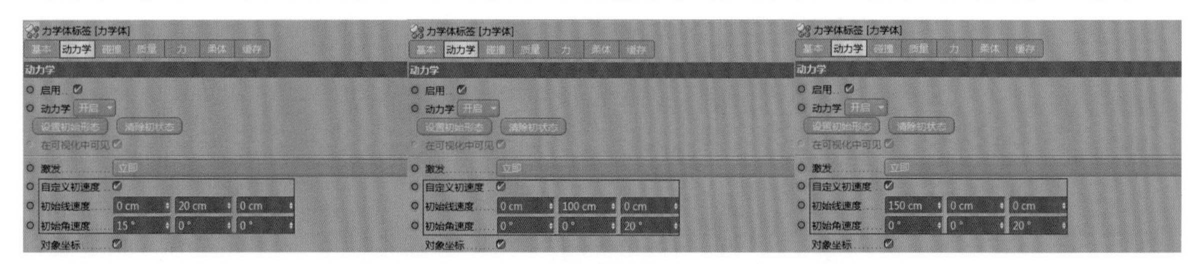

图8-233

图8-234

04 打开本书提供的“运动鞋”工程文件，将其复制到该场景中并调整到合适的位置，如图8-235所示。将时间滑块拖曳到50F，球体产生碰撞并弹开，激活关键帧，设置运动鞋位置坐标P.Y为345cm，如图8-236所示。在70F时激活关键帧并设置位置坐标P.Y为125cm，如图8-237所示。调整P.Y的函数曲线，使其具有由快到慢的动画节奏，如图8-238所示。效果如图8-239所示。

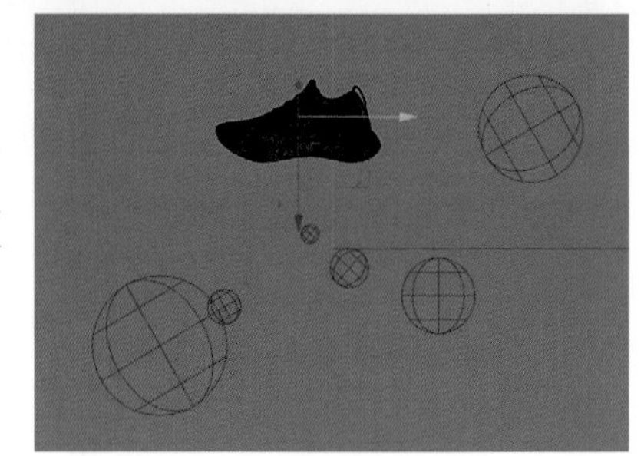
图8-235

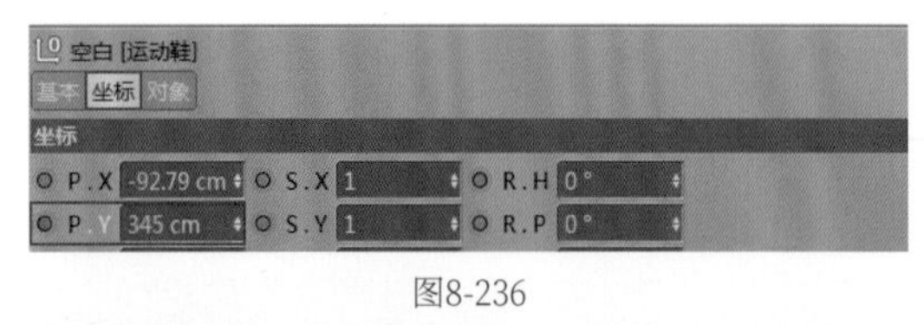

图8-236

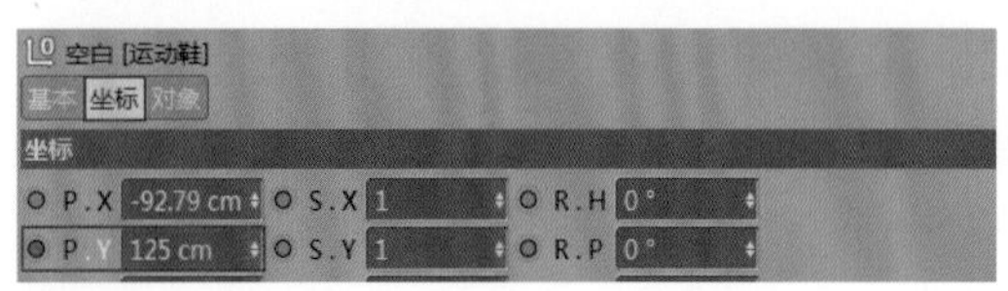

图8-237

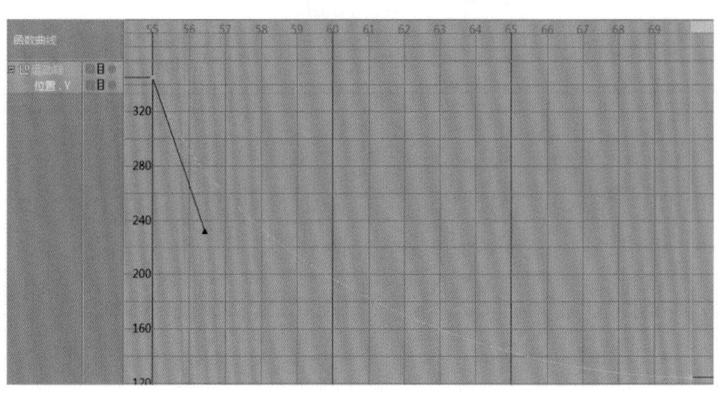

图8-238

图8-239

8.10 制作运动鞋踩踏动画

本节制作运动鞋踩踏一个球体，使球体产生形变效果的动画，如图8-240所示。

图8-240

8.10.1 制作踩踏场景

打开本书提供的“场景10”模型文件，如图8-241所示。注意，该场景工程时长为60F。

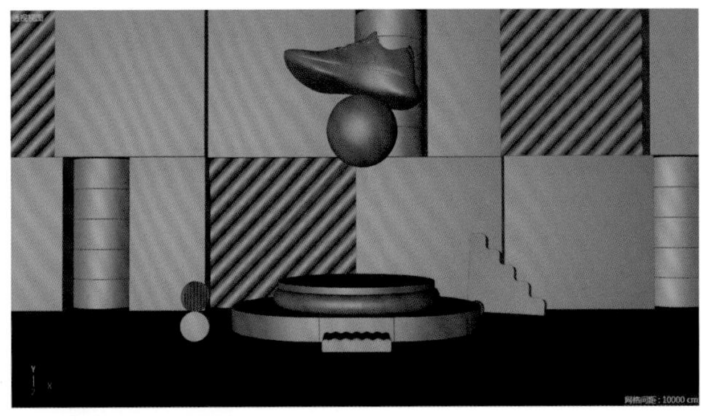
图8-241

8.10.2 制作运动鞋踩踏过程

01 这里需要运动鞋与球体同时下落到圆盘上，才能产生真实的动力学效应。使用鼠标右键单击“球体”对象，为其添加动力学“柔体”标签，同时为圆盘添加“碰撞体”标签，如图8-242所示。当“柔体”选项卡中的参数为默认设置时，在模拟过程中会发现球体过于柔软，弹簧力度较小。进入“柔体”选项卡，在0F时激活关键帧并设置“压力”为0；在1F时激活关键帧并设置“压力”为100，如图8-243所示。有气压以后球体的柔软性和弹力都会有所增强，效果如图8-244所示。

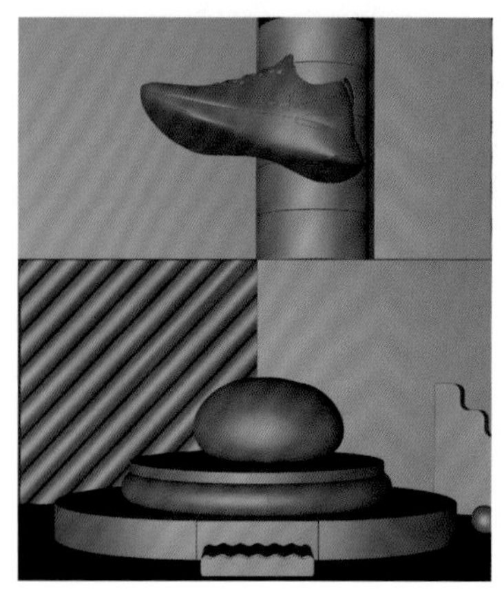

图8-242

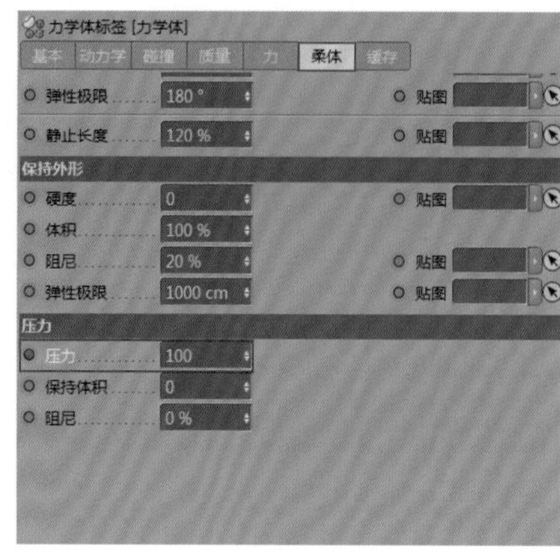

图8-243

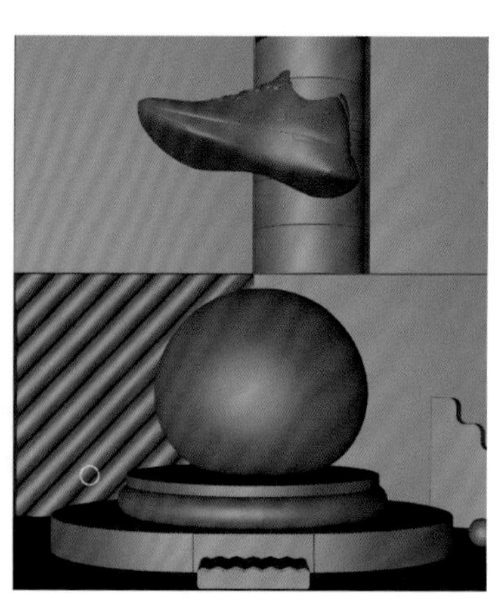

图8-244

02 下面需要让运动鞋产生动画。使用鼠标右键单击“运动鞋”对象，执行“角色标签>约束”命令，如图8-245所示。进入“约束”面板，勾选“父对象”后将“球体”拖曳到“目标”中，如图8-246所示。这样球体的动力学标签会直接继承给运动鞋，效果如图8-247所示。

图8-247

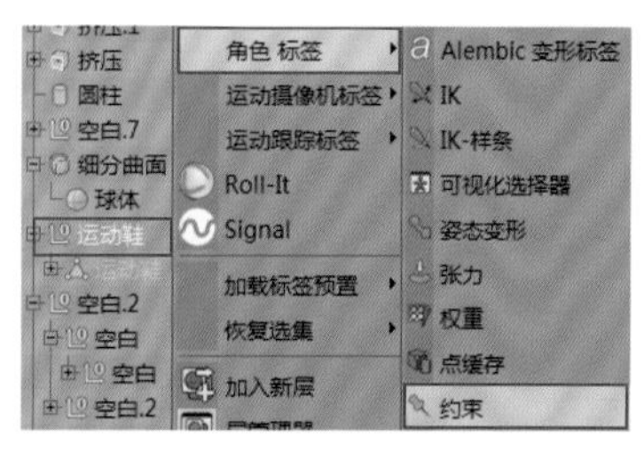

图8-245

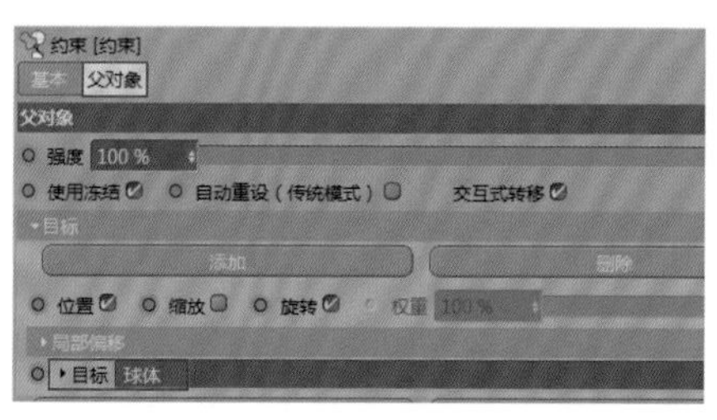

图8-246

技术专题：方向问题与模型穿插问题的解决方法

运动鞋继承球体的动力学特性后会产生方向问题与模型穿插问题，下面来看看如何解决。

第1个：运动鞋方向问题。

选择“运动鞋”对象，在0F时激活所有旋转坐标的关键帧，在10F时设置旋转坐标为（0°,0°,-15°），如图8-248和图8-249所示。

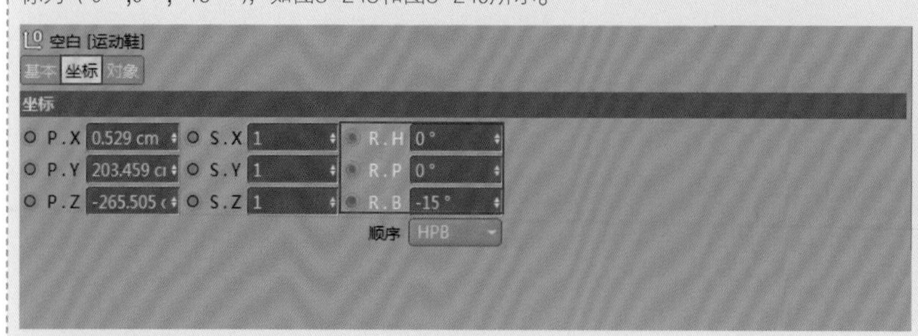

图8-248

图8-249

第2个：运动鞋与球体穿插问题。

使用鼠标右键单击“运动鞋”对象，为其添加动力学“刚体”标签进行模拟，效果如图8-250所示。仔细观察会发现运动鞋的位置与方向错误，且球体气压太大将运动鞋直接弹开。

图8-250

在激活运动鞋的位置坐标或旋转坐标的关键帧时，需要在“刚体”标签的“力”选项卡中对“跟随位移”或“跟随旋转”进行相应的设置。例如，设置“跟随位移”为2,“跟随旋转”为5,“使用”为“自定义质量”,“质量”为2，如图8-251所示。执行“模拟>动力学>连结器”菜单命令，进入“连结”面板，将“类型”改为“平面”，将“运动鞋”拖曳到“对象A”中，将“球体”拖曳到“对象B”中，如图8-252所示。模拟效果如图8-253所示。

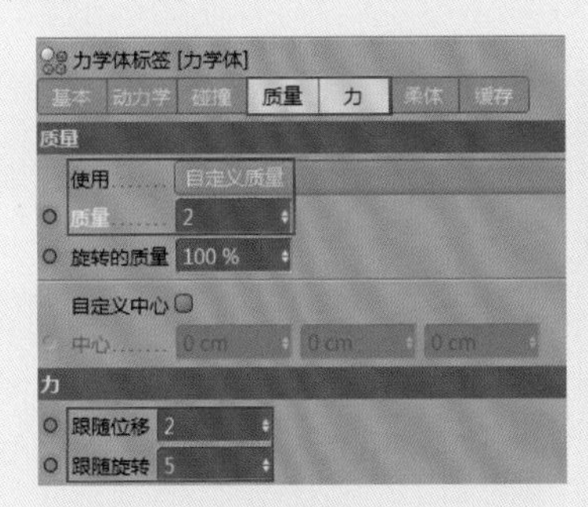

图8-251

图8-252

图8-253

读者可以把“动力学质量”理解成物体间的轻重关系,“质量”数值越大，物体就越重，如图8-254和图8-255所示。

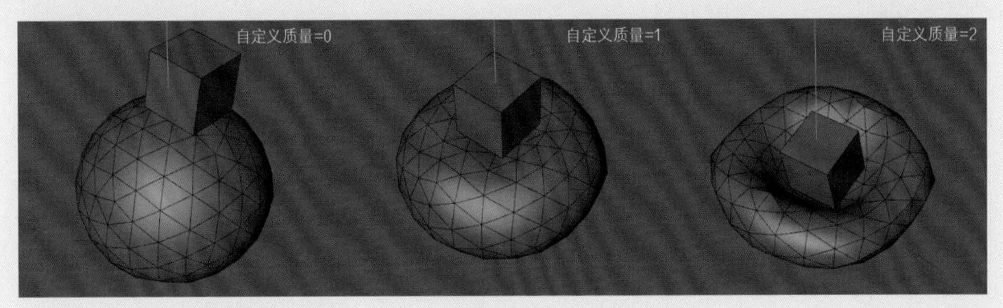

图8-254

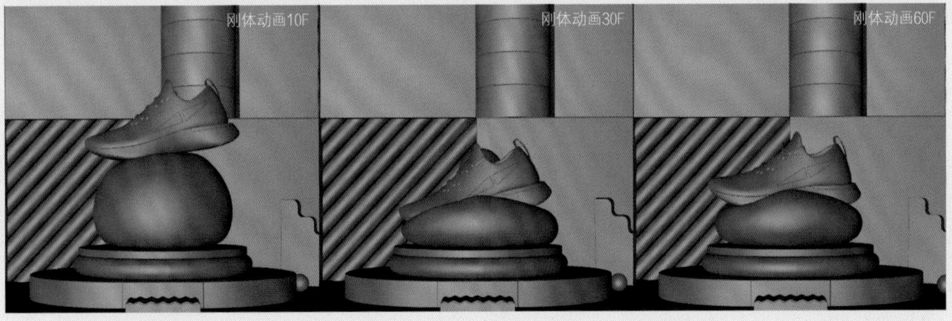

图8-255

03 在场景中创建两个大小不一的球体，将它们放置在运动鞋后面，在运动鞋落到圆盘上后，如在16F~55F激活球体位置坐标的关键帧，向左上方移动球体即可，如图8-256和图8-257所示。

图8-256

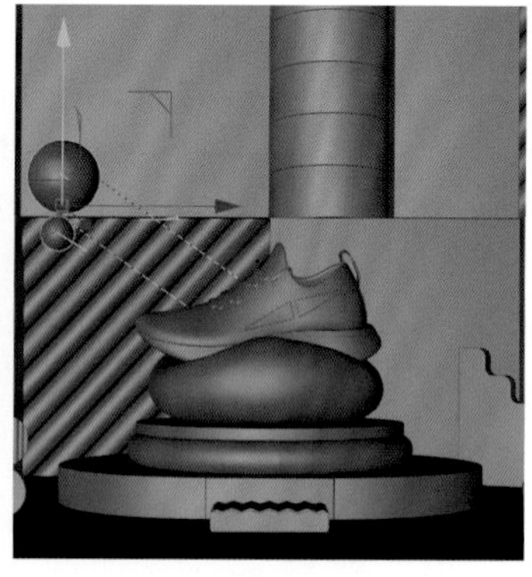

图8-257

8.10.3 制作摄像机镜头动画

01 使用鼠标右键单击“摄像机”对象，执行“CINEMA 4D标签>目标”命令，如图8-258所示。创建一个“空白”对象，将其拖曳到摄像机正前方，将“空白.2”对象拖曳到“目标对象”中，如图8-259所示。“空白.2”对象的位置如图8-260所示。

图8-258

图8-259

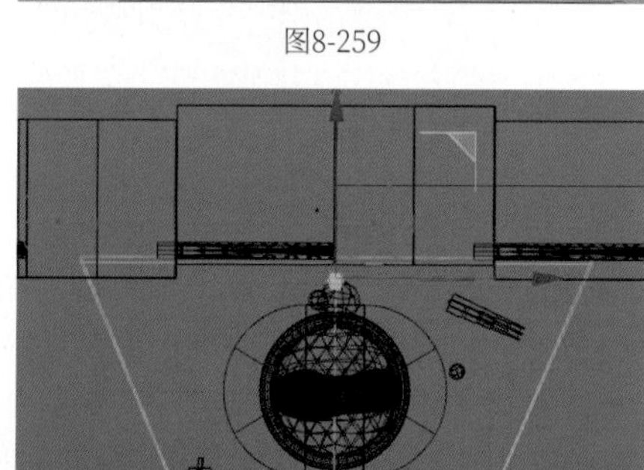

图8-260

02 在50F时激活摄像机关键帧，设置“空白.2”对象的位置坐标P.Y为114cm，如图8-261所示。在16F时激活关键帧并设置“空白.2”对象的位置坐标P.Y为0cm，如图8-262所示。

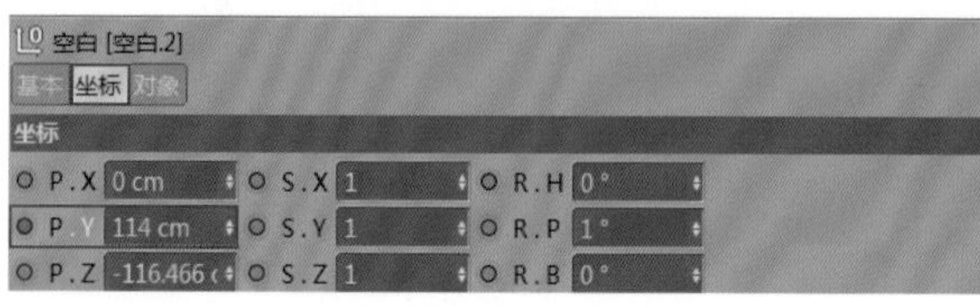

图8-261

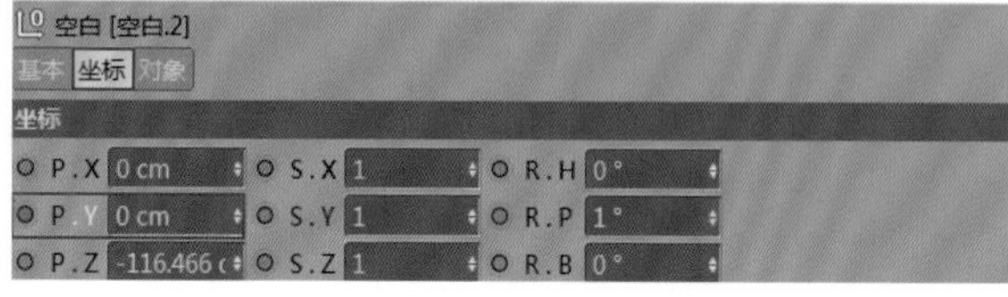

图8-262

03 制作摄像机焦距动画，在0F和50F时分别激活摄像机关键帧并设置“焦距”为45毫米和36毫米，如图8-263所示。制作摄像机位移动画，在50F和60F时分别激活摄像机关键帧并设置P.Z为-866cm和-1079cm，如图8-264所示。摄像机的动作和镜头效果如图8-265和图8-266所示。

图8-263

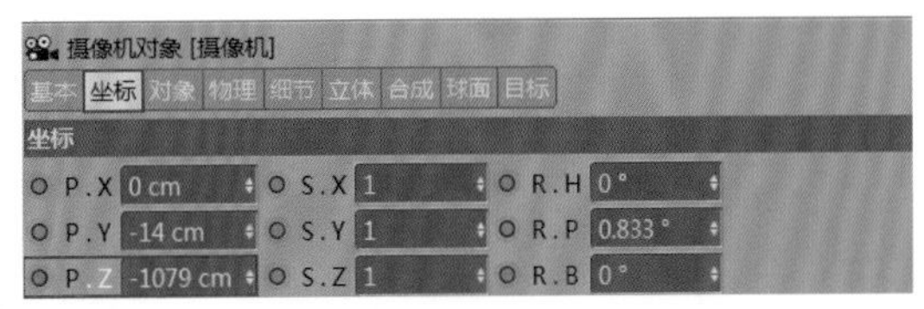

图8-264

图8-265

图8-266

8.11 制作片尾动画

本节制作片尾的球体填充动画，效果如图8-267所示。

图8-267

8.11.1 制作球体填充场景

01 新建一个工程时长为90F的场景。按快捷键Ctrl+D打开“工程”面板，设置“帧率（FPS）”为25,“重力”为0cm，如图8-268所示。

02 创建12个球体与一个摄像机，设置球体的“类型”为“二十面体”，为每个球体设置不同的“半径”与“分段”，然后将球体拖曳到场景中合适的位置，如图8-269所示。

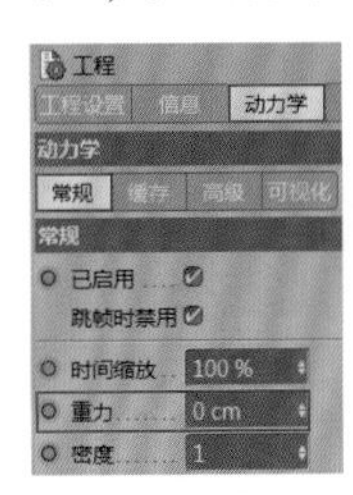

图8-268

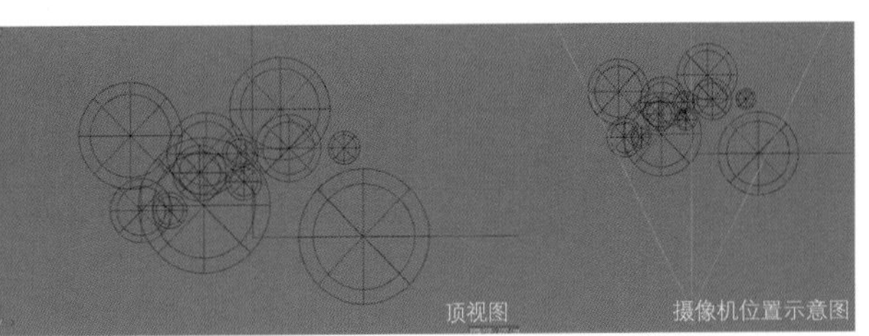

图8-269

03 打开本书提供的“元素”模型文件，将其拖曳到该场景中并放置到合适的位置，如图8-270所示。因为球体与模型产生了穿插，所以在工具栏中选择“变形器”中的“碰撞工具”，将“碰撞”对象拖曳到“球体”对象中作为子级，将穿插模型拖曳到“碰撞器”选项卡的“对象”中，设置“解析器”为“外部”，如图8-271所示。效果如图8-272所示。

图8-270

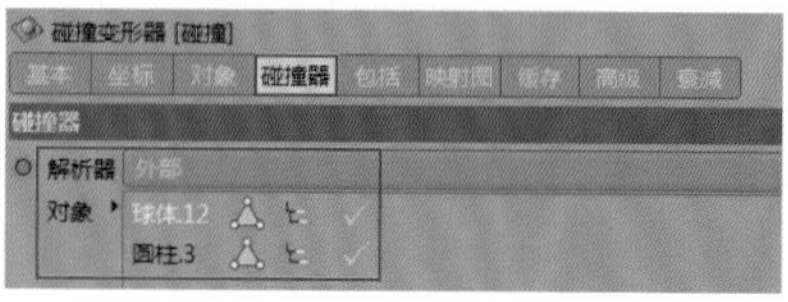

图8-271

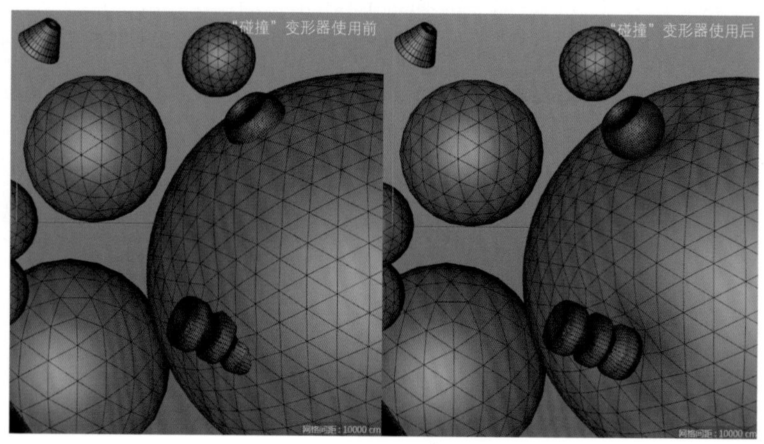

图8-272

8.11.2 制作球体模拟动画

01 为所有球体添加动力学“柔体”标签，进入“力学体标签”面板，在“力”选项卡中设置“跟随位移”为10，切换到“柔体”选项卡，设置“构造”为50，使用“压力”来制作膨胀动画，将多个球体的“压力”设置为0、10、20、50等不同数值，如图8-273所示。

图8-273

02 为左侧的大球添加动力学“柔体”标签，在“动力学”选项卡中勾选“自定义初速度”，设置“初始线速度”为(350cm,0cm,0cm)，即在0F时激发球体沿*x*轴正方向移动，如图8-274所示。效果如图8-275所示。

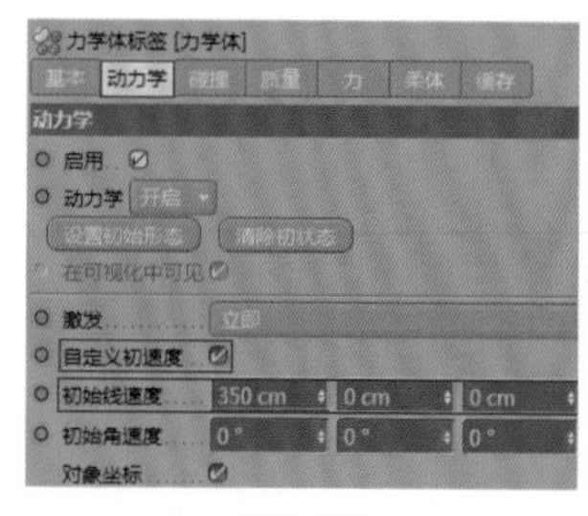

图8-274

图8-275

技巧提示 读者可以为其他模型添加动力学“碰撞体”标签，以制作位置和旋转关键帧动画。

第9章 制作材质和灯光

本章主要对不同镜头中模型的材质和场景灯光进行布置。因为在制作过程中将整个动画分为了11个镜头，所以需要对每个场景分别进行灯光处理。至于材质，因为存在共用材质，所以可以先创建主体材质，然后针对不同的场景补充不同的材质。

- 蓝色调材质
- 粉色调材质
- 气球材质
- 运动鞋材质
- 制作气泡
- 灯光处理
- 镜头设置
- 辉光效果

9.1 运动鞋主要材质类型

因为这是一个运动鞋宣传片，所以主体对象必定是运动鞋和相关背景，主体材质主要包含蓝色调材质、粉色调材质、粉色气球材质和运动鞋材质。

9.1.1 制作蓝色调材质

01 打开本书提供的“蓝色调材质测试工程”文件，执行“Octane>材质>Octane光泽材质”菜单命令，如图9-1所示。进入节点编辑器，将本书提供的贴图拖曳到节点编辑器中，将输出节点链接到Octane光泽材质的“漫射”通道，如图9-2所示。

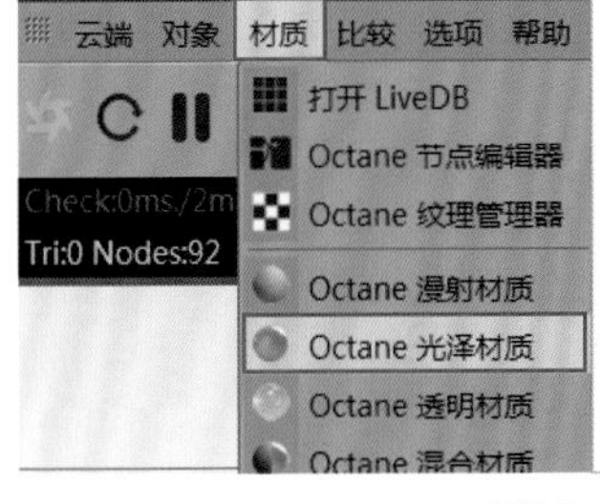

图9-1

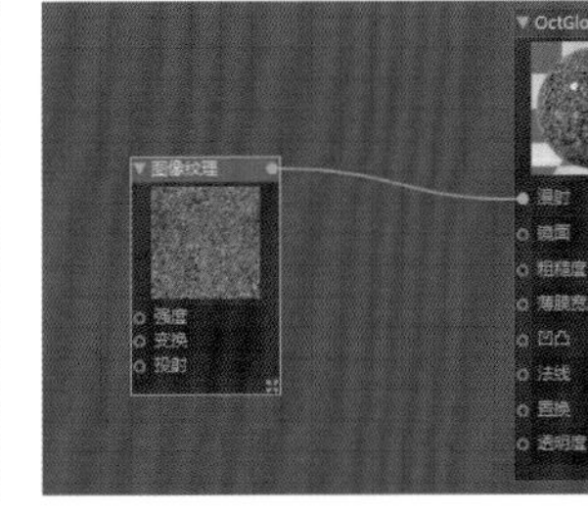

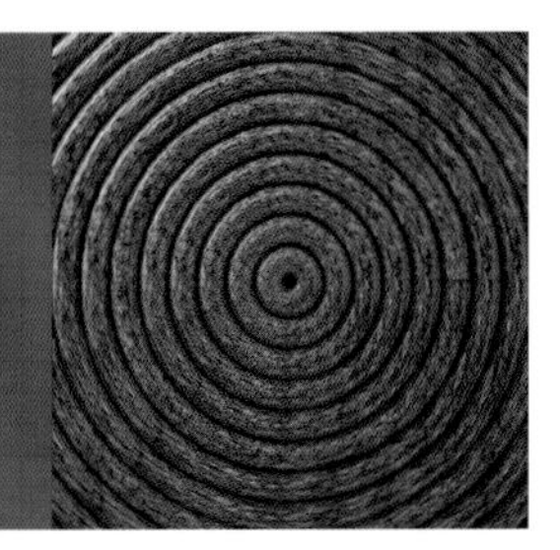

图9-2

02 拖曳“梯度”节点，将“梯度”修改成深蓝色、中蓝色和淡蓝色3种渐变色阶，如图9-3所示。选择“图像纹理”节点，单击“投射”按钮，如图9-4所示。选择“纹理投射”节点，将“纹理投射”修改为“盒子”，勾选“锁定宽高比”，将S.X设置为0.3，如图9-5所示。效果如图9-6所示。

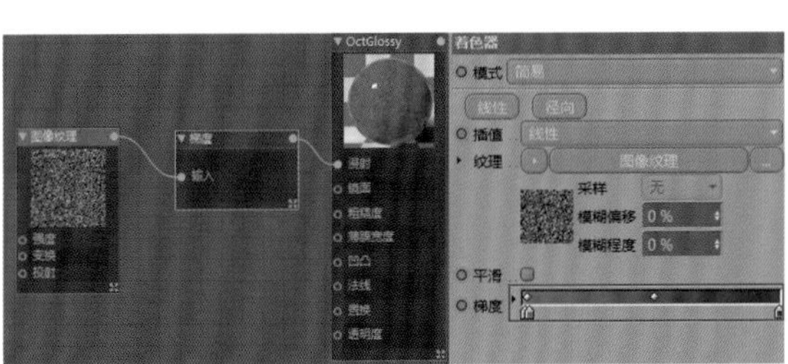

图9-3

图9-4

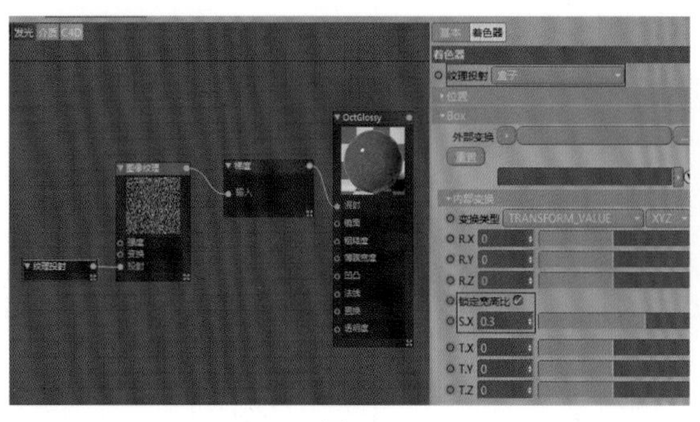

图9-5

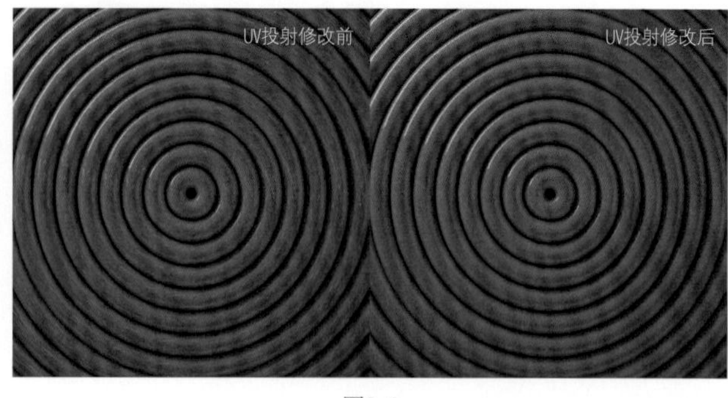

图9-6

03 将本书提供的另一张贴图拖曳到节点编辑器中，将输出节点链接到“Octane光泽材质”的“粗糙度”通道，以减小反射的强度，如图9-7所示。

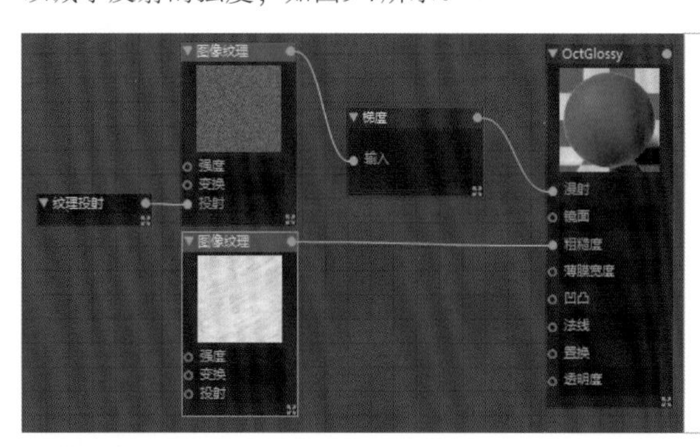

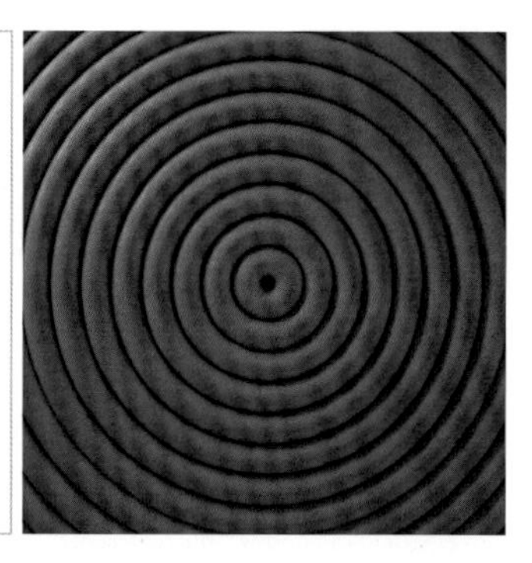

图9-7

疑难问答

问：为什么需要添加“梯度”节点呢?

答：从效果图中可以发现材质过于粗糙，所以需要添加“梯度”节点，将黑色区域增多，如图9-8所示。将本书提供的法线贴图拖曳到节点编辑器中，将输出节点链接到“Octane光泽材质”的“法线”通道，同时将“纹理投射”的输出节点链接到法线贴图的“投射”通道，增加材质的凹凸细节，如图9-9所示。效果如图9-10所示。

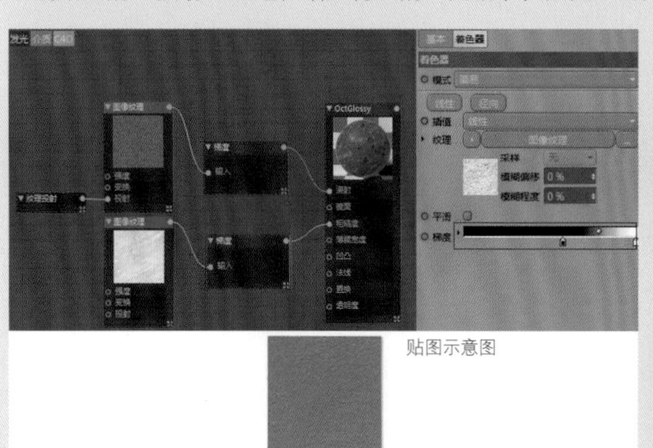

图9-8

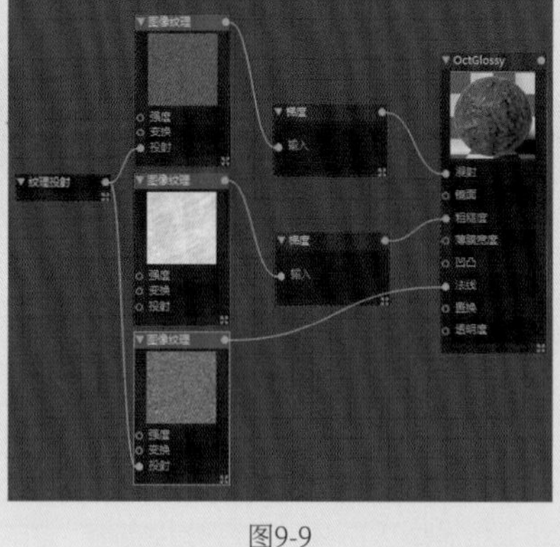

图9-9

图9-10

9.1.2 制作粉色调材质

01 粉色调材质使用的贴图与蓝色调材质基本相同，只需要修改一下颜色即可。打开本书提供的“粉色调材质测试工程”模型文件，执行“Octane>材质>Octane光泽材质”菜单命令，进入节点编辑器，将本书提供的贴图拖曳到节点编辑器中，将输出节点链接到“Octane光泽材质”的“漫射”通道，如图9-11所示。

02 拖曳“梯度”节点，将“梯度”修改成粉色和淡粉色两种渐变色阶，如图9-12所示。选择“图像纹理”节点，单击“投射”按钮。选择“纹理投射”节点，设置“纹理投射”为“盒子”，勾选“锁定宽高比”，将S.X设置为0.5，如图9-13所示。效果如图9-14所示。

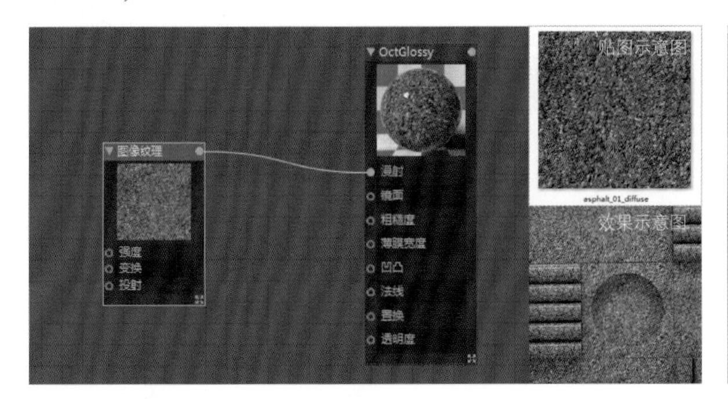

图9-11

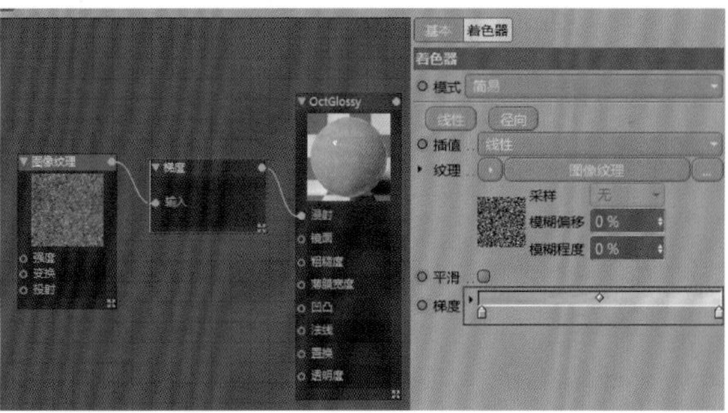

图9-12

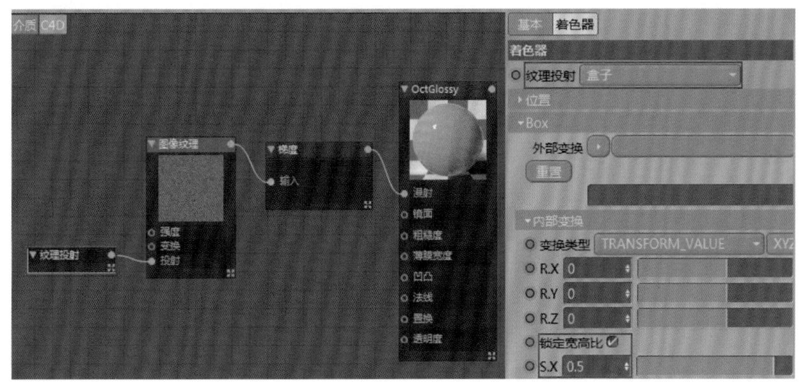

图9-13

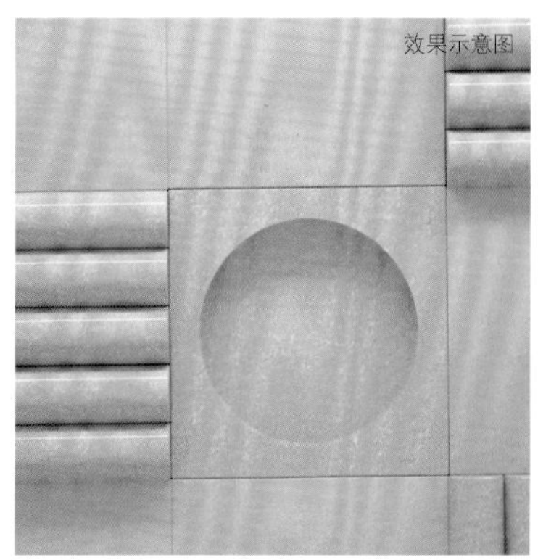

图9-14

03 将本书提供的另一张贴图拖曳到节点编辑器中，同时添加“梯度”节点，将黑色区域增多，然后将输出节点链接到“Octane光泽材质”的“粗糙度”通道，减小反射的强度，如图9-15所示。

图9-15

04 将“漫射”通道的图像纹理复制一份，将其输出节点链接到“Octane光泽材质”的“凹凸”通道，同时将“纹理投射”的输出节点链接到“凹凸”通道的输入“投射”通道，以增加材质的凹凸细节，进入此图像纹理的属性面板，设置“强度”为0.2，如图9-16所示。效果如图9-17所示。

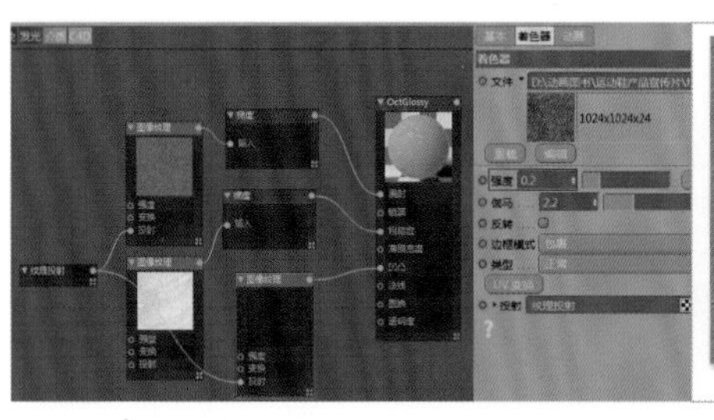

图9-16

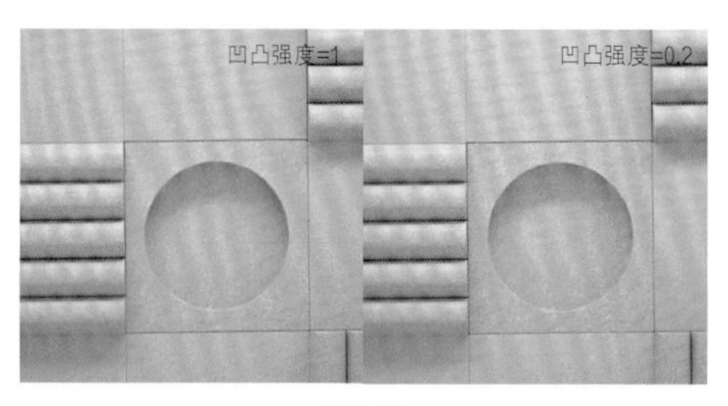

图9-17

9.1.3 制作粉色气球材质

01 打开本书提供的“气球材质测试工程”模型文件，执行“Octane>材质>Octane光泽材质”菜单命令。进入节点编辑器，拖曳两个“RGB颜色”节点和一个“混合纹理”节点，在两个“RGB颜色”节点中分别将颜色修改成粉色与淡粉色，将它们的输出节点分别链接到“混合纹理”节点的“纹理1”和“纹理2”通道，再将“混合纹理”节点的输出节点链接到“Octane光泽材质”的“漫射”通道，如图9-18所示。效果如图9-19所示。

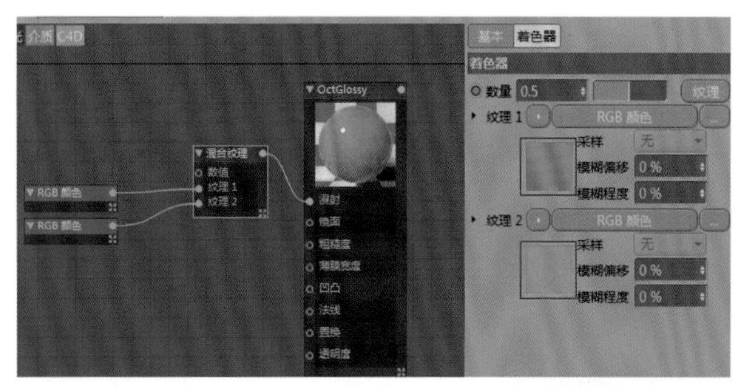

图9-18

图9-19

02 拖曳“衰减贴图”节点，将其输出节点链接到“混合纹理”节点的“数值”通道，目的是让“RGB颜色”的两种不同粉色可以在气球上不均匀地分布，进入“衰减贴图”节点的属性面板，设置“最小数值”为0.2，“最大数值”为0.6，“衰减方向”的x轴方向为1，如图9-20所示。

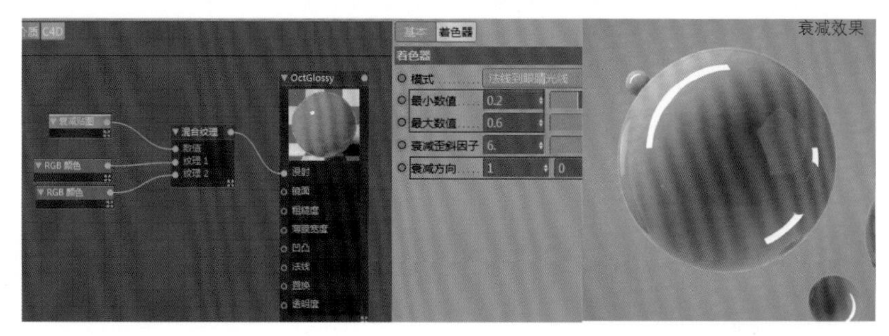

图9-20

03 将本书提供的黑白贴图拖曳到节点编辑器中，将其输出节点链接到“Octane光泽材质”的“粗糙度”通道，减小反射的强度，如图9-21所示。

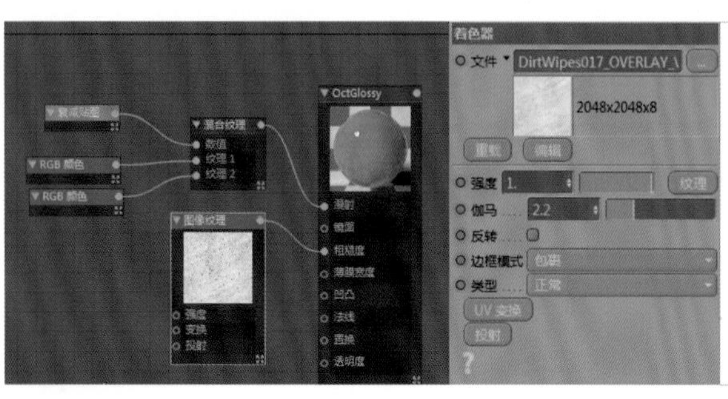

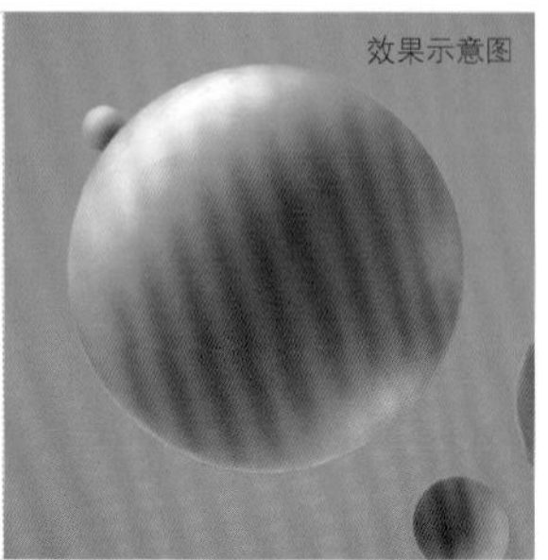

图9-21

04 从效果图中可以发现材质过于粗糙，所以需要添加“梯度”节点，将黑色区域增多，如图9-22所示。进入材质的属性面板，在“粗糙度”通道中设置“浮点”为0.5，“混合”为0.9，如图9-23所示。效果如图9-24所示。

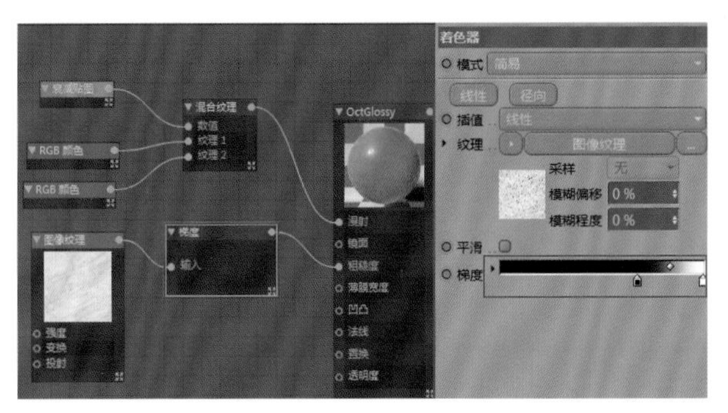

图9-22

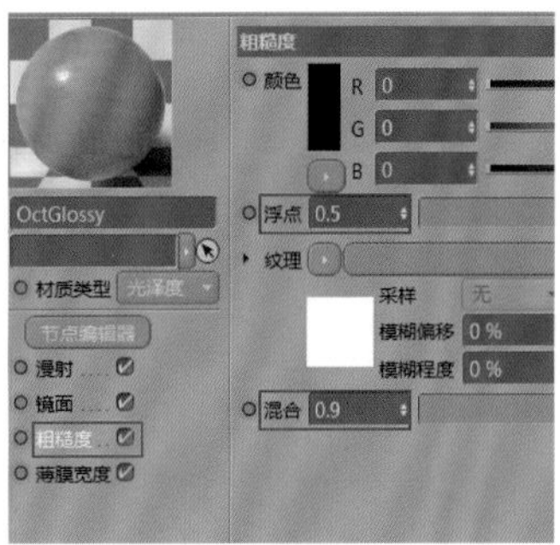

图9-23

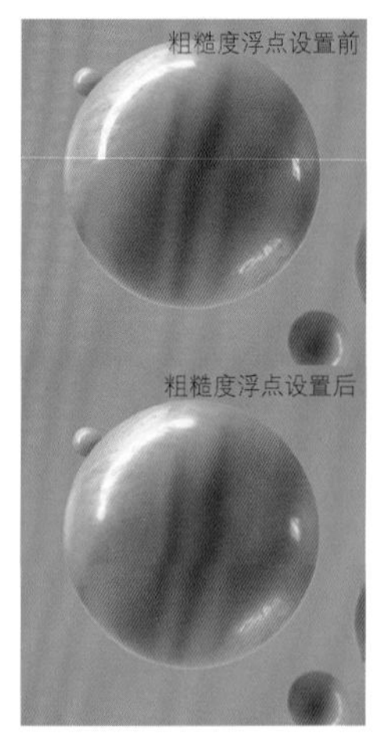

图9-24

05 拖曳另一张黑白贴图，将其输出节点链接到“Octane光泽材质”的“凹凸”通道，进入此图像纹理的属性面板，设置“强度”为0.5，增加气球表面的细节，如图9-25所示。

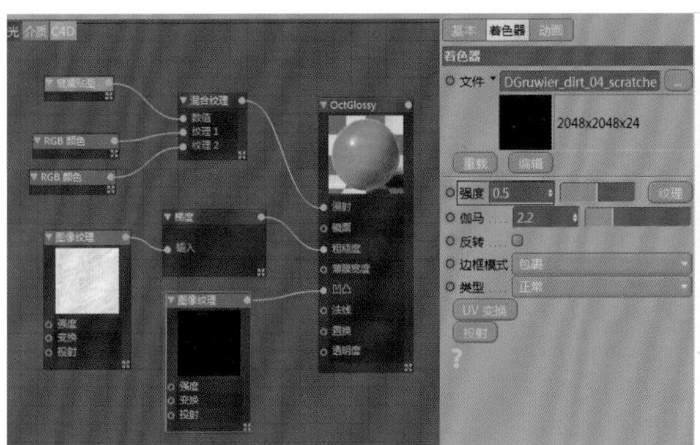

图9-25

06 气球或者气泡材质都具有透明属性，所以需要在材质的属性面板中对“透明度”通道的“浮点”进行修改，值为1代表不透明，值为0.5代表半透明，如图9-26所示。效果对比如图9-27所示。

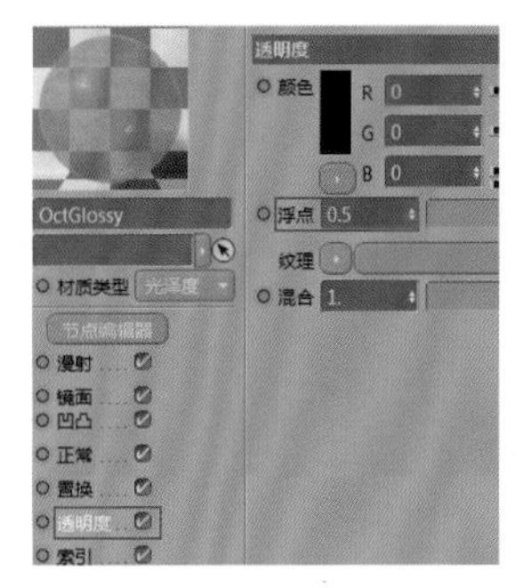

图9-26

图9-27

技术专题：制作气泡材质

第1个： 为气球或者气泡制作两种颜色不同的材质。

进入节点编辑器，将其中一个“RGB颜色”节点的“颜色”修改为黄色，如图9-28所示。进入“衰减贴图”节点的属性面板，将“模式”修改为“法线到矢量90度”，设置“最小数值”为0.5，“最大数值”为1，“衰减歪斜因子”为3，“衰减方向”的*y*轴方向为1，如图9-29所示。效果如图9-30所示。

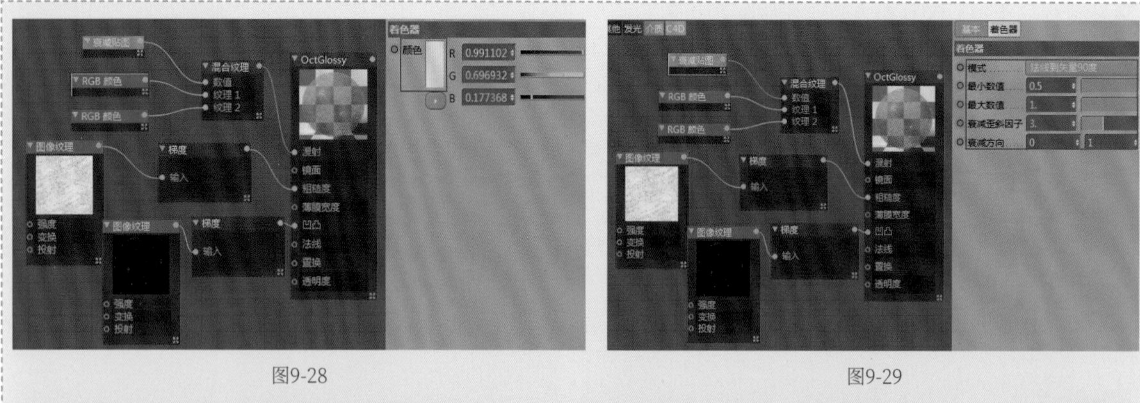

图9-28　　　　图9-29

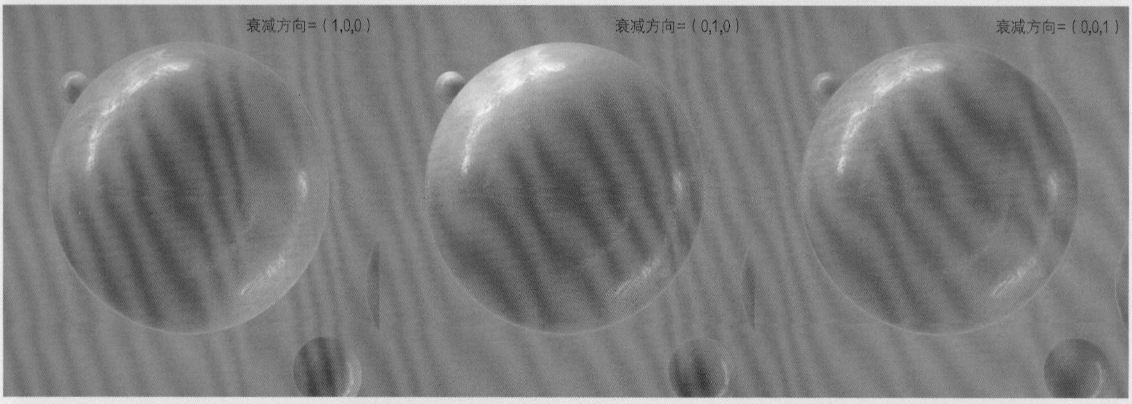

衰减方向=（1,0,0）　衰减方向=（0,1,0）　衰减方向=（0,0,1）

图9-30

第2个：为气球或者气泡材质制作透明细节。

拖曳新的“衰减贴图”节点，将其输出节点链接到“Octane光泽材质”的“透明度”通道，将“模式”修改为“法线到矢量90度”，设置“最小数值”为0.1，“最大数值”为0.5，“衰减歪斜因子”为3，“衰减方向”的*x*轴、*y*轴方向为1，如图9-31所示。

图9-31

9.1.4 制作运动鞋材质

01 打开本书提供的“运动鞋材质测试工程”模型文件，执行“Octane>材质>Octane光泽材质”菜单命令，将运动鞋漫射、凹凸和法线贴图拖曳到节点编辑器中，将它们链接到对应的材质通道，如图9-32所示。对比效果如图9-33所示。

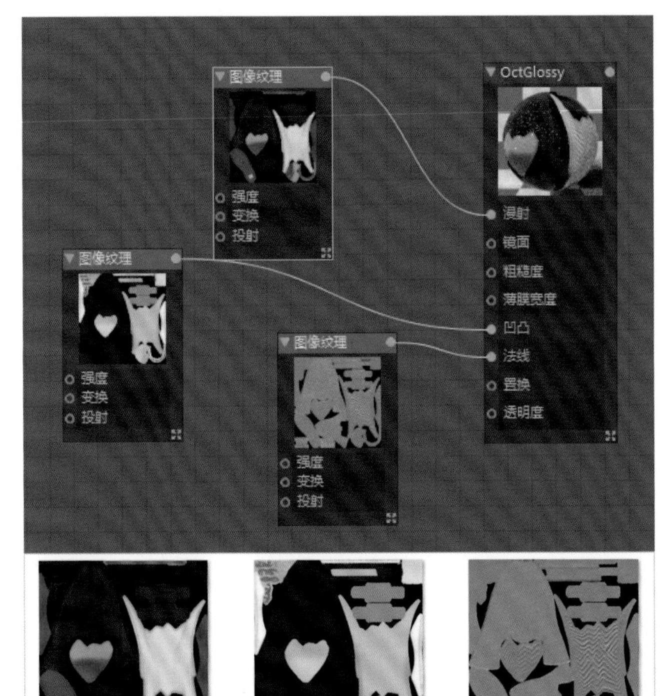

图9-32

图9-33

02 为了让运动鞋的颜色更加丰富，在面模式下选择需要增加颜色的区域，执行“选择>设置选集”菜单命令，如图9-34所示。选集设置好后创建黄色与蓝色光泽材质，并指定给对应的选集，如图9-35所示。效果如图9-36所示。

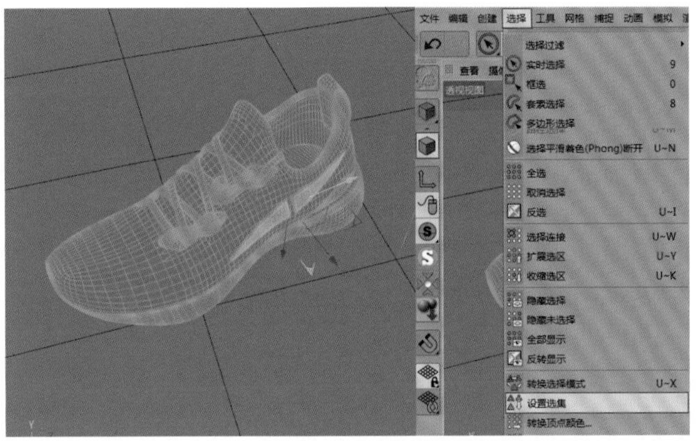

图9-34

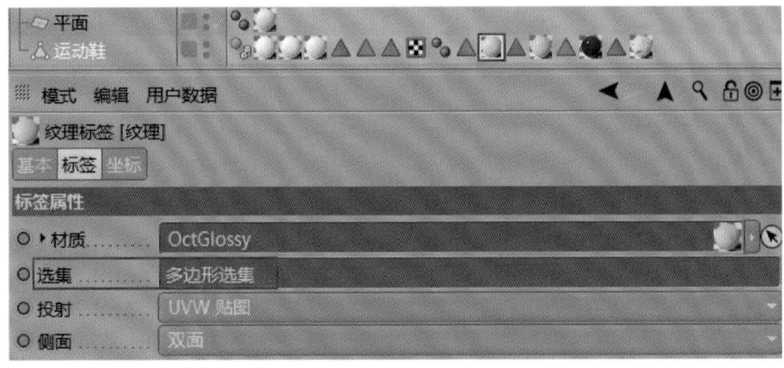

图9-35

图9-36

技巧提示 用同样的方法处理另外一只运动鞋的材质，如图9-37所示。

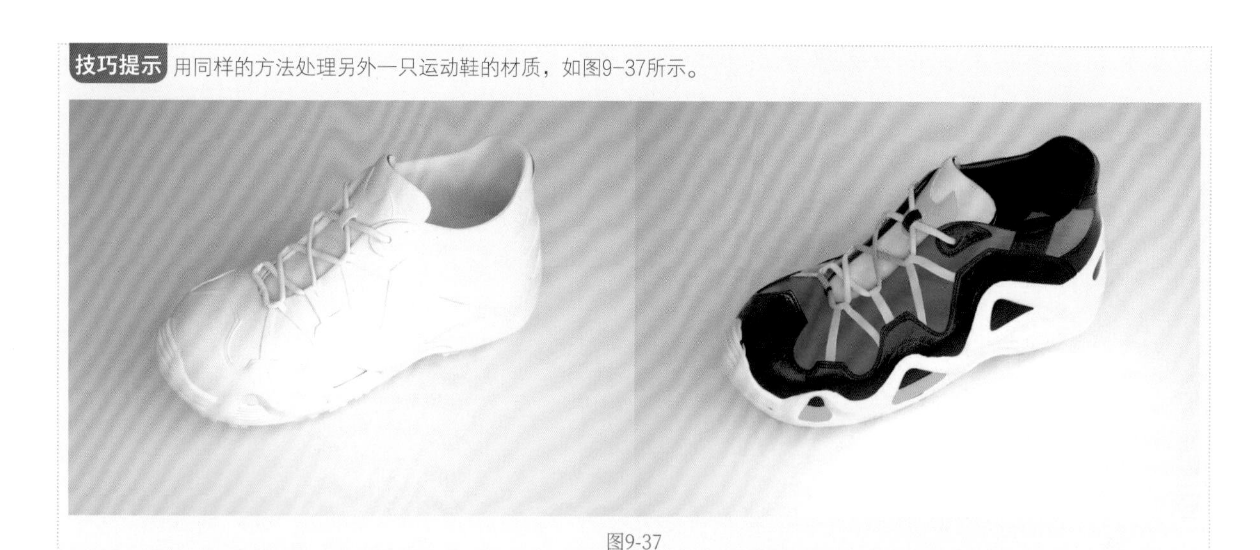

图9-37

9.2 灯光处理

本片有11个场景镜头，因此要对11个工程文件进行灯光处理。下面按照8.1~8.11节的顺序来介绍布光方法。

9.2.1 运动鞋切入镜头布光

01 激活Octane渲染器，将“直接照明”修改为“路径追踪”，设置“预设”为UTV4D，如图9-38所示。渲染效果如图9-39所示。

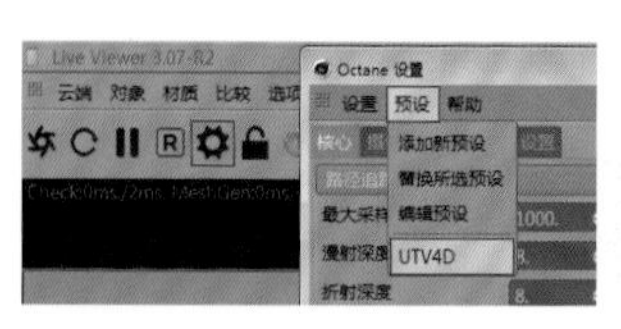

图9-38

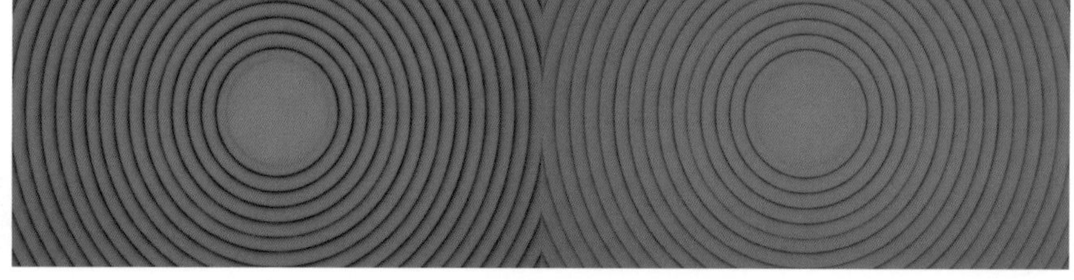

图9-39

02 执行“Octane>对象>Octane HDRI环境”菜单命令，如图9-40所示。将本书提供HDRI拖曳到“图像纹理”中，设置“功率”为2，如图9-41所示。

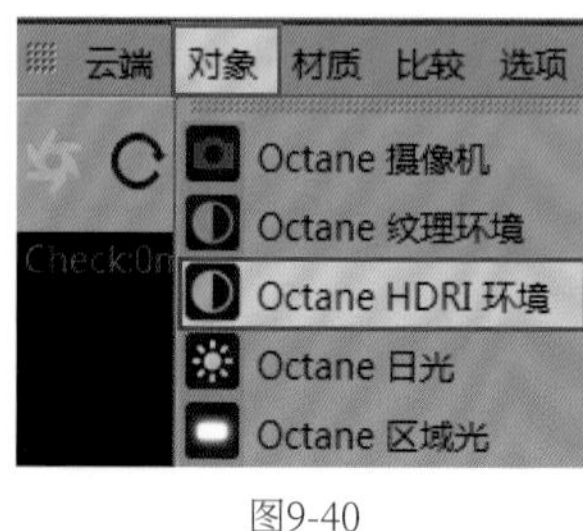

图9-40

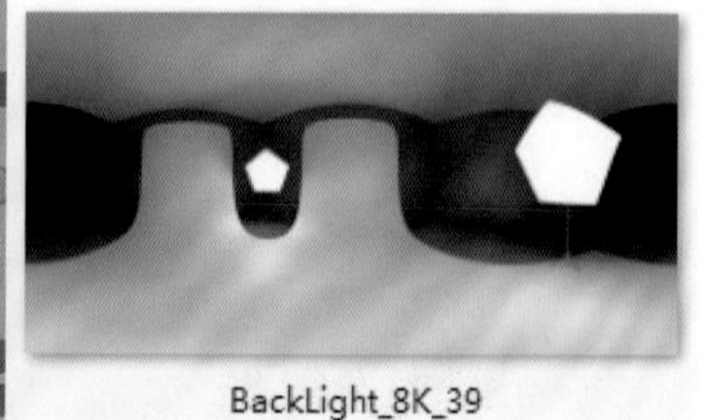

图9-41

03 执行“Octane>对象>Octane目标区域光”菜单命令，如图9-42所示。适当调整灯光尺寸并将灯光拖曳到场景左上方，作为主光源，如图9-43所示。设置“功率”为40，如图9-44所示。效果如图9-45所示。

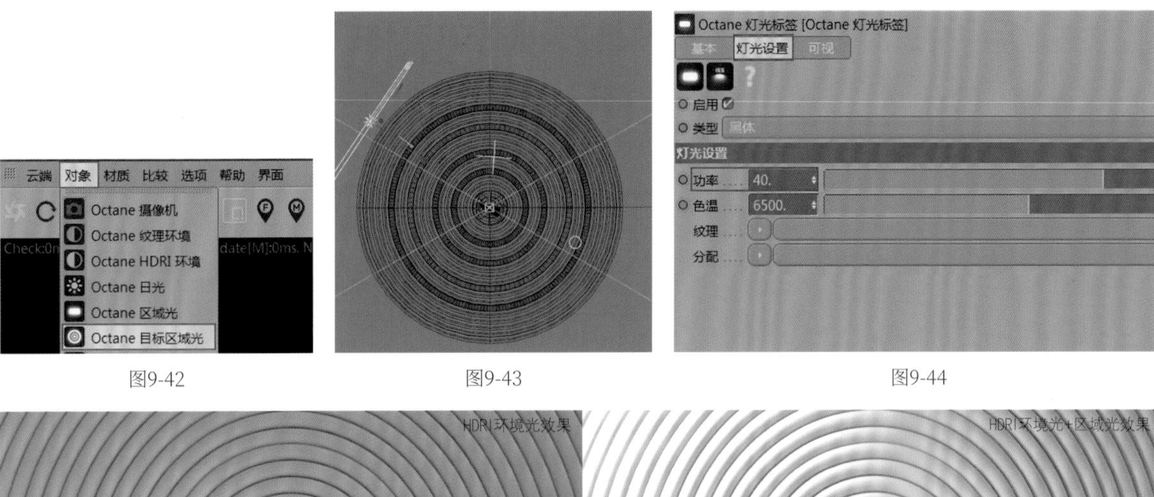

图9-42　　　　图9-43　　　　图9-44

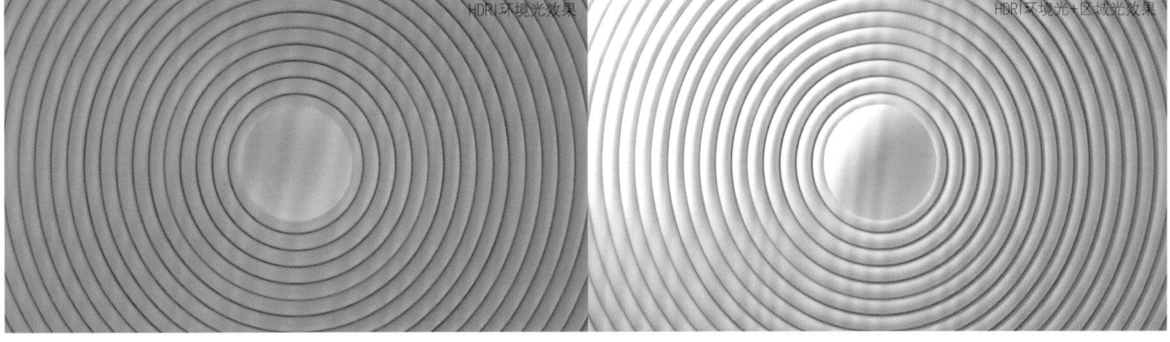

图9-45

04 布光完成后，将调试好的材质赋予对应模型，如图9-46所示。

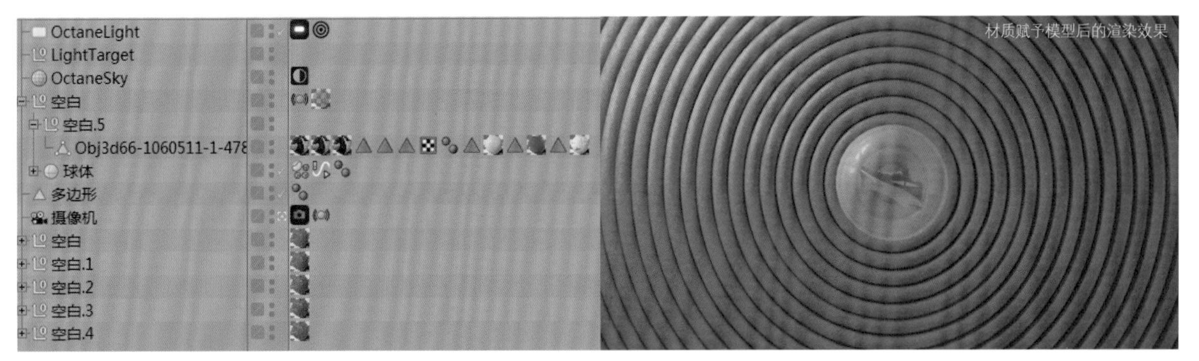

图9-46

05 使用鼠标右键单击“摄像机”对象，执行“C4doctane标签>Octane摄像机标签”命令，如图9-47所示。勾选“启用摄像机成像”，设置“镜头”为Agfacolor_Optima_Ⅱ_200CD，如图9-48所示。在“后期处理”选项卡中勾选“启用”，设置“辉光强度”为5,“眩光强度”为2，如图9-49所示。效果如图9-50所示。

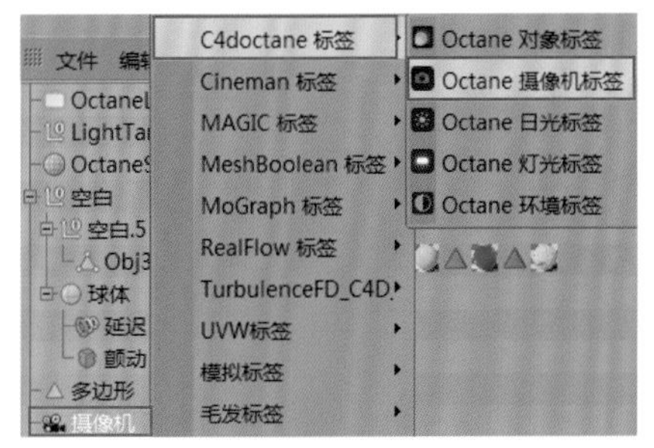

图9-47

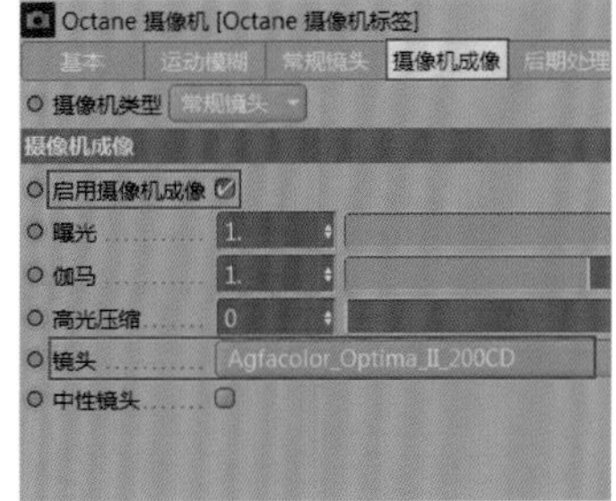

图9-48

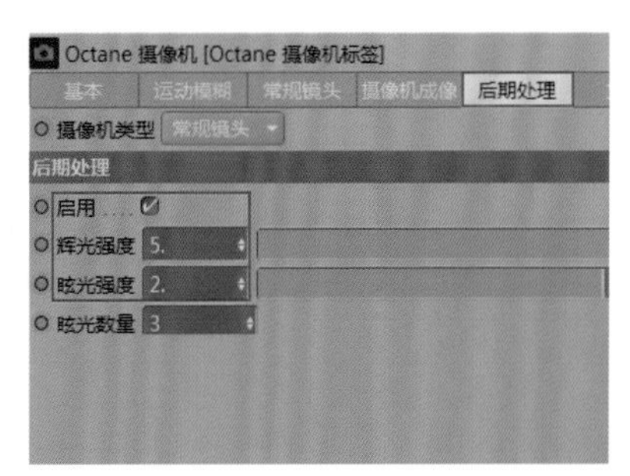

图9-49

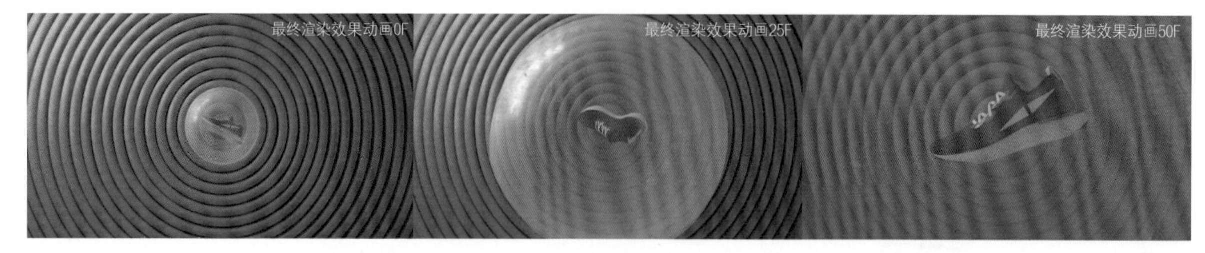

图9-50

9.2.2 背景切换镜头布光

01 激活Octane渲染器，将"直接照明"修改为"路径追踪"，设置"预设"为UTV4D，如图9-51所示。对比效果如图9-52所示。

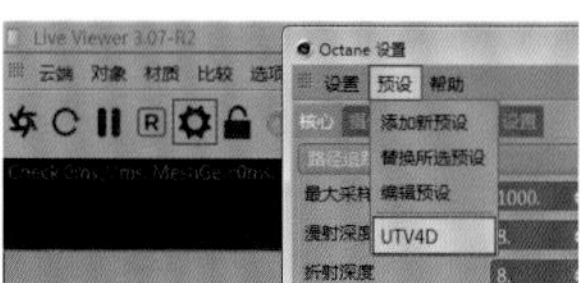

图9-51

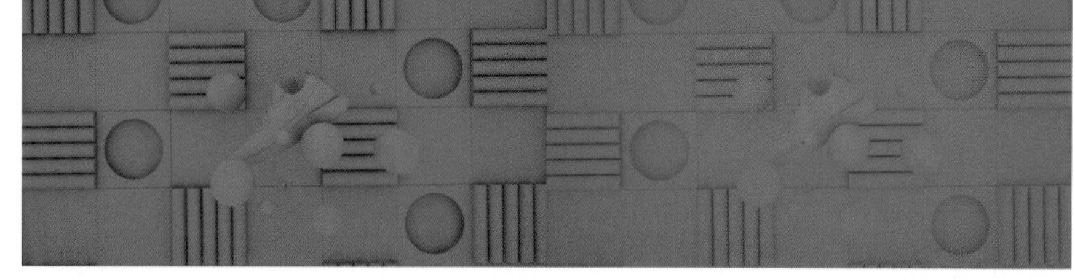

图9-52

02 执行"Octane>对象>Octane HDRI环境"菜单命令，如图9-53所示。将本书提供的HDRI拖曳到"图像纹理"中，设置"功率"为2，如图9-54所示。

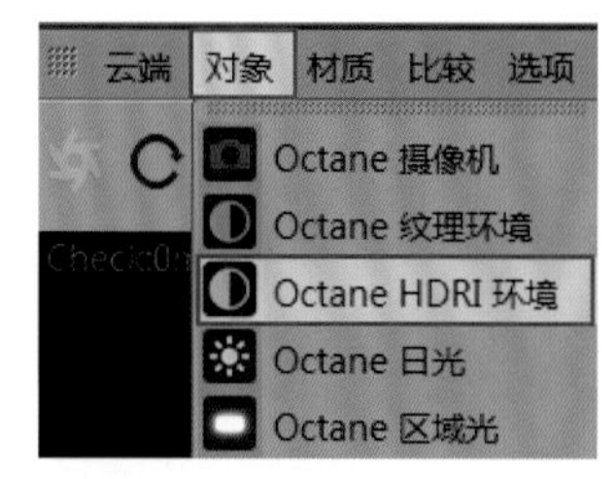

图9-53

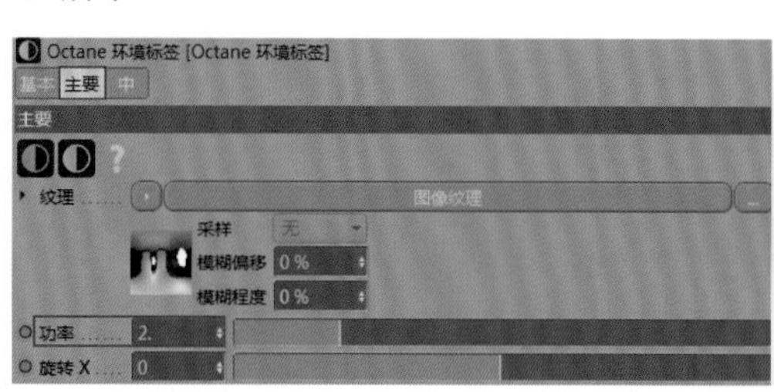

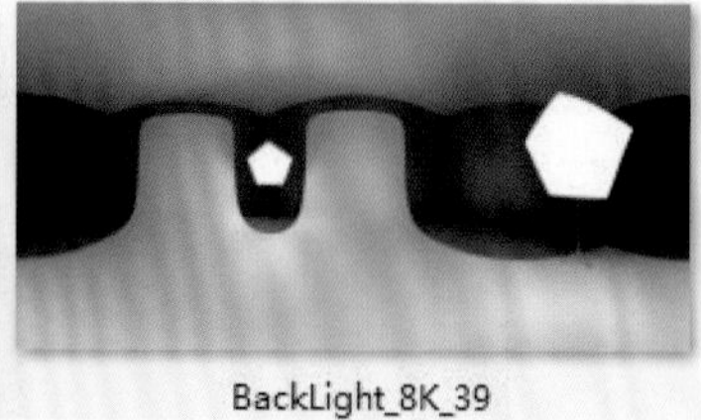

图9-54

03 执行"Octane>对象>Octane目标区域光"菜单命令，如图9-55所示。适当调整灯光尺寸并将灯光拖曳到场景正上方，作为主光源，如图9-56所示。设置"功率"为40,"色温"为5500，如图9-57所示。灯光效果如图9-58所示。

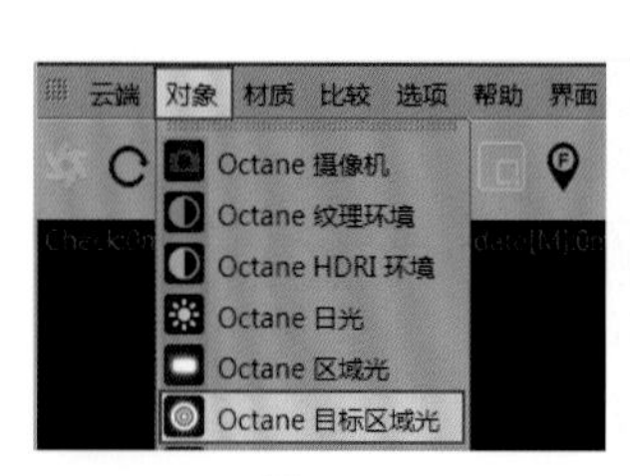

图9-55

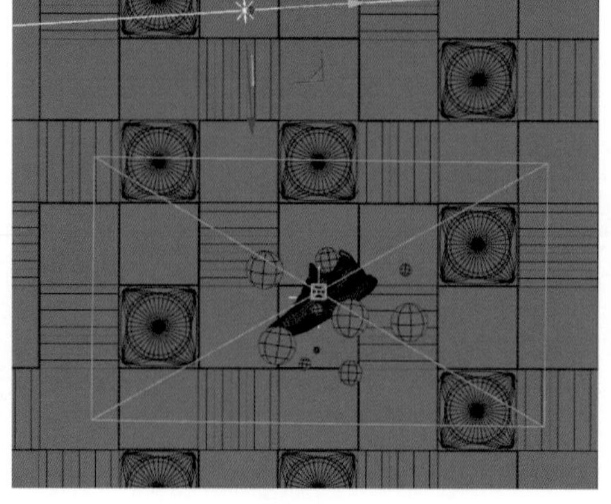

图9-56

图9-57

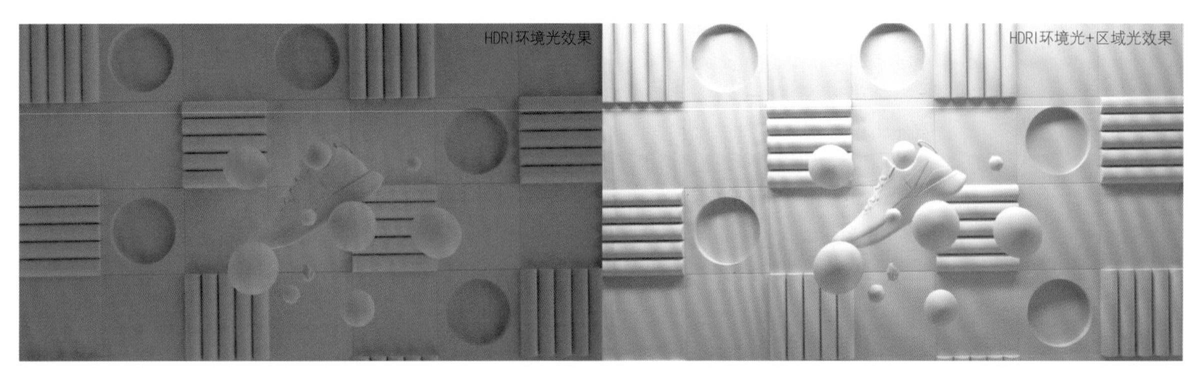

图9-58

04 布光完成后，将调试好的材质赋予对应模型，如图9-59所示。

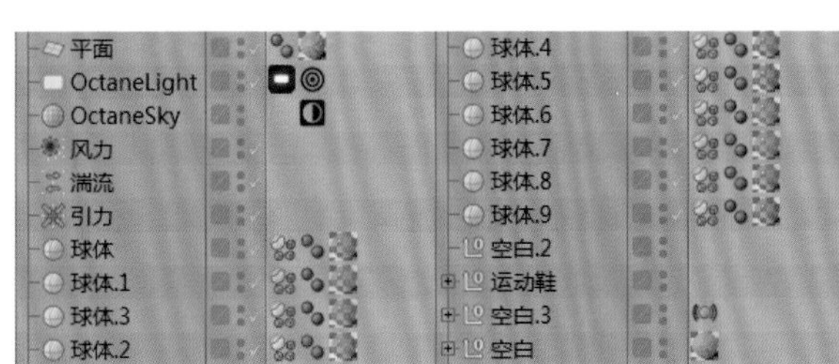

图9-59

05 使用鼠标右键单击“摄像机”对象，执行“C4doctane标签>Octane摄像机标签”命令，如图9-60所示。勾选“启用摄像机成像”，设置“镜头”为Agfacolor_Optima_Ⅱ_200CD，如图9-61所示。在“后期处理”选项卡中勾选“启用”，设置“辉光强度”为10，如图9-62所示。最终效果如图9-63所示。

图9-60

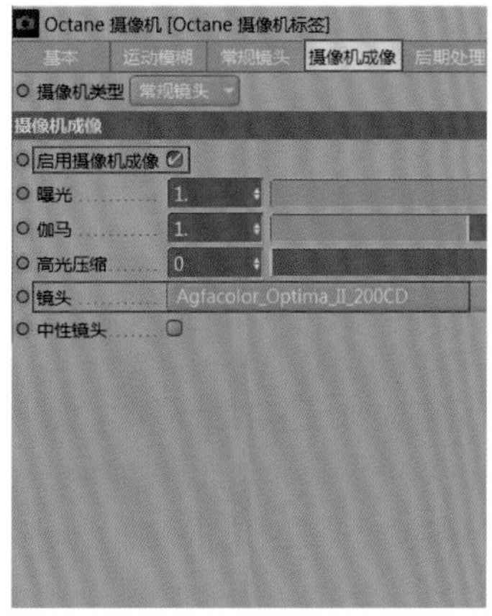

图9-61

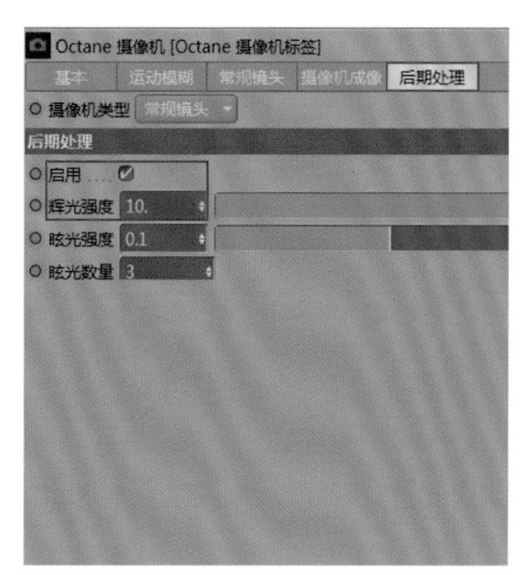

图9-62

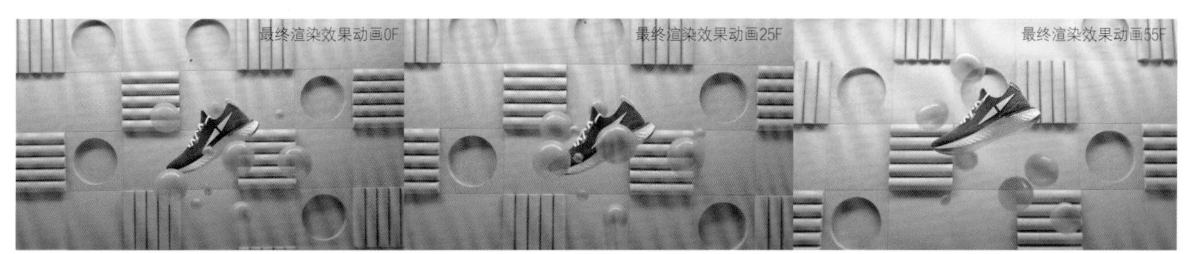

图9-63

9.2.3 运动鞋动作镜头布光

01 将渲染预设按前面的方法设置好，渲染效果对比如图9-64所示。

02 创建一个“Octane HDRI环境”，将本书提供的HDRI拖曳到“图像纹理”中，设置“功率”为1，如图9-65所示。

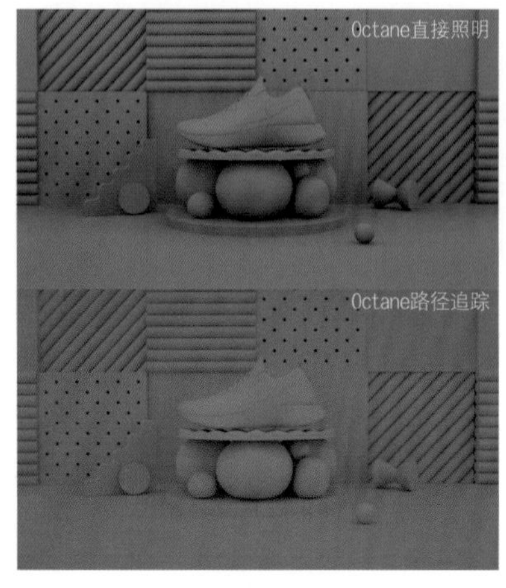

图9-64

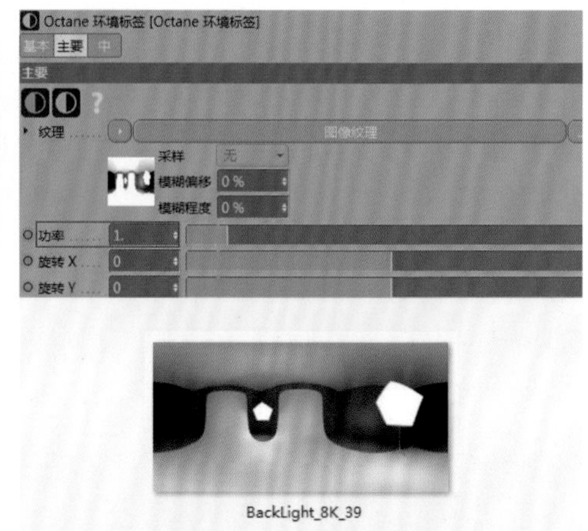

图9-65

03 创建一个“Octane目标区域光”，适当调整灯光尺寸并将灯光拖曳到场景左上方，作为主光源，如图9-66所示。设置“功率”为30，如图9-67所示。渲染效果如图9-68所示。

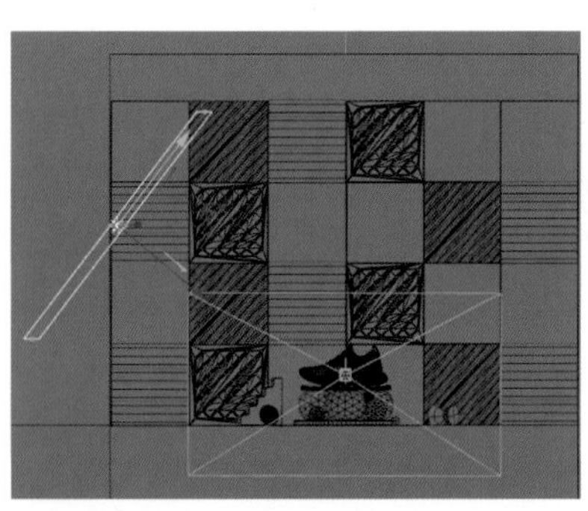

图9-66

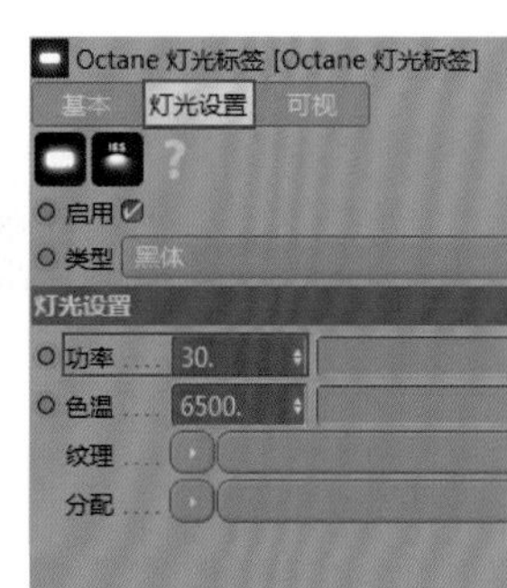

图9-67

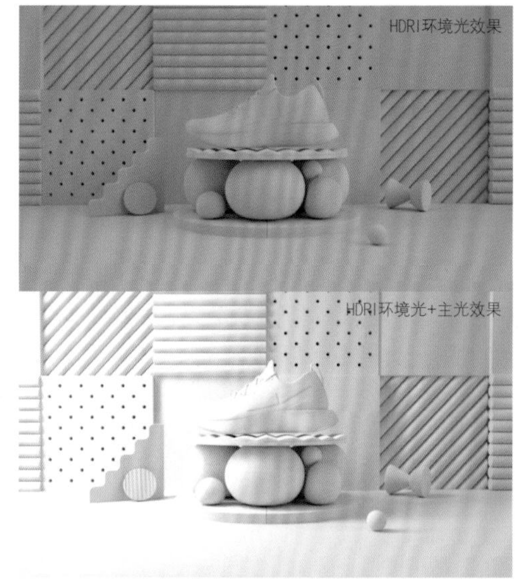

图9-68

04 创建一个“Octane目标区域光”，适当调整灯光尺寸并将灯光拖曳到场景右下方，作为辅助光源，如图9-69所示。设置“功率”为10，如图9-70所示。效果如图9-71所示。

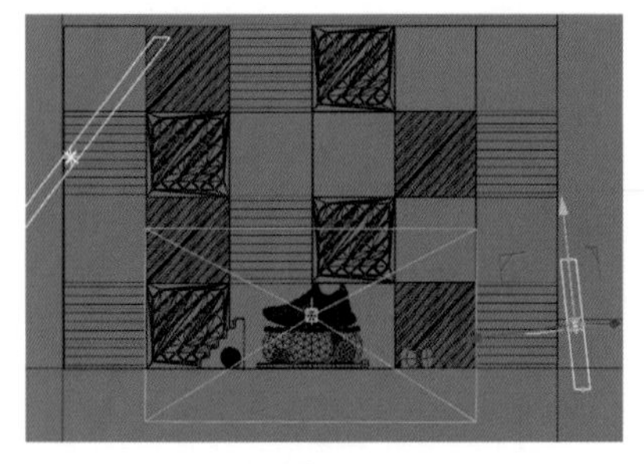

图9-69

图9-70

图9-71

05 布光完成后，将调试好的材质赋予对应模型，如图9-72所示。

图9-72

06 创建地面材质。新建一个“Octane光泽材质”，将本书提供的漫射、粗糙度和凹凸贴图拖曳到节点编辑器中，并将输出节点链接到对应通道，设置“纹理投射”均为“盒子”，如图9-73所示。效果如图9-74所示。

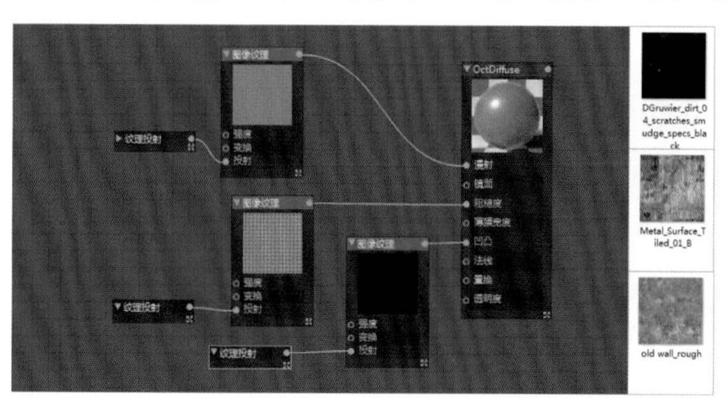

图9-73

图9-74

07 目前地面材质偏暗，拖曳“梯度”节点，将梯度的黑色渐变调整成灰色渐变，以提亮漫射贴图，如图9-75所示。

图9-75

08 使用鼠标右键单击“摄像机”对象，执行“C4doctane标签>Octane摄像机标签”菜单命令，如图9-76所示。勾选“启用摄像机成像”，设置“镜头”为Agfacolor_Optima_Ⅱ_200CD，如图9-77所示。在“后期处理”选项卡中勾选“启用”，设置“辉光强度”为5，如图9-78所示。渲染效果如图9-79所示。

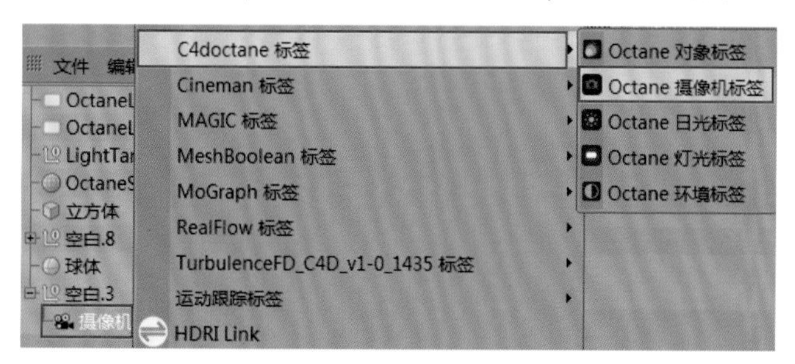

图9-76

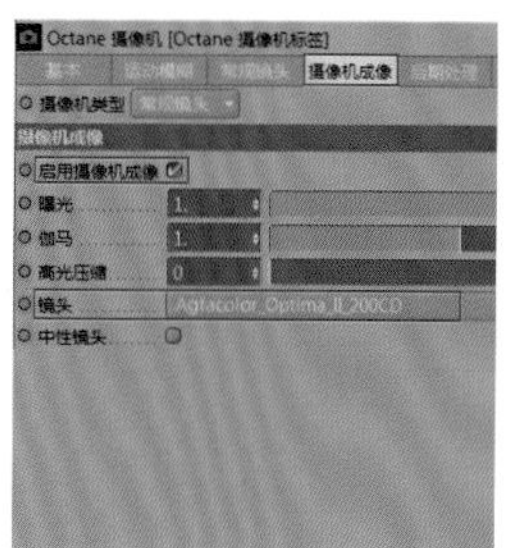

图9-77

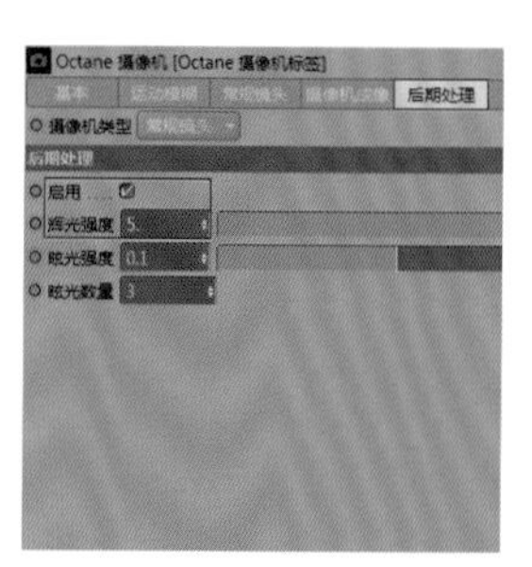

图9-78

图9-79

9.2.4 球体发射镜头布光

01 将渲染预设按前面的方法设置好，渲染效果对比如图9-80所示。

02 创建一个“Octane HDRI环境”。将本书提供的HDRI拖曳到“图像纹理”中，设置“功率”为1，如图9-81所示。

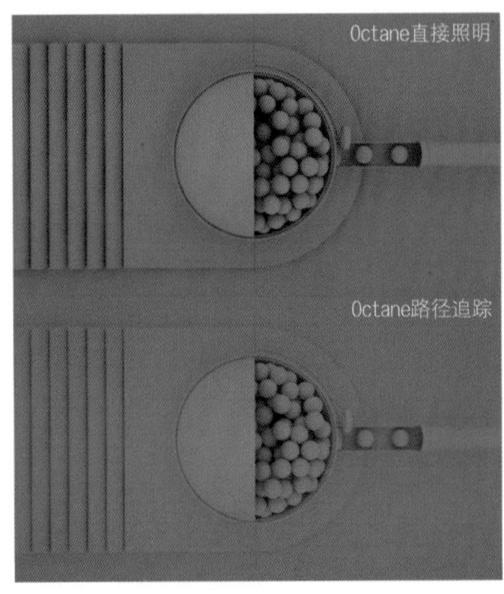

图9-80

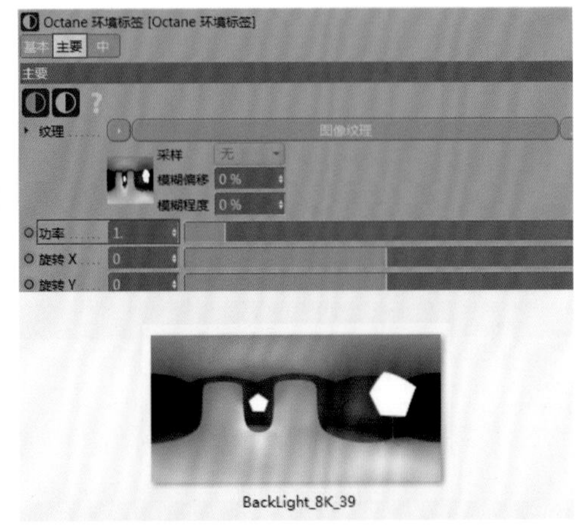

图9-81

03 创建一个“Octane目标区域光”。适当调整灯光尺寸并将灯光拖曳到场景左上方，作为主光源，如图9-82所示。设置“功率”为20，“色温”为5500，如图9-83所示。效果如图9-84所示。

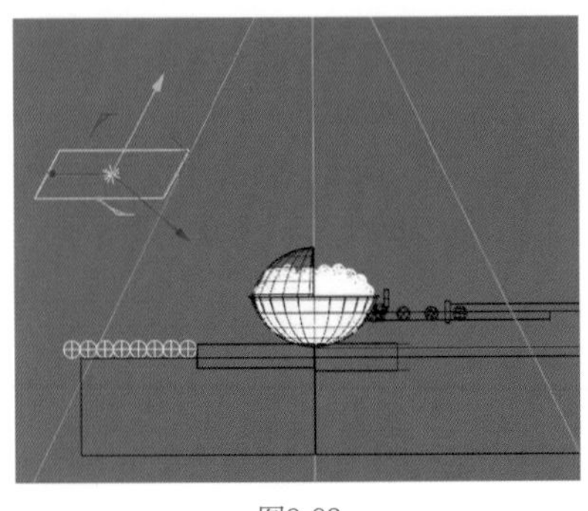

图9-82

图9-83

图9-84

04 新建一个“Octane目标区域光”，适当调整灯光尺寸并将灯光拖曳到场景右上方，作为辅助光源，如图9-85所示。设置“功率”为10，在“分配”中添加“RGB颜色”节点，并设置为淡粉色，如图9-86所示。效果如图9-87所示。

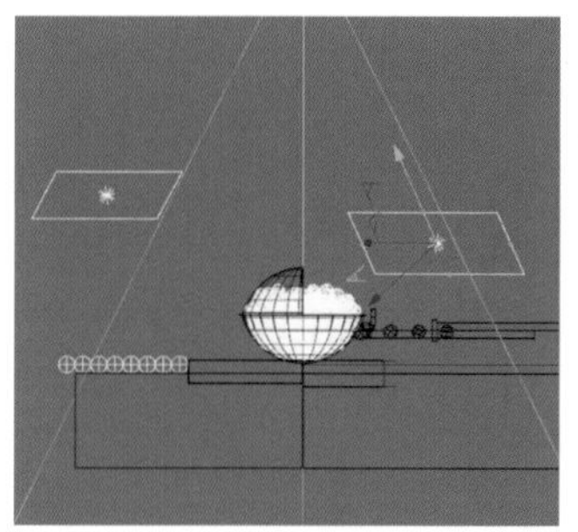

图9-85

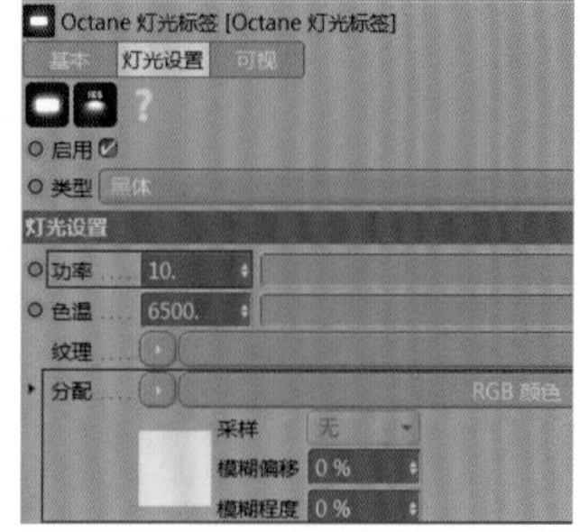

图9-86

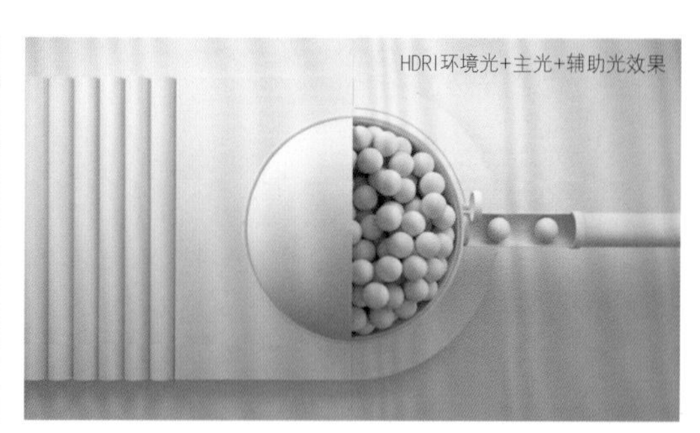

图9-87

05 布光完成后，将调试好的材质赋予对应模型，如图9-88所示。

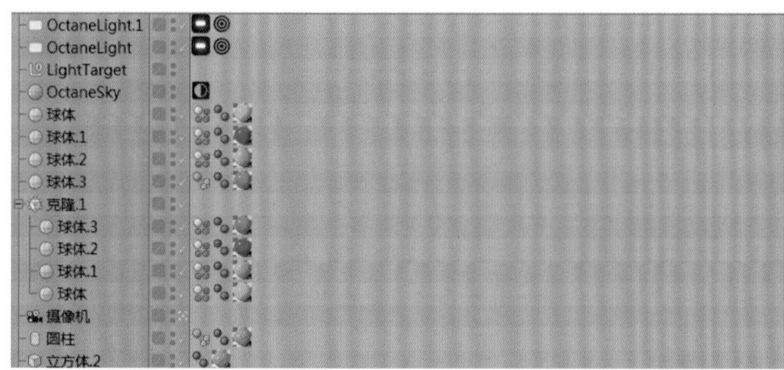

图9-88

06 创建布料材质。新建一个“Octane光泽材质”，将本书提供的凹凸和法线贴图拖曳到节点编辑器中，拖曳“RGB颜色”节点并将其颜色调整成淡粉色，将输出节点链接到“Octane光泽材质”的对应通道；设置“纹理投射”均为“盒子”，勾选“锁定宽高比”，设置S.X为5，如图9-89所示。效果如图9-90所示。

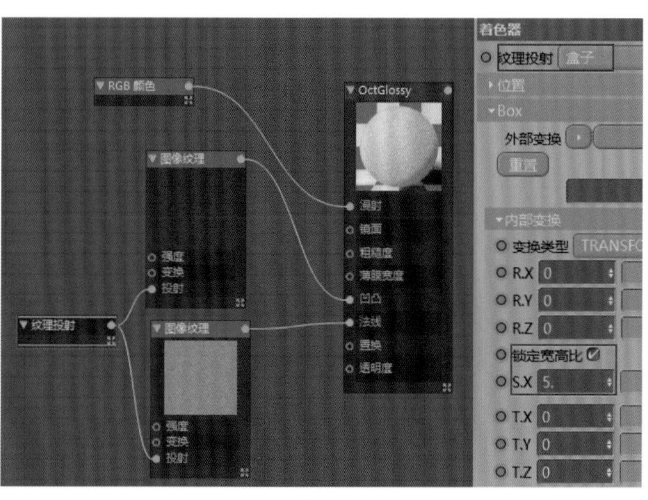

图9-89

图9-90

07 创建地面材质。新建一个“Octane光泽材质”，将本书提供的漫射和法线贴图拖曳到节点编辑器中，并将输出节点链接到材质的对应通道，设置“纹理投射”均为“盒子”，如图9-91所示。效果如图9-92所示。

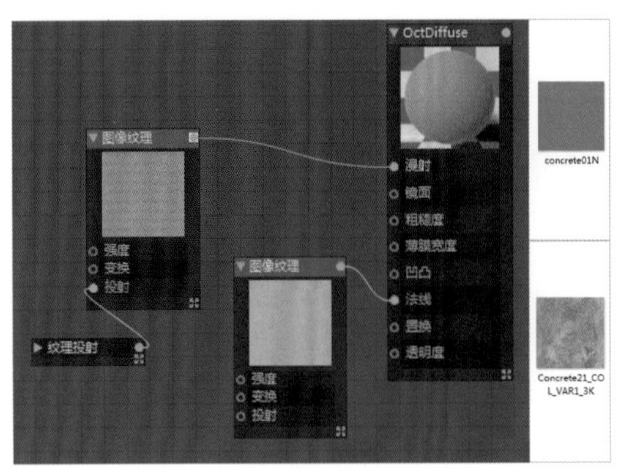

图9-91

图9-92

08 目前地面材质偏暗，拖曳“梯度”节点，将“梯度”的黑色渐变调整成灰色渐变，以提亮漫射贴图，如图9-93所示。效果如图9-94所示。

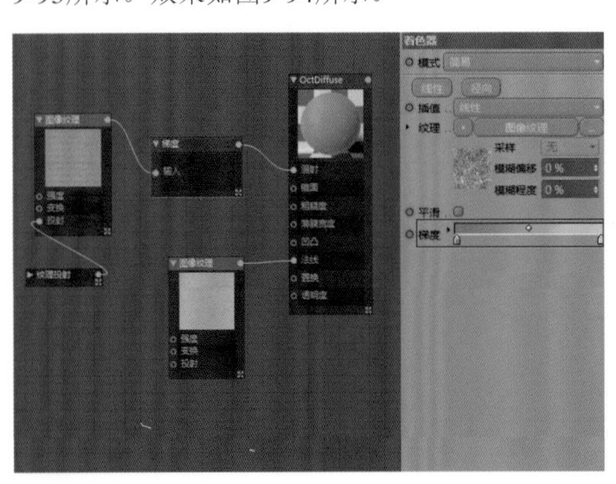

图9-93

图9-94

09 创建玻璃材质。新建一个“Octane透明材质”，设置“粗糙度”通道的“浮点”为0.02，“透明度”通道的“浮点”为0.3，“索引”为1.5，如图9-95所示。将材质赋予对应模型，效果如图9-96所示。

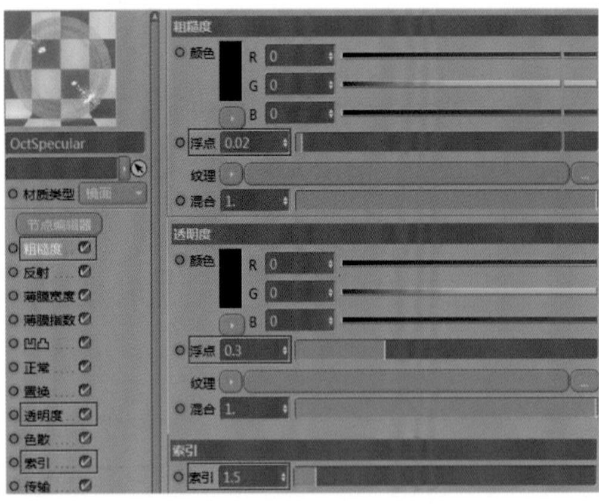

图9-95

图9-96

10 创建黄金材质。新建一个“Octane光泽材质”，取消勾选“漫射”通道，设置“索引”为8。打开本书提供的黑白贴图，拖曳“梯度”节点与“相乘”节点，进入“梯度”节点的属性面板，设置“梯度”的颜色（渐变）；使用“相乘”节点增加纹理细节，将其输出节点链接到“Octane光泽材质”的“镜面”通道，如图9-97所示。

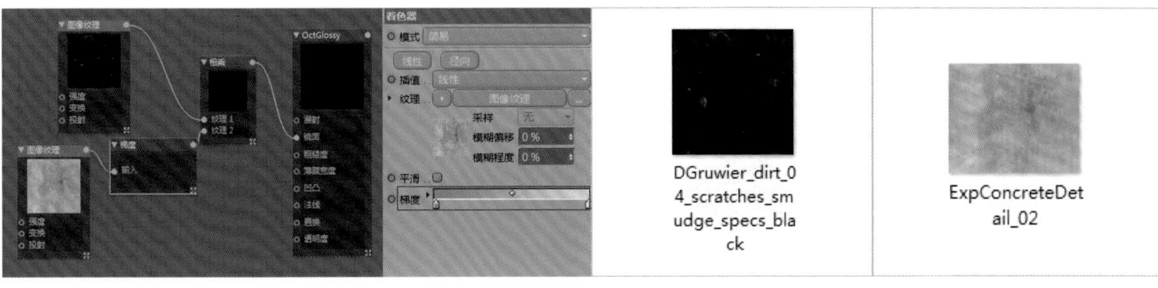

图9-97

11 将“图像纹理”与“梯度”节点复制一份。进入“梯度”节点将黄色渐变修改成黑白渐变，然后将其输出节点链接到“Octane光泽材质”的“粗糙度”通道，将材质赋予对应模型，如图9-98所示。

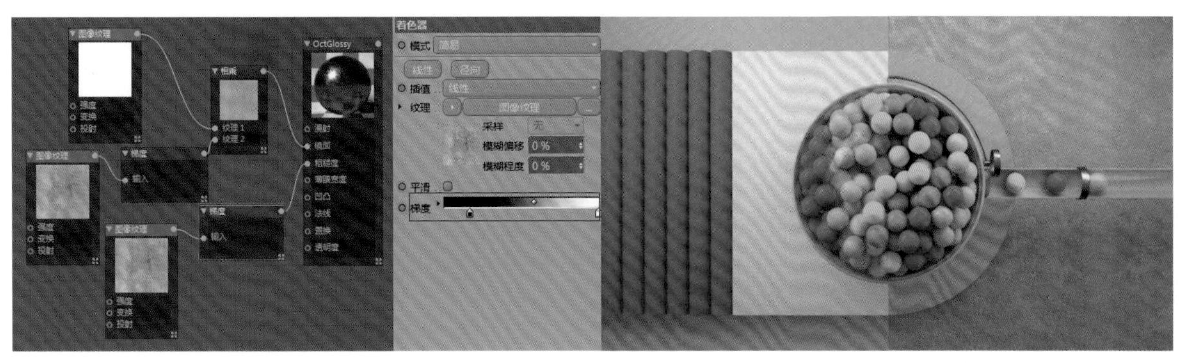

图9-98

12 使用鼠标右键单击“摄像机”对象，执行“C4doctane标签>Octane摄像机标签”命令，勾选“启用摄像机成像”，设置“镜头”为Agfacolor_Optima_Ⅱ_200CD，如图9-99所示。在“后期处理”选项卡中勾选“启用”，设置“辉光强度”为5，如图9-100所示。渲染效果如图9-101所示。

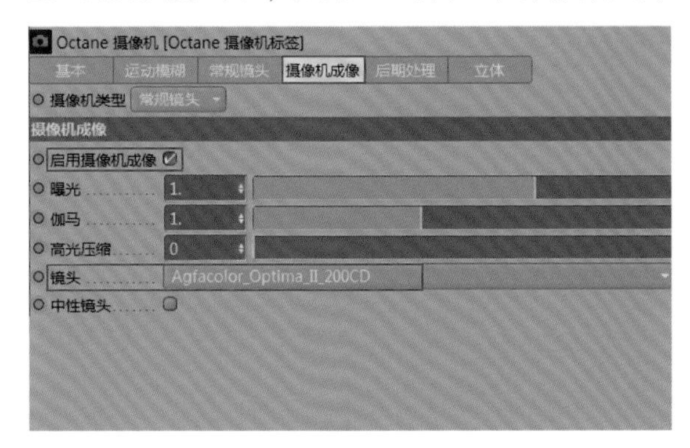

图9-99

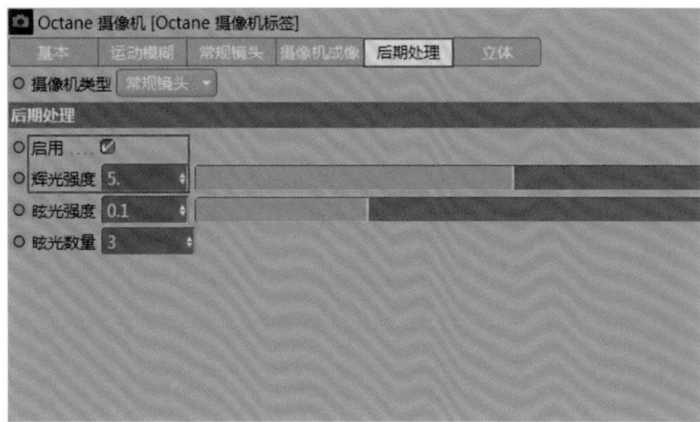

图9-100

图9-101

9.2.5 管道中的球体运动镜头布光

01 将渲染预设按前面的方法设置好，渲染效果对比如图9-102所示。

02 新建一个“Octane HDRI环境”，将本书提供的HDRI拖曳到“图像纹理”中，设置“功率”为2，如图9-103所示。

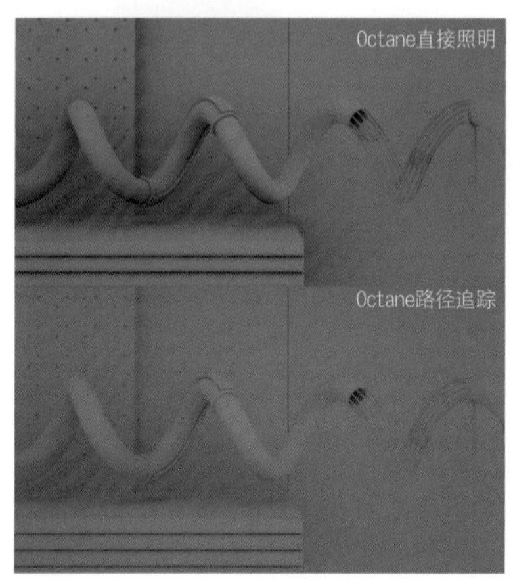

图9-102

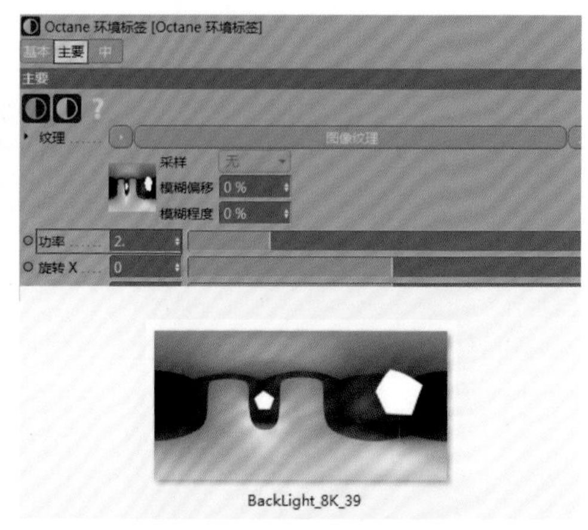

图9-103

03 新建一个“Octane目标区域光”，适当调整灯光尺寸并将灯光拖曳到场景左上方，作为主光源，如图9-104所示。设置“功率”为40，如图9-105所示。效果如图9-106所示。

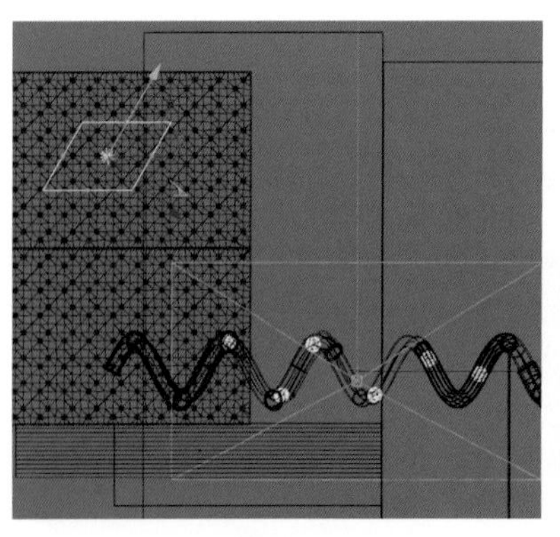

图9-104

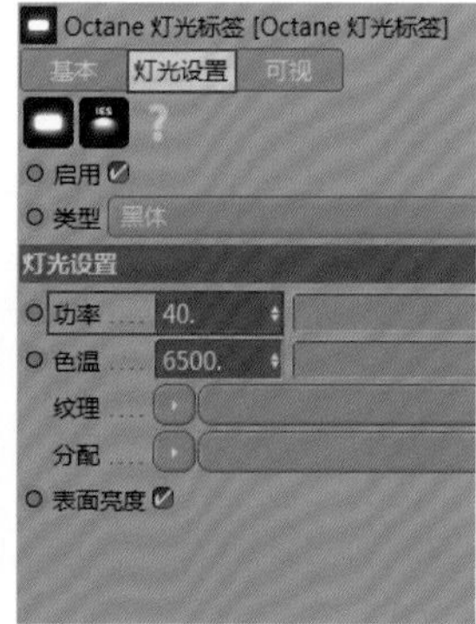

图9-105

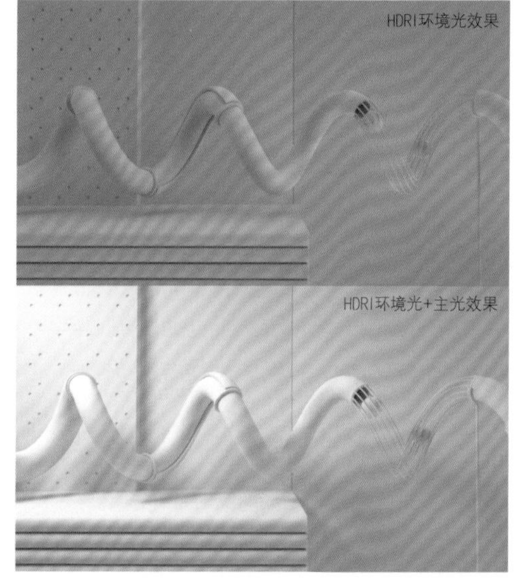

图9-106

04 新建一个“Octane目标区域光”，适当调整灯光尺寸并将灯光拖曳到场景右侧，作为辅助光源，如图9-107所示。设置“功率”为10，在“分配”中添加“RGB颜色”节点，并将其颜色设置为淡粉色，如图9-108所示。效果如图9-109所示。

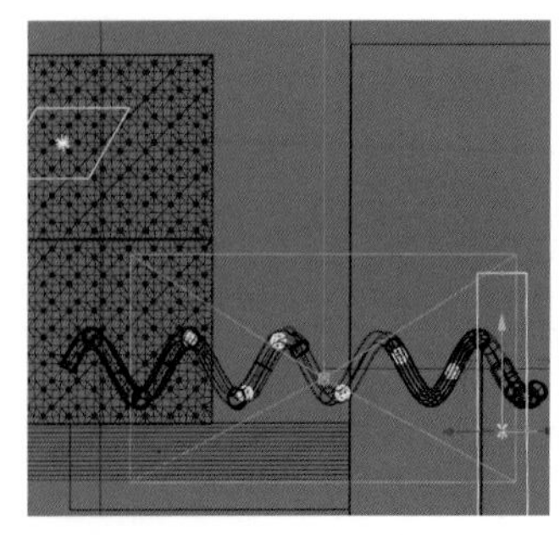

图9-107

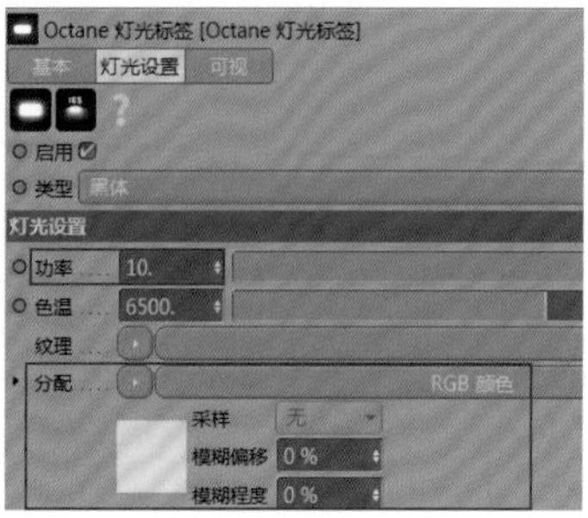

图9-108

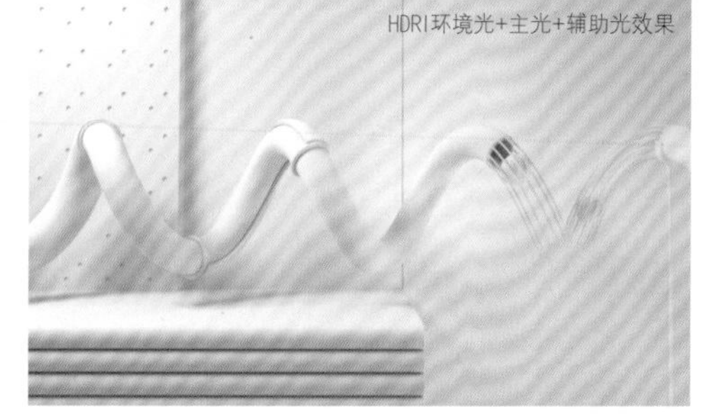

图9-109

05 布光完成后，将调试好的材质与9.2.4小节中创建的黄金与玻璃材质一起赋予对应模型，如图9-110所示。效果如图9-111所示。

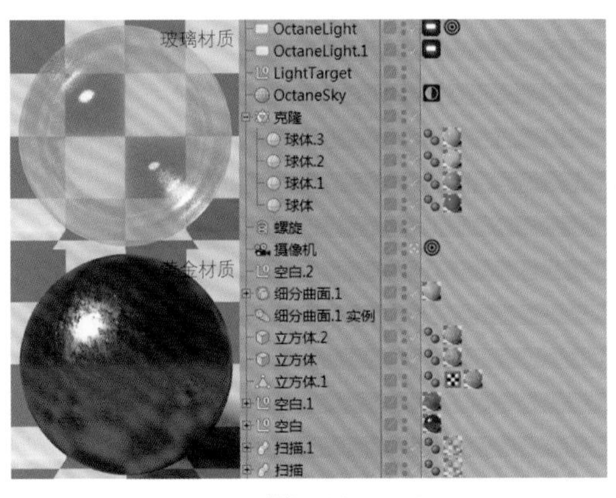

图9-110

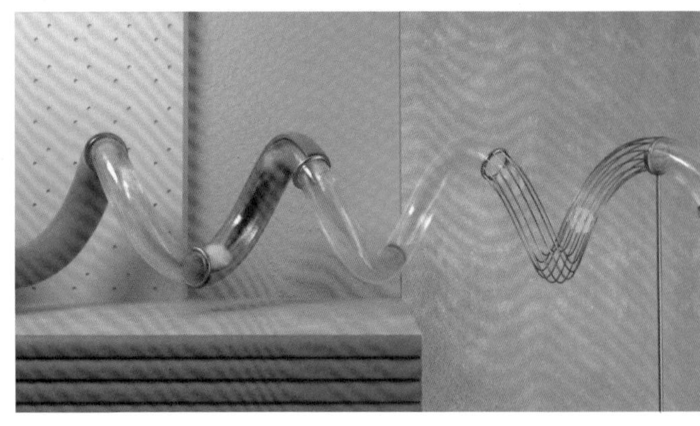

图9-111

06 使用鼠标右键单击“摄像机”对象，执行“C4doctane标签>Octane摄像机标签”命令，勾选“启用摄像机成像”，设置“镜头”为Agfacolor_Optima_Ⅱ_200CD，如图9-112所示。在“后期处理”选项卡中勾选“启用”，设置“辉光强度”为5，如图9-113所示。渲染效果如图9-114所示。

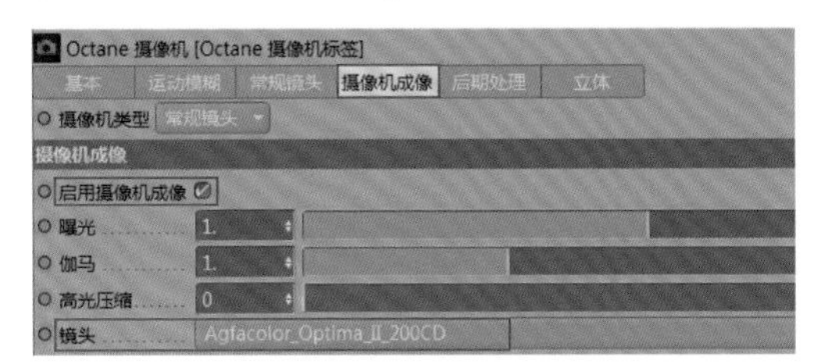

图9-112

Octane 摄像机 [Octane 摄像机标签]
基本 运动模糊 常规镜头 摄像机成像 后期处理 立体
摄像机类型 常规镜头
后期处理
启用
辉光强度 5.
眩光强度 0.1

图9-113

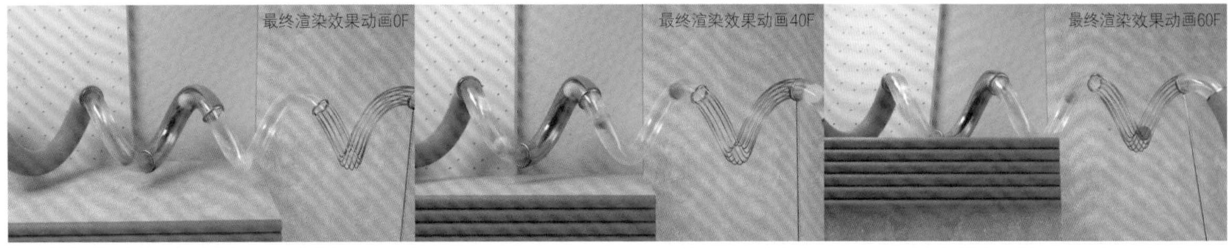

图9-114

9.2.6 球体下落镜头布光

01 将渲染预设按前面的方法设置好，渲染效果对比如图9-115所示。

02 新建一个“Octane HDRI环境”，将本书提供的HDRI拖曳到“图像纹理”中，设置“功率”为2，如图9-116所示。

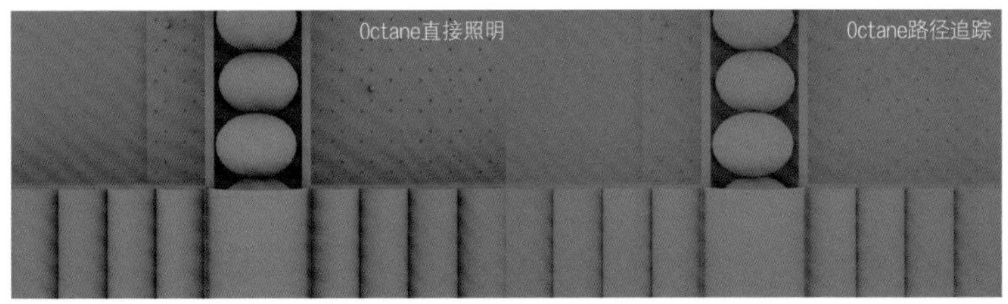

图9-115

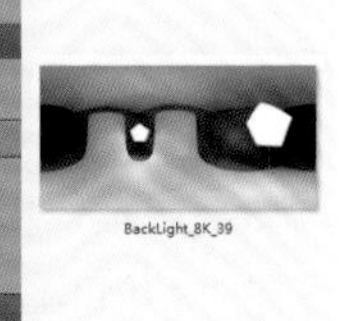

图9-116

03 新建一个“Octane目标区域光”，适当调整灯光尺寸并将灯光拖曳到场景右上方，作为主光源，如图9-117所示。设置“功率”为35,“色温”为5500，如图9-118所示。效果如图9-119所示。

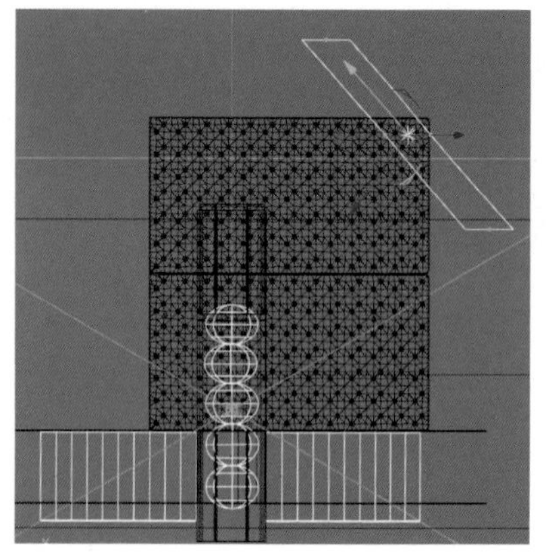

图9-117

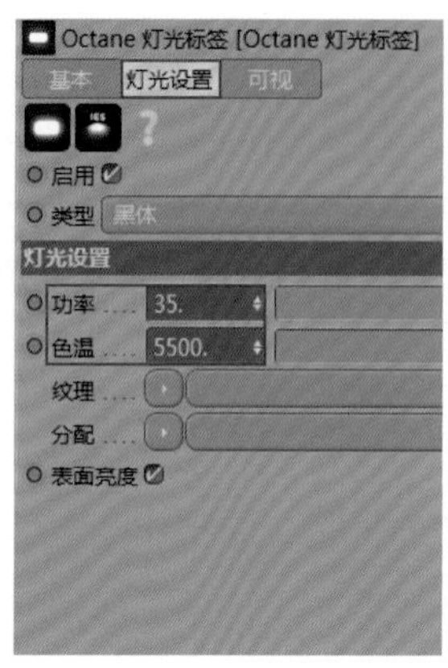

图9-118

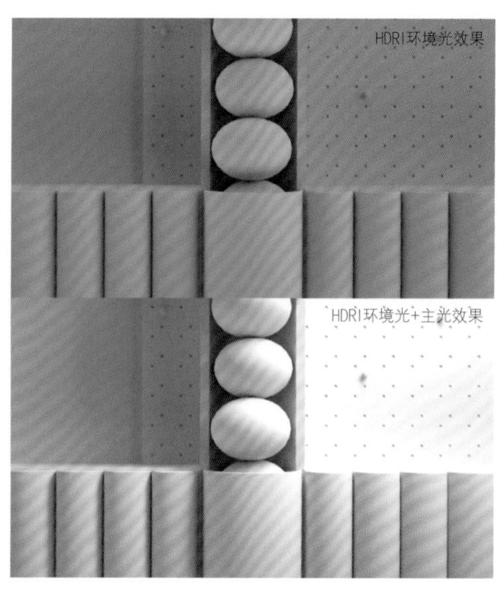

图9-119

04 新建一个“Octane目标区域光”，适当调整灯光尺寸并将灯光拖曳到场景左侧，作为辅助光源，如图9-120所示。设置“功率”为5，在“分配”中添加“RGB颜色”节点，并设置其颜色为淡粉色，如图9-121所示。效果如图9-122所示。

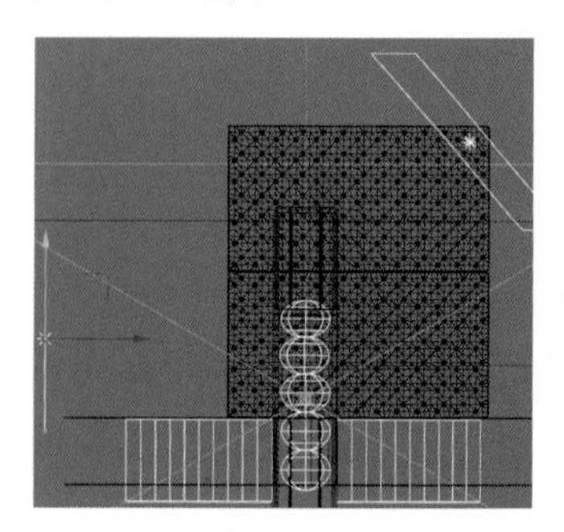

图9-120

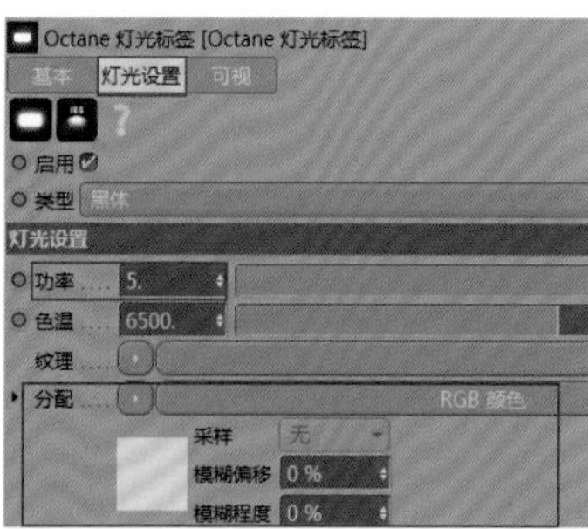

图9-121

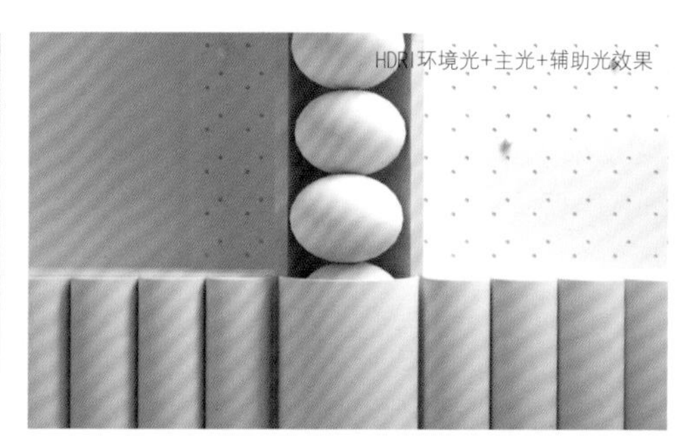

图9-122

05 布光完成后，将调试好的材质赋予对应模型，如图9-123所示。

图9-123

06 创建球体材质。新建一个“Octane光泽材质”，将本书提供的贴图拖曳到节点编辑器中，在白色纹理贴图上添加“梯度”节点，用于调整球体颜色。创建“添加”节点，将黑色纹理贴图与白色纹理贴图链接到对应通道，并将“添加”节点的输出节点链接到“Octane光泽材质”的“漫射”通道。复制黑色纹理贴图并链接到“凹凸”通道，如图9-124所示。效果如图9-125所示。

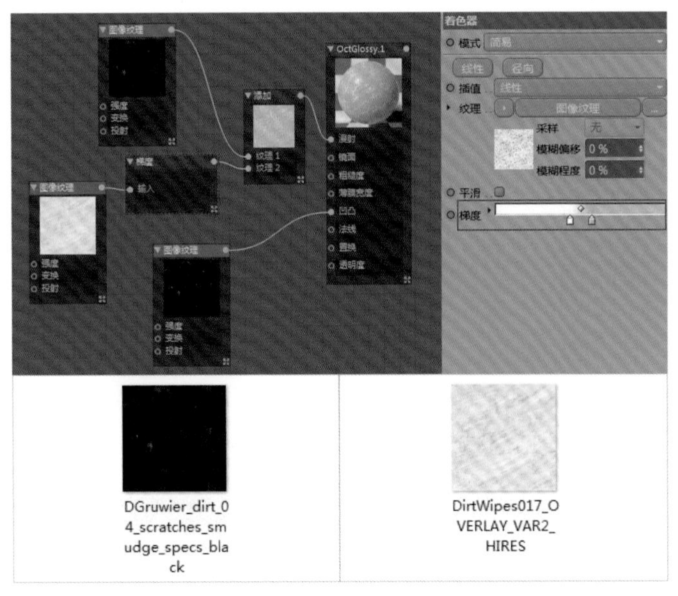

图9-124

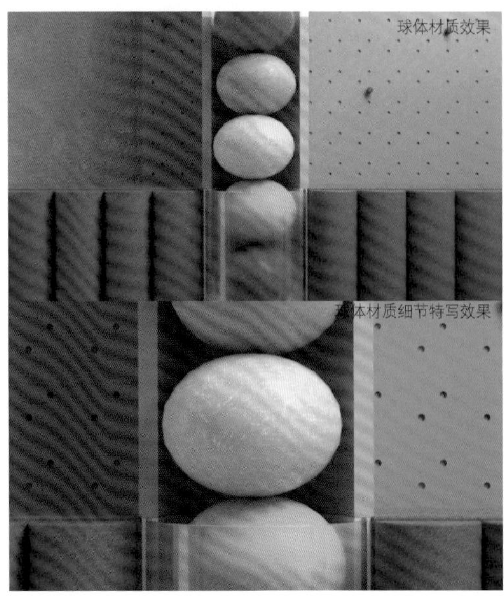

图9-125

07 使用鼠标右键单击“摄像机”对象，执行“C4doctane标签>Octane摄像机标签”命令，如图9-126所示。勾选“启用摄像机成像”，设置“镜头”为Agfacolor_Optima_Ⅱ_200CD，如图9-127所示。在“后期处理”选项卡中勾选“启用”，设置“辉光强度”为5，如图9-128所示。渲染效果如图9-129所示。

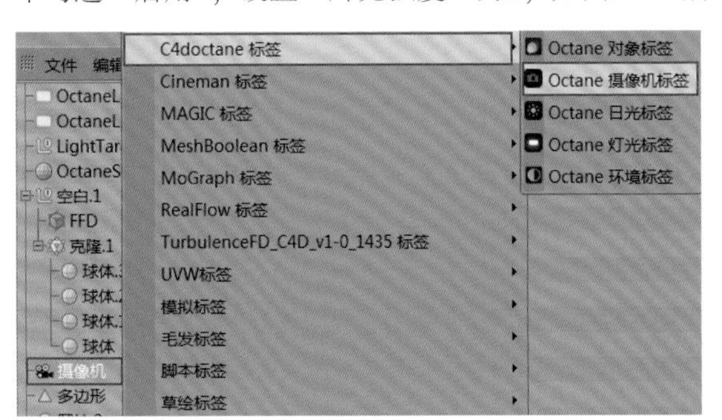

图9-126

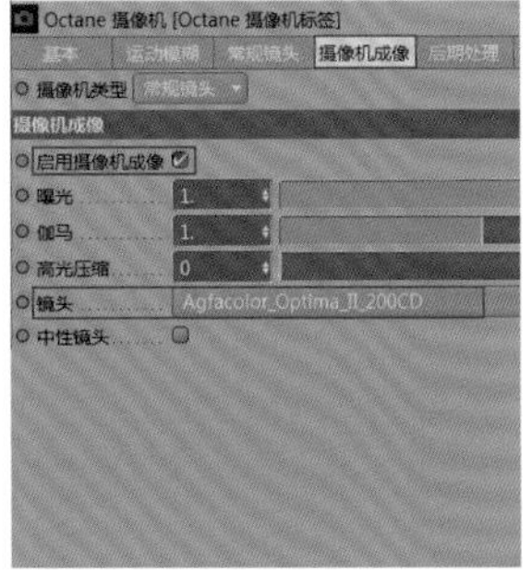

图9-127

图9-128

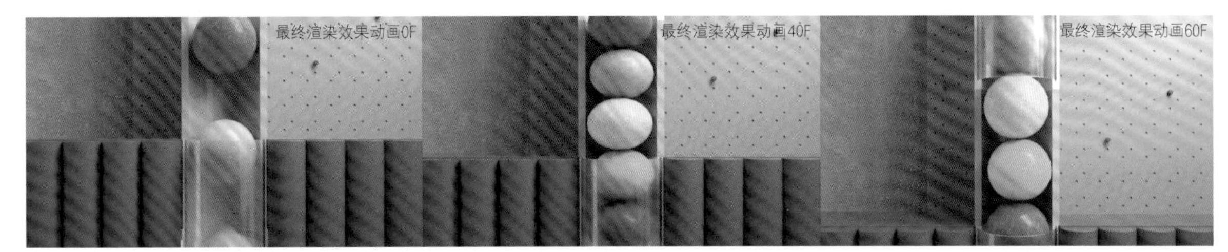

图9-129

9.2.7 运动鞋生成镜头布光

01 将渲染预设按前面的方法设置好，渲染效果对比如图9-130所示。

02 新建一个“Octane HDRI环境”，将本书提供的HDRI拖曳到“图像纹理”中，设置“功率”为2，如图9-131所示。

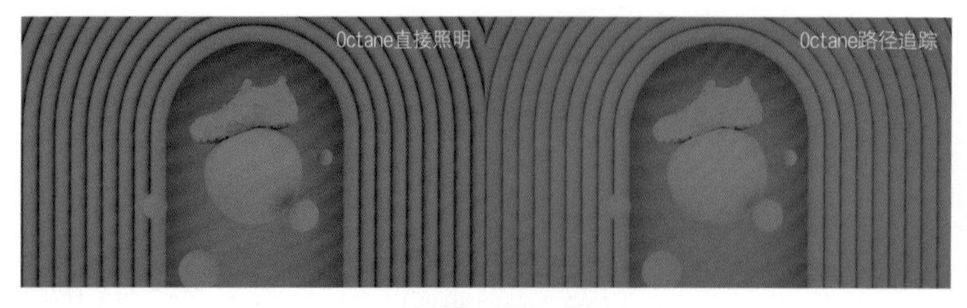

图9-130

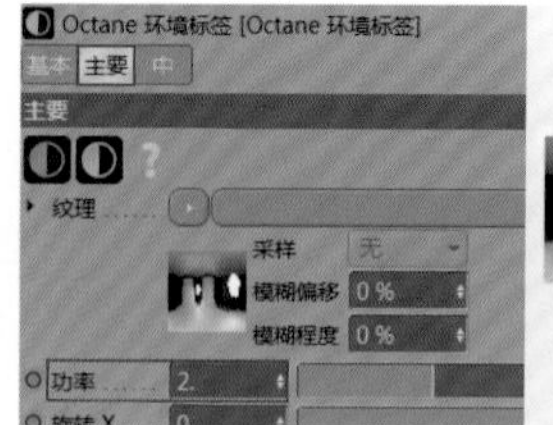

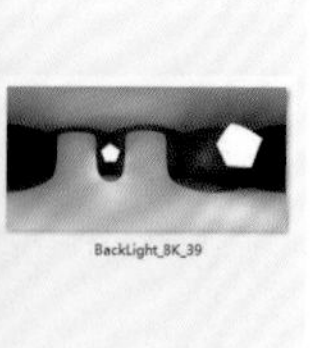

图9-131

03 新建一个“Octane目标区域光”，适当调整灯光尺寸并将灯光拖曳到场景左上方，作为主光源，如图9-132所示。设置“功率”50，“色温”为5500，如图9-133所示。效果如图9-134所示。

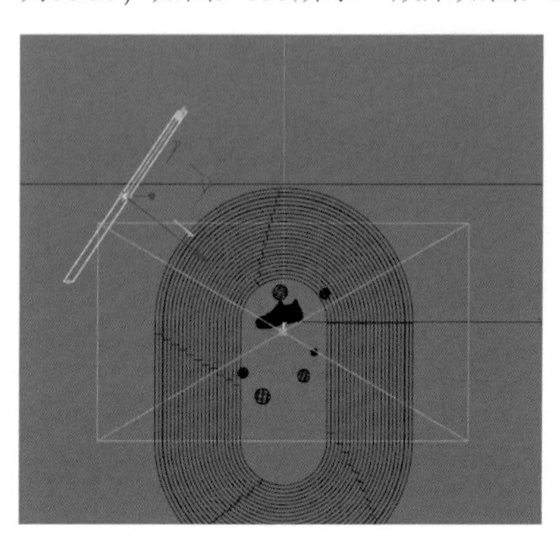

图9-132

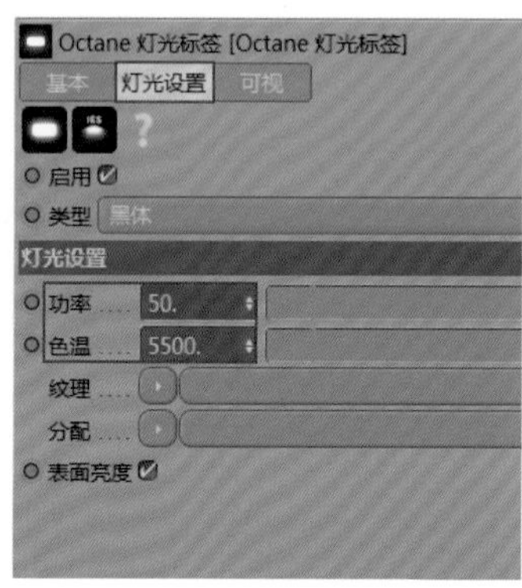

图9-133

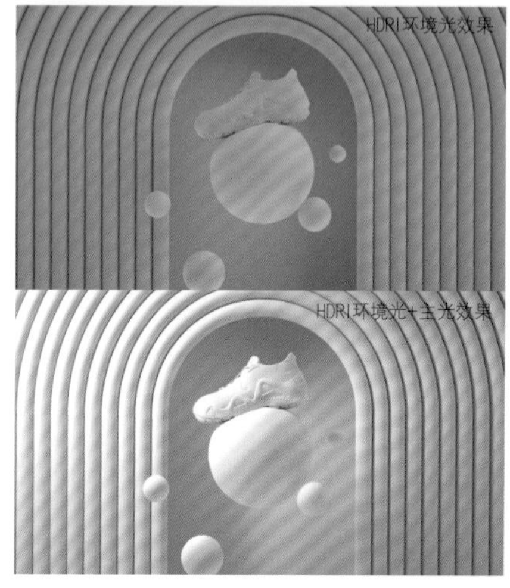

图9-134

04 新建一个“Octane目标区域光”，适当调整灯光尺寸并将灯光拖曳到场景右下方，作为辅助光源，如图9-135所示。设置“功率”为10，“色温”为5500，如图9-136所示。效果如图9-137所示。

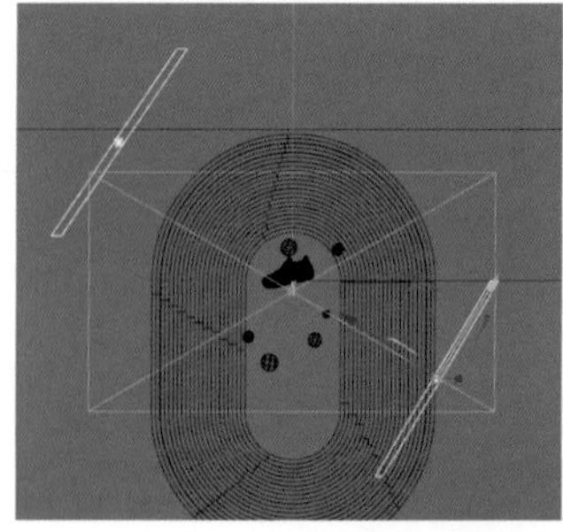

图9-135

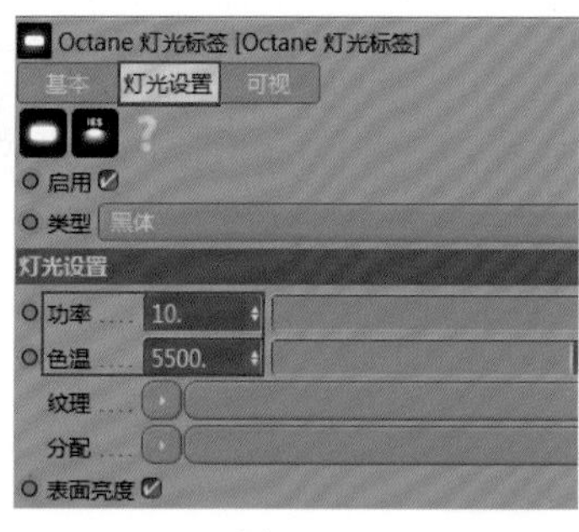

图9-136

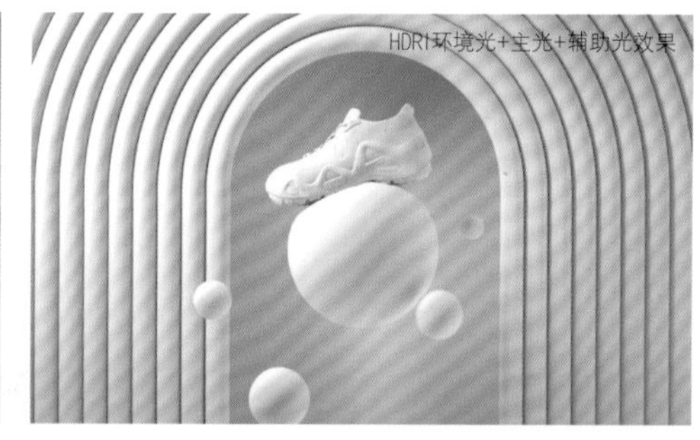

图9-137

05 新建一个“Octane目标区域光”，适当调整灯光尺寸并将灯光拖曳到场景右侧，作为辅助光源，如图9-138所示。设置“功率”为50，“色温”为7500，如图9-139所示。效果如图9-140所示。

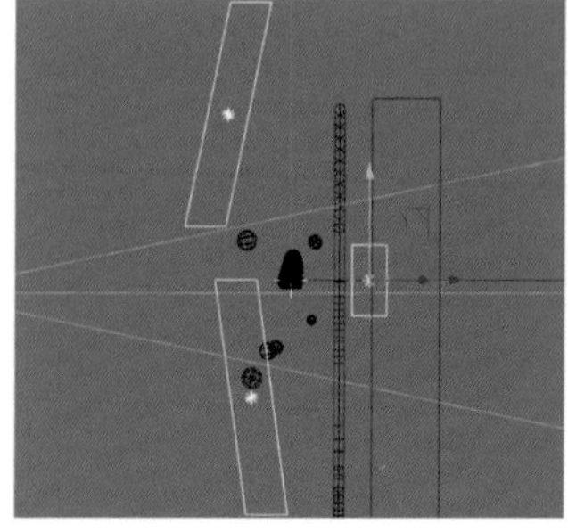

图9-138

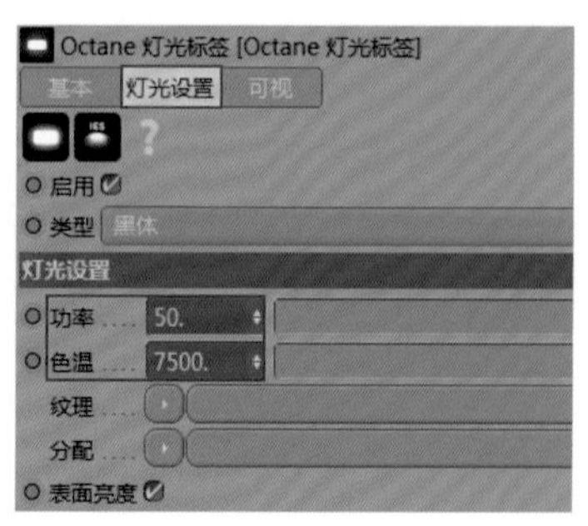

图9-139

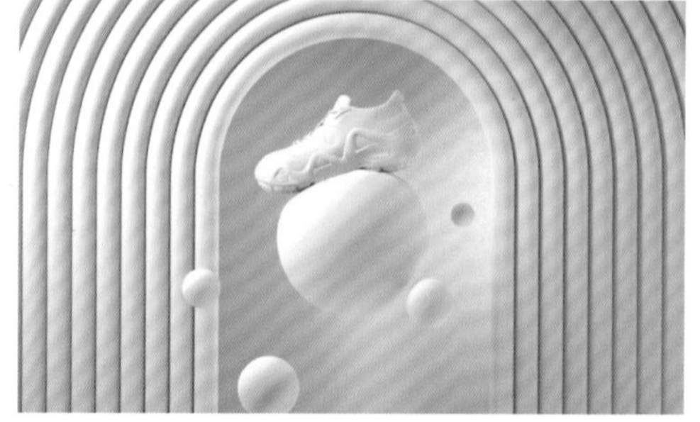

图9-140

06 布光完成后，将调试好的材质赋予对应模型，如图9-141所示。

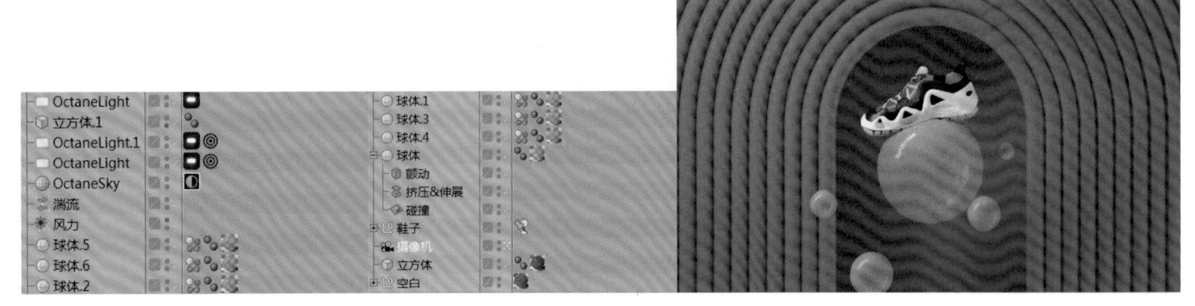

图9-141

07 与前面一样，为“摄像机”对象添加标签，并设置相关参数，具体参数设置如图9-142和图9-143所示。渲染效果如图9-144所示。

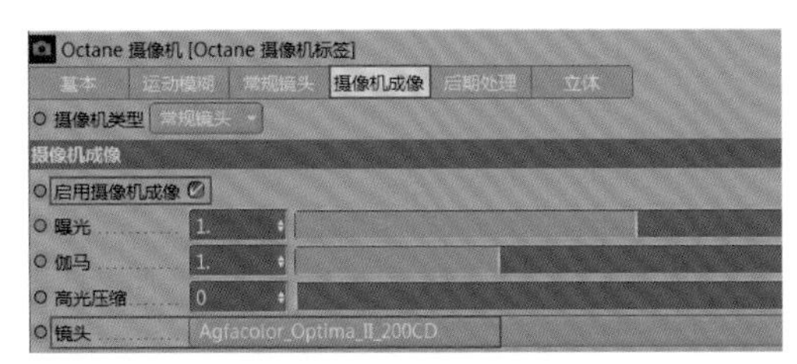

图9-142

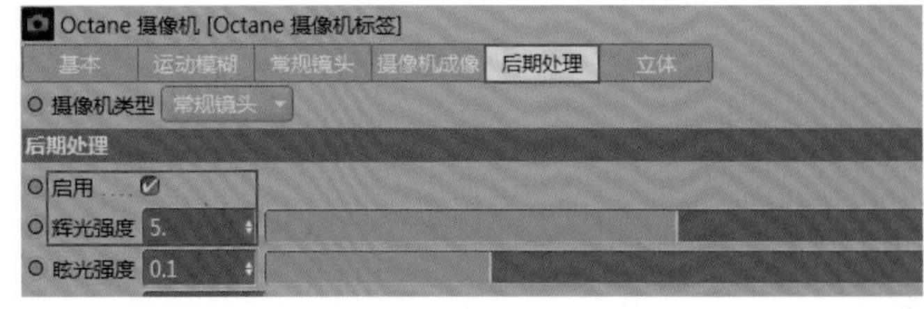

图9-143

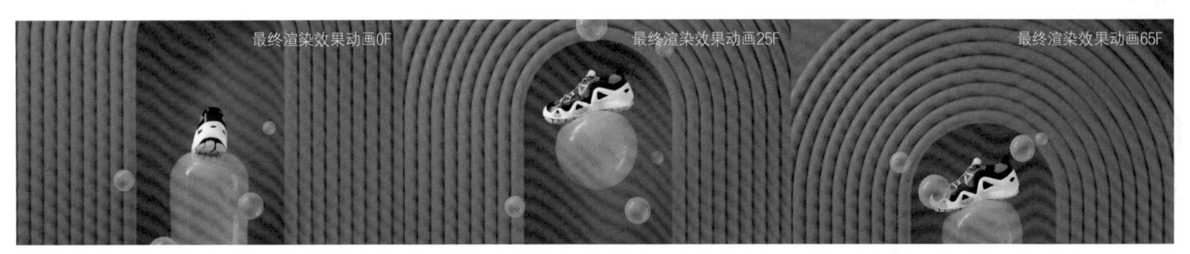

图9-144

9.2.8 道具混合镜头布光

01 将渲染预设按前面的方法设置好，渲染效果对比如图9-145所示。

02 新建一个“Octane HDRI环境”，将本书提供的HDRI拖曳到“图像纹理”中，设置“功率”为1，如图9-146所示。

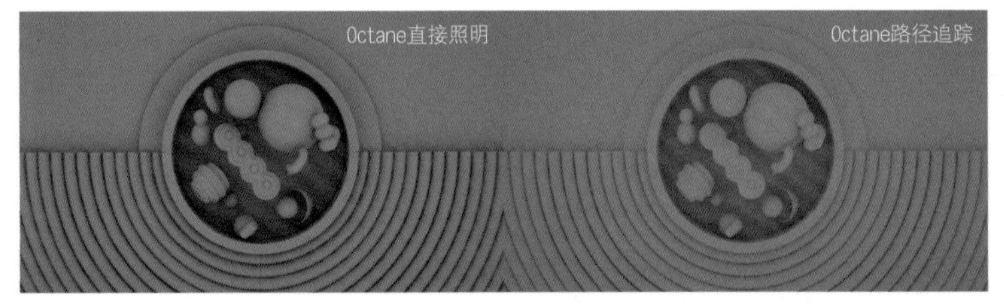

图9-145

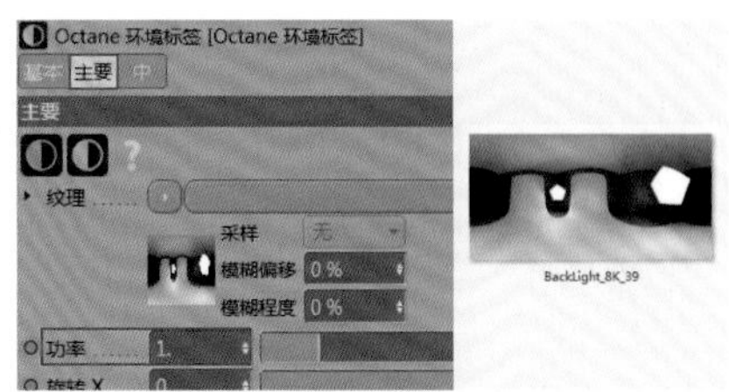

图9-146

03 新建一个“Octane目标区域光”，适当调整灯光尺寸并将灯光拖曳到场景左上方，作为主光源，如图9-147所示。设置“功率”为25，如图9-148所示。效果如图9-149所示。

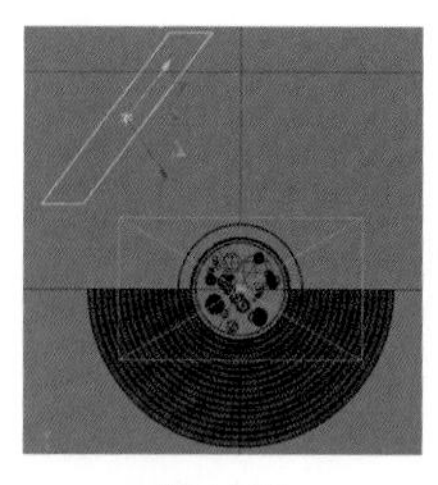
图9-147

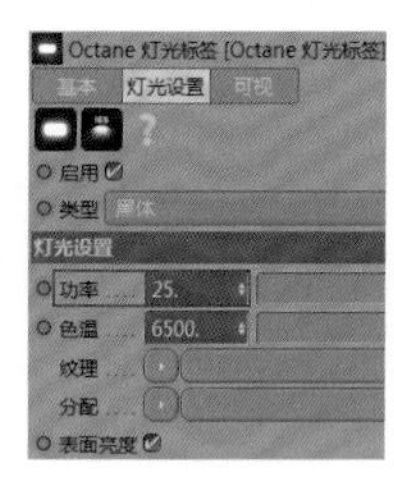

图9-148

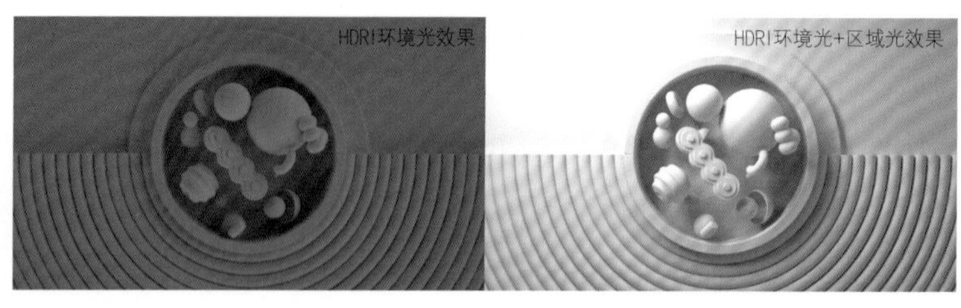

图9-149

04 新建一个“Octane目标区域光”，适当调整灯光尺寸并将灯光拖曳到场景右侧，作为辅助光源，如图9-150所示。设置“功率”为10,“色温”为5500，在“分配”中添加“RGB颜色”节点，并将其颜色设置为淡粉色，如图9-151所示。效果如图9-152所示。

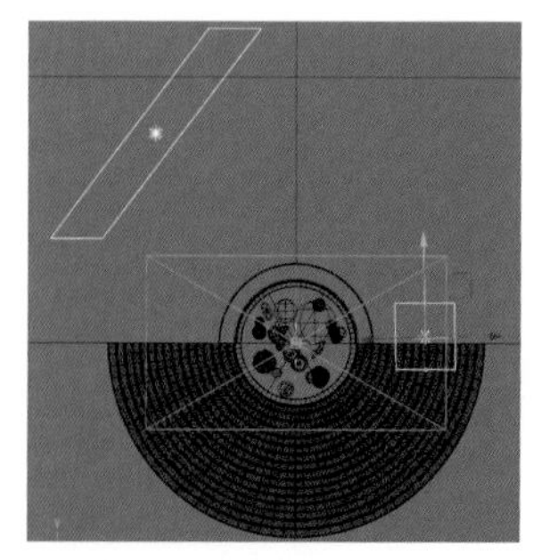
图9-150

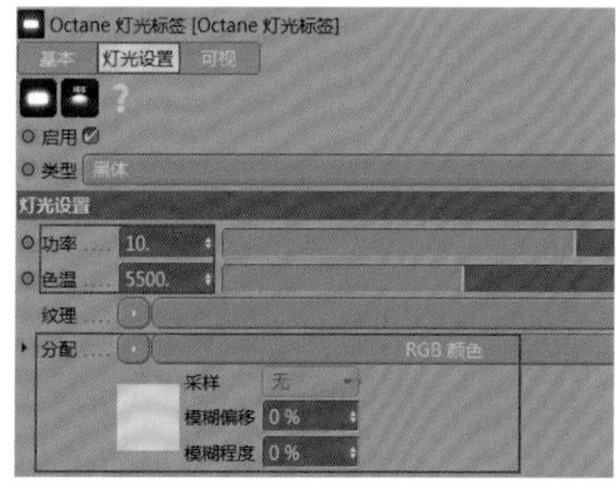

图9-151

图9-152

05 布光完成后，将调试好的材质赋予对应模型，如图9-153和图9-154所示。对“摄像机”对象进行操作，具体参数设置如图9-155和图9-156所示。渲染效果如图9-157所示。

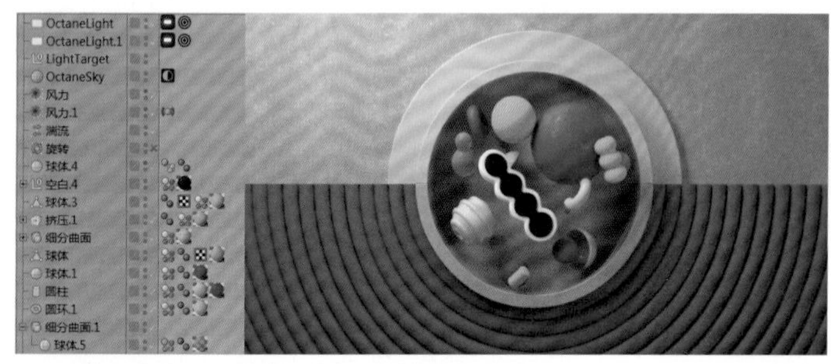

图9-153

图9-154

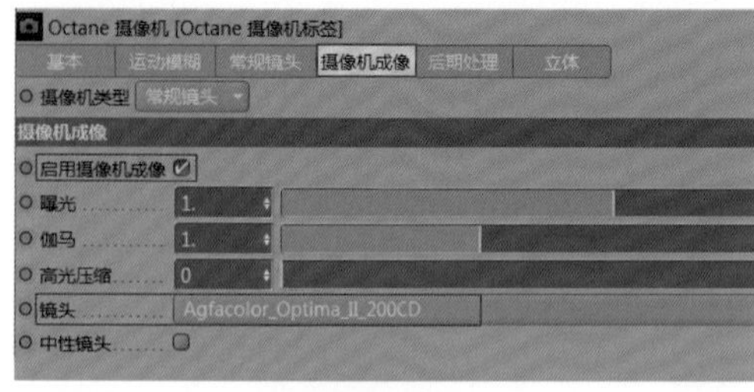

图9-155

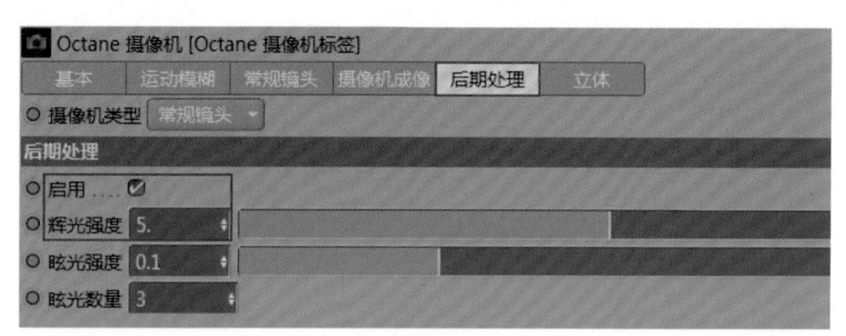

图9-156

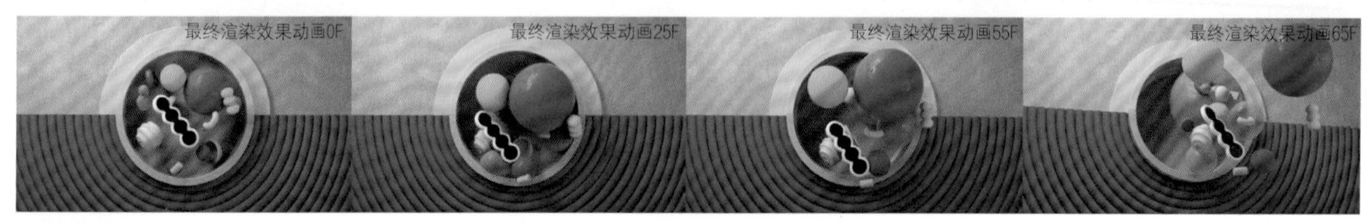

图9-157

9.2.9 鞋球碰撞镜头布光

01 将渲染预设按前面的方法设置好，渲染效果对比如图9-158所示。

02 新建一个“Octane HDRI环境”，将本书提供的HDRI拖曳到“图像纹理”中，设置“功率”为1，如图9-159所示。

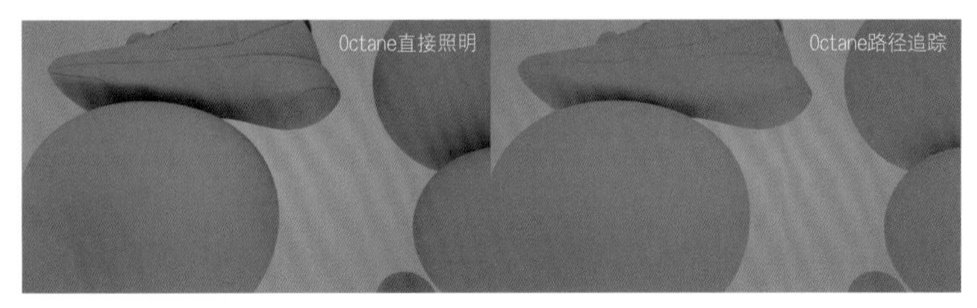

图9-158

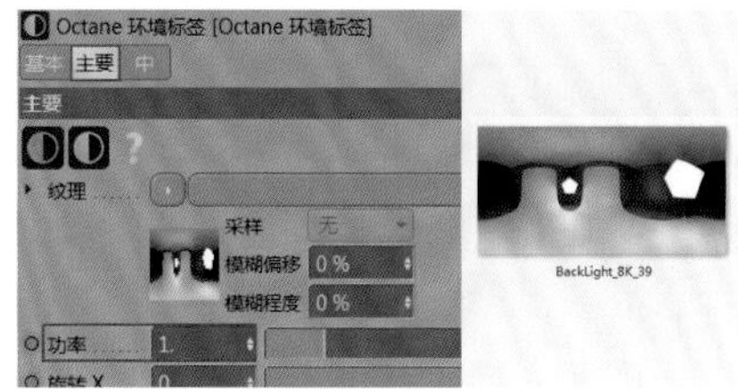

图9-159

03 新建一个“Octane HDRI环境”，在“Octane环境标签”面板中添加一个“RGB颜色”节点，并将其颜色设置为粉色，设置“类型”为“可见环境”，如图9-160所示。效果如图9-161所示。

图9-160

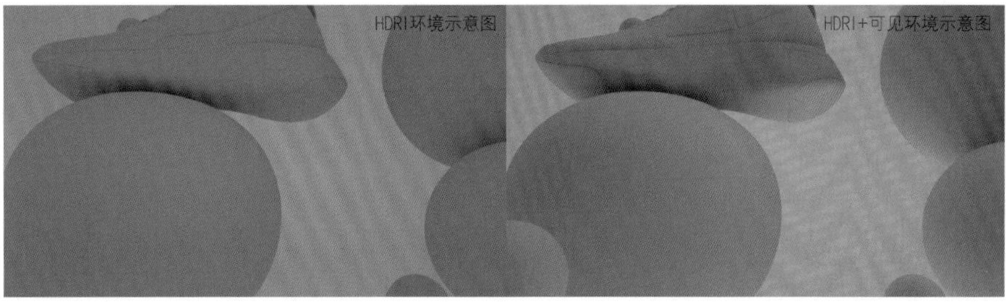

图9-161

04 新建一个“Octane目标区域光”，适当调整灯光尺寸并将灯光拖曳到场景左上方，作为主光源，如图9-162所示。设置“功率”为50，“色温”为5500，如图9-163所示。

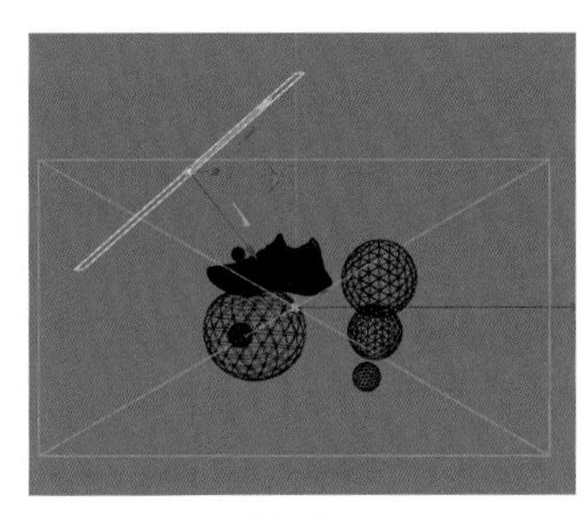

图9-162

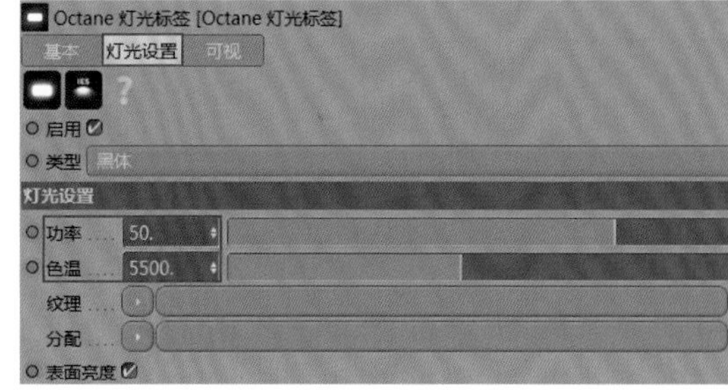

图9-163

05 新建一个“Octane目标区域光”，适当调整灯光尺寸并将灯光拖曳到场景右上方，作为辅助光源，如图9-164所示。设置“功率”为10，如图9-165所示。效果如图9-166所示。

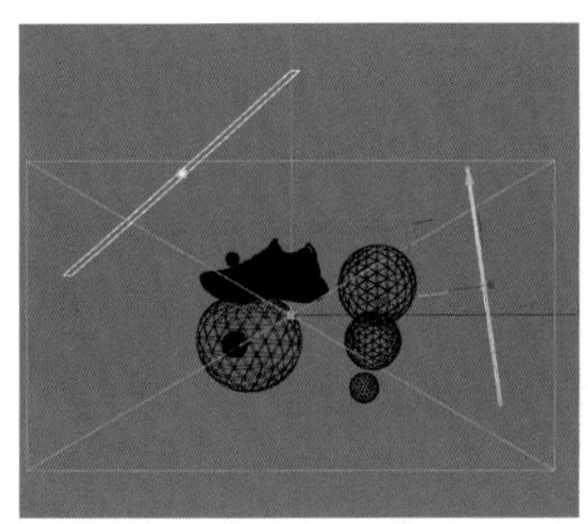

图9-164

图9-165

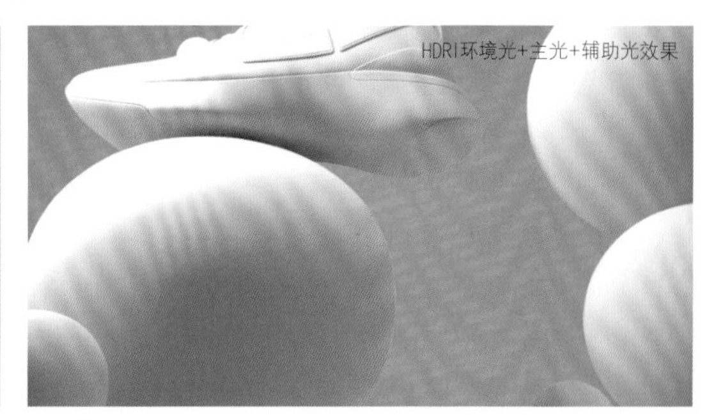

图9-166

06 布光完成后，将调试好的材质赋予对应模型，如图9-167所示。

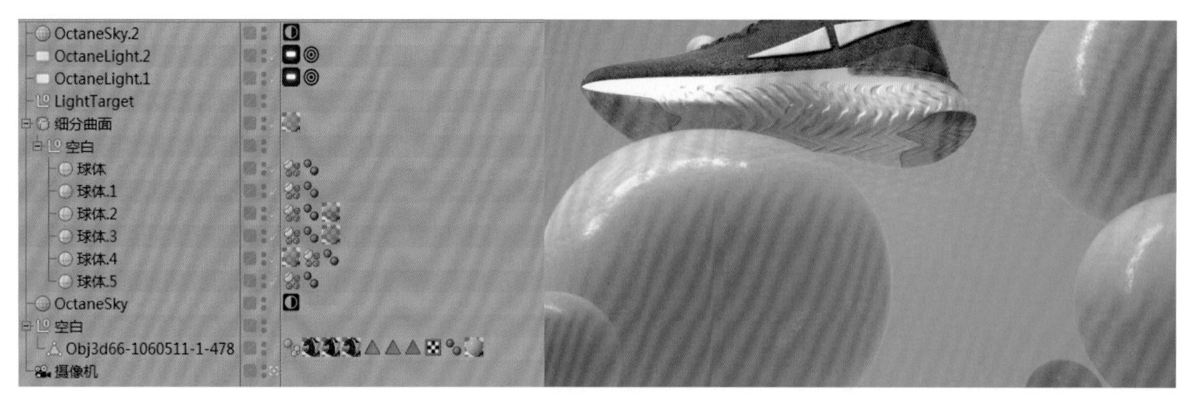

图9-167

07 为“摄像机”对象添加“Octane摄像机标签”，具体参数设置如图9-168和图9-169所示。渲染效果如图9-170所示。

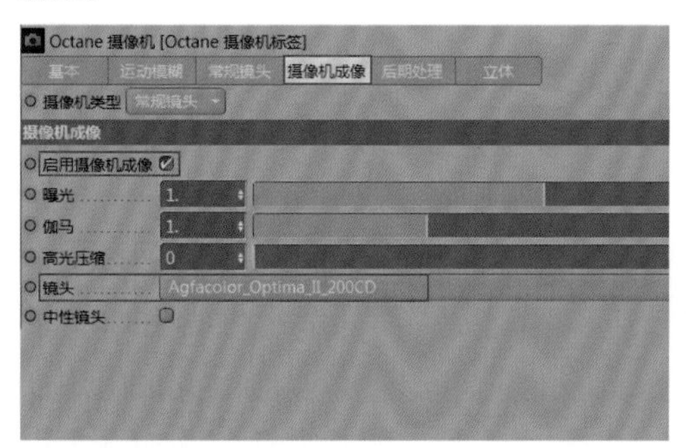

图9-168

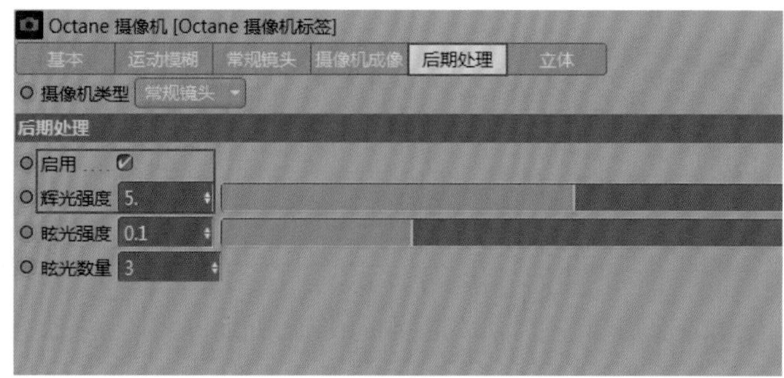

图9-169

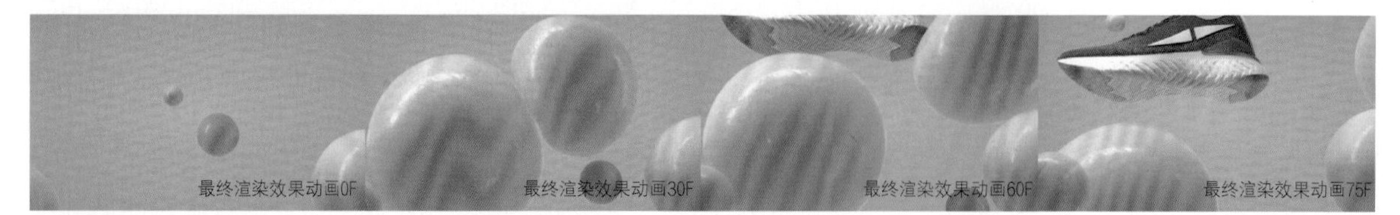

图9-170

9.2.10 运动鞋踩踏镜头布光

01 将渲染预设按前面的方法设置好，渲染效果对比如图9-171所示。

02 新建一个“Octane HDRI环境”，将本书提供的HDRI拖曳到“图像纹理”中，设置“功率”为2，如图9-172所示。

图9-171

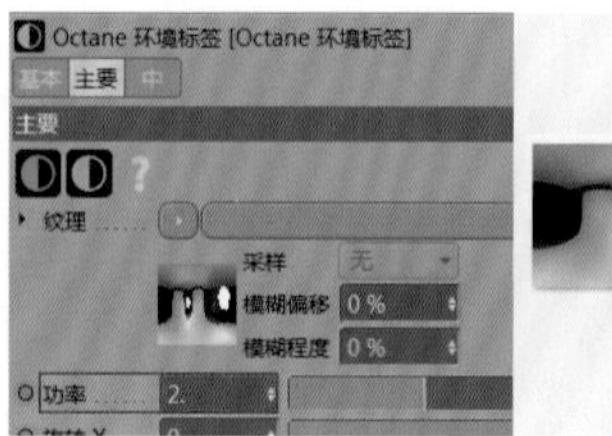

图9-172

03 新建一个“Octane目标区域光”，适当调整灯光尺寸并将灯光拖曳到场景左上方，作为主光源，如图9-173所示。设置“功率”为40，如图9-174所示。效果如图9-175所示。

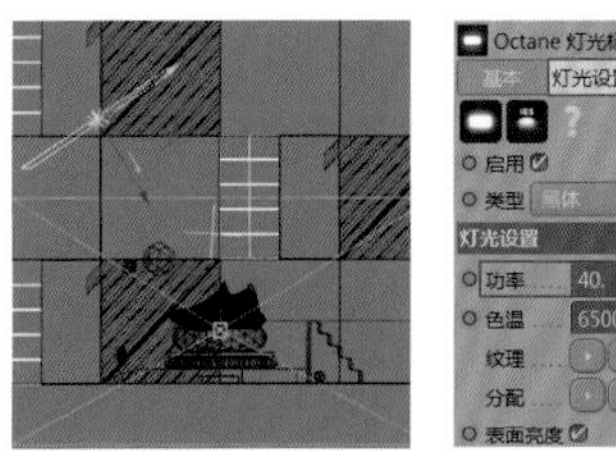

图9-173

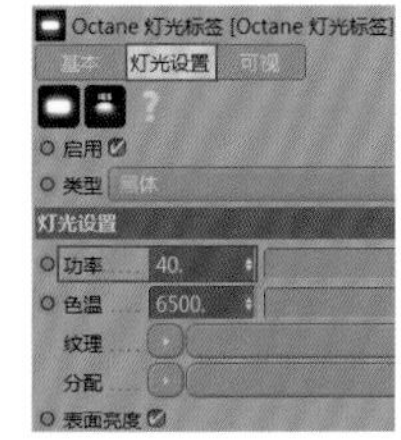

图9-174

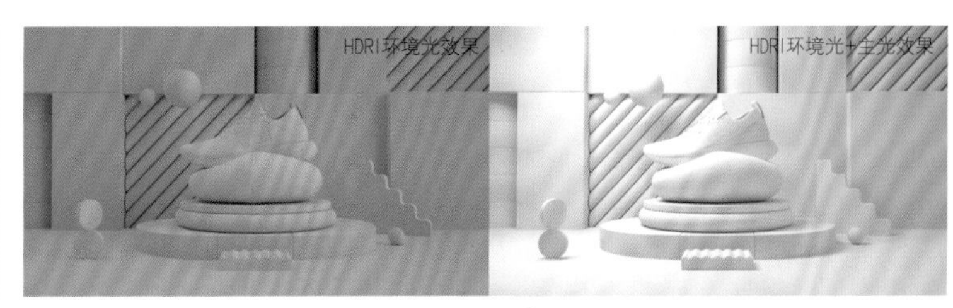

图9-175

04 新建一个“Octane目标区域光”，适当调整灯光尺寸并将灯光拖曳到场景正上方，作为辅助光源，如图9-176所示。设置“功率”为30，“色温”为5500，如图9-177所示。效果如图9-178所示。

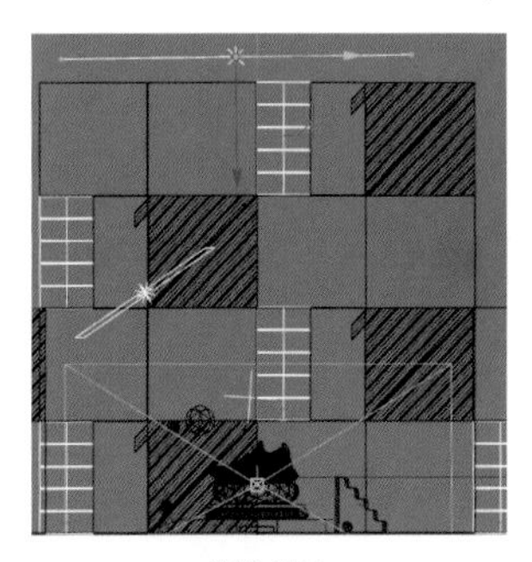

图9-176

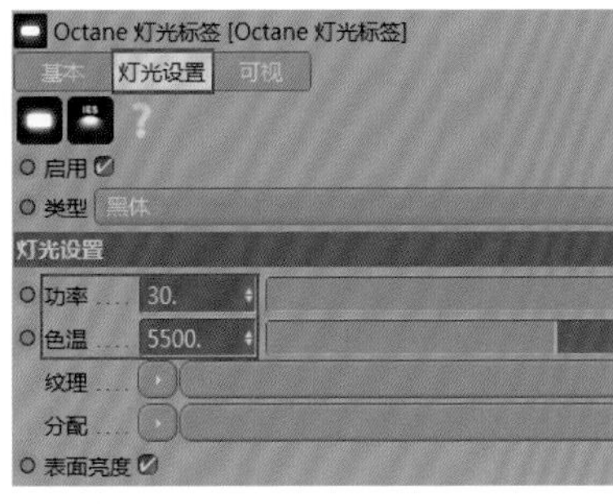

图9-177

图9-178

05 布光完成后，将调试好的材质赋予对应模型，如图9-179所示。

图9-179

06 为“摄像机”对象添加“Octane摄像机标签”，具体参数设置如图9-180和图9-181所示。渲染效果如图9-182所示。

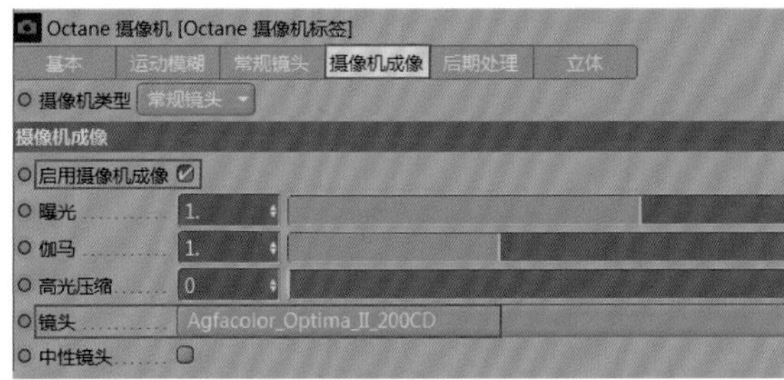

图9-180

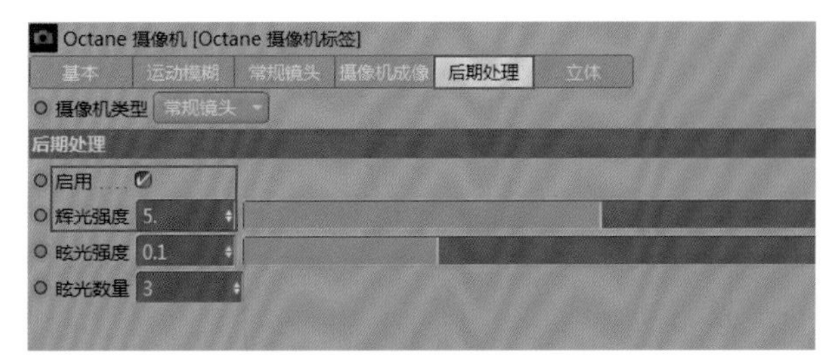

图9-181

图9-182

9.2.11 片尾镜头布光

01 将渲染预设按前面的方法设置好，渲染效果对比如图9-183所示。

02 新建一个“Octane HDRI环境”，将本书提供的HDRI拖曳到“图像纹理”中，设置“功率”为2，如图9-184所示。

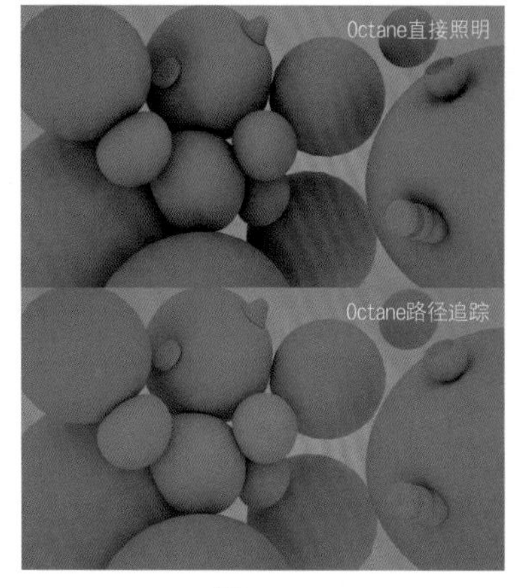

图9-183

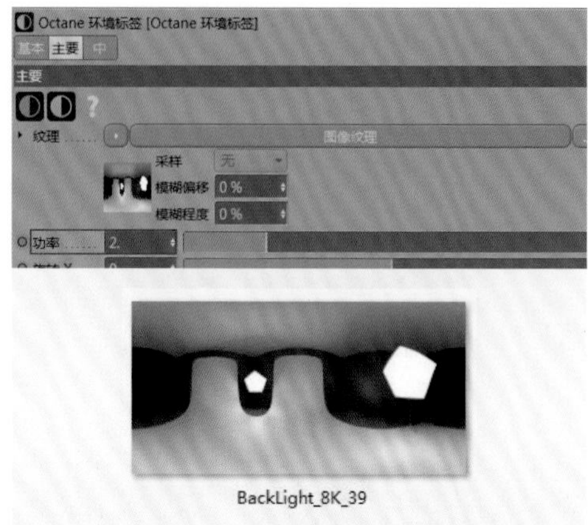

图9-184

03 新建一个“Octane目标区域光”，适当调整灯光尺寸并将灯光拖曳到场景左上方，作为主光源，如图9-185所示。设置“功率”为35,“色温”为5000，如图9-186所示。效果如图9-187所示。

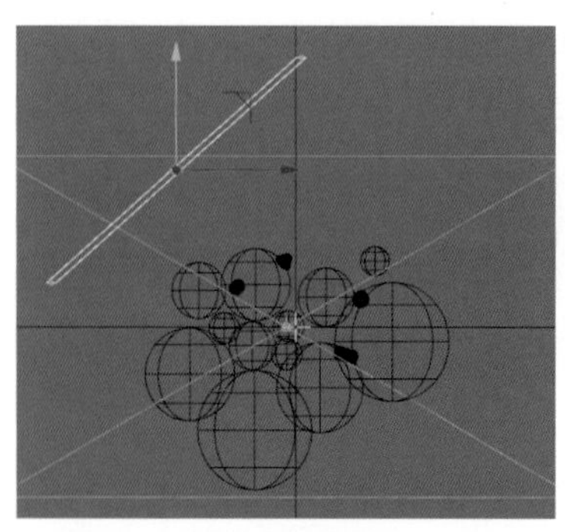

图9-185

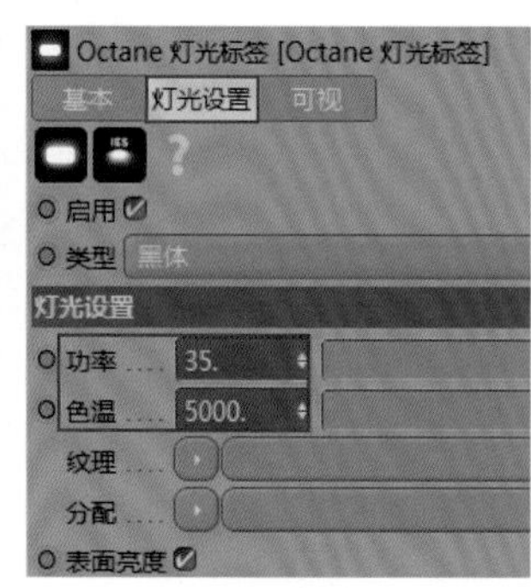

图9-186

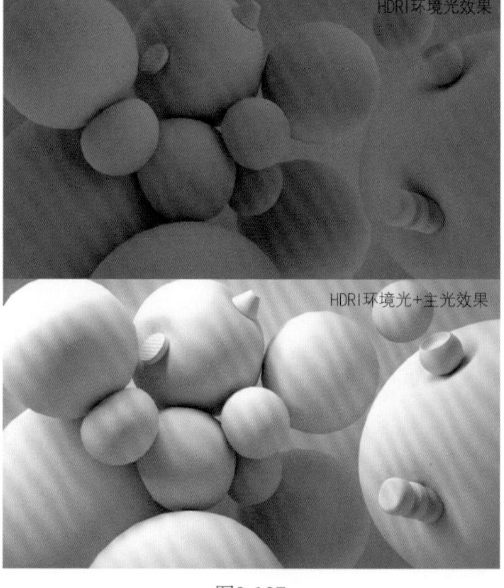

图9-187

04 新建一个“Octane目标区域光”，适当调整灯光尺寸并将灯光拖曳到场景右上方，作为辅助光源，如图9-188所示。设置“功率”为5，在“分配”中添加“RGB颜色”节点，并修改其颜色为粉色，如图9-189所示。效果如图9-190所示。

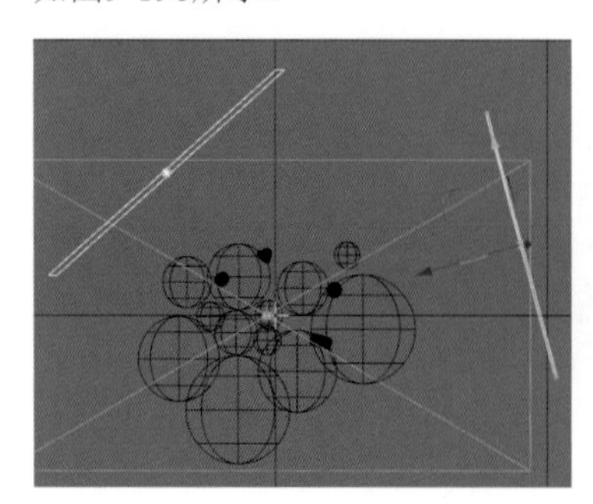

图9-188

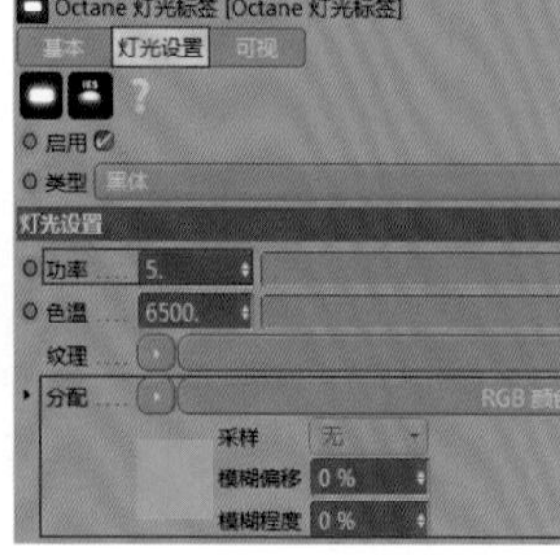

图9-189

图9-190

05 新建一个“Octane目标区域光”，适当调整灯光尺寸并且将灯光拖曳到场景左侧，作为背景光源，如图9-191所示。设置“功率”为5，如图9-192所示。效果如图9-193所示。

图9-191

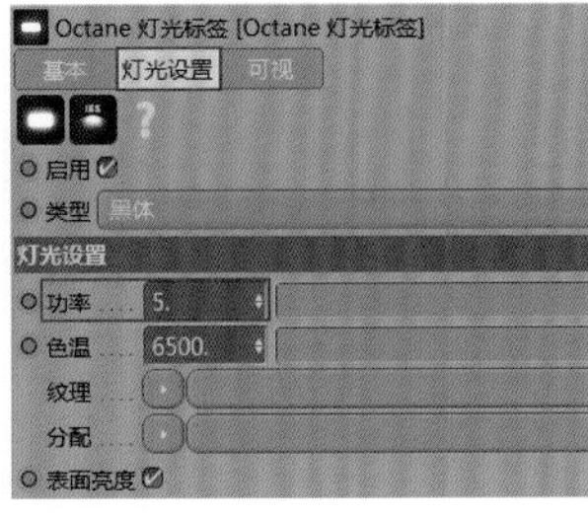

图9-192

图9-193

06 布光完成后，将调试好的材质赋予对应模型，如图9-194所示。

图9-194

07 为“摄像机”对象添加“Octane摄像机标签”，具体参数设置如图9-195和图9-196所示。渲染效果如图9-197所示。

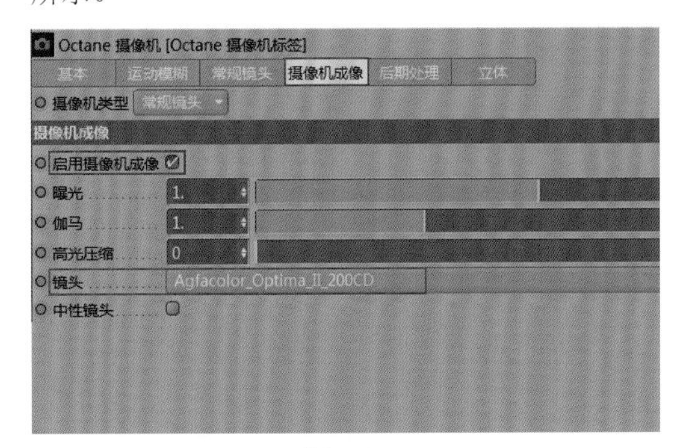

图9-195

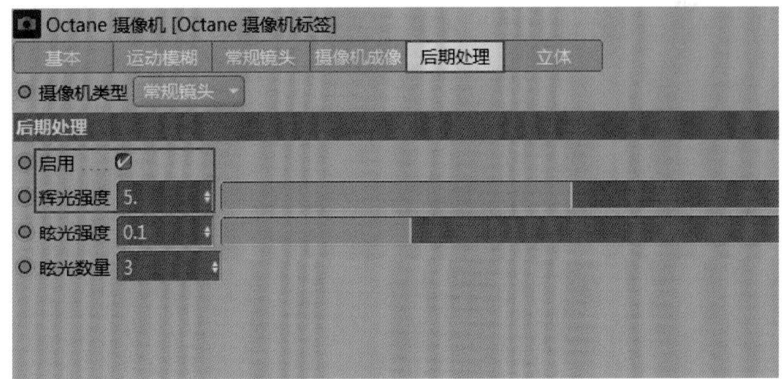

图9-196

图9-197

第10章 用After Effects合成序列动画

与前面的宣传片一样，到这里就需要在Cinema 4D中渲染输出所有镜头的序列图片，然后在After Effects中合成，并根据需要对合成后的宣传片进行调色处理。本章所使用的方法与前面的宣传片类似，因此这里只简单介绍一下，读者可以按自己的方法进行设置。

- Cinema 4D 输出序列图
- After Effects 合成
- 后期调色处理
- 总合成输出
- 导入音频
- 反射增强

10.1 渲染输出

01 在本宣传片中，需要输出图像和反射这两个通道。这里以9.2.2小节中的场景为例，按快捷键Ctrl+B打开“渲染设置”窗口，如图10-1所示。

02 设置“渲染器”为Octane Renderer，然后在“输出”选项卡中设置“帧范围”为“全部帧”，如图10-2所示。

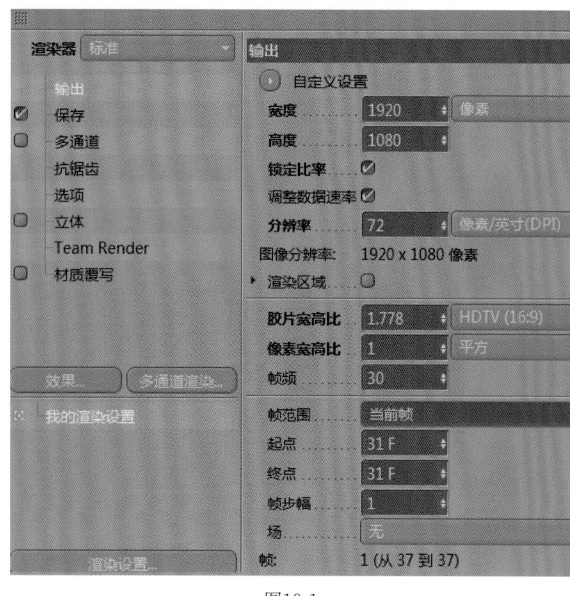

图10-1

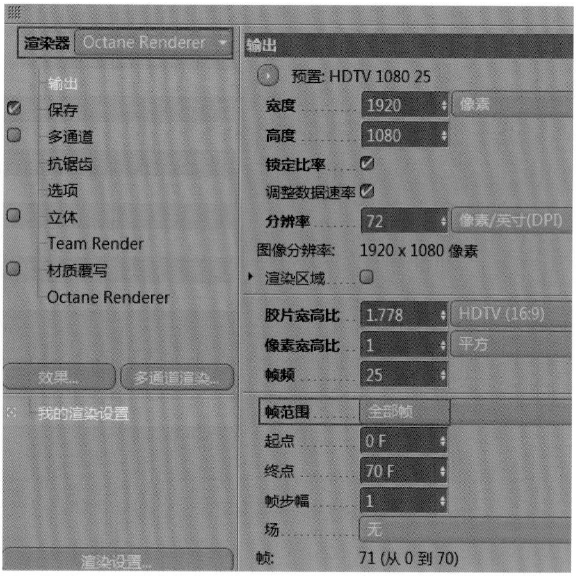

图10-2

03 单击Octane Renderer，在“渲染通道”选项卡中勾选“启用”，确定文件保存位置，设置“格式”为PNG，勾选“反射”，如图10-3所示。

04 切换到“保存”选项卡，在“常规图像”卷展栏中勾选“保存”，确定文件保存位置，设置“格式”为PNG，“深度”为16位/通道；在“多通道图像”卷展栏中勾选“保存”，确定文件保存位置，设置“格式”为PNG，如图10-4所示。设置完成后按快捷键Shift+R进行渲染，如图10-5所示。

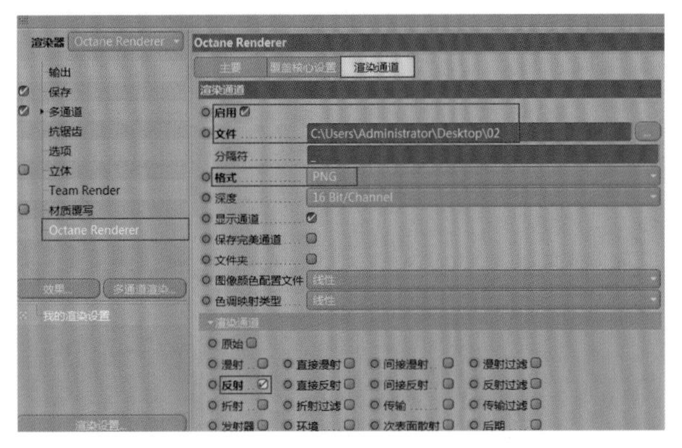

图10-3

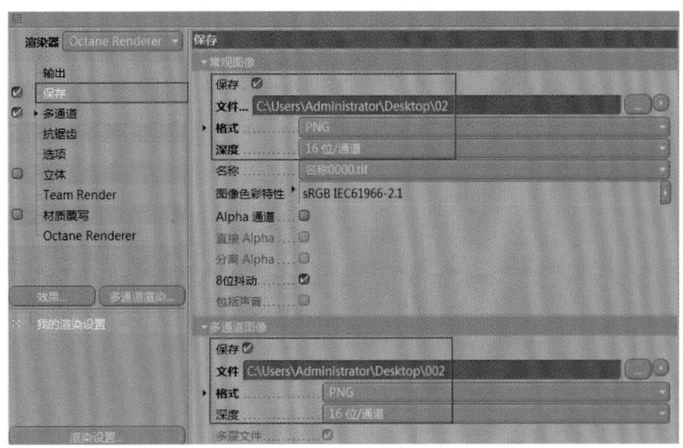

图10-4

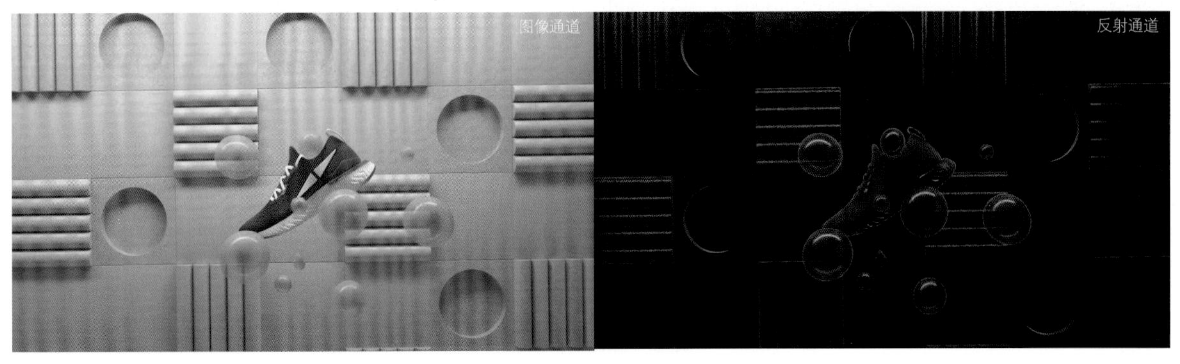

图10-5

技巧提示 运动鞋故事感宣传片中的其他镜头都可以按照本节的渲染方法进行渲染输出。

10.2 在After Effects中合成

01 打开After Effects，在“项目”面板中双击，导入从Cinema 4D输出的序列图像，勾选“PNG序列”，如图10-6所示。

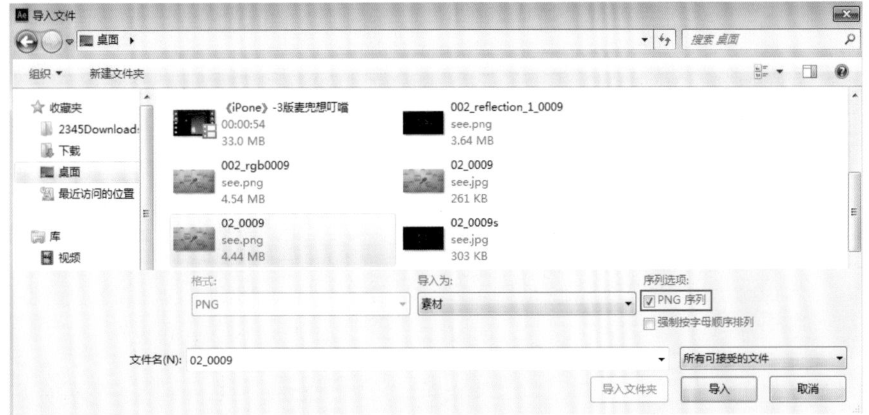

图10-6

技巧提示 Cinema 4D输出的PNG格式的文件为全部帧（0F~70F），输出的结果就是70张序列图片，导入After Effects时一定要勾选“PNG序列”，这样才能使70张图片转换成序列动画。

02 在After Effects中导入所有图像后，需要将对应的图像通道与反射通道拖曳到合成中；将反射通道的模式修改成“颜色减淡”，使反射效果增强，如图10-7所示。效果如图10-8所示。

03 其他镜头都可以按此方法处理。在After Effects中进行反射增强时，所有镜头都完成后需要在After Effects中新建一个总合成，设置“宽度”为1920px，“高度”为1080px，“帧速率”为25帧/秒，“持续时间”为21秒，如图10-9所示。将所有镜头合成拖曳到总合成中，再将它们链接并排列，如图10-10所示。

图10-7

图10-8

合成名称：合成 1
基本　高级　3D 渲染器
预设：HDTV 1080 25
宽度：1920 px
高度：1080 px
锁定长宽比为 16:9 (1.78)
像素长宽比：方形像素
画面长宽比：16:9 (1.78)
帧速率：25 帧/秒
分辨率：完整　1920 x 1080，7.9 MB（每 8bpc 帧）
开始时间码：0:00:00:00　是 0:00:00:00 基础 25
持续时间：0:00:21:00　是 0:00:21:00 基础 25
背景颜色：黑色
预览　确定　取消

图10-9

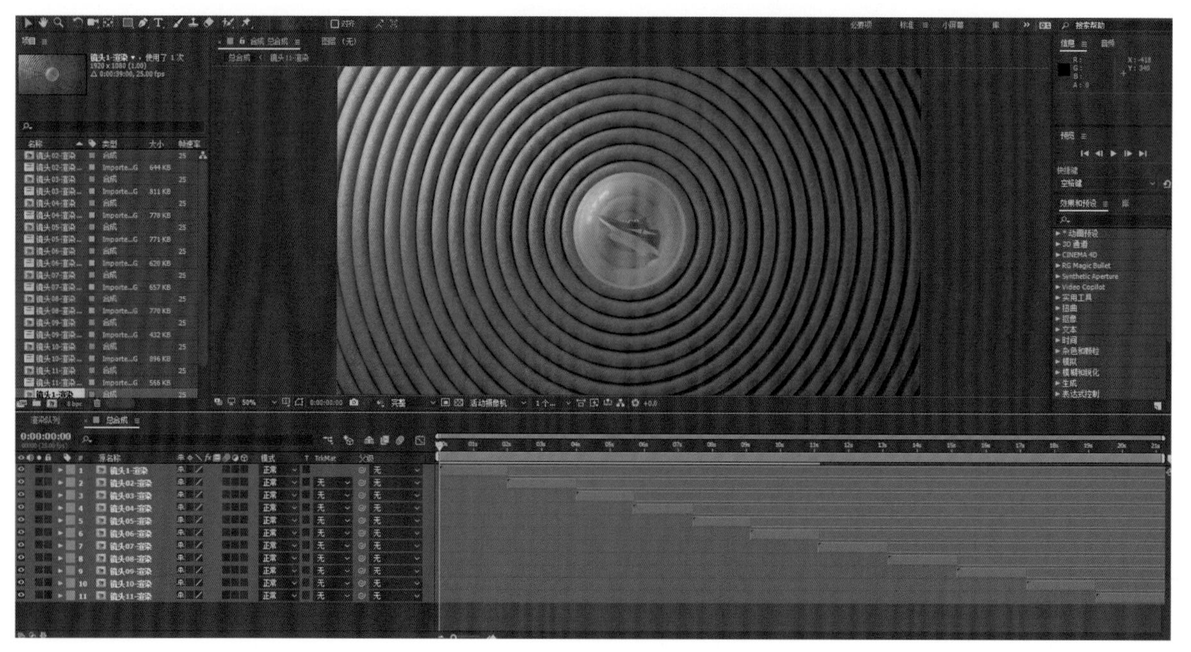

图10-10

技巧提示 “颜色减淡”模式可以增强反射效果，但是并不意味着100%增强反射效果就是最好的，需要对比样片效果后再进行合适的设置。

04 调整完成后，按快捷键Ctrl+Y新建图层，如图10-11所示。激活调整图层按钮，如图10-12所示。执行“效果>颜色校正>色阶”菜单命令，如图10-13所示。

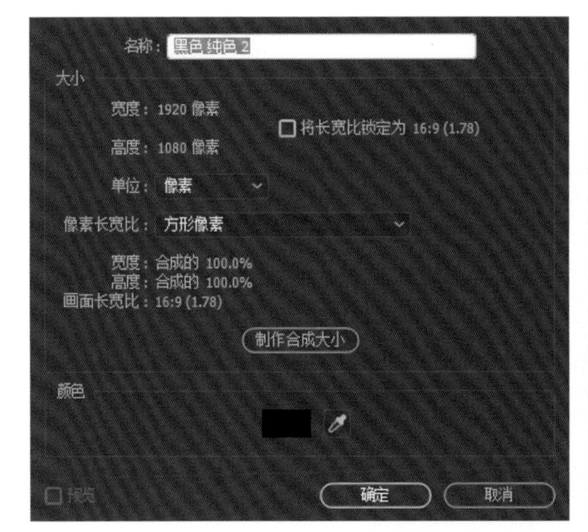

图10-11

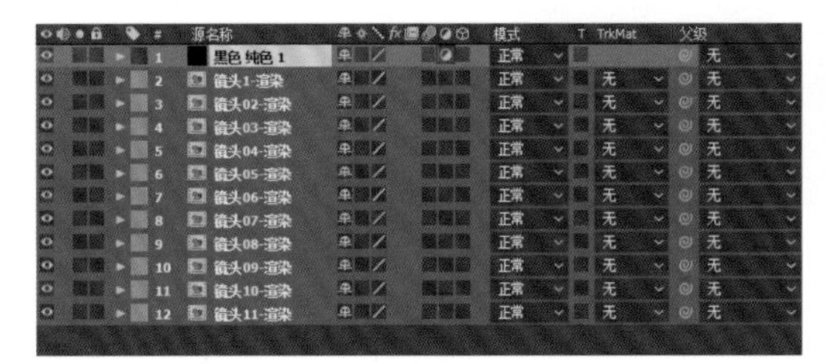

图10-12

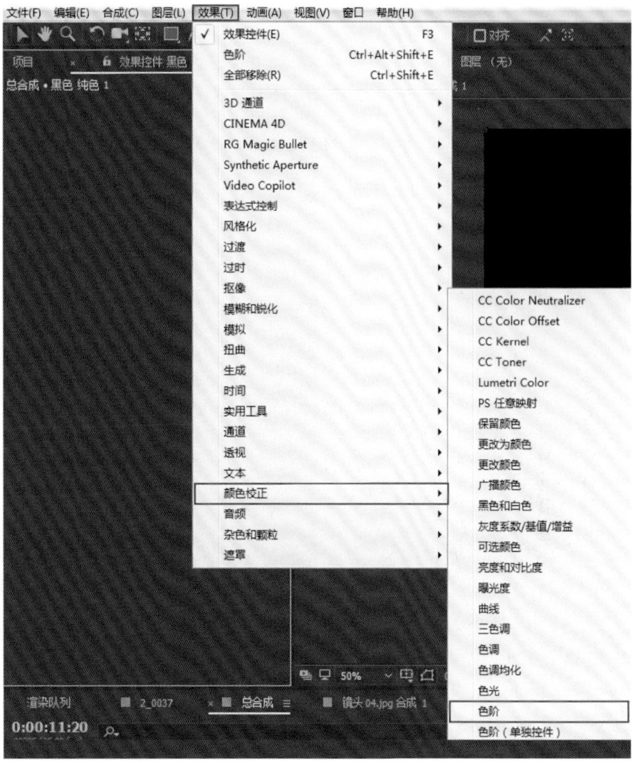

图10-13

05 进入“色阶”面板，设置“输入黑色”为10.0，如图10-14所示。执行“效果>颜色校正>颜色平衡”菜单命令，进入“颜色平衡”面板，对阴影、中间调和高光等属性进行调整，如图10-15所示。效果如图10-16和图10-17所示。

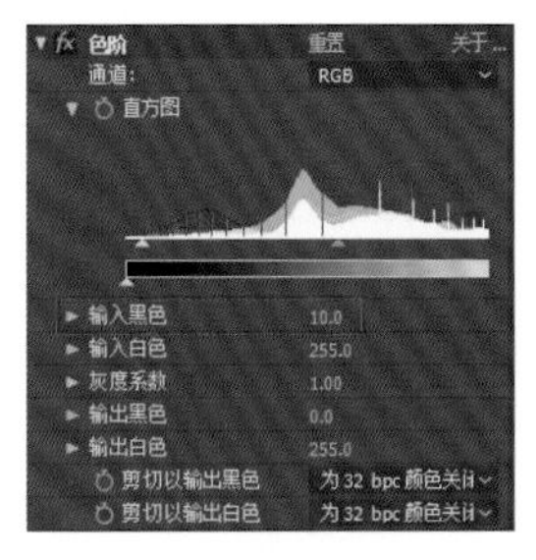

图10-14

图10-15

图10-16

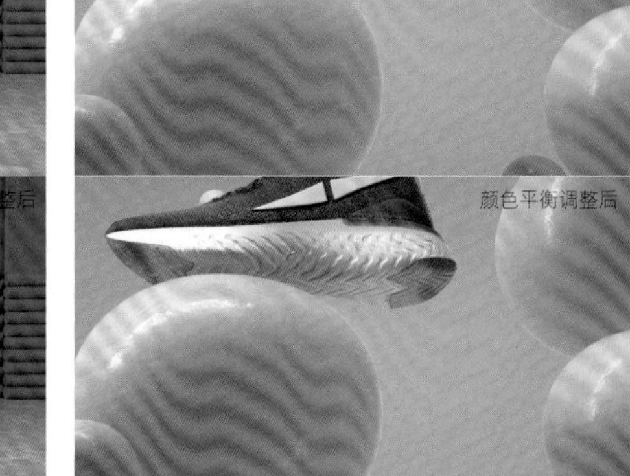

图10-17

06 读者可以在合成中加入喜欢的音乐，同时也可以将自己的Logo放到最后一个镜头中作为品牌标识。在After Effects中对总合成进行输出，执行“合成>预合成”菜单命令，在渲染队列的“输出模块”中设置“格式”为QuickTime，如图10-18和图10-19所示。

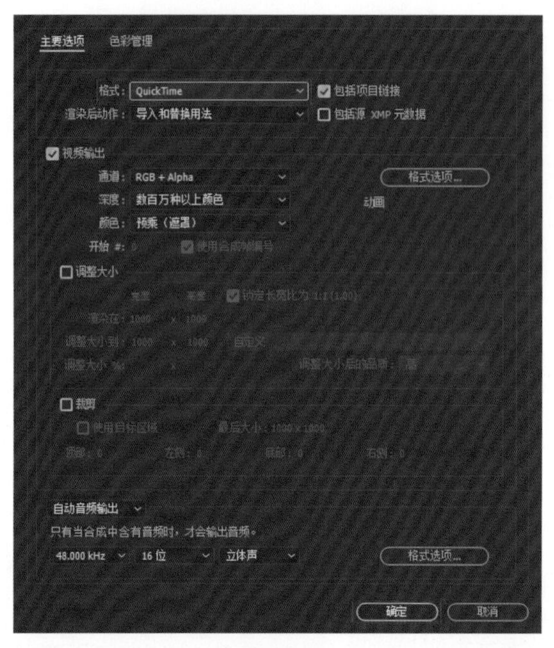

图10-18

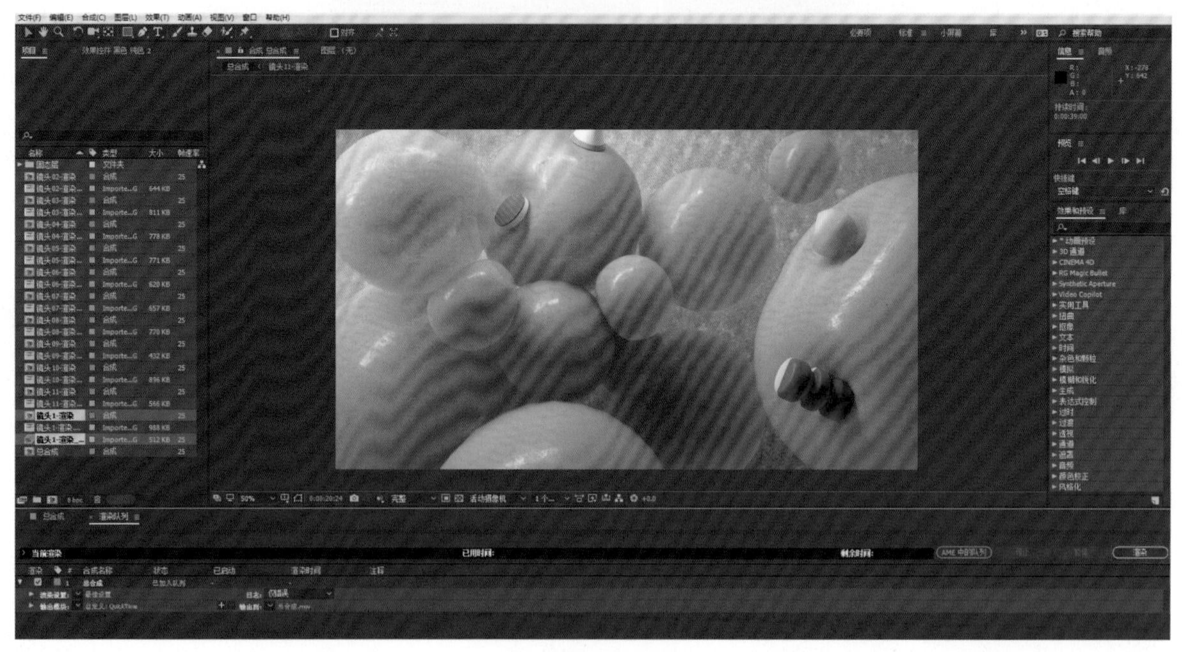

图10-19

第4篇 方圆阵列：多功能置物柜宣传片

■ 学习目的

本片是一个家具展示宣传片，片子的主角是多功能置物柜。本片的展示重点是柜子的结构，即柜门、抽屉、螺丝钉等细节，这也是家具宣传片的展示思路。本片的制作重点以摄像机动画和细节展示为主。与前面的片子相比，本片的对象相对单一，制作过程中的相关操作也比较类似。

· 篇首语 ·

本片分为21个镜头，其中包含多个转场镜头，主要用于衔接上下两个镜头。对于柜子对象，本片从材质、模型细节入手，通过旋转动画、位移动画和摄像机动画来整体或部分展示其特点。除此之外，本片对于摄像机动画节奏的把握是非常到位的，不仅快慢有致，还让重点内容得以准确体现。

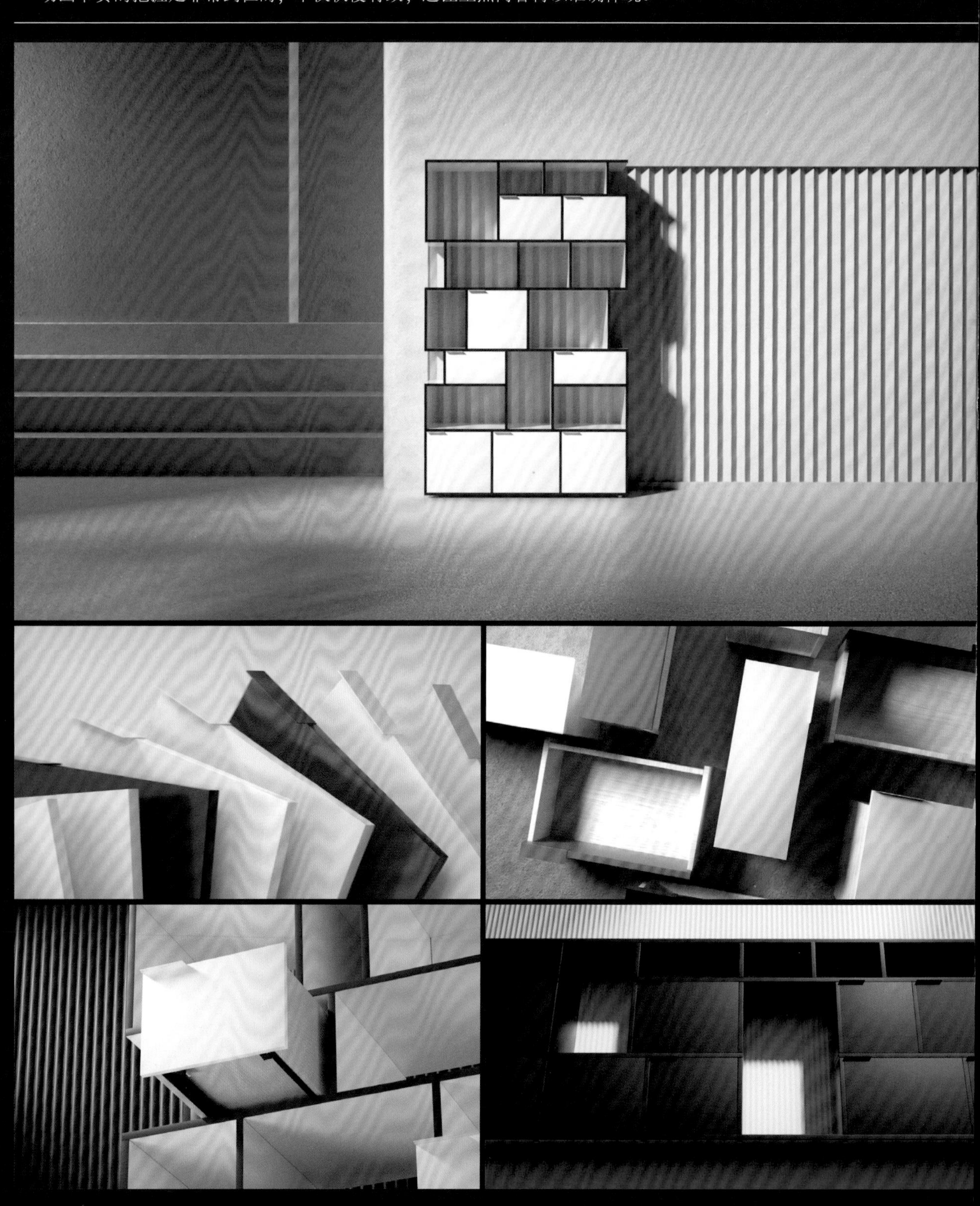

另外，本片的配色是一个亮点，细心的读者可能会发现，相对于前面的片子，本片在配色上较为单一，且多以纯色为主，这是为了与主体和主题搭配。柜子是比较简单的对象，如果配色过于厚重和繁复，那么会导致主客颠倒；加上本片的风格为简约风，这也决定了不会采用较为鲜艳的配色。

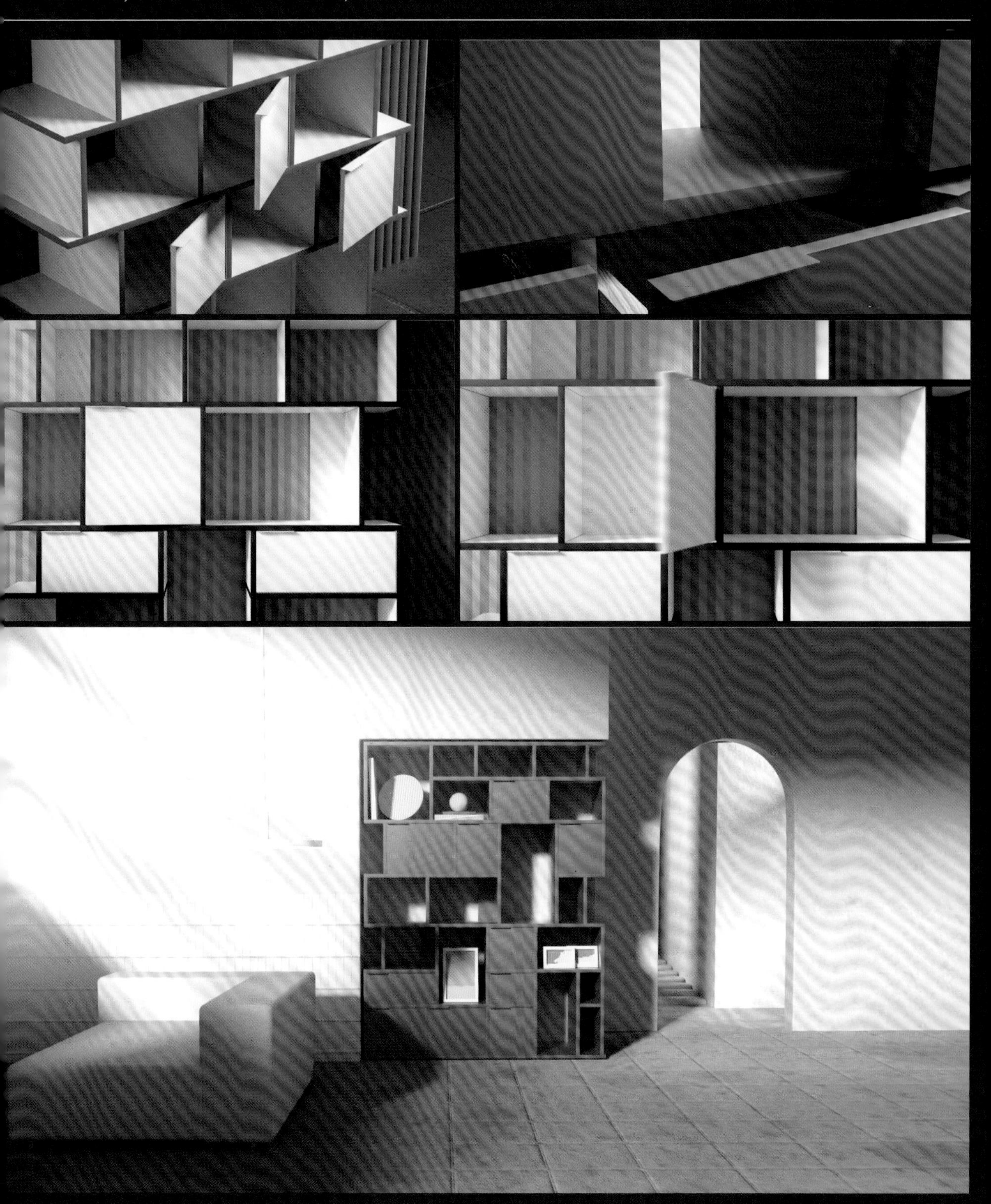

第11章 制作柜子动画全镜头

本章主要介绍柜子动画各个镜头的制作步骤。读者观看样片后，可以发现本例共有21个镜头，主要包含摄像机动画和柜子零部件的动画。摄像机动画可以使用“对齐曲线”标签来绑定运动路径曲线；零部件动画中涉及很多位置坐标、旋转坐标的动画。部分精彩镜头的效果如图11-1所示。

图11-1

关键词

- 柜子整体
- 依次关闭效果
- 螺丝钉汇集
- 随机原理
- 继承原理
- 柜门旋转
- 抽屉效果
- 特写镜头
- 摄像机变换
- 整体展示

11.1 镜头1：柜子整体展示效果

本镜头的动画效果分为以下两部分。

第1部分： 柜子整体缓缓拉近，如图11-2所示。

第2部分： 柜门缓缓打开，如图11-3所示。

图11-2

图11-3

因此，本镜头需要创建两个摄像机。除此之外，在柜子镜头拉近的过程中，有一个明显的放大效果，这是因为摄像机被切换了，这也是本镜头的制作要点。

11.1.1 创建摄像机

01 打开本书提供的Ty-01.c4d场景模型，如图11-4所示。保持当前视图，创建一个摄像机，选择“摄像机.1”对象，然后进入“对象”选项卡，设置“焦距”为135毫米，如图11-5所示。

02 创建一个摄像机，与上一步一样，选择“摄像机.2”对象，在“对象”选项卡中设置“焦距”为135毫米，将摄像机调整到合适的位置，如图11-6所示。

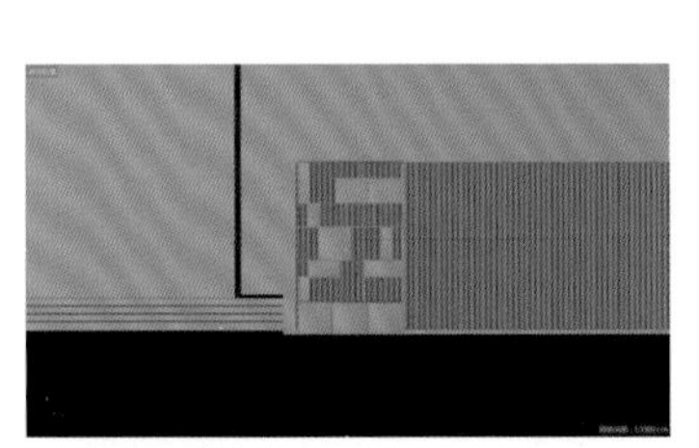

图11-4

图11-5

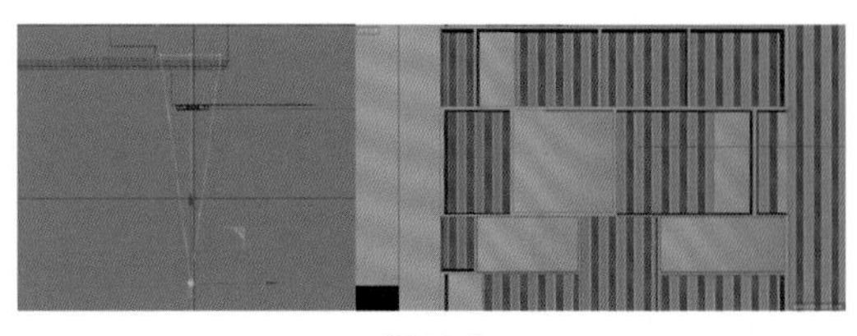

图11-6

技巧提示 与前面的实例一样，在制作动画镜头前需要进行工程设置与渲染设置。按快捷键Ctrl+D打开“工程”面板，在“工程设置”选项卡中设置“帧率（FPS）”为25，如图11-7所示。按快捷键Ctrl+B进入“渲染设置”窗口，切换到“输出”选项卡，设置“宽度”为1920像素，“高度”为1080像素，“帧频”为25，“帧范围”为“全部帧”，如图11-8所示。

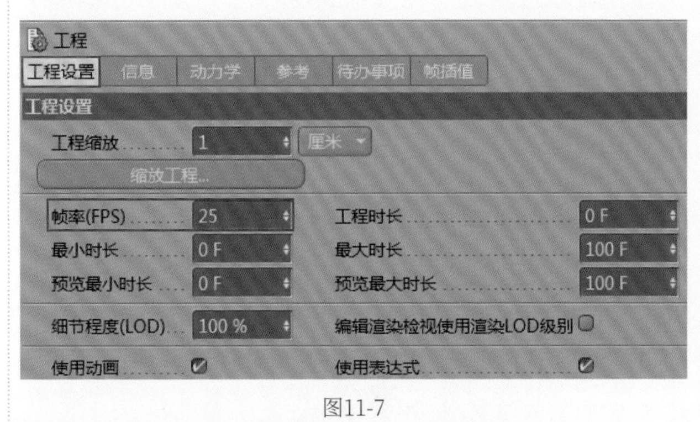

图11-7

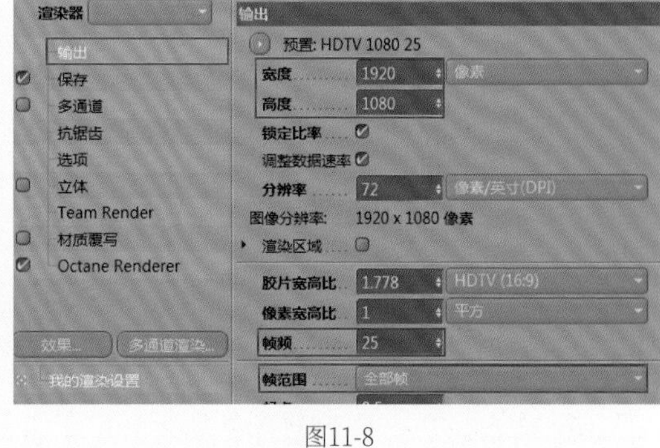

图11-8

11.1.2 制作镜头拉近效果

本小节通过改变摄像机的位置，让摄像机逐步向柜子靠近，从而制作柜子被拉近的效果。

01 设置时间标尺范围为0F~100F，如图11-9所示。选择“摄像机.1”对象，在0F时激活P.Z的关键帧，设置P.Z为－3480cm，如图11-10所示。在40F时激活P.Z的关键帧，设置P.Z为－2963cm，如图11-11所示。

图11-9

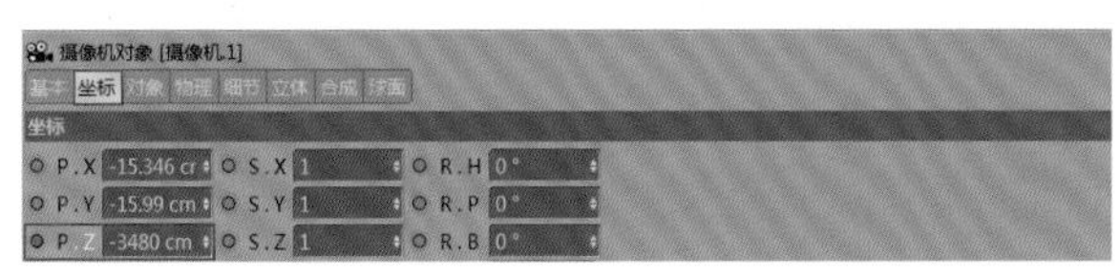

图11-10

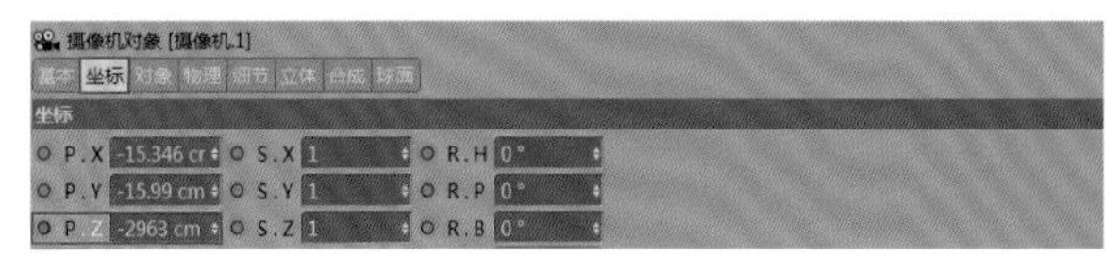

图11-11

02 使用鼠标右键单击“摄像机1”对象的位置坐标P.Z，然后执行“动画>显示函数曲线”命令，查看P.Z的函数曲线，如图11-12所示。按快捷键Ctrl+A全选曲线，然后将其设置为“线性插值”形式，如图11-13所示。此时拖曳时间滑块，可以看到镜头中的对象被放大，效果如图11-14所示。

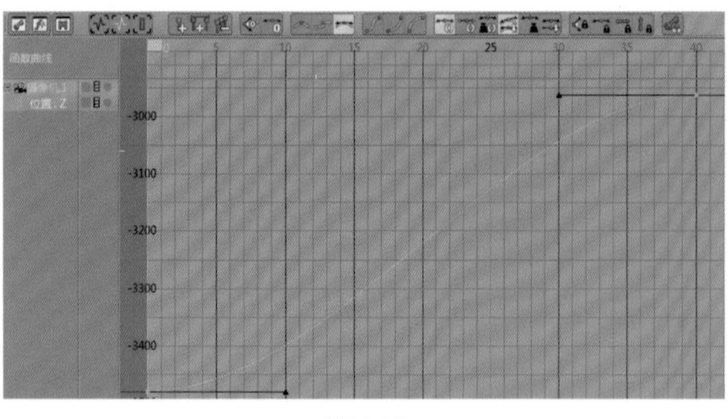

图11-12

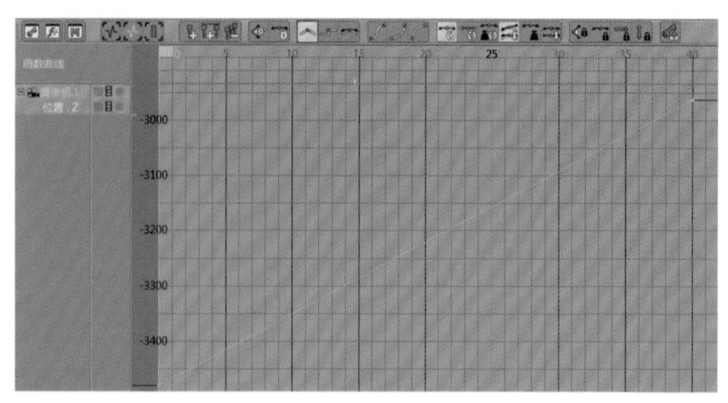

图11-13

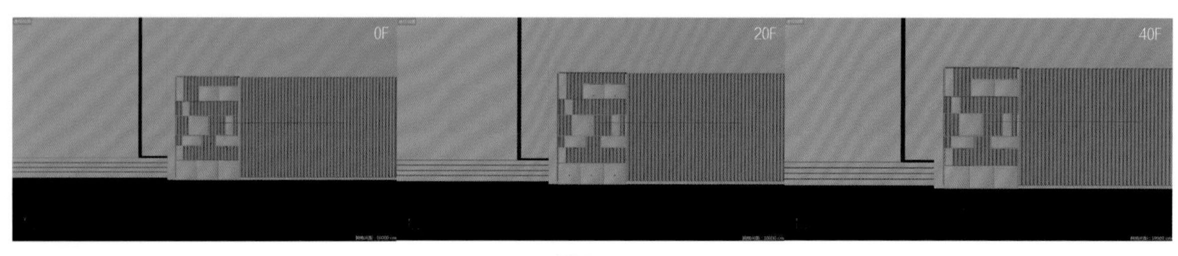

图11-14

技巧提示 此时的柜子一直处于拉近状态。因此，还需要对“摄像机.2”对象制作镜头拉近效果，这里通过制作“焦距”关键帧动画来实现。

03 选择“摄像机.2”对象，在41F时激活“焦距”关键帧，设置“焦距”为135毫米，如图11-15所示。在100F时激活“焦距”关键帧，设置“焦距”为205毫米，如图11-16所示。

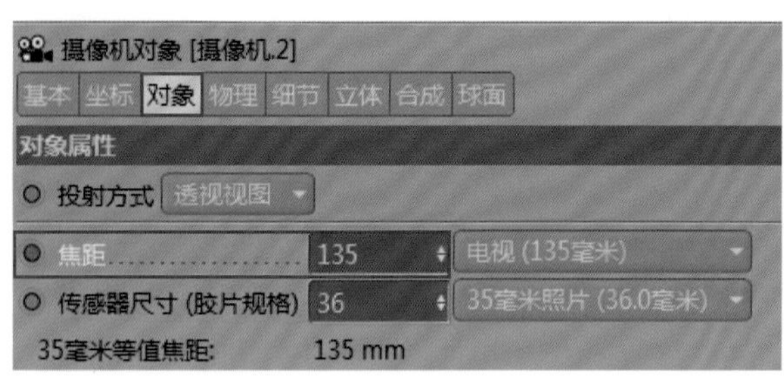

图11-15

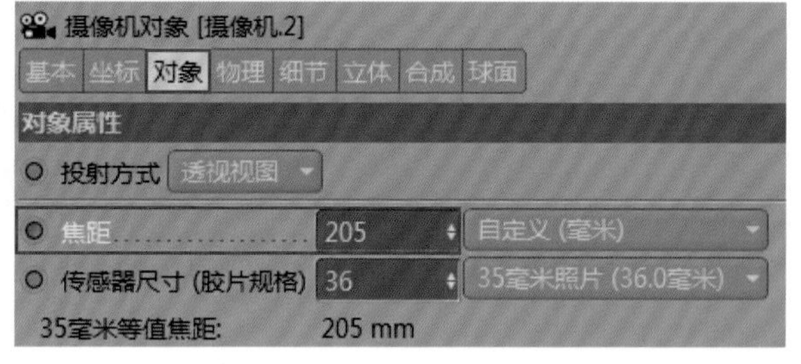

图11-16

技巧提示 请读者注意，默认情况下此时“焦距”的函数曲线仍然是曲线形式，所以与上一步一样，需要将其调整为“线性插值”形式。

11.1.3 切换摄像机

在相同场景中展示两个及以上的镜头时，需要通过“舞台”来进行摄像机的切换，这也是Cinema 4D中较为常见的在相同场景中切换多个镜头的方式。

01 在工具栏中展开“地面”工具组，单击“舞台”工具，如图11-17所示。

图11-17

02 选择“舞台”对象，进入“对象”选项卡，将“摄像机.1”对象拖曳到“摄像机”中，并将时间滑块拖曳到40F，接着激活关键帧，如图11-18所示。在41F时将“摄像机.2”对象拖曳到“摄像机”中，并激活关键帧，如图11-19所示。效果如图11-20所示。

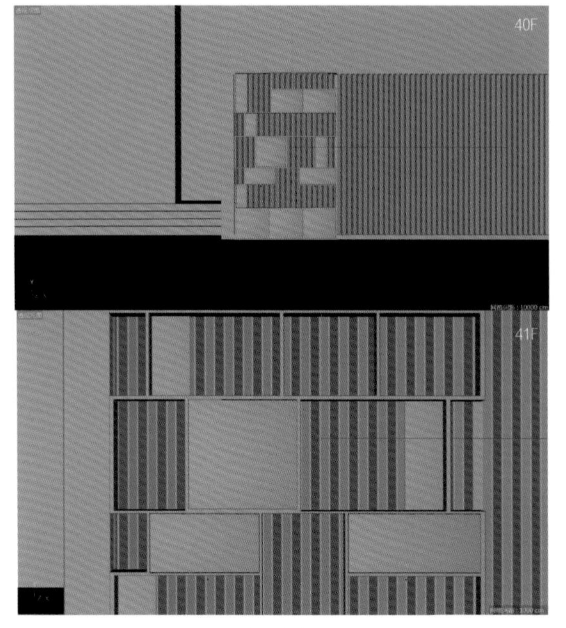

图11-19

疑难问答

问：这里为什么选择40F和41F?

答：这是由前面的摄像机动画决定的。“摄像机.1”的动画时间范围为0F~40F，“摄像机.2”的动画时间范围为41F~100F。因此，40F是“摄像机.1”的结束时刻，41F是切换到“摄像机.2”的时刻。

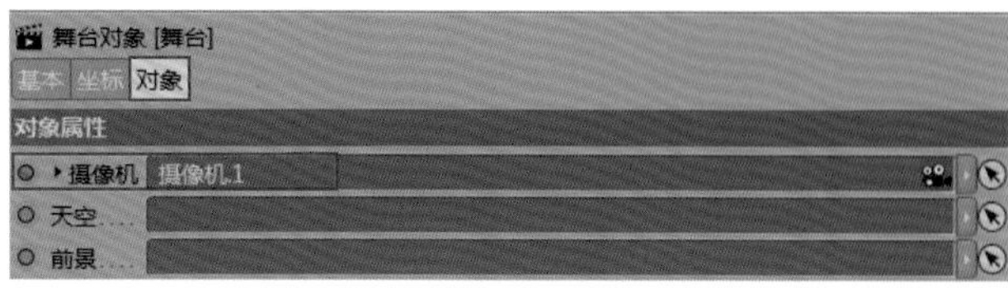

图11-18

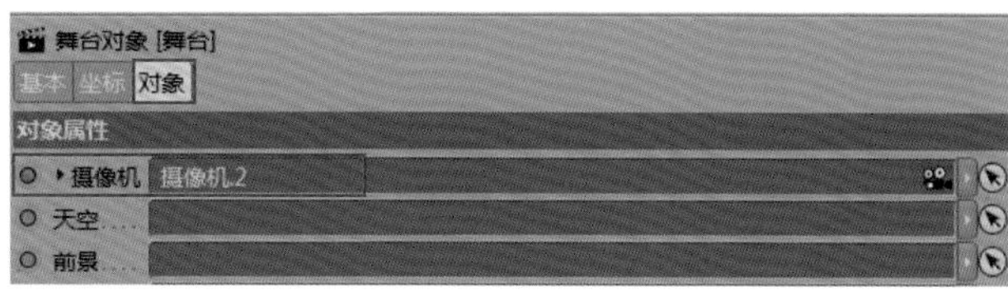

图11-20

11.1.4 制作柜门打开动画

01 拖曳时间滑块到41F，选择“柜子.7”对象，然后在“坐标”选项卡中激活R.B的关键帧，并设置R.B为0°，如图11-21所示。拖曳时间滑块到100F，激活R.B的关键帧，并设置R.B为－65°，如图11-22所示。

02 在默认情况下，此时柜子的旋转动画具有“慢→快→匀速→慢”的变化，但是这不符合柜子动画的节奏。因此，打开R.B的函数曲线，调整曲线，使其具有由慢到快的动画节奏，如图11-23所示。效果如图11-24所示。

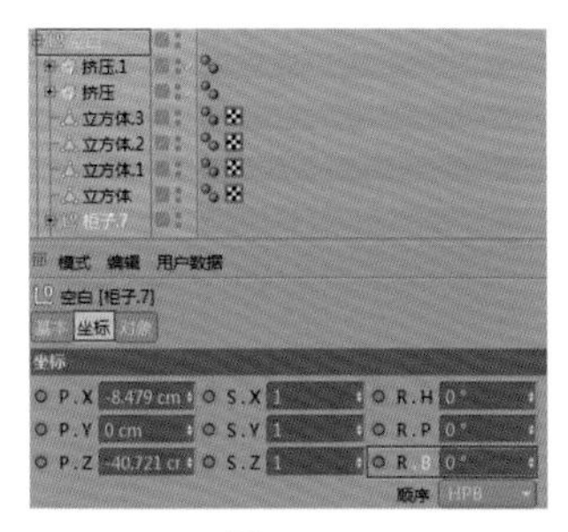

图11-21

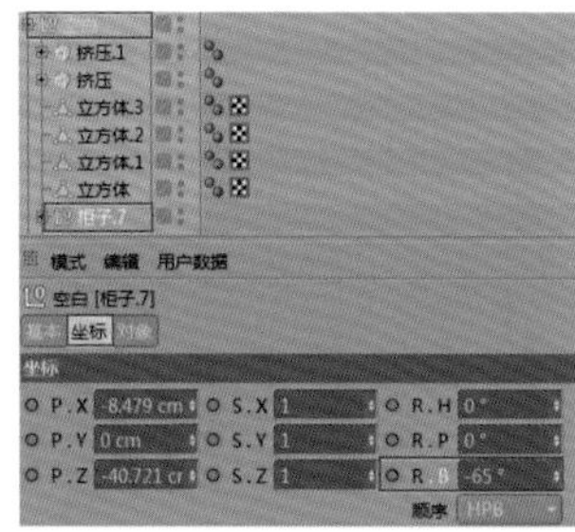

图11-22

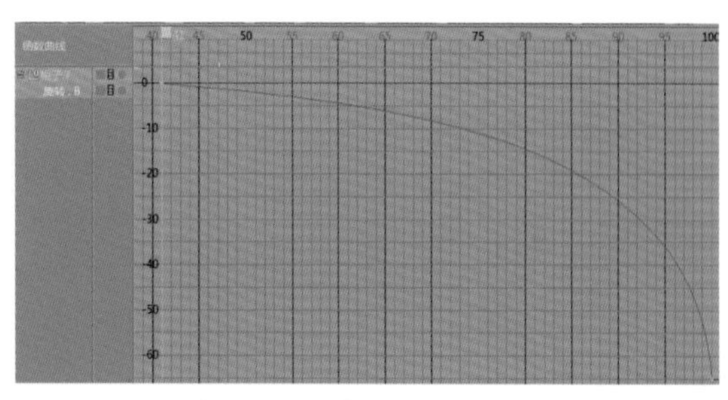

图11-23

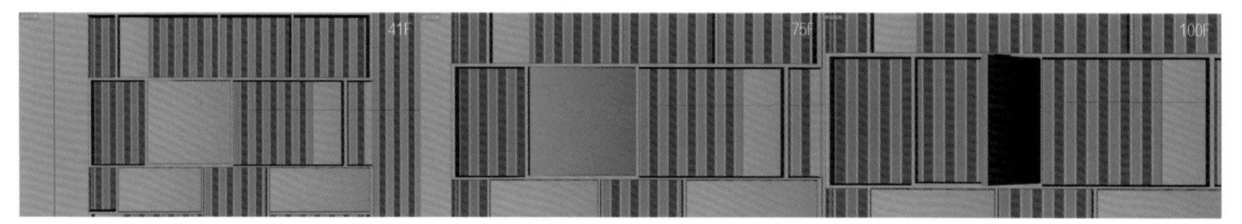

图11-24

11.2 镜头2：柜门旋转特写效果

本镜头是一个柜门旋转的特写效果，如图11-25所示。

图11-25

读者细心观看样片后可以发现本镜头有以下3个动画。

第1个：画面中的背景有轻微晃动，说明摄像机在缓缓变换拍摄视角，因此存在一个摄像机动画。

第2个：柜门在旋转过程中有来回移动的动作，所以柜门存在一个路径动画。

第3个：柜门自身在旋转，然后沿着一个方向落下，因此存在一个柜门旋转动画。

11.2.1 制作摄像机动画

打开本书提供的Ty-02场景模型，如图11-26所示。创建一个摄像机，选择“摄像机”对象，切换到“坐标”选项卡，在0F时激活所有位置坐标（P.X、P.Y、P.Z）和旋转坐标（R.H、R.P、R.B）的关键帧，如图11-27所示。将时间滑块移动到50F，调整好摄像机的方向，激活所有位置坐标和旋转坐标的关键帧，参考参数如图11-28所示。

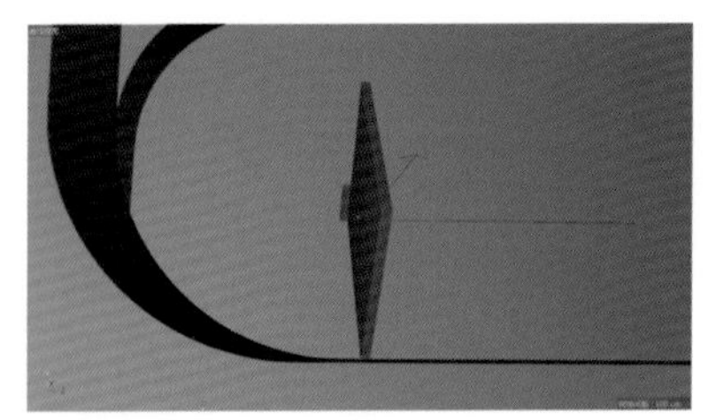

图11-26

摄像机对象 [摄像机]
基本 坐标 对象 物理 细节 立体 合成 球面
坐标
P.X 742.239 cr S.X 1 R.H 84.332°
P.Y -96.074 cr S.Y 1 R.P 7.547°
P.Z -79.974 cr S.Z 1 R.B 0°
顺序 HPB

图11-27

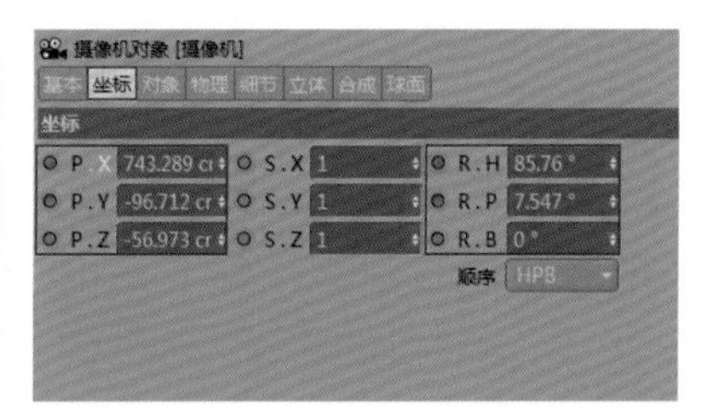

图11-28

技巧提示 注意，在这个镜头中将工程时间范围设置为0F~55F。上述操作的时间线窗口和摄像机顶视图效果如图11-29和图11-30所示，读者可以参考。

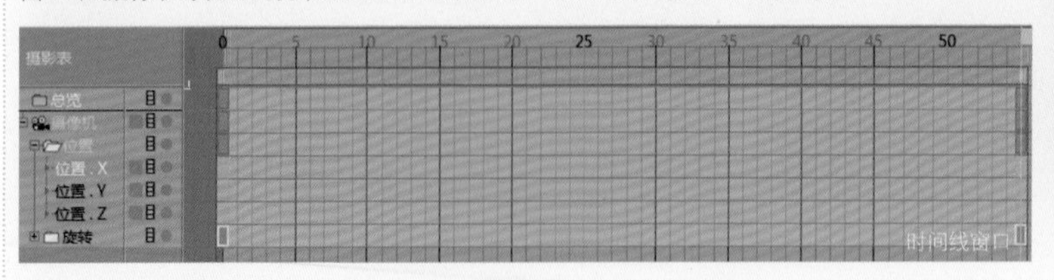

图11-29

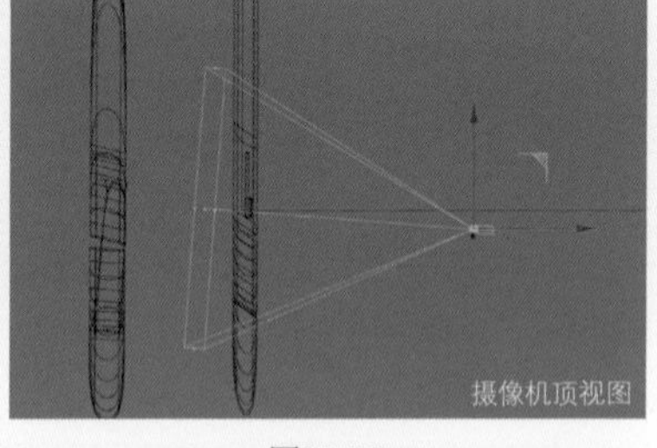

图11-30

11.2.2 制作柜门来回移动动画

01 在工具栏中创建一个圆环，然后将其放置在柜子的一个角，如图11-31所示。使用鼠标右键单击“柜子”对象，执行“CINEMA 4D标签>对齐曲线”命令，为其添加一个“对齐曲线”标签，如图11-32所示。进入“对齐到曲线表达式”面板中的“标签”选项卡，将“圆环”对象拖曳到“曲线路径”中，如图11-33所示。

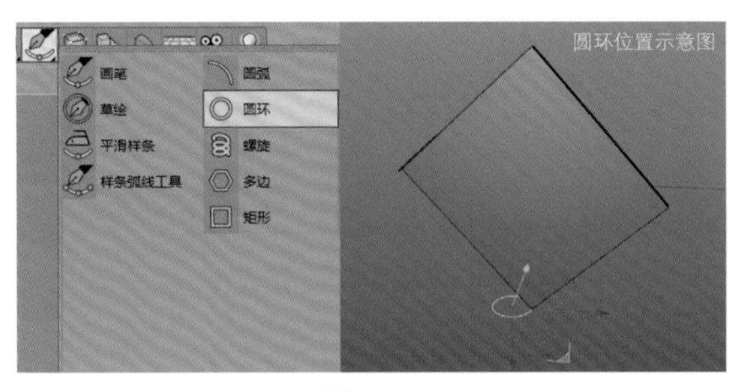

图11-31

图11-32

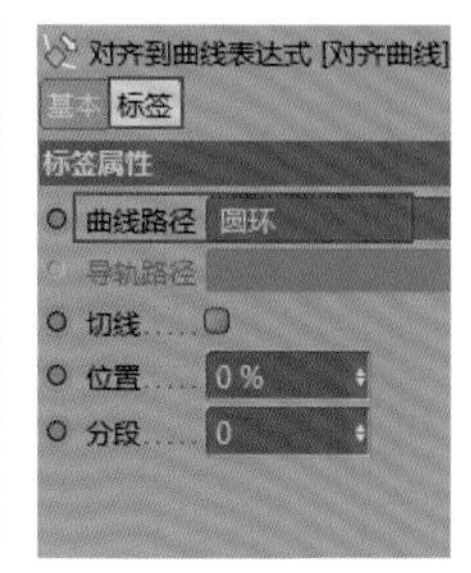

图11-33

02 将柜子绑定到圆环路径上后，读者可以通过以下两种方式中的任意一种来制作动画：第1种方式与前面的方式一样，为圆环设置位置坐标P.Z的关键帧动画，如图11-34所示；第2种方式是设置“对齐曲线”标签的“位置”属性，如图11-35所示。

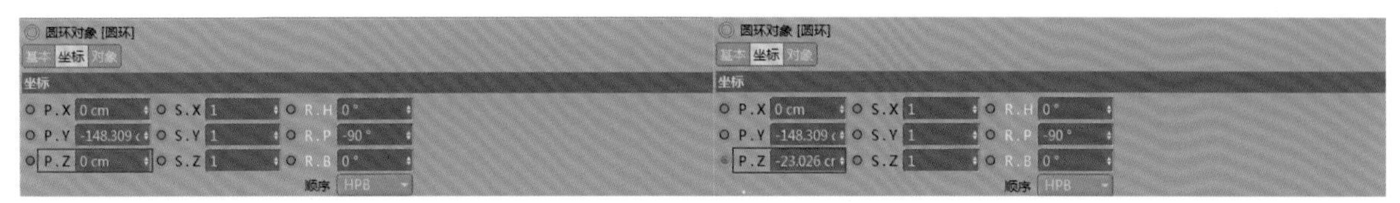

图11-34

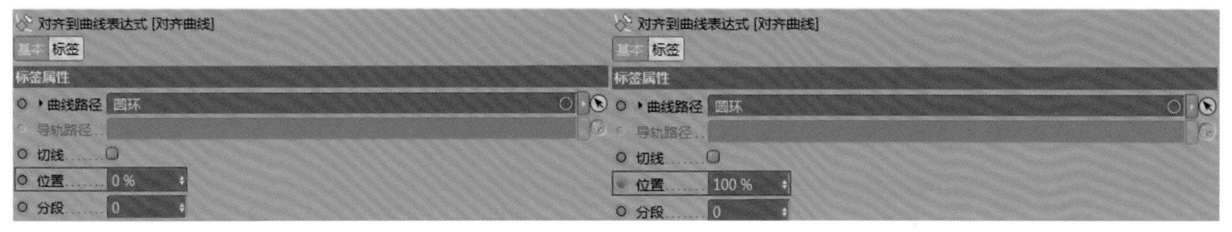

图11-35

11.2.3 制作柜门旋转动画

01 在0F时激活柜子的旋转坐标R.H的关键帧，设置R.H为91°；在36F时激活柜子的旋转坐标R.H的关键帧，设置R.H为540°，如图11-36所示。

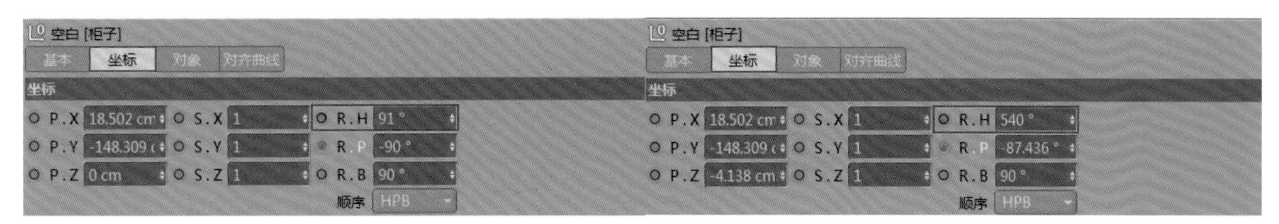

图11-36

02 在33F时激活柜子的旋转坐标R.P的关键帧，设置R.P为－90°；在55F时激活柜子的旋转坐标R.P的关键帧，设置R.P为－47°，如图11-37所示。

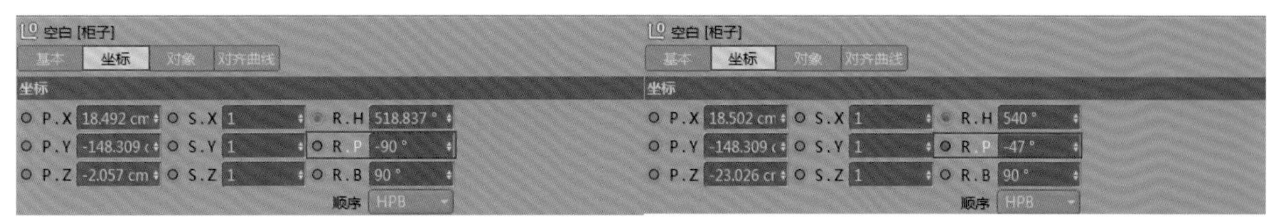

图11-37

03 调整R.H的函数曲线，使其具有由快到慢的动画节奏，如图11-38所示；调整R.P的函数曲线，使其具有由慢到快的动画节奏，如图11-39所示。动画的预览效果如图11-40所示。

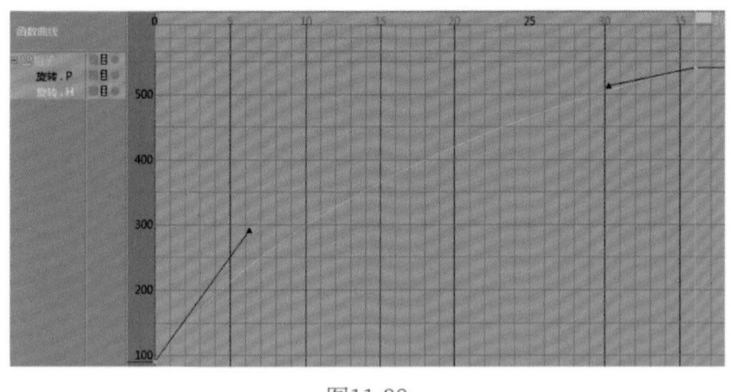

图11-38

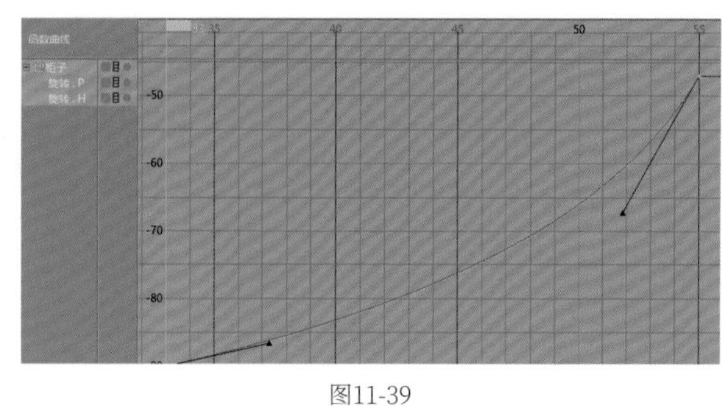

图11-39

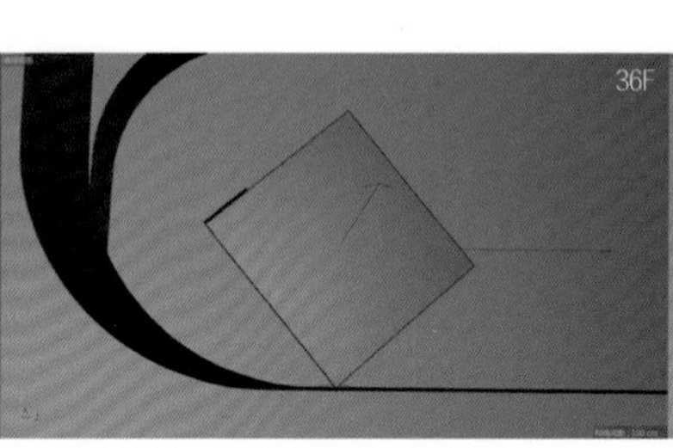

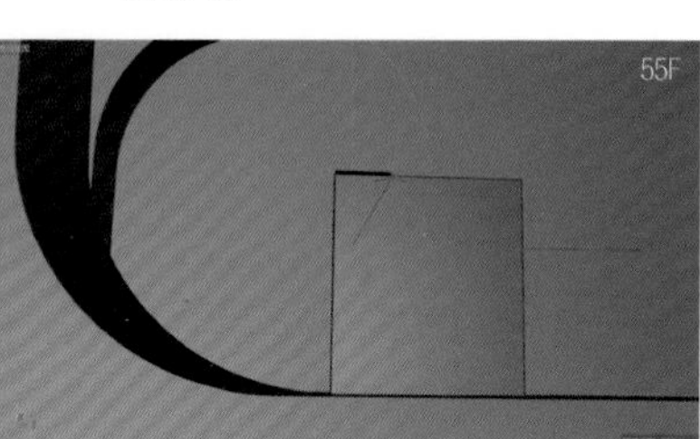

图11-40

11.3 镜头3：柜门整体关闭效果

本镜头是大量柜门关闭的效果展示，如图11-41所示。通过观察可以发现本镜头包含两个动画。

第1个：镜头中的柜子由斜变正，说明摄像机拍摄视角发生了变化，所以存在一个摄像机动画。

第2个：柜门随机关闭，因此存在一个柜门旋转动画。

图11-41

11.3.1 制作摄像机动画

01 打开本书提供的Ty-03场景模型，如图11-42所示。注意，这里要将工程时间范围设置为0F~40F。

02 创建一个摄像机，然后将其拖曳到场景中合适的位置。创建一个圆环，将其拖曳到场景中合适的位置，作为摄像机的运动路径。使用鼠标右键单击“摄像机”对象，执行“CINEMA 4D标签>对齐曲线”命令，为其添加一个“对齐曲线”标签，如图11-43所示。进入“对齐到曲线表达式”面板的“标签”选项卡，将“圆环”对象拖曳到“曲线路径”中，将摄像机绑定到圆环上，如图11-44所示。

图11-42

图11-43

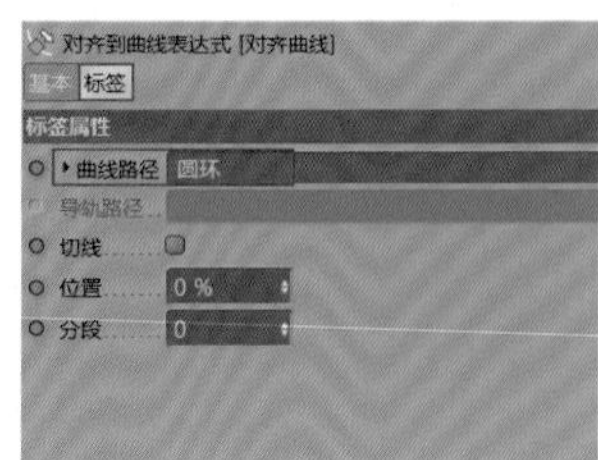

图11-44

03 绑定好摄像机后，通过设置“对齐曲线”标签的“位置”属性来制作动画。在0F时激活“位置”关键帧，设置“位置”为17%；在13F时激活“位置”关键帧，设置“位置”为24.8%，如图11-45所示。摄像机和圆环的参考位置如图11-46所示。

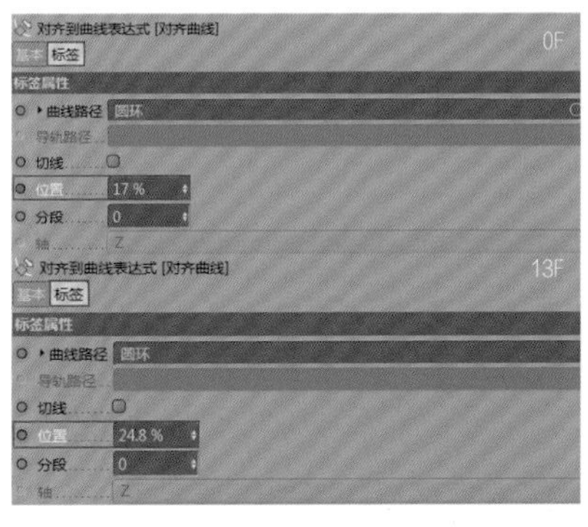

图11-45

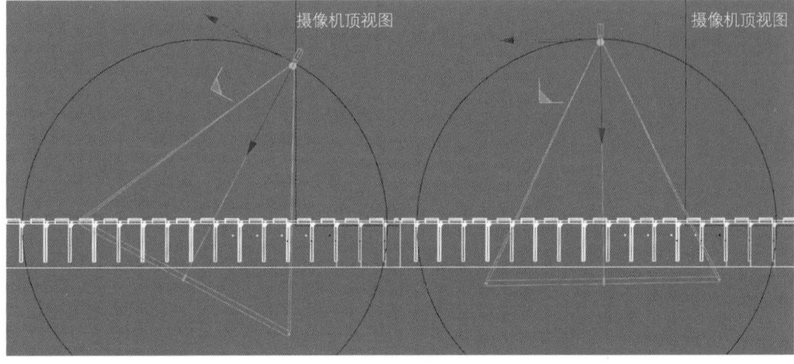

图11-46

11.3.2 制作柜门随机关闭动画

01 选择“克隆”对象，执行“运动图形>效果器>随机”菜单命令，如图11-47所示。进入“随机分布”面板的“效果器”选项卡，设置“最大”为0%，“最小”为-100%，如图11-48所示。

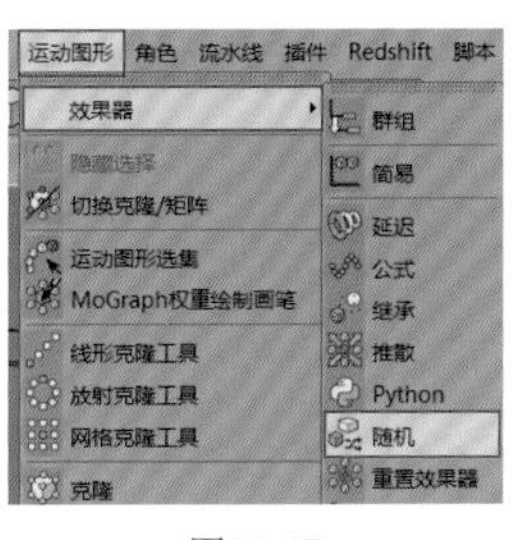

图11-47

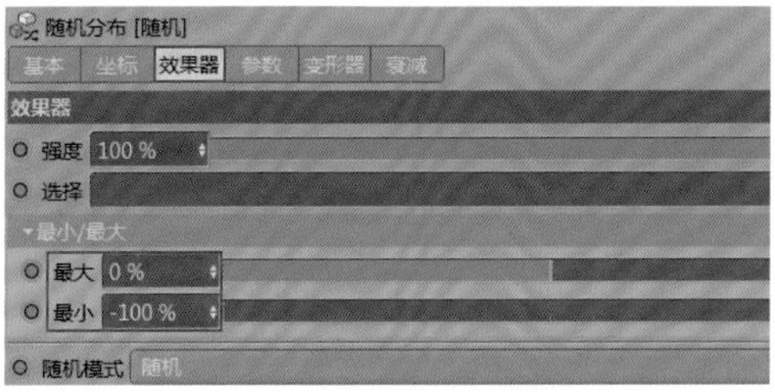

图11-48

02 切换到“参数”选项卡，只勾选“旋转”，然后在0F时激活R.B的关键帧，设置R.B为90°；在29F时激活R.B的关键帧，设置R.B为0°，如图11-49所示。效果如图11-50所示。

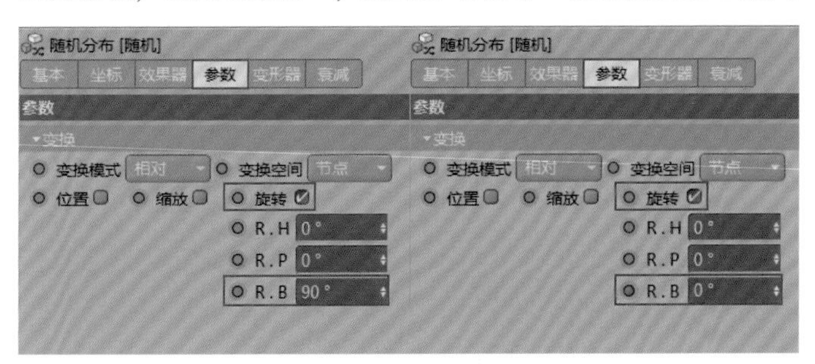

图11-49

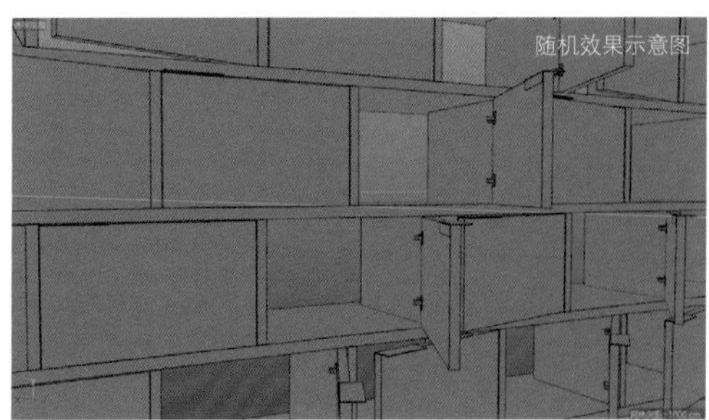

图11-50

技术专题：“随机分布”面板中“最大”和“最小”的控制原理

“随机分布”面板中的“最小”和“最大”用于设置指定范围内参数的增加和减少数量。简单来说，如果在“随机分布”面板中设置了一个参数，那么“最大”和“最小”就是控制这个参数增加和减少数量的范围。

假如克隆了一些正方体，在“随机分布”面板的“参数”选项卡中设置“位置”的P.Y为100。如果这个时候设置“最大”和“最小”的值，那么这两个值就控制了“位置”的P.Y增加和减少的范围，如图11-51所示。

以本例为例，这里克隆了一排柜子，在“随机分布”面板中设置旋转坐标R.B为50°，并以此来控制柜门的旋转角度，而“最大”和“最小”的值也就控制了这个角度的增加和减少范围，如图11-52所示。

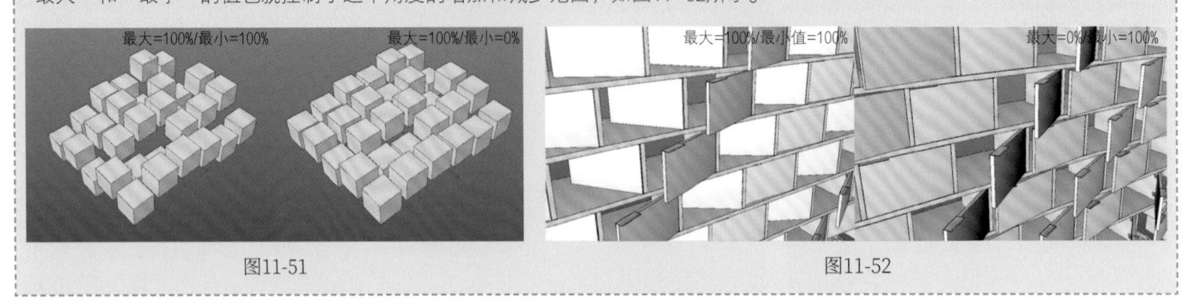

最大=100%/最小=100%
最大=100%/最小=0%
图11-51

最大=100%/最小值=100%
最大=0%/最小=100%
图11-52

03 选择“克隆.2”对象，切换到“坐标”选项卡，在29F时激活位置坐标P.X的关键帧，设置P.X为150cm；在40F时激活位置坐标P.X的关键帧，设置P.X为610cm，如图11-53所示。镜头快速向右移动的动画效果如图11-54所示。

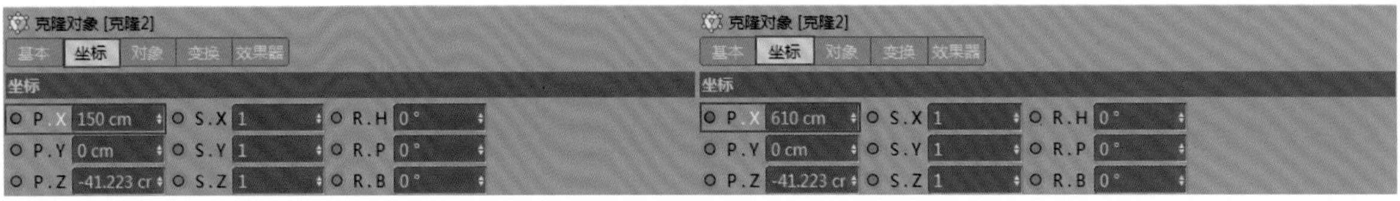

克隆对象 [克隆2]
基本 坐标 对象 变换 效果器
坐标
P.X 150 cm S.X 1 R.H 0°
P.Y 0 cm S.Y 1 R.P 0°
P.Z -41.223 cr S.Z 1 R.B 0°
克隆对象 [克隆2]
基本 坐标 对象 变换 效果器
坐标
P.X 610 cm S.X 1 R.H 0°
P.Y 0 cm S.Y 1 R.P 0°
P.Z -41.223 cr S.Z 1 R.B 0°
图11-53

0F
20F
40F
图11-54

11.4 镜头4：柜子与柜门组合特写效果

本镜头是柜子和柜门互相靠近，然后旋转的效果，如图11-55所示；主要包含柜子和柜门的位移和旋转动画，在制作过程中需要注意的是轴点位置的处理。

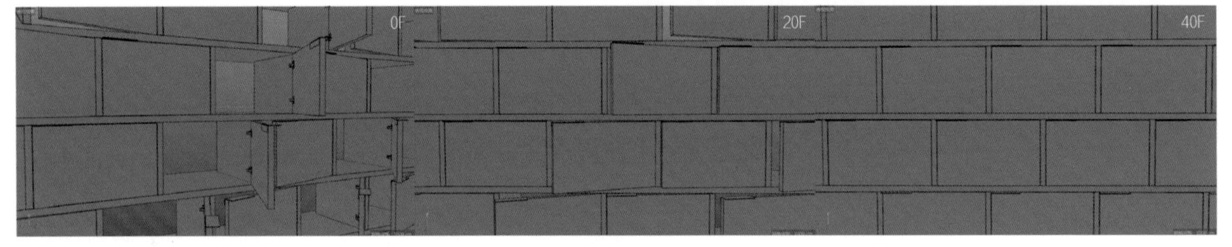

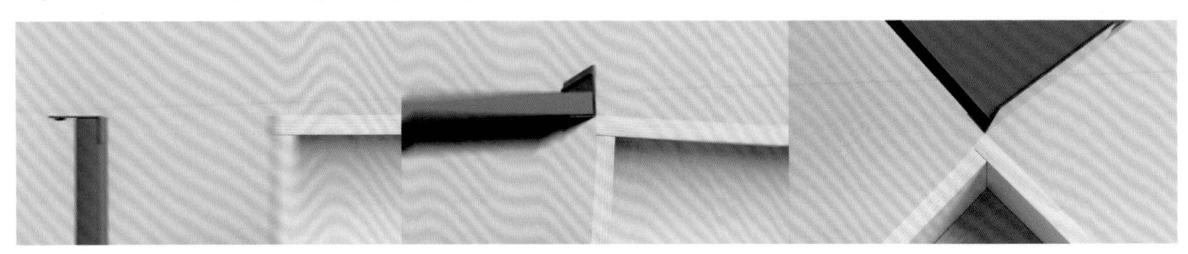

图11-55

11.4.1 设置柜子与柜门的轴点

01 打开本书提供的Ty-04场景模型，如图11-56所示。本场景将工程时间范围设置为0F~70F。

02 创建一个摄像机，然后在“摄像机对象”面板的“对象”选项卡中设置“焦距”为300毫米，并将摄像机调整到合适的位置，如图11-57所示。

03 因为柜子的位移和旋转动画都是以柜子边角为轴点运行的，所以选择“轴心”工具对柜门与柜体的轴心进行调整，如图11-58所示。

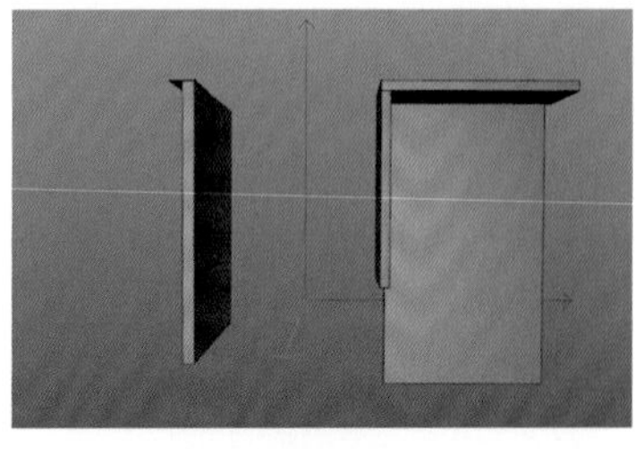

图11-56

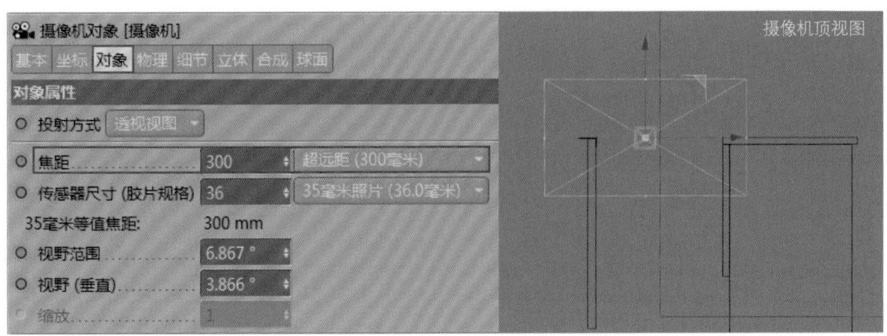

图11-57

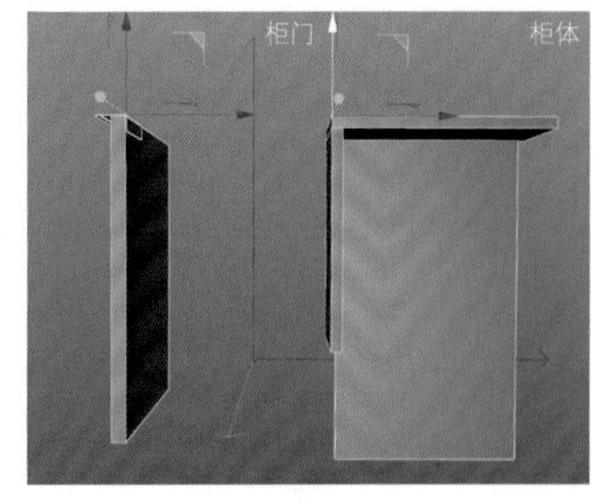

图11-58

11.4.2 制作位移和旋转动画

分别选择柜门与柜体，在0F和14F时激活位置坐标P.X的关键帧，如图11-59所示；在14F和70F时激活所有旋转坐标的关键帧，如图11-60所示。读者可以参考图中的参数进行设置，也可以自行设置移动和旋转方式，效果如图11-61所示。

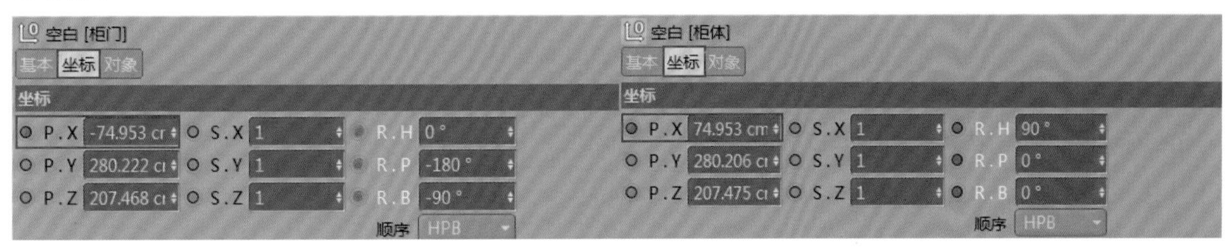

图11-59

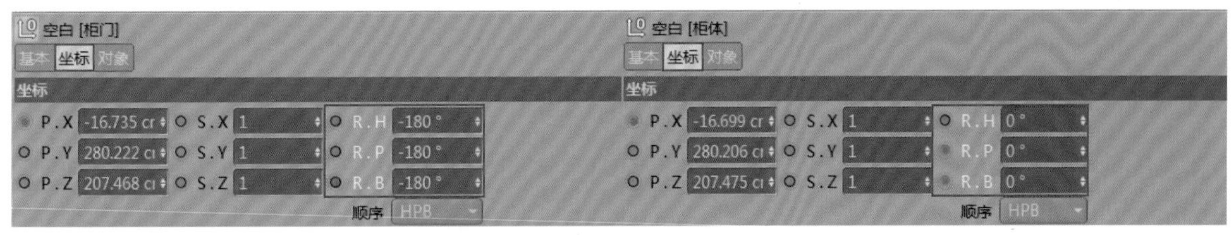

图11-60

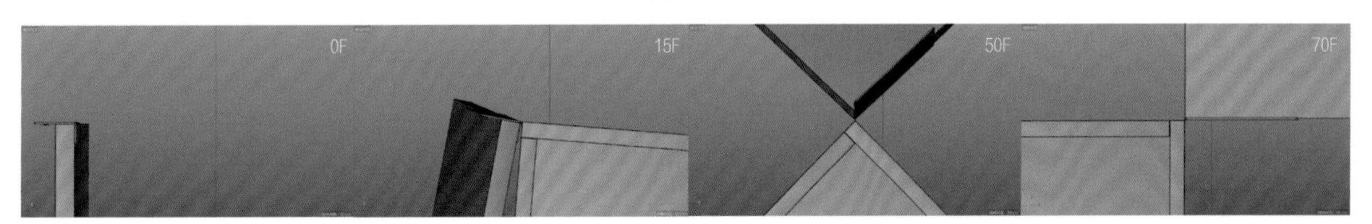

图11-61

11.5 镜头5：柜门旋转阵列效果

本镜头中的多个柜门通过扇形旋转动画展现，然后旋转展示侧面，如图11-62所示。除了常见的摄像机动画、位移动画和旋转动画，本镜头还有以下两个制作重点。

第1个：这是一个柜门旋转阵列动画，所以需要使用“克隆”命令来制作柜门阵列效果。

第2个：这个镜头重点表现的是扇形动画，所以可以通过为“克隆”对象添加“简易”效果器来制作该动画。

图11-62

11.5.1 克隆柜门对象

打开本书提供的柜子模型，将工程时间范围设置为0F~50F，然后创建“克隆”对象，将柜子复制7份，并设置为“克隆”对象的子级，如图11-63所示。进入“克隆对象”面板的“对象”选项卡，设置“模式”为“网格排列”,“数量”为（1,9,1),“尺寸”为（200cm,292cm,200cm），如图11-64所示。

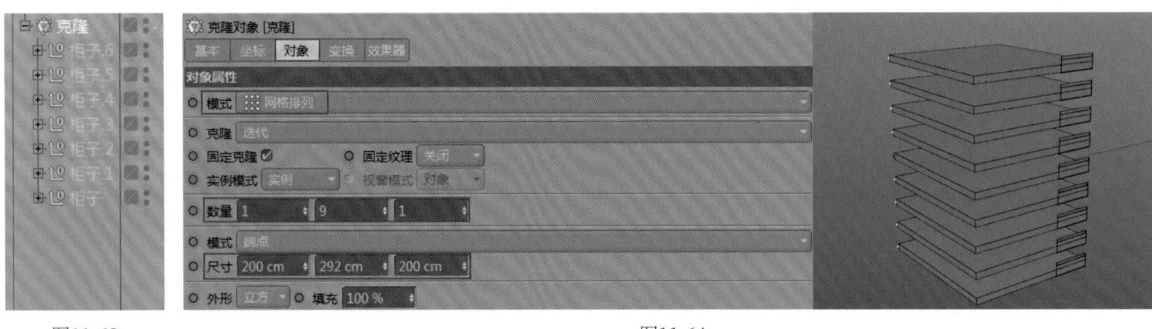

图11-63　　图11-64

技巧提示 关于“克隆对象”面板中的各参数设置原理，在本书第1篇中就详细介绍了，读者可以自行查阅。

11.5.2 制作扇形效果

01 选择“克隆”对象，执行“运动图形>效果器>简易”菜单命令，用它制作扇形动画，如图11-65所示。进入“简易”面板的“参数”选项卡，只勾选“旋转”，设置R.H为-143°，如图11-66所示。

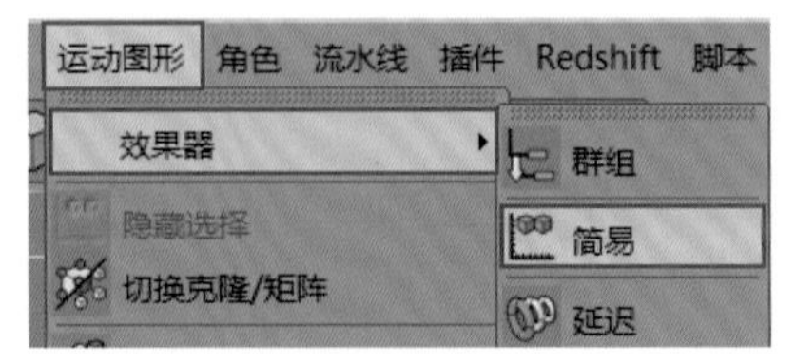

图11-65

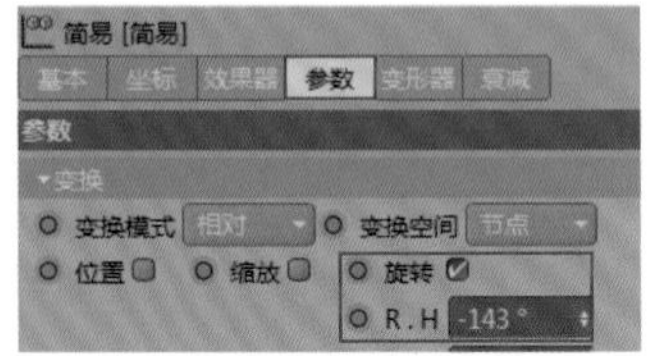

图11-66

02 进入“衰减”选项卡，单击“线性域”，设置“方向”为Z-，如图11-67所示。读者也可以根据实际情况增加线性域的“长度”，效果如图11-68所示。

03 选择“克隆”与“简易”对象，按快捷键Alt+G创建一个空白组，复制一份空白组并将其拖曳到合适的位置，如图11-69所示。

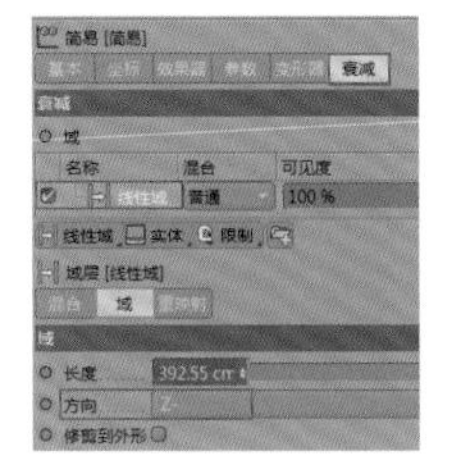

图11-67

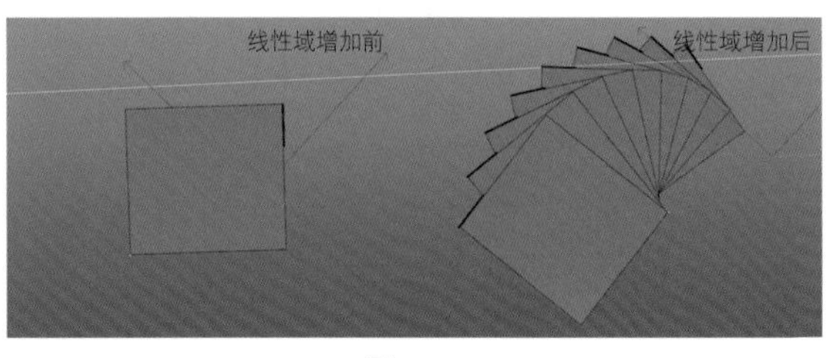

图11-68

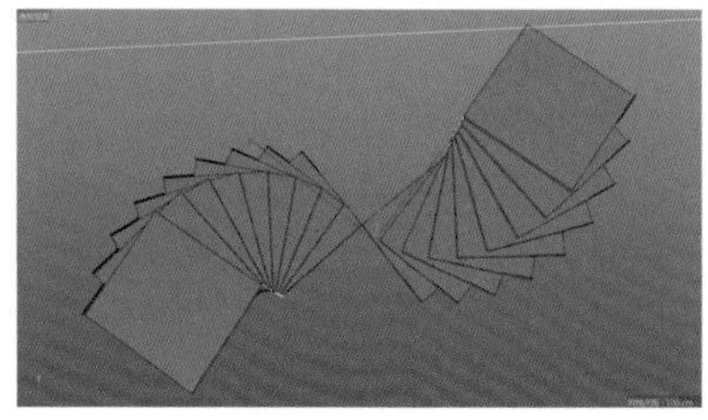

图11-69

11.5.3 制作镜头动画

01 创建一个摄像机，然后在“对象”选项卡中设置“焦距”为300毫米，将摄像机调整到合适的位置，如图11-70所示。

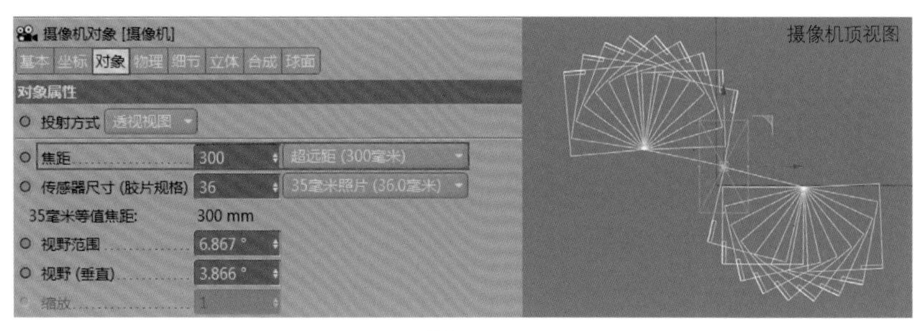

图11-70

02 根据样片中的镜头动画精细地调整摄像机、空白组和“简易”对象的位移与旋转动画，具体设置可以参考本书提供的Ty-05工程文件。效果如图11-71所示。

图11-71

11.6 镜头6：柜门依次关闭效果

本镜头是柜门的关闭动画，效果如图11-72所示。细心的读者已经发现，这些柜门是按从右往左的顺序依次关闭的。另外，柜体有旋转和移出镜头的动画。本镜头主要包含两个动画：一个是柜门关闭动画，另一个是柜体的位移和旋转动画。本镜头同样会使用“简易”效果器。

图11-72

11.6.1 创建摄像机

打开本书提供的Ty-06场景模型，如图11-73所示。注意，这里设置工程时间范围为0F~30F。创建一个摄像机，设置其“焦距”为300毫米，将其调整到合适的位置，如图11-74所示。

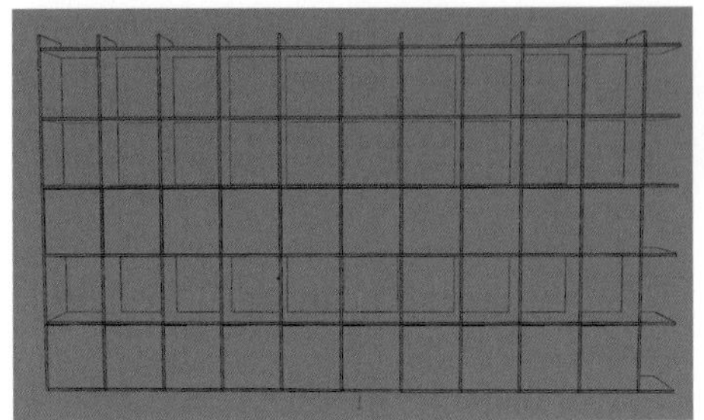

图11-73

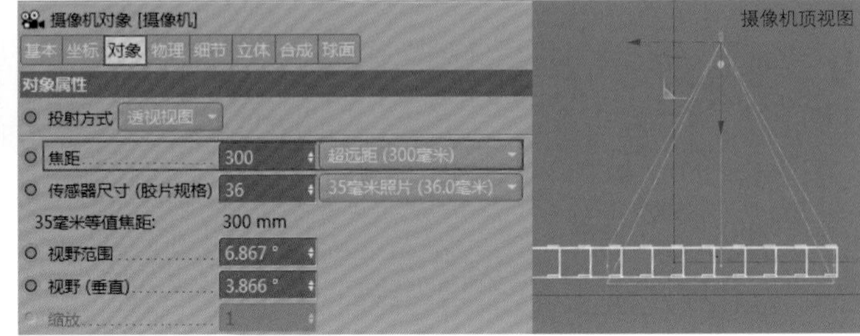

图11-74

11.6.2 制作柜门关闭效果

01 执行“运动图形>效果器>简易”菜单命令，将“简易”效果器添加给“克隆.3”对象，用它制作柜门由开到关的动画效果，如图11-75所示。

02 进入“简易”面板的“参数”选项卡，只勾选“旋转”，设置R.B为－70°，如图11-76所示。进入“衰减”选项卡，单击“线性域”，设置“方向”为Z－,“长度”为356cm，如图11-77所示。

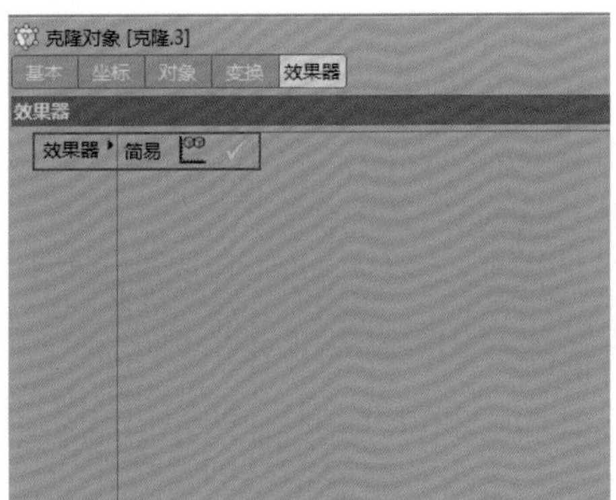

图11-75

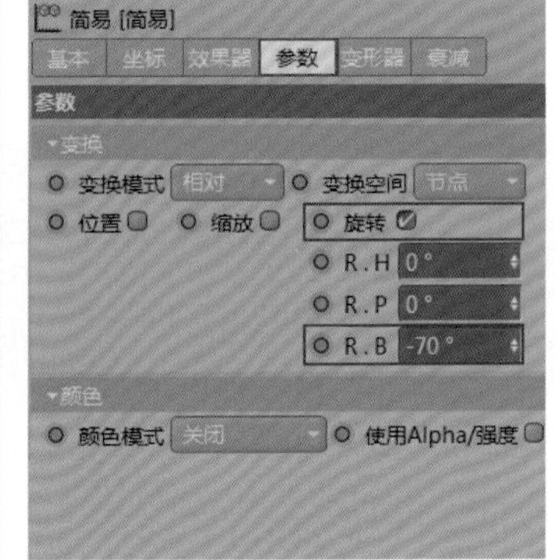

图11-76

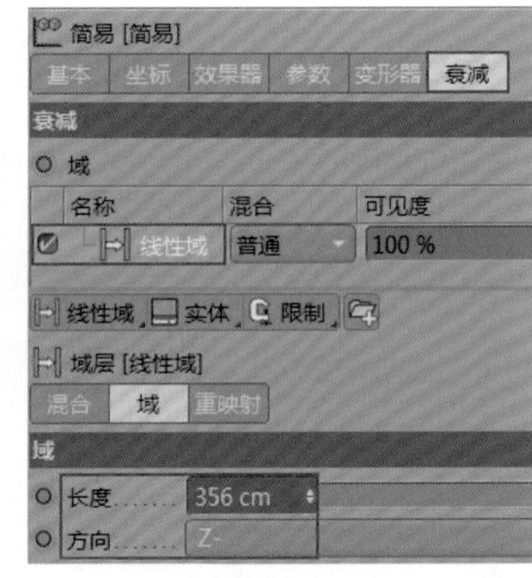

图11-77

03 选择“简易”对象，在0F时激活位置坐标P.Z的关键帧，设置P.Z为0cm；在30F时激活位置坐标P.Z的关键帧，设置P.Z为－1700cm，如图11-78所示。

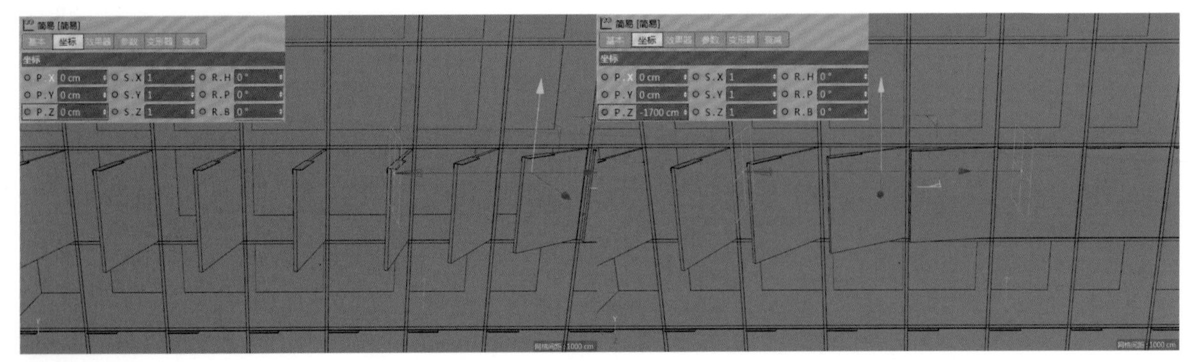

图11-78

11.6.3 制作柜体位移和旋转动画

选择“空白”对象（柜子整体），在0F和15F时激活旋转坐标R.P的关键帧，并分别设置R.P为－5°和0°；在15F和30F时激活位置坐标P.X的关键帧，并分别设置P.X为－480cm和288cm，如图11-79所示。效果如图11-80所示。

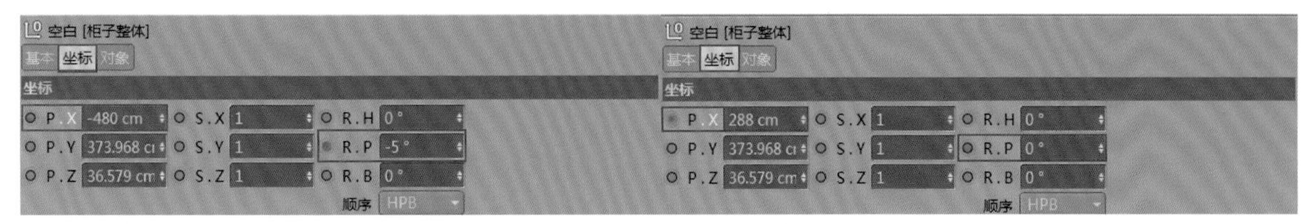

图11-79

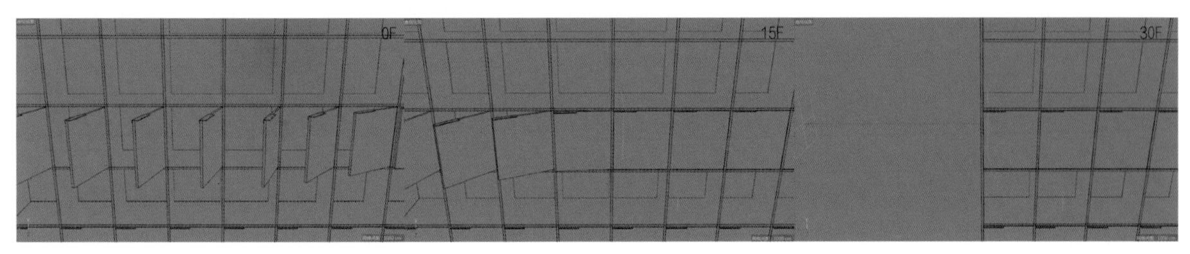

图11-80

11.7 镜头7：柜门与抽屉转场效果

本镜头是从柜门过渡到抽屉的动画：先是一个柜门进入画面，然后镜头旋转到抽屉，最后抽屉在平台上旋转，如图11-81所示。本镜头除了常见的位移和旋转动画，主要技术是使用多镜头拍摄，且这里涉及摄像机串联技术，主要使用“摄像机变换”工具来实现。

图11-81

11.7.1 制作柜门切入动画

01 打开本书提供的Ty-07场景模型，如图11-82所示。注意，这里设置工程时间范围为0F~125F，然后创建一个摄像机，将其命名为“摄像机.1”并将其调整到合适的位置，如图11-83所示。

图11-82

图11-83

02 选择“柜子”对象，进入“坐标”选项卡，在0F时激活位置坐标P.X的关键帧，设置P.X为727cm，如图11-84所示。拖曳时间滑块到25F，激活P.X的关键帧，并设置P.X为0cm。激活R.B的关键帧，设置R.B为0°。拖曳时间滑块到40F，激活R.B的关键帧，设置R.B为90°，如图11-85所示。

03 调整P.X的函数曲线，使其具有由快到慢的动画节奏，如图11-86所示。效果如图11-87所示。

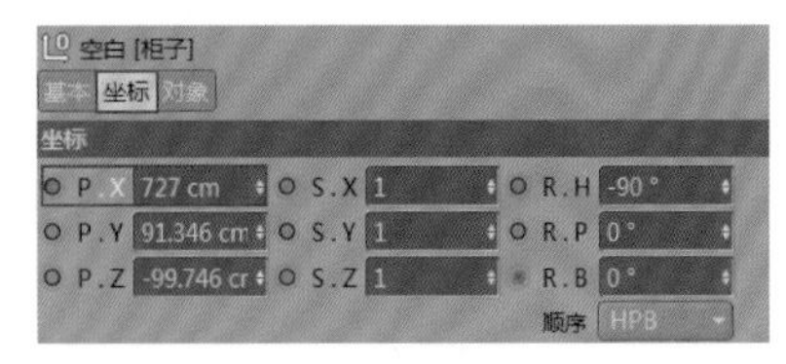

图11-84

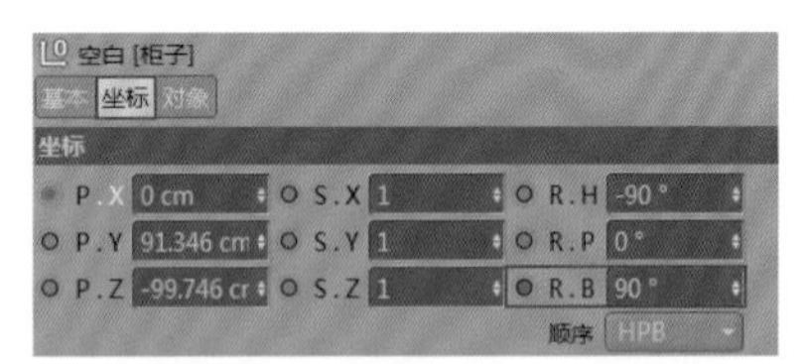

图11-85

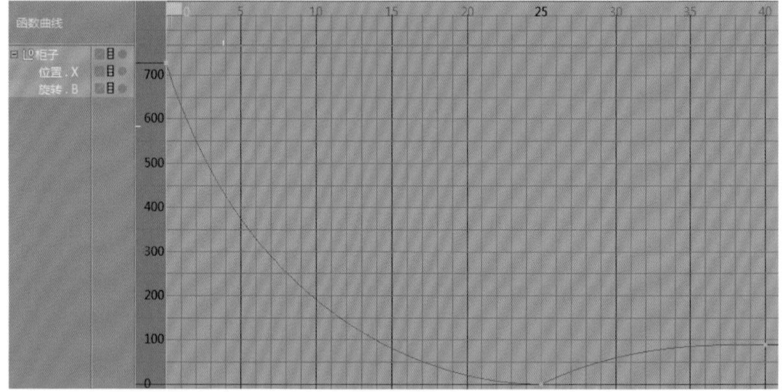

图11-86

图11-87

11.7.2 制作抽屉旋转动画

选择“柜子1”对象，进入“坐标”选项卡，在75F时激活旋转坐标的所有关键帧，设置R.H为0°、R.P为180°、R.B为0°。拖曳时间滑块到90F，激活旋转坐标R.P和R.B的关键帧，设置R.P为145°、R.B为70°，如图11-88所示。拖曳时间滑块到125F，激活旋转坐标的所有关键帧，设置R.H为460°，如图11-89所示。效果如图11-90所示。

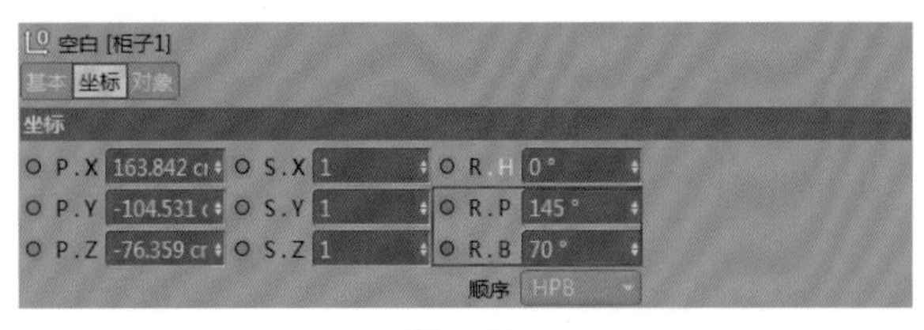

图11-88

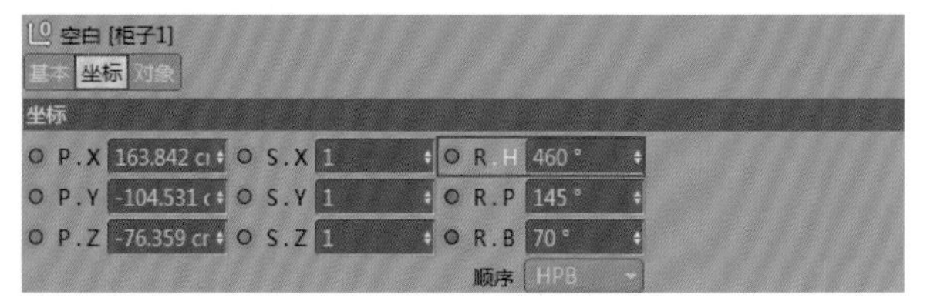

图11-89

图11-90

11.7.3 串联多机位

01 制作摄像机镜头180°旋转动画。创建一个摄像机，将其命名为“摄像机.4”，将其调整到合适的位置，如图11-91所示。

02 确定“摄像机.1”为初始镜头，再确定“摄像机.4”为结束镜头。创建“摄像机.2”和“摄像机.3”作为“摄像机.1”和“摄像机.4”之间的过程镜头。摄像机位置如图11-92所示。

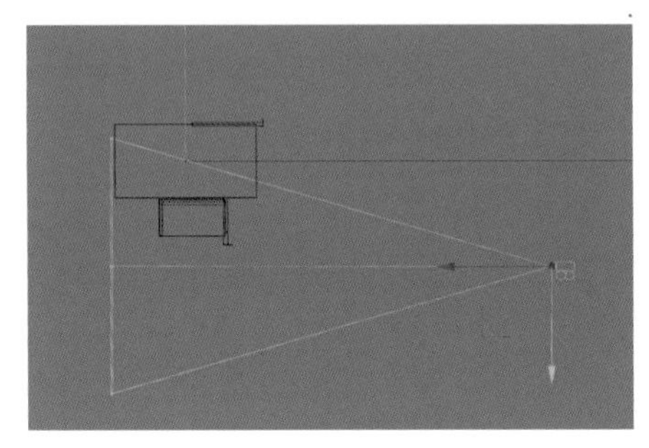

图11-91

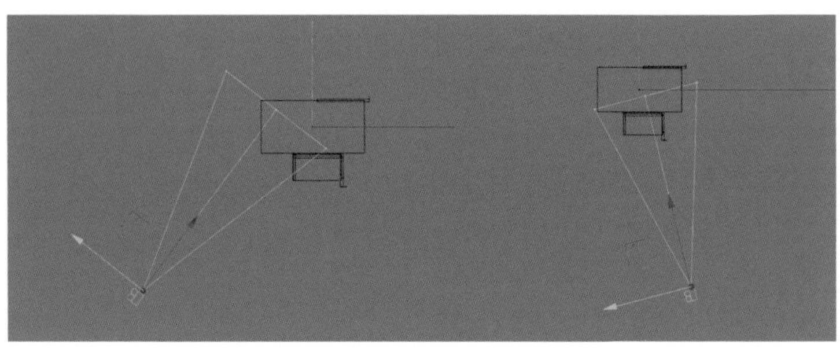

图11-92

03 按照1~4的顺序依次选择摄像机，在工具栏中选择“摄像机变换”工具，如图11-93所示。进入“摄像机变换”面板的“标签”选项卡，查看摄像机列表，如图11-94所示。

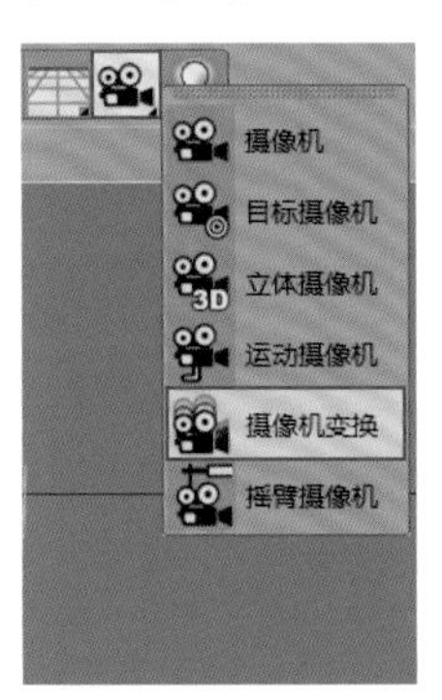

图11-93

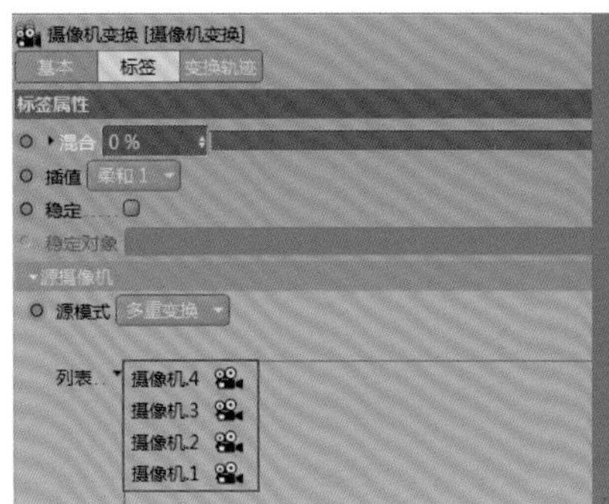

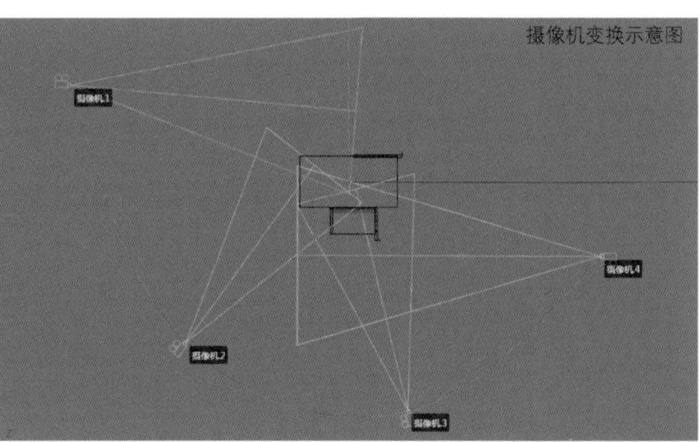

图11-94

04 使用“摄像机变换”面板的“标签”选项卡中的“混合”来创建关键帧动画。在0F时激活“混合”关键帧，设置“混合”为100%；在30F时激活“混合”关键帧，设置“混合”为99%，如图11-95所示。在60F时激活“混合”关键帧，设置“混合”为5%；在125F时激活关键帧，设置“混合”为0%，如图11-96所示。效果如图11-97所示。

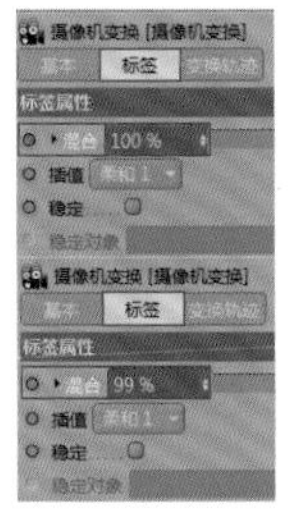

图11-95

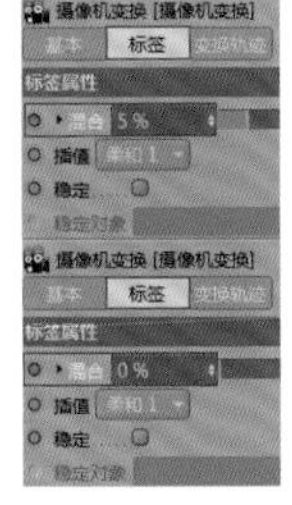

图11-96

图11-97

05 检查发现在125F时镜头中的抽屉并不在中心位置，所以需要为“摄像机.4”对象的位置坐标P.X制作镜头修正动画。在75F时激活关键帧，设置P.X为15cm；在90F时激活关键帧，设置P.X为172cm，如图11-98所示。效果如图11-99所示，修正后的动画效果如图11-100所示。

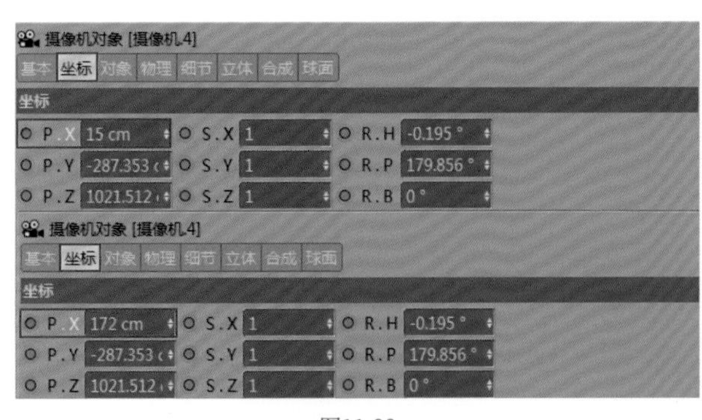

图11-98

图11-99

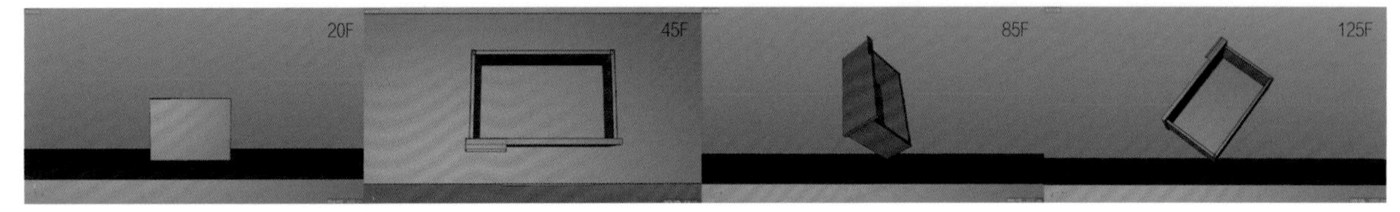

图11-100

技术专题：“摄像机变换”的作用

使用“摄像机变换”工具可以将两个及以上的摄像机串联成一个全新的摄像机，在一镜到底动画镜头中经常使用“摄像机变换”工具，示例效果如图11-101所示。

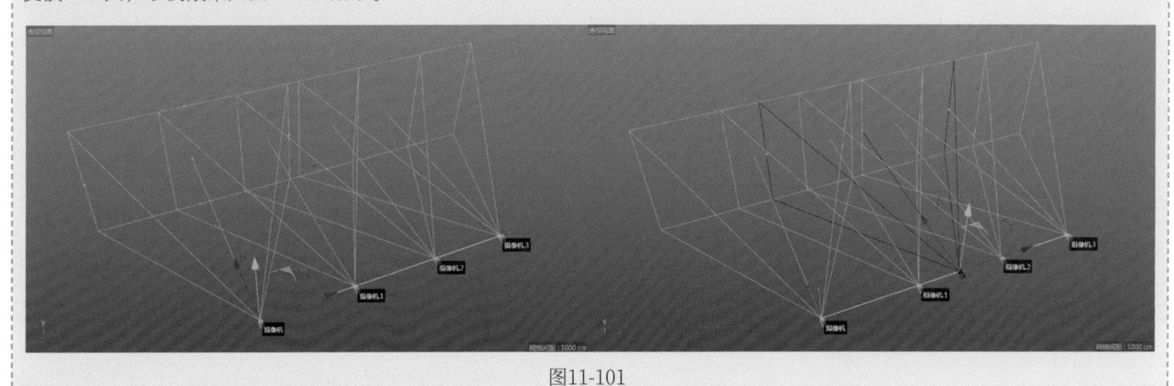

图11-101

11.8 镜头8：抽屉展示效果

本镜头是一个简单的抽屉旋转动画，重点在于3个抽屉的旋转速度不一样，如图11-102所示。

图11-102

01 打开本书提供的Ty-08场景模型，如图11-103所示。注意，这里设置工程时间范围为0F~20F。创建一个摄像机，选择“摄像机”对象，在“对象”选项卡中设置“焦距”为50毫米，然后将摄像机调整到合适的位置，如图11-104所示。

图11-103

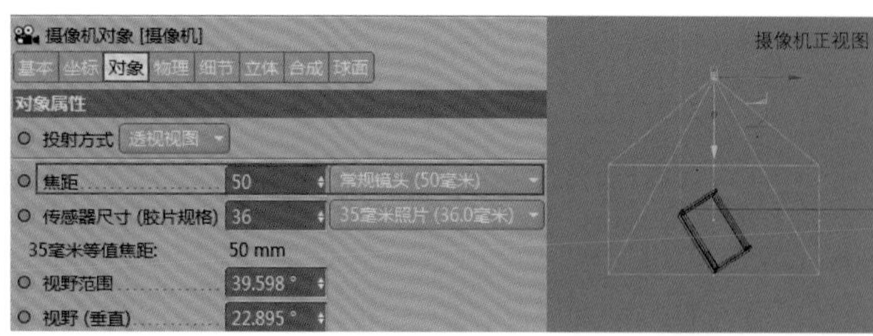

图11-104

02 将抽屉复制两份，并且分别移动抽屉的轴心到抽屉边角合适的位置，如图11-105所示。

03 选择第1个抽屉，在0F时激活抽屉的旋转坐标R.H的关键帧，设置R.H为－15°，如图11-106所示。在20F时激活R.H的关键帧，设置R.H为430°，制作出抽屉快速旋转动画，如图11-107所示。

图11-105

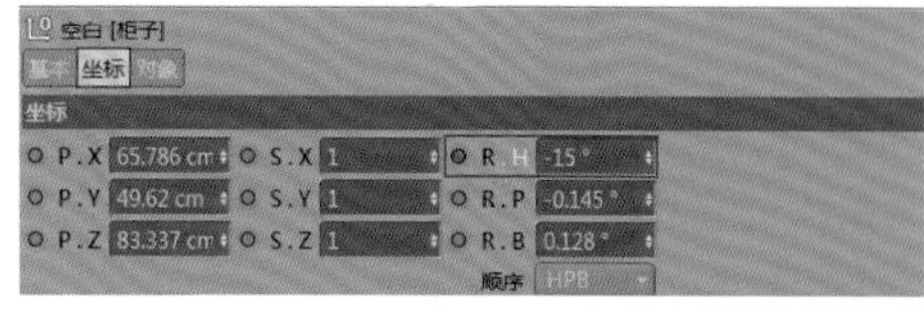

图11-106

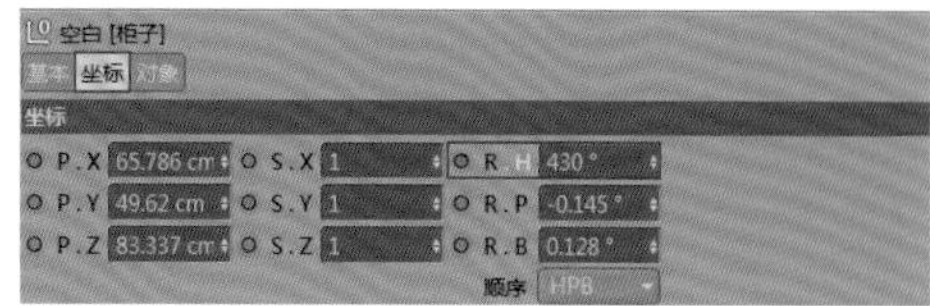

图11-107

04 在0F和20F时分别激活新复制的抽屉的旋转坐标R.H的关键帧，并根据需要设置旋转角度值，制作出抽屉慢速旋转动画。参考参数如图11-108所示。动画效果如图11-109所示。

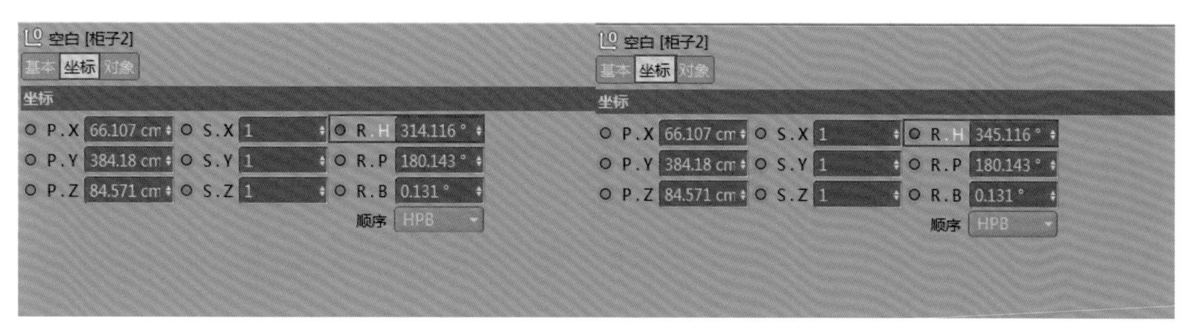

图11-108

图11-109

11.9 镜头9：抽屉组合动画效果

本镜头是多个凌乱分布的抽屉旋转回正，接着依次旋转的动画，如图11-110所示。本镜头的制作要点是先让所有抽屉回正，这是一个旋转动画；其次让抽屉依次旋转，这里会使用“分裂”效果器。

图11-110

11.9.1 制作抽屉回正动画

01 打开本书提供的Ty-09场景模型，如图11-111所示。将工程时间范围设置为0F~35F。创建一个摄像机，将其调整到合适的位置，如图11-112所示。

02 为所有抽屉制作旋转回正动画。在0F时激活每一个抽屉的所有位置坐标和旋转坐标的关键帧，然后在22F时将所有抽屉旋转回正，如图11-113所示。单个抽屉的位置和旋转坐标的参考参数如图11-114所示。

图11-111　图11-112

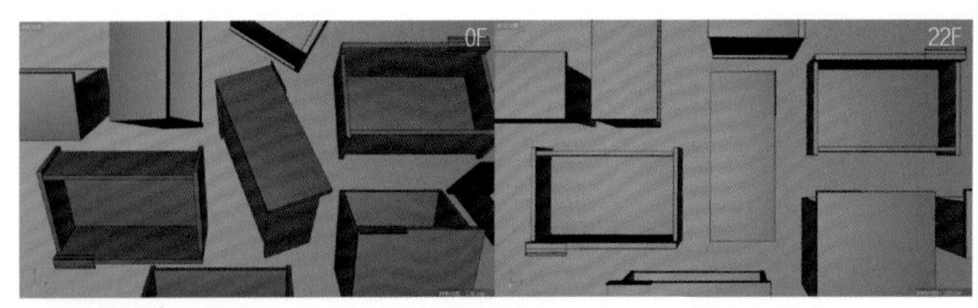

图11-113

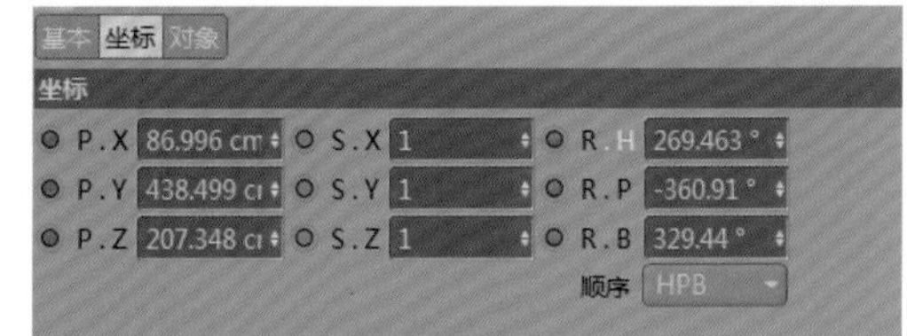

图11-114

11.9.2 制作抽屉依次旋转动画

01 制作抽屉由右向左依次产生－10°旋转的动画。执行“运动图形>分裂”菜单命令，如图11-115所示。将所有抽屉拖曳为“分裂”的子级，在“分裂对象”面板的“效果器”选项卡中添加“简易”效果器，如图11-116所示。

02 进入“简易”面板的“参数”选项卡，只勾选“旋转”，设置R.H为－10°，如图11-117所示。这里要在“衰减”选项卡中设置“线性域”，然后将其调整为合适的长度，效果如图11-118所示。

图11-115

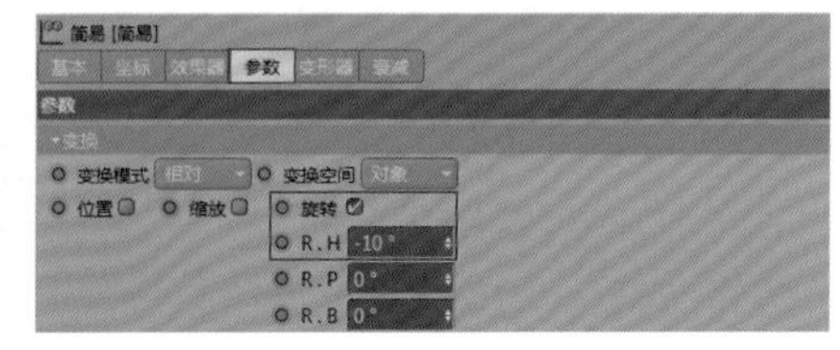

图11-116　图11-117

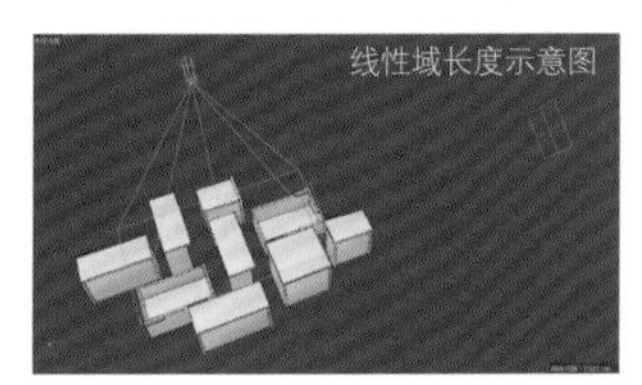

图11-118

03 选择“简易”对象，在25F时激活位置坐标P.X的关键帧，设置P.X为860cm；在35F时激活位置坐标P.X的关键帧，设置P.X为－576cm，如图11-119所示。动画效果如图11-120所示。

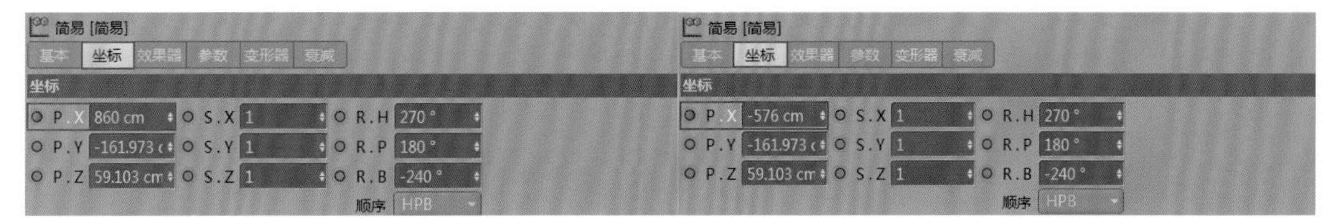

图11-119

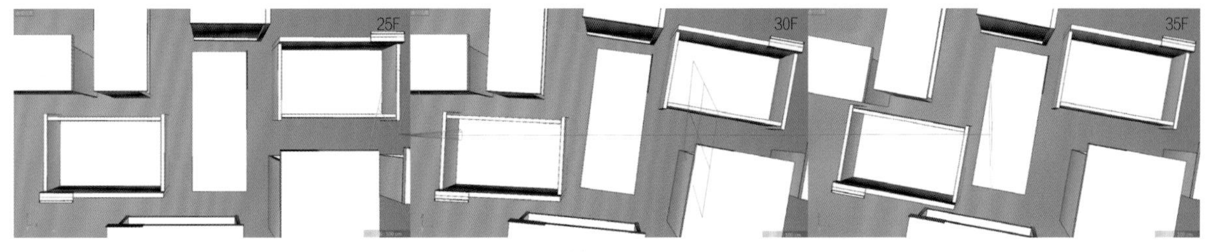

图11-120

11.10 镜头10：抽屉打开效果

本镜头包括一个抽屉缓缓拉出的动画和一个摄像机动画，效果如图11-121所示。

图11-121

11.10.1 制作摄像机动画

01 打开本书提供的Ty-10场景模型，如图11-122所示。设置工程时间范围为0F~35F。创建一个目标摄像机，然后使用“画笔”工具画一条样条路径，并将样条调整到合适的位置，如图11-123所示。

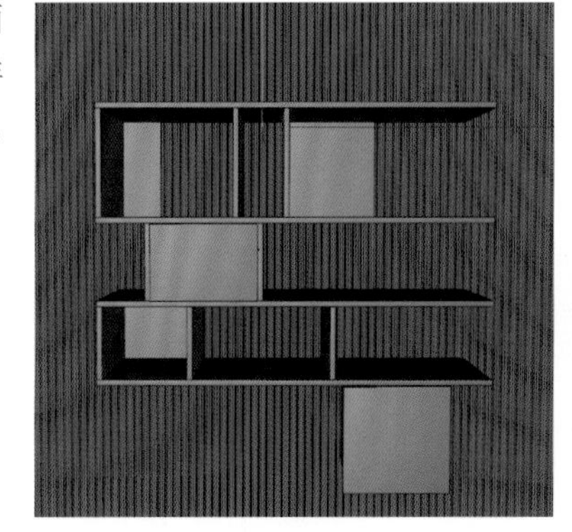

图11-122

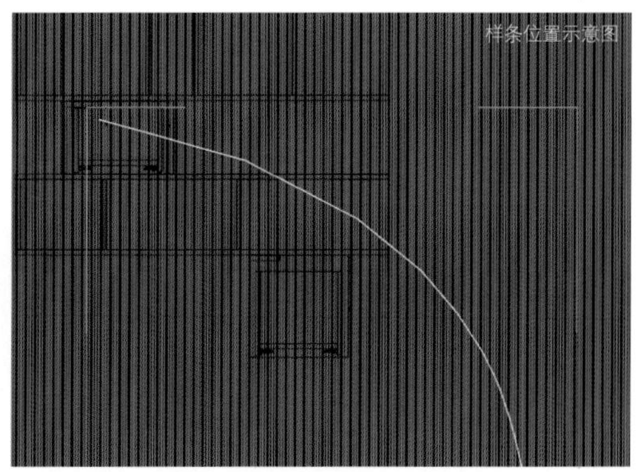

图11-123

02 使用鼠标右键单击“摄像机”对象，执行“CINEMA 4D标签>对齐曲线”命令，如图11-124所示。进入“对齐到曲线表达式”面板的“标签”选项卡，将“样条”对象拖曳到“曲线路径”中，设置“位置”为57%，如图11-125所示。将摄像机目标点调整到合适的位置，如图11-126所示。

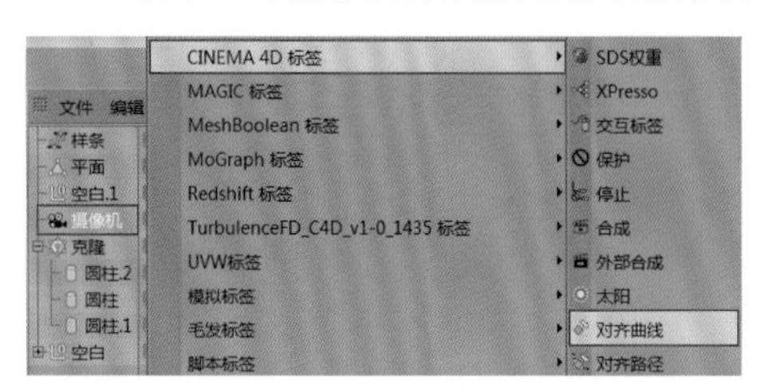

图11-124

图11-125

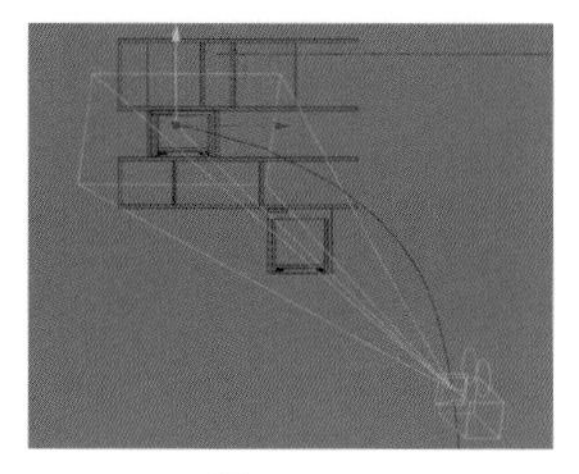

图11-126

03 使用“对齐到曲线表达式”面板的“标签”选项卡中的“位置”来制作摄像机动画。在0F时激活“位置”的关键帧，设置“位置”为57%。在25F时激活“位置”的关键帧，设置“位置”为62.74%，制作一个快速动画，如图11-127所示。在35F时激活“位置”的关键帧，设置“位置”为64%，制作一个慢速动画，如图11-128所示。效果如图11-129所示。

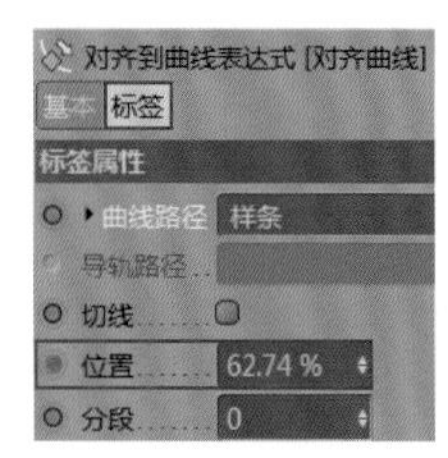

图11-127

图11-128

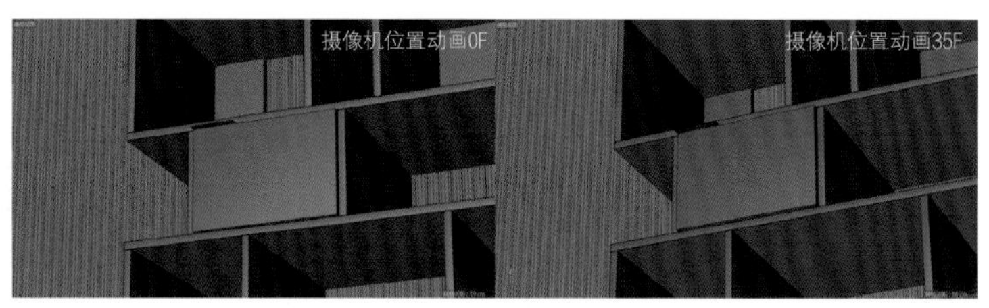

图11-129

11.10.2 制作抽屉打开动画

同时选择两个抽屉，在0F时激活位置坐标P.Y的关键帧，设置P.Y为-2cm，如图11-130所示。在25F时激活位置坐标P.Y的关键帧，设置P.Y为-33cm，如图11-131所示。这里需要调整P.Y的函数曲线，使其具有由快到慢的动画节奏，如图11-132所示。动画效果如图11-133所示。

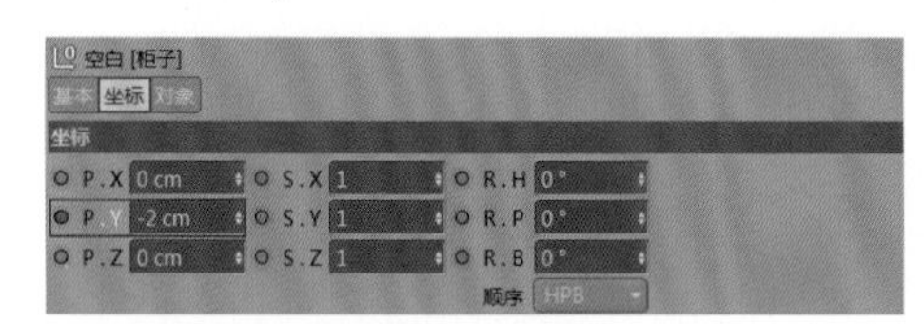

图11-130

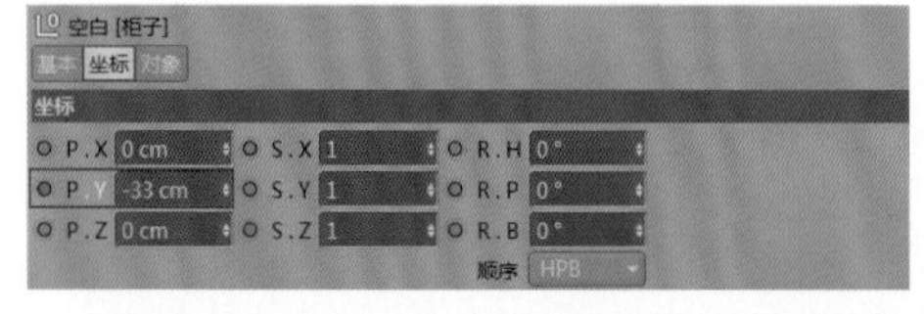

图11-131

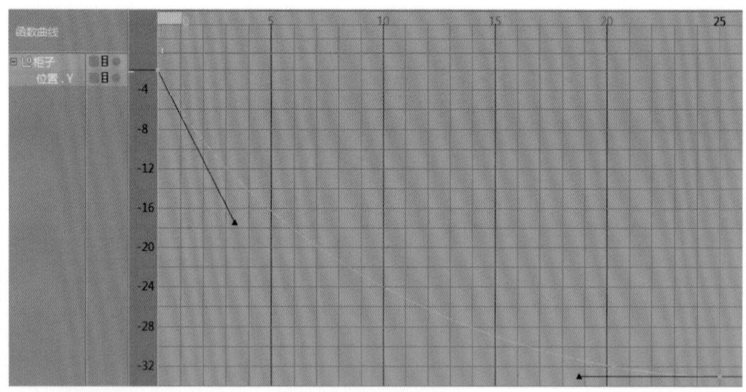

图11-132

图11-133

11.11 镜头11：抽屉特写效果

本镜头可以作为一个转场镜头，内容为对抽屉进行全方位拍摄，目的是衔接后面的抽屉关闭动画，效果如图11-134所示。因此，不难发现，这是一个简单的摄像机动画。

图11-134

01 打开本书提供的Ty-11场景模型，如图11-135所示。这里设置工程时间范围为0F~35F。创建一个目标摄像机，在“摄像机对象”面板的“对象”选项卡中设置“焦距”为300毫米，并将目标点调整到合适的位置，如图11-136所示。

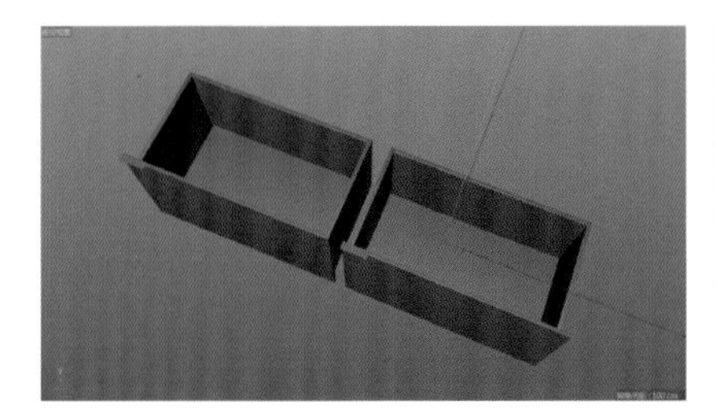

图11-135

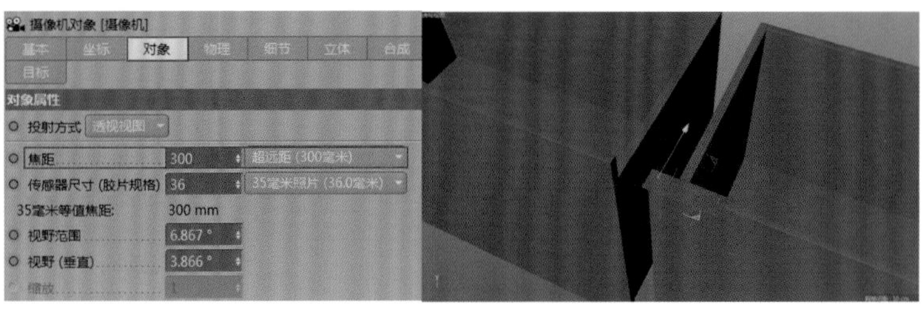

图11-136

02 创建一个圆环，在“圆环对象”面板的“对象”选项卡中设置“半径”为347cm，如图11-137所示。使用鼠标右键单击“摄像机”对象，执行“CINEMA 4D标签>对齐曲线”命令，进入“对齐到曲线表达式”面板的“标签”选项卡，将“圆环”对象拖曳到“曲线路径”中，设置“位置”为0.8%，如图11-138所示。

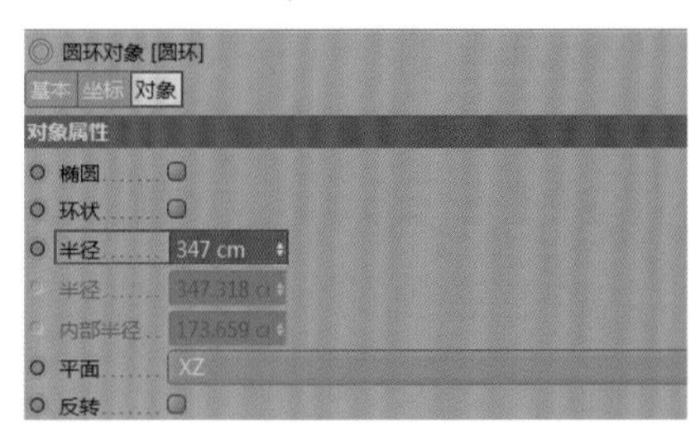

图11-137

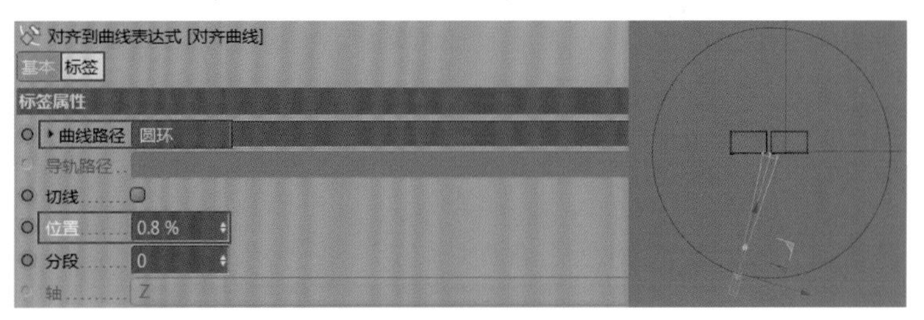

图11-138

03 使用“对齐到曲线表达式”面板“标签”选项卡中的“位置”来制作摄像机动画。在0F时激活“位置”的关键帧，设置“位置”为0.8%，如图11-139所示。在35F时设置“位置”为8%，调整“位置”的函数曲线，使其具有由慢到快的动画节奏，如图11-140所示。动画效果如图11-141所示。

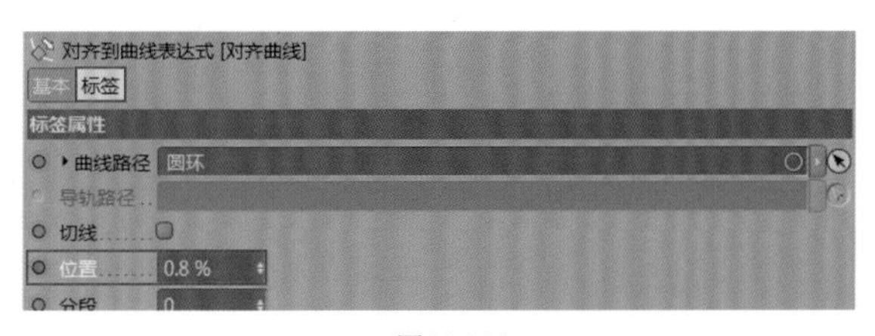

图11-139

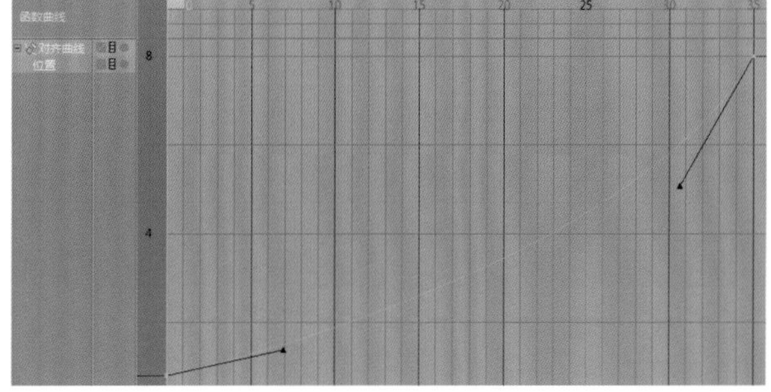

图11-140

图11-141

11.12 镜头12：抽屉开关效果

本镜头是抽屉的交替开关动画，即关闭一个抽屉，然后开启另一个抽屉，效果如图11-142所示。另外，这个镜头还涉及柜子的位移和摄像机动画。

图11-142

11.12.1 制作抽屉关闭动画

01 打开本书提供的Ty-12场景模型，如图11-143所示。这里设置工程时间范围为0F~40F。创建一个目标摄像机，在“对象”选项卡中设置“焦距”为135毫米，如图11-144所示。将目标点调整到合适的位置，如图11-145所示。

图11-143

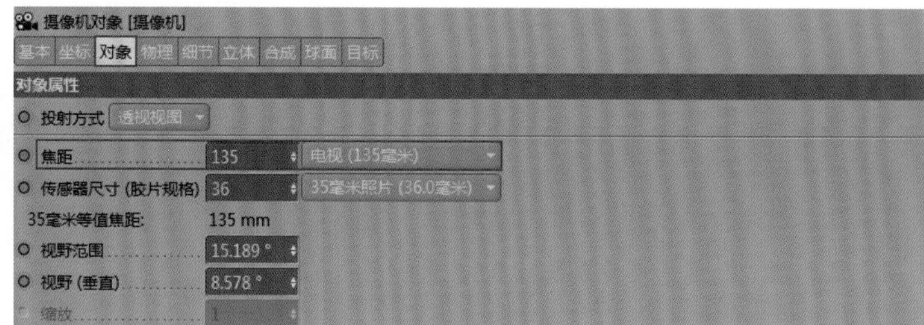

图11-144

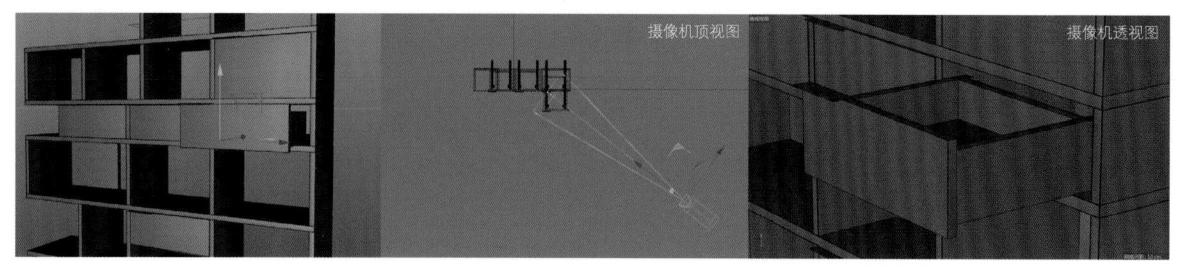

图11-145

02 选择“柜子.1”对象，在9F时激活位置坐标P.Y的关键帧，设置P.Y为－32cm，如图11-146所示。在34F时激活位置坐标P.Y的关键帧，设置P.Y为0cm，如图11-147所示。调整位置坐标P.Y的函数曲线，使其具有由慢到快的动画节奏，如图11-148所示。

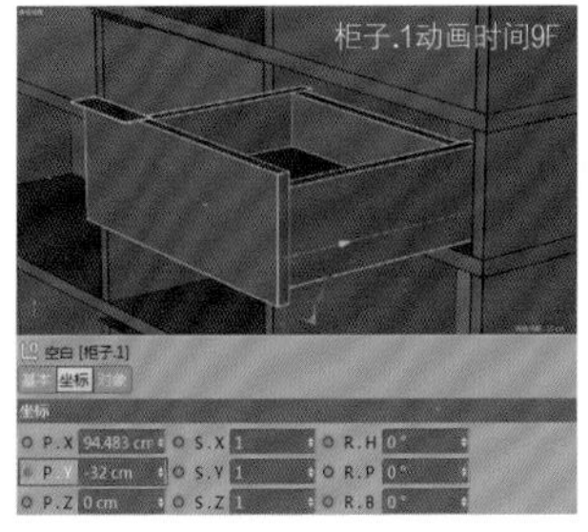

图11-146

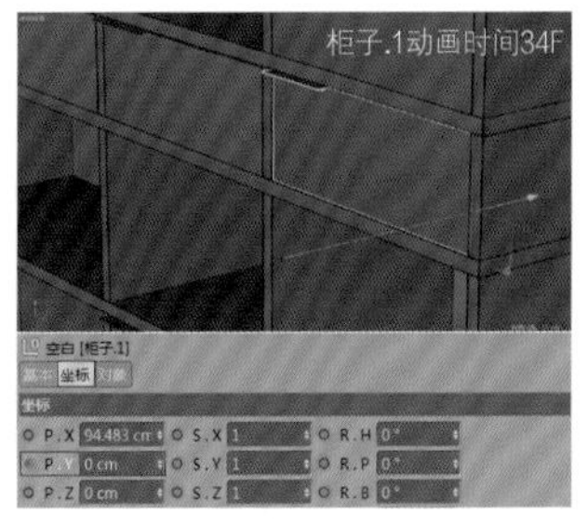

图11-147

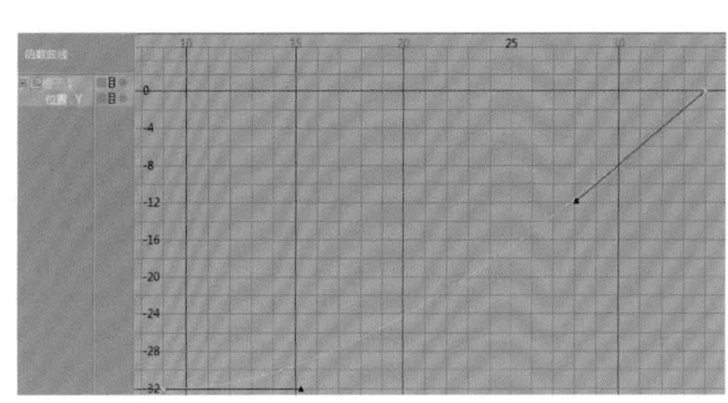
图11-148

11.12.2 制作抽屉开启动画

01 选择“柜子.2”对象，在15F时激活位置坐标P.Y的关键帧，设置P.Y为0cm，如图11-149所示。在34F时激活位置坐标P.Y的关键帧，设置P.Y为－20cm，如图11-150所示。调整位置坐标P.Y的函数曲线，使其具有由快到慢的动画节奏，如图11-151所示。

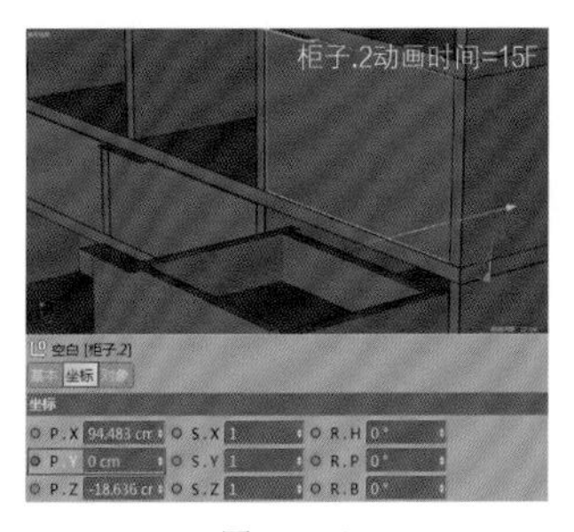

图11-149

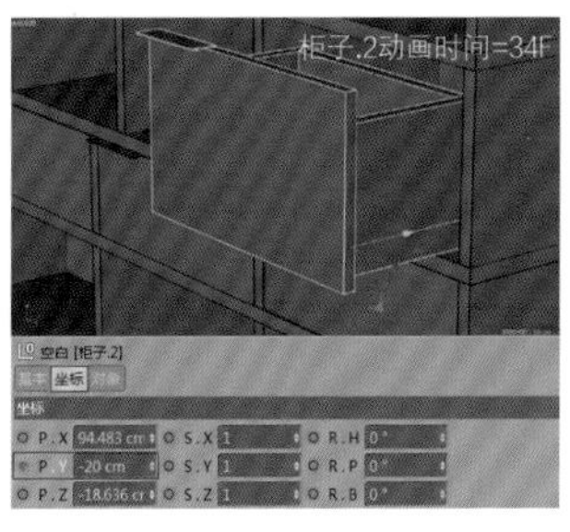

图11-150

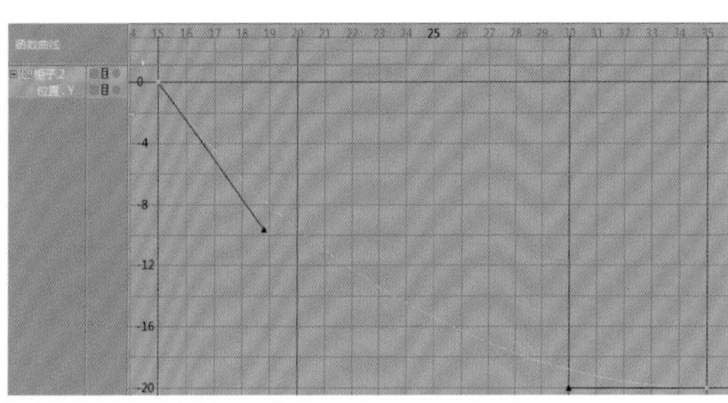
图11-151

02 制作柜子整体与摄像机位移动画，读者可以参考本书提供的工程文件进行制作，效果如图11-152所示。

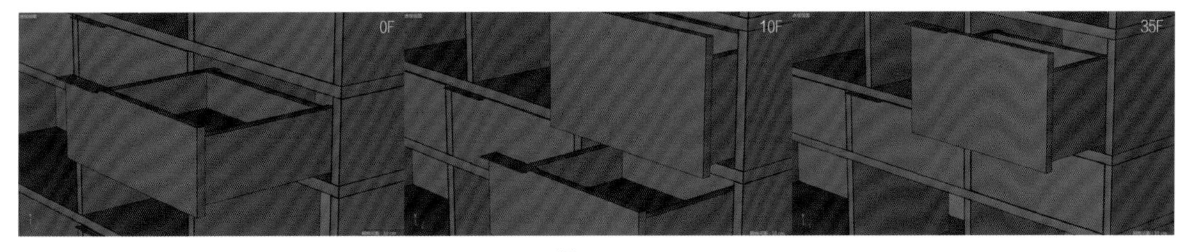

图11-152

11.13 镜头13：螺丝钉汇集效果

本镜头是一个比较复杂的转场动画，将大量螺丝钉聚合成一个螺丝钉，为跳转到柜门安装动画做准备，如图11-153所示。本镜头主要有以下4个制作要点。

第1个：借助“克隆”工具制作出螺丝钉阵列效果。

第2个：制作螺丝钉的自转动画。

第3个： 制作螺丝钉的汇集动画，这里会用到“球体域”。

第4个： 在整个动画效果中，有明显的镜头拉近效果，因此需要制作一个摄像机动画。

图11-153

11.13.1 制作螺丝钉阵列

打开本书提供的Ty-13场景模型，如图11-154所示。这里设置工程时间范围为0F~50F。执行“运动图形>克隆”菜单命令，将“钉子”对象拖曳为“克隆”对象的子级。在“克隆”的“对象”选项卡中设置“模式”为“网格排列”,“数量”为（7,1,5）,“尺寸”为（1645cm,200cm,879cm），如图11-155所示。效果如图11-156所示。

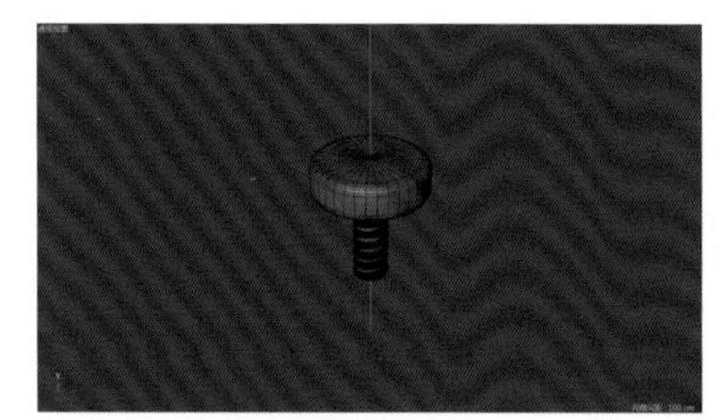

图11-154

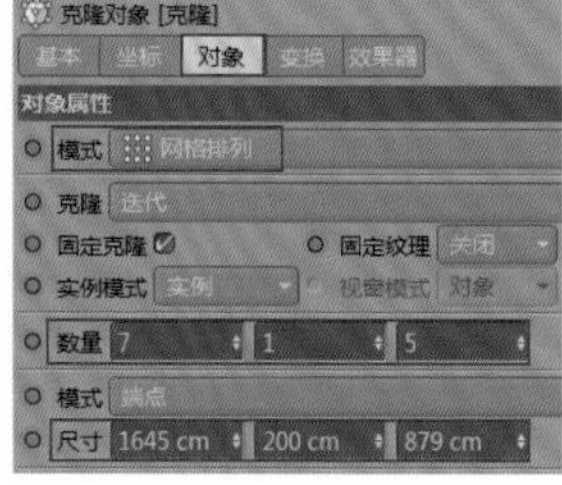

图11-155

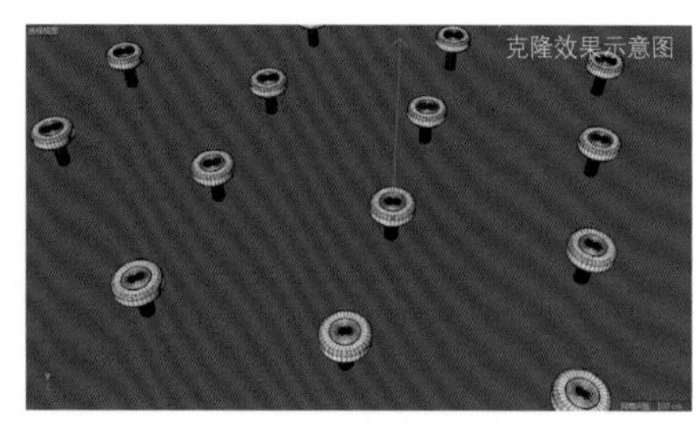

图11-156

11.13.2 制作螺丝钉自转动画

01 克隆的螺丝钉分布得非常整齐，因此执行“运动图形>效果器>随机”菜单命令，进入“随机分布”面板的“参数”选项卡，勾选“位置”，设置P.X为50cm、P.Z为50cm，让螺丝钉倾斜；勾选“旋转”，设置R.P为100°、R.B为－125°，让螺丝钉发生旋转，如图11-157所示。效果如图11-158所示。

02 为了让螺丝钉产生自转动画，可以在“克隆”对象上再添加一个“随机.1”效果器。进入“参数”选项卡，只勾选“旋转”，设置R.H、R.P、R.B均为90°，如图11-159所示。进入“效果器”选项卡，设置“随机模式”为“噪波”，让螺丝钉产生自转动画，如图11-160所示。效果如图11-161所示。

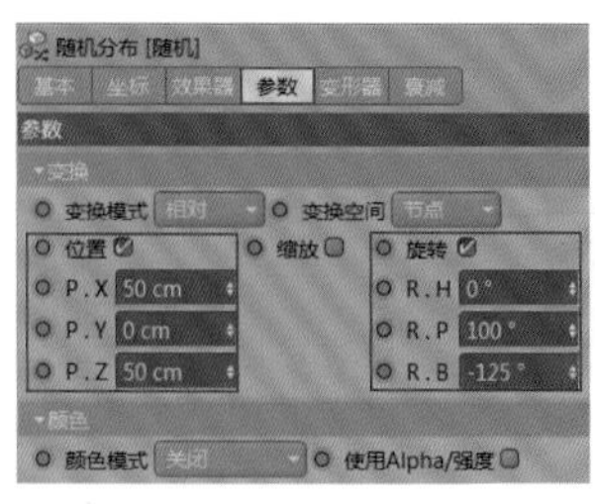

图11-157

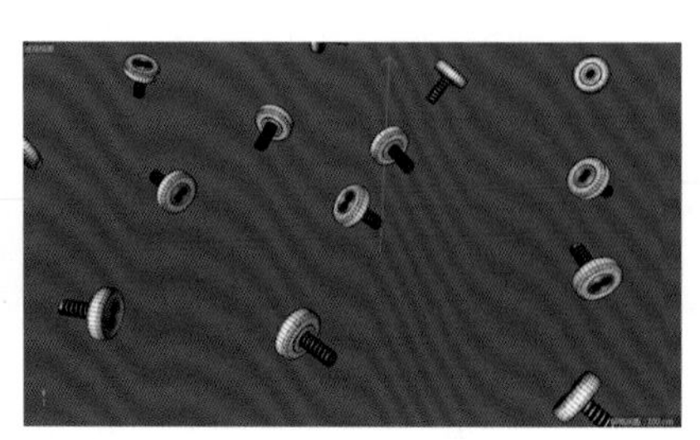

图11-158

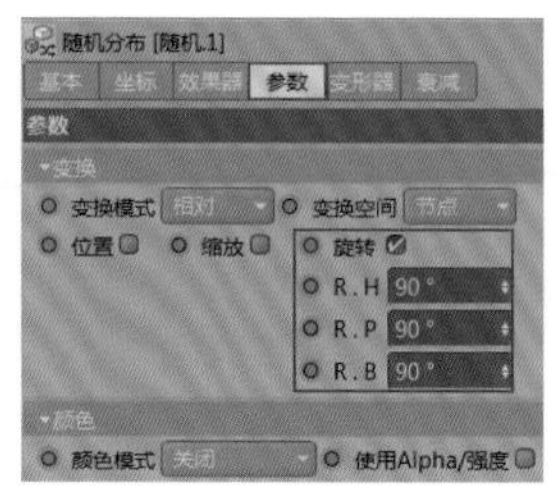

图11-159

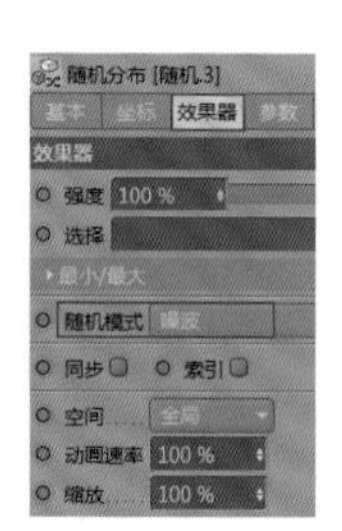

图11-160

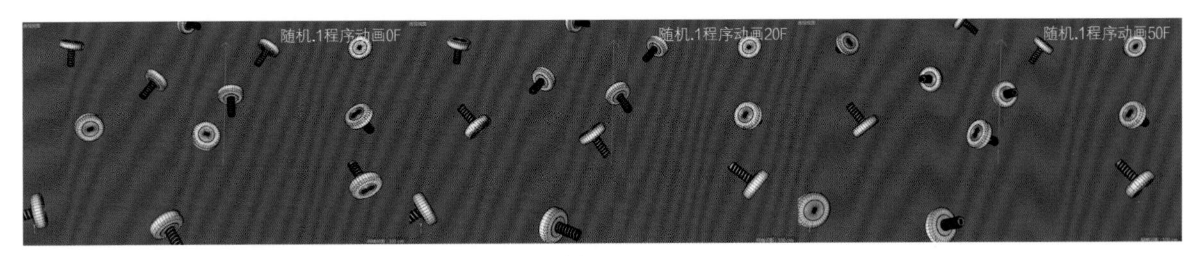

图11-161

11.13.3 制作汇集动画

01 创建一个摄像机，将其调整到合适的位置，如图11-162所示。执行“运动图形>矩阵”菜单命令，使用“矩阵”制作螺丝钉汇集动画。进入“矩阵对象”面板的“对象”选项卡，设置“数量”为（1,1,1），“尺寸”为(200cm,200cm,200cm)，如图11-163所示。

02 选择“克隆”对象，执行“运动图形>效果器>继承”菜单命令，进入“继承”面板的“效果器”选项卡，将“矩阵”对象拖曳到“对象”中，勾选“变体运动对象”，如图11-164所示。进入“衰减”选项卡，创建一个“球体域”，然后通过设置“尺寸”来控制螺丝钉的汇聚范围，如图11-165所示。效果如图11-166所示。

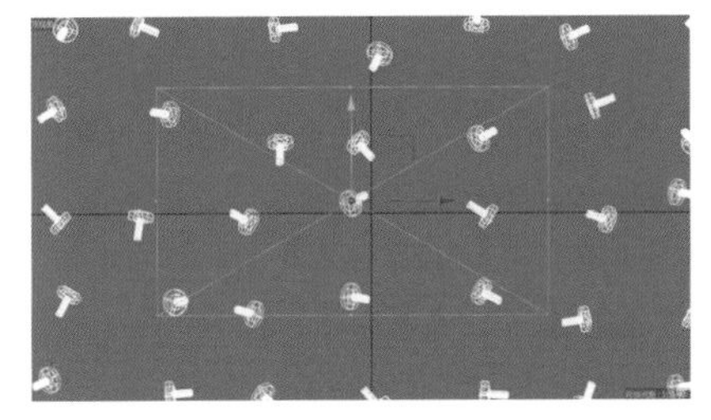

图11-162

图11-163

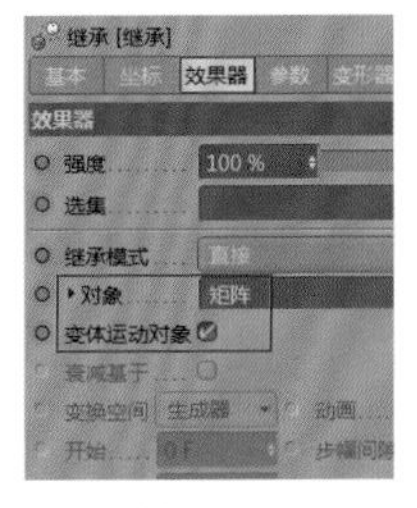

图11-164

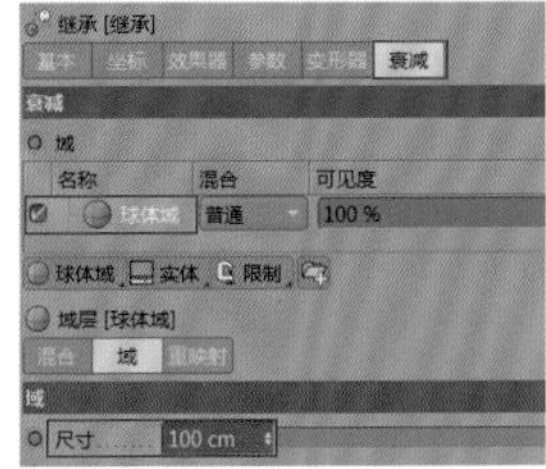

图11-165

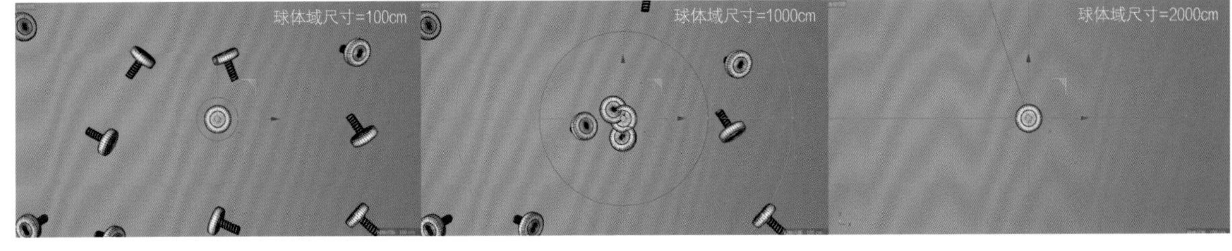

图11-166

技术专题：“继承”效果器的作用和原理

使用“继承”效果器可以将一个对象传递（继承）到另一个对象，通常用于“克隆”和“矩阵”对象。如果“克隆”对象为A,“矩阵”对象为B，那么“继承”效果器可以使A、B之间互相传递，如图11-167所示。

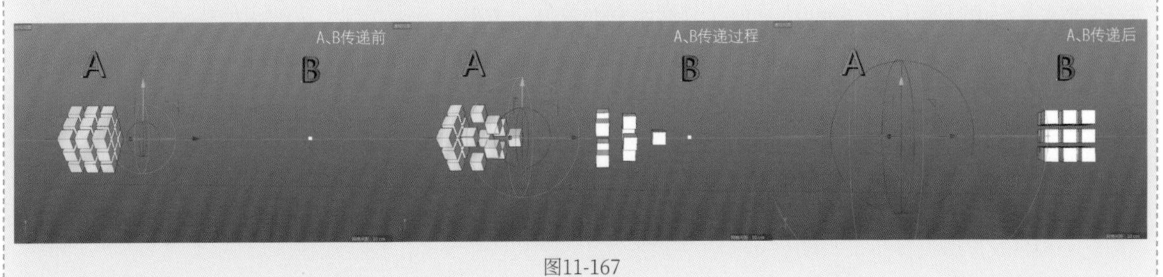

图11-167

03 将“随机.1”对象复制一份，并重命名为“随机.2”，然后将“随机.2”对象拖曳到“矩阵对象”面板的“效果器”中，如图11-168所示。进入“随机分布”面板的“参数”选项卡，只勾选“旋转”，设置R.P为356°、R.B为266°，让“继承”对象也可以产生自转动画，如图11-169所示。选择“继承”面板中的“球体域”，进入“域”选项卡，在10F时激活“尺寸”的关键帧，设置“尺寸”为100cm；在50F时激活“尺寸”的关键帧，设置“尺寸”为2000cm，如图11-170所示。

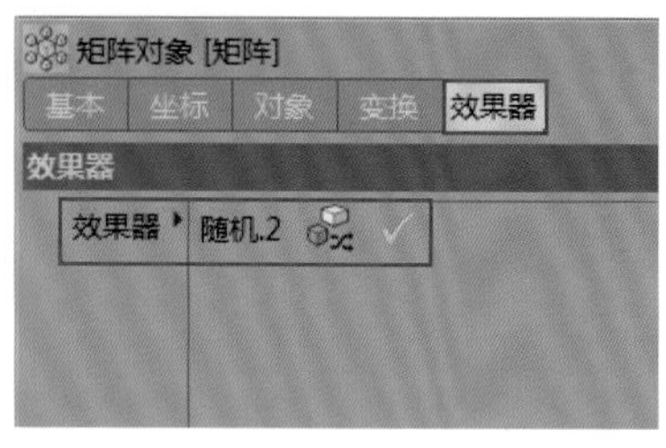

图11-168

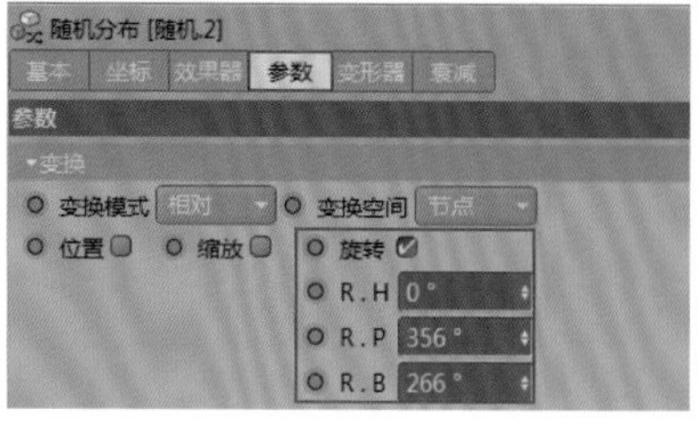

图11-169

图11-170

11.13.4 制作摄像机拉近动画

制作摄像机的位移动画。选择“摄像机”对象，在0F时激活位置坐标P.Y的关键帧，设置P.Y为800cm，如图11-171所示；在10F时激活P.Y的关键帧，设置P.Y为1000cm，在0F~10F这段时间为摄像机制作一个快速位移动画。在50F时激活P.Y的关键帧，设置P.Y为1038cm，在10F~50F这段时间为摄像机制作一个缓慢位移动画，50F时的P.Y参数如图11-172所示。效果如图11-173所示。

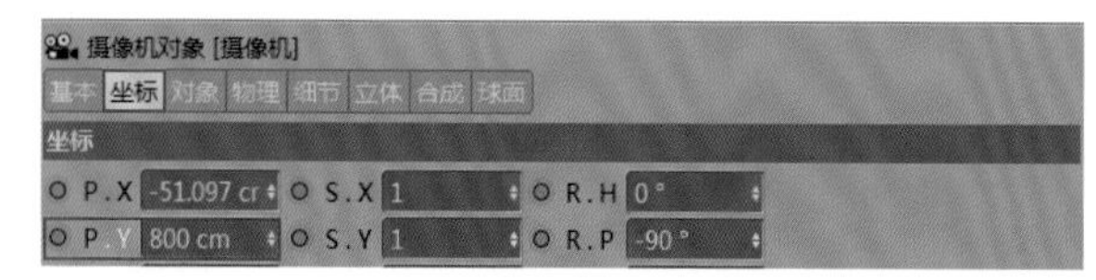

图11-171

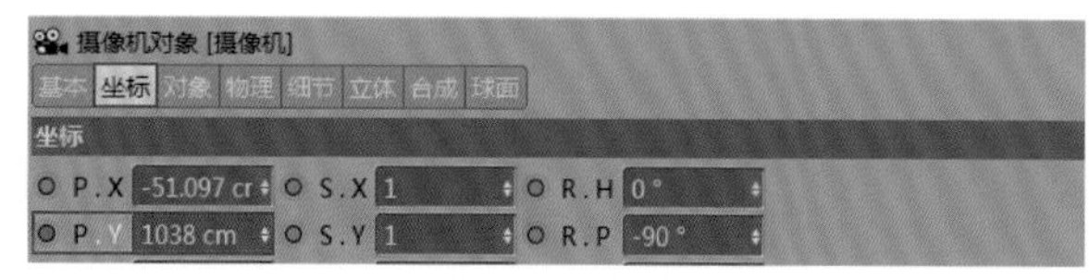

图11-172

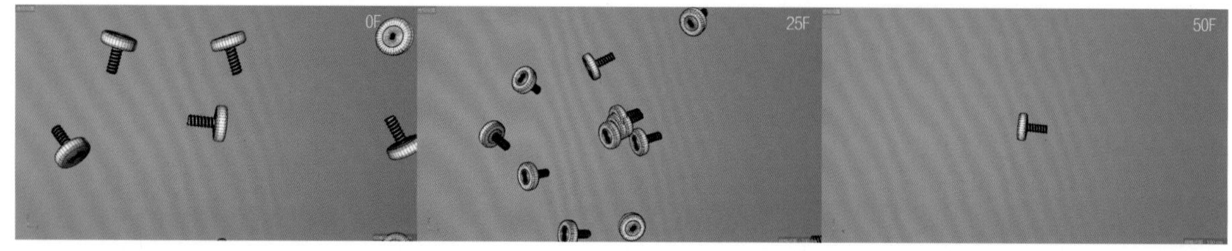

图11-173

11.14 镜头14：螺丝钉安装效果

本镜头是一个日常生活中比较常见的安装螺丝钉的效果，主要涉及螺丝钉的旋转和位移动画，以及为了让镜头效果更好，特意安排的摄像机动画，如图11-174所示。

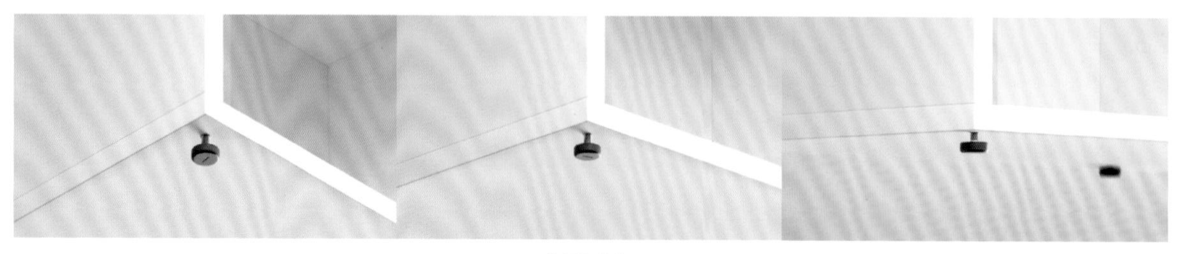
图11-174

11.14.1 制作摄像机动画

01 打开本书提供的Ty-14场景模型，如图11-175所示。设置工程时间范围为0F~50F。创建一个目标摄像机，在“对象”选项卡中设置“焦距”为135毫米，并将目标点调整到合适的位置，如图11-176所示。摄像机位置如图11-177所示。

02 使用“画笔”工具在正视图中绘制一个S形样条，将其拖曳到场景中合适的位置。然后使用鼠标右键单击“摄像机”对象，执行“CINEMA 4D标签>对齐曲线”命令，进入“对齐到曲线表达式”面板的“标签”选项卡，将S形样条拖曳到“曲线路径”中，如图11-178所示。

图11-175

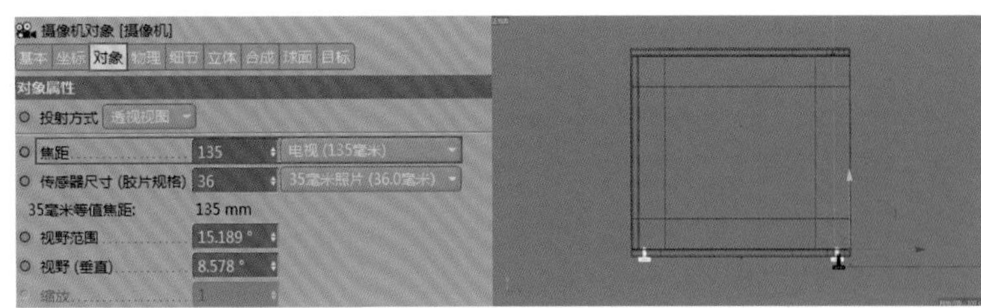

图11-176

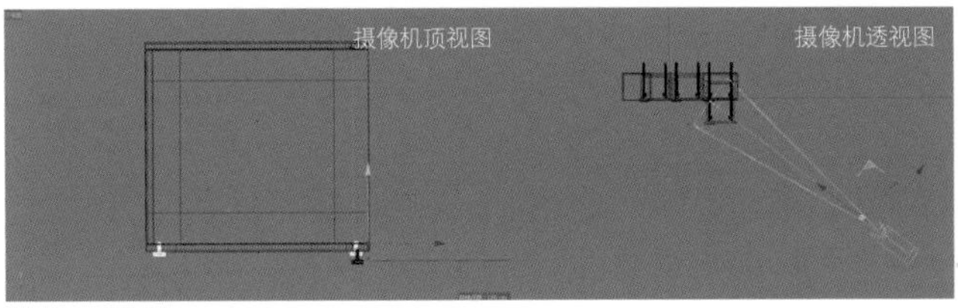

摄像机顶视图 摄像机透视图

图11-177

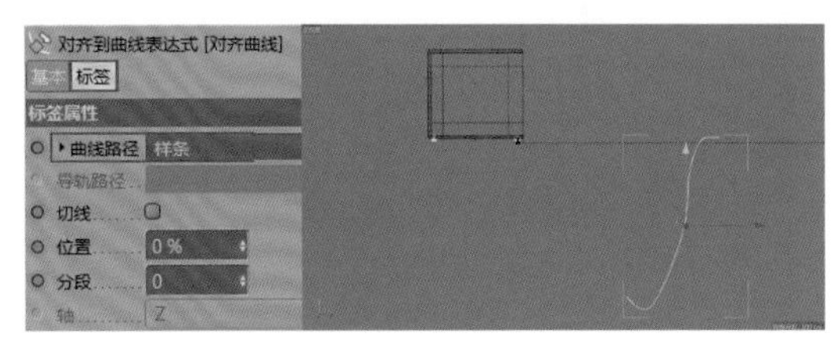

图11-178

03 在0F时激活“位置”的关键帧，设置“位置”为0%，如图11-179所示。在50F时激活“位置”的关键帧，设置“位置”为100%，如图11-180所示。这里可以调整“位置”的函数曲线，使其具有由快到慢的动画节奏，如图11-181所示。

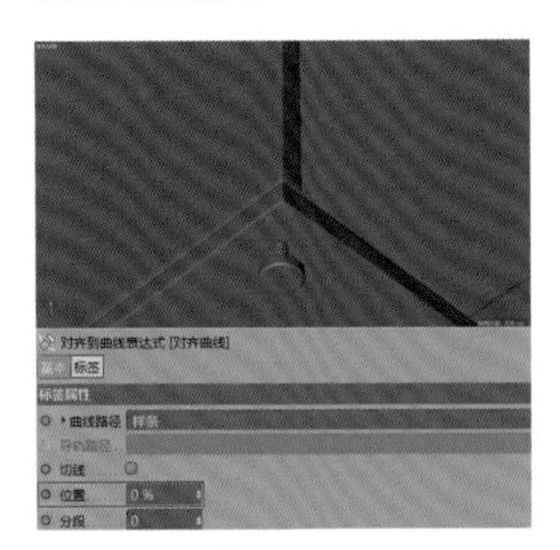

图11-179

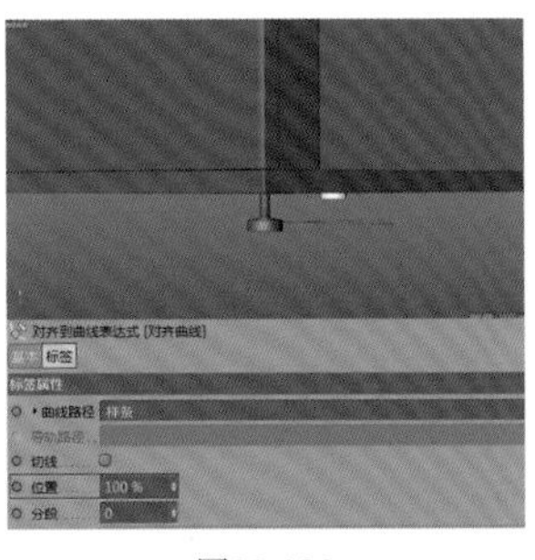

图11-180

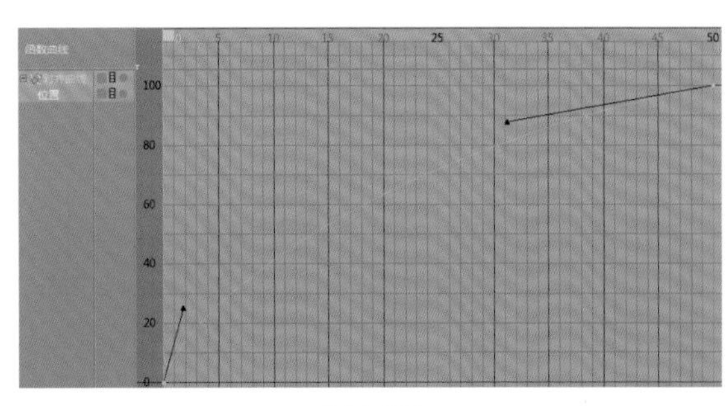

图11-181

11.14.2 制作螺丝钉转入动画

01 选择“钉子”对象，在0F时激活位置坐标P.Y和旋转坐标R.H的关键帧，设置P.Y为-11cm，R.H为0°，如图11-182所示。在50F时激活位置坐标P.Y和旋转坐标R.H的关键帧，设置P.Y为33cm，R.H为580°，如图11-183所示。

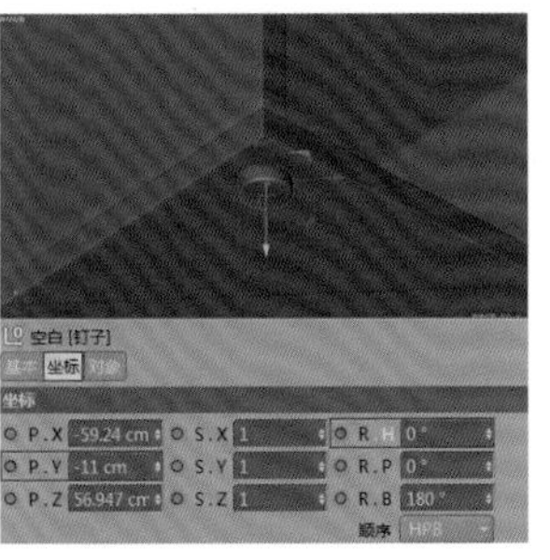

图11-182

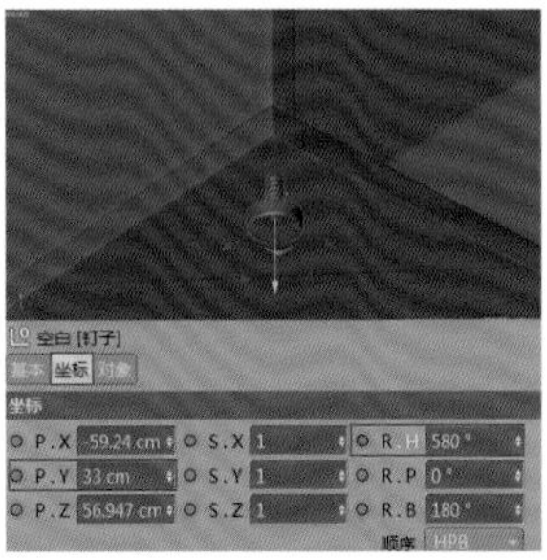

图11-183

02 为柜子制作整体旋转动画。选择“柜子”对象，在0F时激活位置坐标P.Y的关键帧，设置P.Y为11cm，如图11-184所示。在23F时激活位置坐标P.Y的关键帧，设置P.Y为23cm，并同时激活旋转坐标R.H的关键帧，确保R.H为0°。然后在50F时激活旋转坐标R.H的关键帧，设置R.H为46.6°，50F时的坐标参数如图11-185所示。读者可以调整旋转坐标R.H的函数曲线，使其具有由慢到快的动画节奏，如图11-186所示。效果如图11-187所示。

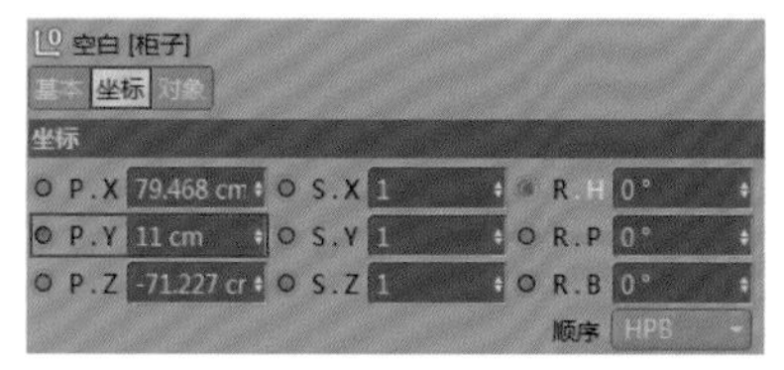

图11-184

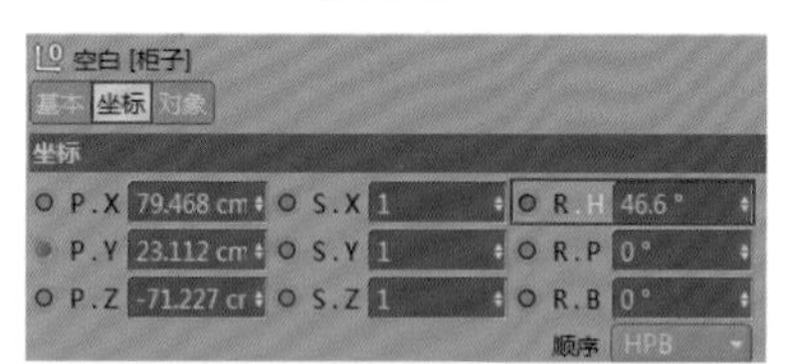

图11-185

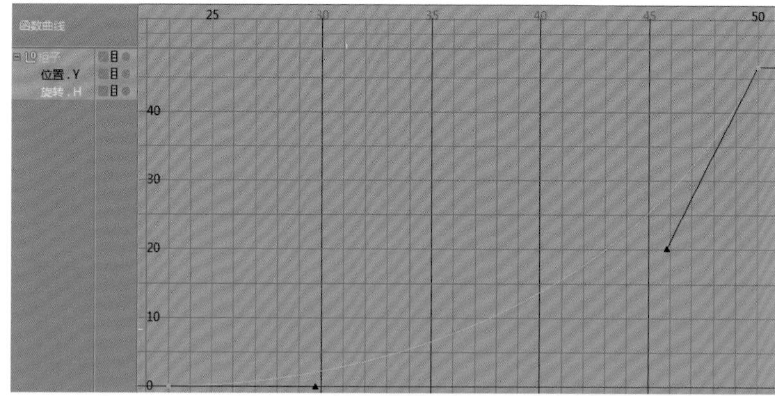

图11-186

图11-187

11.15 镜头15：螺丝钉安装完成效果

本镜头也是一个转场镜头，先展示一下柜子底部的螺丝钉安装完成效果，然后镜头回转到柜子整体，为下一个镜头做准备，如图11-188所示。

图11-188

01 打开本书提供的Ty-15场景模型，如图11-189所示。设置工程时间范围为0F~34F。创建一个目标摄像机，将目标点调整到合适的位置，如图11-190所示。

图11-189

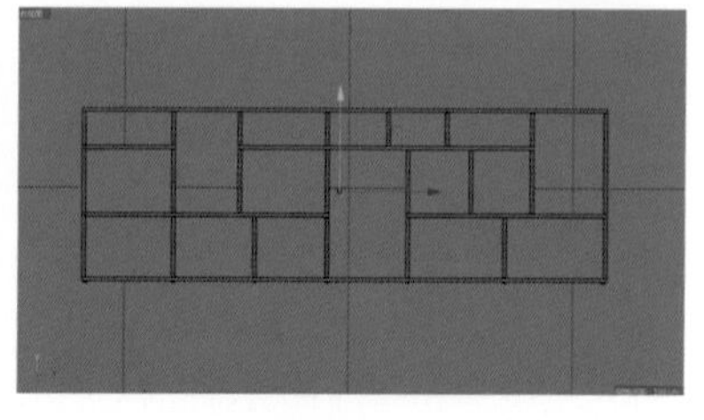

图11-190

02 创建一个圆环，设置其“半径”为1017cm，然后将其拖曳到场景中合适的位置，如图11-191所示。使用鼠标右键单击“摄像机”对象，执行“CINEMA 4D标签>对齐曲线”命令，进入“对齐到曲线表达式”的“标签”选项卡，将“圆环.1”对象拖曳到“曲线路径”中，如图11-192所示。

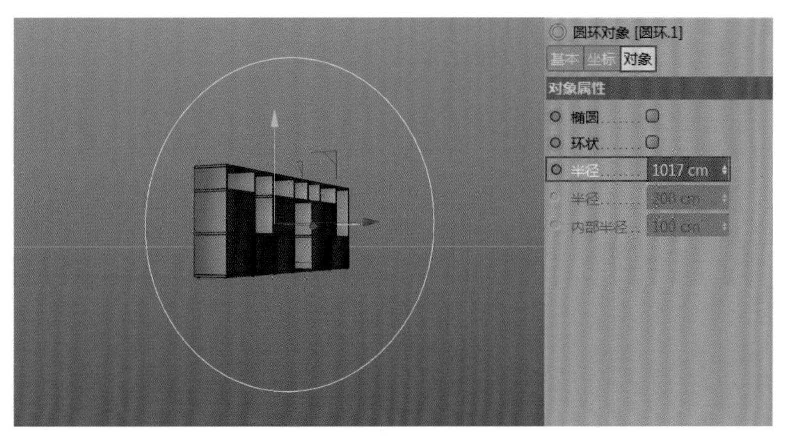

图11-191

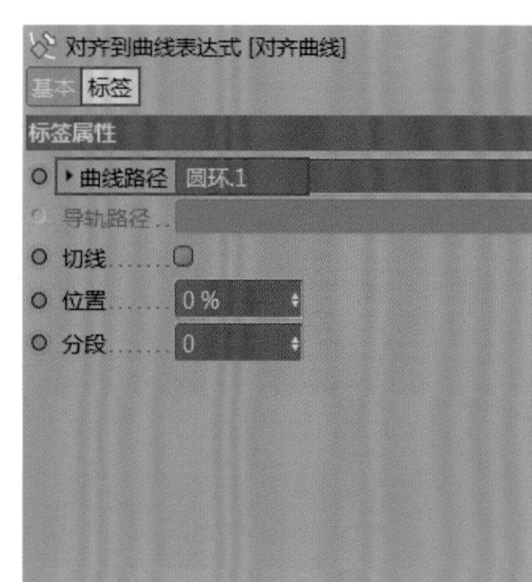

图11-192

03 将摄像机绑定到圆环上后，通过圆环调整摄像机的初始和最终位置。进入圆环的“坐标”选项卡，设置旋转坐标R.B为56°，如图11-193所示。调整前后对比效果如图11-194所示。

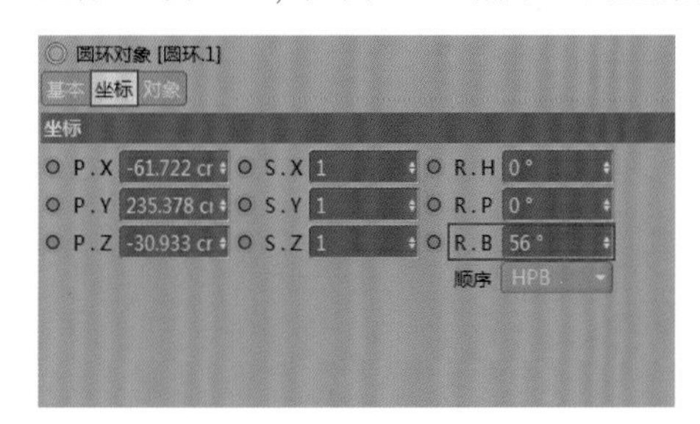

图11-193

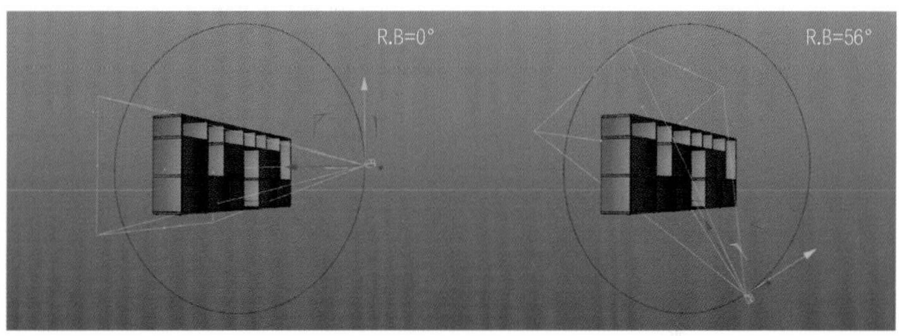

图11-194

04 进入圆环的“对象”选项卡，在0F时激活“半径”的关键帧，设置“半径”为1017cm，如图11-195所示。在34F时激活“半径”的关键帧，设置“半径”为1619cm，如图11-196所示。调整“半径”的函数曲线，使其具有由快到慢的动画节奏，如图11-197所示。

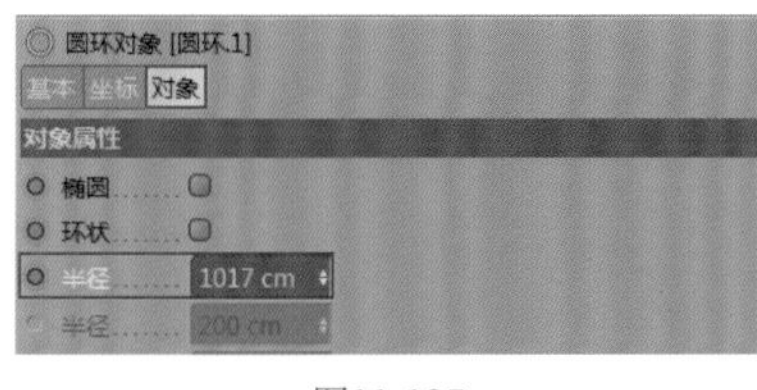

图11-195

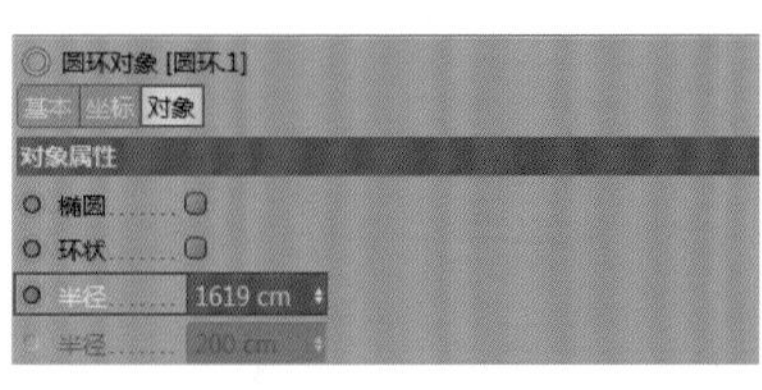

图11-196

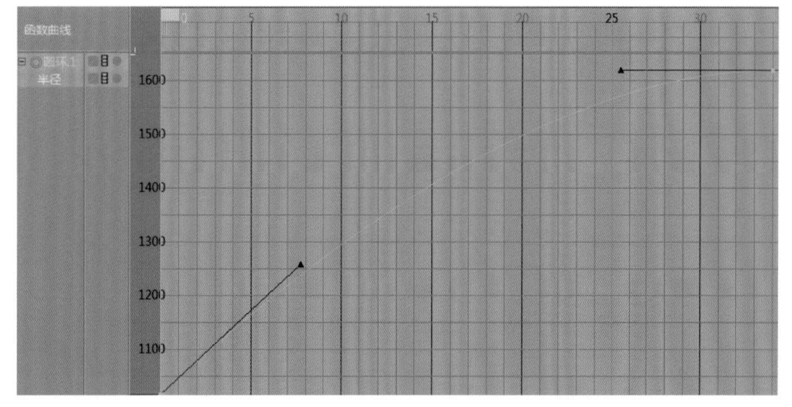

图11-197

05 进入“对齐到曲线表达式”面板的“标签”选项卡，在0F时激活“位置”的关键帧，设置“位置”为0%，如图11-198所示。在34F时激活“位置”的关键帧，设置“位置”为10%，如图11-199所示。调整“位置”的函数曲线，使其具有由快到慢的动画节奏，如图11-200所示。效果如图11-201和图11-202所示。

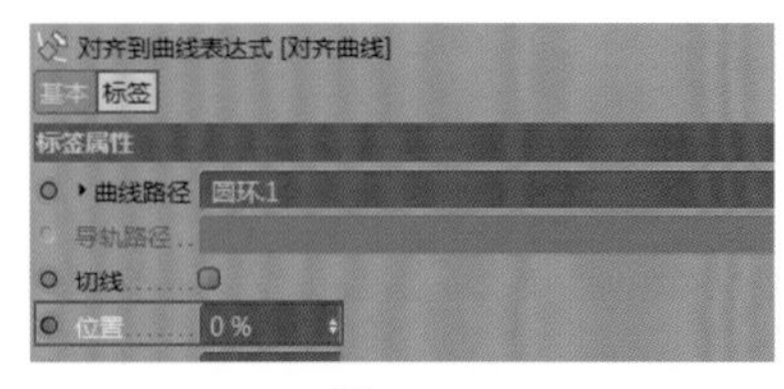

图11-198

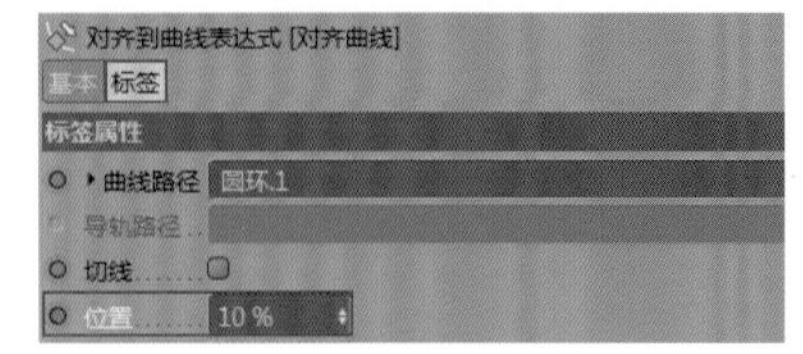

图11-199

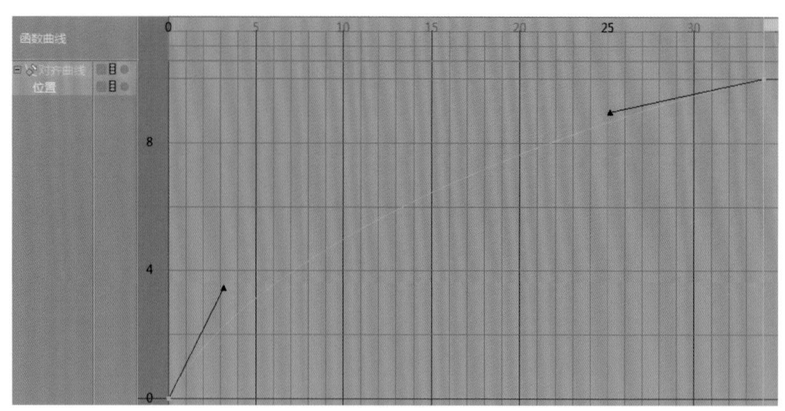

图11-200

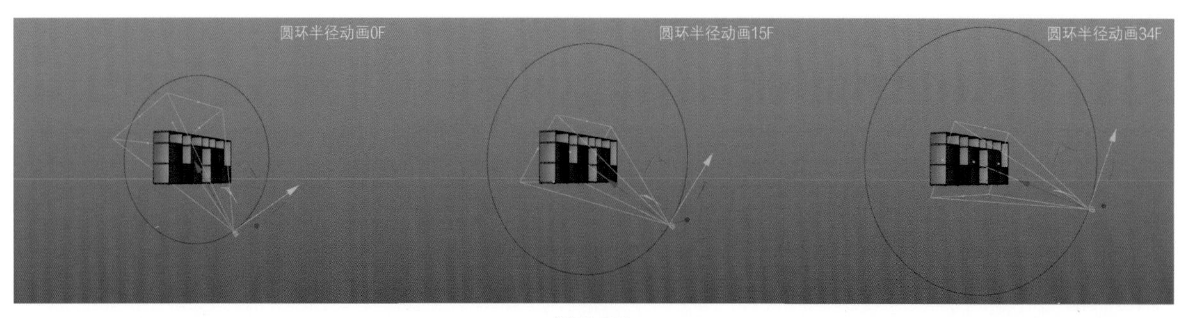

图11-201

图11-202

11.16 镜头16：柜门安装效果

本镜头模拟真实柜门的安装过程，先将带有铰链的柜门移动到柜子内壁，然后安装柜门，最后旋转柜门测试安装效果，如图11-203所示。本镜头主要涉及以下3个动画。

第1个：摄像机动画。

第2个：铰链安装过程中的柜门位移动画。

第3个：铰链安装后的柜门旋转动画。

图11-203

11.16.1 制作摄像机动画

01 打开本书提供的Ty-16场景模型，如图11-204所示。设置工程时间范围为0F~35F。创建一个目标摄像机，将目标点调整到合适的位置，如图11-205所示。

02 使用“画笔”工具在正视图中画一条倾斜的样条，将其拖曳到场景中合适的位置，如图11-206所示。使用鼠标右键单击“样条”对象，执行“角色 标签>姿态变形”命令，下面使用“姿态变形”给样条制作点级动画，如图11-207所示。

图11-204

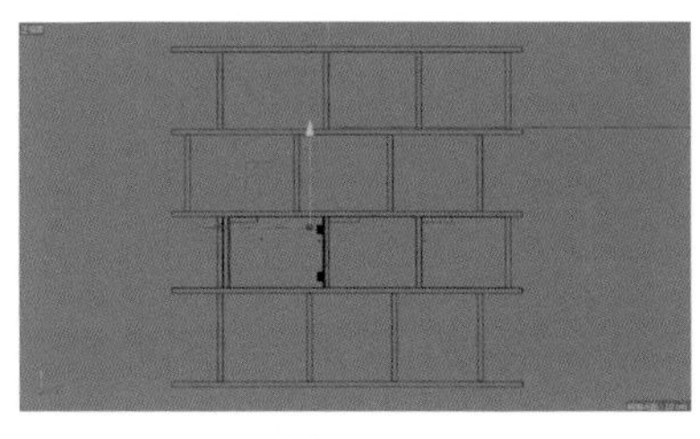

图11-205

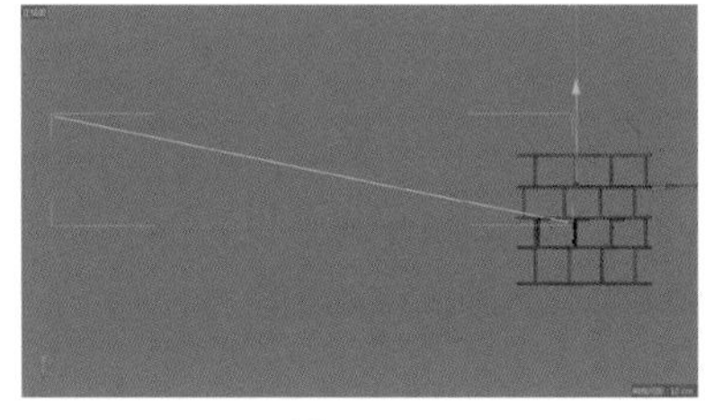

图11-206

图11-207

03 进入“姿态变形”面板的“标签”选项卡，选择“姿态.0”，如图11-208所示。如果在点模式下单击样条左侧的顶点，使其沿着*y*轴移动，如图11-209所示，那么“姿态.0”就会记录该顶点的位置变化情况。选择“姿态变形”面板中的“动画”，就可以通过“强度”来制作样条的点级动画，如图11-210所示。

图11-208

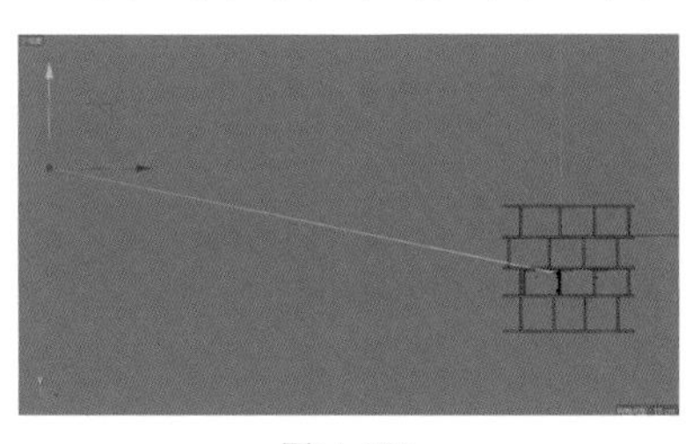

图11-209

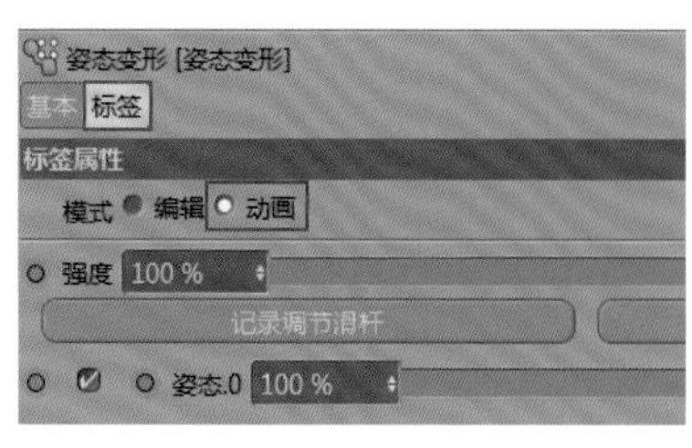

图11-210

04 在0F时激活“强度”的关键帧，设置“强度”为0%，如图11-211所示。在35F时激活“强度”的关键帧，设置“强度”为100% ，如图11-212所示。同样，这里需要使用“对齐曲线”标签来绑定摄像机，使用鼠标右键单击“摄像机”对象，执行“CINEMA 4D标签>对齐曲线”命令，将“样条”对象拖曳到“曲线路径”中，如图11-213所示。现在就可以通过点级动画来影响摄像机在*y*轴上的移动路径。

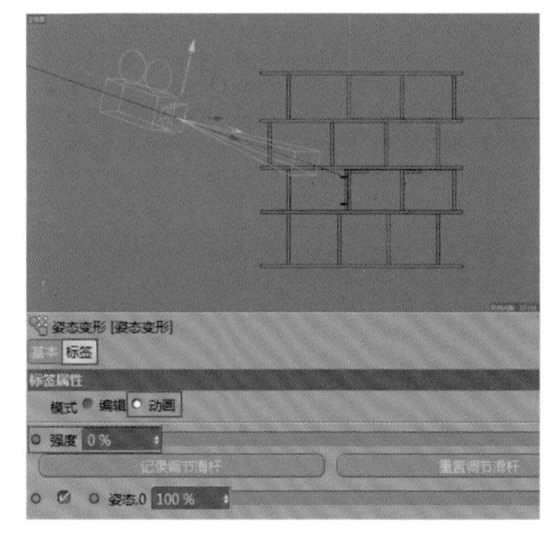

图11-211

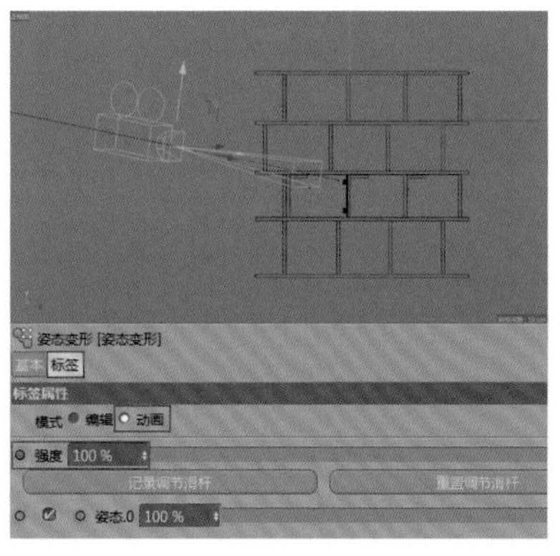

图11-212

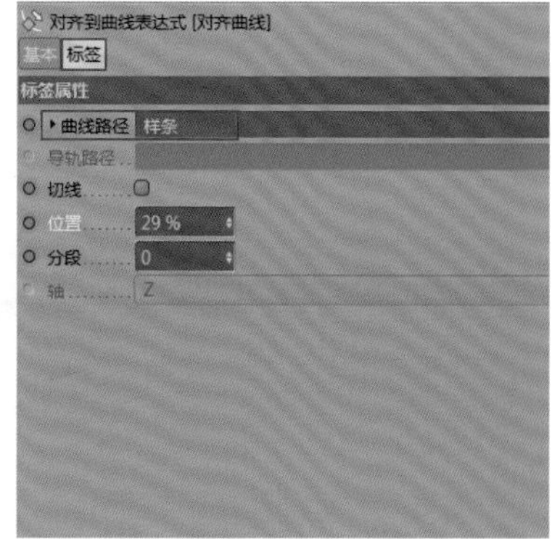

图11-213

05 进入“对齐到曲线表达式”的“标签”选项卡，在0F时激活“位置”关键帧，设置“位置”为29%。拖曳时间滑块至35F，激活“位置”的关键帧，设置“位置”为36%，如图11-214所示。

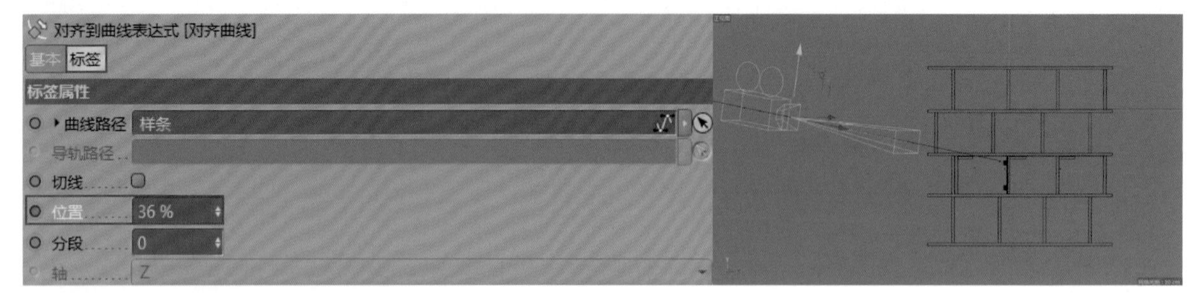

图11-214

技巧提示 结合姿态变形点级动画和摄像机曲线动画，可以非常好地完成两种摄像机位移动画，且在镜头视角中摄像机也会表现得非常稳定。

11.16.2 制作柜门安装与关闭动画

01 选择“柜门”对象，进入“坐标”选项卡，在0F时激活位置坐标P.Y的关键帧，设置P.Y为－33cm，如图11-215所示。在10F时激活位置坐标P.Y的关键帧，设置P.Y为－2.7cm，如图11-216所示。

图11-215

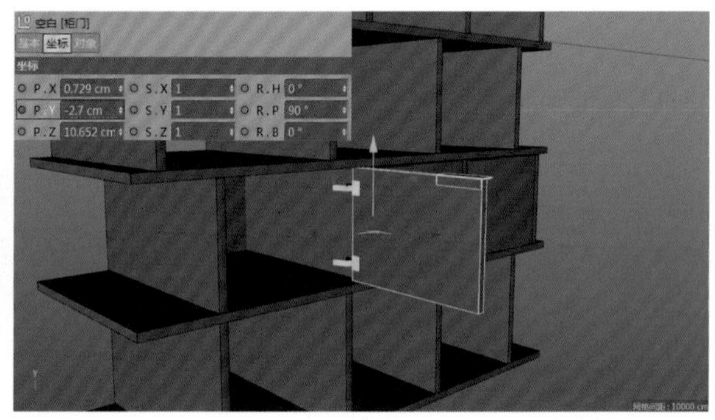

图11-216

02 展开“柜门”对象，选择“柜子旋转”对象，如图11-217所示。在0F时激活旋转坐标R.B的关键帧，设置R.B为－90°，如图11-218所示。在35F时激活旋转坐标R.B的关键帧，设置R.B为－20°，如图11-219所示。效果如图11-220所示。

图11-217

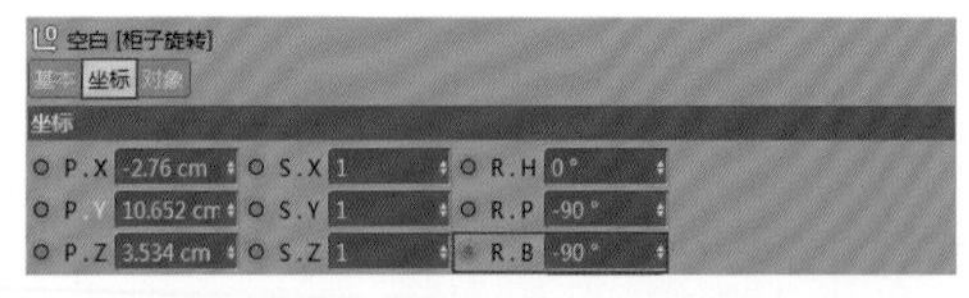

图11-218

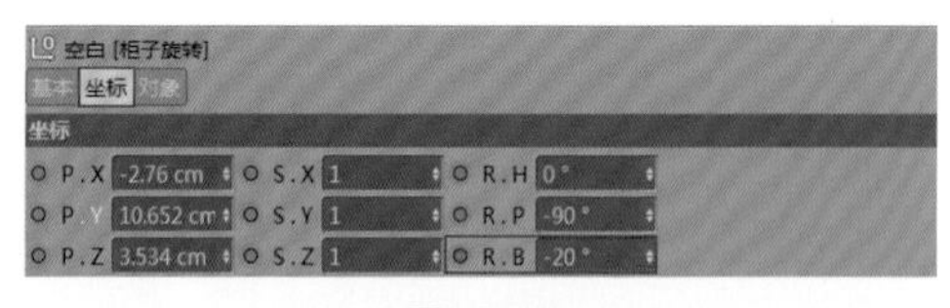

图11-219

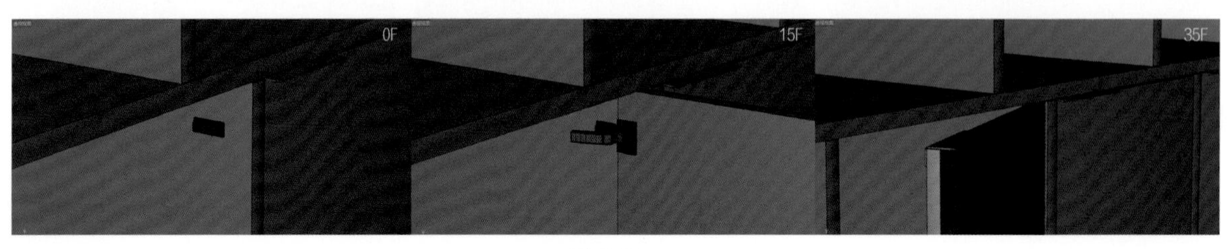

图11-220

11.17 镜头17：柜门安装完成效果

与“镜头15”类似，这里同样使用一个柜门安装后的整体展示效果来充当转场镜头。打开本书提供的Ty-17场景模型，设置工程时间范围为0F~35F。在这个镜头中，无论是场景模型，还是摄像机动画和柜子动画，都与“镜头16”相同，制作方法也完全相同，因此这里就不再赘述，参考效果如图11-221所示。

图11-221

11.18 镜头18：抽屉关闭效果

本镜头制作另一个柜子抽屉关闭的效果，如图11-222所示。本镜头主要包含摄像机动画和抽屉的位移动画。

图11-222

11.18.1 制作摄像机动画

01 打开本书提供的Ty-18场景模型，如图11-223所示。设置工程时间范围为0F~35F。创建一个摄像机，设置“焦距”为135毫米，并将其调整到合适的位置，摄像机位置如图11-224所示。最终效果如图11-225所示。

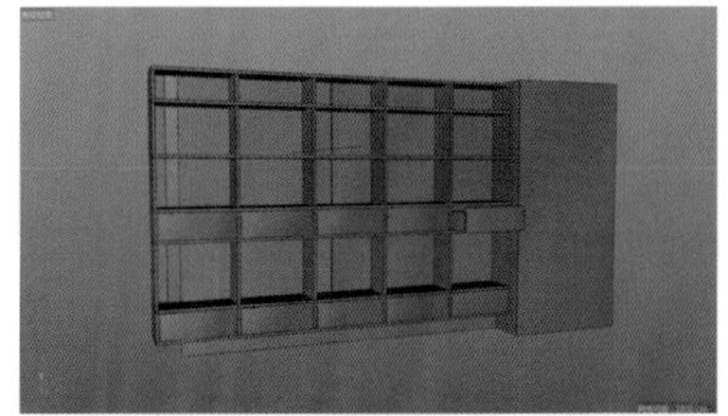

图11-223

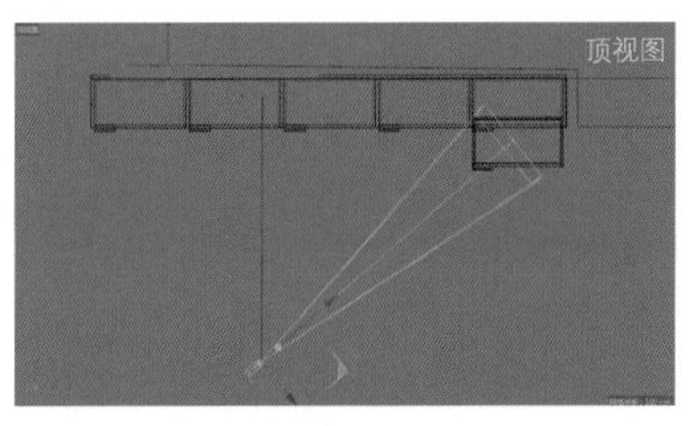

图11-224

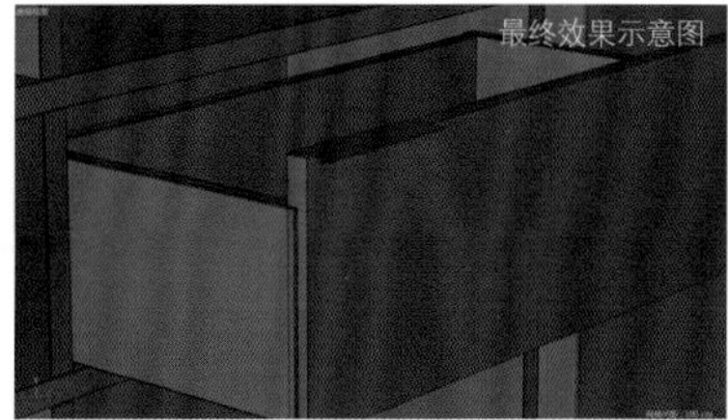

图11-225

02 使用“画笔”工具在顶视图中绘制一个直线样条，并将其拖曳到场景中合适的位置，如图11-226所示。使用鼠标右键单击“摄像机”对象，为其添加“对齐曲线”标签，并将“样条”对象拖曳到“曲线路径”中，如图11-227所示。

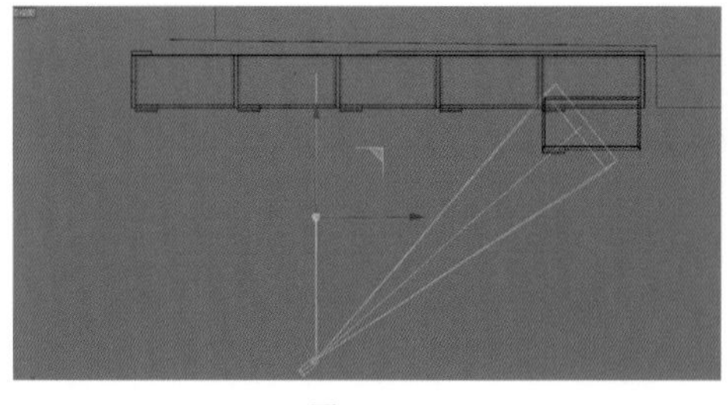

图11-226

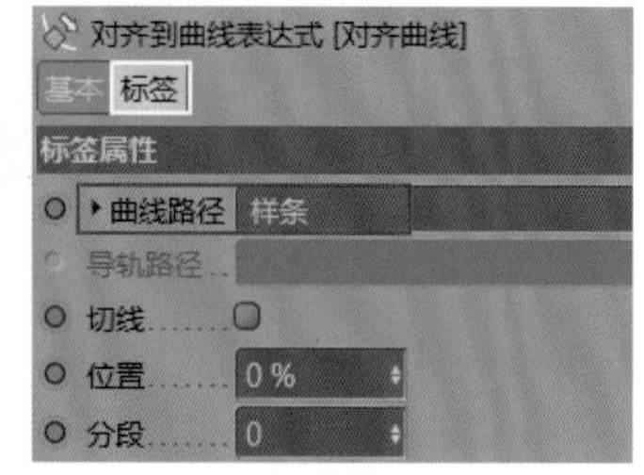

图11-227

技巧提示 为摄像机绑定样条的方法在前面的其他镜头中已经操作过多次，这里不再赘述。

03 进入“对齐到曲线表达式”的“标签”选项卡，在0F时激活“位置”的关键帧，设置“位置”为0%，如图11-228所示。在32F时激活“位置”的关键帧，设置“位置”为26%，如图11-229所示。这里可以调整“位置”的函数曲线，使其具有由快到慢的动画节奏，如图11-230所示。

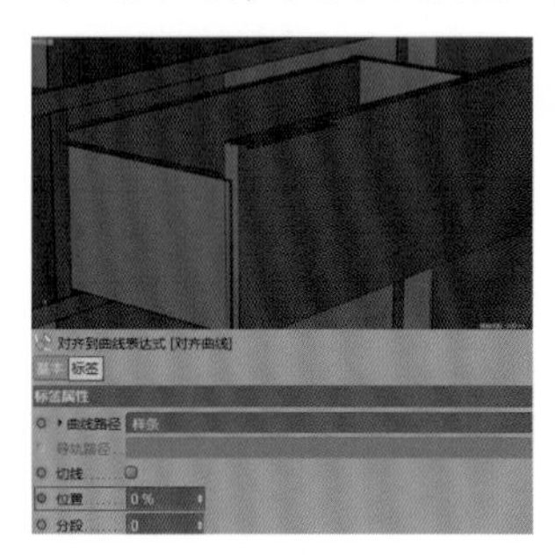

图11-228

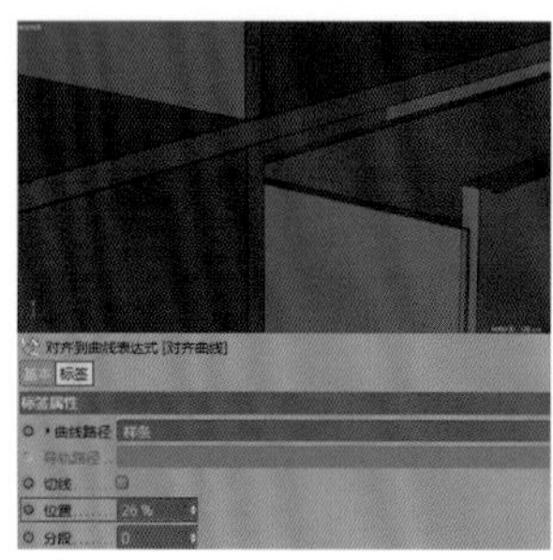

图11-229

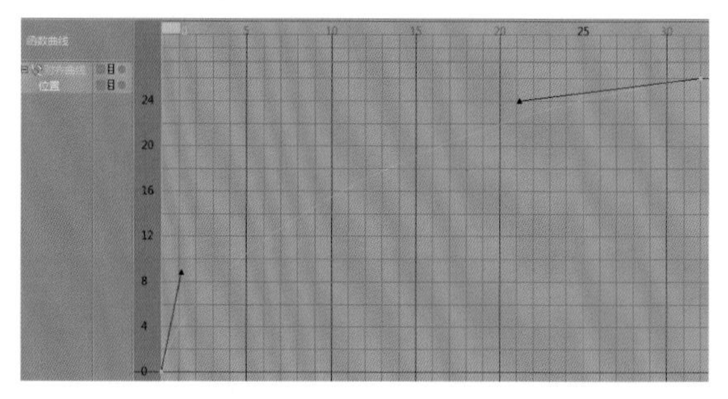

图11-230

11.18.2 制作抽屉关闭动画

选择“柜子”对象，在0F时激活位置坐标P.Z的关键帧，设置P. Z为－73cm；在32F时激活位置坐标P.Z的关键帧，设置P.Z为57cm，如图11-231所示。这里调整P.Z的函数曲线，使其具有由快到慢的动画节奏，如图11-232所示。效果如图11-233所示。

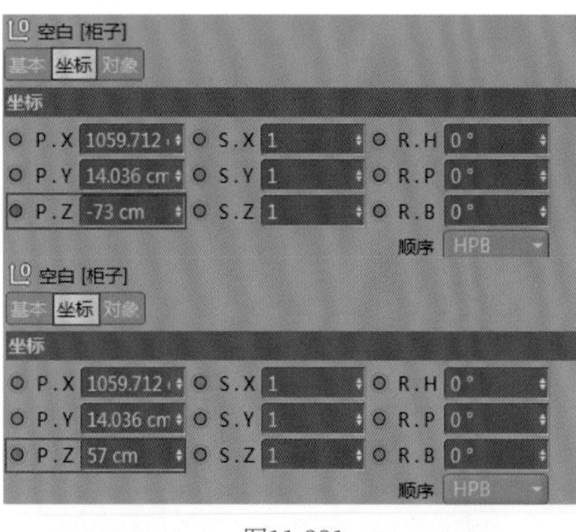

图11-231

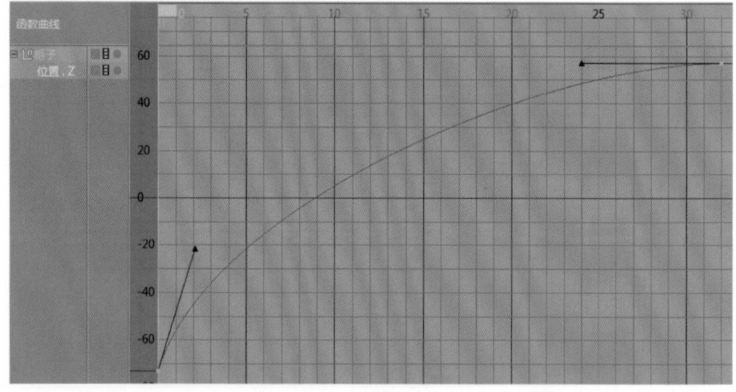

图11-232

图11-233

11.19 镜头19：抽屉依次关闭效果

本镜头是将柜子的所有抽屉都关闭，在关闭过程中，采用了从中间到两端依次关闭的顺序，具有一种波浪起伏的效果，如图11-234所示。本镜头的制作要点是使用“立方体域”来制作抽屉依次关闭的效果。

图11-234

11.19.1 制作抽屉依次关闭动画

01 打开本书提供的Ty-19场景模型，本场景与Ty-18模型使用的是相同的柜子，只是柜子的背景有所不同，如图11-235所示。

图11-235

02 创建一个目标摄像机，设置“焦距”为135毫米，将目标点调整到合适的位置，如图11-236所示。使用“画笔”工具在顶视图中绘制一个直线样条，将其拖曳到场景中合适的位置，如图11-237所示。

图11-236

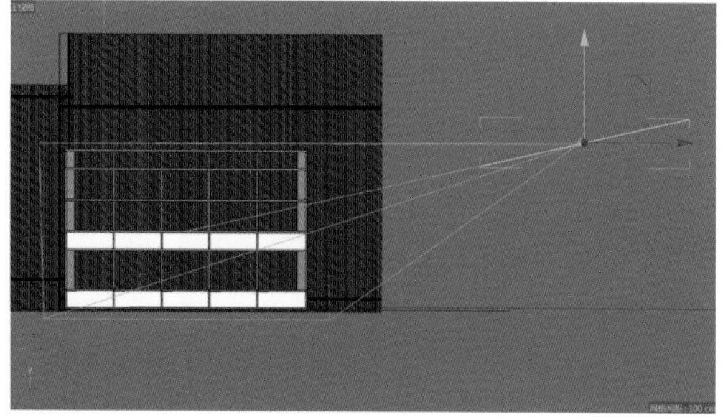

图11-237

技巧提示 这里同样需要使用鼠标右键单击“摄像机”对象，为其添加“对齐曲线”标签，并将“样条”对象拖曳到“曲线路径”中。

03 在样片中抽屉最初的状态是打开的，关闭顺序是从中间到两端。选择“克隆”对象，执行“运动图形>效果器>简易”菜单命令，“效果器”选项卡如图11-238所示。进入“参数”选项卡，只勾选“位置”，设置P.X和P.Y均为0cm，P .Z为－117cm，如图11-239所示。进入“简易”面板的“衰减”选项卡，选择“立方体域”来控制动画顺序，如图11-240所示。添加立方体域前后的对比效果如图11-241所示。

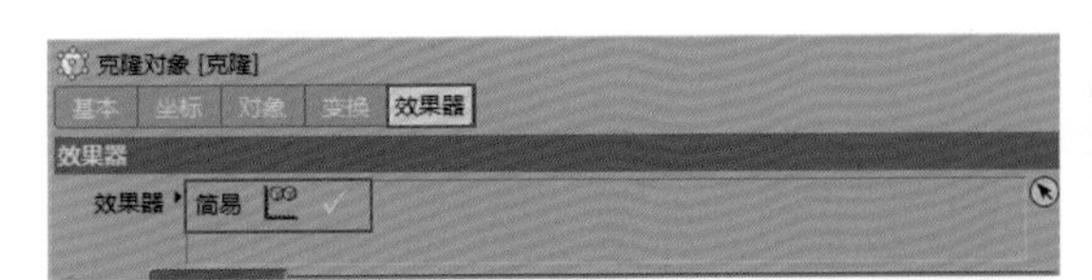

图11-238

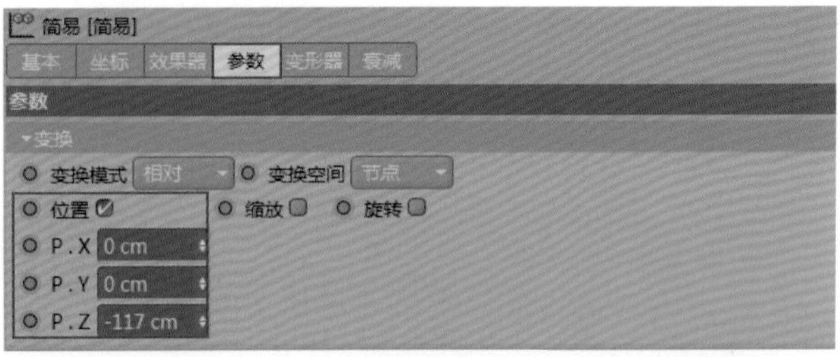

图11-239

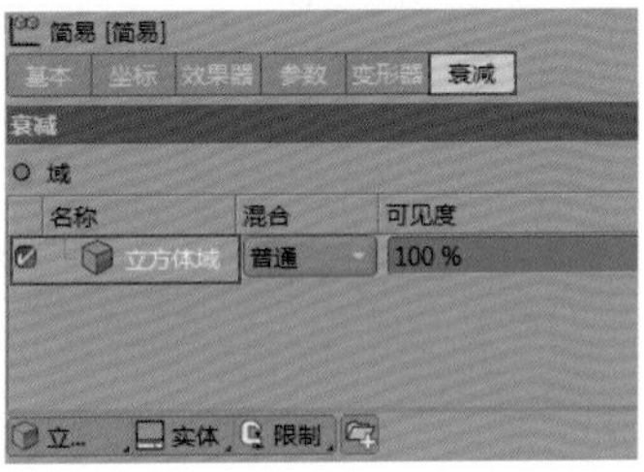

图11-240

图11-241

04 对比样片，添加“立方体域”后，抽屉的关闭顺序发生了错误。进入“立方体域”面板的“重映射”选项卡，勾选“反向”，让抽屉的关闭方向产生反转，如图11-242所示。接下来只需要激活“域”选项卡中的“尺寸.Z”的关键帧，并设置相关数值，即可完成动画效果，如图11-243所示。

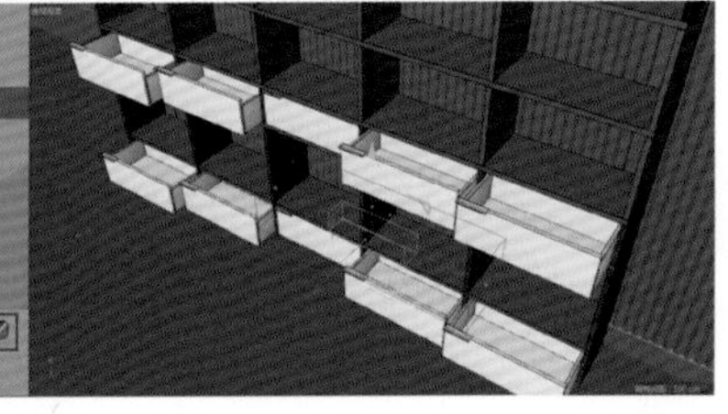

图11-242

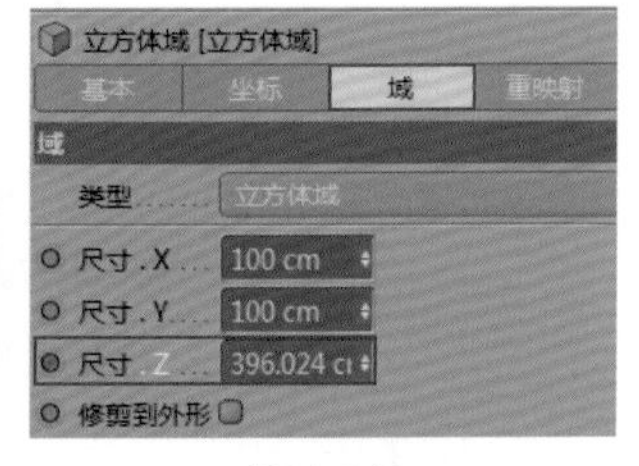

图11-243

11.19.2 制作摄像机动画

进入“对齐到曲线表达式”面板的“标签”选项卡，在0F时激活“位置”的关键帧，设置“位置”为48%，如图11-244所示。在32F时激活“位置”的关键帧，设置“位置”为100%，如图11-245所示。调整“位置”的函数曲线，使其具有由快到慢的动画节奏，如图11-246所示。效果如图11-247所示。

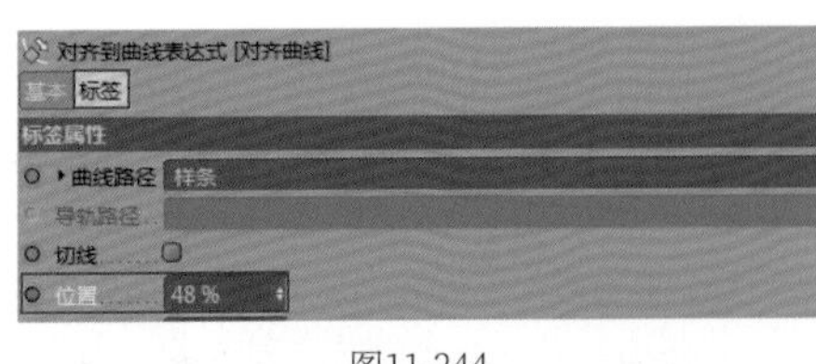

图11-244

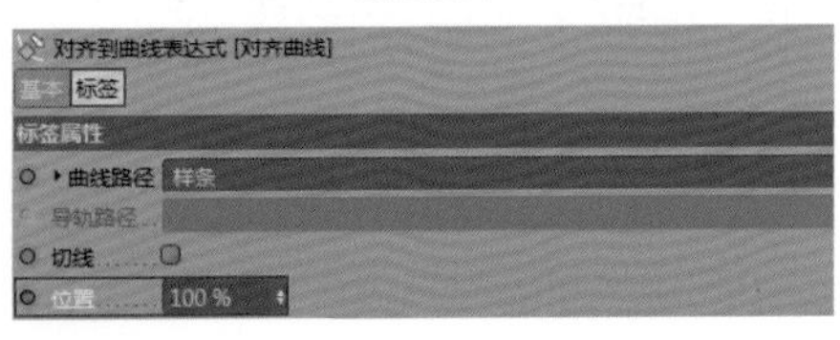

图11-245

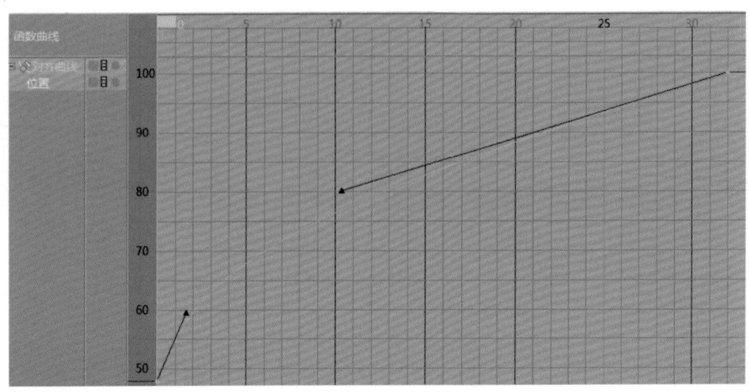

图11-246

图11-247

11.20 镜头20：柜门与抽屉关闭特写效果

有了前面的制作经验，制作本镜头的动画就简单很多了。本镜头还是常规的位移和旋转动画，以及摄像机动画，如图11-248所示。

图11-248

01 打开本书提供的Ty-20场景模型，如图11-249所示。设置工程时间范围为0F~36F。创建一个目标摄像机，保持“焦距”为默认的36毫米，将目标点调整到合适的位置，如图11-250所示。

02 使用“画笔”工具在顶视图中画一个直线样条，将其拖曳到场景中合适的位置，如图11-251所示。注意，这里仍然需要使用鼠标右键单击“摄像机”对象，然后为其添加“对齐曲线”标签，并将“样条”对象拖曳到“曲线路径”中。

图11-249

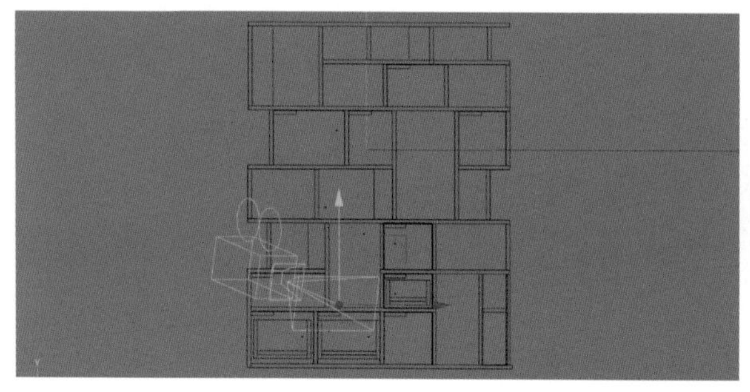

图11-250

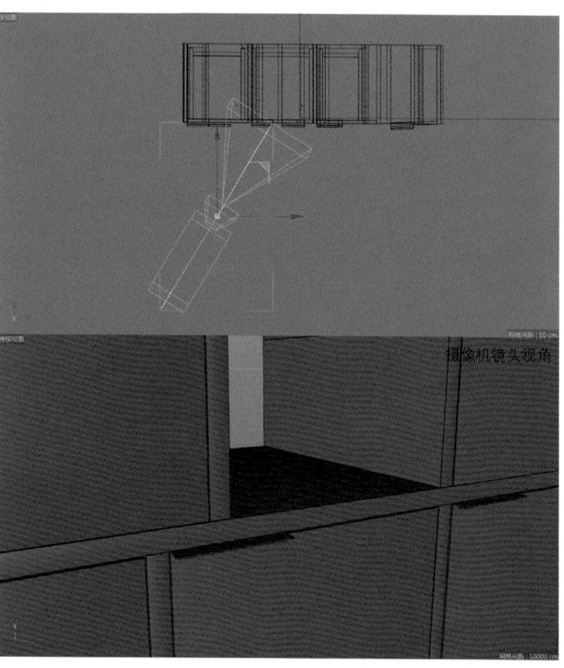

图11-251

03 在36F时激活摄像机镜头视角内柜子的位置坐标P.Y的关键帧；在0F时为柜子的位置坐标P.Y随机地设置不同的数值，并激活关键帧。参考效果如图11-252所示。

04 制作摄像机动画。进入“对齐到曲线表达式”面板的“标签”选项卡，在0F时激活“位置”的关键帧，设置“位置”为40%，如图11-253所示。在32F时激活“位置”的关键帧，设置“位置”为100%，如图11-254所示。效果如图11-255所示。

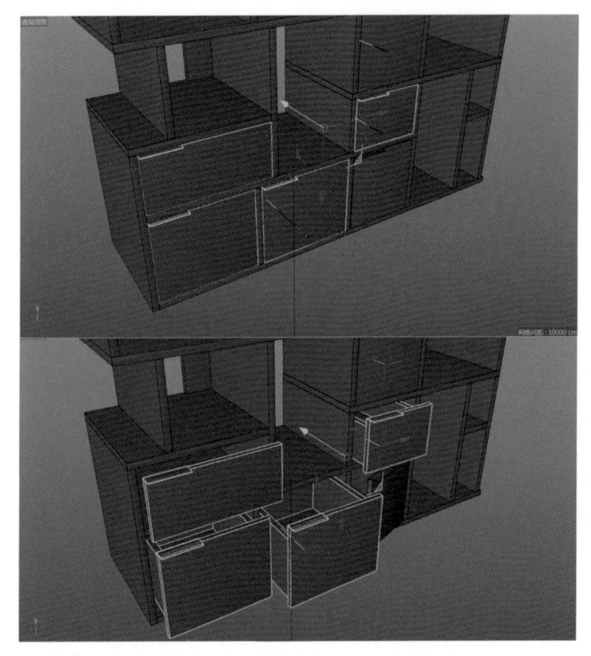

图11-252

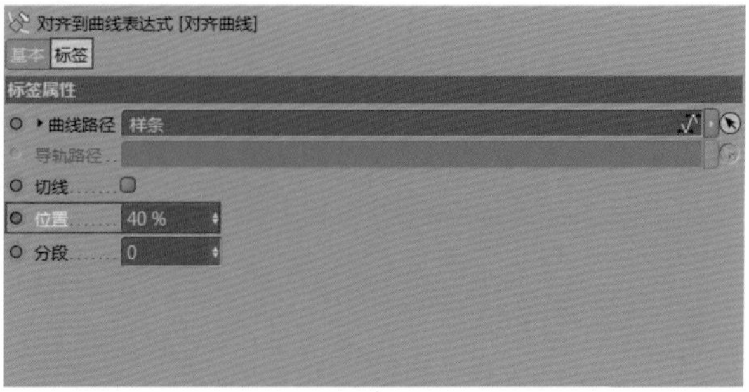

图11-253

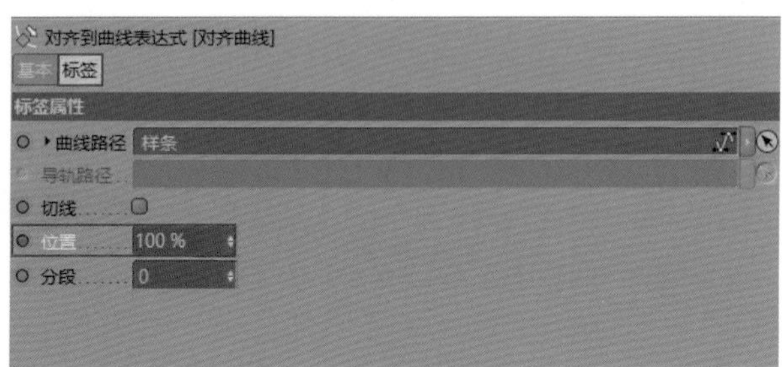

图11-254

图11-255

11.21 镜头21：整体展示效果

这是本片的最后一个镜头，也就是柜子的整体展示动画，以摄像机镜头动画为主，如图11-256所示。

图11-256

01 打开本书提供的Ty-21场景模型，如图11-257所示。设置工程时间范围为0F~80F。创建一个摄像机，将其调整到合适的位置，如图11-258所示。

图11-257

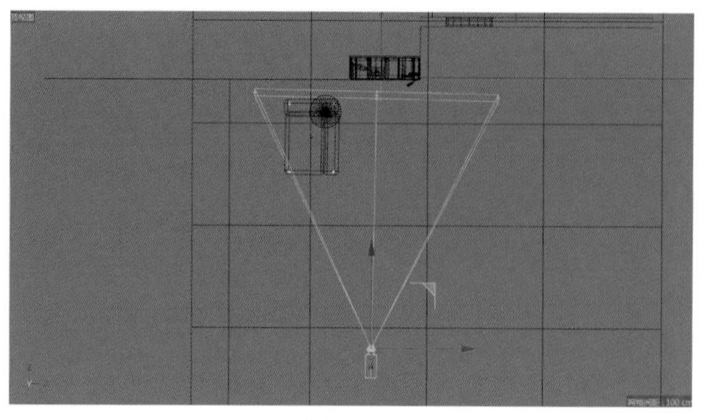

图11-258

02 选择柜子右侧的柜门，制作柜门旋转动画。在0F时激活柜门的旋转坐标R.B的关键帧，设置R.B为－30°，如图11-259所示。在45F时激活柜门的旋转坐标R.B的关键帧，设置R.B为0°，如图11-260所示。

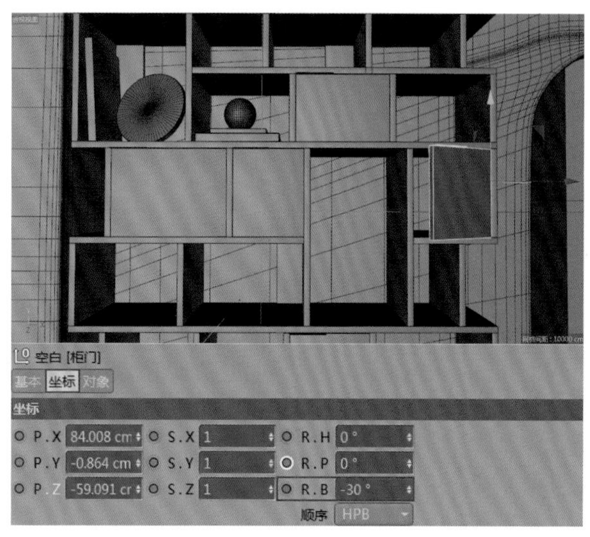

图11-259

图11-260

03 制作摄像机动画。进入“摄像机对象”面板的“坐标”选项卡，在0F时激活位置坐标P.Z的关键帧，设置P.Z为－580cm，如图11-261所示。在80F时激活位置坐标P.Z的关键帧，设置P.Z为－620cm，如图11-262所示。效果如图11-263所示。

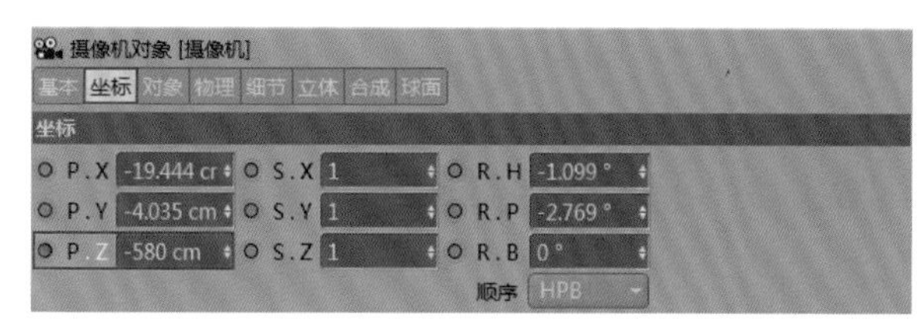

图11-261

图11-262

图11-263

第12章 布置场景灯光和制作材质

制作好所有镜头的动画后，当前场景是白模场景，若要制作出样片的效果，还需要布置场景灯光和制作材质。本章将分别对21个镜头进行布光和材质制作。对于灯光的布置，需要根据场景灵活处理，主要思路为“主光+辅助光”；对于材质的制作，读者应该参考样片，可以直接修改或使用共用的材质。样例效果如图12-1所示。

图12-1

关键词

· 主光源　· 优化灯光　· 柜子材质　· 抽屉材质　· 复制材质
· 辅助光　· 镜头效果　· 柜门材质　· 螺丝钉材质　· 修改材质

12.1 制作柜子整体展示镜头的光效

本镜头的渲染效果如图12-2所示。打开制作好的“镜头1”动画，激活Octane渲染器，将“直接照明”修改为“路径追踪”，设置“预设”为UTV4D，如图12-3所示。渲染效果对比如图12-4所示。

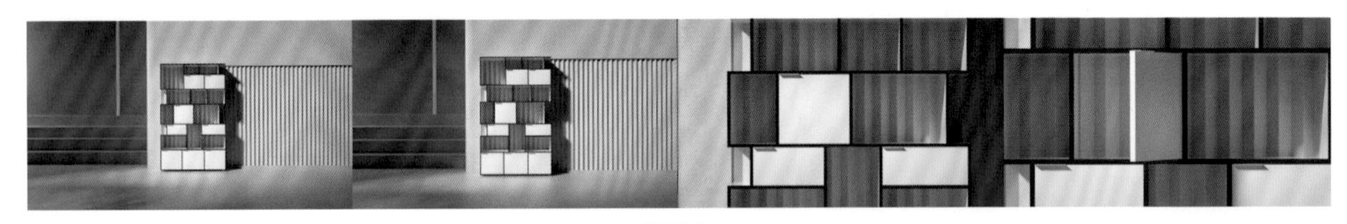

图12-2

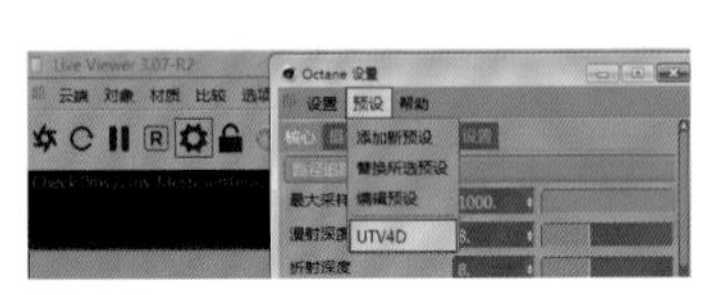

图12-3

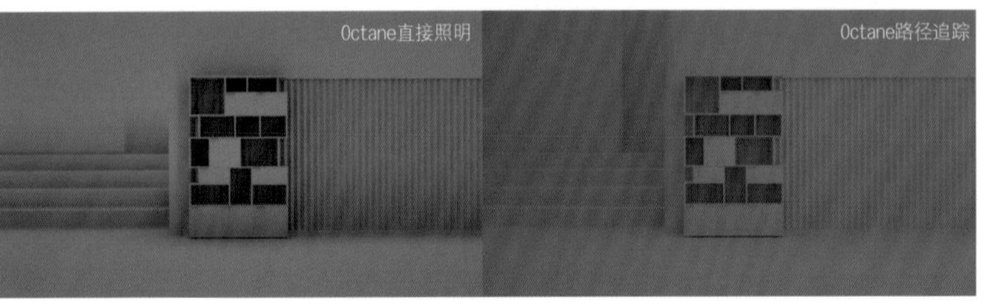

图12-4

12.1.1 布置场景灯光

01 将场景环境设置为黑色。执行“Octane>对象>Octane纹理环境”菜单命令，如图12-5所示。在“主要”选项卡的“纹理”中添加“RGB颜色”纹理，并修改其颜色为黑色，如图12-6所示。

02 执行“Octane>对象>Octane日光”菜单命令，将其作为该场景的主光源，如图12-7所示。调整日光的相关参数，设置“功率”为0.8,“太阳大小”为10,“太阳颜色”为白色，如图12-8所示。效果如图12-9所示。

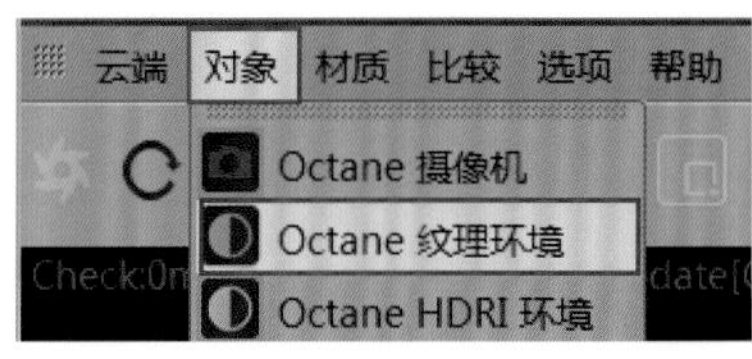

图12-5

图12-6

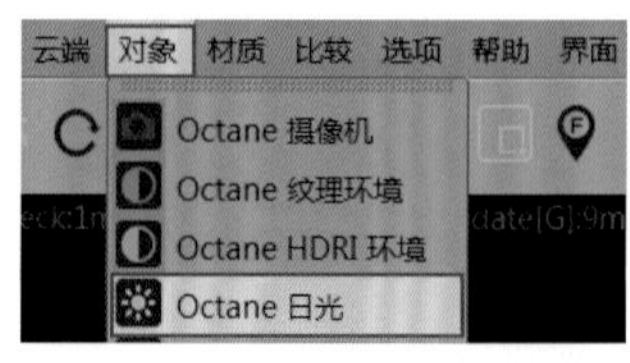

图12-7

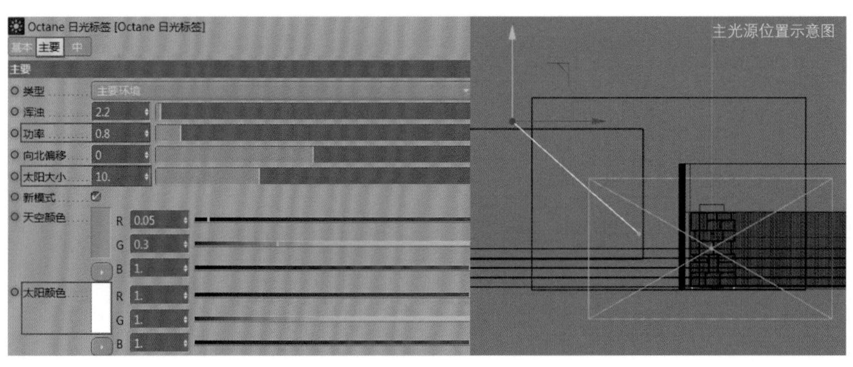

图12-8

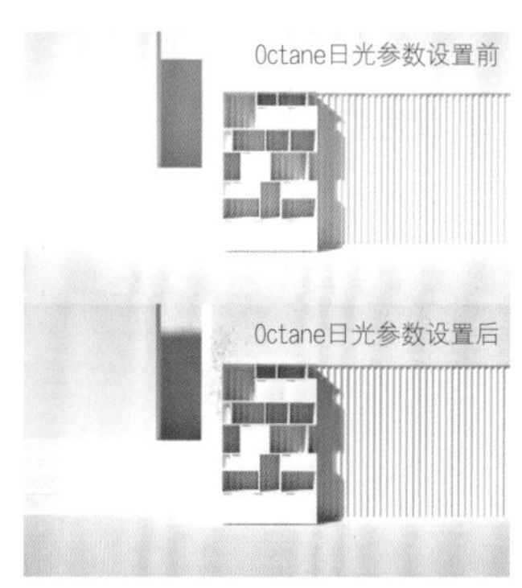

图12-9

03 由于该场景比较简单，主光打上去后没有体现出细节，因此需要使用一些模型对主光进行遮挡，让画面看上去更有层次感。创建3个大小不一的平面，将它们调整到合适的大小与位置，对主光进行遮挡，如图12-10所示。打开本书提供的“树”模型，将其拖曳到场景中合适的位置，对主光进行遮挡，如图12-11所示。效果如图12-12所示。

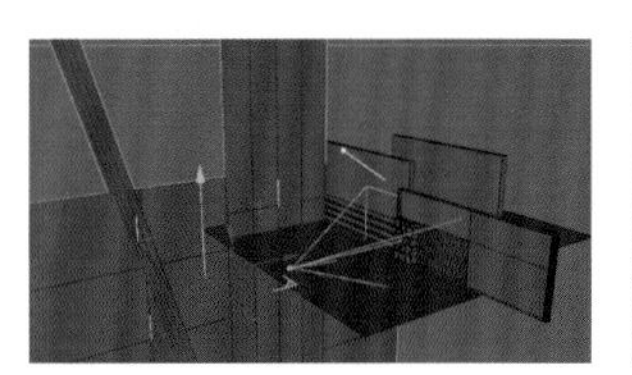
图12-10

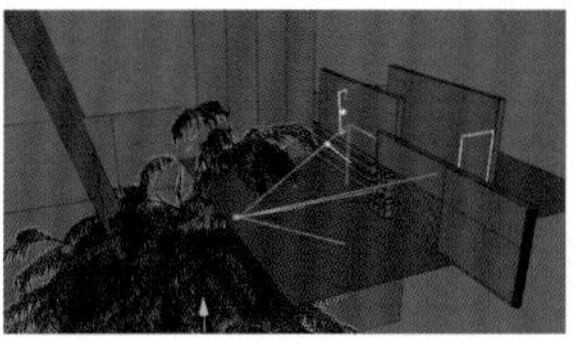
图12-11

图12-12

04 执行“Octane>对象>Octane区域光”菜单命令，创建辅助光1，如图12-13所示。适当调整灯光尺寸，将其拖曳到柜子所靠墙体后方，设置其“功率”为10，如图12-14所示。

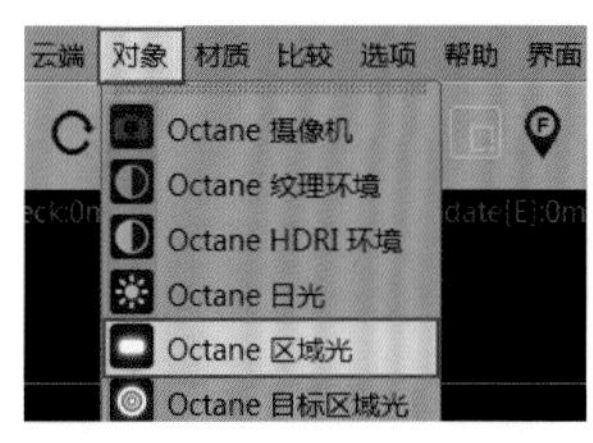

图12-13

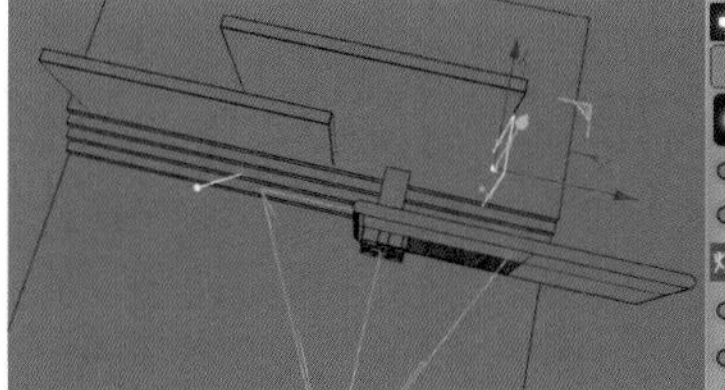
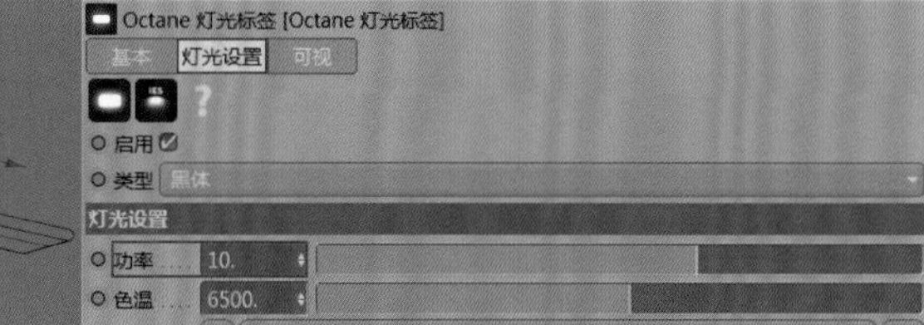

图12-14

05 执行“Octane>对象>Octane区域光”菜单命令，创建辅助光2，适当调整灯光尺寸，将其拖曳到柜子所靠墙体左侧，如图12-15所示。渲染效果如图12-16所示。

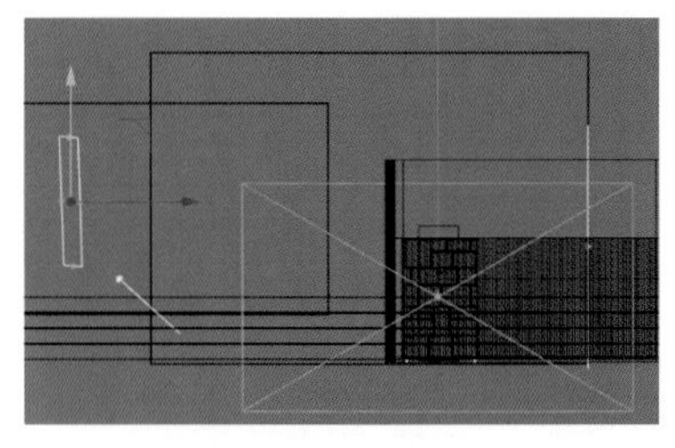

图12-15

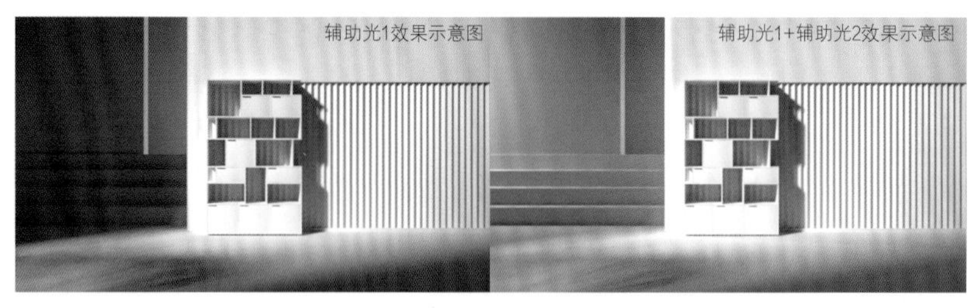

图12-16

12.1.2 创建墙体材质

01 执行“Octane>材质>Octane光泽材质”菜单命令，将该材质指定给对应模型，具体的材质创建步骤如图12-17所示，渲染效果如图12-18所示。

设置步骤

①将本书提供的纹理贴图和“混合纹理”节点拖曳到节点编辑器中，将“图像纹理”的输出节点链接到“混合纹理”节点的“数值”通道。

②在节点列表中拖曳两个“RGB颜色”节点，将它们分别设置为蓝色与淡蓝色，并分别链接到“混合纹理”节点中的“纹理1”和“纹理2”通道。

③将“混合纹理”节点链接到“漫射”通道。

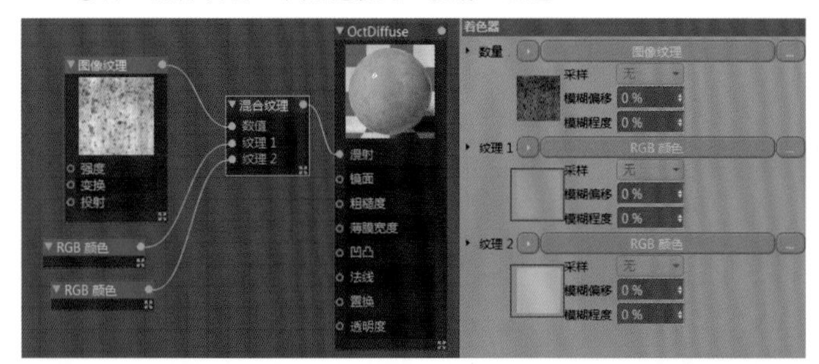

图12-17

图12-18

02 可以发现图像纹理对RGB颜色影响过大,UV拉伸比较严重。进入“图像纹理”节点的属性面板，设置“强度”为0.5，单击“投射”按钮，如图12-19所示。进入“纹理投射”节点的属性面板，设置“纹理投射”为“盒子”，勾选“锁定宽高比”，设置S.X为10，如图12-20所示。效果如图12-21所示。

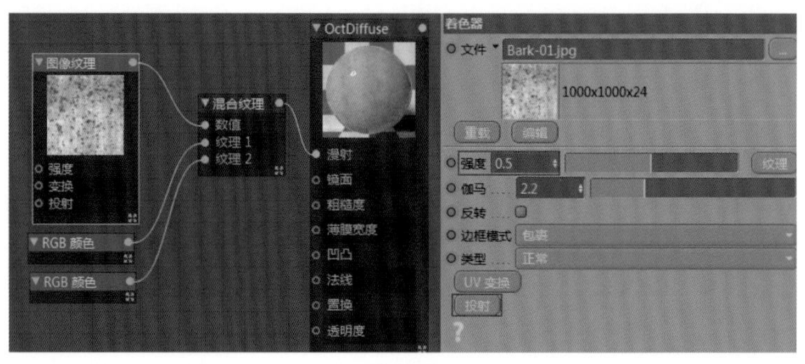

图12-19

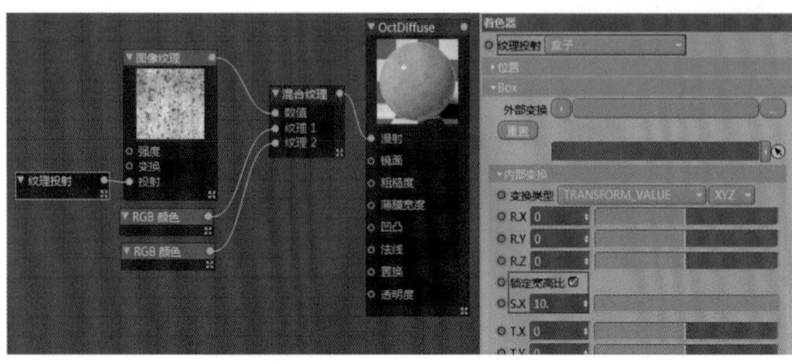

图12-20

图12-21

03 此时墙体对光的反射是非常弱的，所以在“粗糙度”选项卡中设置“浮点”为0.5，如图12-22所示。将本书提供的图像纹理与黑白贴图拖曳到节点编辑器中，创建“添加”节点，将两个“图像纹理”节点分别链接到“添加”节点中的“纹理1”和“纹理2”通道；将“添加”节点的输出节点链接到“凹凸”通道，以增加材质细节，如图12-23所示。渲染效果如图12-24所示。

技巧提示 “纹理投射”节点需要链接到“凹凸”通道的“图像纹理”节点，这样“漫射”通道与“凹凸”通道的UV才可以保持相同。

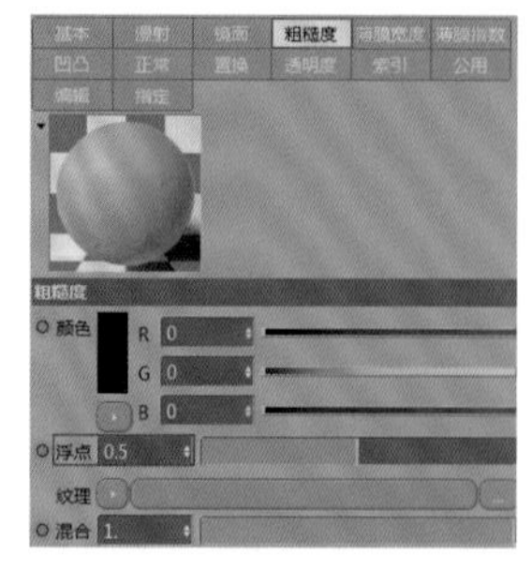

图12-22

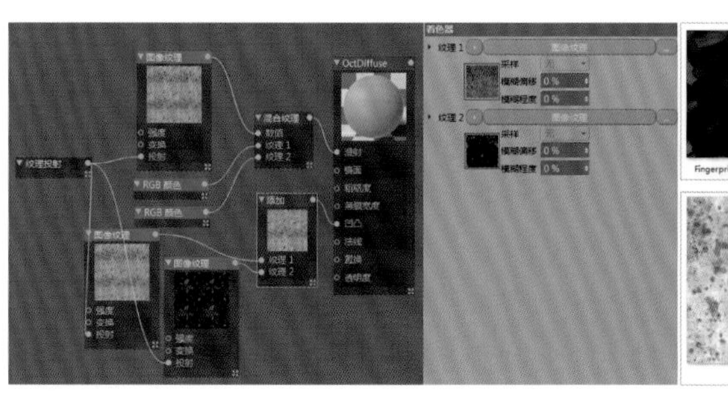

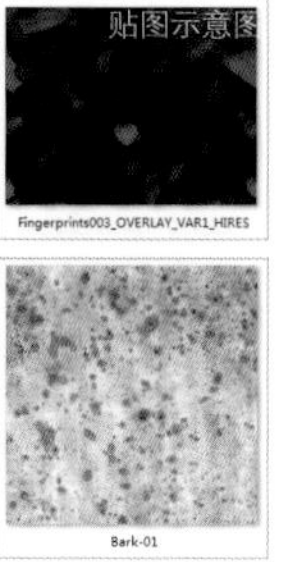

图12-23

图12-24

04 将本书提供的法线贴图拖曳到节点编辑器中，将其输出节点链接到“Octane光泽材质”的“法线”通道上；为法线贴图单独创建新的“纹理投射”节点，设置其类型为“盒子”，勾选“锁定宽高比”，设置S.X为5，让“法线”通道与其他通道的UV不同，从而创建出更多的纹理细节，如图12-25所示。效果如图12-26所示。

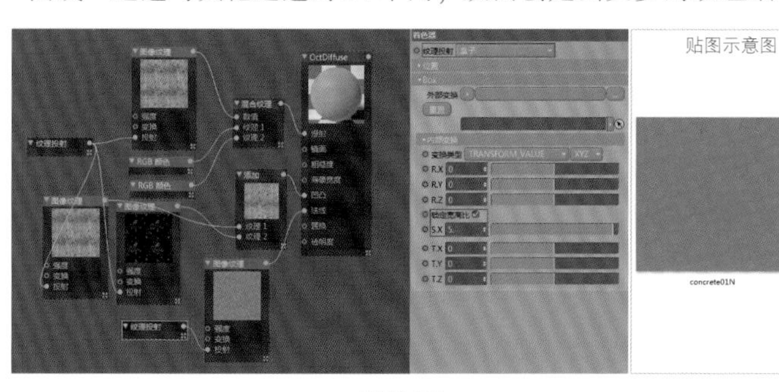

图12-25

图12-26

12.1.3 创建柜子材质

01 创建一个“Octane光泽材质”，设置“漫射”通道的“颜色”为黑色，将其指定给对应模型，如图12-27所示。效果如图12-28所示。

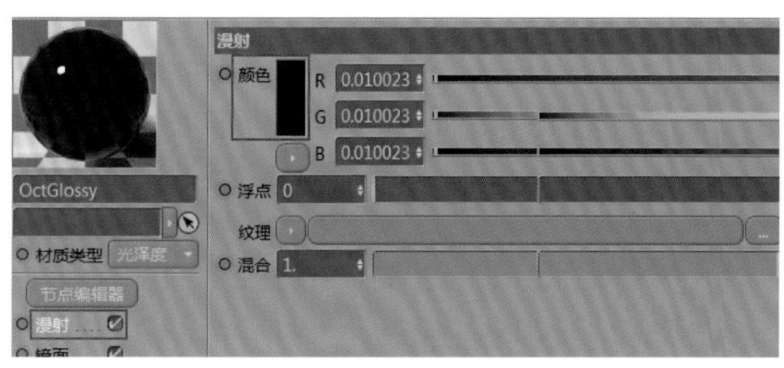

图12-27

图12-28

02 将黑色的Octane光泽材质复制两份，并将它们“漫射”通道的“颜色”分别设置为米黄色与淡米黄色，将它们指定给对应模型，颜色参数设置如图12-29所示。效果如图12-30所示。

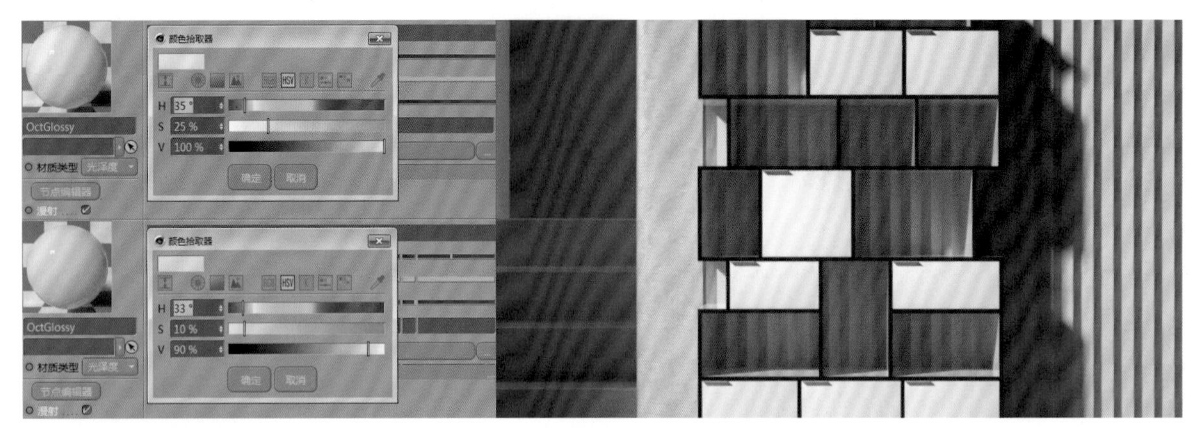

图12-29

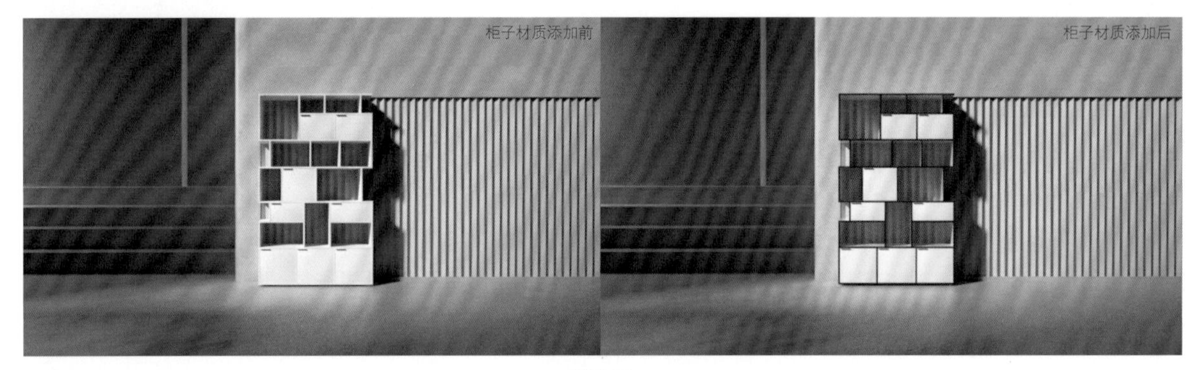

图12-30

03 使用鼠标右键单击“摄像机”对象，执行“C4doctane标签>Octane摄像机标签”，如图12-31所示。进入“摄像机成像”选项卡，勾选“启用摄像机成像”，设置“伽马”为1.1，“镜头”为Agfacolor_Futura_Ⅱ_200CD，如图12-32所示。效果如图12-33所示。

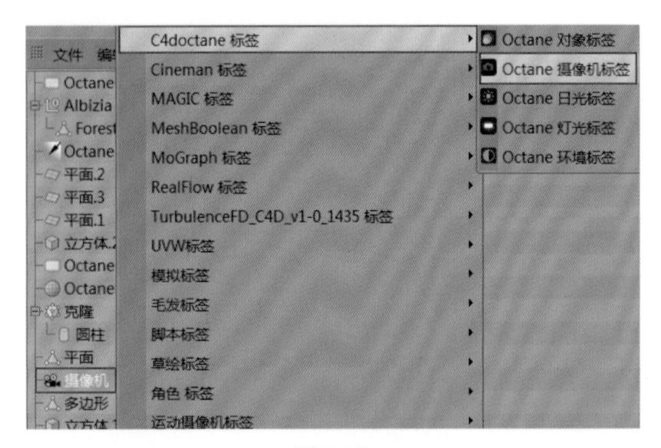

图12-31

图12-32

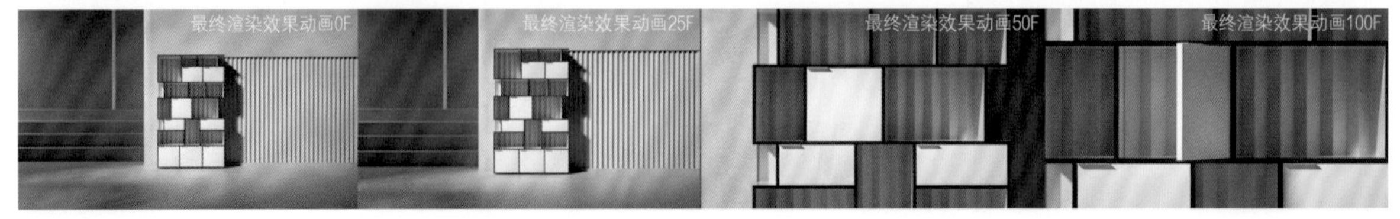

图12-33

12.2 制作柜门旋转特写镜头的光效

本镜头参考效果如图12-34所示。打开制作好的“镜头2”动画，激活Octane渲染器，将“直接照明”修改为“路径追踪”，设置“预设”为UTV4D，渲染效果如图12-35所示。

图12-34

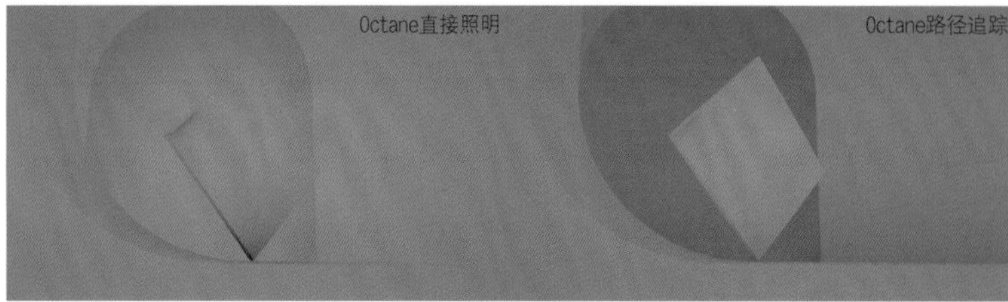

图12-35

12.2.1 设置主光源

01 创建一个“Octane日光”，作为主光源。调整日光参数，设置“功率”为0.7，“太阳大小”为10，“太阳颜色”为白色，如图12-36所示。渲染效果如图12-37所示。

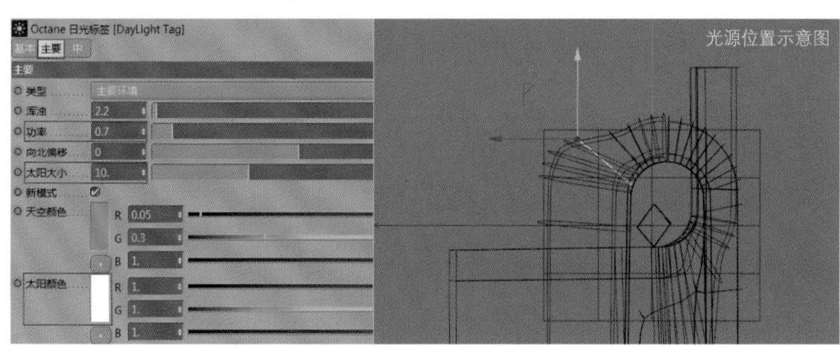

图12-36

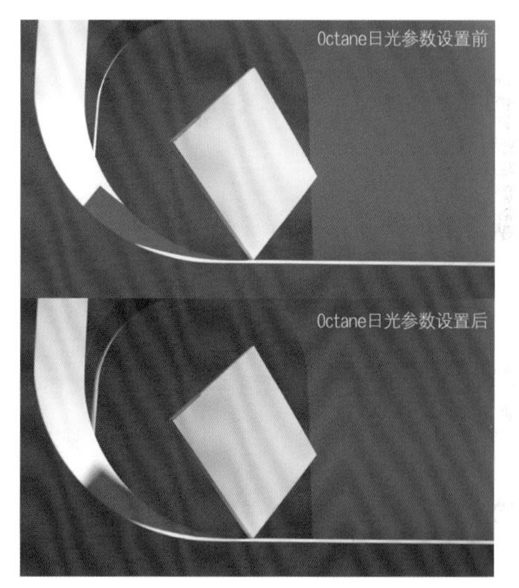

图12-37

02 将“镜头1”动画中使用的墙体与柜子的材质复制到本场景中，并将这些材质指定给对应的模型，如图12-38所示。

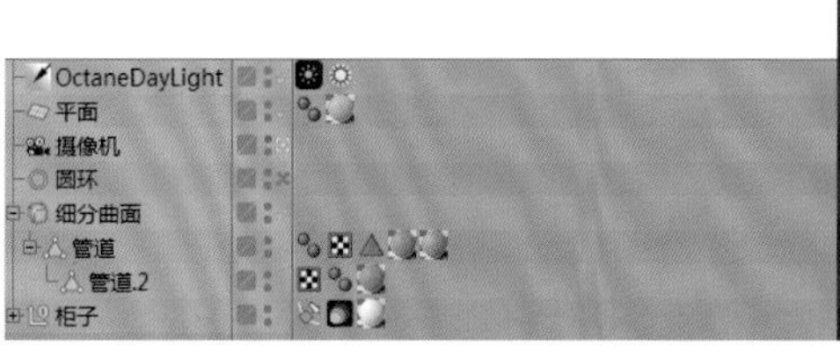

图12-38

12.2.2 设置辅助光

只有主光源是无法让场景产生前后对比和光影细节的，所以需要添加一些辅助光源。

01 创建一个“Octane区域光”，将其作为辅助光1。适当调整灯光的尺寸，将辅助光1拖曳到柜子正上方，设置“功率”为10，如图12-39所示。效果如图12-40所示。

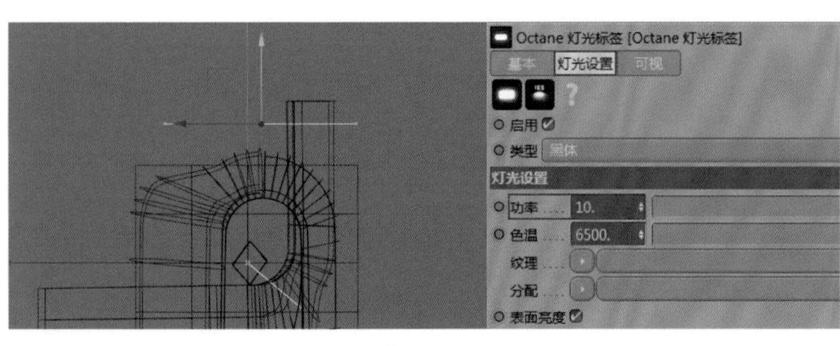

图12-39

图12-40

02 创建一个“Octane区域光”，将其作为辅助光2，设置“功率”为50，然后适当调整灯光尺寸，将其拖曳到柜子后方，让柜子与墙体产生空间感，如图12-41所示。效果如图12-42所示。

03 将辅助光2复制一份，作为辅助光3，设置“功率”为5，适当调整灯光尺寸，将其拖曳到墙体与背景中间，如图12-43所示。效果如图12-44所示。

04 将辅助光3复制一份，作为辅助光4，设置“功率”为10，适当调整灯光尺寸，将其拖曳到柜子前方墙体的右侧，如图12-45所示。效果如图12-46所示。

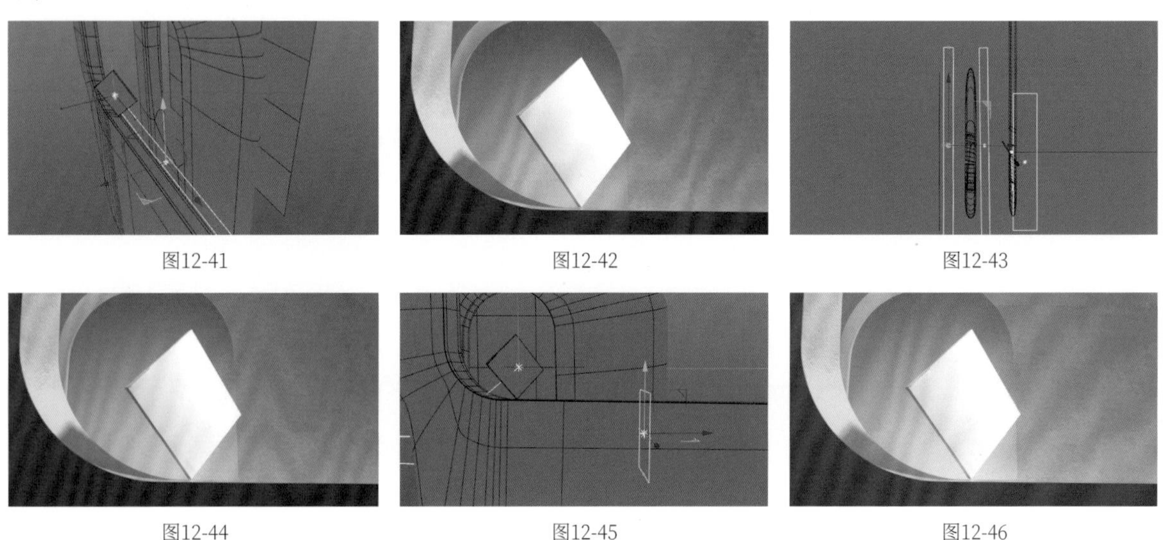

图12-41　图12-42　图12-43

图12-44　图12-45　图12-46

12.2.3 制作镜头效果

01 使用鼠标右键单击“摄像机”对象，执行“C4doctane标签>Octane摄像机标签”命令，为其添加“Octane对象标签”；在“摄像机成像”选项卡中勾选“启用摄像机成像”，设置“伽马”为1.1,“镜头”为Agfacolor_Futura_Ⅱ_200CD，如图12-47所示。效果如图12-48所示。

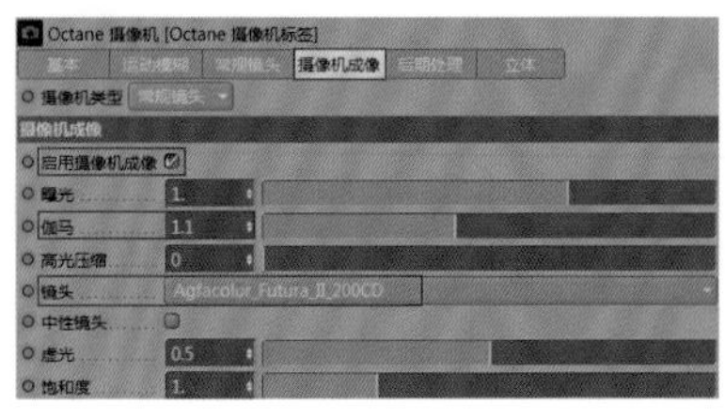

图12-47

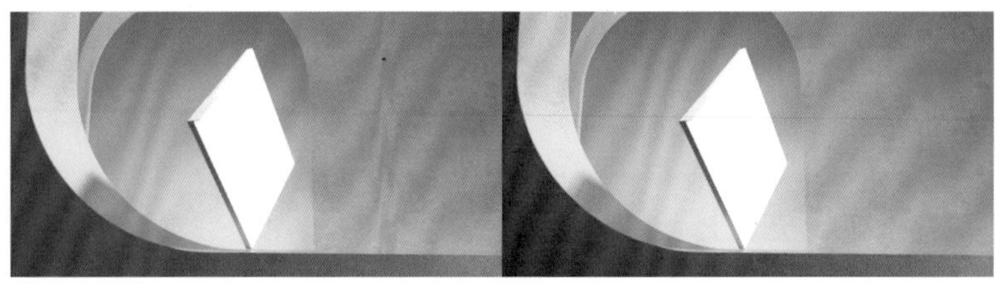

图12-48

02 为柜子旋转动画添加运动模糊效果。使用鼠标右键单击“柜子”对象，执行“C4doctane标签>Octane对象标签”命令，如图12-49所示。在“Octane对象标签”面板的“运动模糊”选项卡中设置“对象运动模糊”为“变换/顶点”，如图12-50所示。

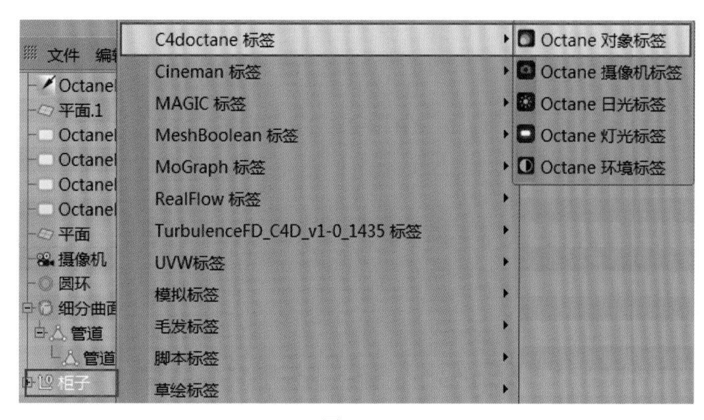

图12-49

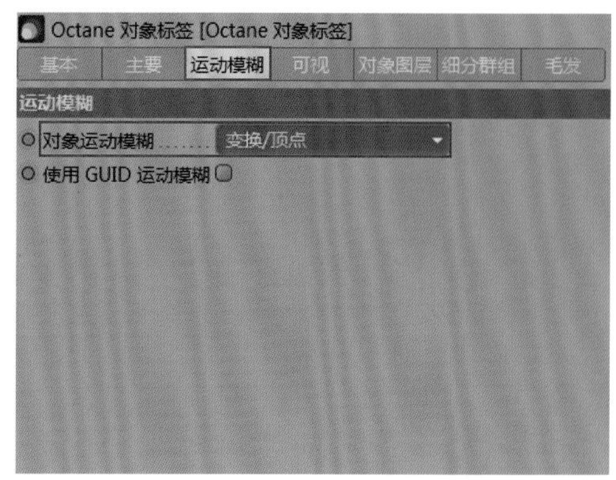

图12-50

03 在“Octane摄像机”面板的“运动模糊”选项卡中勾选“启用”，设置“快门[秒]”为0.01，如图12-51所示。效果如图12-52所示。

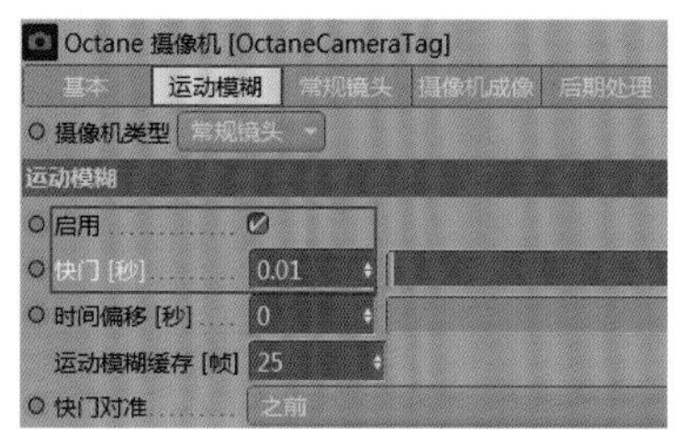

图12-51

图12-52

12.3 制作柜门整体关闭镜头的光效

本镜头的参考效果如图12-53所示。打开制作好的“镜头3”动画，激活Octane渲染器，将“直接照明”修改为“路径追踪”，设置“预设”为UTV4D，渲染效果对比如图12-54所示。

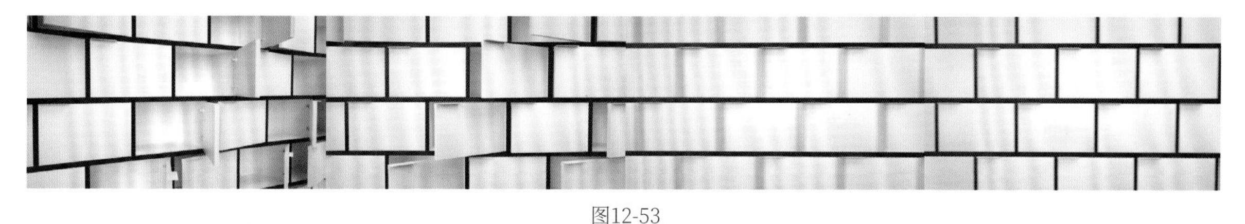

图12-53

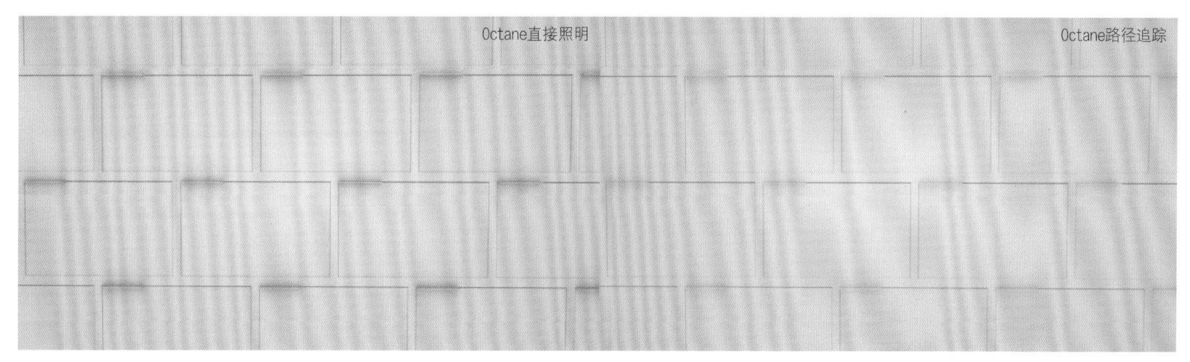

图12-54

12.3.1 设置环境光

执行“Octane>对象>Octane HDRI环境”菜单命令，创建一个“Octane HDRI环境”，在“着色器”选项卡中添加本书提供的Grey_Studio.exr HDRI文件，设置“强度”为0.2，如图12-55所示。效果如图12-56所示。

图12-55

图12-56

12.3.2 设置辅助光

01 创建一个“Octane区域光”，将其作为辅助光1。适当调整灯光尺寸，将其拖曳到柜子右上方，设置“功率”为10，如图12-57所示。效果如图12-58所示。

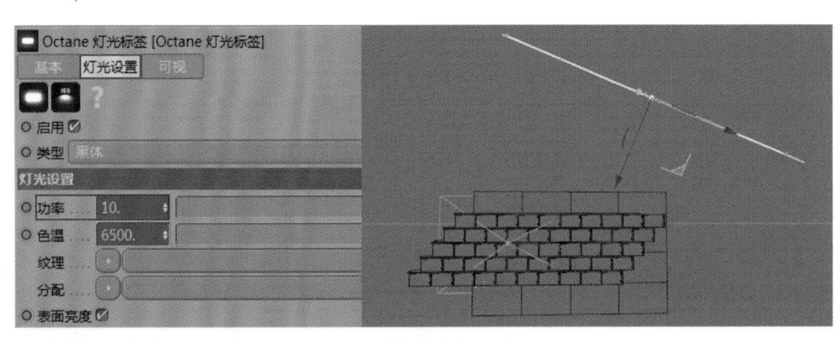

图12-57

图12-58

02 创建一个“Octane区域光”，将其作为辅助光2，设置“功率”为5；在“分配”中添加“RGB颜色”节点，设置其颜色为淡橙色，适当调整灯光尺寸，将其拖曳到柜子左侧，如图12-59所示。效果如图12-60所示。

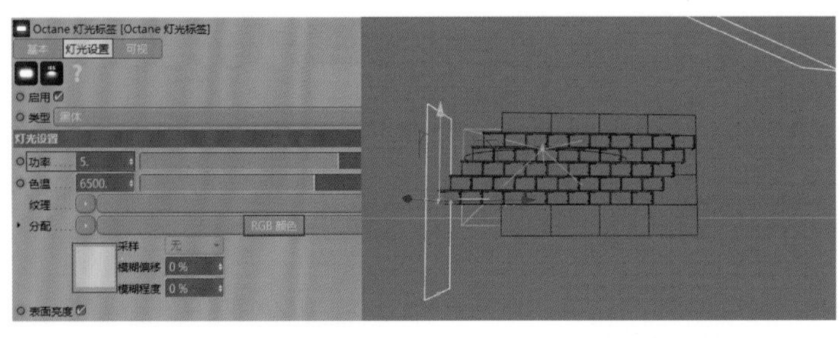

图12-59

图12-60

03 将“镜头1”动画中的墙体与柜子的材质复制到场景中，并将它们指定给对应的模型，如图12-61所示。

图12-61

12.3.3 制作镜头效果

01 使用鼠标右键单击“摄像机”对象，执行“C4doctane标签>Octane摄像机标签”命令，进入“Octane摄像机”面板的“摄像机成像”选项卡，勾选“启用摄像机成像”，设置“伽马”为0.9，“镜头”为Agfacolor_Futura_Ⅱ_200CD，如图12-62所示。效果如图12-63所示。

图12-62

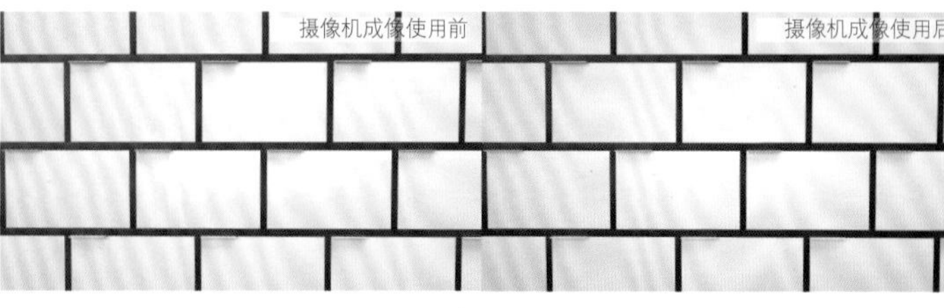

图12-63

02 因为柜子是通过克隆操作创建的，所以在制作运动模糊效果时需要使用鼠标右键单击“克隆”对象，执行“C4doctane标签>Octane对象标签”命令，为其添加“Octane对象标签”，剩下的操作与为“镜头2”添加运动模糊的操作完全一样，这里不再赘述。效果如图12-64所示。

图12-64

12.4 制作柜子与柜门组合特写镜头的光效

本镜头的参考效果如图12-65所示。打开制作好的“镜头4”动画，激活Octane渲染器，将“直接照明”修改为“路径追踪”，设置“预设”为UTV4D，渲染效果对比如图12-66所示。

图12-65

图12-66

12.4.1 布置场景灯光

01 创建一个“Octane HDRI环境”灯光，为“着色器”添加本书提供的Grey_Studio.exr HDRI文件，设置“强度”为0.2，如图12-67所示。渲染效果如图12-68所示。

02 创建一个“Octane目标区域光”，将其作为主光源。适当调整灯光尺寸，将其拖曳到旋转的柜门右侧，设置“功率”为50，如图12-69所示。

图12-67

图12-68

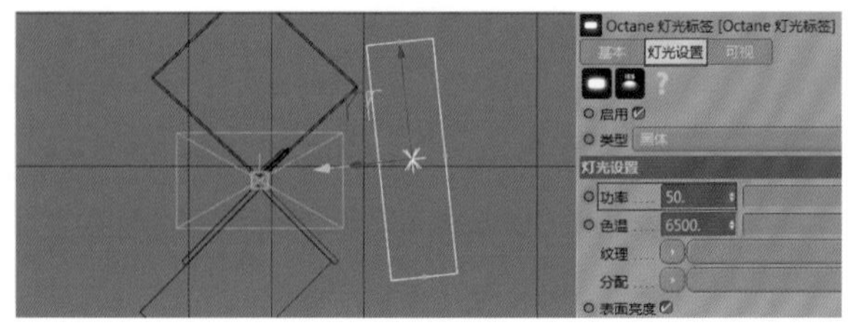

图12-69

12.4.2 创建柜门材质

01 创建两个“Octane光泽材质”，分别设置它们“漫射”通道的“颜色”为黑色与橙色，如图12-70所示。渲染效果如图12-71所示。

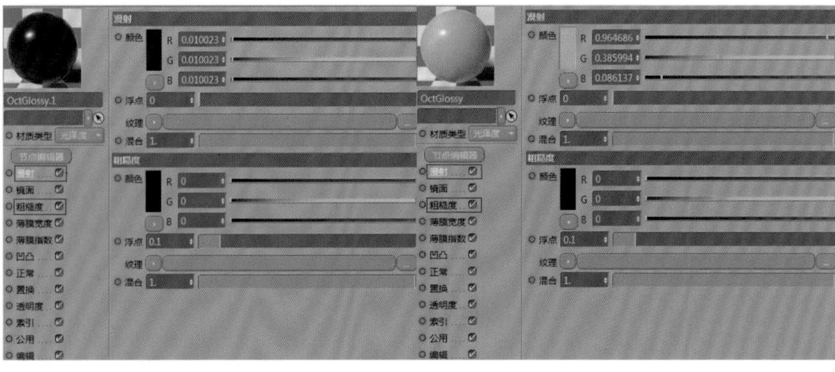

图12-70

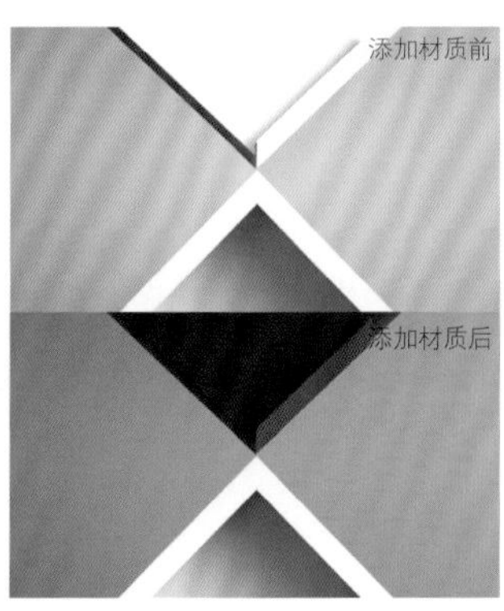

图12-71

02 柜体内部的木纹材质有两种。创建一个“Octane光泽材质”，将本书提供的漫射（木纹）贴图、凹凸贴图和法线贴图分别拖曳到节点编辑器中，将它们的输出节点链接到对应的材质通道，如图12-72所示。

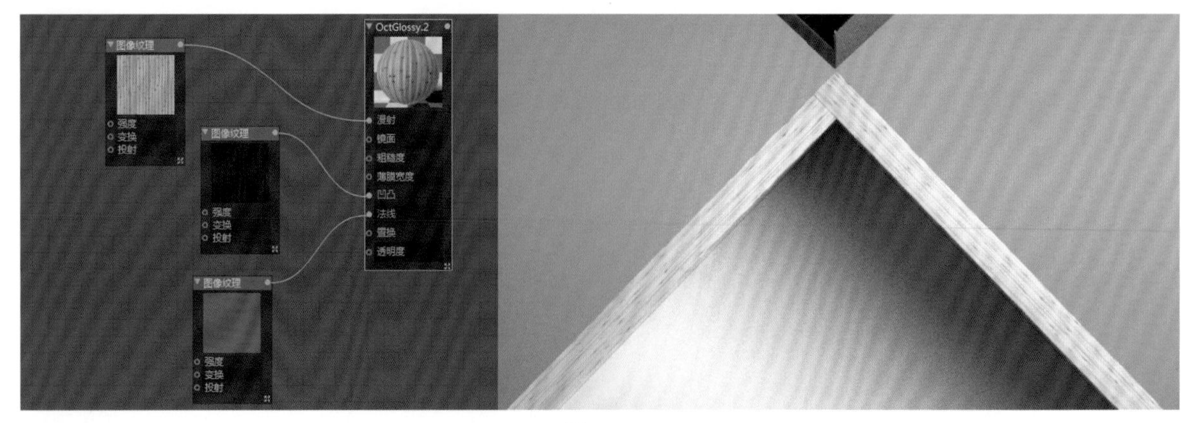

图12-72

03 材质的纹理过于细腻，因此需要调整其UV。拖曳出"纹理投射"节点，分别链接到漫射贴图、凹凸贴图和法线贴图的"投射"通道；进入"纹理投射"节点的属性面板，设置"纹理投射"为"盒子"，设置S.X为0.2、S.Y为1、S.Z为2，如图12-73所示。渲染效果如图12-74所示。

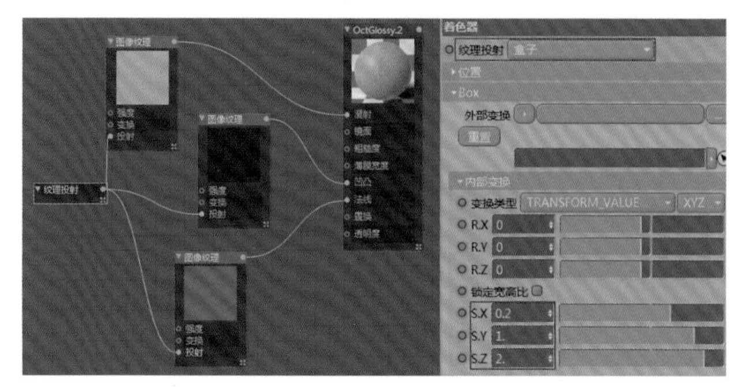

图12-73

图12-74

04 复制木纹材质，将本书提供的另一张木纹贴图拖曳到节点编辑器中，使用"混合纹理"节点将两张木纹贴图通过"浮点纹理"节点进行1∶1的混合。选择"纹理投射"节点，设置R.Z为45，勾选"锁定宽高比"，设置S.X设置为0.2，让两种木纹产生不同的纹理样式，如图12-75所示。效果如图12-76所示。

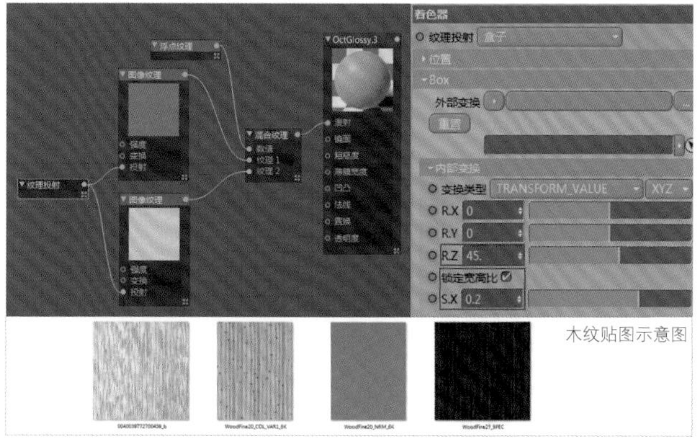

图12-75

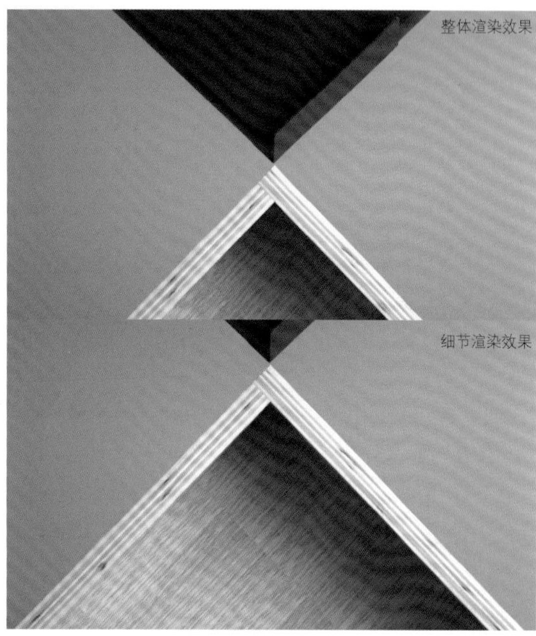

图12-76

12.4.3 优化场景灯光

目前的灯光无法增强材质质感，所以需要继续添加灯光。

01 创建一个"Octane目标区域光"，将其作为辅助光1，设置"功率"为100,"纹理"为"渐变"，适当调整灯光尺寸，将灯光拖曳到柜子右下方，如图12-77所示。渲染效果如图12-78所示。

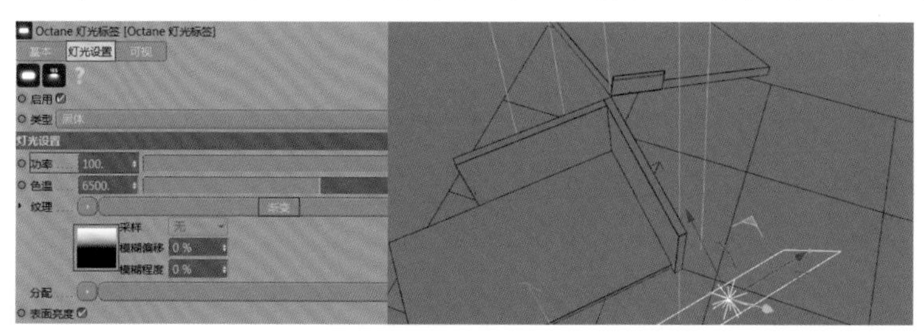

图12-77

图12-78

02 复制一个辅助光1，将其作为辅助光2，设置“功率”为20，适当调整灯光尺寸，将辅助光2拖曳到柜子左侧，如图12-79所示。渲染效果如图12-80所示。

03 复制一个辅助光1，将其作为辅助光3，设置“功率”为20，适当调整灯光尺寸，将辅助光3拖曳到柜子左上方，如图12-81所示。效果如图12-82所示。

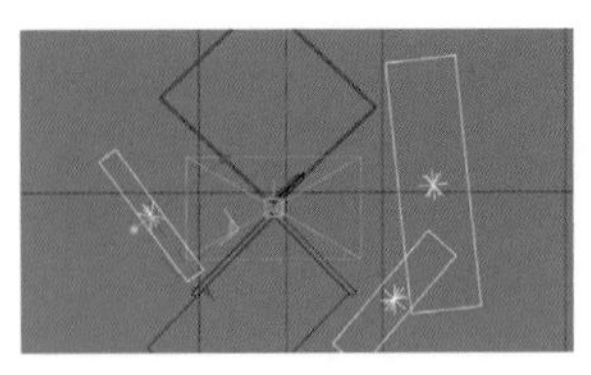

图12-79

图12-80

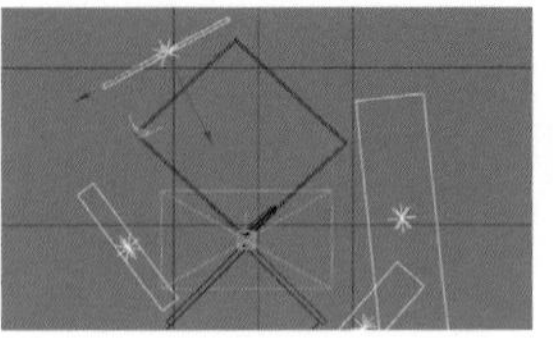

图12-81

图12-82

12.4.4 制作镜头效果

使用鼠标右键单击“摄像机”对象，为其添加一个“Octane摄像机标签”，进入“摄像机成像”选项卡，勾选“启用摄像机成像”，设置“伽马”为1,“镜头”为Agfacolor_Futura_Ⅱ_200CD，如图12-83所示。与前面一样，这里需要为柜门和柜体添加“Octane对象标签”，关于运动模糊效果的设置方法请参考“镜头2”，渲染效果如图12-84所示。

图12-83

图12-84

12.5 制作柜门旋转阵列镜头的光效

本镜头的参考效果如图12-85所示。打开制作好的“镜头5”动画，激活Octane渲染器，将“直接照明”修改为“路径追踪”，设置“预设”为UTV4D，渲染效果对比如图12-86所示。

图12-85

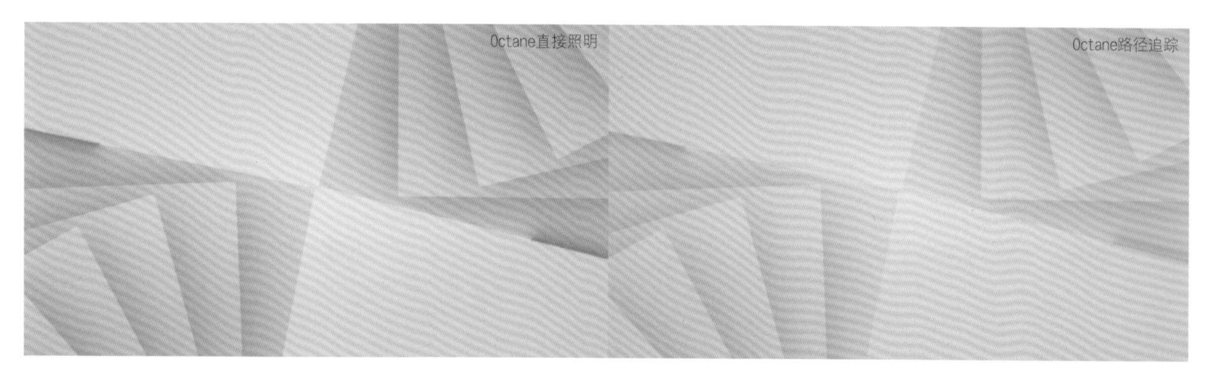

图12-86

12.5.1 布置场景灯光

01 创建一个“Octane HDRI环境”，在“着色器”选项卡中添加本书提供的Grey_Studio.exr HDRI文件，设置“强度”为0.4，如图12-87所示。

图12-87

02 创建一个“Octane区域光”，将其作为主光源。适当调整灯光尺寸，将主光源拖曳到柜门上方，以制作阴影，设置“功率”为50，如图12-88所示。渲染效果如图12-89所示。

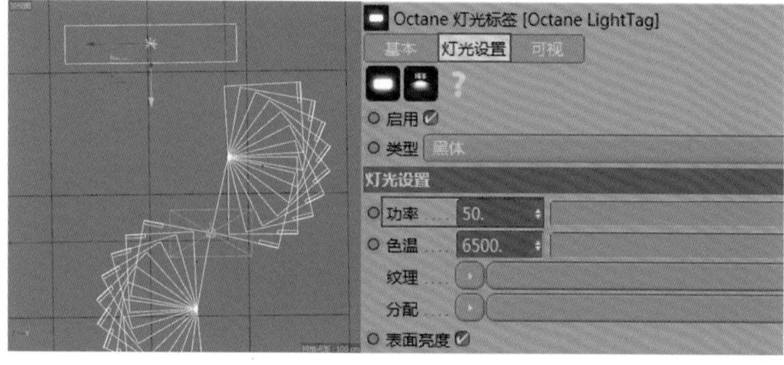

图12-88

图12-89

03 创建一个“Octane区域光”，将其作为辅助光源，设置“功率”为5。适当调整灯光尺寸，将辅助光源拖曳到柜门左侧，如图12-90所示。渲染效果如图12-91所示。

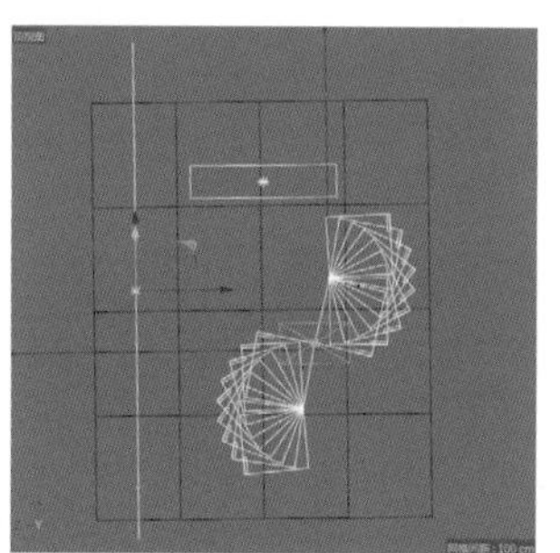

图12-90

图12-91

12.5.2 创建柜门材质

复制7份“镜头4”中的柜门材质，并将它们修改成7种不同的颜色，如图12-92所示。将本书提供的黑白贴图拖曳到节点编辑器中，并链接到柜门材质的“凹凸”通道，然后将它们分别赋予对应模型，将“图像纹理”的“强度”设置为0.2，并调整“纹理投射”的UV，如图12-93所示。

图12-92

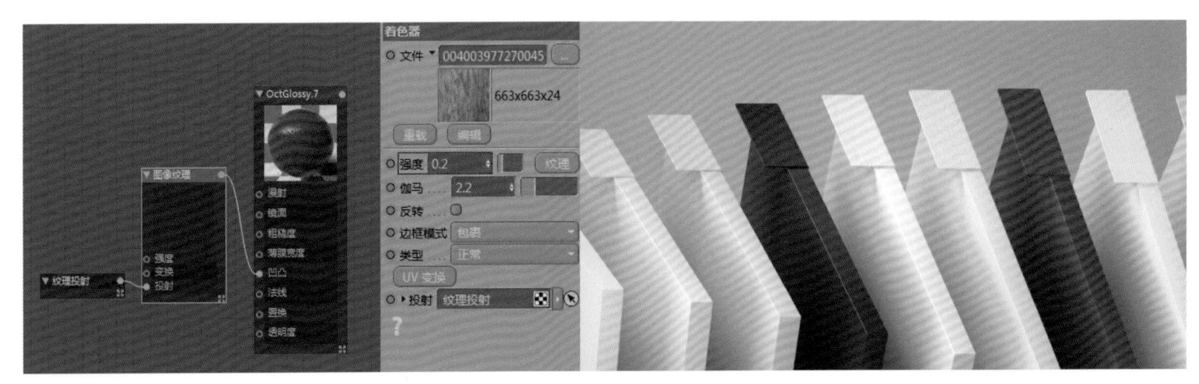

图12-93

技巧提示 柜门上的拉手可使用与柜门相同的材质。

12.5.3 制作镜头效果

使用鼠标右键单击“摄像机”对象，为其添加“Octane摄像机标签”，在“摄像机成像”选项卡中勾选“启用摄像机成像”，设置“镜头”为Agfacolor_Futura_Ⅱ_200CD，读者还可以参考“镜头2”中的方法制作运动模糊效果，如图12-94所示。最终效果如图12-95所示。

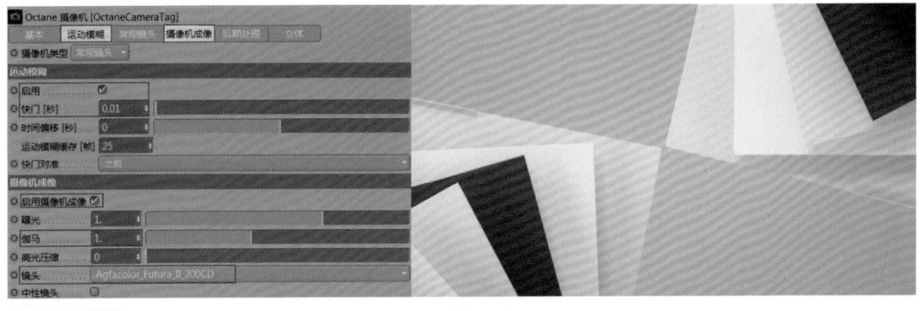

图12-94

图12-95

12.6 制作柜门依次关闭镜头的光效

本镜头的参考效果如图12-96所示。打开制作好的“镜头6”动画，激活Octane渲染器，将“直接照明”修改为“路径追踪”，设置“预设”为UTV4D，渲染效果对比如图12-97所示。

图12-96

图12-97

12.6.1 布置场景灯光

01 执行“Octane>对象>Octane纹理环境”菜单命令，如图12-98所示。在“主要”选项卡中添加“RGB颜色”纹理，并修改其颜色为黑色，如图12-98所示。

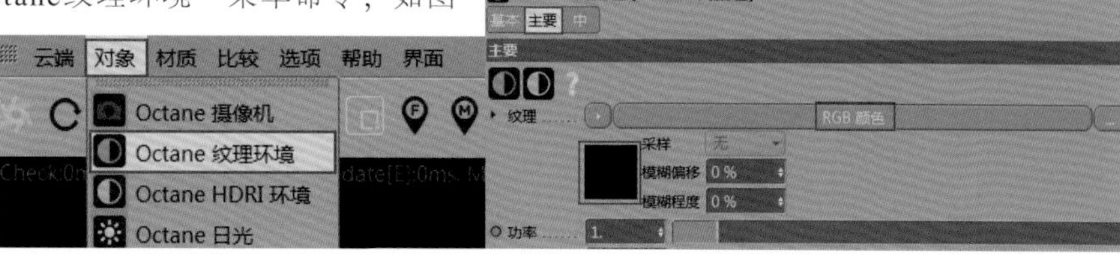

图12-98

02 创建一个“Octane区域光”，将其作为主光源。适当调整灯光尺寸，将主光源拖曳到柜子右上方，如图12-99所示。效果如图12-100所示。

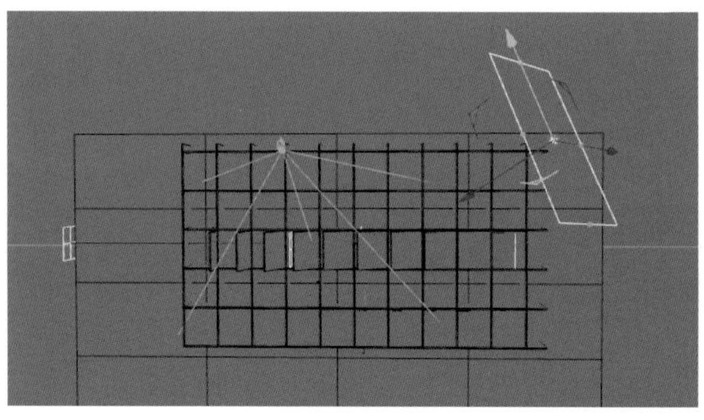

图12-99

图12-100

03 创建一个"Octane区域光"，将其作为辅助光源，设置"功率"为30，"色温"为5500；适当调整灯光尺寸，将辅助光源拖曳到柜子左侧，如图12-101所示。效果如图12-102所示。

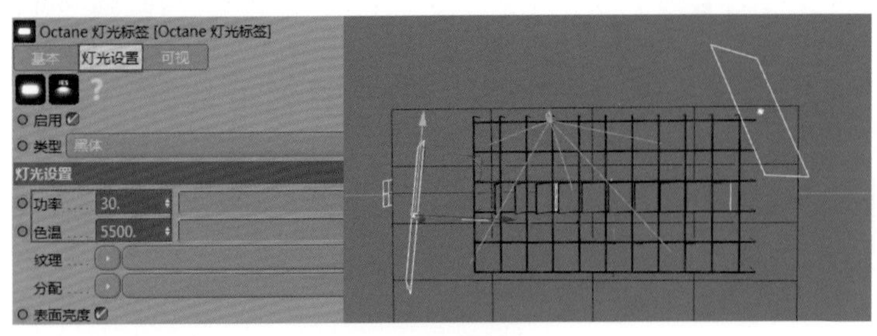

图12-101

图12-102

12.6.2 创建柜门材质

复制两份"镜头5"中的柜门材质，并将它们修改为两种不同的颜色，如图12-103所示。创建一个平面，将其拖曳到柜子右下角，作为光源遮挡板，让柜子立体感更强，如图12-104所示。将材质赋予对应模型，效果如图12-105所示。

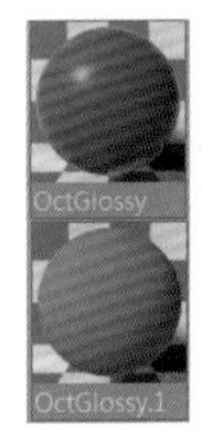

图12-103

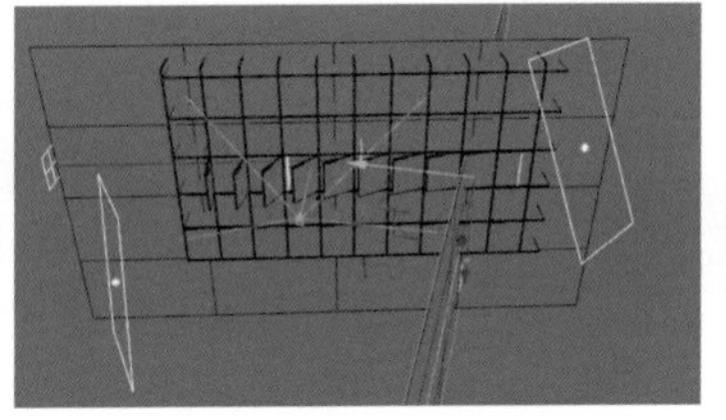

图12-104

图12-105

12.6.3 制作镜头效果

使用鼠标右键单击"摄像机"对象，为其添加一个"Octane摄像机标签"，在"摄像机成像"选项卡中勾选"启用摄像机成像"，设置"镜头"为Agfacolor_Futura_Ⅱ_200CD，具体参数设置如图12-106所示。如果要制作运动模糊效果，可以使用鼠标右键单击柜门的父级"克隆.3"，为其添加一个"Octane对象标签"，然后使用"镜头2"中的方法进行操作，最终效果如图12-107所示。

图12-106

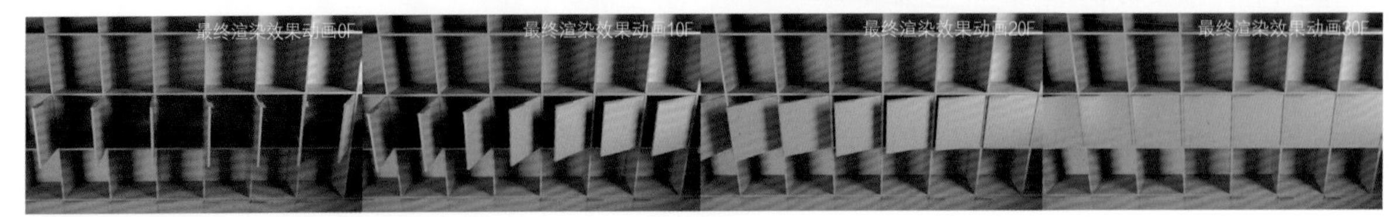

图12-107

12.7 制作柜门与抽屉转场镜头的光效

本镜头的参考效果如图12-108所示。打开制作好的“镜头7”动画，激活Octane渲染器，将“直接照明”修改为“路径追踪”，设置“预设”为UTV4D，渲染效果对比如图12-109所示。

图12-108

图12-109

12.7.1 布置柜门场景灯光

01 创建一个“Octane HDRI环境”，在“着色器”选项卡中添加本书提供的Grey_Studio.exr HDRI文件，设置“强度”为1，如图12-110所示。

图12-110

02 创建一个“Octane区域光”，将其作为主光源。适当调整灯光尺寸，将主光源拖曳到柜子左上方，设置“色温”为5000,“纹理”为“渐变”，以控制灯光的亮度，如图12-111所示。效果如图12-112所示。

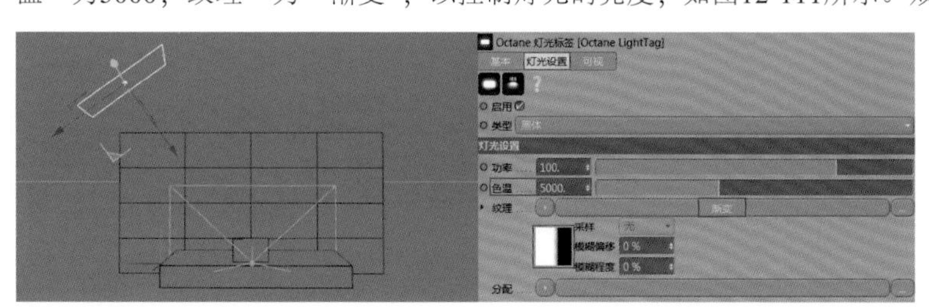

图12-111

图12-112

12.7.2 制作柜门材质

将墙体与柜门材质复制到该场景，并分别赋予对应模型。选择墙体材质，在“漫射”通道中使用“混合纹理”，将“纹理1”和“纹理2”的“RGB颜色”修改成不同的红色，如图12-113所示。

图12-113

12.7.3 加强光影质感

01 创建一个“Octane区域光”，将其作为背景光1。适当调整灯光尺寸，将背景光1拖曳到柜门后方偏下的位置，让灯光照亮背景，设置“功率”为10，如图12-114所示。效果如图12-115所示。

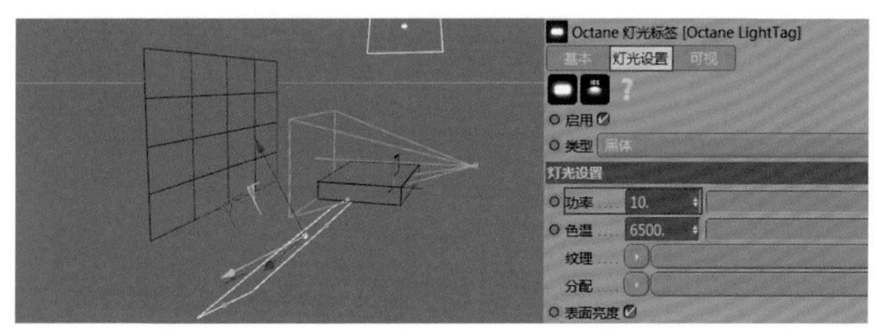

图12-114

图12-115

02 复制一份背景光1，重命名为背景光2，适当调整灯光尺寸，将其拖曳到柜门后方，让灯光照亮柜门底部的墙体，设置“功率”为1，灯光位置如图12-116所示。效果如图12-117所示。

03 创建一个“Octane区域光”，将其作为顶光源。适当调整灯光尺寸，将其拖曳到柜门正上方，设置“功率”为100，“色温”为5000，灯光位置如图12-118所示。效果如图12-119所示。

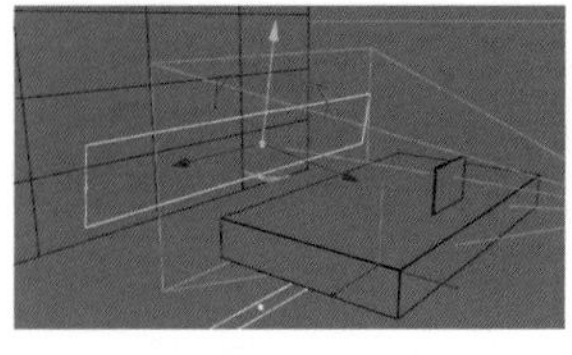

图12-116

图12-117

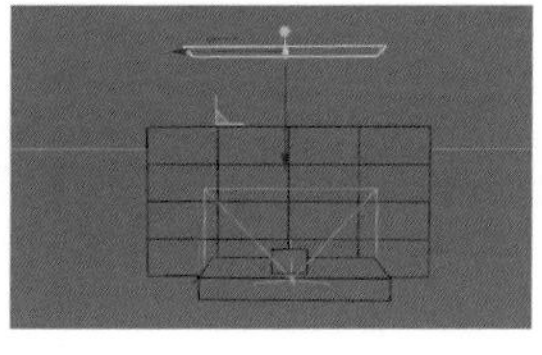

图12-118

图12-119

04 将顶光源复制一份，设置“功率”为20，“纹理”为“渐变”，并将灯光拖曳到柜门前下方，让灯光照亮柜下方墙体，如图12-120所示。效果如图12-121所示。

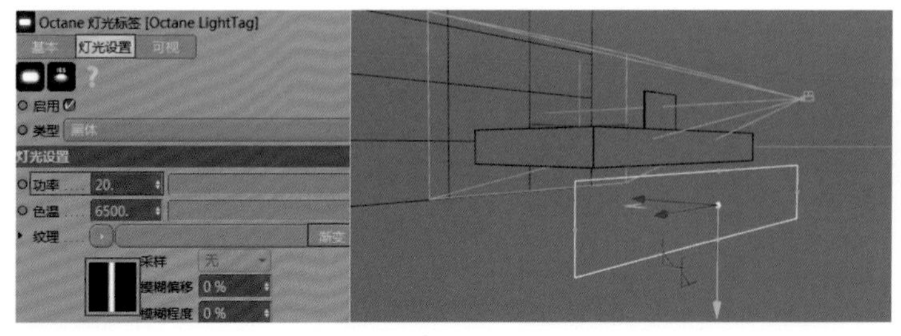

图12-120

图12-121

技巧提示 因为“镜头7”是一个360°旋转镜头动画，所以需要将“镜头7”拆分为两个工程文件（柜门和抽屉）来进行布光，这样会更加简单方便。

12.7.4 布置抽屉场景灯光

“镜头7”拆分后，布置抽屉场景灯光时只需要将左侧主光源拖曳到右侧，设置“功率”为50，“色温”为6000，如图12-122所示。

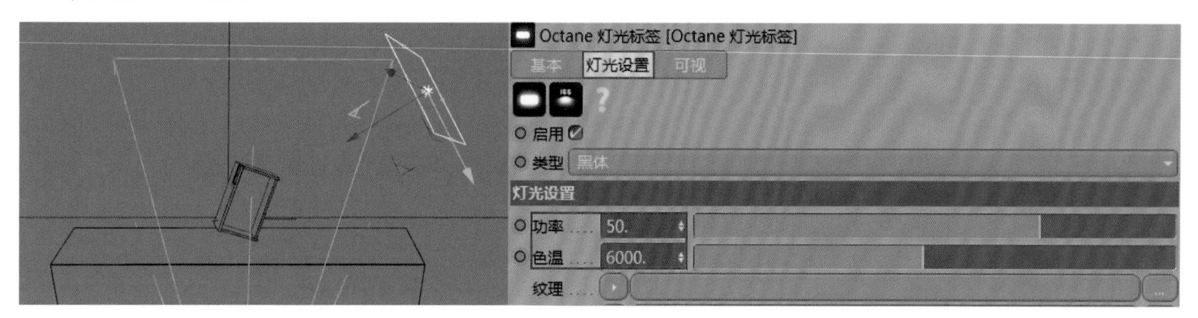

图12-122

12.7.5 制作抽屉材质

01 将木纹材质复制到当前场景，对木纹材质的“漫射”“凹凸”“法线”通道进行贴图替换，如图12-123所示。

02 拖曳出“色彩校正”节点，将木纹贴图的“图像纹理”节点的输出节点链接到“色彩校正”节点的“纹理”通道。进入“色彩校正”节点的属性面板，设置“亮度”为0.8，“色相”为0.1，“饱和度”为0.5，如图12-124所示。为了让木纹材质细节更丰富，将本书提供的另一张木纹贴图拖曳到节点编辑器中，将其输出节点链接到“混合纹理”节点的“纹理1”通道；通过“浮点”来控制混合程度，设置“浮点”为0.8，如图12-125所示。效果如图12-126所示。

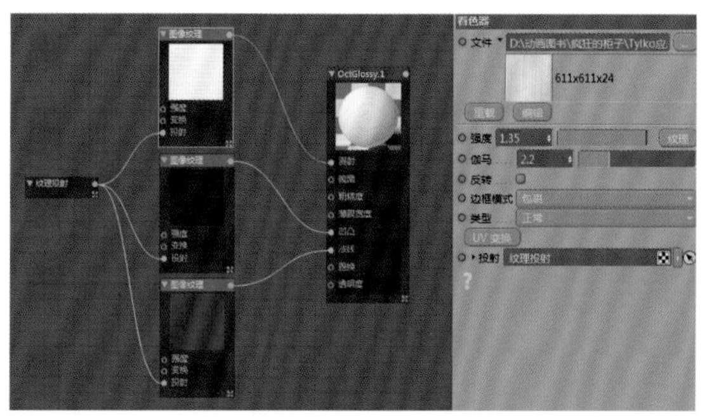

图12-123

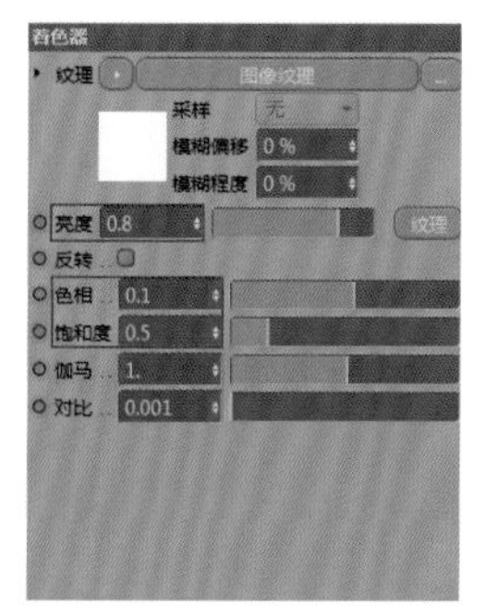

图12-124

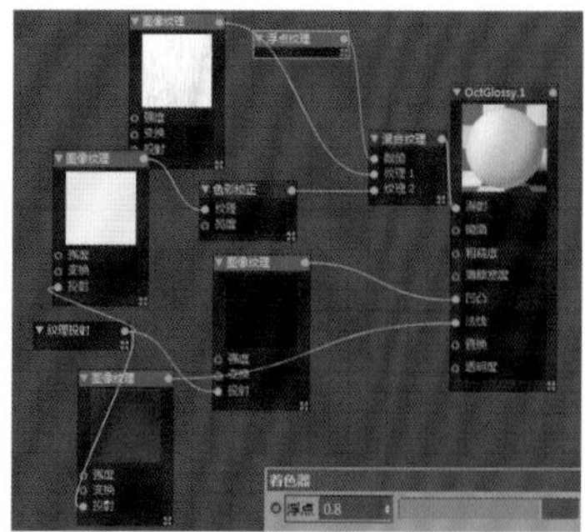

图12-125

图12-126

12.7.6 制作镜头效果

使用鼠标右键单击“摄像机”对象，为其添加一个“Octane摄像机标签”，在“摄像机成像”选项卡中勾选“启用摄像机成像”，设置“镜头”为Agfacolor_Futura_Ⅱ_200CD，具体参数设置如图12-127所示。如果要制作运动模糊效果，可以为“柜子.3”对象添加“Octane对象标签”，参考“镜头2”中的方法即可。最终效果如图12-128所示。

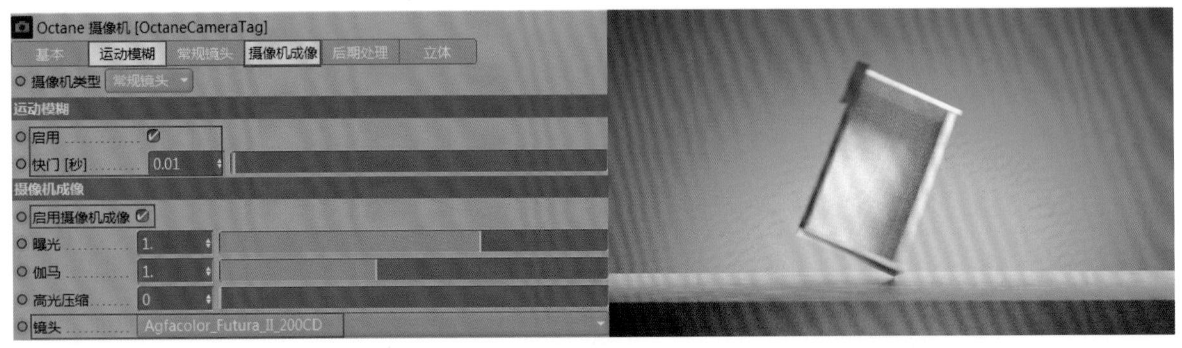

图12-127

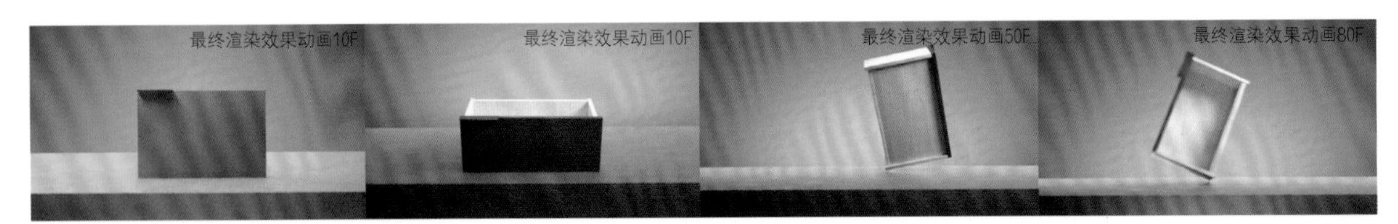

图12-128

12.8 制作抽屉展示镜头的光效

本镜头的参考效果如图12-129所示。打开制作好的“镜头8”动画，激活Octane渲染器，将“直接照明”修改为“路径追踪”，设置“预设”为UTV4D，渲染效果对比如图12-130所示。

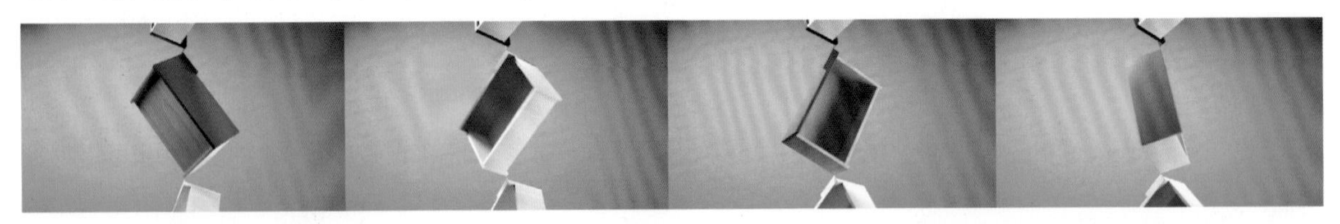

图12-129

图12-130

12.8.1 布置场景灯光

01 创建一个“Octane纹理环境”，在“主要”选项卡中添加一个“RGB颜色”节点，并修改其颜色为黑色，如图12-131所示。

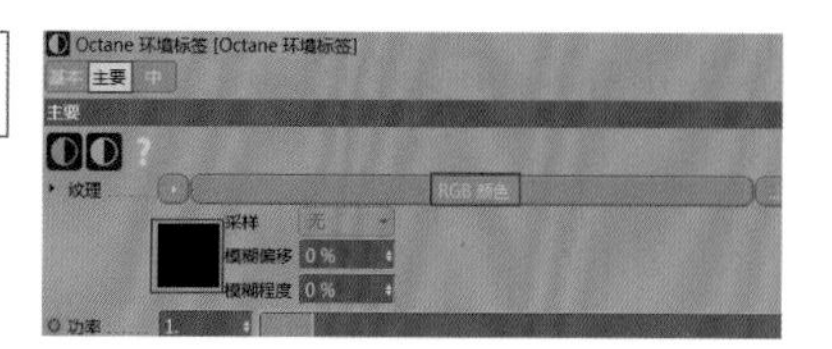

图12-131

02 创建一个“Octane区域光”，将其作为顶光源。设置“功率”为20，适当调整灯光尺寸，将其拖曳到柜子正上方，灯光位置如图12-132所示。复制一个“Octane区域光”，将其拖曳到柜子左上方，设置“功率”为50，灯光位置如图12-133所示。再复制一个“Octane区域光”，将其拖曳到柜子右侧，设置“功率”为15，灯光位置如图12-134所示。

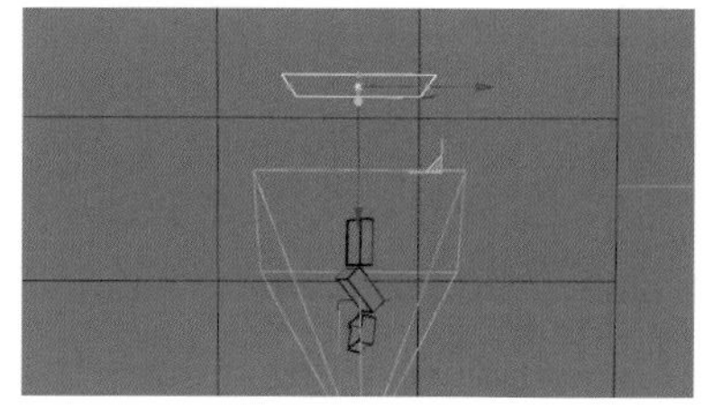

图12-132

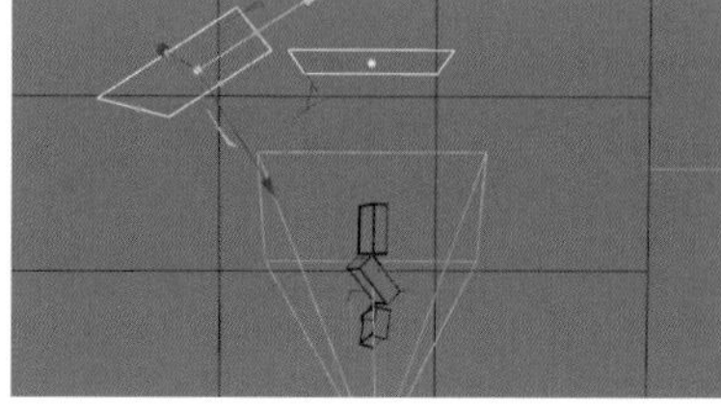

图12-133

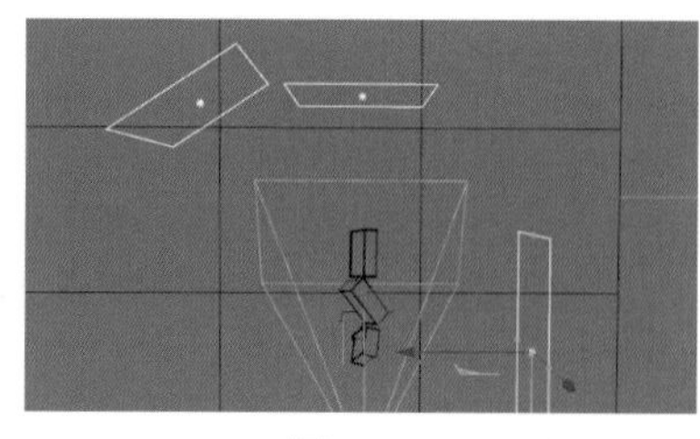

图12-134

12.8.2 制作镜头效果

01 复制“镜头7”中的柜门材质与木纹材质，将它们分别赋予对应模型，如图12-135所示。

02 与前面的方法相同，为“摄像机”对象添加“Octane摄像机标签”，设置“摄像机成像”选项卡中的参数，具体参数设置如图12-136所示。为柜门的父级“克隆.3”对象添加“Octane对象标签”，设置“运动模糊”选项卡中的参数。最终效果如图12-137所示。

图12-135

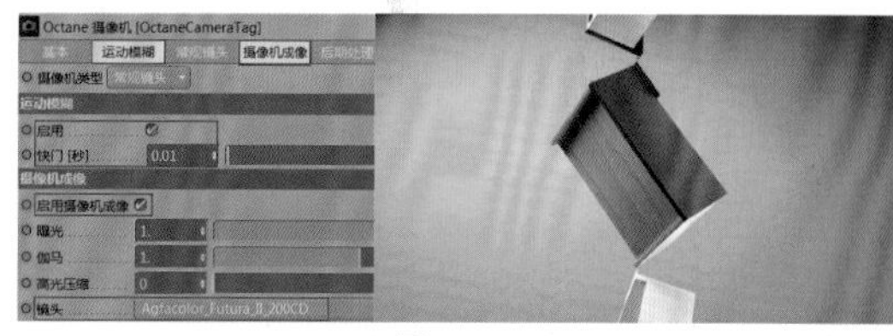

图12-136

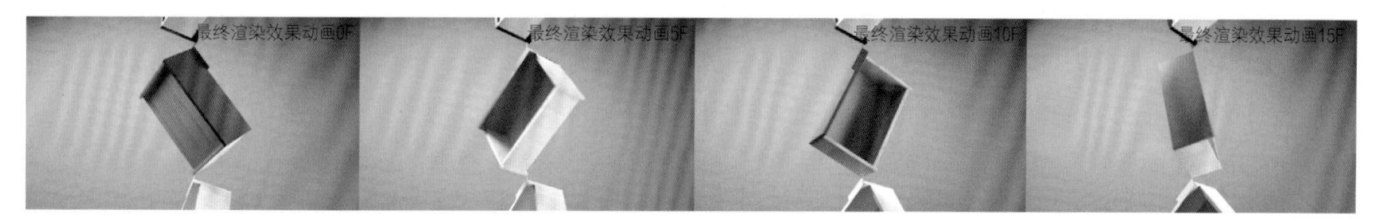

图12-137

12.9 制作抽屉组合动画镜头的光效

本镜头的参考效果如图12-138所示。打开制作好的“镜头9”动画，激活Octane渲染器，将“直接照明”修改为“路径追踪”，设置“预设”为UTV4D，渲染效果对比如图12-139所示。

图12-138

图12-139

12.9.1 布置场景灯光

01 创建一个“Octane纹理环境”，在“纹理”中添加“RGB颜色”纹理，并修改其颜色为黑色，如图12-140所示。

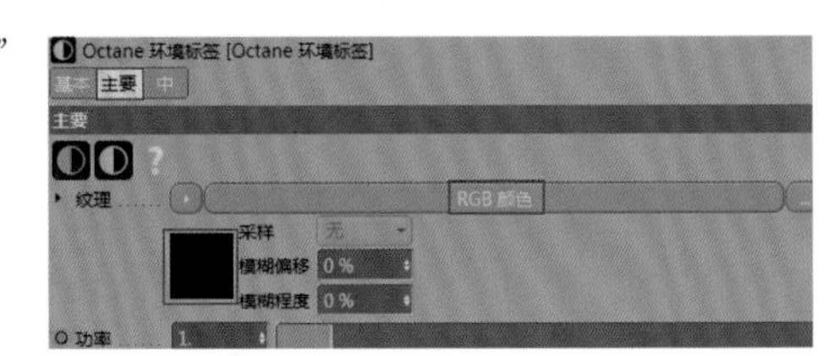

图12-140

02 创建一个“Octane区域光”，将其作为顶光源。设置“功率”为10，“色温”为5500，适当调整灯光尺寸，将其拖曳到柜子正上方，如图12-141所示。效果如图12-142所示。

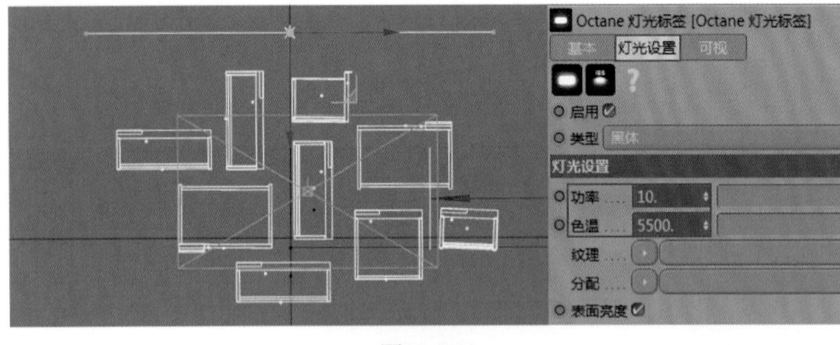

图12-141

图12-142

03 复制一个“Octane区域光”，将其作为主光源，并拖曳到柜子左上方；设置“功率”为100，灯光位置如图12-143所示。效果如图12-144所示。

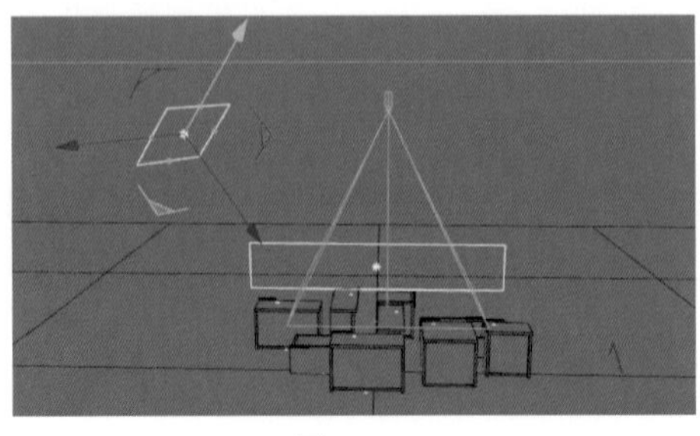

图12-143

图12-144

12.9.2 制作镜头效果

01 复制柜门材质与蓝色墙体材质，将柜门材质复制5份，并在“漫射”通道中将它们设置为不同的颜色，如图12-145所示。

02 与前面一样，为“摄像机”对象添加“Octane摄像机标签”，为“柜子”对象添加“Octane对象标签”，具体参数设置如图12-146所示。最终渲染效果如图12-147所示。

图12-145

图12-146

图12-147

12.10 制作抽屉打开镜头的光效

本镜头的参考效果如图12-148所示。打开制作好的“镜头10”动画，激活Octane渲染器，将“直接照明”修改为“路径追踪”，设置“预设”为UTV4D，渲染效果对比如图12-149所示。

图12-148

图12-149

12.10.1 布置场景灯光

01 创建一个“Octane区域光”，将其作为主光源。设置“功率”为120，适当调整灯光尺寸，将其拖曳到柜子左上方，如图12-150所示。渲染效果如图12-151所示。

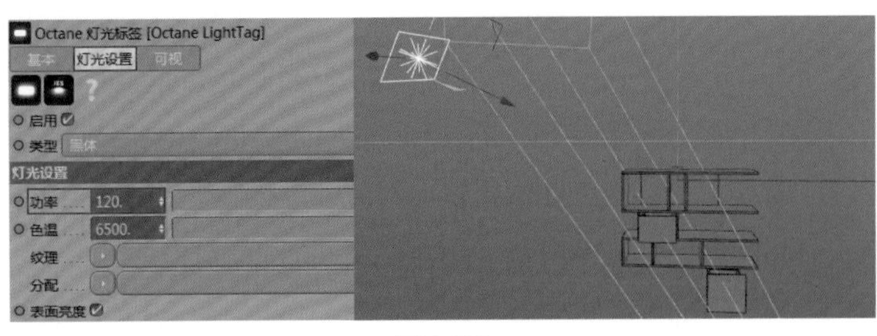

图12-150

图12-151

02 复制一个“Octane区域光”，将其作为辅助光1，设置“功率”为20，适当调整灯光尺寸，将其拖曳到柜子左下方，灯光位置如图12-152所示。效果如图12-153所示。

03 复制一个“Octane区域光”，将其作为辅助光2，设置“功率”为5，适当调整灯光尺寸，将其拖曳到柜子右侧，灯光位置如图12-154所示。效果如图12-155所示。

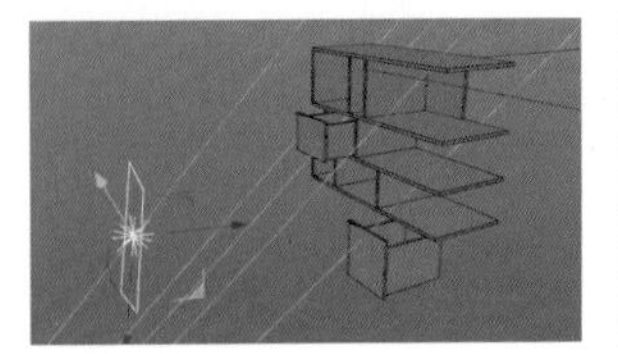
图12-152

图12-153

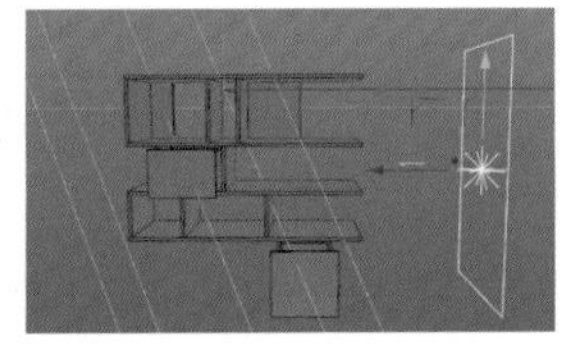
图12-154

图12-155

04 为了模拟主光从窗外照射进来的效果，可以创建一个平面，将平面修改为有缺口的形状，如图12-156所示。拖曳平面到柜子左侧用于阻挡主光，平面位置如图12-157所示。效果如图12-158所示。

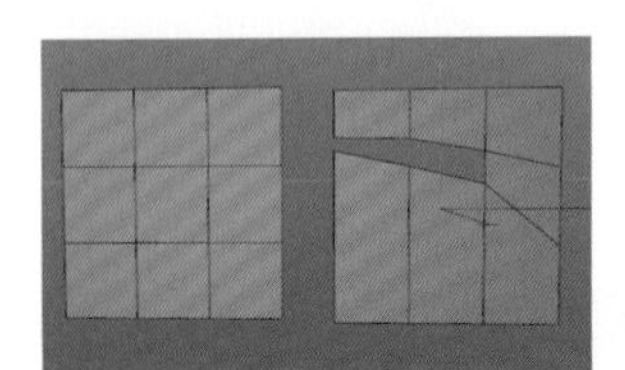
图12-156

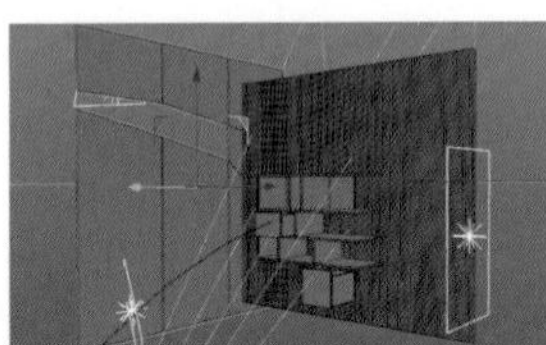
图12-157

图12-158

12.10.2 制作场景材质

01 复制“镜头9”中的柜子材质到该场景中，将材质颜色修改为黑色、白色、墨绿色和暗红色，将它们分别赋予柜子滑轨、柜子、柜子边框和柜子背景，如图12-159所示。

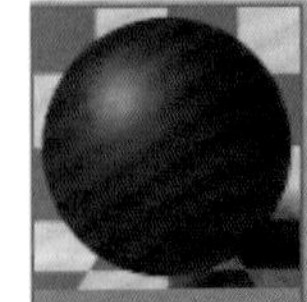

图12-159

02 复制“镜头9”中的木纹材质，用本书提供的对应木纹贴图替换“混合纹理”节点的“纹理2”；将“纹理1”的贴图删除，拖曳出“RGB颜色”节点并链接到“纹理1”通道；将“颜色”修改为肉粉色，修改“浮点纹理”节点的“浮点”为0.5，取消“图像纹理”节点与“凹凸”和“法线”通道的链接，如图12-160所示。

03 与前面一样，为“摄像机”对象添加“Octane摄像机标签”，为“柜子”对象添加“Octane对象标签”，具体参数设置如图12-161所示。最终效果如图12-162所示。

图12-160

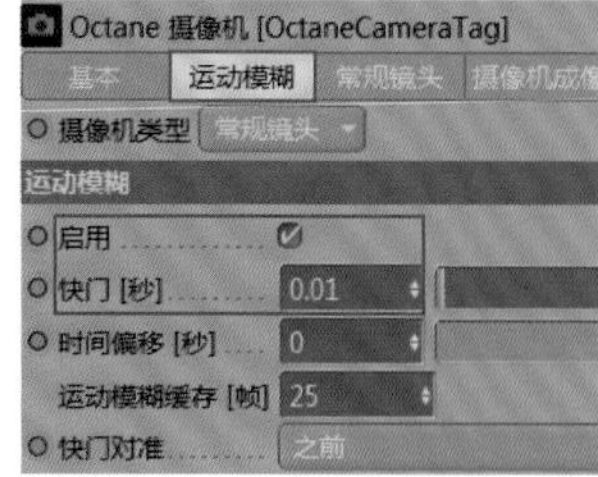

图12-161

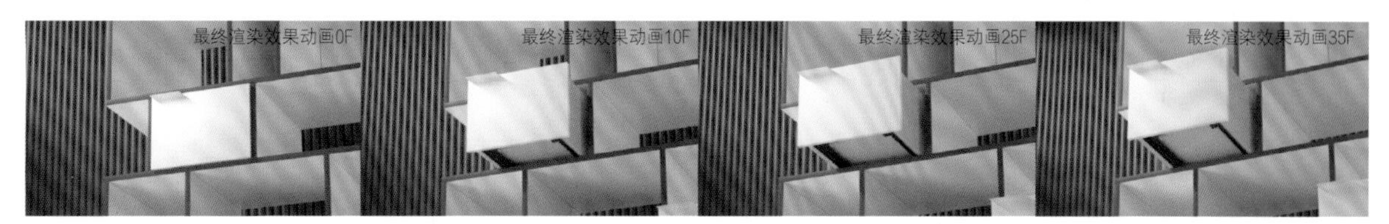

图12-162

12.11 制作抽屉特写镜头的光效

本镜头的参考效果如图12-163所示。打开制作好的“镜头11”动画，激活Octane渲染器，将“直接照明”修改为“路径追踪”，设置“预设”为UTV4D，渲染效果对比如图12-164所示。

图12-163

图12-164

12.11.1 布置场景灯光

01 新建一个“Octane区域光”，将其作为主光源。设置“功率”为30，适当调整灯光尺寸，将其拖曳到抽屉左上方，如图12-165所示。效果如图12-166所示。

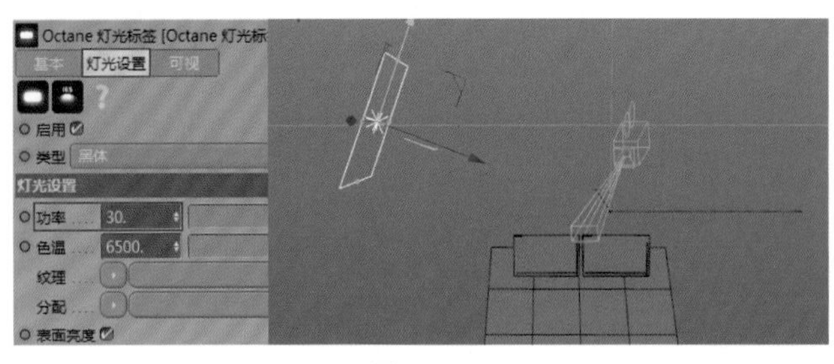

图12-165

图12-166

02 复制一个“Octane区域光”，将其作为辅助光源。设置“功率”为2,“色温”为5500，适当调整灯光尺寸，将其拖曳到抽屉后方，灯光位置如图12-167所示。效果如图12-168所示。

03 复制一个“Octane区域光”，设置“功率”为5，适当调整灯光尺寸，将其拖曳到抽屉后方，灯光位置如图12-169所示。效果如图12-170所示。

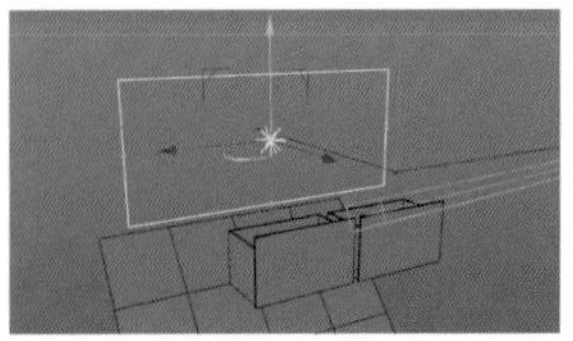

图12-167

图12-168

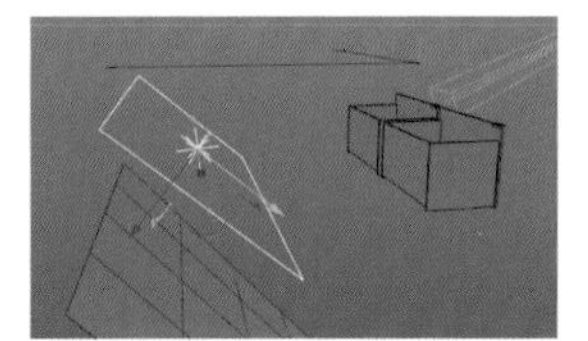

图12-169

图12-170

12.11.2 制作抽屉材质

01 将“镜头10”中的黑色材质与木纹材质复制到该场景中，分别赋予对应的模型，如图12-171所示。

02 将抽屉与抽屉边缘模型的黑色材质统一。创建一个新的黑色材质，将其赋予边缘模型，将本书提供的黑白贴图拖曳到节点编辑器中并链接到“凹凸”通道，拖曳“纹理投射”节点并修改纹理的UV，设置“纹理投射”为“盒子”，勾选“锁定宽高比”，设置S.X为0.02，如图12-172所示。

图12-171

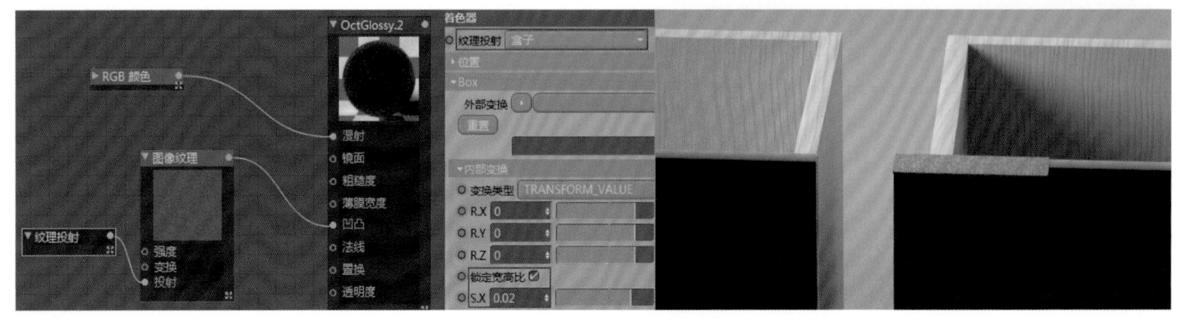

图12-172

03 与前面一样，为“摄像机”对象添加“Octane摄像机标签”，具体参数设置如图12-173所示。最终效果如图12-174所示。

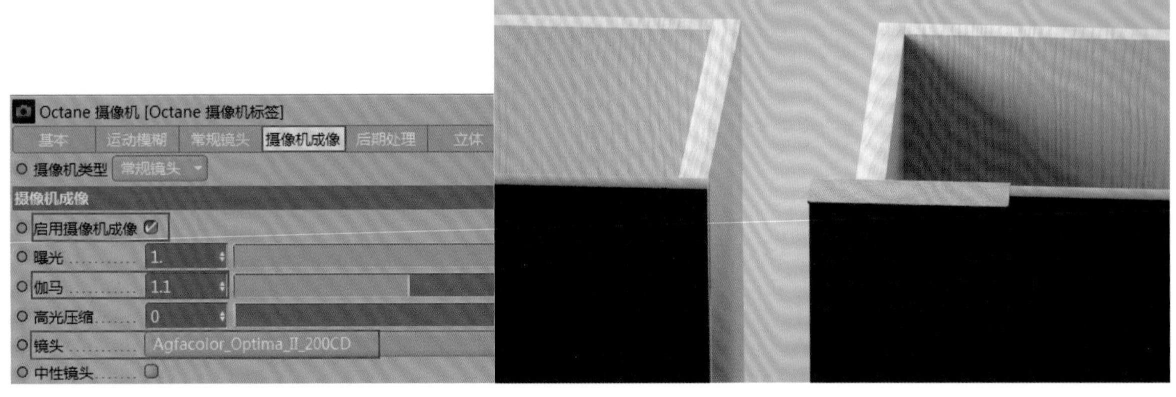

图12-173

图12-174

12.12 制作抽屉开关镜头的光效

本镜头的参考效果如图12-175所示。打开制作好的“镜头12”动画，激活Octane渲染器，将“直接照明”修改为“路径追踪”，设置“预设”为UTV4D，渲染效果对比如图12-176所示。

图12-175

图12-176

12.12.1 布置场景灯光

新建一个“Octane纹理环境”，在“纹理”中添加“RGB颜色”纹理，修改其颜色为黑色；将“镜头10”场景中的灯光复制到该场景中，设置“功率”为180，如图12-177所示。

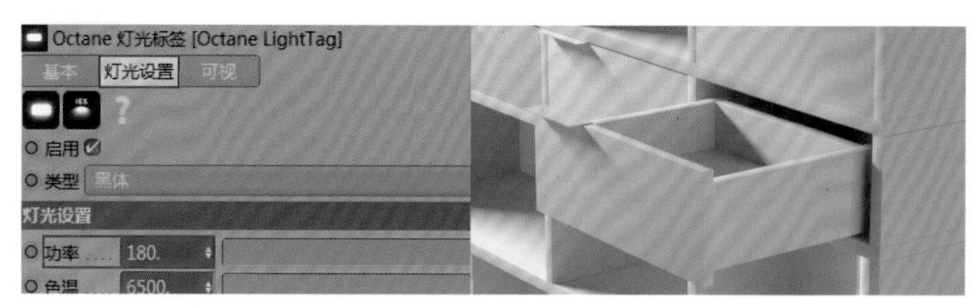

图12-177

12.12.2 复制材质

01 复制“镜头10”中的材质到该场景中，将其赋予对应的模型，如图12-178所示。

02 与前面一样，为“摄像机”对象添加“Octane摄像机标签”，为“柜子”对象添加“Octane对象标签”，参考参数如图12-179所示。最终效果如图12-180所示。

图12-178

图12-179

图12-180

12.13 制作螺丝钉汇集镜头的光效

本镜头的参考效果如图12-181所示。打开制作好的“镜头13”动画，激活Octane渲染器，将“直接照明”修改为“路径追踪”，设置“预设”为UTV4D，渲染效果对比如图12-182所示。

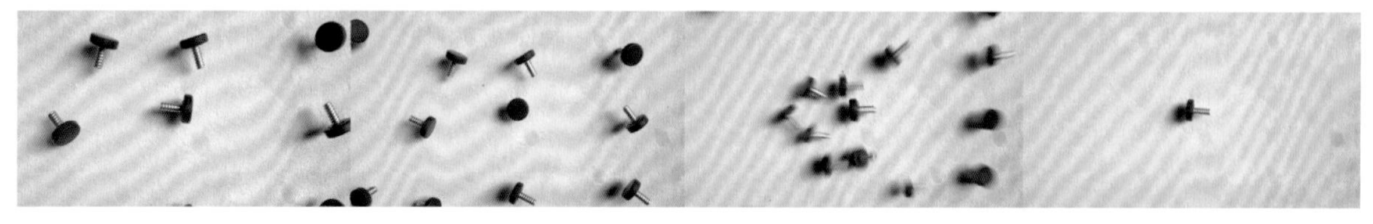

图12-181

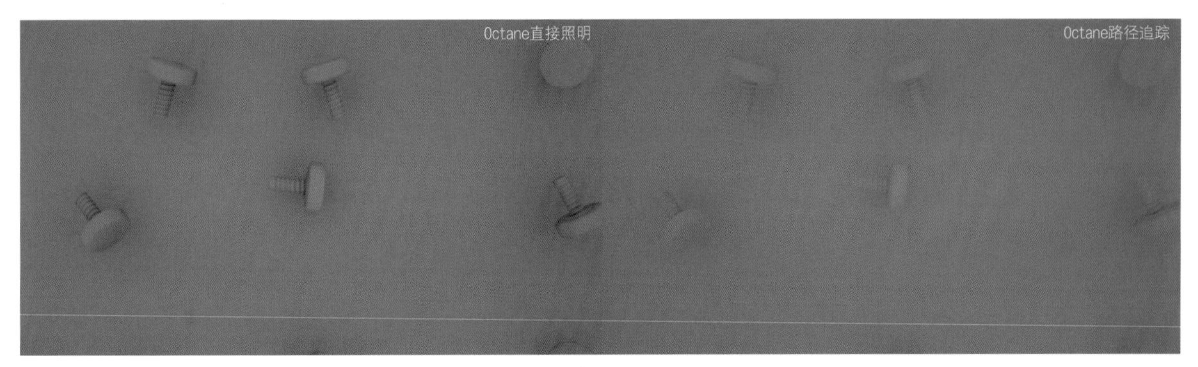

图12-182

12.13.1 设置主光源

创建一个“Octane HDRI环境”，将其作为主光源。将本书提供的Grey_Studio.exr HDRI文件拖曳到“着色器”选项卡中；适当调整“旋转X”和“旋转Y”的值，如图12-183所示。单击“图像纹理”节点，设置“着色器”选项卡中的“强度”为0.7，如图12-184所示。

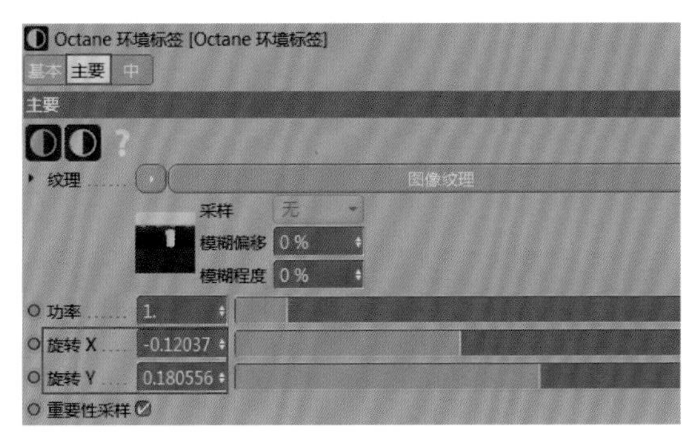

图12-183

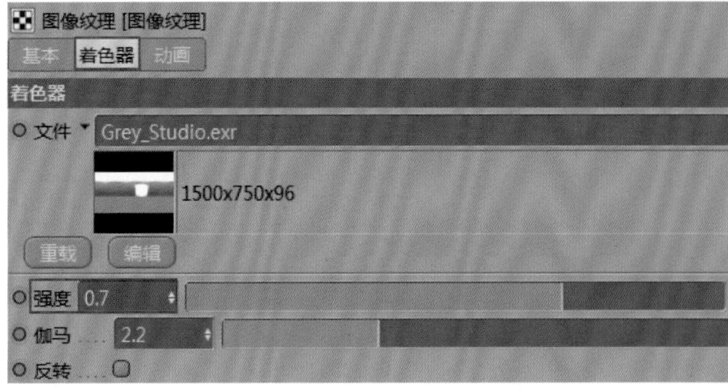

图12-184

12.13.2 设置材质

将其他镜头中的墙体、金属和黑色材质复制到该场景，将它们分别赋予对应的模型。注意，这里打开墙体材质的“漫射”通道，将其“RGB颜色”修改为浅粉红色，如图12-185所示。效果如图12-186所示。

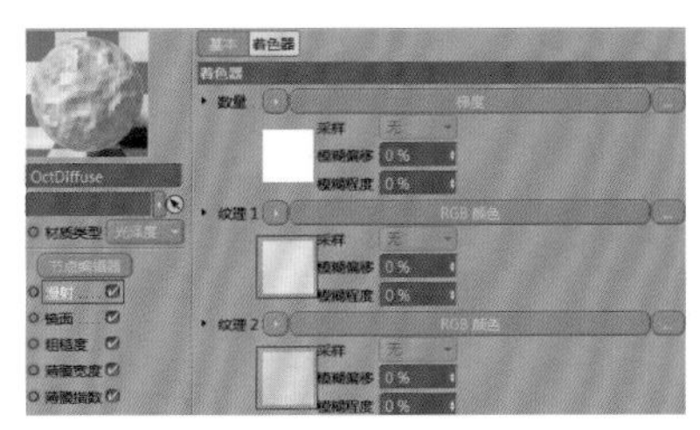

图12-185

图12-186

12.13.3 优化光影效果

01 当前画面中的光影过于单一，因此需要创建一个“Octane区域光”，将其作为辅助光源。设置“功率”为2，“色温”为4500，参数设置如图12-187所示。适当调整灯光尺寸，将其拖曳到钉子右上方。效果如图12-188所示。

02 与前面一样，为“摄像机”对象制作运动模糊效果，参考参数如图12-189所示。最终效果如图12-190所示。

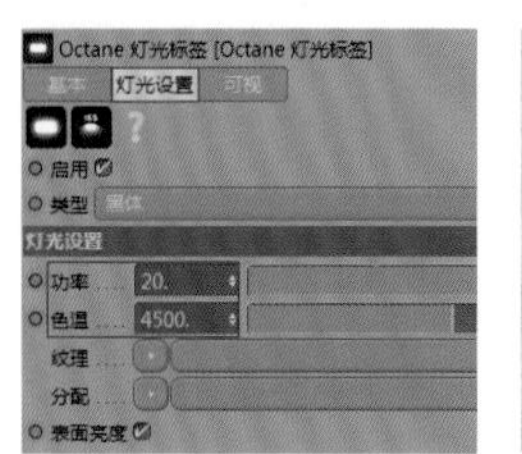

图12-187

图12-188

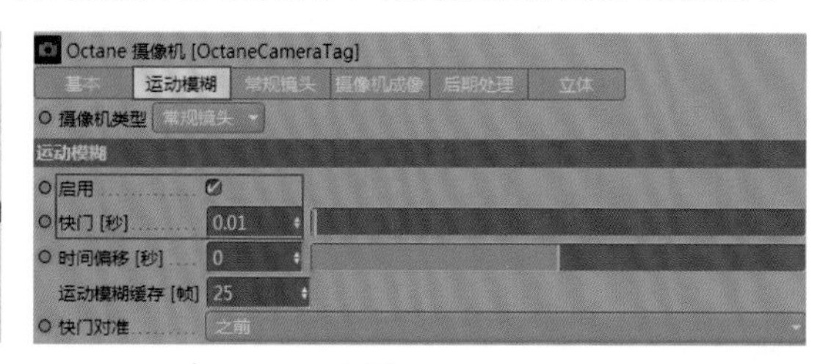

图12-189

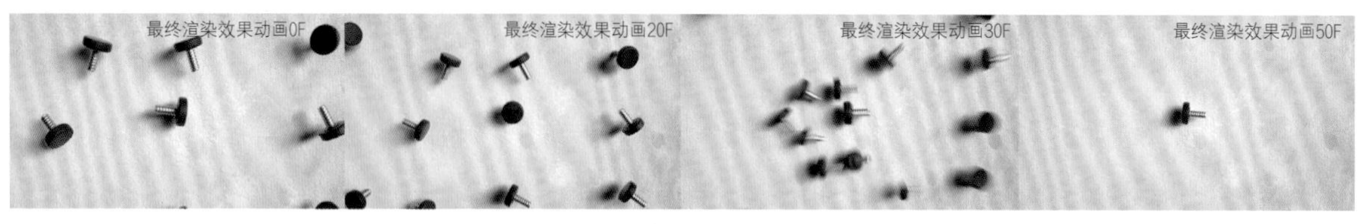

图12-190

12.14 制作螺丝钉安装镜头的光效

本镜头的参考效果如图12-191所示。打开制作好的“镜头14”动画，激活Octane渲染器，将“直接照明”修改为“路径追踪”，设置“预设”为UTV4D，渲染效果对比如图12-192所示。

图12-191

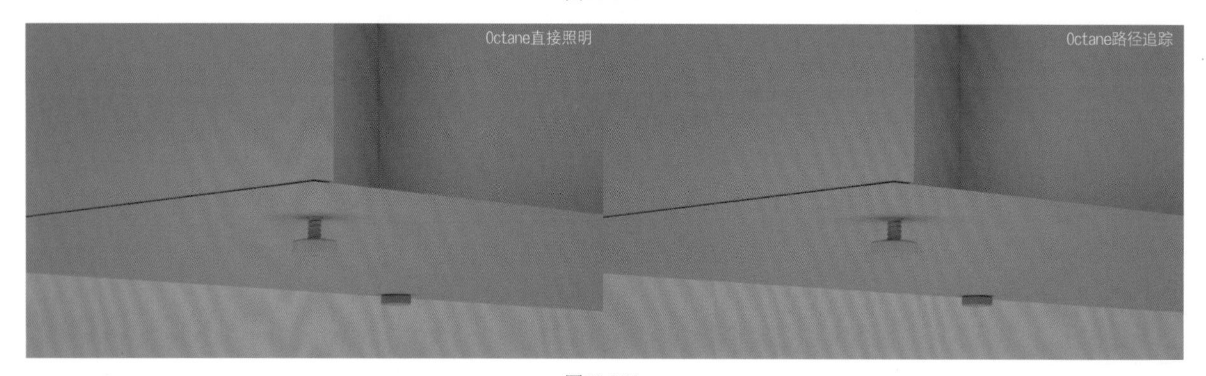

图12-192

12.14.1 布置场景灯光

01 创建一个“Octane区域光”，将其作为主光源。设置“功率”为10，适当调整灯光尺寸，将其拖曳到柜子左侧前方，如图12-193所示。效果如图12-194所示。

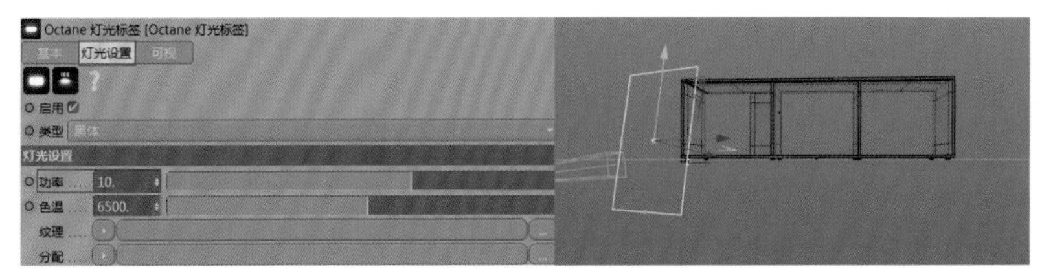

图12-193

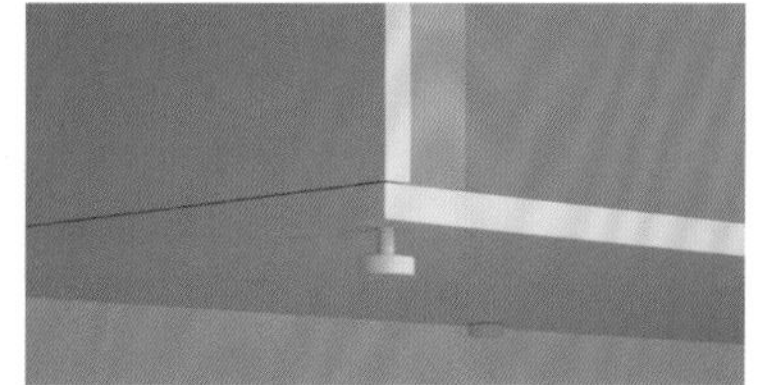
图12-194

02 复制一个“Octane区域光”，将其作为辅助光1。设置“功率”为20，适当调整灯光尺寸，将其拖曳到柜子左侧，灯光位置如图12-195所示。效果如图12-196所示。

03 复制一个“Octane区域光”，将其作为辅助光2。设置“功率”为100，适当调整灯光尺寸，将其拖曳到柜子右下方，灯光位置如图12-197所示。效果如图12-198所示。

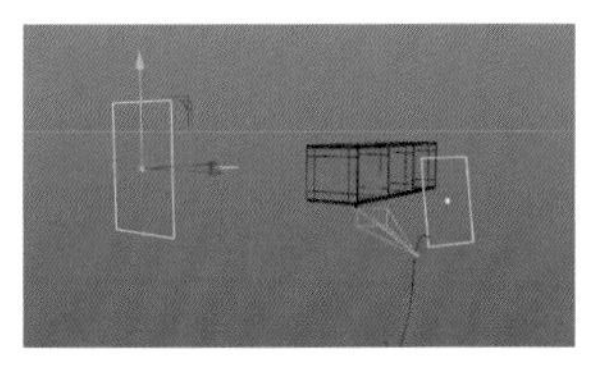
图12-195

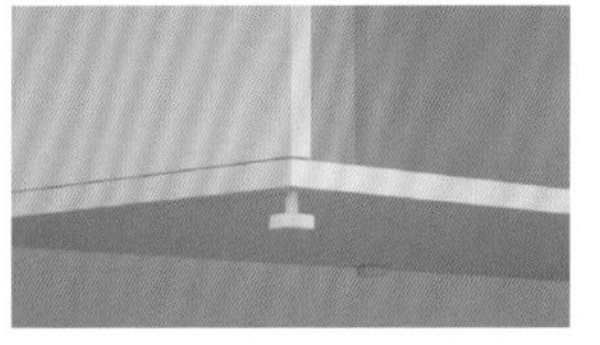
图12-196

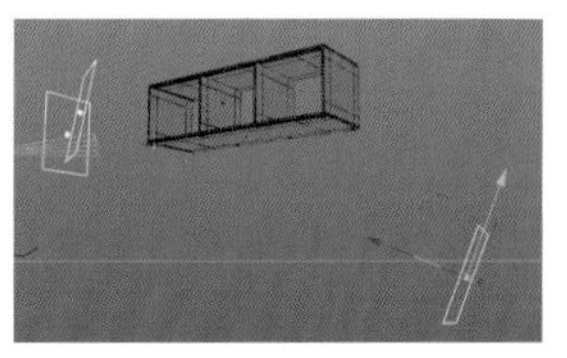
图12-197

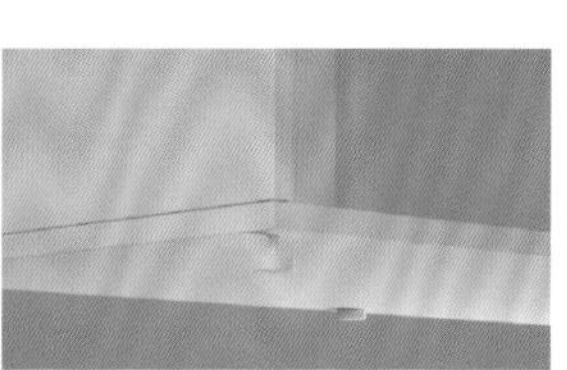
图12-198

12.14.2 复制材质

将柜子与钉子材质复制到该场景，并分别赋予对应的模型，如图12-199所示。最终渲染效果如图12-200所示。

技巧提示 这里的场景背景会使用After Effects添加，所以需要在最终渲染时勾选“Alpha通道”。另外该场景需保持摄像机成像为线性，不需要启用运动模糊，所以可以不为摄像机添加“Octane摄像机标签”。

图12-199

图12-200

12.15 制作螺丝钉安装完成镜头的光效

本镜头的参考效果如图12-201所示。打开制作好的“镜头15”动画，激活Octane渲染器，将“直接照明”修改为“路径追踪”，设置“预设”为UTV4D，渲染效果对比如图12-202所示。

图12-201

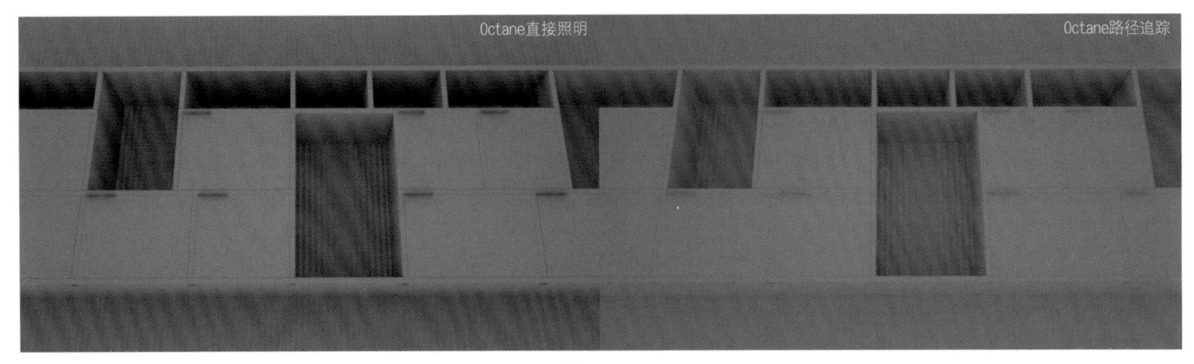

图12-202

12.15.1 布置场景灯光

新建一个“Octane日光”，将其作为主光源。设置“功率”为1.2，“太阳大小”为10，“太阳颜色”为白色，如图12-203所示。调整日光的旋转坐标R.H为115°、R.P为-39°，如图12-204所示。效果如图12-205所示。

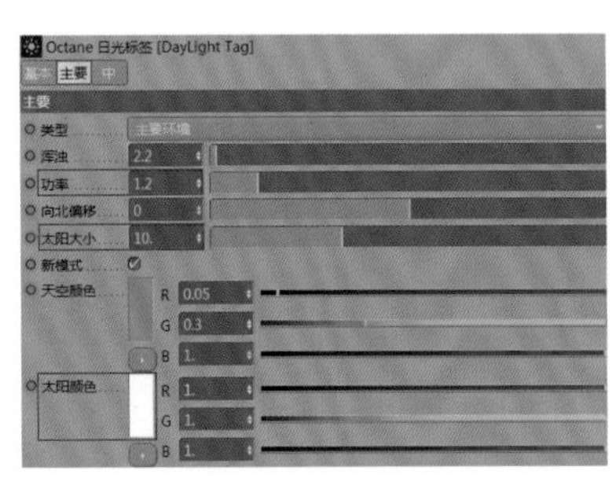

图12-203

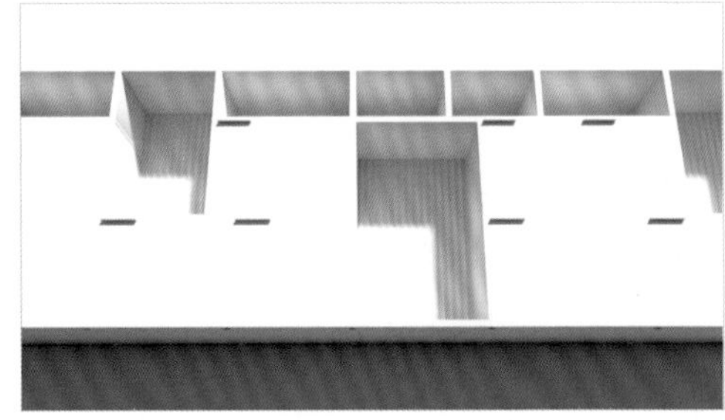

图12-204

图12-205

12.15.2 设置场景材质

将前面为其他镜头制作的材质复制到该场景中，并分别赋予对应的模型，如图12-206所示。

图12-206

12.15.3 优化光影效果

01 因为柜子是黑色材质，且目前只有一个主光源，所以柜子在日光的照射下并没有很好地体现出质感。新建一个“Octane区域光”，将其作为辅助光源。设置“功率”为30，适当调整灯光尺寸，将其拖曳到柜子右上方，灯光位置如图12-207所示。效果如图12-208所示。

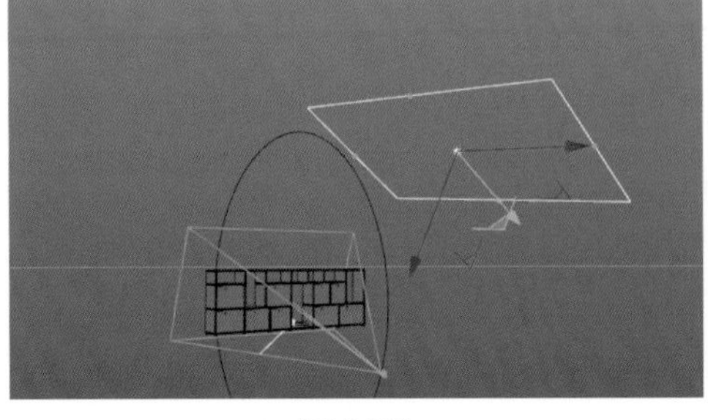

图12-207

图12-208

02 创建一个平面，修改平面的造型，将其拖曳到柜子右上方，对日光进行遮挡，平面位置如图12-209所示。效果如图12-210所示。

03 与前面一样，为“摄像机”对象添加“Octane摄像机标签”，具体参数设置如图12-211所示。最终效果如图12-212所示。

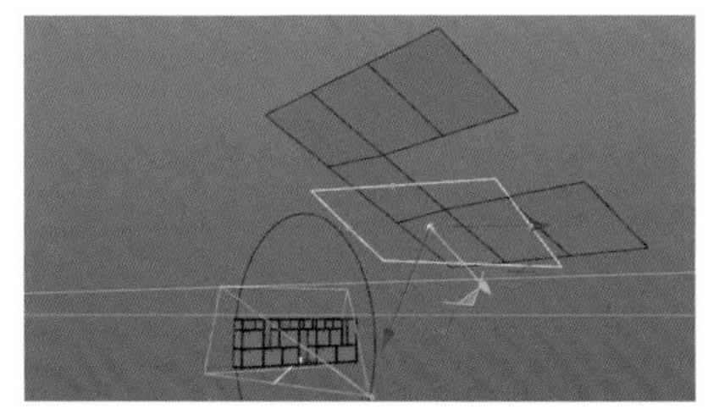

图12-209

图12-210

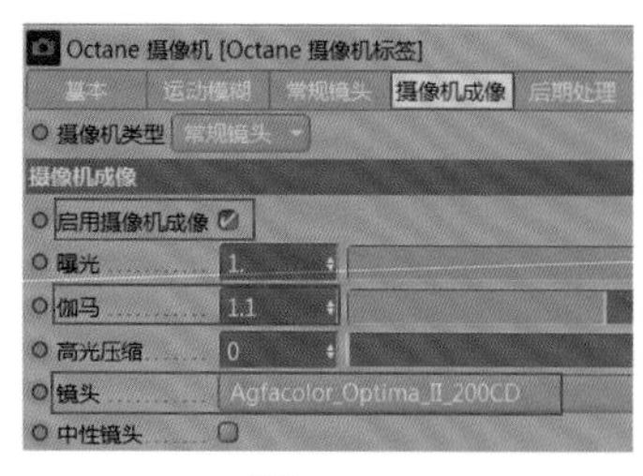

图12-211

图12-212

12.16 制作柜门安装镜头的光效

本镜头的参考效果如图12-213所示。打开制作好的“镜头16”动画，激活Octane渲染器，将“直接照明”修改为“路径追踪”，设置“预设”为UTV4D，渲染效果对比如图12-214所示。

图12-213

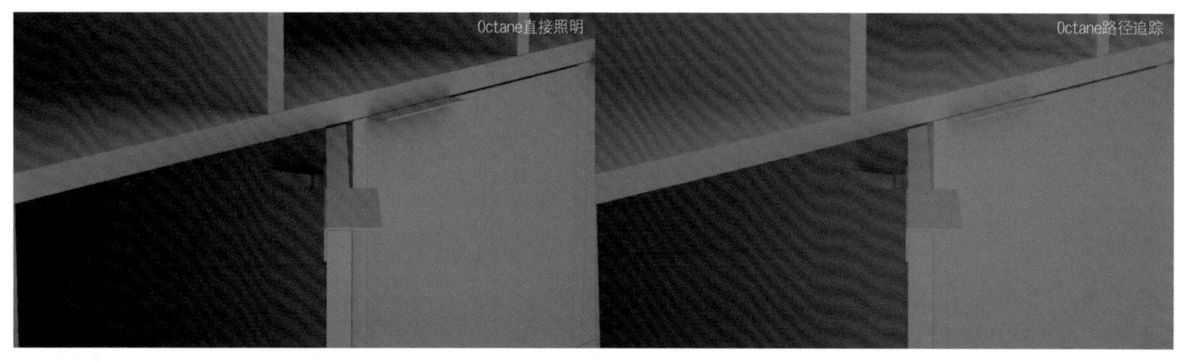

图12-214

12.16.1 布置场景灯光

01 新建一个“Octane纹理环境”，在“纹理”中添加“RGB颜色”纹理，并修改其颜色为黑色，如图12-215所示。

02 新建一个“Octane区域光”，将其作为主光源，设置“功率”为40，“色温”为5500，适当调整灯光尺寸，将其拖曳到柜子右上方，如图12-216所示。效果如图12-217所示。

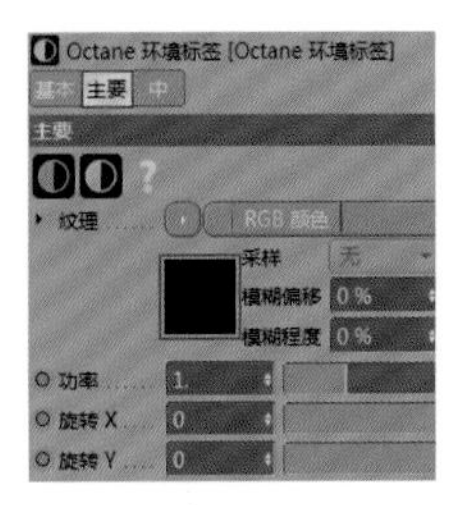

图12-215

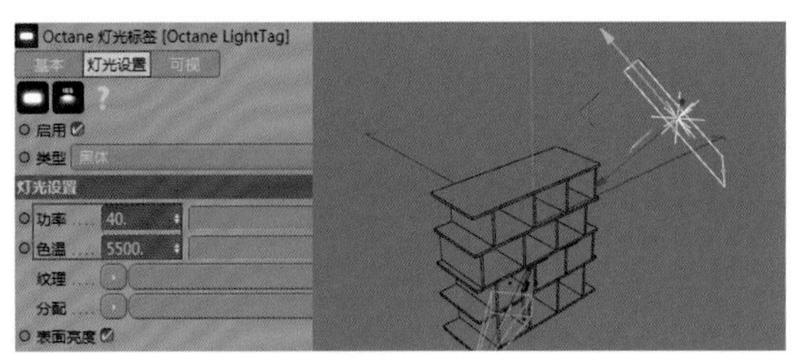

图12-216

图12-217

03 复制一个“Octane区域光”，将其作为辅助光源。设置“功率”为10，适当调整灯光尺寸，将其拖曳到柜子左侧，灯光位置如图12-218所示。效果如图12-219所示。

04 复制一个“Octane区域光”，将其作为背景光源，设置“功率”为1，“色温”为5500，适当调整灯光尺寸，将其拖曳到柜子背面，灯光位置如图12-220所示。效果如图12-221所示。

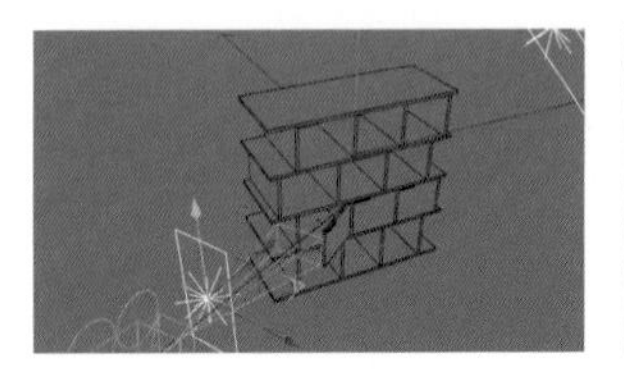

图12-218

图12-219

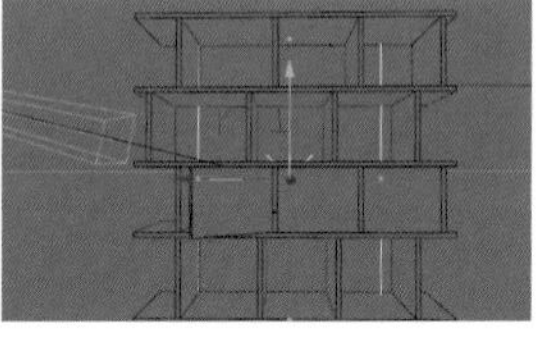

图12-220

图12-221

12.16.2 复制材质

01 该场景的材质与“镜头12”中所用的材质相同，所以只需要从“镜头12”中将材质复制过来即可，如图12-222所示。

02 与前面一样，为“摄像机”对象添加“Octane摄像机标签”，为“柜子”对象添加“Octane对象标签”，参考参数如图12-223所示。最终效果如图12-224所示。

图12-222

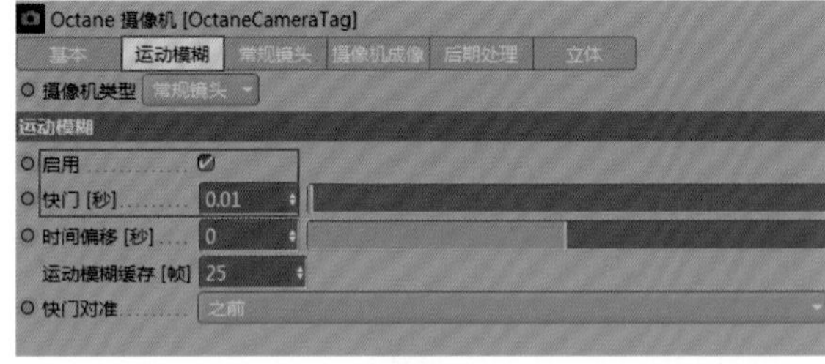

图12-223

图12-224

12.17 制作柜门安装完成镜头的光效

本镜头的参考效果如图12-225所示。打开制作好的“镜头17”动画，激活Octane渲染器，将“直接照明”修改为“路径追踪”，设置“预设”为UTV4D，渲染效果对比如图12-226所示。

图12-225

图12-226

12.17.1 布置场景灯光

01 新建一个“Octane纹理环境”，在“纹理”中添加“RGB颜色”纹理，并修改其颜色为黑色，如图12-227所示。

02 新建一个“Octane区域光”，将其作为主光源，设置“功率”为50，“色温”为6000，适当调整灯光尺寸，将其拖曳到柜子右上方，如图12-228所示。效果如图12-229所示。

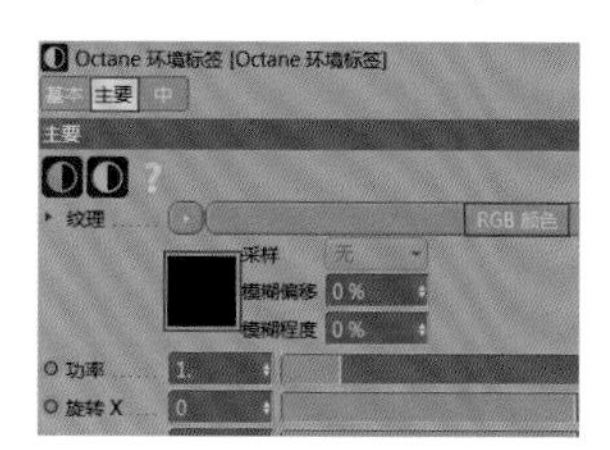

图12-227

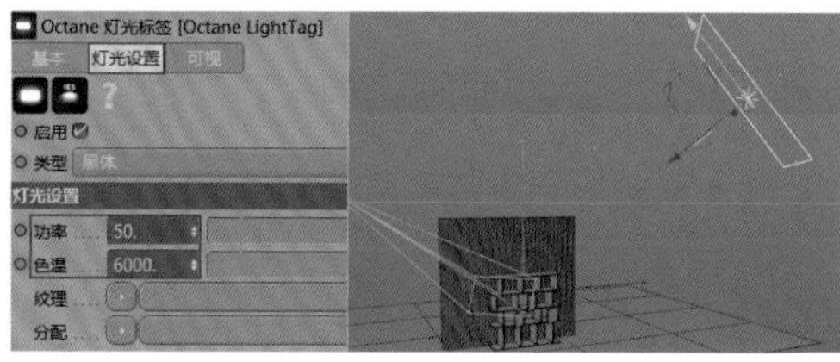

图12-228

图12-229

03 复制一个“Octane区域光”，将其作为辅助光1。设置“功率”为20，“色温”为6000，适当调整灯光尺寸，将其拖曳到柜子左侧，灯光位置如图12-230所示。效果如图12-231所示。

04 复制一个“Octane区域光”，将其作为辅助光2。设置“功率”为20，“色温”为6000，适当调整灯光尺寸，将其拖曳到柜子右侧，灯光位置如图12-232所示。效果如图12-233所示。

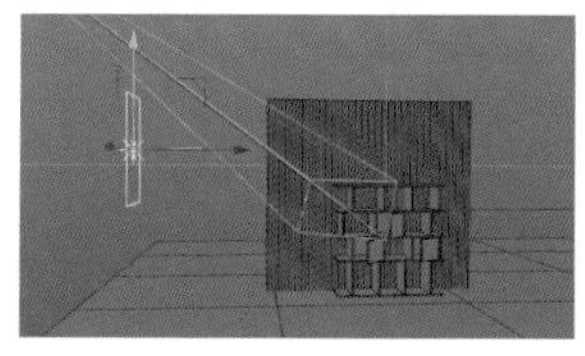

图12-230

图12-231

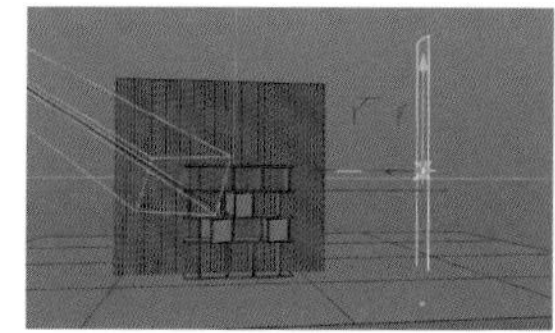

图12-232

图12-233

12.17.2 制作材质

图12-234

01 将“镜头16”中的材质复制到该场景，并分别赋予对应的模型，如图12-234所示。

02 复制一份绿色材质，将本书提供的两张贴图拖曳到节点编辑器中，将它们分别链接到“粗糙度”和“凹凸”通道，并通过“纹理投射”节点调整它们的UV，如图12-235所示。效果如图12-236所示。

03 与前面一样，为“摄像机”对象添加“Octane摄像机标签”，为“柜子”对象添加“Octane对象标签”，参考参数如图12-237所示。最终效果如图12-238所示。

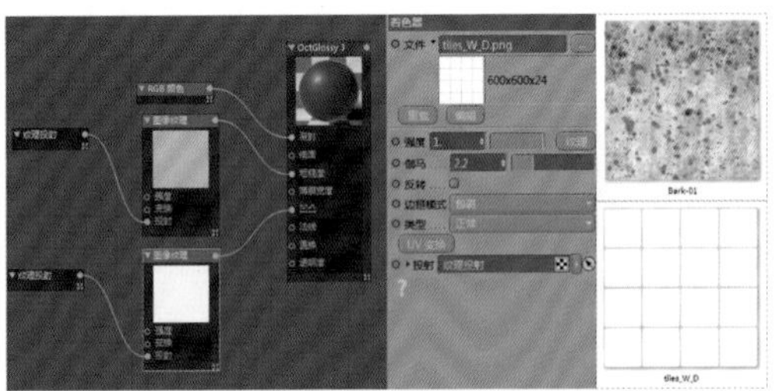

图12-235

图12-236

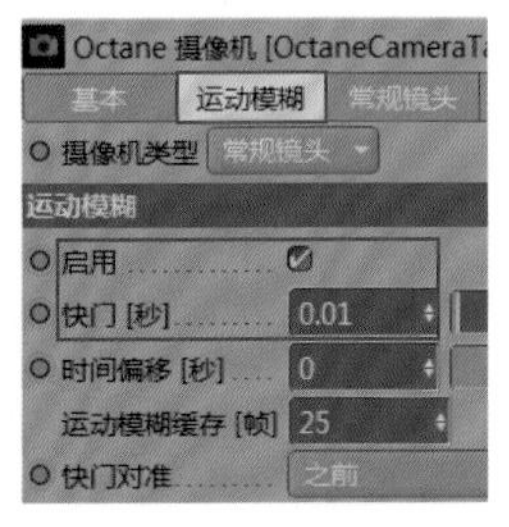

图12-237

图12-238

12.18 制作抽屉关闭镜头的光效

本镜头的参考效果如图12-239所示。打开制作好的“镜头18”动画，激活Octane渲染器，将“直接照明”修改为“路径追踪”，设置“预设”为UTV4D，渲染效果对比如图12-240所示。

图12-239

图12-240

12.18.1 布置场景灯光

01 新建一个“Octane纹理环境”，在“纹理”中添加“RGB颜色”纹理，并修改其颜色为黑色，如图12-241所示。

02 新建一个“Octane区域光”，将其作为主光源。设置“功率”为50，“色温”为6500，适当调整灯光尺寸，将其拖曳到柜子右上方，如图12-242所示。效果如图12-243所示。

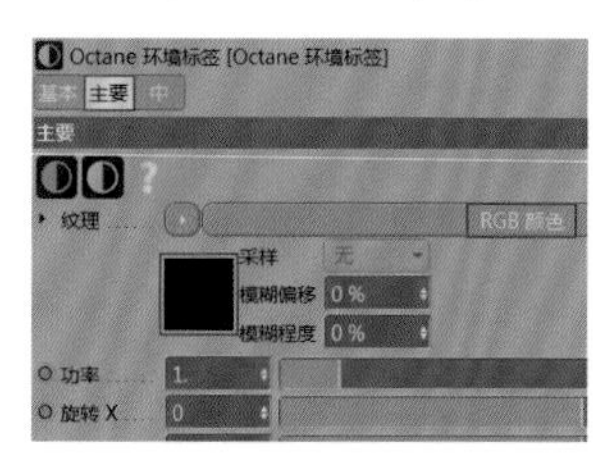

图12-241

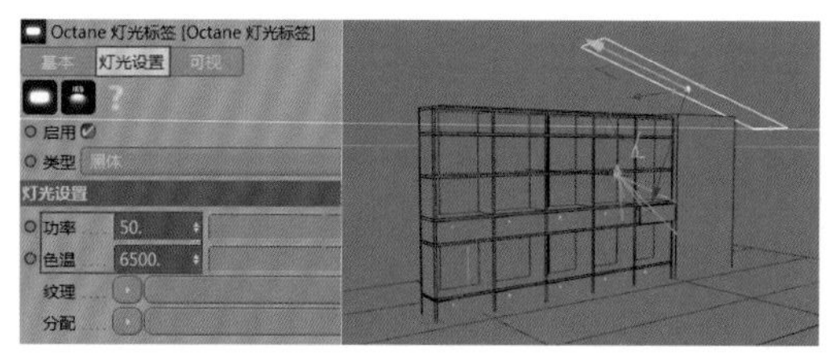

图12-242

图12-243

03 复制一个“Octane区域光”，将其作为辅助光1。设置“功率”为30，适当调整灯光尺寸，将其拖曳到柜子左前方，灯光位置如图12-244所示。效果如图12-245所示。

04 复制一个“Octane区域光”，将其作为辅助光2。设置“功率”为5，适当调整灯光尺寸，将其拖曳到柜子右前方，灯光位置如图12-246所示。效果如图12-247所示。

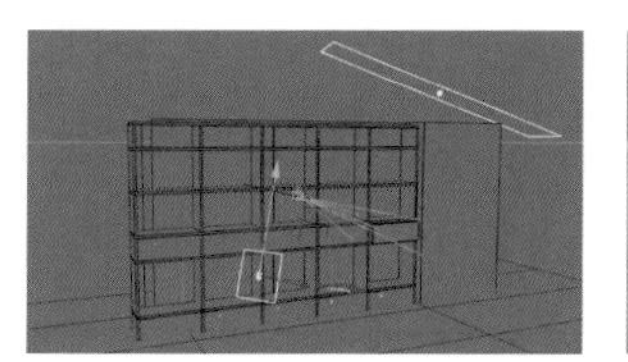
图12-244

图12-245

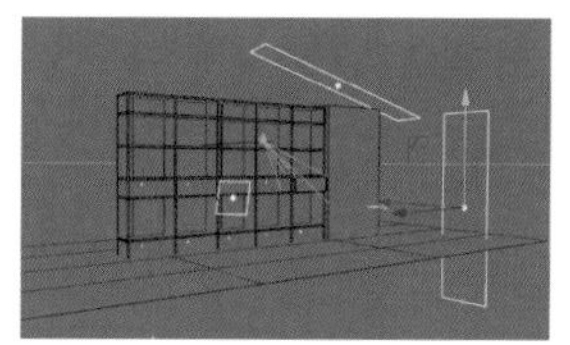
图12-246

图12-247

12.18.2 复制材质

将前面镜头中使用的黑色材质、木纹材质、漫射材质复制到该场景，并分别赋予对应的模型，如图12-248所示。最终渲染效果如图12-249所示。

图12-248

图12-249

技巧提示 该场景需保持摄像机成像为线性，不需要启用运动模糊，所以可以不为摄像机添加“Octane摄像机标签”。

12.19 制作抽屉依次关闭镜头的光效

本镜头的参考效果如图12-250所示。打开制作好的“镜头19”动画，激活Octane渲染器，将“直接照明”修改为“路径追踪”，设置“预设”为UTV4D，渲染效果对比如图12-251所示。

图12-250

图12-251

12.19.1 布置场景灯光

01 新建一个“Octane纹理环境”，在“纹理”中添加“RGB颜色”纹理，并修改其颜色为黑色，如图12-252所示。

02 新建一个“Octane日光”，将其作为主光源。设置“功率”为1.1，“太阳大小”为15，“太阳颜色”为白色，如图12-253所示。设置日光的旋转坐标R.H为-36.7°、R.P为-25.8°，如图12-254所示。效果如图12-255所示。

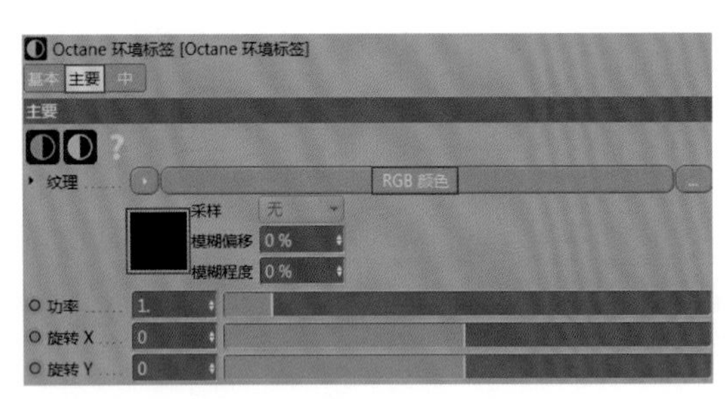

图12-252

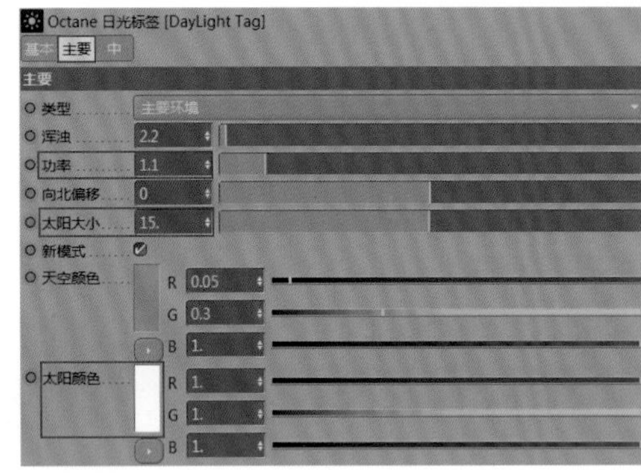

图12-253

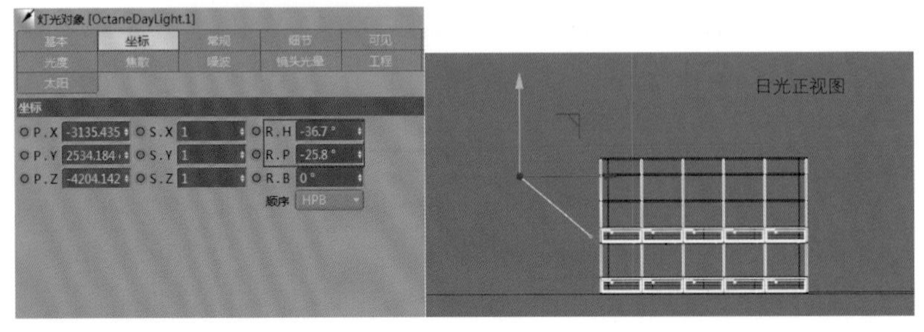

图12-254

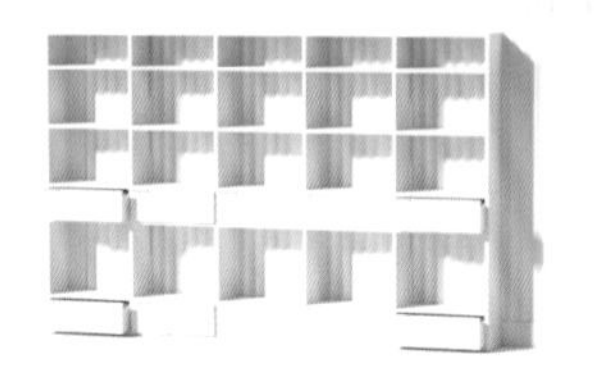

图12-255

03 目前的主光渲染出的效果图太亮，缺少暗部信息，为了模拟日光照射森林的斑驳效果，需要打开本书提供的树叶模型，将其放置在柜子左前方，用于遮挡日光，如图12-256所示。

04 新建一个“Octane区域光”，将其作为辅助光源。设置“功率”为10，适当调整灯光尺寸，将其拖曳到柜子左上方，灯光位置如图12-257所示。效果如图12-258所示。

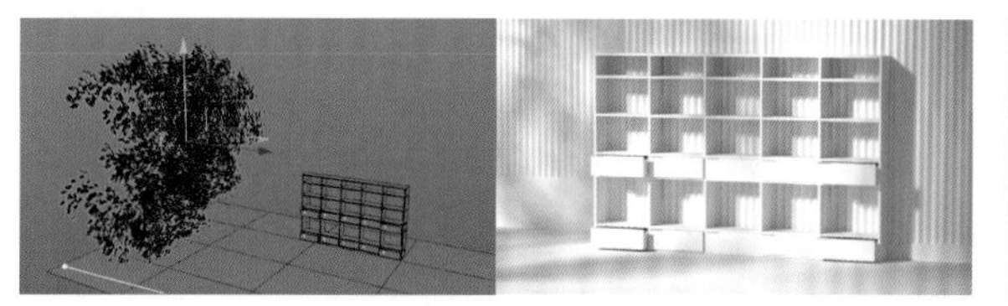

图12-256

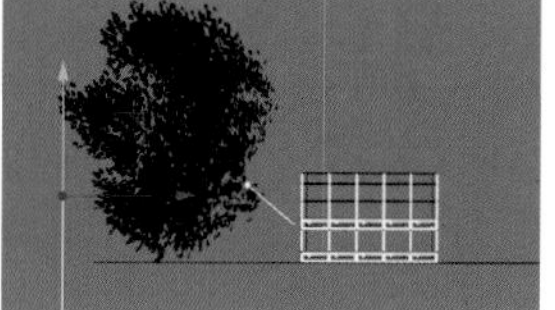

图12-257

图12-258

12.19.2 修改材质

将黑色材质、漫射材质、木纹材质、墙体材质复制到该场景，并分别赋予对应的模型。选择墙体材质，将“漫射”通道中的“RGB颜色”分别修改为暗黄色与淡黄色，如图12-259所示。最终效果如图12-260所示。

图12-259

图12-260

技巧提示 该场景需保持摄像机成像为线性，不需要启用运动模糊，所以可以不为摄像机添加“Octane摄像机标签”。

12.20 制作柜门与抽屉关闭特写镜头的光效

本镜头的参考效果如图12-261所示。打开制作好的“镜头20”动画，激活Octane渲染器，将“直接照明”修改为“路径追踪”，设置“预设”为UTV4D，渲染效果对比如图12-262所示。

图12-261

图12-262

12.20.1 布置场景灯光

01 新建一个“Octane纹理环境”，在“纹理”中添加“RGB颜色”纹理，并修改其颜色为黑色，如图12-263所示。

02 新建一个“Octane区域光”，将其作为主光源。设置“功率”为40，在“分配”中添加“RGB颜色”节点，并修改其颜色为淡粉色；适当调整灯光尺寸，将其拖曳到柜子右上方，如图12-264所示。效果如图12-265所示。

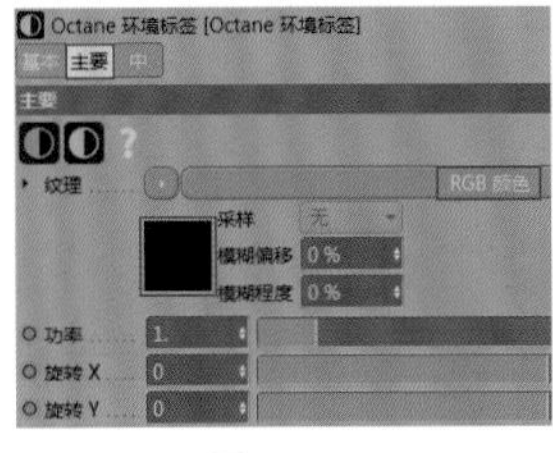

图12-263

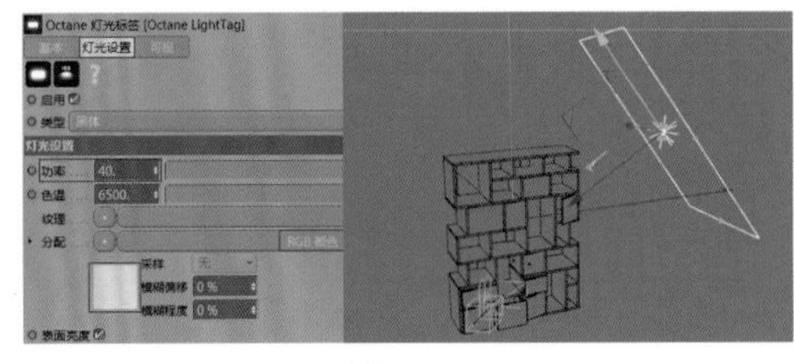

图12-264

图12-265

03 复制一个“Octane区域光”，将其作为背景光源。设置“功率”为2，适当调整灯光尺寸，将其拖曳到柜子背面，灯光位置如图12-266所示。效果如图12-267所示。

04 复制一个“Octane区域光”，将其作为辅助光源。设置“功率”为5，适当调整灯光尺寸，将其拖曳到柜子前下方，灯光位置如图12-268所示。效果如图12-269所示。

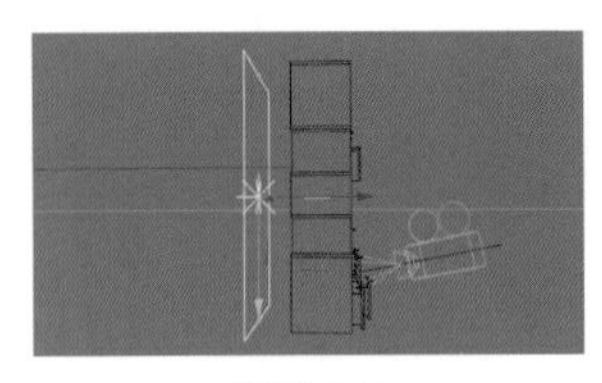

图12-266

图12-267

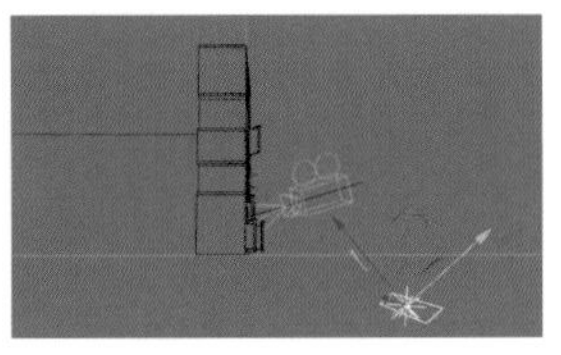

图12-268

图12-269

12.20.2 修改材质

将漫射和木纹材质复制到该场景，并分别赋予对应的模型。将“漫射”通道中的“RGB颜色”修改为红色，如图12-270所示。最终效果如图12-271所示。

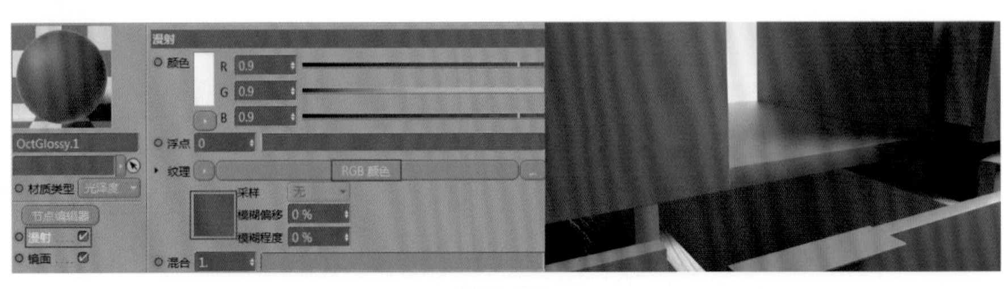

图12-270

图12-271

技巧提示 该场景需保持摄像机成像为线性，不需要启用运动模糊，所以可以不为摄像机添加“Octane摄像机标签”。

12.21 制作整体展示镜头的光效

本镜头的参考效果如图12-272所示。打开制作好的“镜头21”动画，激活Octane渲染器，将“直接照明”修改为“路径追踪”，设置“预设”为UTV4D，渲染效果对比如图12-273所示。

图12-272

图12-273

12.21.1 布置场景灯光

01 新建一个“Octane日光”，将其作为主光源。设置“功率”为0.8,“太阳大小”为10,“天空颜色”为皮粉色，“太阳颜色”为淡粉色，如图12-274所示。设置日光的旋转坐标R.H为－28°、R.P为－20°，如图12-275所示。渲染效果如图12-276所示。

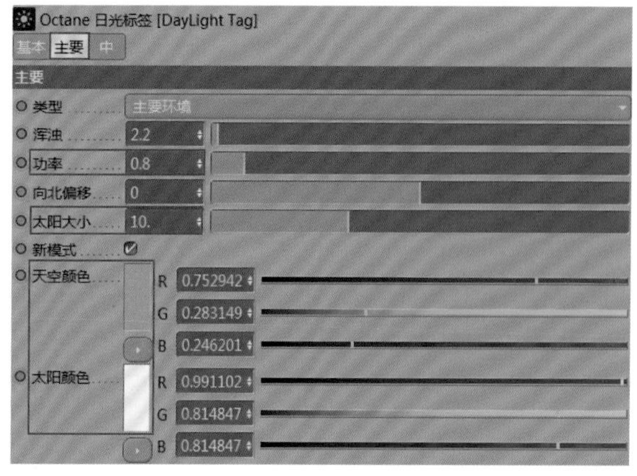

图12-274

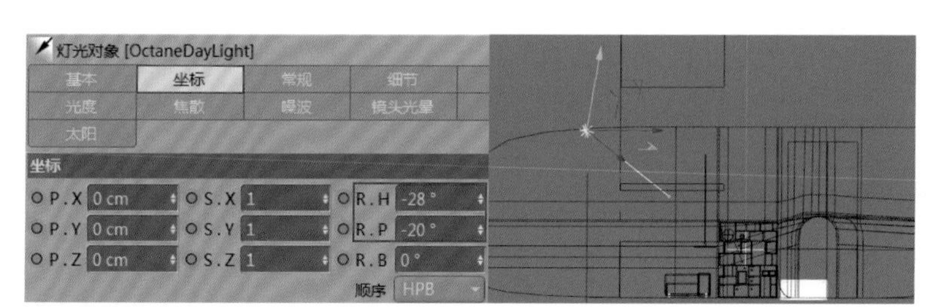

图12-275

图12-276

02 新建一个“Octane区域光”，将其作为辅助光1。设置“功率”为80，适当调整灯光尺寸，将其拖曳到柜子右侧走廊中，如图12-277所示。渲染效果如图12-278所示。

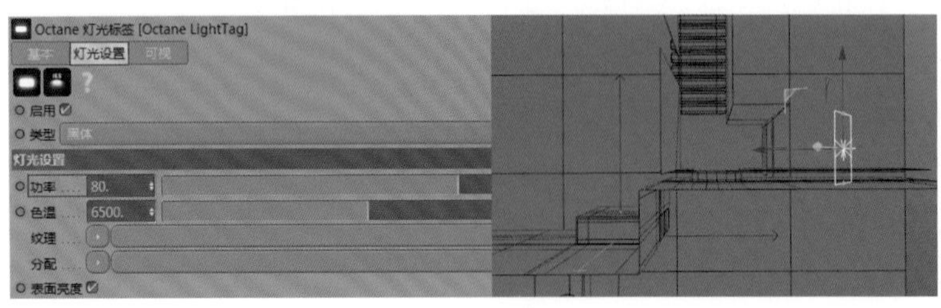

图12-277

图12-278

03 复制一个“Octane区域光”，将其作为辅助光2。设置“功率”为30，适当调整灯光尺寸，将其拖曳到柜子左侧走廊中，灯光位置如图12-279所示。渲染效果如图12-280所示。

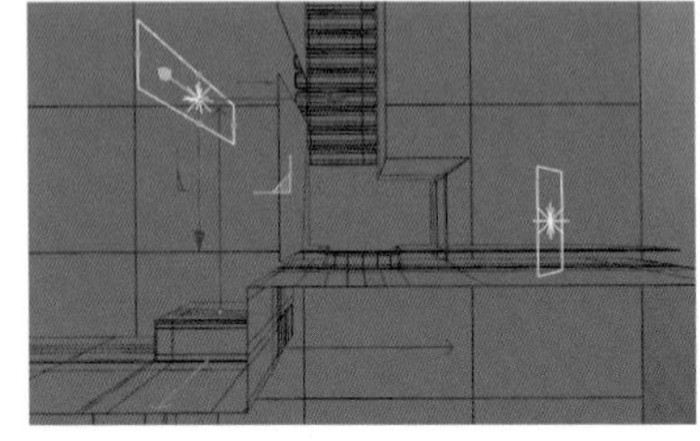

图12-279

图12-280

12.21.2 修改材质

将红色材质、漫射材质和墙体材质复制到该场景，并分别赋予对应的模型。选择墙体材质，将“漫射”通道中的“RGB颜色”分别修改为不同的淡红色，如图12-281所示。选择赋予地面的漫射材质，将本书提供的法线贴图链接到“法线”通道，并调整其UV，如图12-282所示。渲染效果如图12-283所示。最终渲染效果如图12-284所示。

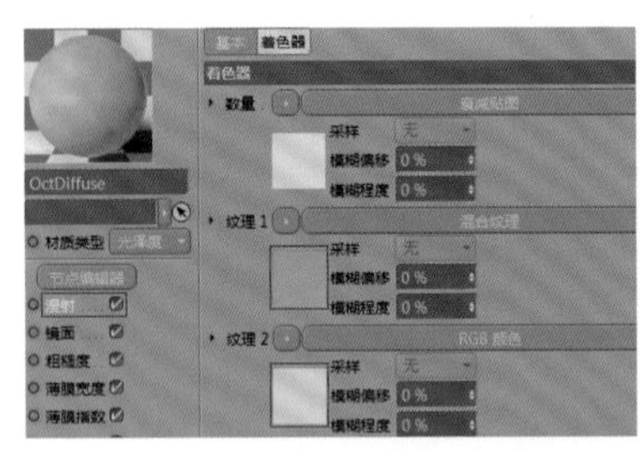

图12-281

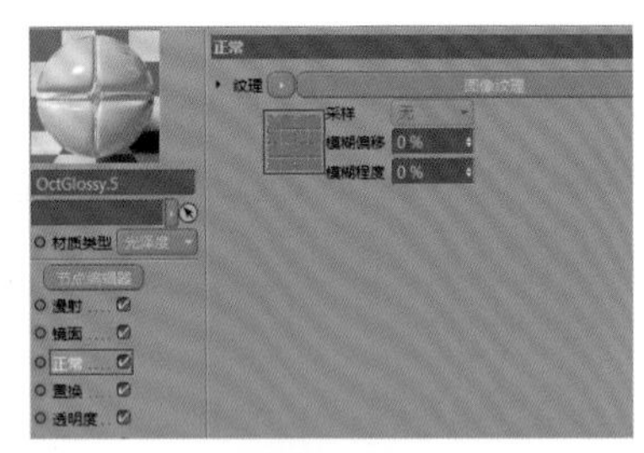

图12-282

图12-283

图12-284

技巧提示 关于柜子内部摆放物体的材质，只需要改变漫射材质的“RGB颜色”再应用即可。相框中的彩色纹理本书都有提供，只需要链接到“漫射”通道即可。该场景需保持摄像机成像为线性，不需要启用运动模糊，所以可以不为摄像机添加“Octane摄像机标签”。

第13章 用After Effects合成序列动画

到目前为止，本片的动画、灯光和材质都制作完成了，接下来将拼接动画。本章先将每一个镜头单独渲染输出为序列帧，然后导入After Effects中进行合成和调色。本章的内容比较简单，需要注意的是，“镜头14”需要在After Effects中合成背景。调色效果如图13-1所示。

图13-1

关键词

- Cinema 4D 渲染输出
- 创建合成
- 合成序列
- 镜头调色
- 输出视频

13.1 渲染输出

本片中使用的大部分材质都是漫射材质，所以只需要输出图像通道，这里以“镜头10”为例进行渲染输出。

01 按快捷键Ctrl+B打开“渲染设置”窗口，设置“渲染器”为Octane Renderer，设置“帧范围”为“全部帧”，如图13-2所示。

02 选择Octane Renderer，切换到“渲染通道”选项卡，勾选“启用”，确认文件保存位置，设置“格式”为PNG，如图13-3所示。

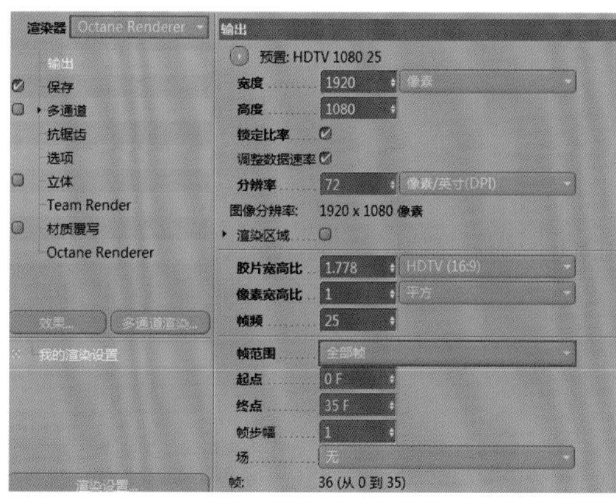

图13-2

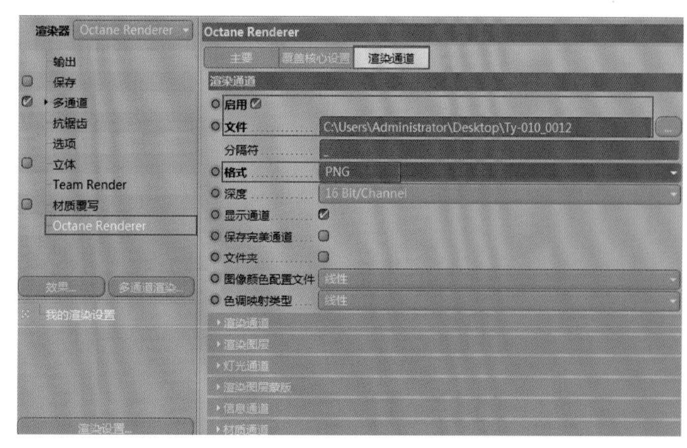

图13-3

03 选择“保存”选项卡，勾选“保存”，设置好文件的保存位置，设置“格式”为PNG，“深度”为16位/通道，如图13-4所示。按快捷键Shift+R进行渲染，如图13-5所示。

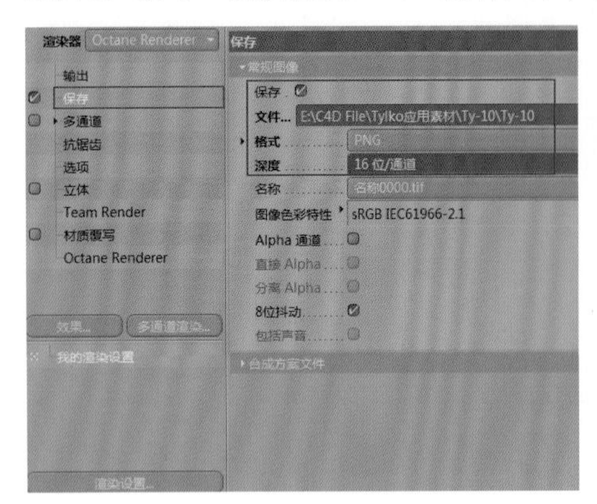

图13-4

图13-5

04 “镜头14”的渲染需要渲染出Alpha通道，用于在After Effects中更换背景。在“Octane设置”窗口中勾选“Alpha通道”即可，如图13-6~图13-8所示。

图13-6

图13-7

图13-8

技巧提示 在三维设计中很多镜头的背景不一定要在三维软件中完成，可以先渲染Alpha通道，然后在后期软件中进行合成，这样便于修改背景色。本片中的其他镜头都可以按照本节的渲染方法进行输出。

13.2 在After Effects中合成

在After Effects中需要做以下3件事情。

第1件： 合成序列图像。

第2件： 对镜头效果进行调色。

第3件： 根据需要加入音频。

13.2.1 合成序列

01 打开After Effects，在“项目”面板中双击鼠标中键，导入Cinema 4D输出的序列图像，勾选“PNG序列”，如图13-9所示。

02 在After Effects中导入所有图像后新建一个总合成。设置“宽度”为1920px，“高度”为1080px，“帧速率”为25帧/秒，“持续时间”为37秒，如图13-10所示。将所有镜头合成拖曳到总合成中，将它们链接并排列，如图13-11所示。

图13-9

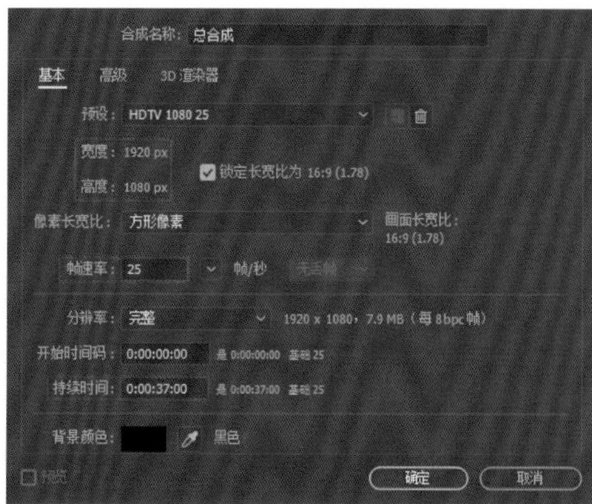

图13-10

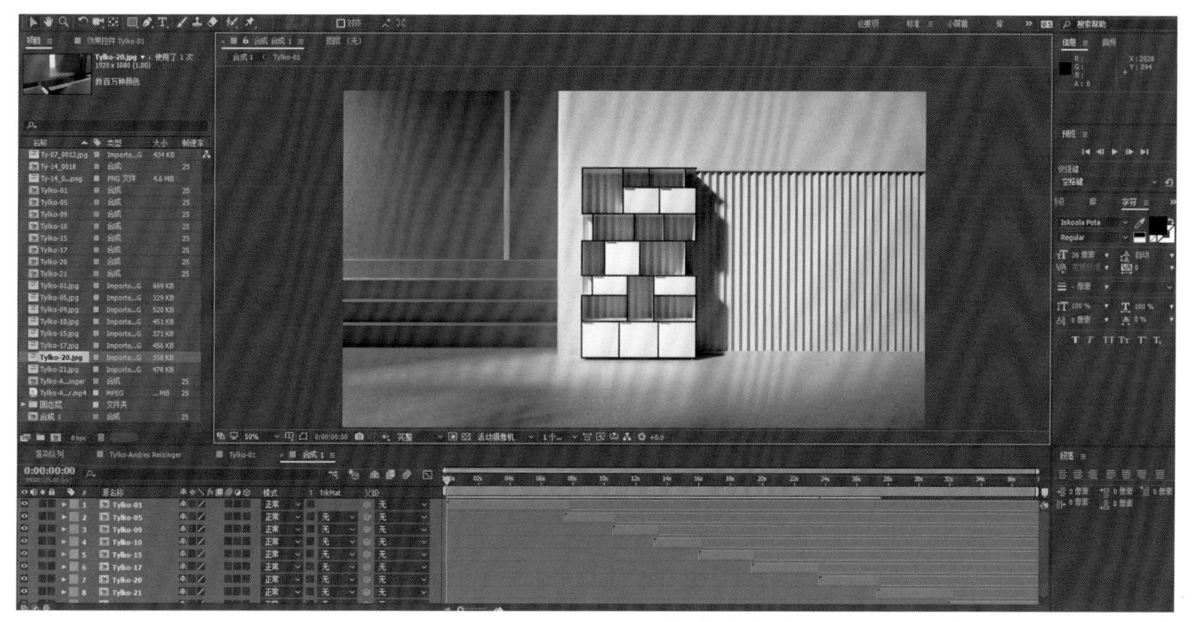

图13-11

13.2.2 镜头调色

下面需要对单个镜头进行明暗和颜色的校正，这里以“镜头9”为例。

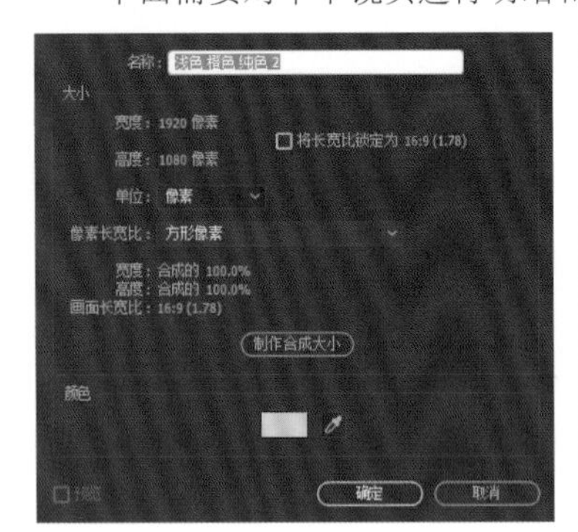

图13-12

01 按快捷键Ctrl+Y新建图层，如图13-12所示。激活调整图层按钮，复制“Tylko-09.jpg”图层，设置该图层“模式”为“柔光”，增加图像暗部，如图13-13所示。

图13-13

02 进入“颜色平衡”面板，对“阴影”“中间调”“高光”中的红、绿、蓝3色进行调整，如图13-14所示。效果如图13-15所示。

图13-14

图13-15

13.2.3 加入喜欢的音乐

将喜欢的音乐拖曳到合成中，执行“合成>预合成”菜单命令，在渲染队列的“输出模块”中设置“格式”为QuickTime，如图13-16和图13-17所示。

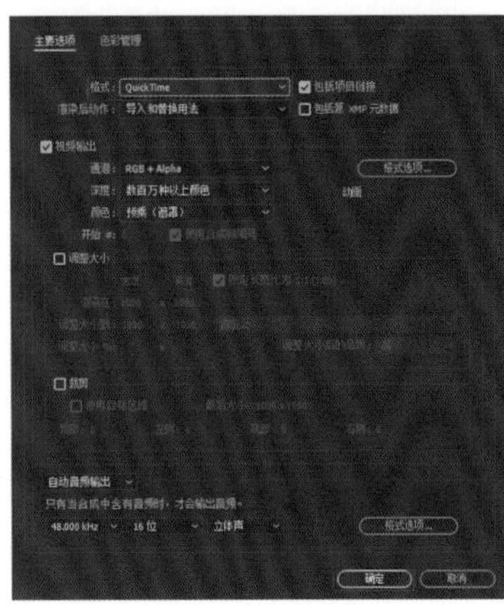

图13-16

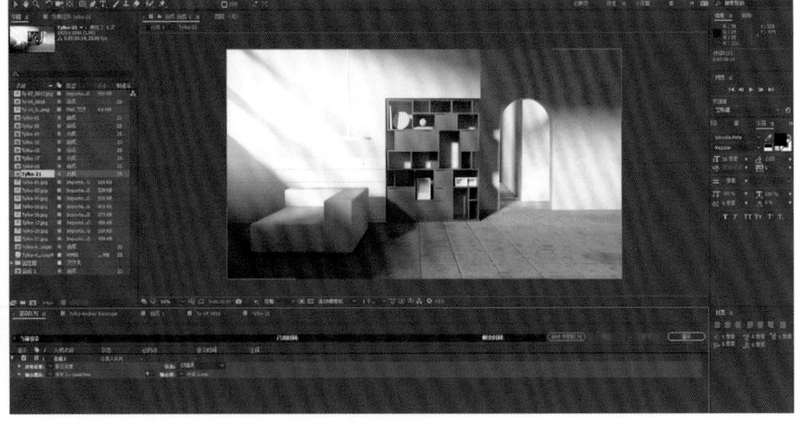

图13-17

第5篇 商业宣传片拓展实训

■ 学习目的

通过前面4篇的学习，相信读者对商业宣传片的制作流程和制作方法都有了一定的了解。本篇安排两个实训供读者练习，并对这两个宣传片的制作思路和流程进行概述，读者可以自行操作。

· 篇首语 ·

这是一个美妆产品的宣传片，在动画制作上，以破碎动画、碰撞动画等为主。在配色上，本片采用了比较中性的颜色，让整个宣传片看起来十分自然脱俗。本片的亮点为碰撞后产生的涟漪感和笔刷产生的毛发碰撞感，它们让画面显得丝滑柔顺，能体现化妆品的作用，从而烘托出宣传主题。

本片是一款超跑（超级跑车）的概念宣传片，本片除了跑车宣传片应有的跑车表现镜头，还将表现重点放在了车漆材质和氛围灯光上。对于场景的选择，本片使用旧工厂场景配合跑车的外形和速度，以体现跑车的动感和酷炫。另外，本片的材质制作方法也是值得读者学习的。

第14章 粉黛优品：化妆品宣传片

本章将介绍化妆品宣传片在制作过程中使用的重要技术，主要体现在动画制作、场景灯光创建和部分重要材质制作等方面。相对于前面项目的全流程介绍，本章只提取前面没有用到过的技术进行讲解，读者可以先学习这些技术，然后将它们应用到项目中，从而达到学以致用的目的。参考效果如图14-1所示。

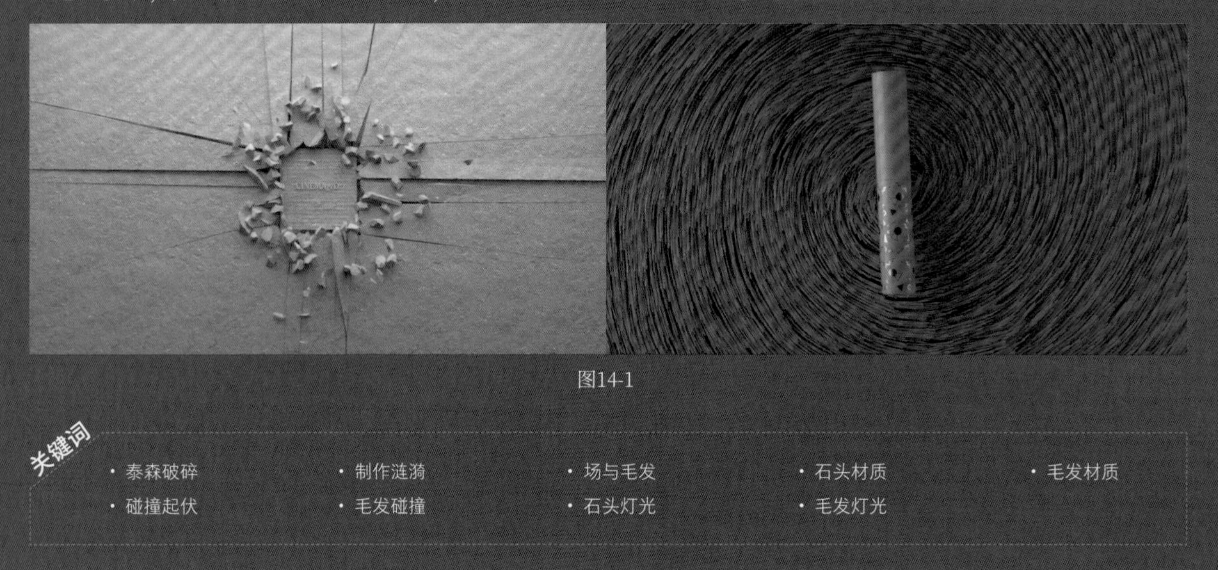

图14-1

关键词

- 泰森破碎
- 制作涟漪
- 场与毛发
- 石头材质
- 毛发材质
- 碰撞起伏
- 毛发碰撞
- 石头灯光
- 毛发灯光

14.1 动画制作技术要点

观看本宣传片的样片后，读者可以知道除了前面用到的知识，本宣传片在动画制作上还会涉及泰森破碎动画、碰撞起伏动画和毛发碰撞动画。下面着重介绍这3类动画的制作方法。

14.1.1 泰森破碎（Voronoi）动画

本宣传片前几个镜头大量使用了最为常见的特效类型——破碎，下面讲解Cinema 4D中“破碎（Voronoi）”的基础应用方法。

1.技术讲解

01 新建一个工程，再分别新建一个平面和一个立方体，执行“运动图形>破碎（Voronoi）”菜单命令，如图14-2所示。将“立方体”对象拖曳到“破碎（Voronoi）”对象中作为子级，即可激活破碎功能，如图14-3所示。

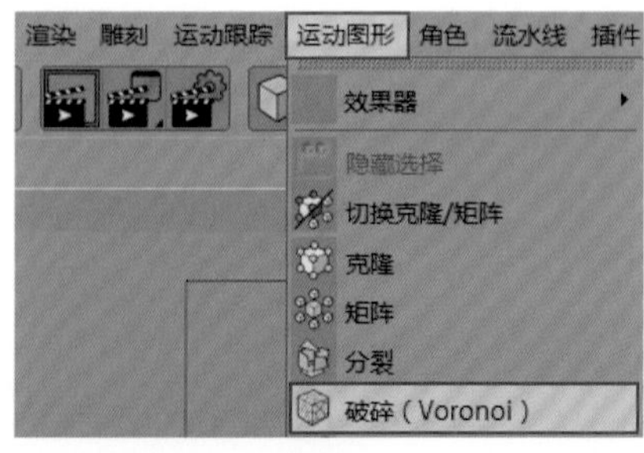

图14-2

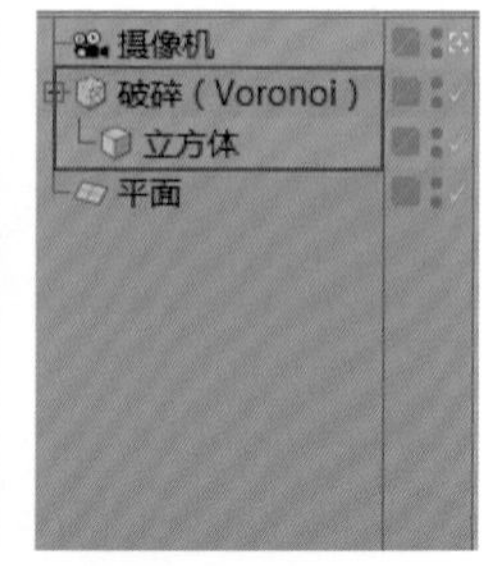

图14-3

02 破碎功能激活后会自动生成碎片。如果要进行修改，需要进入“泰森分裂”面板的“来源”选项卡，选择“点生成器-分布”，如图14-4所示。读者可以通过“分布形式”选择需要的破碎类型，如图14-5所示。测试效果如图14-6所示。

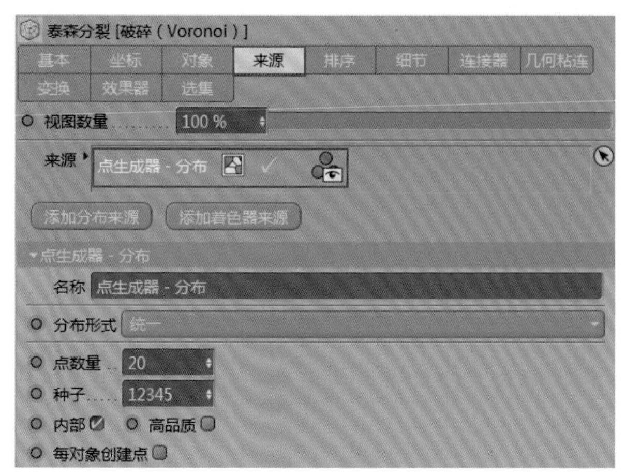

图14-4

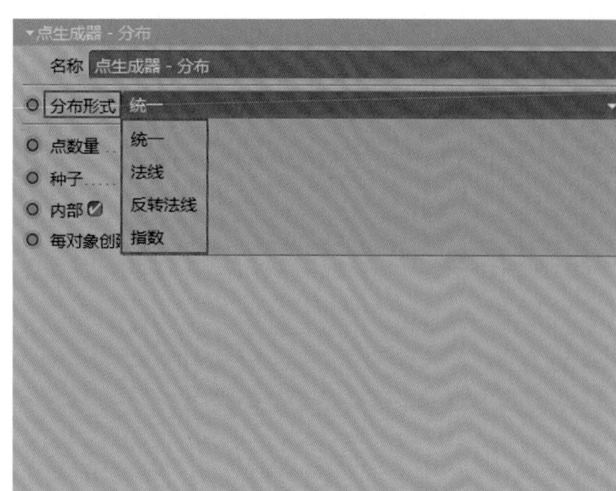

图14-5

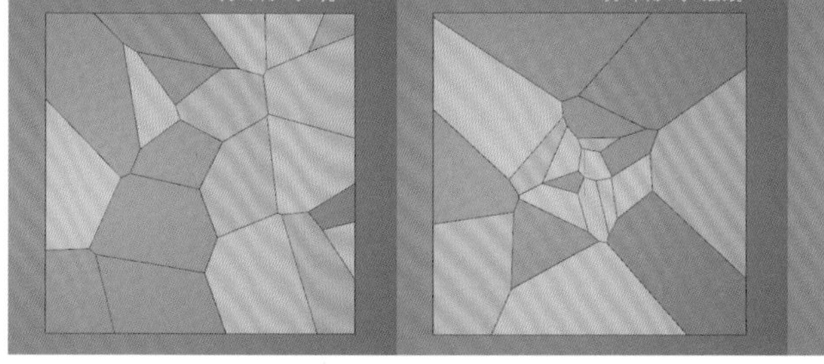

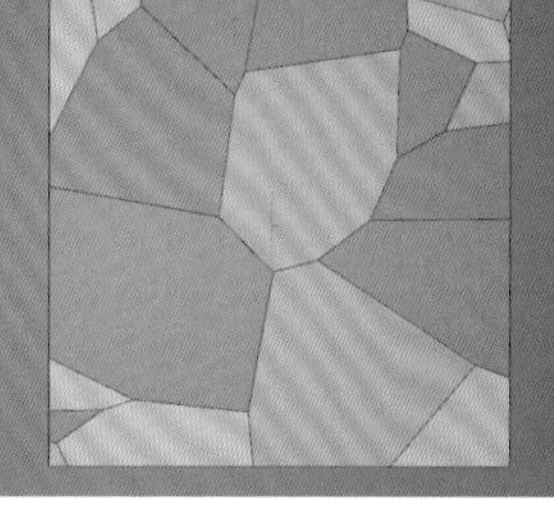

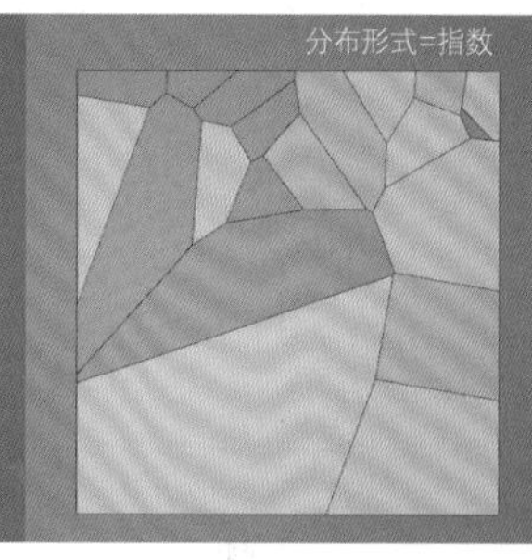

图14-6

03 破碎的“点数量”默认为20，如图14-7所示，可以根据需要改变“点数量”。破碎的位置可以通过“种子”来设置，如图14-8所示。两者的测试效果如图14-9所示。

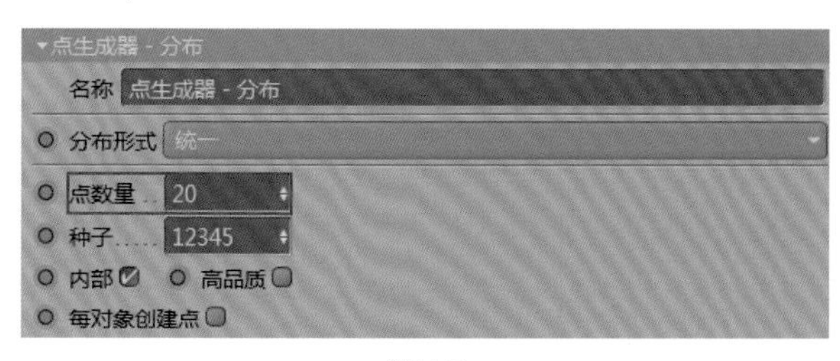

图14-7

图14-8

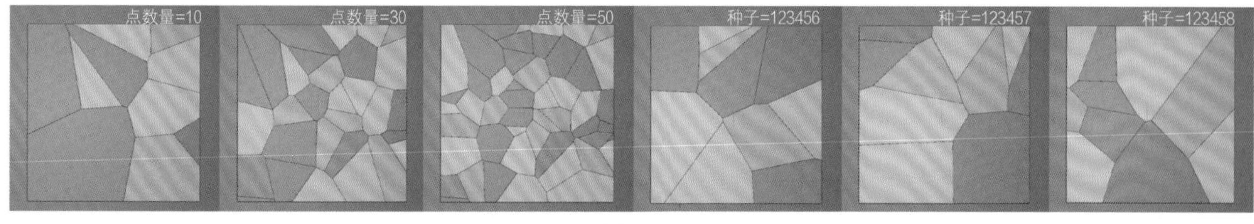

图14-9

04 真实的破碎画面中每个碎片都是凹凸不平的，为了增加破碎细节，需要进入“泰森分裂”面板的“细节”选项卡，勾选“启用细节”和“噪波表面”，如图14-10所示。另外，还可以通过“人工干预强度”来设置碎片表面的弯曲程度，其数值越大，碎片表面弯曲度越小；数值越小，碎片表面弯曲度越大，如图14-11所示。

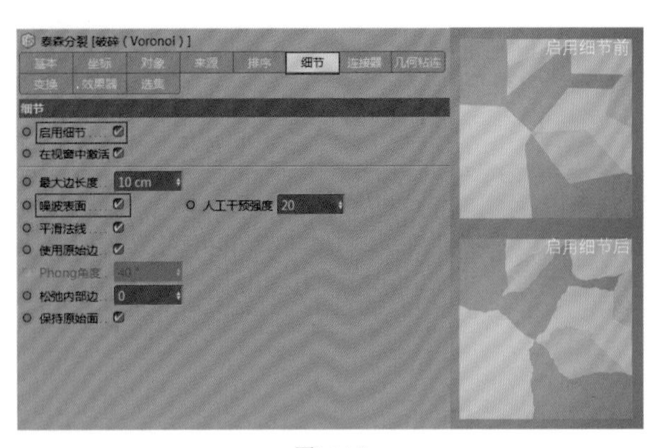

图14-10

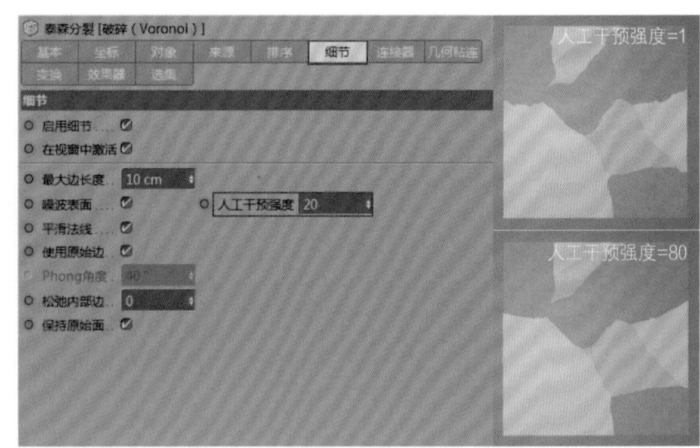

图14-11

05 那么如何修改碎片内部或表面的凹凸细节呢？凹凸细节是由“噪波类型”和“噪波强度”共同决定的，所以只需要设置噪波的相关参数，即设置“噪波类型”和“噪波强度”，如图14-12所示。测试效果如图14-13和图14-14所示。

06 除了“破碎（Voronoi）”自带的破碎类型之外，读者还可以通过几何体、样条、矩阵等自定义分布碎片，如图14-15~图14~17所示。

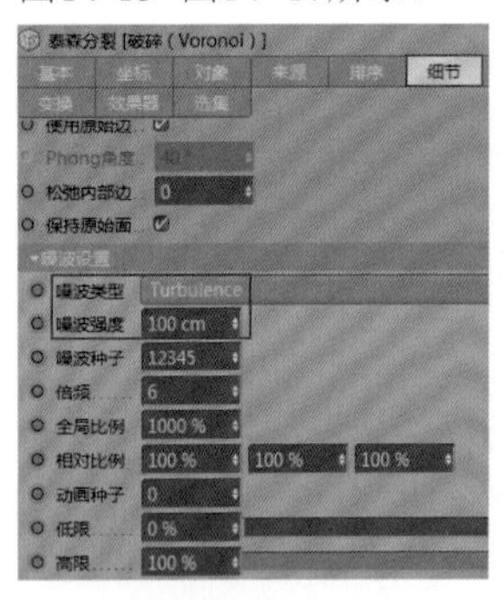

图14-12

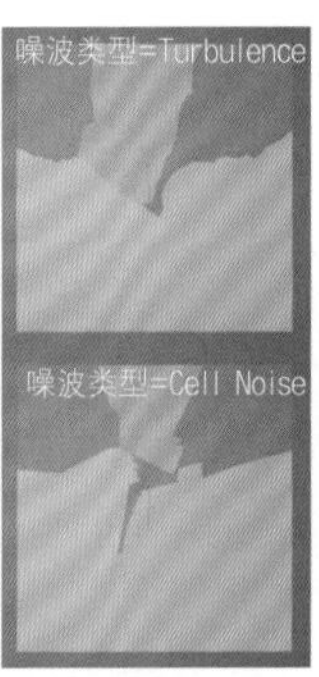

图14-13

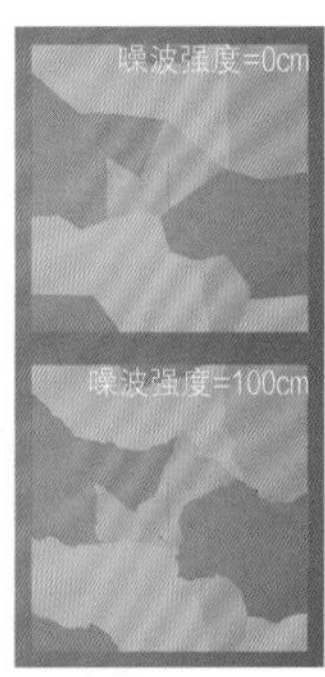

图14-14

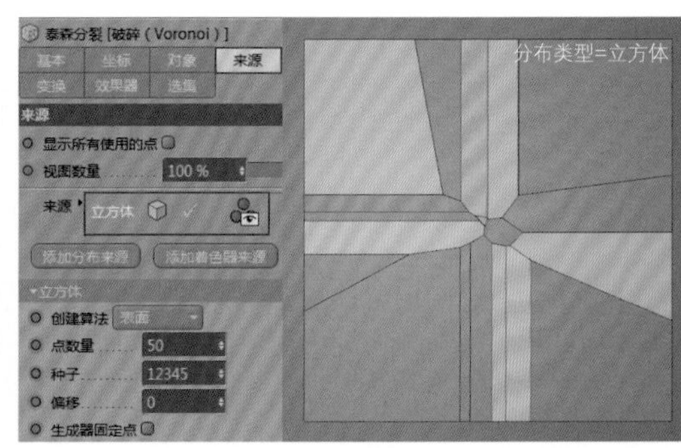

图14-15

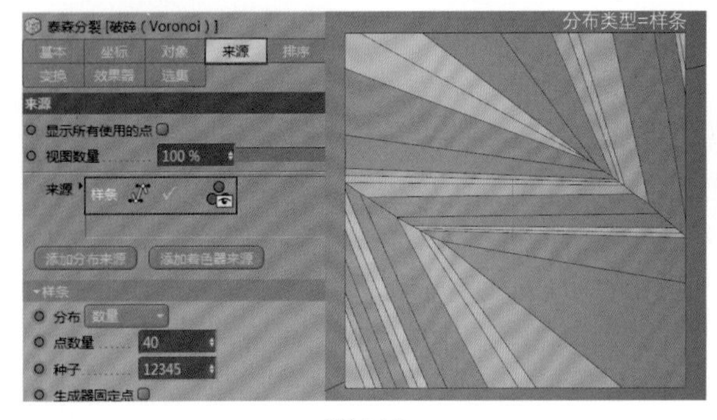

图14-16

图14-17

2.原片应用

01 原片中的碎片为“放射式”分布类型，所以需要通过几何体来自定义分布碎片。创建一个立方体，将其拖曳到镜头中心，将“立方体”对象拖曳到“来源”中，单击“来源”选项卡中的“立方体”，设置“创建算法”为“体积”,“点数量”为1000,“种子”为12349，如图14-18所示。

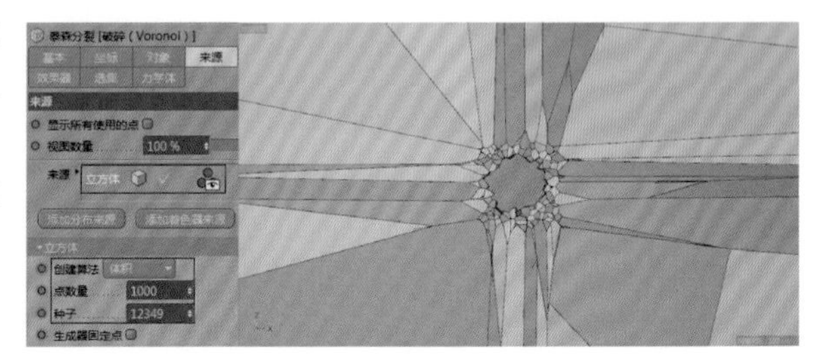

图14-18

02 为“破碎（Voronoi）”对象添加“刚体”标签，以模拟真实的碰撞效果，如图14-19所示。为了增加破碎细节，可以在其四周添加粒子发射器，如图14-20所示。

图14-19

图14-20

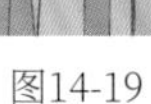

14.1.2 碰撞起伏动画

本片中有很多因产品与地面碰撞而使地面发生凸起和凹陷的动画，例如产品掉落到地面产生的涟漪动画、睫毛刷移动产生的印记动画等，下面讲解这种动画的制作方法。

01 新建一个工程，创建一个平面，设置“宽度分段”为100，“高度分段”为50，并将产品拖曳到平面中心位置，制作出产品由上往下掉落的动画，如图14-21所示。

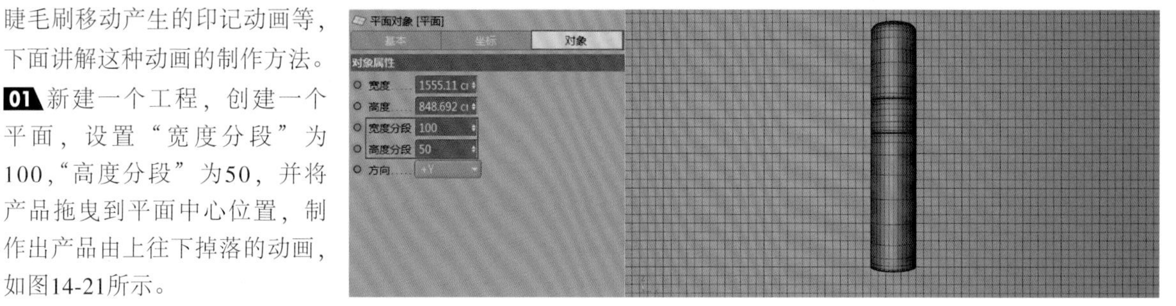

图14-21

02 这里需要让产品与地面产生碰撞，然后才能制作由内向外扩展的涟漪动画。创建一个“碰撞”变形器，如图14-22所示。将该变形器拖曳到“平面”对象中作为子级；将“产品”对象拖曳到“碰撞变形器”面板“碰撞器”选项卡的“对象”中，设置“解析器”为“外部”，如图14-23所示。

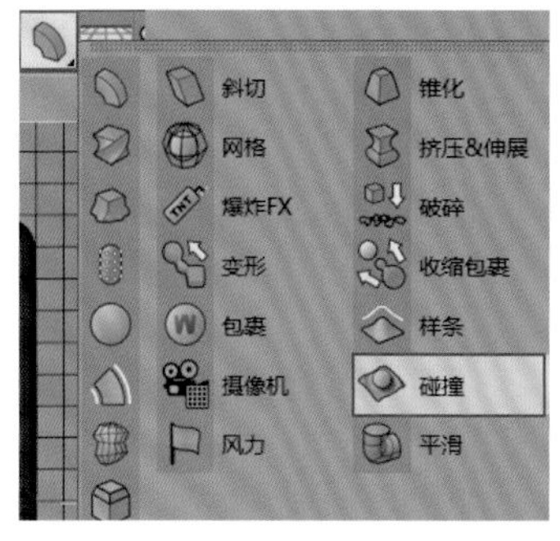

图14-22

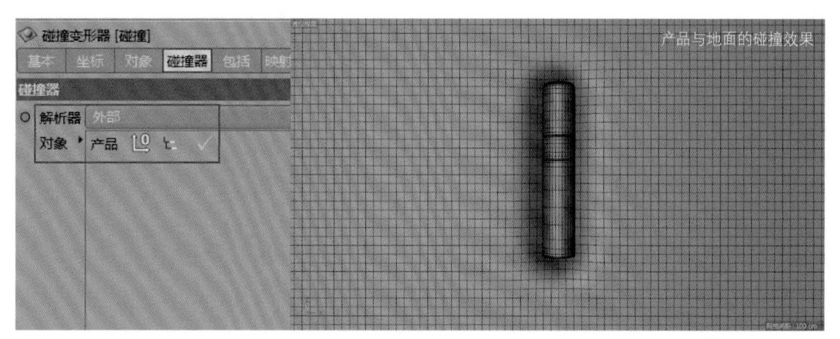

图14-23

03 创建一个“碰撞”变形器，用于制作碰撞后地面产生的涟漪动画。读者可以根据需要的“涟漪形状”来创建对应的模型，将“模型”对象拖曳到“碰撞变形器”面板“碰撞器”选项卡的“对象”中，设置“解析器”为“内部（强度）”。对比效果如图14-24所示。

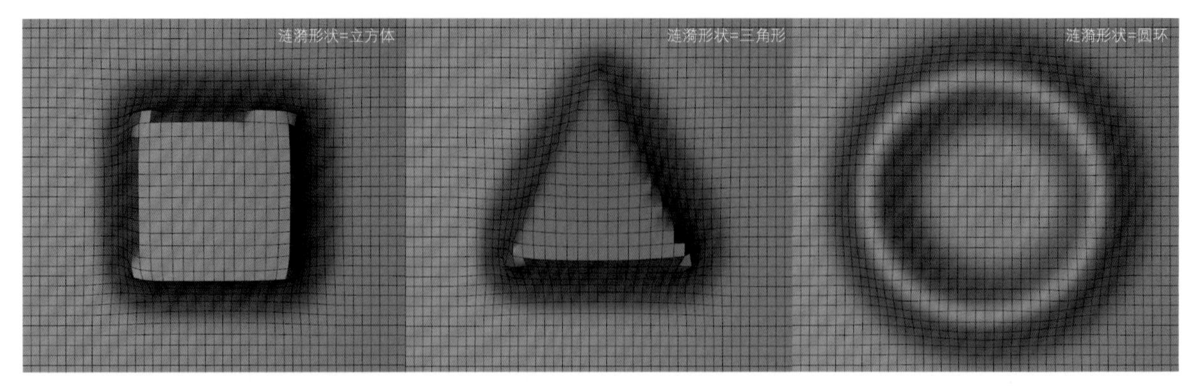

图14-24

技术专题：用“碰撞”变形器制作涟漪动画的技巧

通过前面的讲解，读者可以发现在使用“碰撞”变形器时，需要让物体接触到平面，平面才会产生碰撞效果。也就是说，只需要对用于产生涟漪的物体制作动画，就可以产生涟漪效果，如14-25所示。

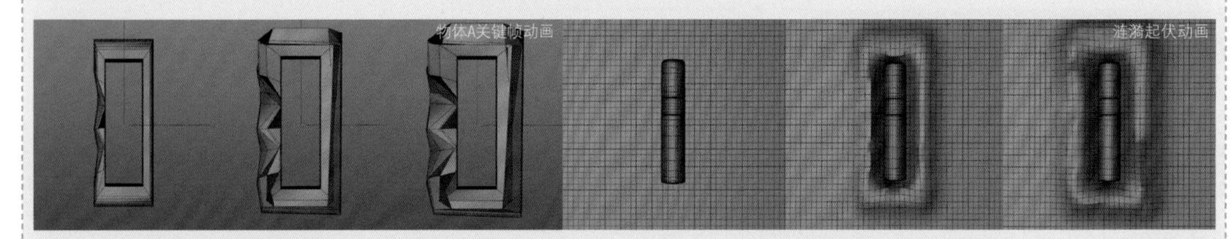

图14-25

如果读者还是无法理解，下面用字母来说明。

①A碰撞B,B会产生涟漪。

②A的形状可以控制B的涟漪形状。

③要制作涟漪动画，只需要制作A的动画即可。

04 真实的涟漪效果需要平面圆滑且具有弹性。创建一个“细分曲面”，将“平面”对象拖曳到“细分曲面”对象中作为子级，用于制作平面的圆滑效果，如图14-26所示。创建一个“颤动”变形器，将其拖曳到“平面”对象中作为子级，让平面产生弹动效果，如图14-27所示。测试效果如图14-28所示。

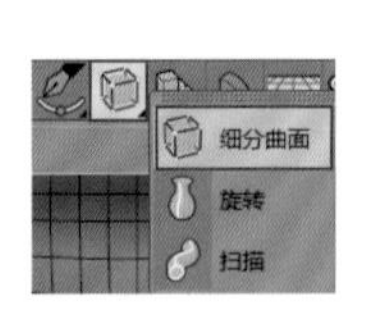

图14-26

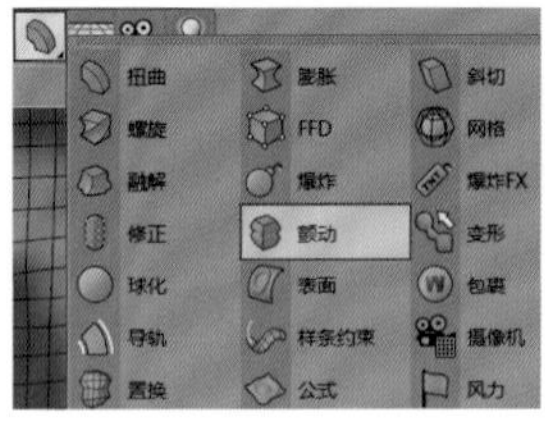

图14-27

图14-28

05 除了可以使用“碰撞”变形器来影响平面的凸起和凹陷效果之外，还可以使用“简易”效果器来影响平面的凸起和凹陷效果。创建一个“简易”效果器，将其拖曳到“平面”对象中作为子级，在“简易”面板的“参数”选项卡中勾选“位置”，设置P.Y为-10cm；在“变形”选项卡中设置“变形”为“点”，如图14-29所示。创建一个样条形状，将其拖曳到“简易”面板的“衰减”选项卡中；单击“样条域层”面板中的“层”选项卡，设置“距离模式”为“半径”，如图14-30所示。测试效果如图14-31所示。

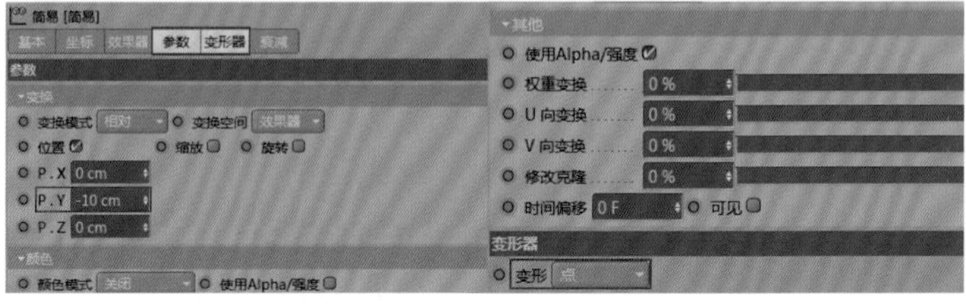

图14-29

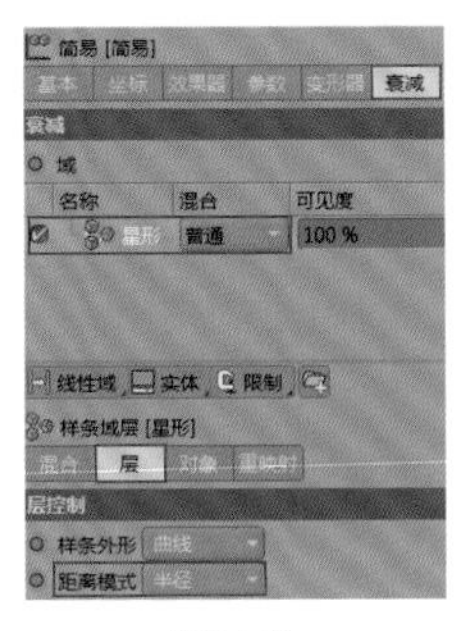

图14-30

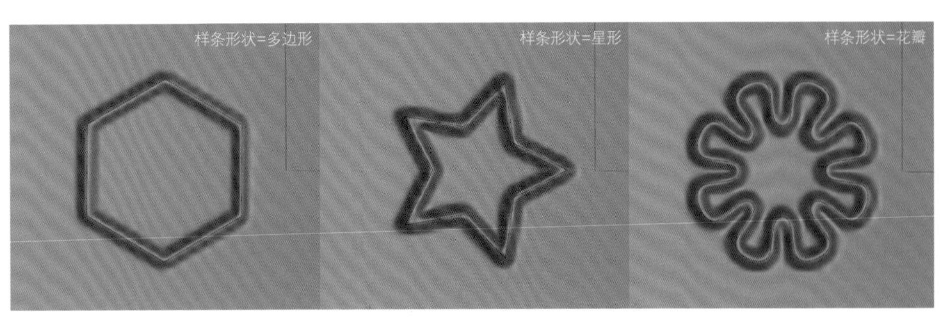

图14-31

06 使用睫毛刷来制作平面凹陷效果。这里创建“克隆”和“圆柱”对象，将“圆柱”对象拖曳到“克隆”对象中作为子级，进入“克隆对象”面板的“对象”选项卡，设置“模式”为“线性”,“数量”为12,“位置.Y”为13cm，将“克隆”对象拖曳到睫毛刷中心处，如图14-32所示。

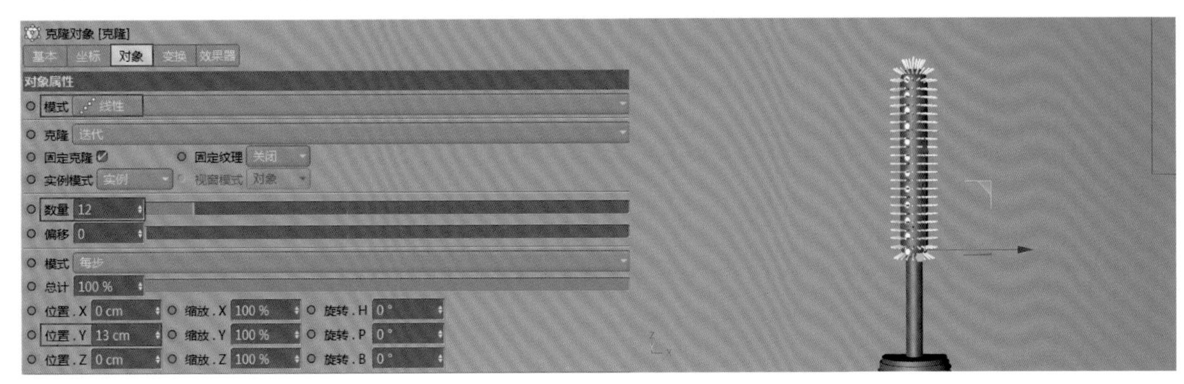

图14-32

07 执行“运动图形>追踪对象”菜单命令，如图14-33所示。将“克隆”对象拖曳到“追踪链接”中，如图14-34所示。追踪后的样条数量是与“克隆”的数量保持一致的，将“追踪对象”拖曳到“简易”面板的“衰减”选项卡中，设置“距离模式”为“半径”，如图14-35所示。测试效果如图14-36所示。

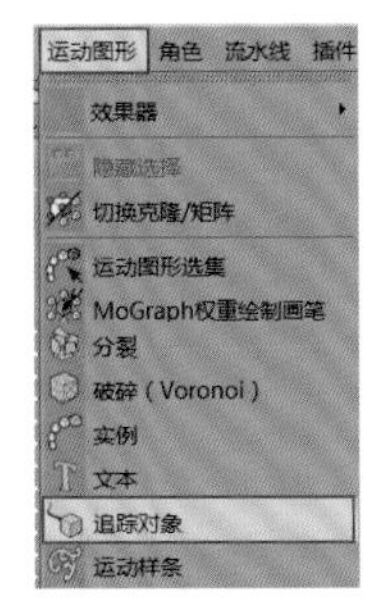

图14-33

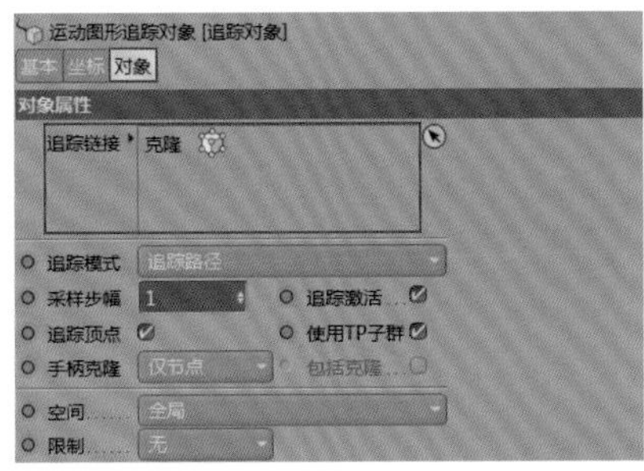

图14-34

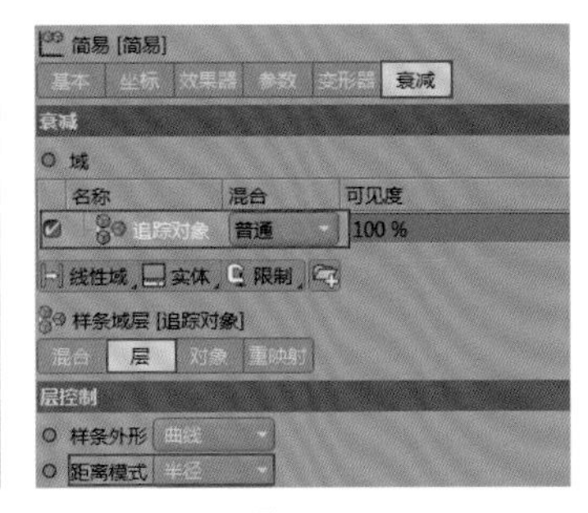

图14-35

图14-36

14.1.3 毛发碰撞动画

本片中毛发的真实碰撞动画是非常出彩的部分，例如产品碰撞到毛发后产生自然的回收效果，毛发受到场的影响产生旋转等，下面讲解一下Cinema 4D中的毛发系统。

01 新建一个工程，创建一个平面，将产品放置在平面中合适的位置，制作出产品从左向右移动的关键帧动画。选择“平面”对象，执行“模拟>毛发对象>添加毛发”菜单命令，如图14-37所示。

02 Cinema 4D会自动让毛发产生重力，所以需要进入“毛发对象”面板的“影响”选项卡，设置“重力”为0，如图14-38所示。测试效果如图14-39所示。

图14-37

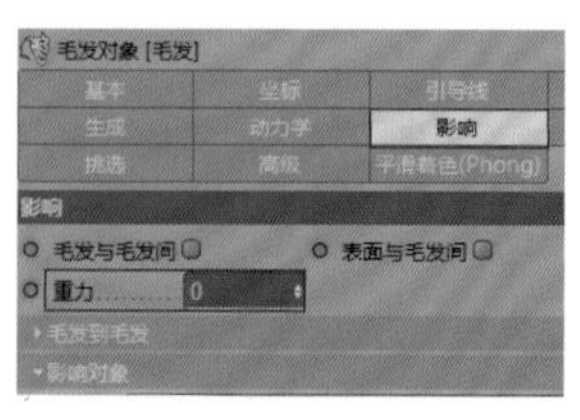

图14-38

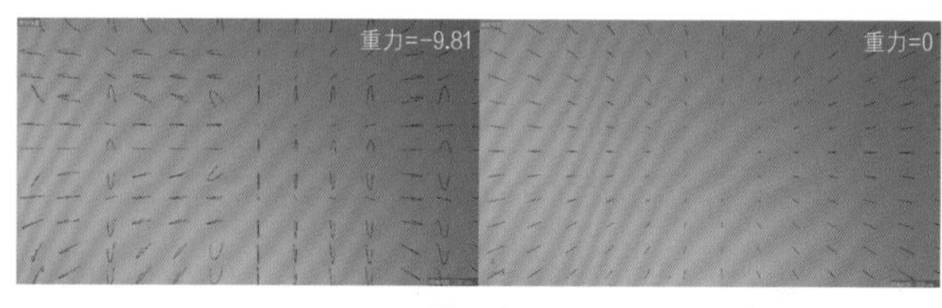

图14-39

03 制作产品与毛发产生碰撞的效果。使用鼠标右键单击“产品”对象，执行“毛发标签>毛发碰撞”命令，如图14-40所示。“碰撞”面板的“标签”选项卡中的“反弹”默认值为20%，该值会让产品与毛发在碰撞时产生穿插效果，所以设置“反弹”为200%，如图14-41所示。

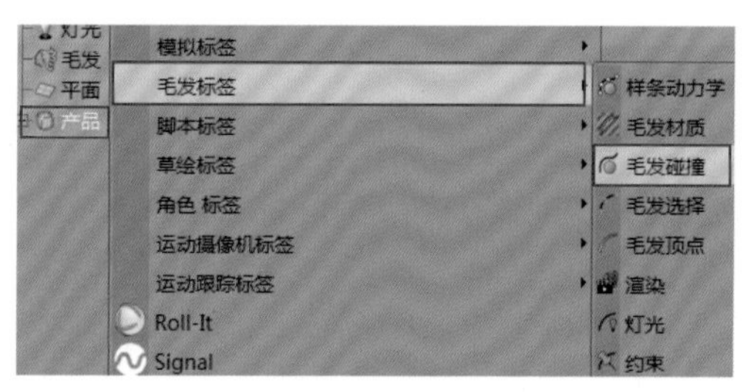

图14-40

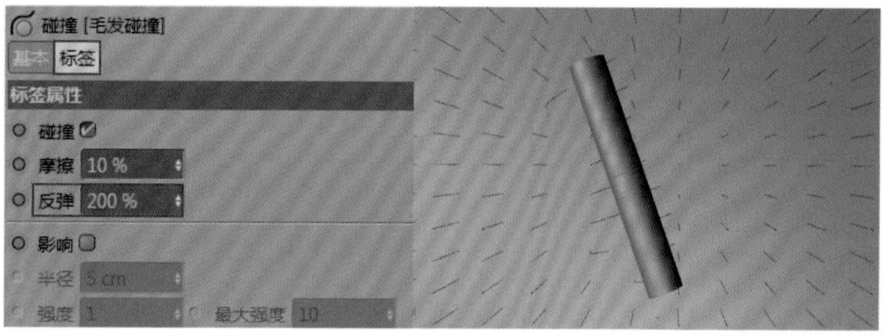

图14-41

04 制作产品与毛发碰撞后毛发回弹的效果，毛发回弹效果与分段数息息相关。分段数越多，回弹效果越柔和；分段越少，回弹效果越生硬。默认的毛发“分段”为8，与产品碰撞后毛发的回弹非常柔和（慢），所以需要减少“分段”，让毛发回弹得更快，设置“分段”为4，如图14-42所示。

05 在场景中复制出更多的产品，将它们放置到不同的位置并适当调整它们的方向，让毛发在画面中有更多的动效细节，如图14-43所示。

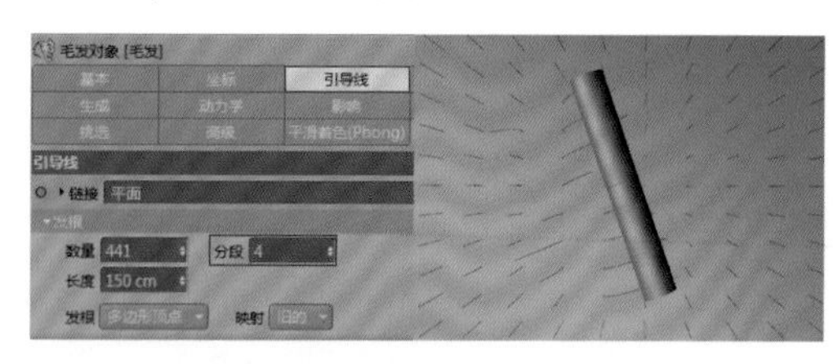

图14-42

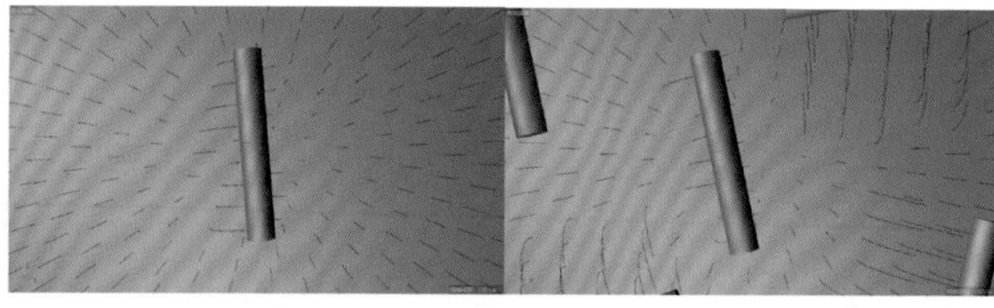
图14-43

技术专题：使用“场”影响毛发方向

除了可以用“碰撞”变形器影响毛发的动效外，还可以通过“场”来影响毛发的方向。执行“模拟>粒子>旋转”菜单命令，如图14-44所示。设置旋转坐标R.P为-90°，如图14-45所示。测试效果如图14-46所示。

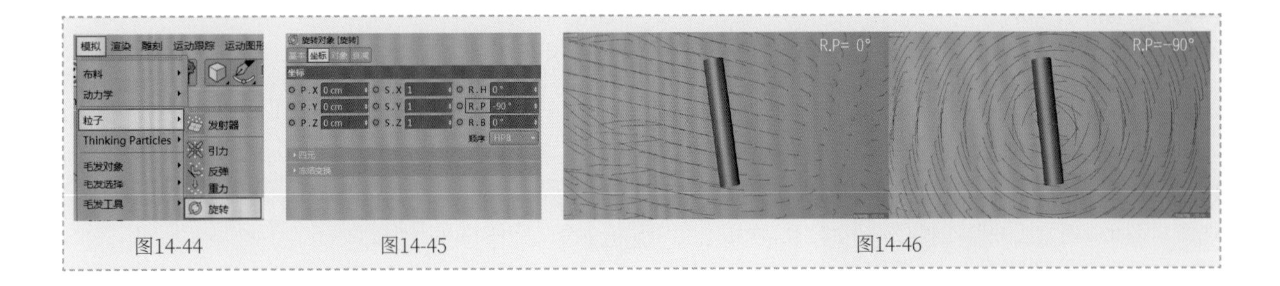

图14-44　　图14-45　　图14-46

14.2 场景布光与材质制作

本片中石头与毛发的光影和材质的表现比较突出，下面主要介绍这两个场景的布光和材质的制作方法。

14.2.1 石头的光影和材质

本片中石头与地面的破碎材质非常重要，这里以“镜头1”为例制作石头的光影和材质。打开制作好的“镜头1”动画，激活Octane渲染器，将“直接照明”修改为“路径追踪”，设置“预设”为UTV4D，渲染效果对比如图14-47所示。

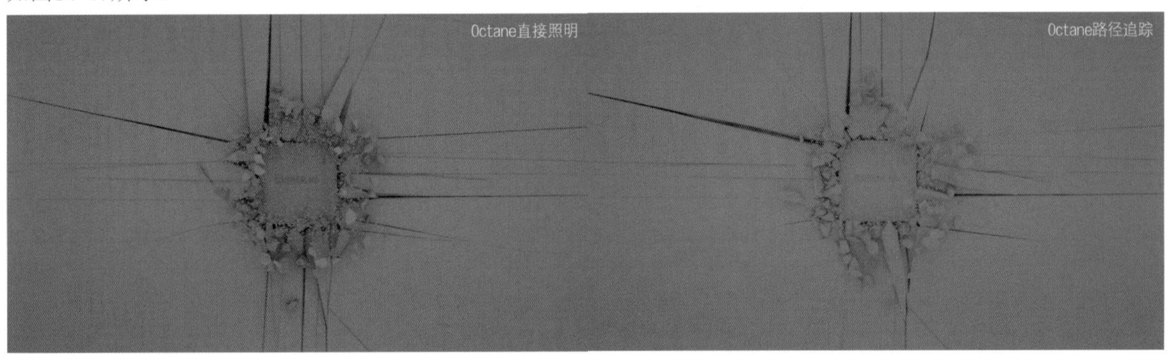

图14-47

1.布置场景灯光

01 新建一个“Octane HDRI环境”，在“纹理”中添加“图像纹理”节点，将本书提供的HDRI拖曳进去，设置“功率”为5，如图14-48所示。

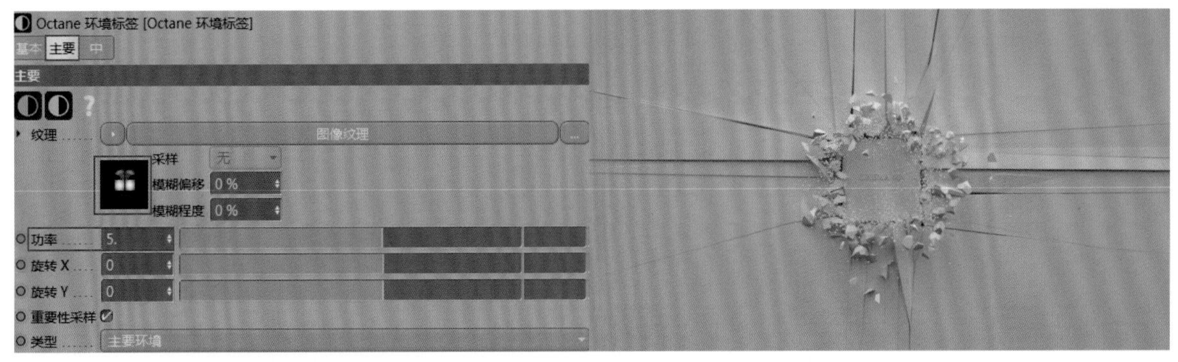

图14-48

02 新建一个“Octane区域光”，将其作为主光源。旋转区域光并适当调整灯光的尺寸，将其拖曳到场景正上方，设置“功率”为20，如图14-49所示。测试效果如图14-50所示。

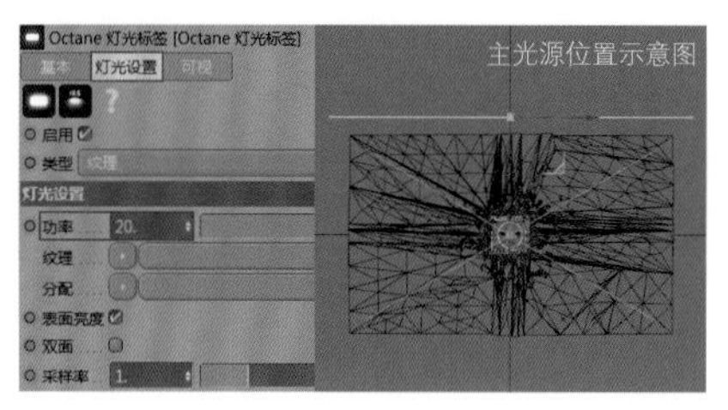

图14-49

图14-50

2.创建材质

01 新建一个“Octane光泽材质”，将该材质赋予对应的模型。将本书提供的纹理贴图拖曳到节点编辑器中，将“图像纹理”节点链接到“漫射”通道，如图14-51所示。效果如图14-52所示。

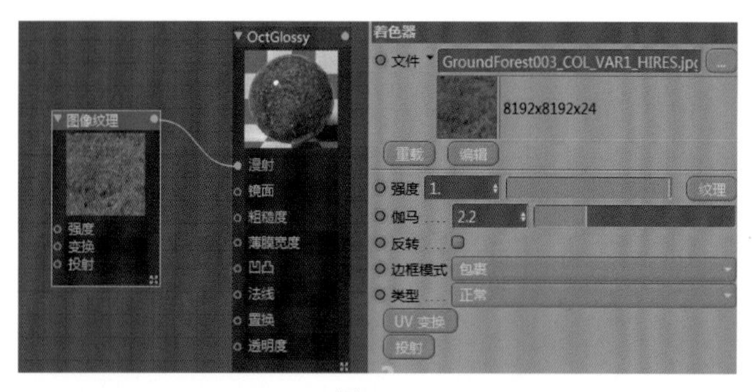

图14-51

图14-52

02 可以发现“图像纹理”节点的UV较大，纹理颜色也出现了错误。在节点列表中拖曳出“纹理投射”节点，将其链接到“图像纹理”节点的“投射”通道，进入“纹理投射”节点的属性面板，设置“纹理投射”为“盒子”，如图14-53所示。效果如图14-54所示。

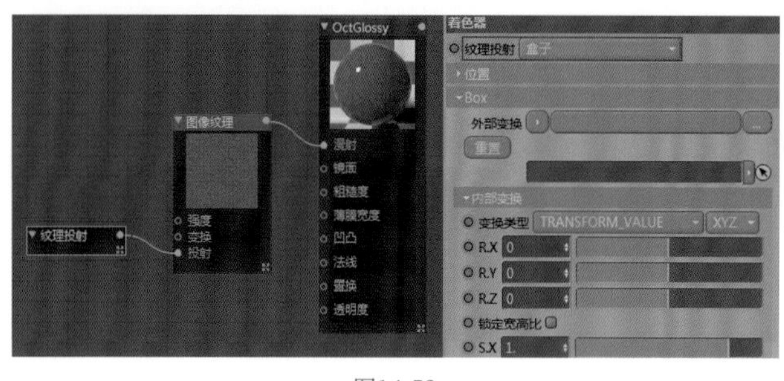

图14-53

图14-54

03 在节点列表中拖曳出“梯度”节点，将“图像纹理”节点链接到“梯度”节点的“输入”通道，将“梯度”节点链接到“漫射”通道；进入“梯度”节点的属性面板，设置渐变颜色，如图14-55所示。效果如图14-56所示。

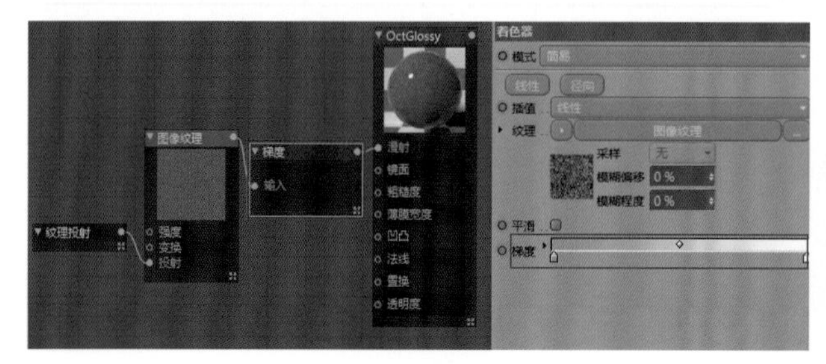

图14-55

图14-56

04 将本书提供的黑白贴图、法线贴图拖曳到节点编辑器中，将黑白贴图链接到“凹凸”通道，法线贴图链接到“法线”通道，让材质具有真实的质感与细节，如图14-57所示。效果如图14-58所示。

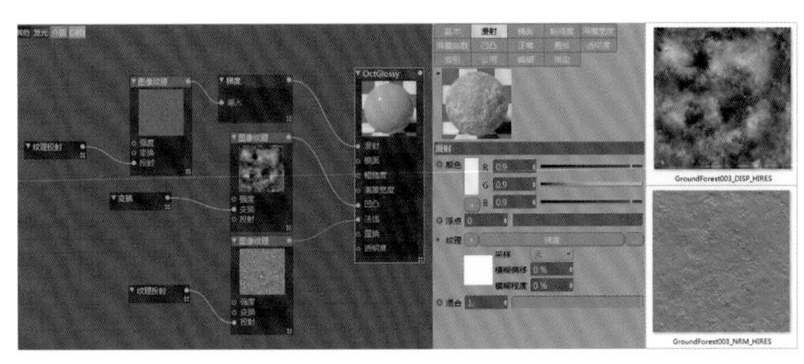

图14-57

图14-58

05 读者可以复制该材质，在“梯度”节点中微调一下渐变颜色即可制作出不同的材质，如图14-59所示。效果如图14-60所示。

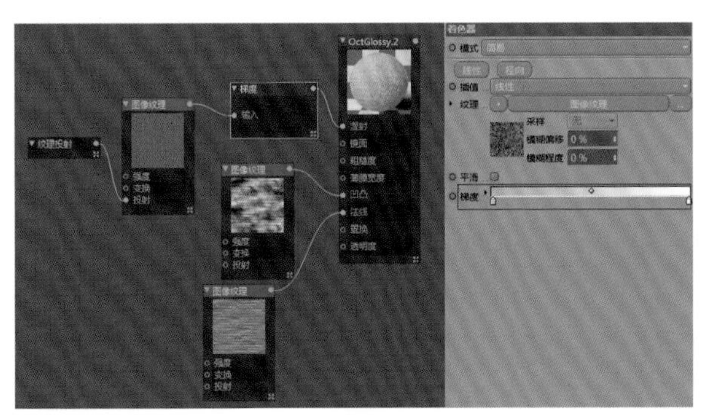

图14-59

图14-60

06 与前面的片子一样，为“摄像机”对象添加“Octane摄像机标签”，进入“运动模糊”选项卡，勾选“启用”，设置“快门[秒]”为0.02，如图14-61所示。为“破碎（Voronoi）”对象和发射器添加“Octane对象标签”，在“运动模糊”选项卡中设置“对象运动模糊”为“变换/顶点”，如图14-62所示。测试效果如图14-63所示。

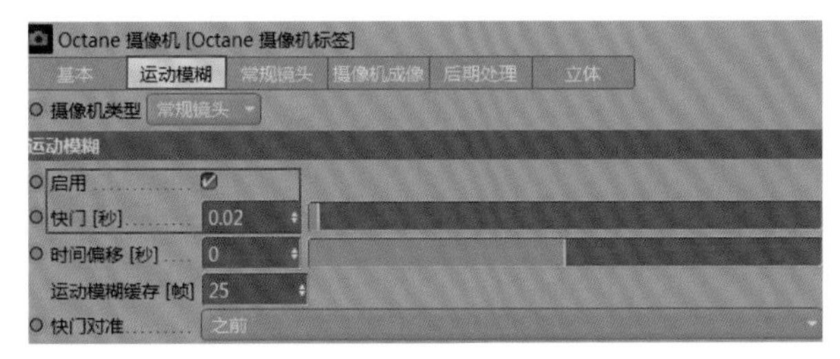

图14-61

图14-62

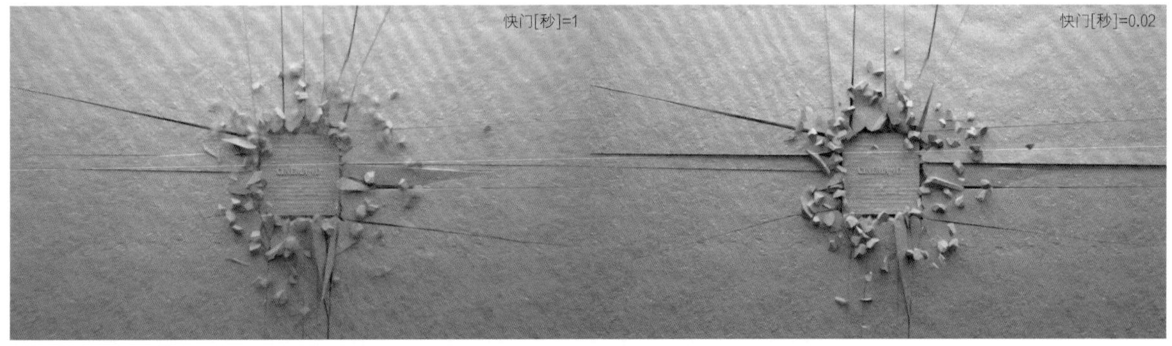

图14-63

14.2.2 毛发的光影和材质

这里以“镜头20”为例制作毛发的光影和材质。打开制作好的“镜头20”动画，激活Octane渲染器，将“直接照明”修改为“路径追踪”，设置“预设”为UTV4D，渲染效果对比如图14-64所示。

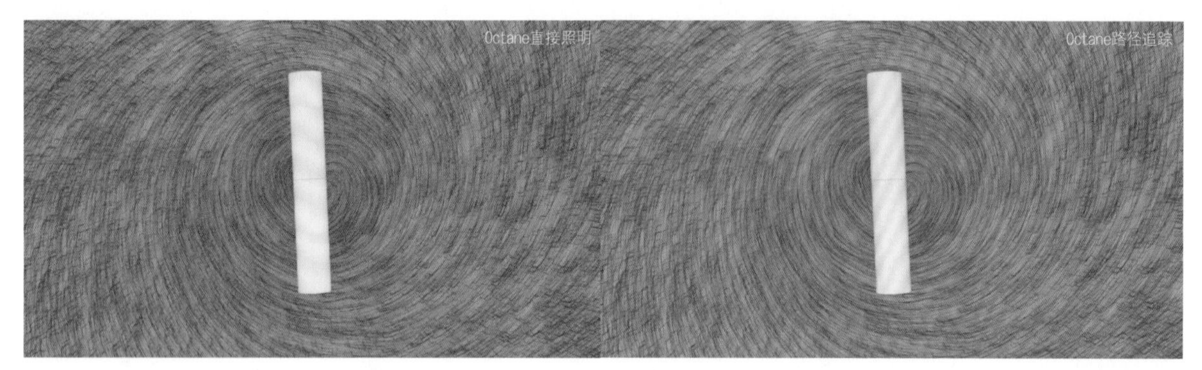

图14-64

1.布置场景灯光

01 新建一个“Octane纹理环境”，在“纹理”中添加“RGB颜色”纹理，将其颜色设置为黑色，如图14-65所示。

02 新建一个“Octane区域光”，将其作为主光源。旋转区域光并适当调整灯光尺寸，将其拖曳到场景左侧，设置“功率”为10，如图14-66所示。效果如图14-67所示。

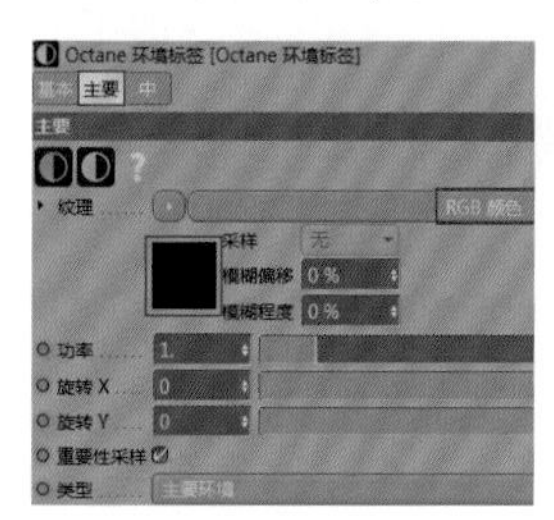

图14-65

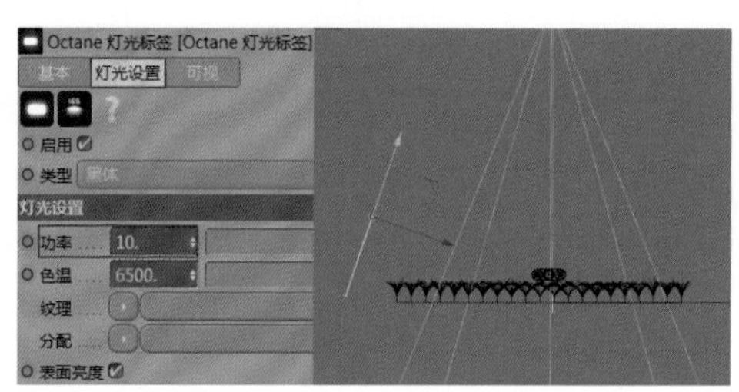

图14-66

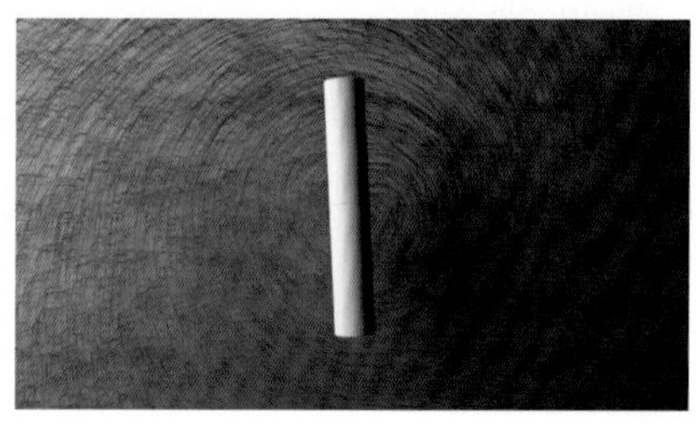

图14-67

03 复制一个“Octane区域光”，将其作为辅助光1。设置“功率”为5，在“分配”中添加“RGB颜色”节点，并修改其颜色为粉紫色，适当调整灯光尺寸，将其拖曳到场景右侧，如图14-68所示。同理，继续复制一个“Octane区域光”，将其作为辅助光2，适当调整灯光尺寸，将其拖曳到场景右上方，位置如图14-69所示。场景灯光效果如图14-70所示。

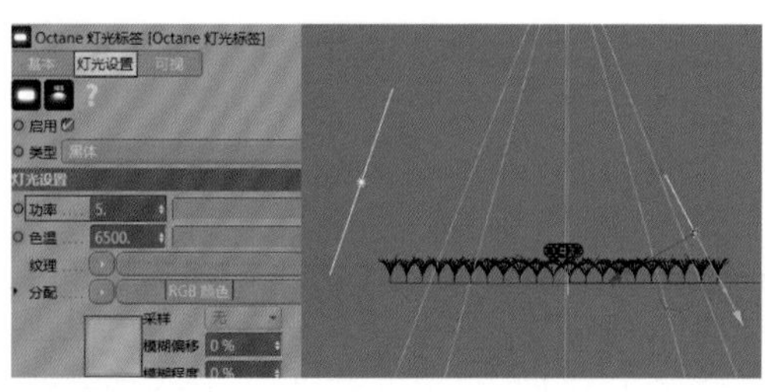

图14-68

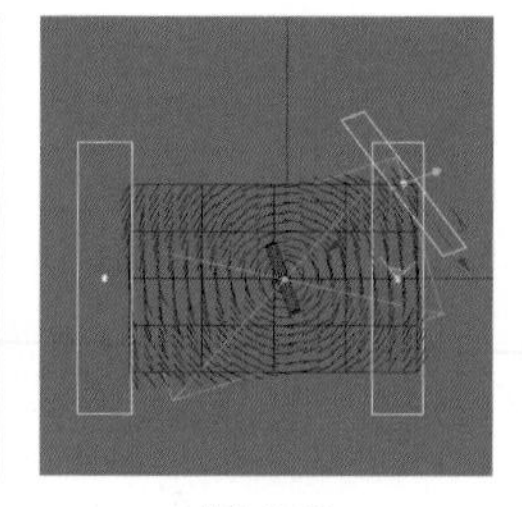

图14-69

图14-70

2.创建材质

01 新建一个“Octane光泽材质”，设置“漫射”通道的“颜色”为黑色,“粗糙度”通道的“浮点”为0.1，并将其赋予地面模型，如图14-71所示。测试效果如图14-72所示。

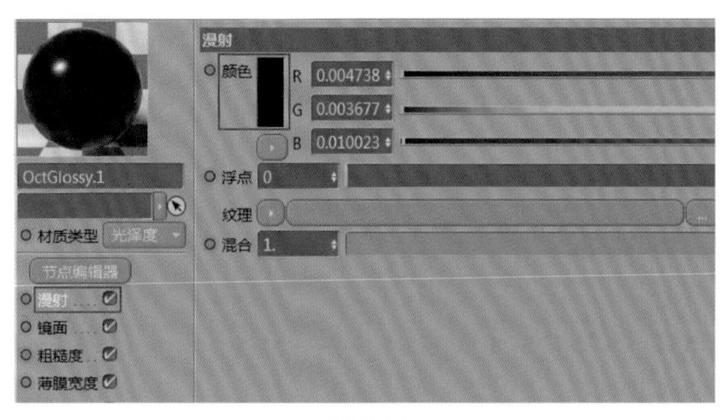
图14-71

图14-72

02 复制一个地面黑色材质，将“漫射”通道的“颜色”修改为蓝紫色，如图14-73所示。创建一个“Octane光泽材质”，取消勾选“漫射”通道，设置“镜面”通道的“颜色”为金色，“粗糙度”通道的“浮点”为0.15，“索引”为8，如图14-74所示。

图14-73

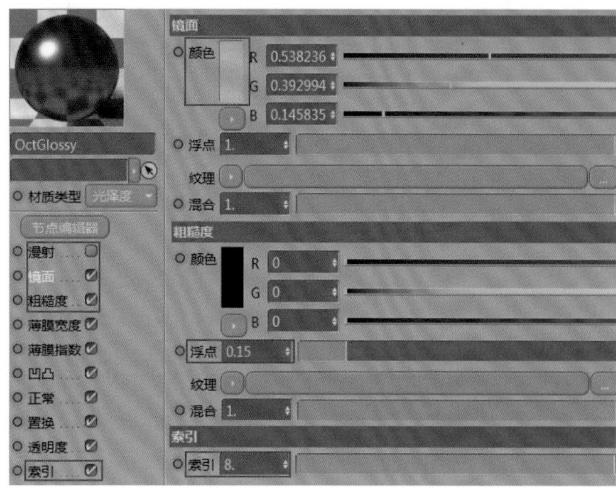
图14-74

03 新建一个“Octane混合材质”，将金色材质链接到“材质1”通道，将蓝紫色材质链接到“材质2”通道，将本书提供的黑白贴图拖曳到节点编辑器中，并将其链接到混合材质的“数值”通道，将该材质赋予产品模型，如图14-75所示。至于毛发材质，读者可以直接将蓝紫色材质赋予毛发对象，测试效果如图14-76所示。

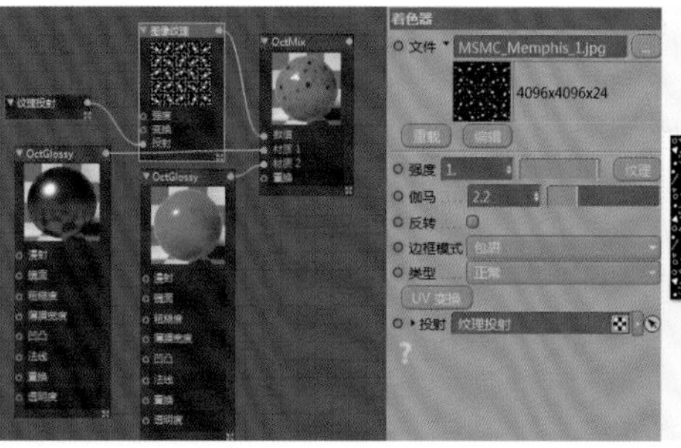

图14-75

04 毛发的发根与发梢粗细不统一，在视觉上容易让人产生眩晕感。单击节点编辑器中的默认毛发材质，取消勾选“颜色”和“高光”通道，在“粗细”通道中将“发根”与“发梢”统一设置为1.2cm。效果如图14-77所示。

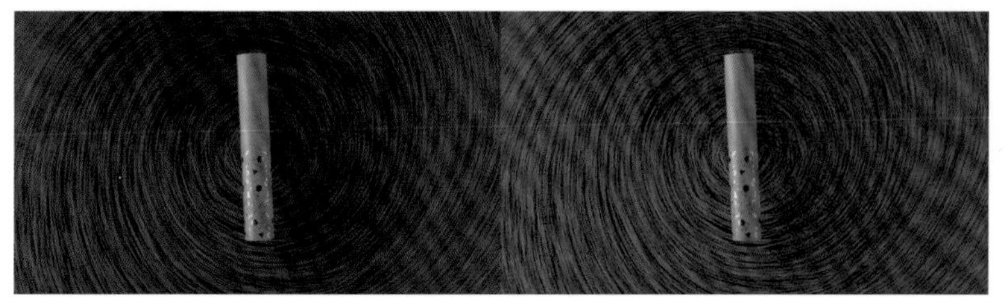
图14-76

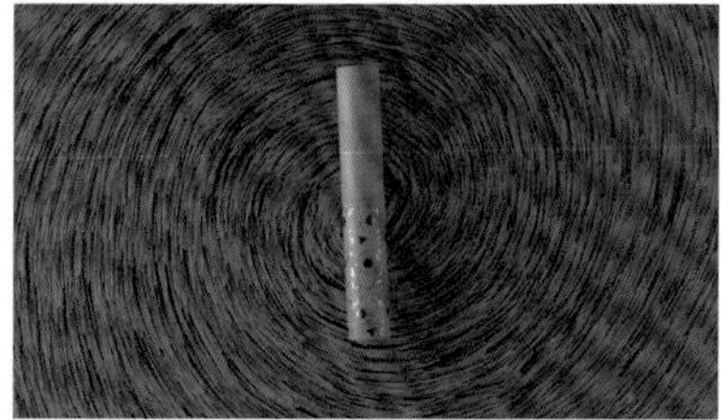
图14-77

第15章 风驰电掣：超跑概念宣传片

本章主要介绍超跑宣传片的制作方法。相对于前面的片子，本片体现的是跑车的质感和动感，其中还涉及角色绑定动画技术。另外，本片的重点就是跑车，所以车漆材质和灯光的表现是重中之重，也是本章将着重介绍的技术点。样例效果如图15-1所示。

图15-1

- 角色绑定技术
- 车漆灯光
- 关节工具
- 湍流
- 梯度（渐变）
- 车漆材质
- 脏旧金属材质
- IK链
- 色彩校正
- 混合材质

15.1 角色绑定动画技术

本片的表现重点是场景氛围，除了简单的摄像机动画、跑车位移动画之外，机械手臂的绑定动画是全片动画技术中难度比较大的。下面讲解一下Cinema 4D中的角色绑定动画技术。

01 打开本书提供的机械手臂模型，执行“角色>关节工具”菜单命令，如图15-2所示。注意，在创建关节前需要开启“2D捕捉”和“顶点捕捉”，以便更加精准地确定所有关节的位置，如图15-3所示。在机械手臂衔接位置按住Ctrl键并单击，即可创建关节，如图15-4所示。

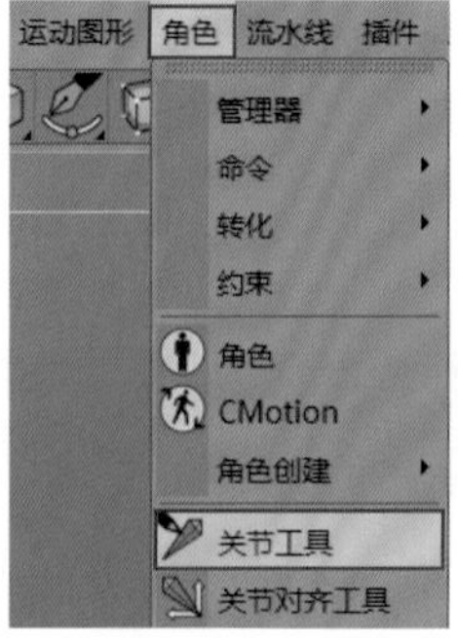

图15-2

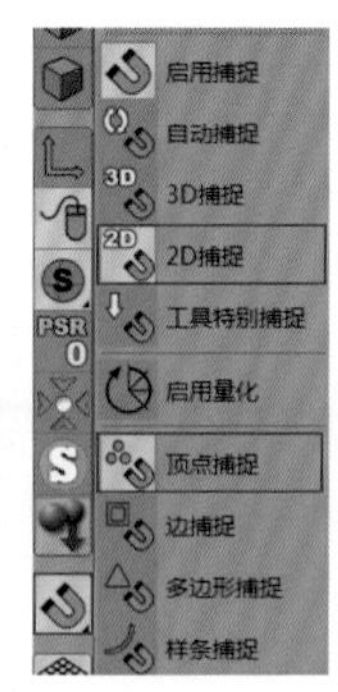

图15-3

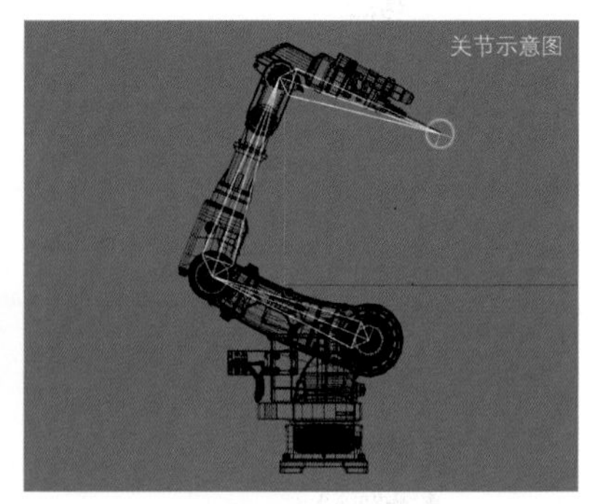

图15-4

02 这里为机械手臂创建了4个关节，但是它们无法产生联动效果。选择第1个关节与最后一个关节，执行“角色>命令>创建IK链”菜单命令，如图15-5所示。在关节列表中会增加IK标签，如图15-6所示，如一个空白目标，读者可以拖曳空白目标让各个关节产生联动，它也被称为关节总控制器。

图15-5

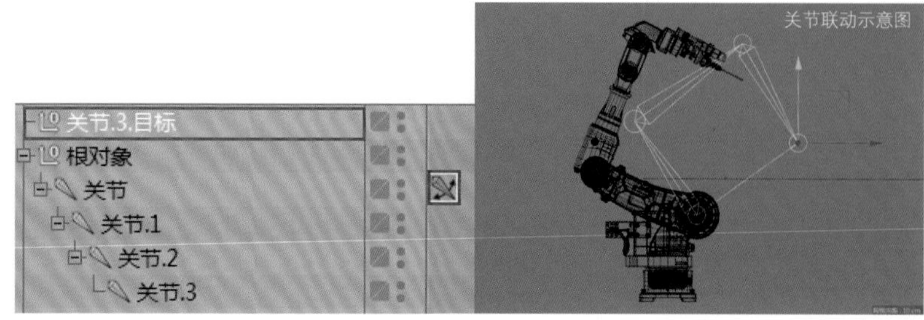

图15-6

03 将每个手臂模型绑定到关节，可以使用蒙皮或父子级的方式来进行绑定。在本例中只需要将模型拖曳为关节的子级即可绑定，如图15-7所示。这个时候就可以拖曳空白目标来给机械手臂制作动画了，如图15-8所示。

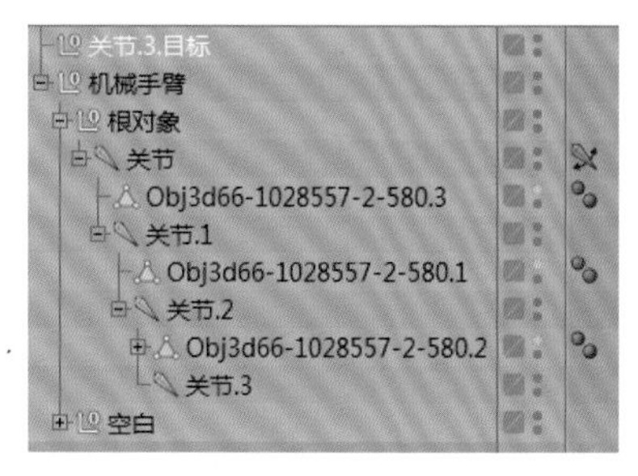

图15-7

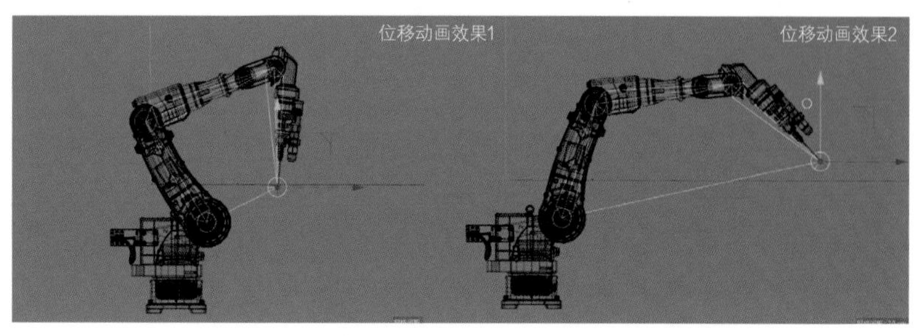

图15-8

15.2 超跑概念宣传片材质渲染分析

本节主要介绍对跑车来说比较重要的材质，也就是车漆的制作方法。另外，要表现出跑车的动感和酷炫，灯光和场景氛围也是必不可少的。

15.2.1 车漆材质调节

本片中的主要产品是跑车，那么车漆的质感表现就非常重要，下面介绍使用Octane调出逼真的车漆材质的方法。

01 打开本书提供的材质表现模型，新建一个“Octane光泽材质”，设置“漫射”通道的“颜色”为深棕色，“镜面”通道的“颜色”为橙黄色，“粗糙度”通道的“浮点”为0.4，“索引”为3，如图15-9所示。测试效果如图15-10所示。

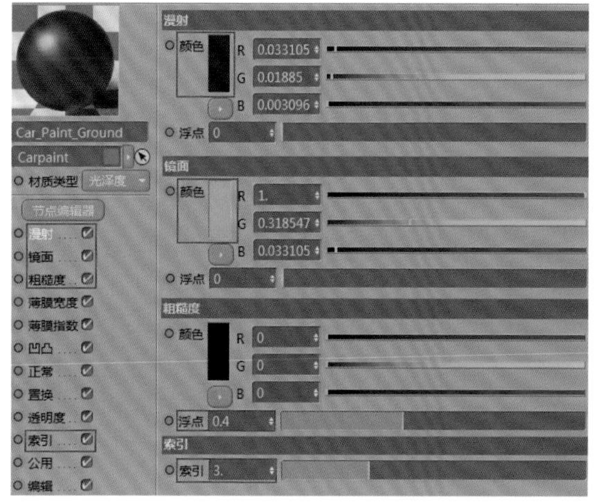

图15-9

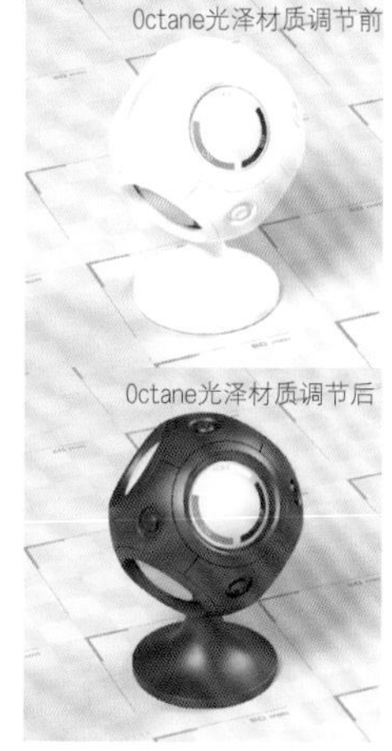

图15-10

02 复制一个“Octane光泽材质”，将本书提供的法线贴图拖曳到节点编辑器中，将S.X、S.Y、S.Z均设置为0.01，将法线贴图的输出节点链接到“法线”通道，如图15-11所示。测试效果如图15-12所示。

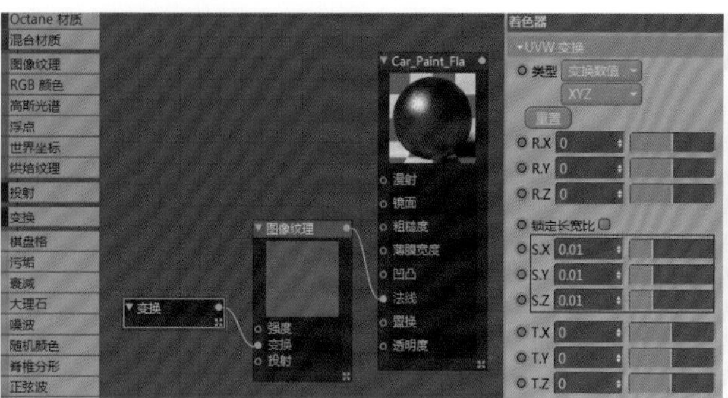

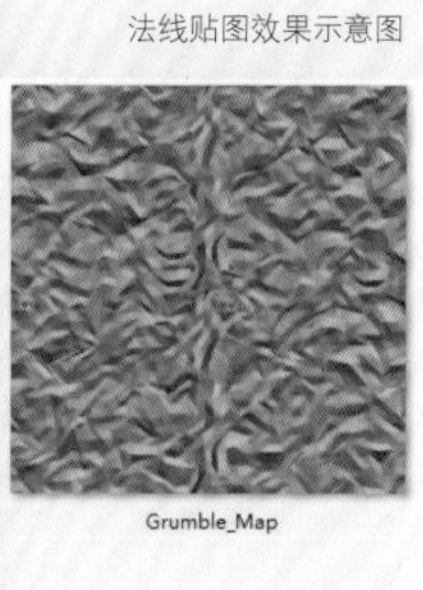

图15-11

图15-12

03 新建一个“Octane混合材质”，将两个光泽材质分别链接到“材质1”和“材质2”通道；为“数值”通道添加“湍流”节点，并设置合适的“湍流”数值，如图15-13所示。测试效果如图15-14所示。

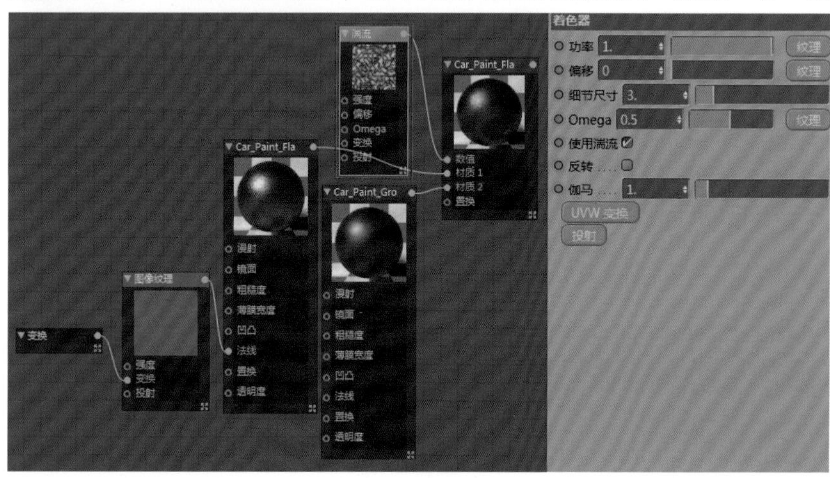

图15-13

图15-14

04 现在可以看出湍流的UV需要缩小。拖曳出“纹理投射”节点，将其链接到“湍流”节点的“投射”通道，进入“纹理投射”的属性面板，设置“纹理投射”为“XYZ到UVW”。在“UVW变换”卷展栏中设置S.X、S.Y、S.Z均为0.001，如图15-15所示。为了增强湍流的黑白对比效果，拖曳出“梯度”节点，将“梯度”的黑色滑块和白色滑块靠近，如图15-16所示。测试效果如图15-17所示。

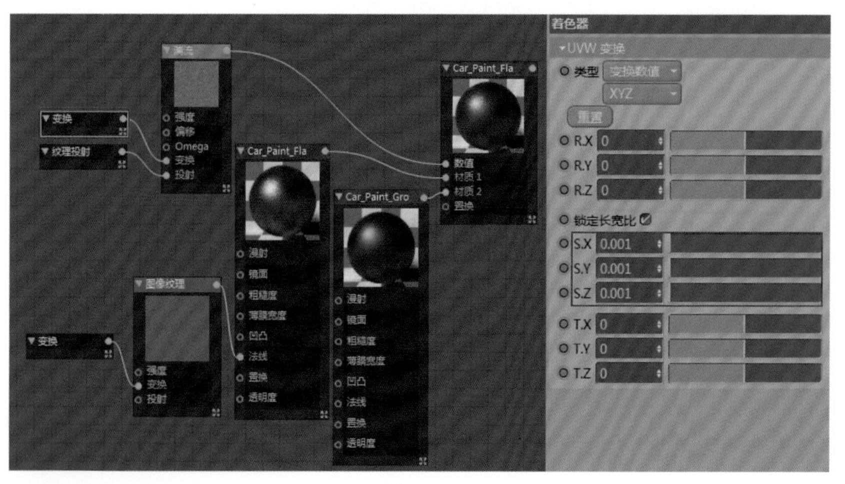

图15-15

技巧提示 车漆在不同反射下，会产生不同的颗粒感，添加法线贴图就是为了让车漆表面产生更多的细节。将两种材质通过“湍流”节点的黑白色进行分离，这样就能体现出金属颗粒感。

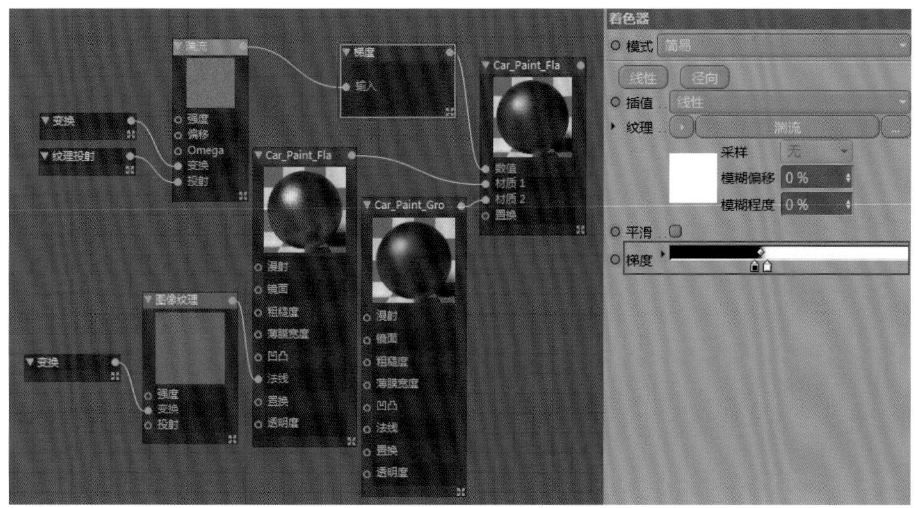

图15-16

图15-17

05 新建一个“Octane光泽材质”，设置“漫射”通道的“颜色”为黑色,“索引”为1。拖曳出“相乘”和“浮点纹理”节点；将“湍流”节点复制到该节点编辑器中，并链接到“相乘”节点的“纹理1”通道，设置“浮点”为0.0002；将“浮点纹理”节点链接到“相乘”节点的“纹理2”通道；将“相乘”节点的输出链接到“凹凸”通道，制作出金属材质，如图15-18所示。

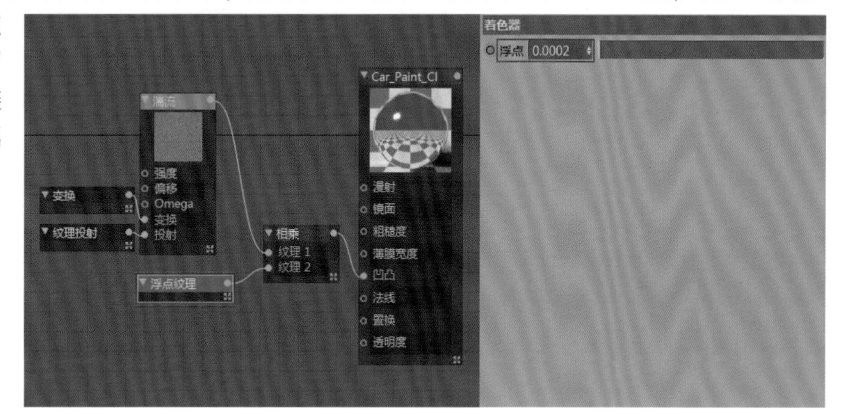

图15-18

06 新建一个“Octane混合材质”，将金属材质链接到“材质1”通道，将前面制作的“Octane混合材质”链接到“材质2”通道；在“数值”通道中添加“衰减贴图”节点，如图15-19所示。测试效果如图15-20所示。

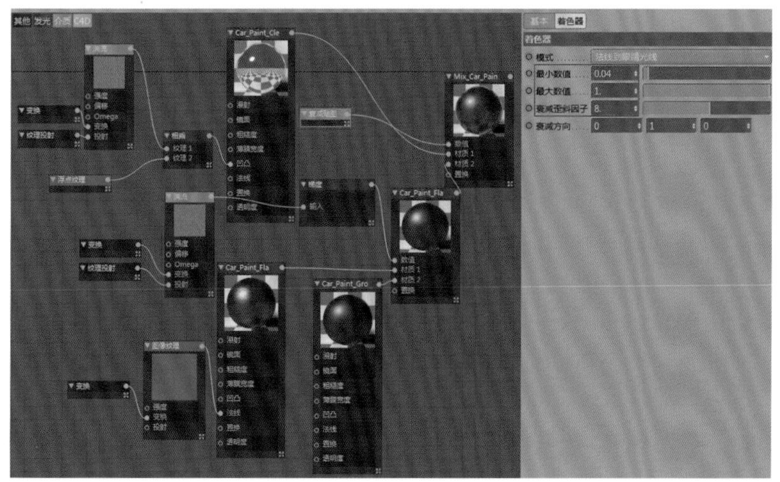

图15-19

图15-20

15.2.2 车漆的灯光应用

01 打开本书提供的“镜头14”，将车漆材质赋予跑车。设置“预设”为UTV4D，新建一个“Octane HDRI环境”，在“纹理”中添加“RGB颜色”纹理，设置其颜色为黑色，如图15-21所示。

02 新建两个“Octane区域光”，将它们分别作为场景的左、右侧光源。设置“功率”为50，“色温”为7000，将灯光拖曳到合适的位置，如图15-22所示。测试效果如图15-23所示。

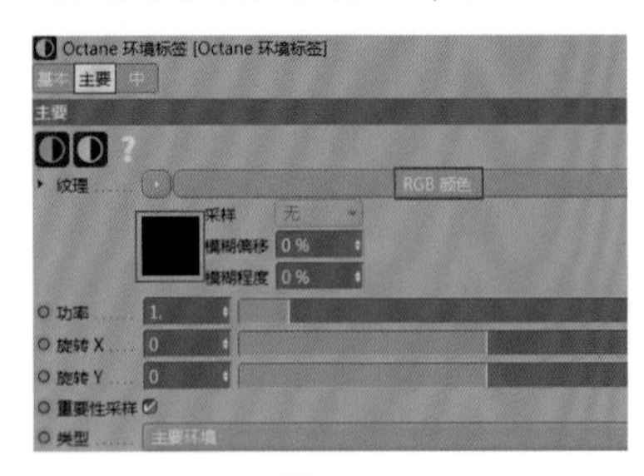

图15-21

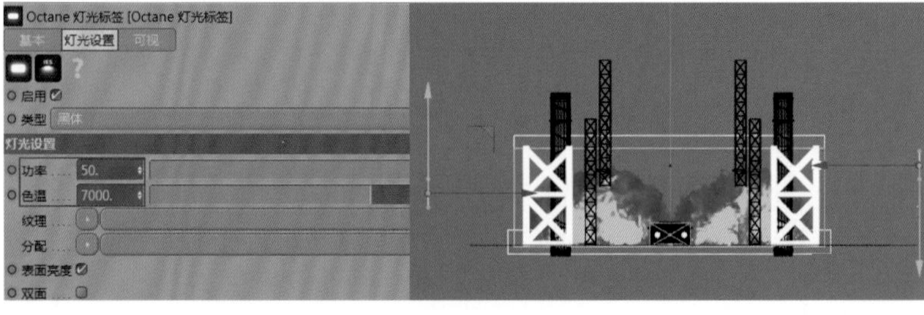

图15-22

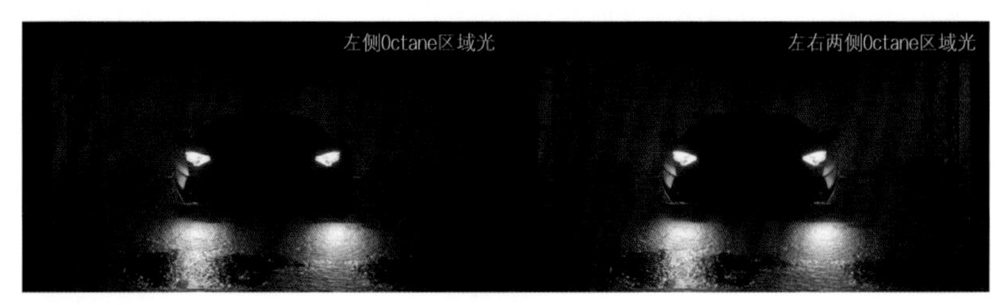

图15-23

15.2.3 脏旧金属材质调节

本片中的主要场景为旧工厂，除了跑车特写镜头之外，大部分镜头中都会出现脏旧金属材质，下面讲解一下脏旧金属材质的制作方法。

01 打开本书提供的“镜头05”动画，如图15-24所示。新建一个“Octane光泽材质”，将本书提供的脏旧贴图链接到“漫射”通道，设置“索引”为2，如图15-25所示。

图15-24

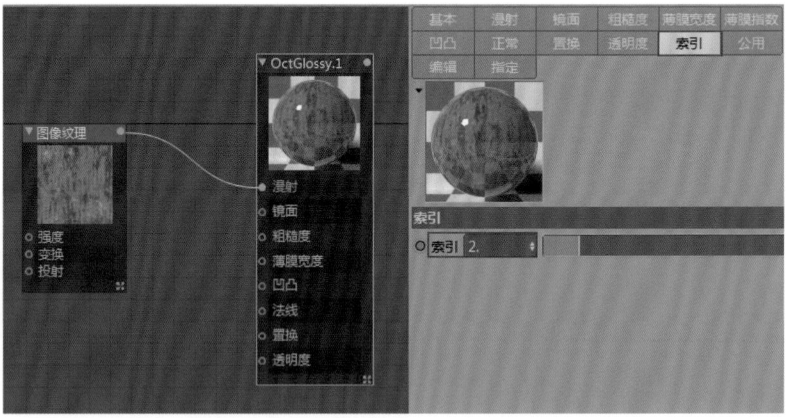

图15-25

02 将本书提供的一张铁锈贴图拖曳到节点编辑器中，拖曳出“色彩校正”和“相乘”节点，将铁锈贴图链接到“色彩校正”节点的“纹理”通道；进入“色彩校正”节点的属性面板，设置“伽马”为2，如图15-26所示。将脏旧贴图和“色彩校正”节点的输出节点分别链接到“相乘”节点的“纹理1”和“纹理2”通道，将“相乘”节点链接到“漫射”通道，如图15-27所示。测试效果如图15-28所示。

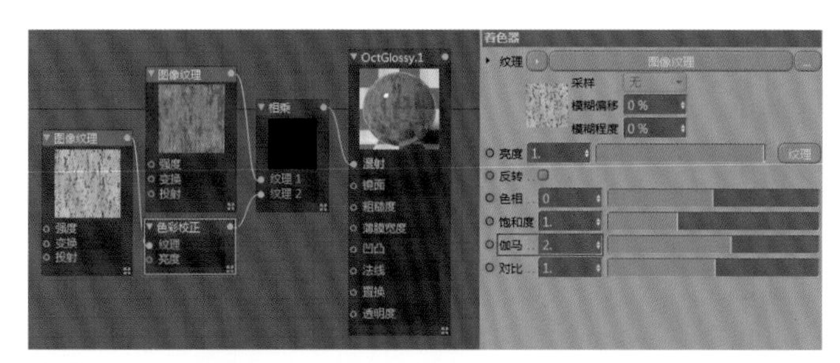

图15-26

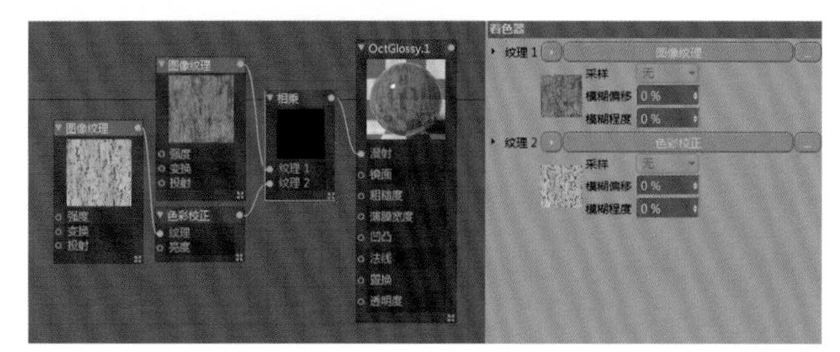

图15-27

图15-28

03 将本书提供的黑白贴图拖曳到节点编辑器中，将其链接到“粗糙度”通道，设置“粗糙度”通道的“浮点”为0.2，“混合”为0.8，如图15-29所示。将本书提供的法线贴图链接到“法线”通道，以增强材质的脏旧质感，如图15-30所示。测试效果如图15-31所示。

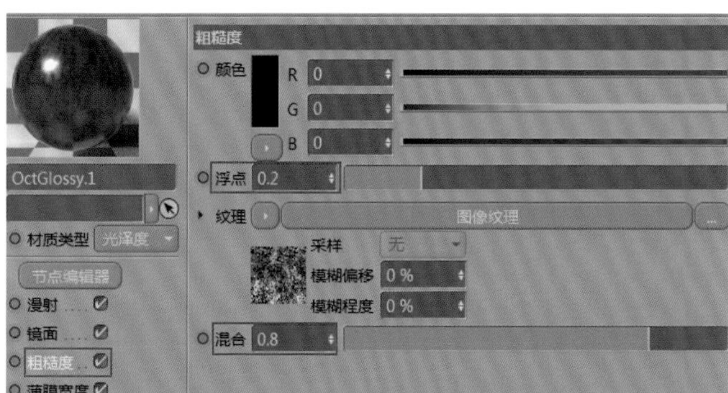

图15-29

图15-30

图15-31

04 为了更好地表现金属上细腻的刮痕，将本书提供的两张黑白贴图拖曳到节点编辑器中，通过“添加”节点将两张贴图进行混合；将“添加”节点链接到“梯度”节点的“输入”通道，更加精准地调节贴图的黑白对比关系，将“梯度”节点链接到“凹凸”通道，如图15-32所示。测试效果如图15-33所示。

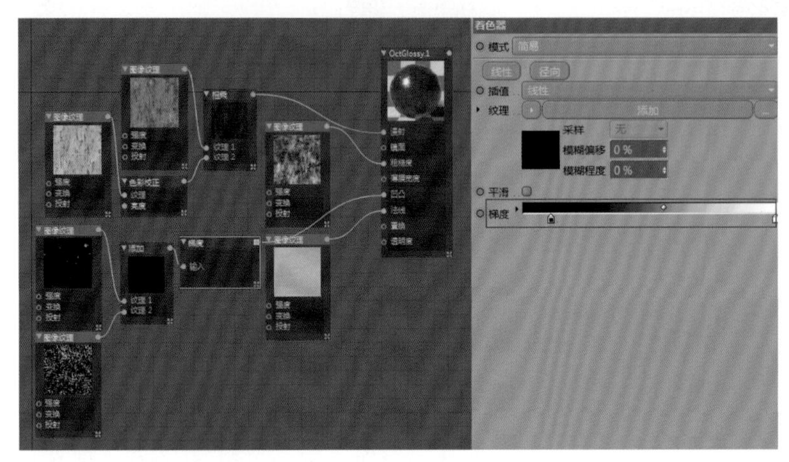

图15-32

图15-33

05 新建一个“Octane光泽材质”，取消勾选“漫射”通道，设置“索引”为6，制作出高反射材质。将本书提供的纹理贴图、黑白贴图拖曳到节点编辑器中，将纹理贴图的“强度”设置为5，将其链接到“镜面”通道；将黑白贴图链接到“粗糙度”通道，制作出金属上的红锈，如图15-34所示。测试效果如图15-35所示。

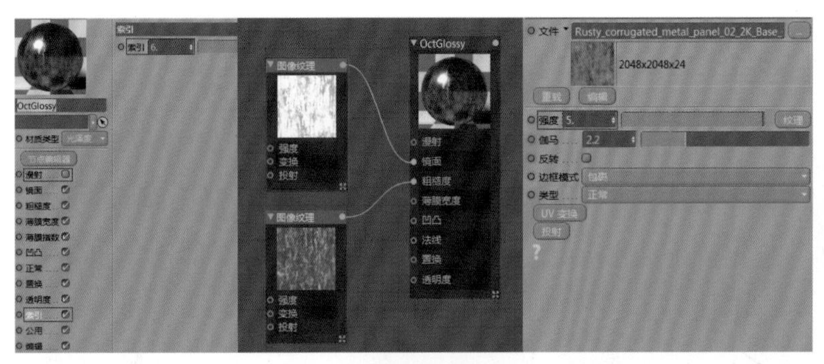

图15-34

图15-35

06 新建一个“Octane混合材质”，将调整好的两种金属材质分别链接到“混合材质”的“材质1”和“材质2”通道，如图15-36所示。为了便于区分两种金属材质，可以在“混合材质”的“数量”中添加一张黑白贴图，使用“梯度”节点来调节黑白对比效果，如图15-37所示。测试效果如图15-38所示。

图15-36

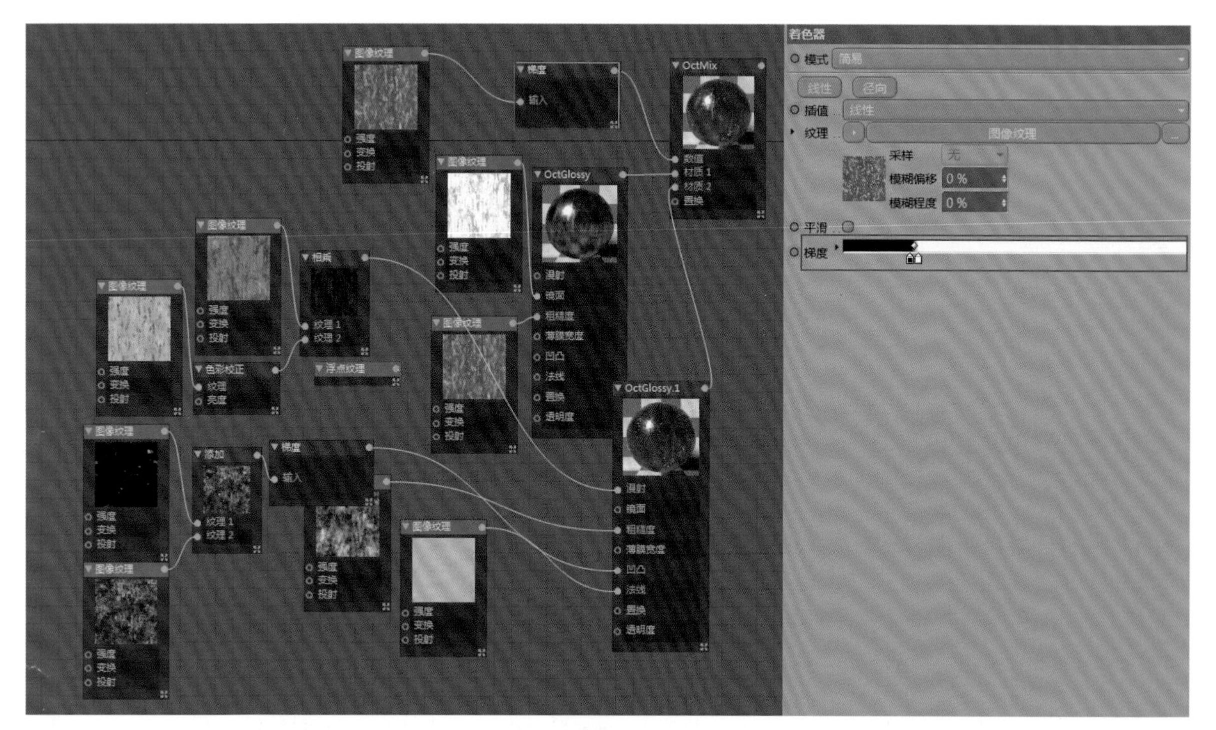
着色器
模式
简易
线性
径向
插值
线性
纹理
图像纹理
采样
无
模糊偏移
0 %
模糊程度
0 %
平滑
梯度
OctMix
OctGlossy
OctGlossy.1
图像纹理
梯度
输入
色彩校正
添加
浮点纹理

图15-37

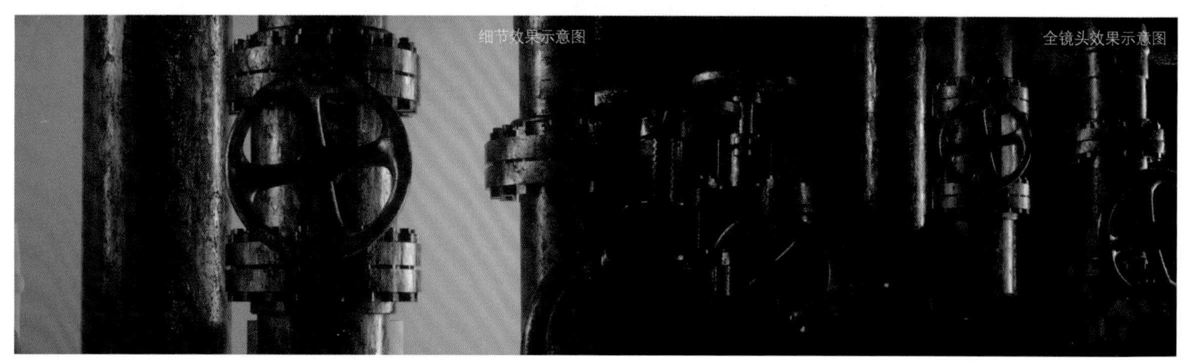
细节效果示意图
全镜头效果示意图

图15-38

附录：UTV4D Octane渲染预设参考

本书主要介绍动画项目实例的制作流程和方法，所以对于基础的渲染预设，本书并没有详细说明。有需要的读者可以使用笔者提供的UTV4D预设，也就是书中通用的设置。同样，读者也可以根据需要改变相关参数。如果对Octane了解较少，读者可以购买笔者编写的Octane入门图书《新印象Octane for Cinema 4D渲染技术核心教程》进行学习。

01 核心设置。这里以“路径追踪”模式为渲染模式为例，设置“最大采样”为1000，“GI修剪”为1，勾选“自适应采样”，设置“噪点阈值”为0.02，如图A所示。

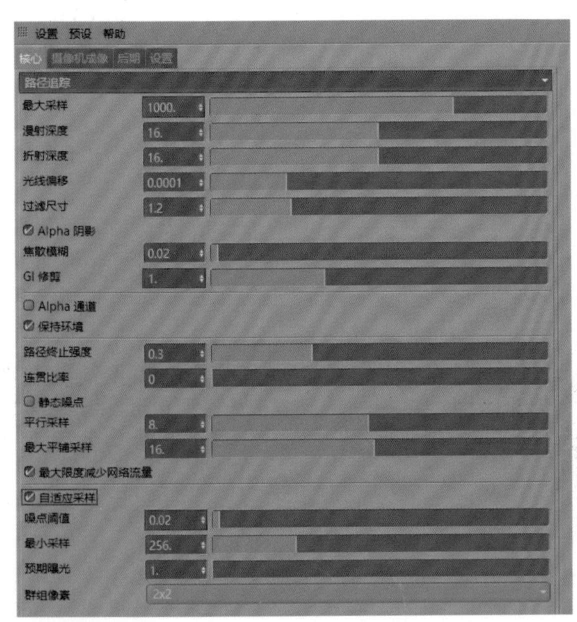

图A

02 设置摄像机成像。切换到“摄像机成像”选项卡，设置“伽马”为2.2，“镜头”为Linear(线性增强)，勾选“中性镜头”，然后设置“噪点移除”为0.8，如图B所示。

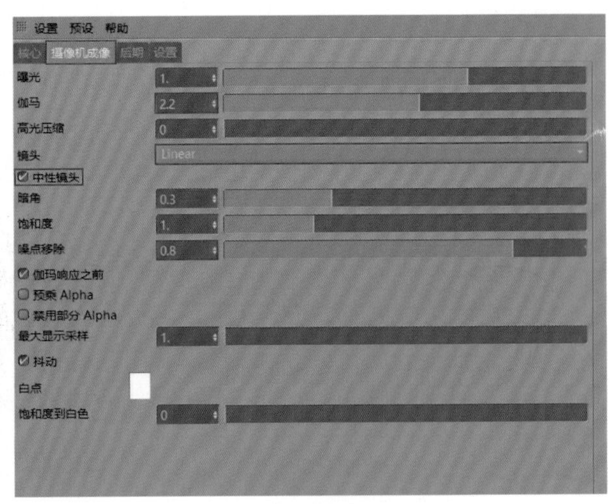

图B

03 设置预设。在“Octane设置”窗口中执行“预设>添加新预设”命令，如图C所示。然后在该窗口中设置预设名，例如utvc4d，并单击Add Preset(新增预设）按钮，将预设添加到预设库中，如图D所示。

04 加载预设。每次打开Cinema 4D时，在“Octane设置”窗口中执行“预设>utvc4d”命令，即可让Octane使用前面设置的渲染参数来渲染场景，如图E所示。

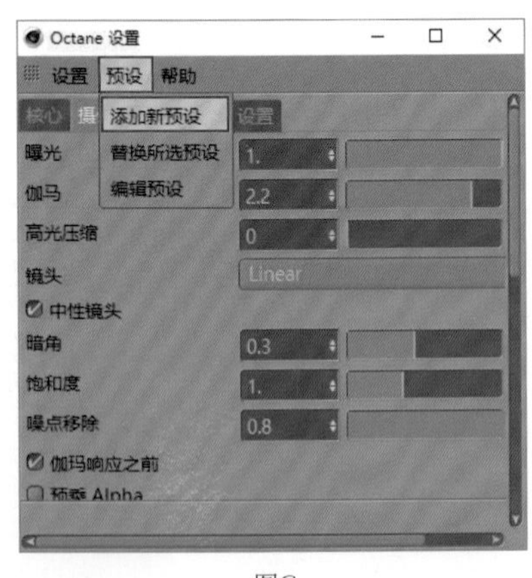

图C

图D

图E